요트설계원론

Principles of YACHT DESIGN

PRINCIPLES OF YACHT DESIGN
Fourth edition

요트설계원론

Principles of YACHT DESIGN

역자소개

이준

M.Phil/Ph.D Yacht Engineering, Ship Science, The Univerisity of Southampton, UK
부산대학교 조선해양공학과 학사
RYA/MCA Yachtmaster Sail, UK
J24, J80, Mini 650, ORC, IRC 세일러
ORC Korea Rating Officer, Measurer
인하공업전문대학 조선해양과 부교수
fjlee@inhatc.ac.kr

요트설계원론

초판 인쇄 2016년 9월 1일
초판 발행 2016년 9월 8일

지은이 Lars Larsson, Rolf E Eliasson, Michal Orych
옮긴이 이준
펴낸이 최국주
펴낸곳 동명사
출판등록 1950년 11월 1일(제1-76호)
주소 (우 10881) 경기도 파주시 회동길 50(문발동)
전화 031-955-7200(대표)~2, 7203(편집부), 7204(물류)
팩스 031-955-7205
전자우편 webmaster@dmsbook.com
홈페이지 www.dmsbook.com

ISBN 978-89-411-8163-7
값 32,000원

서문

요트 설계 원론의 초판은 1994년에 발간되었다. 그 이후 두 번의 개정판이 있었고, 독일, 일본, 그리고 한국어판도 나왔다. 그리고 특별판이 미국에서 발간되었다. 그동안 이 책이 잘 받아들여진 것 같고 이번 네 번째 판에서는 기존 판의 구조와 내용을 계속 유지하였다. 이 책의 기본 개념은 요트 설계의 모든 분야를 망라하는 것으로 사양의 결정부터 유체역학, 공기역학, 구조 평가와 배치, 그리고 최종 평가까지 담았다. 개념 부분을 강조하였지만, 본문과는 별도로 수식들을 포함해 요트를 설계하는데 필요한 충분한 깊이가 나오도록 하였다. 이 책의 주요한 특징은 요트를 하나 선정해 책 전체를 통해 각 식들이 어떻게 적용되는지를 살핀 것이다. 기존 판에서 예를 들었던 YD−40을 새로운 현대식 크루저인 YD−41로 대치했다. 이런 이유로 많은 그림과 본문을 개정해야 했다. 새로운 설계와 연관된 통계들도 새로이 바뀌었고, 최근 10년의 자료를 이용하였다. 이 새 요트의 주 설계자는 미카엘 오리츠로 이 책의 세 번째 저자로 영입되었다.

초판 이후, 주기적으로 갱신된 두 분야가 있는데 델프트 공과대학(Delft University of Technology)의 연구 결과에 기초를 둔 유체역학 분야와 안전 및 구조 강건성에 관한 국제표준 분야이다. 저자들은 델프트공대의 렉스 크닝(Lex Keuning) 교수에게 사의를 표한다. 앤드류 블리스(Mr. Andrew Blyth)를 위원장으로 한 국제표준 ISO 12217−2 내항성 표준과 작고한 프릿츠 하츠(Fritz Hartz)와 최근의 그레고리 돌토(Gregoire Dolto)를 필두로 한 ISO 구조 설계 표준 12215가 개발되었다.

구판 이후로 ISO/TC188 위원회 22는 ISO 12217−2를 마쳤는데 이는 $6m$ 이상, $24m$ 이하 세일보트의 내항성에 관한 내용이다. 이 표준은 이제 널리 수용되어 세계적으로 사용되고 있으며, 위원장 앤드류 블리스(Mr. Andrew Blyth)의 허락하에 아낌없는 지원과 표준을 사용할 수 있도록 허락해준 모두에게 감사드린다. 이번 판에서는 델프트공대에서 제공한 새로운 저항 공식과 타와 부가물에 관한 표준의 갱신판이 적용되었다.

초판 이후로 전산 유체역학 분야에서 많은 진전이 있었고 이를 이번 판에 반영하였다. 이는 마지막 장에 상당히 확장되어 포함되었다.

라스 라슨, 롤프 엘리어슨, 미카엘 오리츠

궤텐버그에서

역자 서문

역자가 세일요트에 관심을 가지게 된 것은 역설적이게도 파워요트 때문이었습니다. 파워요트 공부가 재미없어질 무렵 새로이 관심을 끌었던 배가 세일요트였습니다. 본격적으로 해보려고 시작한 영국 생활 이후 일이 되어 버린 지금, 괜찮은 세일요트 설계 책을 써서 다른 사람에게 도움이 되었으면 하는 바람이 생겨 쉽게 생각하고 덤볐다가 오랜 시간을 끌어 마침내 번역을 완성하게 되었습니다. 이 책은 분야의 특수성으로 일반인들이 보기에는 어려움이 많을 것입니다. 다만 저자의 말처럼 이론적인 부분이 없는 것이 게나마 일반인에게는 다행입니다. 진지한 세일러와 아마추어 보트빌더에게도 도움이 될 것입니다. 우리나라에는 없는 용어가 많아 번역에 어려움이 있었고 독자에게도 어색할 것입니다. 이 부분은 차후 시간을 들여 많은 사람들과 고민해서 고쳐야 할 것으로 생각됩니다. 학술보다는 설계업무에 가까운 책이라 엄밀한 용어를 사용하지 않은 면도 있었습니다. 원문에서 사용한 관성모멘트가 그 단적인 예입니다. 가능한 원문을 그대로 번역하였고 필요에 따라 역자가 주석을 달았으니 참고하시길 바랍니다.

그 간의 많은 분들이 생각납니다. 책을 번역할 수 있도록 허락해준 찰머스 대학의 라슨 교수께 감사 말씀 전합니다. 그리고 출판을 위해 고생 많으셨던 동명사의 김급태 상무님과 최보아 편집자님께 특히 고마운 말씀 드립니다. 아쉽게 빛을 못 본 3판 작업을 같이 했던 부산대 신성철 교수, 울산대 정노택 교수께는 특히 미안한 마음 감출 수 없습니다.

우리나라의 텅 빈 바다를 쳐다보고 있자면 안타까운 마음 감출 수 없습니다. 언젠가 수많은 세월이 지나면 유럽처럼 하얀 세일로 바다를 뒤 덮을 날이 오겠지만 우리나라의 현실로는 요원한 일이 아닌가 싶습니다. 몇 백 년 세월에 수많은 우여곡절을 겪은 유럽을 한 순간에 따라 잡으려는 욕심을 버려야 하는 점도 있지만 새로운 시도를 할 수 없게 하는 우리나라의 현실이 아쉬울 따름입니다.

해는 지고 있고 가야할 길은 아직 멉니다. 모쪼록 새로운 시도를 할 수 있도록 많은 분들이 관심을 가져 주시면 감사하겠습니다. 세일링과 요트설계는 재미있는 일입니다. 혹 책을 읽다 궁금한 점이나 고쳐야 할 점이 있으시면 연락해 주십시오. 건투를 빕니다.

"Still, the wind blows the Sky, the boat sails the Ocean"

영종도에서 텅 빈 서해를 바라보며, 역자 이준

기호 목록

이 책에서 사용하는 부호는 국제예인수조위원회(International Towing Tank Conference)에서 추천한 것을 사용하였다. 반면, 구조설계 부분(선형 설계)과 노르딕 보트 표준(리그 설계)에서는 다른 부호가 사용되었다. 이는 이 표준들의 후속판을 위함이다.

A, $A_{(i)}$	면적, 일반적 면적(area, general)
a	신장율(elongation)
$a_{(i)}$	중립축에서 면적 중심까지의 거리(distance from neutral axis to centre of area)
A_0	프로펠러 디스크의 면적(area of propeller disk)
a_1	LWL부터 T1까지의 거리(distance from LWL to T1)
a_2	LWL부터 T2까지의 거리(distance from LWL to T2)
ABS	미국 선급(American Bureau of Shipping)
A_D	설계 면적(design area under consideration)
A_F	전방 삼각형 면적(fore triangle area)
A_f	플랜지 면적(flange area)
a_k	킬의 무게중심에서 나선까지의 거리 (distance from keel centre of gravity to canoe body)
A_{lr}	투영 타 면적(projected rudder area)
A_M	메인세일 면적, 수선하부 중앙 단면(mainsail area, or midship section area below designed waterline)
A_{min}	킬/선체 면적(keel/hull area)
AP	선미 수직선(aft perpendicular)
A_R	공기역학적 추진력(aerodynamic driving force)
AR, △AR	종횡비, 종횡비의 변화(aspect ratio and change in aspect ratio, respectively)
AR_e	유효 종횡비(effective aspect ratio)
AR_E	확장한 킬의 종횡비(aspect ratio of extended keel)
AR_{Ee}	확장한 킬의 유효 종횡비 (effective aspect ratio of extended keel)
A_S	세일면적(메인+전방삼각형) 또는 공기역학적 횡력(sail area(main+fore triangle) or aerodynamic side force)
A_W	수선 면적(area of water plane)

A_X	수선하 최대 단면적(maximum section area below designed waterline)
b	판넬의 단축 길이(short edge of panel)
B	선체 중앙에서의 폭 또는 직립시 부력중심(beam of hull amidships, or centre of buoyancy, hull upright)
B_C	선체의 챠인 폭(chine beam of hull)
BD	갑판상부로부터 붐까지 높이(boom height above deck)
b_e	판의 유효폭(effective width of plating)
$\overline{BG}$	부력중심에서 무게중심까지의 거리(distance between centre of buoyancy and gravity)
B_H	선체 형폭(moulded beam of hull)
$\overline{BM}$	메타센터 반경(metacentric radius)
B_{MAX}	선체 최대 폭(maximum beam of hull)
B_u	테일러 추진 계수(Taylor thrust coefficient)
B_{WL}	수선 폭(beam of waterline)
C	코드 길이 또는 보강부재의 크라운 길이 또는 압축력(chord length, or crown width of stiffener, or compressive strength)
$C_{1,2}$	스프레더 압축력(spreader compression force)
c	판넬의 곡률 높이(curvature height of panel)
C_B	방형계수(block coefficient)
C_D	항력계수(drag coefficient)
C_{DI}	유도항력계수(induced drag coefficient)
C_{D0}	받음각이 없을 때의 항력계수 또는 마스트, 리그, 선측상부의 항력계수(drag coefficient at zero angle of attack, or drag coefficient of mast, rig and topsides)
C_{DP}	세일의 점성항력계수(viscous(parasite) drag coefficient of sails)
CE	공기역학적 효과중심(aerodynamic centre of effect)
C_F	마찰저항계수(skin friction coefficient)
CFD	전산유체역학(Computational Fluid Dynamics)
C_H	경사저항계수(heel resistance coefficient)
C_L, C_{Lmax}	양력계수, 최대양력계수(lift coefficient and maximum lift coefficient, respectively)
C_{Lr}	타 양력계수(rudder lift coefficient)
CLR	유체동역학적 횡 저항 중심(hydrodynamic centre of lateral resistance)
C_M	중앙 횡단면 계수(midship section coefficient)
C_P	주형계수 또는 압력계수(prismatic coefficient, or pressure coefficient)
C_R	잉여저항계수(residuary resistance coefficient)

C_S	공기역학적 횡력계수(aerodynamic side force coefficient)
c_u	보강부재의 곡률높이(curvature height of stiffener)
D	깊이 또는 항력 또는 프로펠러 직경(depth of yacht, or drag, or propeller diameter)
$D_{1,2,3}$	사선 슈라우드(diagonal shrouds)
d_{kb}	킬 볼트 코어 직경(core diameter of keelbolt)
DWL	설계 수선(designed waterline)
E	탄성계수 또는 메인세일 기선(modulus of elasticity, or base of mainsail(ISO))
E_C	압축 탄성 계수(compressive modulus of elasticity)
E_F	굽힘 탄성 계수(flexural modulus of elasticity)
E_T	인장 탄성 계수(tensile modulus of elasticity)
E_{TC}	평균 탄성 계수(average modulus of elasticity)
F	세일의 편평도인자 또는 굽힘 강도 또는 보강부재의 플랜지 또는 폭 설계 수두 감소 인자(flat factor of sails, or flexural strength, or flange width of stiffener, or design head reduction factor)
$F_{1,2,3}$	횡 방향 리그력의 배분(dimensioning transverse rig forces)
F_a	선미 건현(freeboard aft)
F_f	선수 건현(freeboard forward)
F_h	유체동역학적 횡력 또는 수평방향 붐 력(hydrodynamic side force, horizontal boom force)
F_i	충격력(impact force)
F_n	프루드 수(Froude number)
FP	선수 수선(forward perpendicular)
F_r	타 횡력(rudder side force)
F_s	설계 수두 감소 인자(design head reduction factor)
F_S	마스트 지점에서의 건현(freeboard at mast)
F_V	수직 붐력(vertical boom force)
FRP	섬유강화플라스틱(Fibre Reinforced Plastic)
g	중력 가속도 또는 거스길이 또는 발라스트 무게(acceleration of gravity, or girth length, or ballast weight)
G	무게중심 또는 요트의 공선 무게(centre of gravity, or empty weight of yacht)
$\overline{GM}$	메타센터 높이(metacentric height)
GRP	유리섬유강화플라스틱(Glass Reinforced Plastic)
$\overline{GZ}$	복원 팔(righting arm)
H	플로어 높이(floor height)

$H_{1/3}$	유효 파고(significant wave height)
h	표면 거칠기 높이 또는 타 높이 또는 보강구조 높이 또는 챠인 또는 LWL로부터의 국부 높이 또는 갑판, 상부구조로부터 세일이 걸린 포스테이의 가장 높은 곳까지의 마스트 높이(roughness height, rudder height, height of stiffener, local height from LWL or chine, mast height from deck or superstructure to the highest sail carrying forestay)
h_u	타 베어링간의 거리(distance between rudder bearings)
HA	경사팔(heeling arm)
h_b	수밀격벽 또는 내부탱크의 압력수두(pressure head for watertight bulkhead or integral tank)
I	전방 삼각형의 높이(ISO) 또는 관성모멘트(height of fore triangle(ISO), or moment of inertia)
I_L	수선면의 종 방향 관성모멘트(longitudinal moment of inertia of waterplane area)
IACC	국제 아메리카스 컵 클래스(International America's Cup Class)
IMS	국제 계측 시스템(International Measurement System)
IOS	국제 외양 규칙(International Offshore Rule)
ISO	국제 표준 기구(International Standards Organization)
I_T	수선면 횡 관성모멘트(transverse moment of inertia of water plane area)
I_{yy}	G를 통과하는 횡축에 대한 질량관성모멘트(mass moment of inertia around a transverse axis thourgh G)
I_x	마스트의 횡 관성모멘트(transverse moment of inertia for the mast)
I_y	마스트의 종 관성모멘트(longitudinal moment of inertia for the mast)
J	전방삼각형의 기선(base of fore triangle(ISO))
k	피치 관성반경 또는 종횡비 인자(gyradius in pitch, or aspect ratio factor)
k_{AR}	면적 압력 감소 인자(area pressure reduction factor)
k_c	곡률 수정 인자(curvature correction factor)
k_{DC}	설계 카테고리 인자(design category factor)
k_L	종 방향 충격 인자(longitudinal impact factor)
K_Q	토크 계수(torque coefficient)
k_R	구조 요소와 보트 형태 인자(structural component and boat type factor)
k_{SA}	보강부재 전단면적 인자(stiffener shear area factor)
k_{SHC}	샌드위치 중심 전단 계수(sandwich core shear coefficient)
k_{SLS}	경 구조 고속 세일보트의 슬레밍 인자(slamming factor for light, fast sailboat)
k_{SUP}	선루 압력감소 인자(superstructure pressure reduction factor)
K_T	추력 계수(thrust coefficient)
k_V	수직 충격 인자(vertical impact factor)

k_1	굽힘 강성 계수(bending stiffeness coefficient)
k_2	굽힘 강도 응력의 종횡비 계수(aspect ratio coefficient for bending strength)
k_3	굽힘 강성의 종횡비 계수(aspect ratio coefficient for bending stiffness)
k_4	외피 위치 인자(skin location factor)
k_5	외피 섬유유형 인자(skin fibre type factor)
k_6	외피 강건 인자(skin robustness factor)
k_7	최소 두께 인자(minimum thickness factor)
k_8	최소 두께 인자(minimum thickness factor)
l	판넬의 장축(long edge of panel)
L	일반적으로 길이, 또는 레이팅 상의 길이, 또는 양력(length, general, or length rated, or lift)
L_F	플로어 길이(floor length)
L_K	킬 뿌리 길이(keel root length)
$l_{1,2,3}$	리그 판넬 길이(rig panel lengths)
l_a	LWL에서부터 후방스테이 상단까지의 거리(distance from LWL to top of aft stay)
l_c	앞날에서 효과중심까지의 거리(distnace from leading edge to centre of effort)
l_u	미지지 소부재 길이(unsupported length of stiffener)
LCB	종 방향 부력 중심(longitudinal centre of buoyancy)
L_H	선체길이(length of hull)
L_{OA}	전장(length overall)
L_{PP}	수선간 거리(length between perpendiculars)
L_{WL}	수선 길이(length of waterline)
m	질량, 질량배수량, 마스트 재료 인자(mass displacement, mass(general), or mast material factor)
m_K	발라스트 킬 질량 (mass of ballast keel)
m_{LA}	만재도착조건의 질량(mass in loaded arrival condition)
m_{LDC}	만재 배수 질량(loaded displacement mass)
M	굽힘 모멘트 또는 메터센타(bending moment, or metacentre)
Mb_{hull}	선체 굽힘 모멘트(hull bending moment)
M_{fl}	플로어 굽힘 모멘트(floor bending moment)
M_{kl}	좌초에 의한 플로어 굽힘 모멘트(floor bending moment, from grounding)
M_{kt}	킬로부터의 횡 모멘트(transverse moment from keel)

m_{MO}	최소운항조건질량 (mass in minimum operating condition)
M_r	타 굽힘 모멘트(rudder bending moment)
M_s	스프레더 굽힘 모멘트(spreader bending moment)
N	타력 인자(rudder force factor)
NBS	노르딕 보트 표준(Nordic Boat Standard)
n	승조원 수, 회전수, 킬과 연계된 늑판 수(number of persons on board, or rate of revolutions, or number of floors in way of keel)
n_{cg}	동적 부하 인자(dynamic load factor)
n_{kb}	킬 볼트 수(number of keelbolts)
OF_{bolt}	킬 볼트 옵셋(keel bolt offset)
O_x	횡 프랙셔널 마스트 탑 길이(transverse fractional mast top length)
O_y	종 프랙셔널 마스트 탑 길이(longitudinal fractional mast top length)
P	메인 세일 높이, 프로펠러 피치, 힘(height of mainsail(ISO), or propeller pitch, or load, general)
P_a	백스테이 설계 하중(dimensioning aft stay load)
P_{ah}	백스테이 수평성분(horizontal part of aft stay load)
P_{av}	백스테이 수직성분(vertical part of aft stay load)
P_b	선저 압력(bottom pressure)
P_{BMD}	배수량형 파워보트의 선저 압력(displacement powerboat bottom pressure)
P_{BMP}	활주형 파워보트의 선저 압력(planning powerboat bottom pressure)
P_{BS}	세일보트 선저 압력(sailboat bottom pressure)
P_c	복합재료 물성치(composite property)
P_{cirt}	임계하중(critical load)
P_D	전달 동력, 설계 압력(delivered power, or design pressure)
P_{deck}	갑판에서의 압축력(compression force in deck)
P_{DM}	파워보트 갑판압력(powerboat deck pressure)
P_{DS}	세일보트 갑판압력(sailboat deck pressure)
$P_{D,V}$	슈라우드 설계 하중(dimensioning shroud load)
P_{fh}	포스테이 하중의 수평 성분(horizontal part of forestay load)
P_{fi}	안측 포스테이 설계 하중(dimensioning inner forestay load)
P_{fo}	외측 포스테이 설계 하중(dimmensioning outer forestay load)
P_{fv}	포스테이 하중의 수직 성분(vertical part of forestay load)

P_{hd}	스테이 힘의 수평 성분(horizontal component of stay forces)
P_{kb}	킬 볼트 하중 장력(keelboat load tension)
P_{kt}	총 킬 볼트 하중(total keel boat load)
P_m	매트 특성(mat property)
P_{mast}	마스트 압력(mast pressure)
PT	마스트 설계 하중(dimensioning mast load)
P_r	좌초 하중(grounding load)
P_{SMD}	배수량형 파워보트 측면 압력(displacement powerboat side pressure)
P_{SMP}	활주형 파워보트 측면 압력(planning powerboat side pressure)
P_{SS}	세일 보트 측면 압력(sailboat side pressure)
P_{SUPM}	파워보트 상부구조물 압력(powerboat superstructure pressure)
P_{SUPS}	세일보트 상부구조물 압력(sailboat superstructure pressure)
P_{TB}	탱크 설계 압력(design pressure, integral tank)
P_{WB}	수밀 격벽 설계 압력(design pressure, watertight bulkhead)
Q	토크(torque)
R	저항, 세일의 리프 인자(resistance, general, or reef factor of sails)
R_A	공기저항(windage)
R_{AW}	파에 의한 부가저항(added resistance in waves)
R_F	마찰 저항(frictional resistance)
R_H	경사 저항(heel resistance)
RM	복원모멘트(righting moment)
RM_1	1도 경사시의 복원모멘트(righting moment at 1 deg heel)
RM_{30}	30도 경사시의 복원모멘트(righting moment at 30 deg heel)
RM_{90}	90도 경사시의 복원모멘트(righting moment at 90 deg heel)
R_n	레이놀즈 수(Reynolds number)
RORC	영국 왕립 원양 경기 클럽(Royal Ocean Racing Club)
R_R	잉여 저항(residuary resistance)
r_t	앞날 반경
R_{VC}	타 효과 중심, 상단으로부터 수직 거리(Rudder centre of effort, vertical distance from top)
RYA	영국왕립요트협회(Royal Yachting Association)
s	구조 보강부재간 간격(spacing of stiffeners)

$S_{(n)}$	스프레더 길이(length of spreader)
SA	전체 삼각형 세일 면적(total triangular sail area)
SAF	세일 면적, 전방삼각형(sail area, fore triangle(ISO))
SAM	세일면적, 메인세일, 삼각형(sail area, mainsail, triangle(ISO))
SL	스피네커 리치 길이(length of spinnaker leech(ISO))
SM	단면 계수(section modulus)
SM_{fl}	플로어 단면 계수(floor section modulus)
SM_{hull}	선체 거더 단면 계수(hull girder section modulus)
SM_i	판넬 내부의 단면 계수(section modulus to inside of panel)
SM_k	킬에서의 단면계수 증가분(section modulus increase in way of keel)
SM_o	판넬 외부의 단면 계수(section modulus to outside of panel)
SMW	스피네커 폭(spinnaker width(IOR))
S_W	접수 면적(wetted surface area)
S_{Wc}	나선의 접수 면적(wetted surface area of canoe body)
t, t_{max}	두께, 최대 두께(thickness and maximum thickness, respectively)
T	요트의 흘수, 프로펠러 추력, 인장강도(draft of yacht, or propeller thrust, or tensile strength)
T_1	파 주기, 전방 세일의 횡 방향 힘(wave period, or transverse foresail force)
T_2	메인세일의 횡 방향 힘(transverse mainsail force)
T_{boom}	메인세일 저선의 횡 방향 힘(transverse force at foot of mainsail)
T_{bu}	상단 붐의 힘(upper boom force)
t_c	코어 두께, 차인 두께(core thickness, chine thickness)
TCG	횡 방향 무게 중심(transverse centre of gravity)
t_f	페이스 두께(face thickness)
T_{head}	메인세일 상단의 횡 방향 힘(transverse force at top of mainsail)
t_k	킬 스트레이크 두께(keel strake thickness)
T_{hl}	하단 슈라우드 힘(lower shroud force)
T_{hu}	상단 슈라우드 힘(upper shroud force)
T_K	나선 아래 킬 흘수(draft of keel below canoe body)
T_R	테이퍼 비(taper ratio)
Tr	타의 비틀림 모멘트(rudder torsional moment)
Ts	정지 시간(time to stop)

t_s	외피 두께, 선미 스트레이크 두께(skin thickness, stem strake thickness)
V	배수 용적, 요트 속력(volume displacement, or yacht speed)
V1,2	수직방향 슈라우드(vertical shroud)
V_{AW}	겉보기 풍속(apparent wind speed)
V_{AWe}	유효 겉보기 풍속, 요트 경사(effective apparent wind speed, yacht heeled)
VCB	수직방향 부력 중심(vertical centre of buoyancy)
VPP	속도 예측 프로그램(Velocity Prediction Program)
V_s	요트 속도(yacht speed)
W	배수량, 섬유각도(weight displacement, or fibre angle)
w	섬유 질량(fibre mass)
W_f	섬유 함유량, 비(fibre content, ratio)
W_k	발라스트 무게(weight of ballast)
X_0	중립축 위치(position of neutral axis)
x	선미수선으로부터 중앙 판넬 또는 보강부재까지의 거리(distance of mid panel or stiffener from aft end of LWL)
x_{lc}	선단으로부터 타주까지의 거리(distance from leading edge to centre of rudderstock)
X_m	복합재료에서 매트의 비(ratio of mat in a composite)
X,Y,Z	직교 좌표계, FP에 원점, 후방으로 X, 우현으로 Y(Cartesian coordinates. Origin at FP, X afterwards, Y to starboard)
y	변위(deflection)
Yk	수선에서 킬의 무게 중심까지의 거리(distance from keel centre of gravity to LWL)
Z	수선에서 선체 상단 또는 갑판까지의 높이(height of top of hull or deck above LWL)
Z_{CBk}	수선으로부터 킬 부력중심까지의 거리(distance from water surface to keel centre of buoyancy)
α	받음각(angle of attack)
α_a	선미 스테이 각도(aft stay angle to mast)
α_f	선수 스테이 각도(forestay angle to mast)
β	선체받음각, 선저구배 각도(leeway angle, deadrise angle)
$\beta_{1,2,3}$	사선 슈라우드 각도(diagonal shroud angle to mast)
β_{AW}	겉보기 바람 각도(apparent wind angle)
$\gamma_{1,2}$	수직 슈라우드 각도(vertical shroud angle)
δ	테일러 매개 변수, 스프레더의 수평방향 각도(Taylor parameter, or horizontal angle of spreader)
δ_{RM}	사람에 의한 추가 복원력(additional righting moment from crew to windward)

η	안전 계수(safety factor)
η_0	프로펠러 효율(propeller efficiency)
Θ	트림 각도(trim angle)
λ	파장(wavelength)
Λ	후퇴각(sweep angle)
υ	동점성 계수(kinematic viscosity)
ρ	밀도(density)
σ	수직 응력, 케비테이션 넘버(normal stress, or cavitation number)
$\sigma_{0,2}$	항복 응력(yield stress)
σ_a	설계 응력(design stress)
σ_c	타주의 설계 응력(design stress for rudder stock)
σ_d	설계 응력(design stress)
σ_f	샌드위치 페이스의 수직 응력(normal stress in sandwich face)
σ_u	최종 응력(ultimate stress)
σ_y	항복 응력(yield stress)
τ	버릴 변수, 전단응력(Burrill parameter, or shear stress)
τ_d	설계 전단 응력(design shear stress)
τ_u	최종 전단 응력(ultimate shear stress)
Φ	경사 각도(heel angle)
ω_φ	횡요 고유진동수(natural frequency(in roll))
ω_e	조우 주파수(frequency of wave encounter)
∇	배수 용적(volume displacement)

색인	
c	나선(canoe body)
k	킬(keel)
r	타(rudder)
u	위(upper)
l	아래(lower)

단위 환산표

미터단위를 파운드 단위로 바꿀 때는 x를 곱하고, 파운드 단위를 미터 단위로 바꿀 때는 y를 곱하시오.

미터법	파운드 법	x	y
길이			
Mtillimetres(mm)	Inches	0.039	25.40
Centimetres(cm)	Inches	0.394	2.540
Metres(m)	Inches	39.37	0.025
Mletres(m)	Feet	3.281	0.305
Metres(m)	Yards	0.914	1.094
Kilometres(km)	Geographic miles	0.621	1.609
Kilometres(km)	Nautical miles	0.539	1.8532

면적			
Square millimetres(mm^2)	Square inches	0.0016	645.10
Square centimetres(cm^2)	Square inches	0.155	6.452
Square metres(m^2)	Square inches	1600.0	0.00063
Square metres(m^2)	Square feet	10.764	0.0929
Square metres(m^2)	Square yards	0.8355	1.1968

부피			
Cubic centimetres(cm^3)	Cubic inches	0.0610	645.10
Cubic metres(m^3)	Cubic feet	35.315	0.0283
Cubic metres(m^3)	Cubic yards	0.764	1.309
Litres(L)	Cubic inches	61.024	0.0164
Litres(L)	Cubic feet	28.317	0.0353
Litres(L)	US gallons	0.264	3.785
Litres(L)	Imp gallons	0.220	4.546

미터법	파운드 법	x	y
질량과 무게			
Grams(g)	Ounces	0.353	28.350
Kilograms(kg)	Pounds	2.2046	0.4536
Tonnes, metric(T)	Pounds	2204.6	0.00045
Tonnes, metric(T)	Tons, long	0.9843	1.0160
Newton(N)	Pounds	0.2247	4.450
Kilonewton(khr)	Pounds	224.73	0.0044
밀도			
Kilograms/m^3(kg/m^3)	Pounds/cubic foot	0.0624	16.026
압력, 응력, 일, 에너지			
Newton/mm^2(N/mm^2)	Pounds/sq inch	144.95	0.0069
Kilonewton/mm^2(kN/mm^2)	Pounds/sq inch	144950	0.0000069
Pascal(Pa)(= 1 N/m^2)	Pounds/sq inch	0.00014	6899
Kilopascal(kPa)(= 1 kN/m^2)	Pounds/sq inch	0.14495	6.899
Megapascal(MPa)(=1 N/mm^2)	Pounds/sq inch	144.95	0.0069
Gigapascal(GPa)(=1 kN/mm^2)	Pounds/sq inch	144950	0.0000069
Newton–metres(Nm)	Foot–pounds	0.7370	1.3568
Kilonewton–metres(Um)	Foot–pounds	737.00	0.0136
Horsepower(metric)	Horsepower(imp)	1.0142	0.9860
Kilowatts(kW)	Horsepower(imp)	0.7463	1.3400
속력			
Metres per second(m/s)	Feet per second	3.2808	0.3048
Metres per second(m/s)	Knots	1.9425	0.5148
Kilometres per hour(km/h)	Miles per hour	0.6214	1.6093
Kilometres per hour(km/h)	Knots	0.5397	1.8532

소개

지난 50여 년 동안 요팅(yachting)은 소수만의 스포츠에서—대다수의 사람이 하기에는 너무 비싼—세계적으로 수백만의 사람들이 즐기는 레크리에이션 활동으로 성장하였다. 1960년대에는 비교적 자유롭게 이용할 수 있는 매력적인 해안들이 많았지만 요즘은 하룻밤 배를 계류할 만한 적당한 장소를 찾는 게 어려워졌다. 같은 맥락으로 딩기 경기부터 아메리카스 컵이나 세계일주 경기 등 다각도로 경기에 대한 관심 또한 높아졌다. 이 기간 동안 새로운 요트 설계와 프로페셔널, 아마추어 요트 설계자들도 많이 나타났다. 사실 많은 요트맨들은 요트 뒤에 숨어 있는 설계의 원론과 세일링 이론에 대해 관심이 많다. 요트 잡지 중 많은 수가 설계분야를 정기적으로 싣고 있다.

동시에 요트에 관한 연구도 많이 늘었다. 아메리카스 컵의 경우 총비용이 3억 파운드에 육박하고, 10분의 1 정도가 연구 개발에 사용된다. 요트에 관한 연구는 정기적으로 여러 학회에서 발표되는데 미국의 체사픽 세일링 요트 심포지엄(Chesapeake Sailing Yacht Symposium)과 홀랜드의 히스와 심포지엄(HISWA Symposium), 뉴질랜드의 고성능 요트설계 심포지엄(High Performance Yacht Design Symposium), 프랑스의 이노브세일(Innov'Sail)회의 같은 것이 있다. 지난 20여 년 동안 몇몇 대학에서 요트연구소(Yacht Research Unit)가 설립되었다. 오클랜드의 연구소는 세일연구에 특화된 풍동을 보유하고 있다. 스웨덴의 찰머스 대학(Chalmers University of Technology)은 요트의 전산기법이 전문이다. 비슷한 목적의 미국 스탠포드 대학도 있다. 가장 잘 알려진 연구소로는 영국 사우스햄턴의 울프슨 유닛(Wolfson Unit)으로 오랫동안 활동해오고 있다.

100년 전, 스킨(Skene)은 지금의 요트설계요소(Elements of Yacht Design)라고 알려진 책을 썼는데 이 책은 키니(Kinney)에 의해 여러 번 수정되었다. 근 100년 동안 이 책은 이 분야에 '성서'로 알려져 있다. 또 다른 두 권의 책이 있는데 이 책들은 다소 고전적인 것으로 필립 버트(D Phillips-Birt)가 쓴 세일링 요트 설계(Sailing Yacht Design)와 헨리(R G Henry)와 밀러(R T Miller)가 쓴 세일링요트 설계－순수예술의 발견(Sailing Yacht Design－An Appreciation of a Fine Art)이라는 책들이다. 이 책들은 1950년도와 60년도에 각각 출간되었고 절판되어 더 이상 광범위하게 사용되고 있지는 않는 것으로 보인다. 그러나 후자의 경우 흥미있는 논문, 밀러(R T Miller)와 커크맨(K L Kirkman)이 쓴 세일링 요트 설계－순수예술의 새로운 발견(Sailing Yacht Design – A New Appreciation of a Fine Art)이라는 제목으로 미국조선학회(Society of Naval Architects and Marine Engineers) 연례회의에서 업데이트 되었다.

세일링 이론에서 가장 잘 알려진 책으로는 마챠(C A Marchaj)가 쓴 역작들로 1964년 세일링 이론과 실제(*Sailing Theory and Practice*), 1979년 세일링의 공기–유체동역학(*Aero–Hydrodynamics of Sailing*), 1986년 내항성–잊혀진 요소(*Seaworthiness–the Forgotten Factor*) 그리고 1996년 세일성능 : 세일파워를 최대화하는 기법들(Sail Performance : Techniques to Maximize Sail Power)이라는 책들이 있다. 그 외 같은 분야의 책으로 케이(H F Kay)가 쓴 요트의 과학–바람과 물(*The Science of Yachts–Wind and Water*)와 해밋(A G Hammitt)이 쓴 기술적 요트 설계(*Technical Yacht Design*)라는 책이 있는데 이 두 권 모두 1970년 초반에 출간되었다. 그러나 이러한 책들은 설계자에게는 그리 유용하지도 않은데 설계 방법론이나 기존 요트에 대한 통계적 데이터 또는 설계 평가 기법 등을 포함하고 있지 않기 때문이다. 또한 이 책들은 유체역학이나 공기역학과 같은 부분에 집중해 있으며, 하중, 강도, 구조 나아가 설계 실무와 같은 부분은 언급하지 않거나 매우 간단하게 취급하고 있다.

최근의 책으로는 콘넬(D Connell)과 레더(J Leather)가 쓴 '요트설계의 현대적 진보(Modern Developments in Yacht Design)'과 구텔(P Gutelle)이 쓴 '세일링 요트의 설계(The Design of Sailing Yachts)'라는 책이 있다. 전자는 몇몇 분야에 한정하여 다루고 있기에 교과서로 쓰기에는 힘들고, 후자는 앞서 이야기한 것과 같은 카테고리를 다루고 있다. 하지만 구텔은 미래에 출간될 자신의 두 번째 권을 언급하였고 거기에는 설계의 실무적 분야를 다룰 것이라 하였다. 세일링 이론 분야의 관련 서적과 연구결과에 대한 종합적인 검토는 라슨(L Larsson)의 '요트설계의 과학적 방법(Scientific Methods in Yacht Design)'과 밀그램(J Milgram)의 '세일링 선박 설계의 유체역학(Fluid Mechanics for Sailing Vessel Design)'이라는 논문에서 찾을 수 있다. 이 논문은 유체역학 연보에 각각 1990년, 1998년 출판되었다.

이 책의 초판이 출판되었을 당시(1994년)에는 스킨의 책에 비할 만한 현대적 교과서가 없었다. 이 고전적인 책을 대신할 만한 현대물을 만드는 것은 상당히 도전적인 일이었다. 이 새로운 책은 프로페셔널, 아마추어 요트 설계자에 호평을 받았고 여러 언어로 번역되었다.

초판 이후 고급 책이 하나 출현했는데 클로튼(Claughton), 웰리컴(Wellicome)과 시노이(Shenoi)가 편집한 '세일링 요트 설계(Sailing Yacht Design)'라는 책(이론과 실무라는 두 권의 책으로 출간되었다)과 가장 최근에 포사티(F Fossati)에 의한 '공–수동역학과 세일링 요트의 성능(Aero–Hydrodynamics and the performance of sailing yachts)'이라는 책이 있다. 이런 종류의 책이 성공하기 위해서는 두 가지 조건을 만족해야 한다.

- 요트설계의 모든 면을 다루어야 한다.
- 아마추어가 이해할 수 있어야 하지만, 프로페셔널 설계자도 흥미가 있을 정도로 상급이어야 한다.

이제부터는 이 책에 대한 짧은 소개와 위의 두 조건을 만족시키기 위해 사용한 전략을 설명한다.

이 책은 설계 절차에서 추천하는 방법론을 먼저 설명한다. 요트의 사양과 설계 개념은 2장에 있고, 3장과 4장에서는 선형의 기하학적인 내용과 정수 중 그리고 파도 중에서의 유체정역학, 복원성을 다룬다. 선체, 킬, 타의 유체동역학적 설계 그리고 세일의 공기역학적인 내용은 5, 6, 7장에서, 요트의 균형을 찾는 방법은 8장에 서술하였다. 9장은 프로펠러와 기관을 선택하는 방법, 10장에서는 활주선을 소개하였다.

구조설계에 대한 내용은 11, 12, 13, 14장에서 다루었다. 리그와 선체에 작용하는 하중들이 정의되었고 계산하는 방법도 소개했다. ISO표준에 따른 구조 계산 방법을 설명하고 하나의 예를 통해 계산을 완료했다. 샌드위치 라미네이트를 포함한 여러 종류의 강화플라스틱에 대한 내용도 있다. 실무적인 문제인 배치에 관한 내용은 15장에 그리고 설계를 평가하는 여러 방법에 대해서는 16장에 서술하였다. 무게 계산의 예는 부록 2에 담았다.

이에 따라 설계 절차의 여러 면을 담아내었다. 두 번째 조건을 충족시키기 위해서는 소개할 내용이 잘 나타나야 하고, 여러 방법을 통해 완수하려고 하였다. 요트 설계는 그 자체로 정량적인 절차이다. 설계자는 정성적인 추론에 의존하면 안 된다. 선체가 두꺼우면 엄청난 하중을 견딜 수 있다는 것 또는 킬에 더 많은 납을 사용하면 복원성이 커진다는 것을 아는 것만으로는 충분하지 않다. 설계자가 알아야 하는 것은, 가능한 한 정확하게, 모든 조건하에서 요트가 안전할 수 있는 최소 선체 두께 또는 납의 최소 양이다. 설계자가 이런 것들에 대해 정량적으로 계산하지 못하면 요트는 필요한 것보다 느려지고 비싸지며 심지어 안전하지 못할 수 있다. 따라서 이 책에서의 기본은 설계 과정의 모든 면에 대한 식(formulae)이나 도표(diagram)를 제공하는 것이다. 독자는 설계 절차의 모든 단계에서 정량적인 평가를 할 수 있어야 한다.

우리는 수식으로 가득한 책에 대해 많은 독자들이 질겁한다는 것과 책이 너무 기술적이면 읽지 않는다는 것을 잘 알고 있다. 이런 점을 피하기 위해 본문의 공식은 그림에 집어넣었다. 진지한 설계자는 위와 같은 이유 때문에 스스로 식을 이용해 계산을 해야 할 것이다. 하지만 많은 요트맨들은 세일링의 기본 물리학에 많은 관심을 가지기 때문에 일반 요트맨들에게도 역시 흥미로울 것이다. 요트맨들은 정량적인 부분을 너무 깊이 파고들지 않아도 책을 읽어 나갈 수 있을 것이다.

반면, 수학적 관점에서 보면 이 식들은 그리 복잡한 것은 아니다. 양이 많고 길긴 하지만 모두 대수적 형태를 띠고 있다. 적분이나 미분과 같은 고등 수학은 피하였고 기본적인 수학 배경이 있는, 말하자면 고등학교 수준 정도의 사람은 이를 이해할 수 있을 것이다.

원리나 공식을 사용하는 실무 이해를 돕기 위해 41피트 급인 YD-41이라는 새로운 배의 설계를 예로 들었다. 이에 따라 각 식을 통한 YD-41의 계산 결과가 나타나 있고 관련 도면(선도, 내/외부 배치도, 리그도면, 일반배치도 등)도 포함되어 있다. 물론 이 책이 이런 형태의 요트에 한정되어 있다는 뜻은 아니다. 크루저, 레이서, 고전적, 현대적 설계와 여러 종류의 리그 형태에 대해 모두 다루게 된다. 어느 한도 내에서는 딩기도 포함이 되어있지만 다동선에 대한 것은 별로 없고 파워보트에 대한 것은 조금 나오는 정도이다. 파워보트에 대한 것은 고속선의 유체동역학과 구조설계 장에서 특별히 다루었지만 다른 장의 내용들도 충분히 파워보트에 적용할 수 있다.

YD-41의 자세한 사양은 부록 1에 명시했는데 여기에 모든 데이터가 주어져 있다. 두 세트의 데이터가 있다. 하나는 배에 필요한 모든 장비와 탱크가 반 정도 차있는 크루징 조건이고 다른 하나는 크루징 장비가 없는 경하중량 조건이다. 후자가 보통 광고에서 많이 볼 수 있는 조건이다. 부록 2에서는 서로 다른 하중 조건에 따른 YD-41의 무게 계산을 실었다.

새로운 설계와 그 성능을 평가하기 위해서는 다른 요트들과 비교하는 것이 중요하다. 따라서 여러 장에 걸쳐 통계적 데이터가 포함되었다. 기존 요트의 중간 값(median)과 95%의 요트가 포함되는 분포를 나타내었다. 또한 중간 값에서 이탈할 때 생기는 효과에 대한 언급도 있어 설계자가 어느 특정 성능을 강조할 수 있도록 하였다. 통계적 데이터에서 YD-41이 차지하는 위치도 나타내었고 2장과 부록 1에서는 요트의 사양을 통해 이 위치에 둔 동기를 나타내었다.

보다 전문적인 독자를 만족시키기 위해 상급 설계에 대한 내용도 포함이 되었는데 여기에서는 사용하는 방법이나 장비들은 프로페셔널이 아닌 사람은 접근하기가 어려운 것이다.

또한, 이 책에서 사용한 결과는 요트설계에 있어 가장 최근의 연구결과에 기초했다. 요팅 문헌에서는 이러한 것에 대해 많은 이야기를 하지 않는다.

마지막으로, 이 책의 원리와 스타일에 대해 이야기하겠다. 몇 가지 예외를 제외하고는 SI 단위계를 사용하였다. 예외는 리그와 구조계산 장이며 다른 단위계를 이용하는 표준을 사용한 것이다. 그 외에도 요트의 속도 또한 SI 단위계가 아닌 노트(knots)를 사용하였다. 아직 배의 속도를 m/s로 사용하기에는 이른 감이 있다. SI 단위계와 파운드 단위계의 변환은 이 책에 포함된 표를 참고하라.

여기서 사용한 또 다른 표준은 국제예인수조위원회(ITTC : International Towing Tank Conference)에서 사용하는 용어들이다. 이 용어들은 매우 오랜 시간에 걸쳐 만들어진 것이고 적절한 크기의 예인수조를 갖추고 있는 국가 등의 ITTC 가맹단체들과 조선공학을 가르치는 대학교들이 합의한 것이다. 부호와 용어에 대해서는 서두에 정리해 두었다.

참고자료는 책의 말미에 있다. 이 목록은 제1저자의 성을 알파벳순으로 정리하였다. 본문에서는 참고문헌에 대한 순번이 없지만, 저자의 이름으로 나타내었고 목록에서 찾기에 편할 것이다. 본문보다 목록에 더 많은 참고자료가 올라와 있다는 점도 유의하라.

CONTENTS

YACHT

설계 방법론

설계 나선

전산 설계(Computer Aided Desing)

01

DESIGN

DESIGN METHODOLOGY

1. 설계 방법론

요트 설계는 최종결과가 어떤 요구 조건을 만족시키기 위한 '시행착오' 과정이다. 설계를 하기 위해 설계자는 여러 가정(assumptions)에서 시작하며 작업하는 동안 설계가 요구조건에 맞는지 확인하는 작업을 하여 마침내 설계가 요구 조건을 만족하게 한다. 첫 번째 반복과정에서는 요구사항을 모두 만족시키지 못할 것이다. 그래서 설계자는 몇몇 가정들을 바꾸어, 일련의 설계 과정을 여러 번 반복한다. 작업 순서는 설계자가 모든 설계 단계를 수행한 다음 다시 설계 단계의 시작점으로 돌아오는 나선형태로 표현된다. 여러 번의 과정을 반복한 다음에야 원하는 결과를 얻을 수 있을 것이다. 설계나선에 대한 자세한 내용은 아래에서 다루기로 한다.

만약 모든 단계들을 손으로 직접 수행하면 매우 많은 시간이 소요되고 초기 사양을 완전히 충족하기 전에 반복 단계가 멈춰질 수 있다. 최신 전산 설계 기법(Computer Aided Design)을 적용하면 시간과 정도(accuracy) 측면에서 유리하다. 그리고 이 장의 후반부에 캐드의 적용에 대해 논의한다.

|| 설계 나선

그림 1.1에 설계 나선이 있다. 11개 단계로 구분되어 있고 각 단계는 설계자의 작업에 해당된다. 매 회전마다 모든 작업을 수행할 필요는 없고, 회전마다 작업에 사용하는 도구들도 다양하다. 원칙적으로 더 많은 단계를 포함할수록, 그리고 더 나은 도구를 사용할수록 낫다. 그림에서의 각 부분은 이 책의 장과 연결되어 있다. 설계자는 요트의 성능에 대한 사양만 가지고 시작하게 된다. 설계자의 경험 또는 다른 요트의 데이터를 바탕으로 배의 주요 데이터를 가정한다. 배수량/길이 비, 세일면적/접수면적 비와 같은 무차원 계수와 복원 팔, 메타센터 높이와 같은 것을 계산해야 하고 다른 배의 데이터로부터 설계하려는 배의 성능을 대략적으로 확인해야 한다. 절차는 2장과 16장에 정리해 두었다. 첫 나선 회전에서 설계

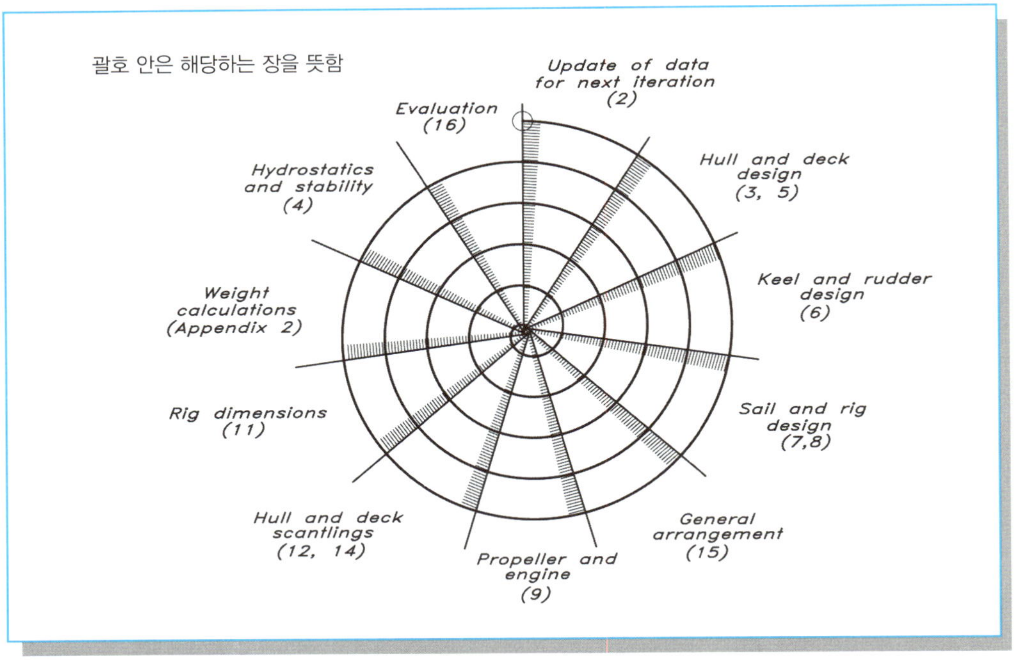

그림 1.1 설계 나선

자는 처음에서 마지막 단계로 바로 넘어가고 평가는 매우 개략적이다.

주요 계수를 조절한 다음, 두 번째 회전에서는 선형, 킬, 타, 세일배치도와 같은 실제 설계를 시작해야 한다. 이에 대한 이론은 3장, 5장, 6장, 7장 및 8장에서 다룬다. 개략적인 내부 배치 및 외관 설계를(15장) 진행하여 초기 중량 추정을 해야 하고 나아가 복원성 계산을 해야 한다(4장). 당연히 중량과 복원성이 바르게 추정되지 않을 것이기에 요구사항을 합리적으로 충족시키기 위해서는 여러 번의 회전이 필요하게 된다. 당연히 각 회전마다 이전에 했던 모든 작업들을 다시 반복하지 않아도 된다. 합리적인 요트의 중량과 복원성을 찾고 나면, 다음 회전에서는 기관의 선택뿐만 아니라 자세한 구조 계산과 리그 치수 계산 등이 포함 된다(9~14장). 오직 이 단계에서만 정확한 중량 계산이 수행될 수 있다(부록 2).

설계자가 마지막 답에 도달하게 되면 설계를 더욱 신중하게 평가하게 되는데 이것을 위해서는 속도예측프로그램(VPP : Velocity Prediction Program)이 필요하다. 이러한 프로그램은 16장에 있다. 더 정확한 기법들인 예인수조실험이나 전산유체역학도 역시 있다. 아마추어 설계자는 이런 프로그램을 사용하기가 힘들기에 설계 평가는 경험에 의존하게 된다.

어떤 단계에서는 내부적인 반복이 필요한데 선형 설계 영역이 그러한 경우이다. 선체의 체적과 체적 분포에 대한 요구사항은 아마도 사전에 정해져 있고 이를 만족하기 위해서는 여러 번의 반복이 필요하다. 이 과정을 손으로 직접 하게 되면 선도를 부드럽게 하기 위해서 여러 관점에서 반복을 해야 한다(3장). 유체정역학과 복원성 단계에서는 배가 큰 각으로 기울어질 때의 적절한 흘수 증가량(sinkage)과 트림을 찾기 위해 과정을 여러 번 반복해야 한다.

‖ 전산 설계(Computer Aided Design)

최근 급속한 계산기 발전 덕분에, 전산설계 또는 캐드(Computer Aided Design)를 개인 컴퓨터에서 효과적으로 할 수 있다. 작업 과정을 빠르게 하기 위해서 고해상도 화면과 특별한 그래픽 소프트웨어가 필요하다. 레이저 프린터는 소규모 그래픽 출력에는 좋고, 전문 설계자는 실물 크기까지 출력하기 위해 다양한 크기의 펜 플로터를 사용한다. 요트 설계용 캐드 시스템의 가장 중요한 모듈은 선도를 생성하는 프로그램으로 1980년대 초반부터 사용할 수 있었다. 이러한 프로그램은 선형을 넙스(NURBS) 패치를 이용해 수학적으로 표현한다. 보다 자세한 내용은 노바키, 블루어와 오렉시비치가 쓴 '선박의 전산 기하학(Computational Geometry of Ships)'이라는 책을 참고하라. 선체 표면의 어떤 점이라도 수학적인 표현에서 찾아낼 수 있다. 더 정확하게 얘기하자면 점의 두 개 좌표가 주어진다면 프로그램은 세 번째 점을 계산한다. 따라서, 선수부터 거리 X, 수선으로부터 거리 Z의 값을 사용자가 제시하면, 프로그램은 그 위치에서의 선폭 거리인 Y를 계산한다. 선체 표면을 자르는 것이 가능하다. 예를 들어 선체단면이나 수선면을 얻는 것이다.

선형을 나타내는데 있어서 기본적으로 두 가지 문제가 있다. 보통 새로운 선형을 생성하거나 또는 기존의 선형을 복사하는 것 중 하나다. 복사는 문제가 더 어렵다. 주어진 형상에 가까이 가기 위해 반복작업을 할 수 있지만 많은 시간이 소요된다. 다행히도 설계자는 보통 새로운 선형 생성 작업에 관심 있다. 새로운 선형을 생성하려면 설계자는 곡면 근처에 있는 조정점(vertices)라고 불리는 점들의 집합을 다루어야 한다. 조정점을 움직이게 되면 부분적으로 곡면이 변하지만 여전히 부드러운 곡면을 유지한다. 거의 모든 프로그램에서는 곡면의 곡률이 표시되고, 이것으로 설계자는 순정(fairing)된 선도를 만들어 낼 수 있다. 어떤 프로그램에서는 선에 있는 점을 사용하지만 국제 시장에 유통되는 주요 프로그램에서는 조정점을 이용한다. 이런 접근 방법이 순정된 선도를 만드는데 효과적이라는 것에 설계자 사이에서 동의가 되어 있는 것으로 보인다. 3장에서는 어떻게 조정점으로부터 선형이 생성하는지를 보여주고 있다.

선형 프로그램에서는 선형을 돌려가며 보는 것이 가능하고 원하는 각도에서도 선형을 볼 수 있도록 한다. 선형을 3차원으로 볼 수 있다는 것은 손으로 설계하는 방식과 가장 차별되는 점이다. 예를 들어, 3차원으로 보는 현호선(sheer line)의 모양은 옆에서 보는 것과 비교하면 상당히 다르게 되는데 이는 선의 왜곡이 있기 때문이다.[1] 옆에서 보기에는 좋은 선인데 실제에서는 형편없는 선이 될 수 있다. 더 나은 프로그램 중에는 갑판 및 상부구조를 선형 모델로 포함한다. 그리고 요트의 이런 부분들을 선형과 같이 3차원으로 나타내고 여러 시각에서 볼 수 있다. 어떤 프로그램에서는 이것들을 따로 다룬다. 대각도 경사시의 복원력을 계산하기 위해서는 갑판과 선실 및 조종공간이 모델링 되어야 한다. 복원력 계산은 각각의 부분을 대강 붙인 이후에 독립된 모듈에서 수행한다. 킬/타 모듈도 캐드 시스템에서 가능하다. 설계자는 수많은 형상 중에서 하나를 선택하고 평면형상을 결정한다. 이 모듈을 이용해서 부피, 킬의 무게, 무게중심 및 유체동역학적 효과중심(centre of effort)을 계산한다. 유체동역학적 효과 중심은 요트의 균형을 잡는데 필요하고 8장에서 설명한다. 이를 위해서는 세일배치도가 필요한데, 몇몇 캐드 시스템에서는 주어진 세일의 면적과 중심을 계산하기도 한다.

무게 및 무게 중심 위치는 중량계산 프로그램에 의해 계산되고 이를 위해서는 갑판 위 모든 품목의 무게와 기준선으로부터 떨어진 위치정보가 필요하다. 부록 2에는 위와 같은 프로그램의 입출력값이 나타나 있다.

요트 캐드시스템의 매우 중요한 모듈로 유체 정역학과 복원성 관련 프로그램이 있다. 이 프로그램은 4장에서 소개되며 소경사 및 대경사시의 복원성, 중량 당 흘수 증가량, 모멘트 당 트림의 각도 등도 포함되어 있다. 복원성 계산은 각각의 경사각에서 흘수 증가량과 트림을 계산해야 하는데 만약 손으로 계산을 하게 되면 시간이 매우 많이 걸리는 절차다.

속도 예측 프로그램 역시 캐드 시스템의 모듈로 간주한다. 위에서 설명한 대로 이 프로그램은 선체, 킬, 타 및 세일의 제원과 관심대상이 되는 모든 바람속도와 방향을 기초로 하여 배의 속도, 경사각 그리고 선체받음각(leeway)을 계산한다. 또는 초기 설계 나선에서 사용할 수 있도록 매우 간단하게 성능추정을 할 수 있는 모듈도 있으며 이 때는 주요 변수만 사용한다.

---

1 예를 들면 착시효과가 있다.

마지막으로, 요트의 구조설계 프로그램이 있다. 이 프로그램들은 선급의 규칙을 바탕으로 하고 있으며 미국선급(ABS : American Bureau of Shipping), 영국 선급(LR, Lloyd's Register of Shipping) 등의 선급들 또는 국제표준 ISO 12215 등이 있다. ISO 표준은 14장에서 소개한다. 리그와 그 구조 계산에 필요한 방법들은 기본적인 강도 이론이나 유한 요소 기법을 바탕으로 한다.

캐드는 요트생산에 이용되는 캠(CAM : Computer Aided Manufacturing)으로 이어진다. 예를 들어 시간이 많이 필요한 현도작업(lofting)같은 것이 없어지게 한다. 전통적으로, 요트 제작자는 설계자로부터 옵셋 표(offset table)를 받아서 이를 바탕으로 실제 크기의 형판(template)을 만드는 현도 작업을 하게 된다. 이 형판은 배의 제작 과정에 사용되기 때문에 꼭 필요하다. 외판 전개도 역시 캐드시스템에서 얻을 수 있으며, 강이나 알루미늄 선체의 제작을 간단하게 한다.

YACHT

사전검토 사항

보트 형식의 선택 / 사용 목적
주요수치 / 비용

02

DESIGN

PRELIMINARY CONSIDERATION

2. 사전검토 사항

실제 디자인을 하기 전에 우리는 요트의 목적을 명확하게 알아야 한다. 요구사항, 제약, 설계의 목적은 무엇인가? 이 장에서는 설계의 출발점에서 알아야 할 사항을 알아본다.

‖ 보트 형식의 선택

선주가 개인이건 조선소이건 자기가 의도하는 보트 형식에 대해 확실한 생각을 갖고 있을 것이다. 많은 사람들은 어떤 특별한 요트를 마음에 두고 있기에 배의 크기, 스타일, 배치, 의장, 선체 등을 바꾸면 그들의 요구사항을 만족시킬 수 있다. 그러나 이러한 전제들은 지리적 조건, 경제적 조건, 사용목적 등에 따라서 변경되는 경우가 많다.

개인적인 의견이 논리적이거나 과학적인 근거보다 형식의 선택에 더 많은 영향을 끼친다. 즉, 논리적이거나 과학적인 근거를 따로 설정하지 않을 경우, 개인적인 의견 다음으로 영향을 끼치게 된다.

‖ 사용 목적

가장 먼저 검토해야 할 사항이 사용 목적(intended use)이다. 요트가 경주용이냐 아니면 크루저용이냐 하는 것에서 시작이다. 경주용이라면 자연스럽게 어느 규칙에 근거할 것인지, 어느 클래스에서 경기를 할 것인지에 따라 설계가 진행될 것이다. 이런 방법은 기존의 성공작들과 비교해서 배의 크기, 크루 수, 리그의 형식과 크기 등을 결정할 수 있게 되어 설계의 좋은 시작점이 된다. 보트의 형식과 크기가 정해지면, 이어지는 장에서 소개할 절차에 따라 설계를 진행할 수 있고 조정을 통해 규칙에 부합하게 할 것이다.

크루저의 경우, 선체, 갑판, 주거실 및 리그의 설계에 영향을 끼치는 최우선 요구조건은 바로 사용 목적이다. 즉, 요트의 사용 목적이 대양, 근해, 연안 등 어디에서 사용하는가이다. 당연히, 배를 다룰 수 있는 크루가 충분하다면 큰 요트를 설계하여 안전성, 복원성 및 성능 등을 높일 수 있다.

여기에서 타협의 필요성이 생긴다. 요트에서는 속력, 내항성, 조종성, 승선감 등의 성능들이 서로 충돌을 일으키고, 그 충돌이 작을수록 좋은 설계가 된다. 설계의 초기 단계에서 어떤 특정 성능에 주안점을 둘 것인가를 결정해야 한다.

출발점에서부터 설계의 우선순위를 두면 피해를 최소한으로 줄일 수 있는 타협점이 어디에 있다는 것을 알 수 있다. 배의 형식, 사용목적에 붙는 제한을 고려하지 않고 모든 성능을 만족하는 완벽한 요트를 설계한다는 가정 하에서 많은 요트들이 설계되고 있다. 좋은 설계를 하기 위해서는 사용목적을 명확히 하는 것이 중요하며 요트에 부여되는 요구조건을 중시하고 요구조건을 만족시킬 수 있는 요소들을 가진 배를 선택하는 것이 필요하다. 일단 요트의 형식이 결정되면 설계 과정 전체를 통해 끝까지 고수해야 한다. 물론 설계중 변경이 있을 수 있지만 만약 중대한 변경들이 발생한다면 아예 처음부터 다시 시작하는 것이 최상의 방법이다.

사용목적은 배가 세일링하는 해역, 성능, 세일링 범위뿐만이 아니라 이 배를 누가, 어떤 환경에서 사용하느냐 하는 것까지도 포함된다. 만약 대여를 하는 배를 설계하는 경우라면 많은 많은 사람들이 사용할 수 있는 많은 침대와 넓은 조종칸(cockpit)이 필요하게 된다. 해상에서의 시간은 한정이 될 것이고 숙박은 항이나 앵커링(anchoring)상태에서 할 것이다. 그리고 배를 다루는 시스템들은 초보자라도 이해할 수 있어야 한다. 반대로 소수의 인원으로 장거리 횡단을 계획하고 있는 선주의 경우는 앞서 와는 반대가 될 것이다.

‖ 주요수치

일반적으로 보트는 클수록 성능이 향상되고 편안해진다. 반면 크루 수가 적을 경우에는 힘들어진다. 크기는 항해 해역에도 영향을 받는다. 대양 항해용 배는 보다 좋은 성능이 필요하다. 강풍이나 악천후에 견디는 능력뿐만 아니라 연료나 물 등의 적재 능력도 필요하다. 이런 조건은 모두 큰 배를 지향하고 있다. 그러나, 크기라는 것은 길이만을 의미하는 것은 아니다. 오히려 배수량(displacement)이라 말이 더 적당한 척도가 되는데 이는 배수량이 배의 부피를 뜻하기 때문이다. 비슷한 배수량의 두 배를 비교해 보면 긴 쪽의 배가 보다 나은 성능을 가지지만 이 배의 적재능력은 짧은 배와 거의 같다.

주 관계-기본 모델과 관련 없음	Scale Factor
Assumed:	L
sail area	$L^{1.85}$
beam, depth, freeboard	$L^{0.70}$
keel & rudder span, chord, thickness	$L^{0.70}$
Derived:	
areas – section	$L^{1.40}$
– wetted – hull	$L^{1.70}$
– keel & rudder	$L^{1.40}$
– lateral – hull	$L^{1.70}$
– keel & rudder	$L^{1.40}$
volumes – hull	$L^{2.40}$
– keel	$L^{2.10}$
ratios – $L_{WL}/\nabla^{1/3}$ *(ex-keel)*	$L^{0.20}$
– $SA/\nabla^{2/3}$ *(ex-keel)*	$L^{0.25}$
Second moments of waterplane – lateral	$L^{3.10}$
– longitudinal	$L^{3.70}$

부 관계-기본 모델과 어느 정도 관련 있음	
Total volume of displacement	$L^{2.38}$
Total wetted area	$L^{1.63}$
Sail area / wetted area	$L^{0.22}$
Sail area $/\nabla^{2/3}$ *(incl-keel)*	$L^{0.26}$
Distance of VCB below L_{WL}	$L^{0.64}$
$\overline{BM}$	$L^{0.72}$
$\overline{GM}$	$L^{0.45}$
Initial righting moment	$L^{2.83}$
Separation of centres of effort (lead)	$L^{0.86}$

그림 2.1 비례와 크기(바클라)

기관, 갑판장비, 리그 등은 요트의 크기, 길이, 중량, 폭 등과 많은 관련이 있다. 한정된 기관용량으로 속도를 내려 하면 길이/중량비가 매우 중요한 인자가 된다. 충분한 세일을 펴기 위해 필요한 복원성은 배의 폭-중량비가 뒷받침되어야 한다. 이와 관련해서 경사모멘트는 배의 크기에 3승으로 증가하지만 복원력은 크기의 4승으로 증가한다. 그렇기 때문에 선형적으로 보트를 크게 한다고 해서 좋은 성능과 복원성을 가지는 설계가 되진 않는다.

스코틀랜드의 세인트 앤드류 대학의 바크라(H M Barkla)는 요트 크기를 길이 $7m$에서 $19m$까지 일정한 비율로 크게 하며 척도의 변화에 대하여 조사하였다(그림 2.1). 계산한 결과를 보면 치수나 계수는 길이와는 다르게 비례한다는 것을 알 수 있다. 표에 나와 있는 척

Design	L_{OA}	L_{WL}	B_{MAX}	T	∇	SA	DLR	LDR	SDR	SA/S_w	GPH
YD-41	12.50	11.60	4.20	2.30	5.75	88.1	104	6.5	27.4	2.55	535
41' Yacht on Market	12.40	11.50	3.95	2.40	8.15	88.2	152	5.7	21.7	2.48	576

L_{OA} = Length overall [m]
L_{WL} = Length in waterline [m]
B_{MAX} = Maximum beam [m]
T = Maximum depth from waterline [m]
∇ = Light load volume displacement [m^3]
SA = Total triangular sail area [m^2]
S_w = Wetted area of hull and appendages [m^2]
DLR = Displacement Length Ratio [$28300 \cdot \nabla / L_{WL}^3$]
LDR = Slenderness Ratio [$L_{WL} / \nabla^{1/3}$]
SDR = Sail area Displacement Ratio [$SA / \nabla^{2/3}$]
GPH = General Purpose Handicap, ORC

그림 2.2 초기 설계변수

도비는 성능과 '느낌(feel)'이 비슷한 배를 만들게 한다. 그림 2.1의 'L'은 기초 모델과 파생모델과의 길이 관계를 말한다. 예를 하나 들면, 길이를 50% 증가시켜 1.5L이라고 한다면 원래의 보트와 같은 성능, '느낌'을 주기 위해서 폭과 깊이와 건현은 1.5의 0.7승 따라서 배 길이에 1.33배로 하면 된다.

도면작업이나 계산을 하기 전, 선체나 리그의 수치를 결정하는 방법으로 주요 무차원 계수를 결정하는 것이 있으며 기존 여러 설계 자료를 이용할 수 있다. 5장에서는 이 방법에 대해 좀 더 상세하게 말하고 어떤 인자가 관련 있는지 설명하기로 한다.

그림 2.2에서 보듯, YD−41의 경우, 주요 치수들의 첫 추정값에서 나온 비를 보여준다. 또한 같은 크기의 다른 요트와 비교했다. 주의할 점은 비슷한 크기의 유사한 요트들을 이용하여 비교를 하지만 꼭 같은 크기일 필요는 없다. 그림 2.1에 나온 관계를 이용하여 약간 다른 크기의 요트들을 축소, 확대할 수도 있다. 일단 숫자들이 만족스러우면 출발은 제대로 한 것이다.

비용

보트뿐만 아니라 뭐든지 그렇지만 필요 이상의 돈을 들일 사람은 아무도 없다. 이 전제만 생각하면 건조 비용은 크기에(더 정확히 말하면 중량) 직접 연관되기 때문에 배는 작을수

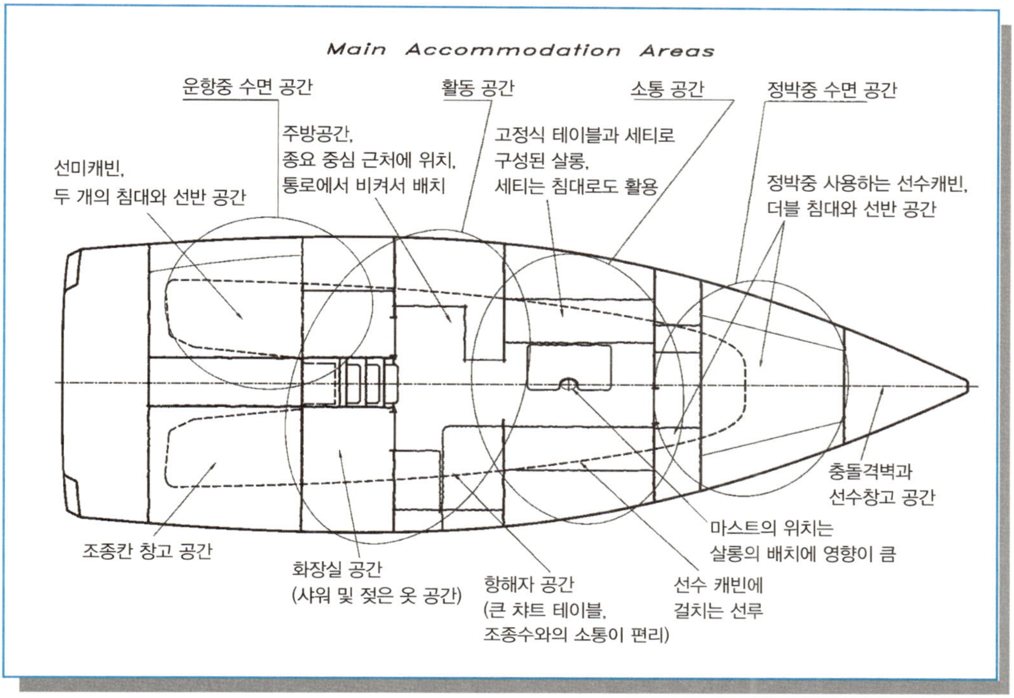

그림 2.3 YD-41의 초기 배치

록 좋다. 하지만 가볍게 배를 만든다면 최신 재료와 신기술을 사용해야 하기 때문에 기존의 전통적인 방법으로 만들 때보다 비용이 늘어나게 된다. 반대로 강이나 시멘트 같은 재료를 사용하면 가격은 싸지만 배가 무거워지기 때문에 속력을 내려면 큰 세일 또는 기관과 세일을 제어하기 위한 큰 장비가 필요하게 된다. 이 모든 것이 비용으로 돌아온다.

비용을 낮추기 위하여 작은 배를 설계할 때 생기는 함정으로 모든 것을 작게 만들어야 한다는 게 있다. 종이 위에서야 괜찮아 보여도 실제에서 사람의 크기는 고정되어 있기 때문에 설계가 제 기능을 발휘할 수 없을 수 있다. 나아가 좁은 공간에 너무 많은 것을 꾸겨 넣으려고 하면 비용 효율에서도 나빠진다. 왜냐하면 근본적으로 원래의 큰 보트에 넣으려고 했던 것들이 전부 조그마한 배에 들어가야 하는데, 그러기에는 공간이 너무 좁기 때문이다.

선형은 기본적으로 유체 동역학, 정역학적인 요구조건에서 나오지만 갑판 형상은 좀 더 설계자의 기분, 유행, 동향, 그리고 설계만의 '개성(character)'에 달려있다. 각과 날카로운 곳이 많은 갑판은 부드럽고 모서리 곡률이 큰 갑판보다 만들기가 힘들다(FRP 제작). 여기에서 우리는 건조 비용에 절대적 영향을 끼칠 결정을 해야 한다. 많은 몰드를 필요로 하는 갑판이나 부분은 비용을 상승시킨다. 설계를 하는 동안 이득이 비용보다 높다는 것에 대한 확신이 있어야 한다.

거주구도 같은 경우라고 말할 수 있다. 평판과 평판을 직각으로 작업하는 것은 곡면이나 완곡하게 하는 것보다 훨씬 저렴하다. 그러나 곡면이나 완만한 각도는 공간 활용도에서 나으며 훨씬 좋아 보이기 때문에 비용 문제는 정당화될 수 있다. 활용 가능한 공간을 늘리는 또 다른 방법은 공간과 공간이 서로 겹치게 하는 것이다. 배 전체를 통해 거주구의 높이를 높게 할 필요는 없다. 예를 들면 화장실은 일부가 조종칸(cockpit)의 아래에 있고 나머지 주된 공간은 선루(superstructure) 아래에 있을 수 있다. 거주구를 2차원 퍼즐같이 생각하는 대신 공간을 최대한 활용하기 위해 3차원 퍼즐로 생각하는 것이 훨씬 바람직하다. 하나 주의해야 할 것은 너무 복잡하게 하면 비용이 올라가기 때문에 배를 좀 더 크게 그리고 단순하

사전 검토의 확인 목록

다음 목록은 위에서의 고려사항을 적용될 수 있게 요약한 것이다.

1. 사용 목적과 한계를 확실히 정한다.
2. 비슷한 보트의 정보를 수집한다.
3. 주요 치수와 비를 결정한다.
4. 배치와 외관의 초안을 결정한다.
5. 중량과 형상계수의 근사치를 계산한다.
6. 3항을 확인하고 필요에 따라 정정한다.
7. 설계의 초안을 완성시킨다.

YD-41의 확인 목록

위의 확인 목록을 염두해 두고, 초안을 만들 준비가 되었다. 이를 의미 있게 하기 위해서는 특정한 배를 결정해야 한다. 이 책에서는 YD-41에 적용해 보았다. 설계 주안점은 다음과 같다 :

1. 네 명을 수용하는 빠른 대양 세일요트로서 두 명의 크루에 의해 배가 움직일 수 있다. 대양 횡단을 함에 있어 성능, 안락함, 안전에 문제가 없어야 하고 바람직한 해상상태에서 평균 속도가 10노트 이상이다.
2. 비슷한 요트의 비교를 위해 그림 2.2를 참고하라.
3. 주요 제원과 비가 그림 2.2의 비교로부터 만들어졌다.
4. 그림 2.3은 요트의 거주구의 주요 영역을 보여주는 초안이다. 기본적으로 네 명의 크루가 배를 움직인다는 가정 하에 설계되었다. 이에 따라 네 개의 침대(두 개는 뒤쪽에, 나머지 두 개는 살롱에), 조리실, 화장실, 항해실의 영역은 보트의 종요 중심에 있다. 살롱은 추가 크루를 수용하거나 정박 중 여흥을 즐길 정도로 충분히 넓고, 앞쪽 선실은 정박 시 선실로 사용된다. 거주구는 배의 성능 향상을 위해 보트 뒤로 배치할 수 없고 길이를 기준으로 판단한다. 그래야 건조 비용을 줄일 수 있다.

주요 제원, 보트의 형식과 사용할 구역 등이 정해지면 보다 자세한 설계 작업으로 진행한다. 그림 2.2와 비교해 보면, 설계 개요가 주요치수와 그에 관련된 비가 꽤 잘 맞는 것을 볼 수 있다.

게 하는 것이 요구조건을 충실하게 만족시킬 수 있다.

장비의 양 또한 배 전체 비용에 영향을 끼친다. 예를 들면 에어콘/히터, 온수/냉수, 조수기(watermaker), 냉장/냉동고, 전동윈치, 레이다, 챠트 플로터(chart plotter), 오토 파일럿(auto-pilot), 자동 펄러(furler) 등이 있다. 이와 같은 장비들의 총비용은 거의 배 한 대 값에 맞먹는다.

YACHT

선체의 기하학

정의(Definitions)

선도 작성(Lines Drawing) / 도구

선체 형상의 전산설계(Computer Aided Design of Hull)

03

DESIGN

HULL GEOMETRY

3. 선체의 기하학

요트의 선체는 어떤 단순한 수학적 표현으로 정의할 수 없는 복잡한 3차원 형상이다. 선체의 전체적인 특징은 길이, 폭 그리고 흘수, 주형계수 또는 세장비(길이/배수량) 등과 같은 무차원 계수로 표현할 수 있다. 정확한 선체의 정의를 위해, 1장에서 소개된 캐드의 급격한 발전에도 전통적인 선도 작성 방법도 여전히 사용한다.

이번 장에서는 요트 문헌에 나타나는 요트의 일반적인 특징을 표현하는 숫자들을 정의할 것이다. 그리고 전통적인 설계 원리와 도면 작성에 필요한 도구를 설명할 것이다. 도면의 정확한 작성을 위해 확실한 작업 계획이 필요할 것이다. 마지막으로, 요즘의 캐드 프로그램으로 어떻게 선형이 생성되는지를 간단하게 설명할 것이다.

정의(Definitions)

아래 정의는 요트의 선체를 표현하기 위해 사용되는 기하학적 용어도 포함되어 있다. 일반 선박의 유체역학에서는 더 많은 용어가 사용되고 있지만, 요트에서는 그렇게 많이 필요하진 않다. 전체 목록은 국제예인수조회의(ITTC)의 선박 유체역학 사전에서 찾을 수 있을 것이다.

▣ 전장(L_{OA})

배의 맨 앞(선수)에서부터 맨 뒤(선미)까지의 선체 최대 길이이다(그림 3.1). 일반적으로 바우스프릿(bowsprit), 펄핏(pulpits), 타(rudder) 등과 같은 선체 부속품은 포함시키지 않는 것이 관행이다.

▣ 수선 길이(L_{WL})

설계수선(design waterline)의 길이로 종종 DWL로도 표현된다.

▣ 수선간 길이(L_{PP}, L_{BP})

이 길이는 요트에서는 많이 사용되지는 않지만 선박에서는 매우 중요한 용어이다. 선수수선(FP : Forward Perpendicular)은 설계수선(design waterline)의 앞쪽 끝이며 선미수선(AP : Aft Perpendicular)은 타 축(rudder stock)의 중심이다. 선수수선부터 신미수선까지의 길이를 수선간 길이라고 한다.

▣ 레이팅 길이(Rated Length)

레이팅(Rating) 규칙에서 사용하는 중요한 변수이다. 일반적으로 이 길이(L)는 선수부와 선미부의 비척도(뚱뚱한 정도, Fullness)를 고려하여 계산하는데 그 방법이 다소 복잡하다.

▣ 전폭(B 또는 B_{MAX})

선체의 최대 폭으로 의장품, 부속품을 제외한다.

▣ 수선 폭(B_{WL})

설계수선(design waterline)에서의 최대 폭

▣ 흘수(T)

설계수선(design waterline) 상에 배가 떠있을 때의 최대 흘수를 말한다. T_c는 킬이 없을 때의 선체(나선, canoe body) 흘수를 말한다.

▣ 깊이(D)

킬의 가장 아래쪽에서 현호선(sheer line)까지의 연직거리를 말한다. D_c는 킬이 없을 때의 깊이이다.

▣ 배수량(W 또는 △)

배수량은 무게를 나타내는 중량배수량(m, mass displacement)과 물속에 들어가 있는 부피를 나타내는 용적배수량(V 또는 ▽)이 있다. m_c, V_c, ∇_c와 같은 용어는 킬이 없는 나선의 경우를 말한다.

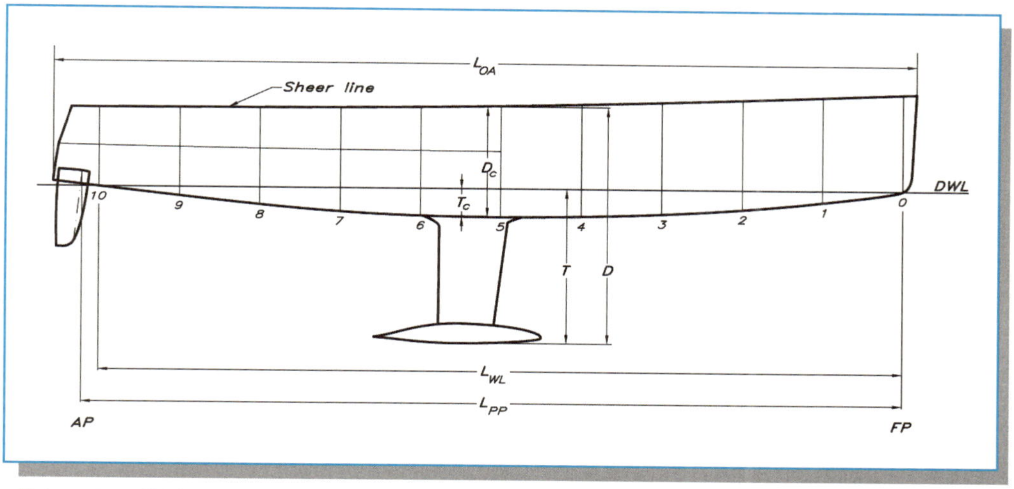

그림 3.1 주요 제원의 정의

▣ 중앙 횡단면(Midship Section)

일반 선박에서 중앙 횡단면의 위치는 수선간장의 중간 지점에 있다. 요트의 경우는 수선길이(waterline length)의 중간지점에 두는 것이 통례다. 중앙 횡단면에서 물속에 들어가 있는 부분의 단면적을 A_M으로 표시하며 만약 c가 붙어 있으면 킬이 없는 나선을 의미한다. C_{Mc}는 중앙 횡단면 계수를 말하며 나선에 대해서는 $C_M = A_{Mc}/(B_{WL} \times T_C)$로 정의한다.

▣ 최대 면적 단면(Maximum Area Section)

요트의 최대 면적 단면은 보통 중앙 단면 뒤에 있다. 면적은 $A_X(A_{Xc})$로 나타낸다.

▣ 주형계수(C_p)

주형계수는 배수용적을 최대 단면 면적과 수선 길이와의 곱으로 나눈 비며 $C_p = \nabla/(A_X \times L_{WL})$로 정의한다. 이 값은 킬에 많은 영향을 받고, 요트에서는 보통 나선만 고려한다. 즉, $C_{Pc} = \Delta_c / (A_{Xc} \times L_{WL})$를 사용한다(그림 3.2 참고). 주형계수($C_P$)는 요트의 비척도(뚱뚱한 정도)를 뜻하며 선수, 선미부가 뚱뚱할수록 계수는 커진다. 계수의 최적값은 속도에 달려있고 5장에 설명되어 있다. 종종 c가 빠지는 경우가 있는데 이때도 역시 나선을 뜻한다.

▣ 방형계수(C_B)

방형계수는 일반 선박의 유체역학 분야에서 중요한 계수이지만 요트설계 분야에서는 보

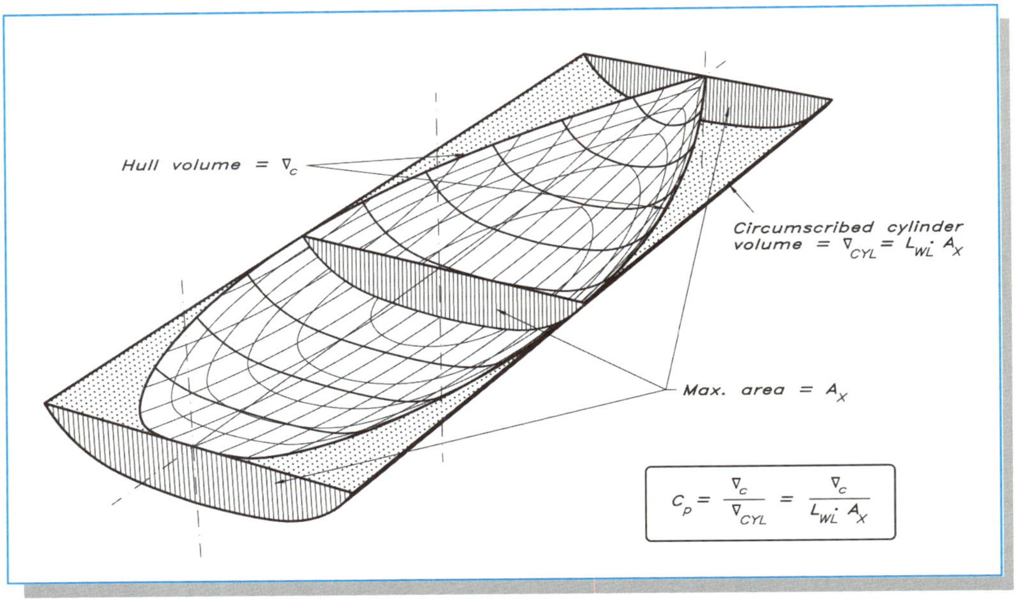

그림 3.2 주형계수

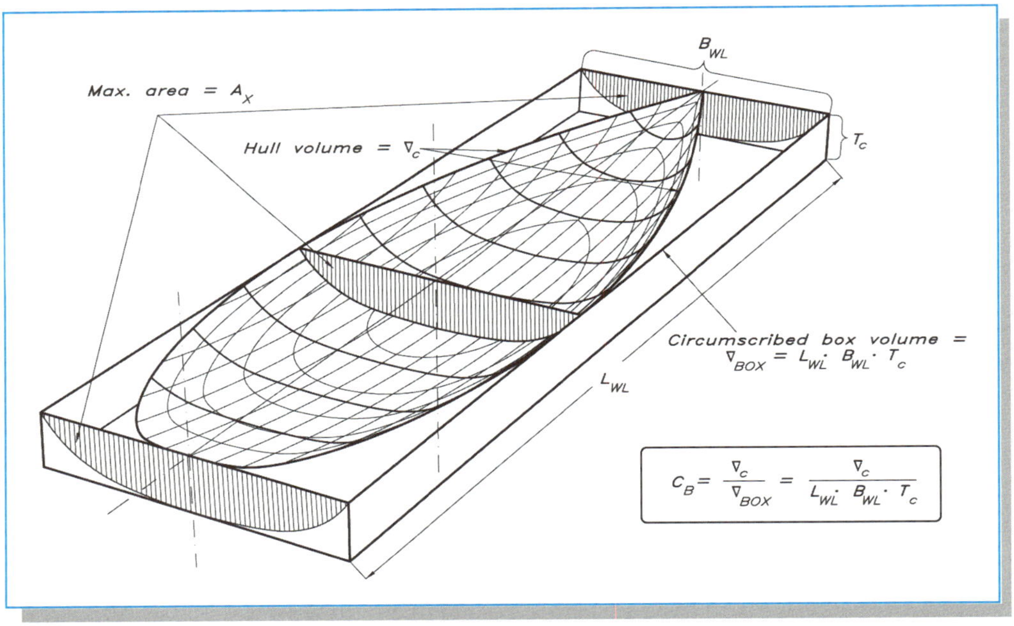

그림 3.3 방형계수

편적으로 사용되지는 않는다. 배수용적을 그것에 외접하는 직방형체의 용적으로 나누면 이 계수가 구해진다[$C_{Bc}=\nabla_c / (L_{WL}\times B_{WL}\times T_c)$]. 역시 나선에만 적용한다(그림 3.3 참고).

▣ 부심(B)

배가 밀어낸 용적의 중심 위치를 말한다. 부심의 전후 또는 상하 위치를 각각 LCB, VCB 라 한다.

▣ 무게 중심(G)

요트의 무게 중심은 그 부심과 같은 연직선상에 놓여 있어야 한다. 도면에서 G는 원 안에 십자(+)를 넣은 특별한 기호 표시한다. 이 기호는 기하학적 무게 중심을 표시할 때도 사용한다(그림 8.2 참고).

▣ 현호선(Sheer Line)

선체 측면부 상단(topside)과 갑판(deck)이 접하는 선을 말한다. 전통적으로 대칭면에 이 선을 투영하면 오목한 형태로 나타나고 이 때를 양(+)으로 나타낸다. 극한의 경주용 요트나 파워보트에서는 현호선이 O이나 음(−)이 되는 경우도 있다.

▣ 건현(Freeboard)

현호선과 수선(waterline)과의 연직 거리를 말한다.

▣ 텀블 홈(Tumble Home)

최대 폭이 현호선보다 아래에 있을 경우 선측 상부는 안으로 들어가 있는 상태가 된다(그림 3.4 참고). 갑판에서 중량을 감소시키는 효과가 있긴 하지만, 크루가 바람 받는 쪽 현에 앉을 때의 복원력을 감소시키는 결과도 나타난다. 또 배를 계류할 때 선측에 파손이 생길 확률이 높아진다.

▣ 플레어(Flare)

텀블 홈의 반대 경우로 과도한 종요(pitching) 감소와 바람 받는 쪽으로 항해시 배가 말라 있는 상태를 유지하기 위하여 선수부에 많이 적용한다(그림 3.4 참고).

▣ 축척비(α, Scale Ratio)

축척비는 선체의 기하학적 요소는 아니지만 요트설계를 하기 위해서는 대단히 중요한 것

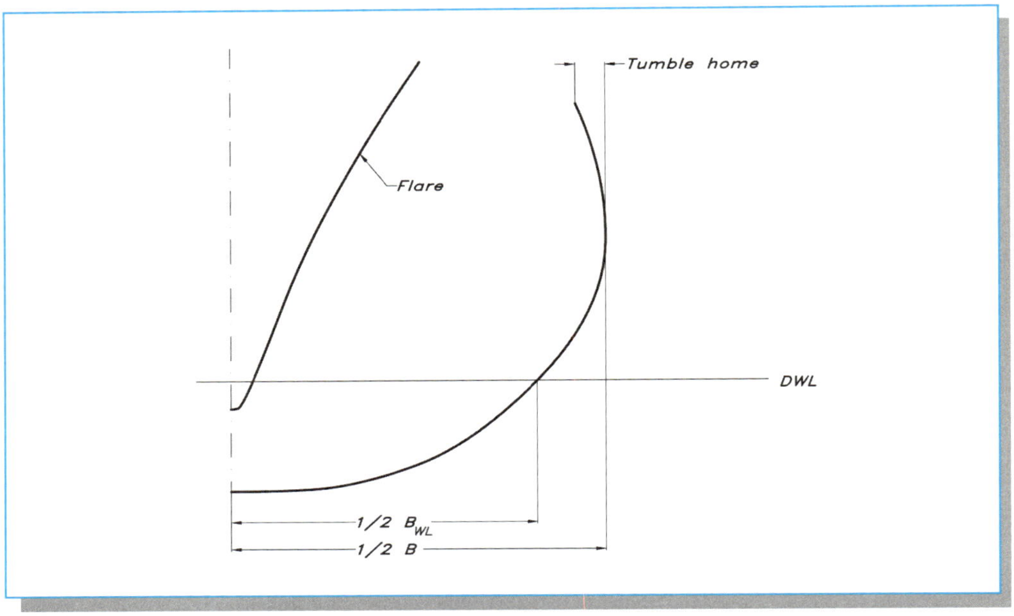

그림 3.4 텀블 홈과 플레어의 정의

이다. 축척비는 원래 배의 길이(full scale)와 축소시킨 모델 배의 길이(model scale)를 단순 비교한 비다. 따라서 면적(예 : 침수면적)의 비는 α^2이 되며 용적(예 : 배수량)비는 α^3이 된다.

‖ 선도 작성(Lines Drawing)

YD-41의 선도가 그림 3.5에 나타나 있다. 선체는 측면도(위 좌측), 정면도(위 우측) 그리고 반폭도(아래) 세 가지로 표시된다. 선수를 보통 오른쪽에 나타낸다.

일반적으로 선체는 서로 다른 두 평면의 교점으로 나타내고 많이 사용되는 평면으로 수평의 수선면(waterline)과 수직의 횡단면(section)이 있다. 수선(waterline)의 수는 임의로 결정하지만, 단면(section)의 수와 위치에는 규칙이 있다. 요트설계에서는 설계수선(design waterline, *DWL*)을 10등분 하고 여기에 각 단면의 숫자를 붙인다. 보통 F.P.에 단면 0을 붙이고 선미로 갈수록 숫자가 하나씩 커진다. 선미에서는 또 다른 등분선이 추가되는데 가령 #11과 #-1 같은 것이다. 이런 등분선은 급격하게 변하는 형상을 표현하기 위한 것으로 기존 등분선 사이에 1/2 또는 1/4 단면을 넣는 경우도 있다. 그림 3.5에서는 1/2 단면이 들어가 있다.

측면도는 선수, 선미 그리고 현호선을 나타내기 때문에 배의 외형에 있어 매우 중요한 역할을 한다. 반폭도에 나타나 있는 수선을 그릴 때 선들의 끝부분이 기하학적으로 자세히

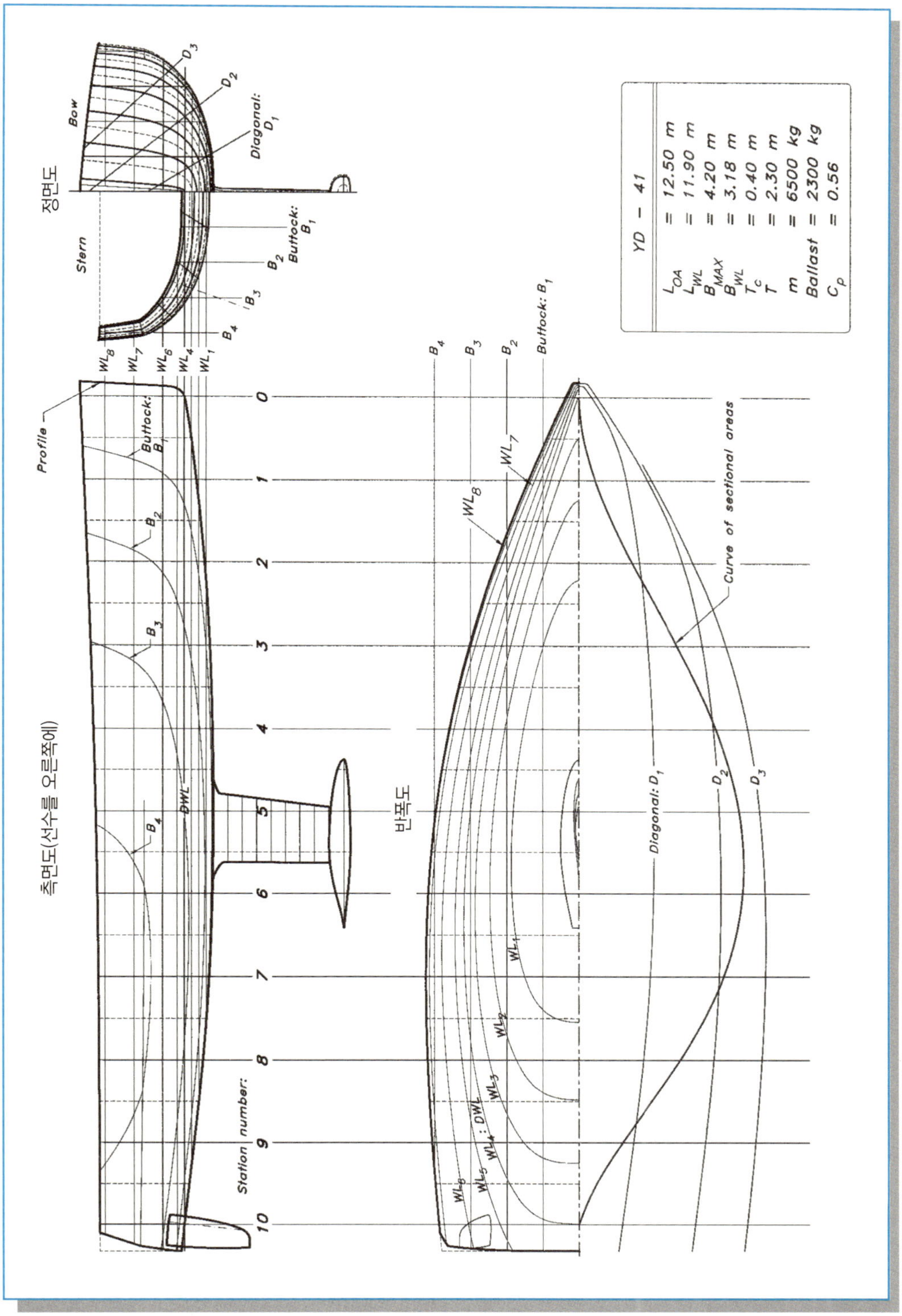
정면도
Bow
Stern
Diagonal: D_1
D_2
D_3
Buttock: B_1
B_2
B_3
B_4
WL_8
WL_7
WL_6
WL_4
WL_1
측면도(선수를 오른쪽에)
Profile
Buttock: B_1
DWL
Station number:
0 1 2 3 4 5 6 7 8 9 10
반폭도
WL_8
WL_7
WL_1
WL_2
WL_3
WL_4 : DWL
WL_5
WL_6
Curve of sectional areas
Diagonal: D_1
YD – 41
L_{OA} = 12.50 m
L_{WL} = 11.90 m
B_{MAX} = 4.20 m
B_{WL} = 3.18 m
T_c = 0.40 m
T = 2.30 m
m = 6500 kg
Ballast = 2300 kg
C_p = 0.56

그림 3.5 선도

표현이 되어야만 크게 도움이 된다. 그래서 '유령 선수(ghost stem)'나 '유령 트랜섬(ghost transom)'같은 것을 추가한다. 유령 선수란 선수 끝부분인 선수재의 선을 자세히 그리지 않고 가상의 뾰족한 선으로 그려버리는 것을 말하는데 실제 배에서는 둥글게 된다. 마찬가지로 실제 트랜섬도 둥글고 경사가 져 있지만 유령 트랜섬을 추가한다. 만약 진짜 트랜섬과 가까운 스테이션에 가상의 수직 트랜섬이 추가되면 선도의 순정작업(fairing)을 용이하게 한다. 그림 3.5의 선도는 캐드로 작성되었으며 유령 선수는 없지만 유령 트랜섬은 추가되어 있다.

정면도에는 선체의 각 단면이 그려져 있다. 선체는 보통 좌우 대칭이므로 한쪽만을 표시할 수 있는데 오른쪽에는 선수부를, 왼쪽에는 선미부를 그린다. 이렇게 함으로써 간결하고 명확하게 표현할 수 있다. 그림에서는 스테이션 사이의 가운데 선은 다른 선으로 표현되어 있다.

위의 두 가지 단면으로 선체 형상을 표현하는데 충분하지만 선체의 형상을 보다 시각적으로 나타내기 위해 두 개의 단면을 추가해 사용한다. 측면도에 버톡 선(buttock line)을 추가하여 반폭도에서 수직, 길이방향으로의 단면을 보여준다. 반폭도 아래에 있는 사선(diagonals) 역시 중요한 선이다. 길이방향 면을 여러 기울어진 면으로 잘라 얻을 수 있으며 정면도에 나타나 있다. 가능한 이 면은 선각에 연직방향으로 하는 것이 좋으며 그래야 길이방향으로 완만한 선을 얻을 수 있다. 실제 배 주위 물의 흐름은 이 사선을 따르는 경향이 있으며 물이 바라보는 배 형상의 대표 격이다. 너클(knuckle)[2]이 있을 수 있는 사선 뒤쪽 끝을 주목할 필요가 있다. 너클은 1970, 80년대 국제외양규칙(IOR : International Offshore Rule)에 의해 설계된 배에 나타난다. 거의 확실히 이런 불규칙한 선은 저항을 증가시키고 속력을 떨어뜨린다.

반폭도 아래에 있는 또 다른 선으로 단면적 곡선이 있다. 이는 길이방향으로 물속에 들어가 있는 선체 용적의 분포를 나타낸다. 각 단면에서의 수치는 단면의 물속 면적에 비례하게 하지만 곡선 전체의 면적은 배수용적을 나타낸다. 단면적 곡선을 만드는 방법은 4장에서 자세하게 다룬다.

만약 선도를 손으로 그렸다면, 보통 옵셋 표(offsets table)를 같이 제공한다. 이것으로 제작자는 현도와 형 작업을 할 수 있다. 옵셋은 항상 수선을 나타내기 위해 제공하지만 사선이나 버톡선에도 역시 제공한다. 모든 측정은 선각 바깥쪽으로 기준으로 한다는 점을 상기하

2 고속선의 챠인(chine)과 같은 의미로 쓰인다.

자. 캐드시스템으로 만들어진 도면은 기하학적 정보가 절단기계에 수치적으로 직접 이송될 수 있다. 파일 형식에는 보통 IGES(Initial Graphics Exchange Specification) 표준이 사용된다.

‖ 도구

손으로 하는 제도 작업은 특수한 플라스틱 필름에 한다. 이 필름은 여러 종류의 두께로 판매되고 튼튼하며 지워도 찢어지지 않는다. 게다가 습기의 영향을 받지도 않는다.

필름은 투명하기 때문에 도면의 격자선(grid)을 필름의 뒷면에 그려놓으면 몇 번이고 선도를 지우더라도 그대로 유지시킬 수 있다. 격자선을 그릴 때, 정확한 직선, 간격 그리고 서로 수직으로 교차되도록 세심한 주의를 기울여야 한다. 그림 3.5에서는 수선(waterline), 버톡선(buttocks), 스테이션(station) 등을 나타내는 수평선과 수직선이 나타나 있다.

각 격자선과 선도 작업은 검은색 잉크를 사용하는 것이 좋지만 연필과 지우개도 필요하게 된다. 사실, 플라스틱 필름 위에서의 작업을 위해 특별히 만들어진 연필과 지우개가 있다. 지우개판(eraser shield)과 청소용 솔(brush)도 매우 유용하다(그림 3.6 참고).

격자선을 그릴 때는 긴 자와 큰 삼각자가 필요하다. 한 도면에서 다른 도면으로 계측치를 옮길 때는 종이 띠(ribbon)를 사용하면 편리하다. 예를 들어 수선을 그릴 때 이 수선의 옵셋

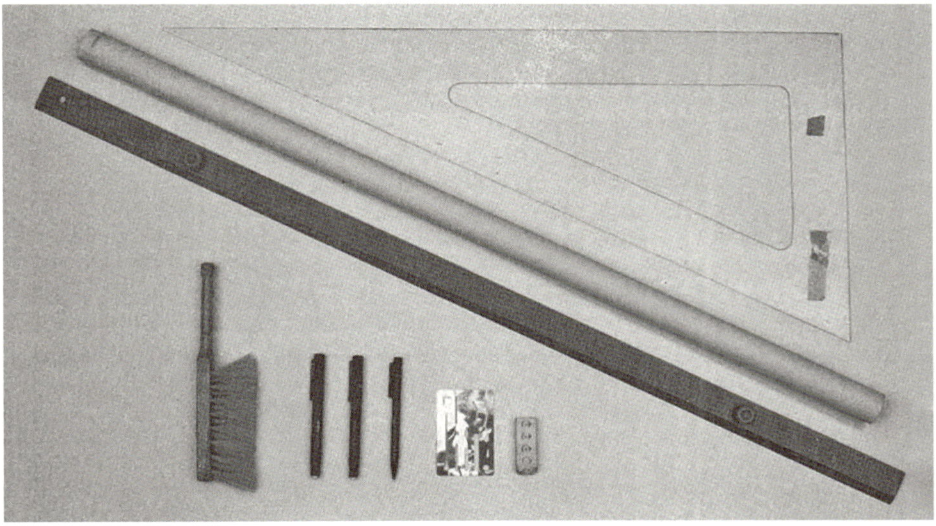

그림 3.6 제도 도구(삼각자, 플라스틱 필름, 직선자, 펜, 연필, 지우개판, 지우개, 솔 등)

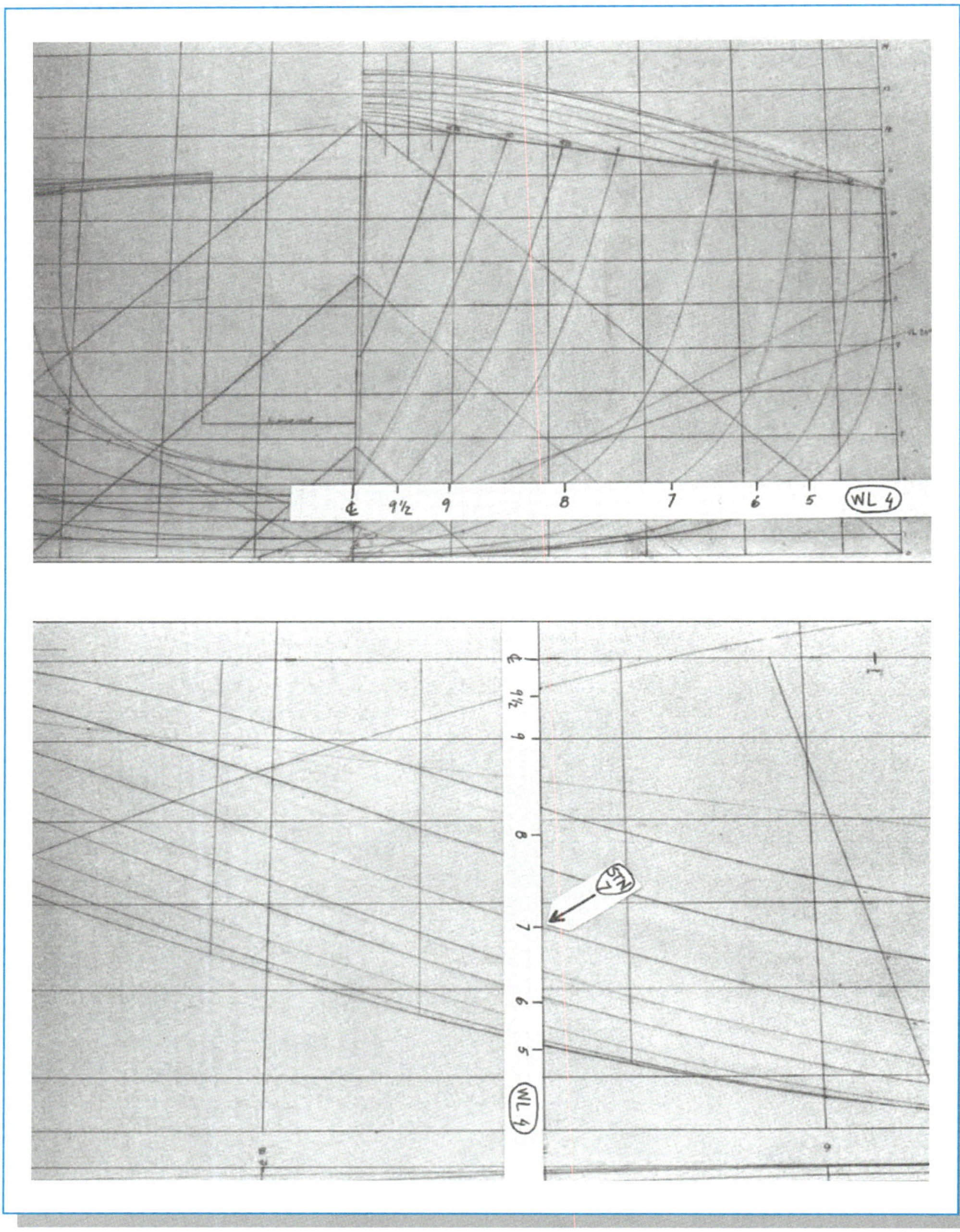

그림 3.7 종이 띠를 사용하여 정면도(위)의 수치를 반폭도(아래)로 옮기는 작업

을 띠에 표시한 다음, 정면도나 반폭도로 직접 옮길 수 있다(그림 3.7).

선도 작업을 하려면 여러 종류의 스플라인(spline), 무게 추(weights)나 덕(ducks)이 필요하다. 스플라인을 굽힌 후 일정 간격으로 무게 추로 지지함으로써 길고 부드러운 선을 그릴

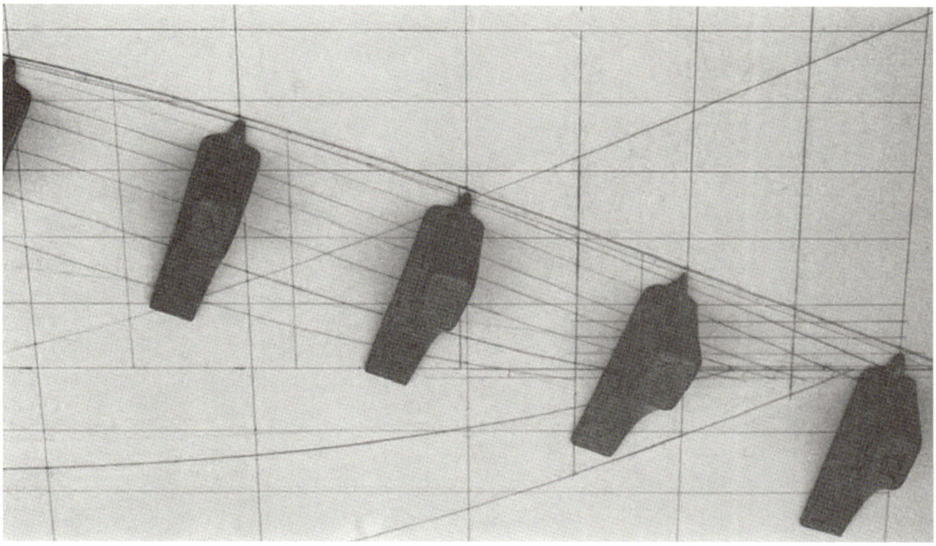

그림 3.8 수선 제도에 사용한 무게추와 스플라인

수 있게 된다. 그림 3.8에 이 도구들이 사용되는 모습을 나타내었다. 스플라인은 플라스틱으로 만들어져 있고 도면상의 선체보다 긴 것으로 단면적이 2.5mm^2정도면 적당하다. 무게 추 역시 많은 종류가 있고, 직접 만들어 쓰는 사람도 있다. 납으로 만들며 무게는 1.5~2.5kg 정도다. 스플라인을 고정하기 위해 그림 3.8과 같이 고리가 있다.

스플라인은 측면도나 평면도를 그릴 때 필요하다. 정면도의 선은 굴곡이 심하기 때문에 스플라인으로 그리기에는 어려움이 있다. 이런 경우를 위해 특별히 제작된 운영자(template)가 필요하다. 특히 많이 쓰이는 것으로 그림 3.9와 같은 코펜하겐 선박 곡자(Copenhagen ship curve)가 있다.

조선분야에 잘 알려진 매우 유용한 도구로 면적을 측정하기 위한 적분기(planimeter)가 있다(그림 3.10).

측정해야 할 부분의 주위를 포인트(pointer)로 따라가 다시 원래의 자리로 돌아오면 이 경로 내부의 면적이 구해진다.

경로 위를 정확하게 따라 돌리는 작업은 어렵지만 이 기계의 정도는 매우 높아 우리들의 목적을 생각해 보면 충분하다 할 수 있다. 면적의 계측 필요성은 다음 장에서 설명하기로 한다.

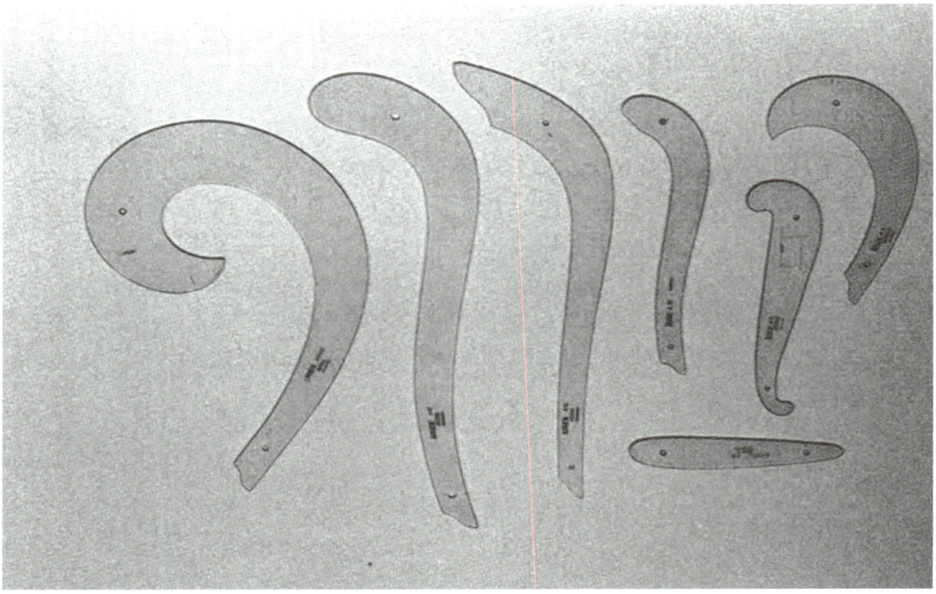

그림 3.9 곡자

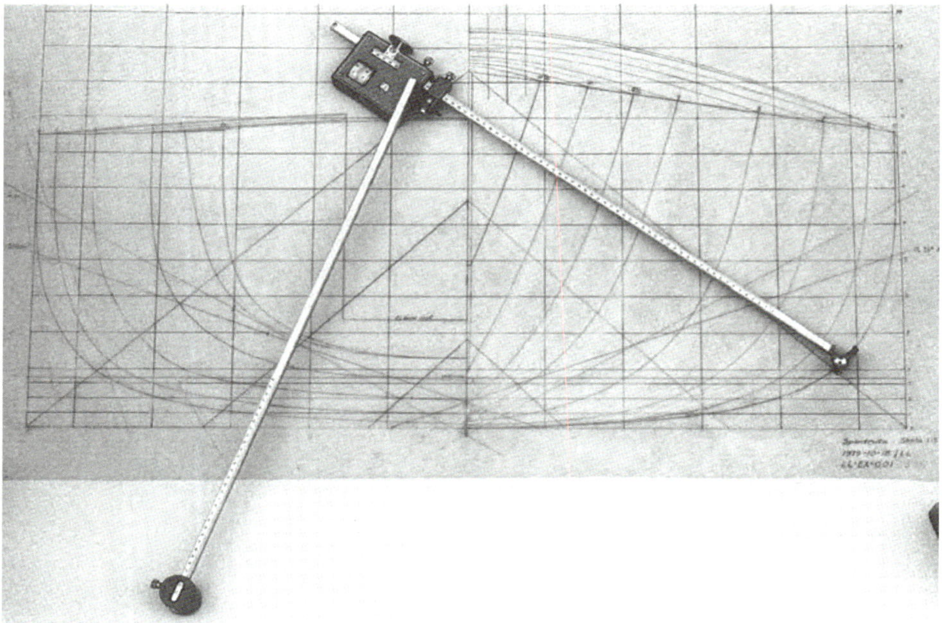

그림 3.10 적분기

도면 작업

선체를 설계하는 것은 복잡한 과정이고, 많은 조건을 검토해야 한다. 배수량과 같은 중요한 수치를 선도가 완성될 때까지 확정하지 못하는 전형적인 예도 있다. 이럴 경우에는 몇 번이고 반복 작업을 해야 한다. 이 작업은 선도의 순정(fairing)작업에서도 사용된다. 한 개의 선만 아니라 그 외 두 개의 선에도 동시에 순정작업을 하지 않으면 안 된다. 경험이 적은 사람에게 이것은 대단히 복잡한 작업으로 자연스러운 선형이 나오기까지 몇 번이고 반복해서 선을 그려야 한다.

작업순서는 설계자에 따라 약간씩 다를 수도 있지만 주요한 부분은 변하지 않는다. 아래에 나와 있는 도면 작업 순서는 많은 경우에도 유효할 것이다. 아래 도면은 계측 규칙에 의한 제한을 받지 않았다는 것을 밝혀 둔다.

▶ 단계 1 : 주요 제원 결정

이것은 2장에서 설명한 바와 같이 일반적인 검토사항을 기준으로 동일한 목적으로 설계된 비슷한 기존요트의 정보를 사용해서 진행한다.

이 작업 방법은 조선분야의 고전적인 방법으로서 앞서의 배를 수정하여 비교적 원만하게 설계를 진행하는 방식이다. 그러므로 이 방식의 경우, 요트의 크기가 정해진 후에는 다른 비슷한 요트의 정보를 최대한 많이 확보하는 것이 매우 중요하다. 새로운 요트의 도면은 전 세계 각국의 잡지에 많이 개재되어 있다.

이즈음에서 확정해야 할 것은 전장, 수선 길이, 최대 폭, 흘수, 배수량, 세일크기(sail area), 발라스트 비(ballast ratio), 주형계수(prismatic coefficient), 종 방향 부심위치(LCB) 등이 있다.

이 책의 목적 중 하나는 이러한 여러 변수를 결정하는데 있어 도움이 되도록 하는 것이고 독자가 자기의 요트를 설계할 때 스스로 다른 배를 평가할 수 있도록 하는데 있다.

▶ 단계 2 : 측면도의 작도

앞에서 설명했듯이 측면도에 의해 요트의 아름다움이 결정되기 때문에 충분한 시간을 두고 검토하며 작도해야 한다.

▶ 단계 3 : 중앙 횡단면의 작도

이제 중앙 횡단면을 작도한다. 만약 부심이 선미 쪽으로 치우치면 최대 단면(maximum section)을 작도한다. 처음에 그리는 단면의 형태가 중요한데 이는 다른 모든 단면의 특징을 결정하기 때문이다.

▶ 단계 4 : 배수량 확인

선체의 배수량을 구하기 위해 앞의 스텝에서 그린 단면들의 침수부분을 계산(또는 계측)하고 수선 길이와 주형계수를 곱한다. 발라스트 비와 재료의 비중(약 철은 7,200kg/m^{3}이고, 납은 11,300kg/m^3)을 이용하여 킬의 무게와 부피를 계산할 수 있다. 타의 배수량은 킬의 10%로 가정한다. 이제 계산한 세 개의 배수량을 모두 더한다. 만약 앞서의 배수량과 계산한 배수량에 차이가 있으면 단계 3으로 돌아가서 수정하면 된다.

▶ 단계 5 : 설계 수선 작도

중앙부나 그 부근의 단면 한 곳과 측면도 상에서 양단의 위치가 확정되었으므로 설계수선을 그릴 수 있다.

▶ 단계 6 : 스테이션 3과 7의 단면 및 트랜섬 작도
수선 폭과 흘수를 알게 되었다. 그리고 각 단면들은 중앙단면과 비슷한 형상을 할 것이다. 선미 트랜섬에 유령 트랜섬(ghost transom)을 그리는 것도 매우 유용하다.

▶ 단계 7 : 다음 수선 작도
설계수선(DWL) 아래 위에 두, 세 개의 수선(평면도)을 그릴 수 있다. 만약에 수선의 모양이 만족스럽지 못하면, 단계 6으로 되돌아가서 수정한다.

▶ 단계 8과 9 : 새로운 스테이션과 수선 작도
일단 여기까지 작업이 끝나면 스테이션 1부터 9까지 단면과 1부터 6까지의 수선을 완성시킨다. 자연스러운 선을 그리기 위해서 정면도와 평면도에서 끊임없이 수정을 한다.

▶ 단계 10 : 배수량과 종 방향 부심위치 재검토
이 단계에서 횡단면적 곡선을 그린다. 이것의 면적으로 킬과 타를 제외한 나선의 배수량을 알 수 있고 종 방향 부심위치와 중심위치도 알 수 있다. 만약 이것이 정확하지 않으면 단계 5 또는 6으로 되돌아가 조정한다.

▶ 단계 11 : 사선(diagonal) 작도
특히 선미 쪽 선의 매끄러운 정도를 검토한다. 필요하다면 조정한다.

▶ 단계 12 : 버톡 선(buttock line) 작도
이것은 선체의 매끄러움을 검토하는 마지막 단계이다. 일반적으로 이 단계에서는 아주 약간의 수정 정도만 이루어진다.

전체 설계과정과 도면을 준비할 때는 많은 계산을 하기 때문에 계산기가 필수적이다. 일반적인 계산기로도 충분하지만 프로그래밍이 가능한 계산기가 있다면 특히 면적기를 사용할 수 없을 때 편리하다. 공학용 계산기라면 충분한 정도의 면적 계산용 프로그램이 되어 있다. 다음 장에서 설명할 계산들은 거의 이와 같은 계산기로 가능하다.

선체 형상의 전산설계(Computer Aided Design of Hull)

1장에서 말했듯이, 요즘의 캐드 프로그램은 선형을 만들기 위해 넙스(NURBS : Non Uniform Rational B–Spline)라는 것을 사용한다. 넙스 곡면은 표면 바로 바깥쪽에 생성된 조정점(vertex)으로 불리는 점들에 의해 표현된다. 그림 3.11은 한 예다. 그림에서 보듯이 조정점들이

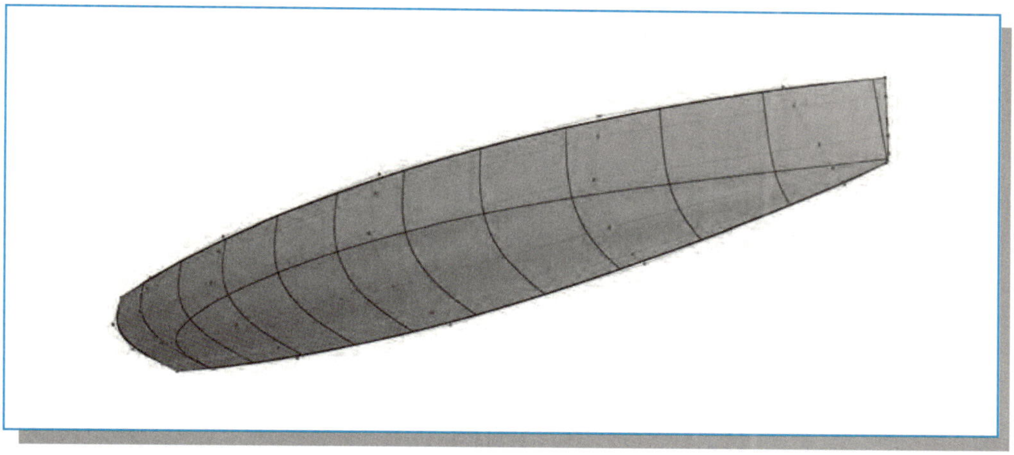

그림 3.11 곡면생성 절점과 선형

선체 바깥에서 하나의 그물망(mesh) 형태를 띠고 있다. 설계자는 자기가 원하는 형상이 나오도록 조정점의 위치를 조정한다. 하나의 조정점을 옮기면 그 인근의 곡면은 매끄러운 상태를 유지하면서도 형상이 바뀐다. 기본적으로 선형을 생성하는 방법은 세 가지가 있다. 사각형을 이용해 처음부터 시작하는 방법, 기존 형상에서 시작하는 방법 또는 표준 형상에서 시작하는 방법이 있다. 마지막 방법은 프로그램에 따라 없을 수도 있지만 매우 유용한 방법이다.

곡면의 요철을 피하기 위해 곡률을 나타내는데 곡면에 색깔로 나타내거나 특정 선을 따라 함수형태로 표현한다. 첫 번째의 경우는 두 개의 주 곡률 중에 하나를 보여주는 방식이다. 곡면의 각 점에는 항상 수직하는 두 방향을 따라 최대 혹은 최소가 되는 수직방향 곡률이 있다. 이들이 점에서의 주 곡률들이다. 선을 따라 함수형태로 표현되는 방식에서는 선을 따르는 곡면의 수직 방향 곡률을 나타낸다. 그 예들이 그림 3.12에 나타나 있다. 위 그림의 색깔은 최소 주 곡률을, 선은 수선에서의 수직방향 곡률을 나타낸 것이다. 아래 그림에서, 최대 주 곡률은 색깔로, 선은 세 단면의 수직방향 곡률을 나타낸 것이다. 곡률 정보를 이용해서 설계자는 매우 부드러운 선형을 만들어 낼 수 있게 된다.

캐드 프로그램의 장점은 선체를 3차원 투시도로 나타낼 수 있다는 것이다. 1장에서도 말했듯이 여러 각도에서 현호선을 특히 살펴볼 필요가 있다. 이는 현실적으로 선체의 외형에 대한 인상은 폭의 분포에 영향을 받게 되고 이러한 폭의 분포는 측면도상에서는 볼 수 없기 때문이다. 그림 3.13에 YD-41의 3차원 원근 투시도가 나타나 있는데 이를 이용하여 배 형태를 관찰할 수 있다.

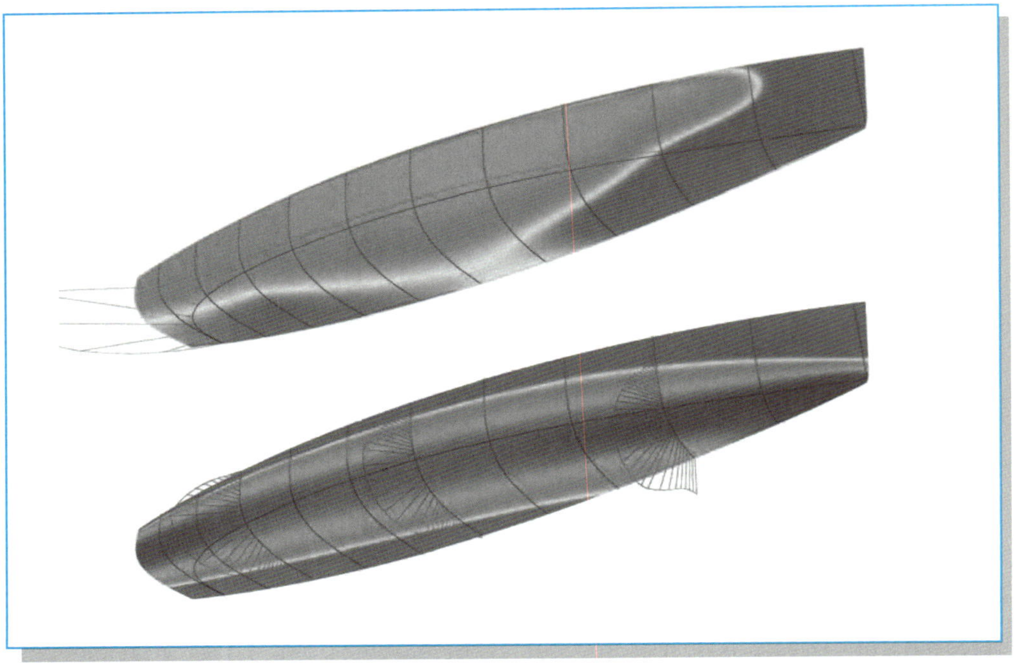

그림 3.12 색깔로 나타낸 곡률분포
(위) 최소곡률과 수선에서의 곡률, (아래) 최대곡률과 단면에서의 곡률

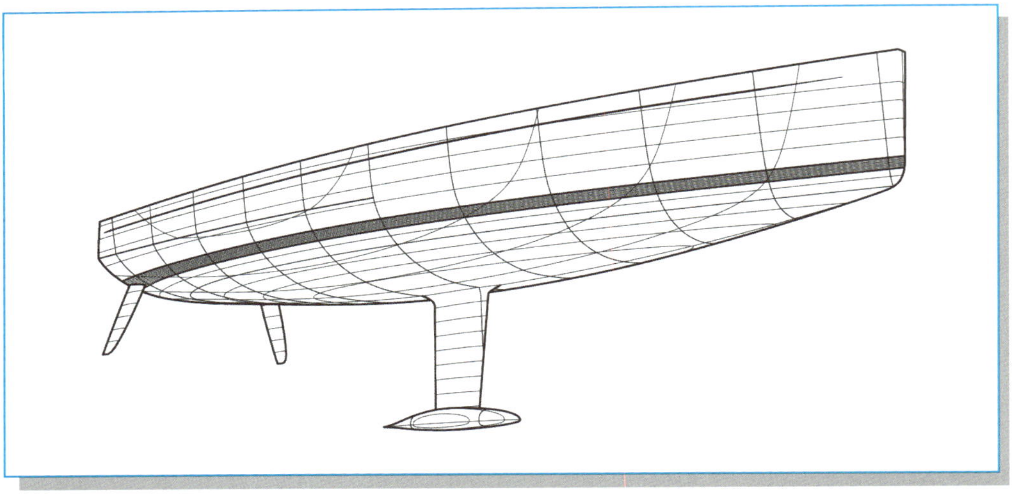

그림 3.13 YD-41의 투시도

캐드프로그램을 이용하면 선형을 빠르게 생성할 수 있고 나아가 서로 다른 요구조건을 만족시킬 수 있는 작업(예를 들어 주형계수나 종 방향 부심 위치 등이 주어졌을 때)을 어렵지 않게 할 수 있다. 여러 요구조건을 정확히 만족시키는 작업을 손으로 하게 되면 상당한 시간이 걸리기 때문에 요즘에는 대부분의 전문 설계자들이 이러한 캐드를 활용한다. 최근 들

그림 3.14 YD-41의 렌더링

어 캐드시스템의 가격이 상당히 내려갔기 때문에(심지어 인터넷에는 프리웨어도 있다.) 아마추어 설계자도 사용할 수 있다. 하지만 앞서의 수작업 방식이 여전히 사용되고 있기 때문에 이 책에서는 그 내용을 다루었다.

캐드 설계를 마치고 나면 렌더링을 할 차례이다. 여러 렌더링 프로그램들이 있으며 빛과 그림자, 표면에서 빛의 반사 등의 기능이 있어 매우 현실적인 그림을 얻을 수 있다. 그림 3.14는 두 방향, 즉 선미와 선수에서 바라본 YD-41의 렌더링 그림이다. 그림 3.15는 여기에 수면을 추가한 그림으로 실제 요트의 사진과 같은 그림을 얻을 수 있다.

그림 3.15 수면을 포함한 YD-41의 렌더링

YACHT

유체정역학과 복원성

면적의 계산 / 접수 면적
배수량 / 부심 / 수선면 면적
소각도 경사시 횡, 종 복원성
대각도 경사시 횡 복원성 / 정복원력 곡선
횡요(Rolling) / 복원력에 대한 파도의 영향
복원력 통계치 / 내항성(Seawothiness) 평가

04

DESIGN

4. 유체정역학과 복원성

요트 역사에서 선형의 진화 과정을 살펴보면 최적형상에 대한 견해는 많은 변화를 겪었다. 이것은 부분적으로 규칙[3]의 변화가 하나의 원인이기도 하지만, 요트의 성능에 관한 과학적 지식이 늘어나 설계 동향에 큰 변화가 있었던 것이 큰 요인이다.

이 책의 목적 중 하나는 요트설계 분야에서 현재까지의 최신 기술을 소개하는 것이다. 지금까지의 지식으로 모든 현상이 설명 가능한 것은 아니지만, 긴 세월에 걸쳐온 기본 법칙이 있고 몇 세기 동안 설계자들이 이용했던 방법이 있다. 이러한 분야에 유체정역학과 복원력이 있다.

유체역학과 복원력은 요트에 실을 수 있는 무게와 세일의 크기를 반영하기 때문에 아마 가장 중요한 설계 관점이 될 수 있다. 여기에서 말하는 복원력은 파도가 없는 잔잔한 수면 상태에서의 정적인 경우에 한정하지만, 동적 복원력도 언급할 것이다.

이 장은 우선 몇 가지 계산법을 소개하는 것부터 시작한다. 이 계산법은 다음에 나오는 접수면적, 배수량, 부심, 주형계수, 수선 면적, 단위 침하당 배수량, 경사/트림시 모멘트 등 많은 곳에서 사용한다. 동적 복원력에서는 파랑중의 복원력, 횡요를 감소시키는 방법, 외양 요트에 필요한 것, 기존 요트의 복원모멘트에 관한 통계치 등을 언급한다.

‖ 면적의 계산

아마추어 설계자라면 폐곡선 내의 면적을 구하기 위해서 사각형 격자를 그리고 그 사각형의 개수를 셀 수도 있다. 대부분의 경우, 이 방법은 충분히 정확하지만, 매우 지루한 작업일 것이고, 전문 설계자들은 거의 사용하지 않는 방법이다.

---

3 클래스 규칙이나 레이팅 규칙 등이 있다.

앞 장에서 서술한 것처럼 다른 방법으로 면적계를 사용하는 것이다. 이 방법은 빠르고 정확하지만 몇몇 설계자만이 이 장비를 가지고 있다.

가장 좋은 방법은 수치적 계산법을 이용하는 것인데 어떤 일정한 간격에서 곡선의 종축 좌표값(y값)을 바탕으로 면적을 계산하는 것이다. 이러한 방법은 보통 전자계산기의 패키지에 포함되어 있지만, 이 옵션이 없을 때는 아래와 같은 방법으로 간단히 적용할 수 있다.

그림 4.1은 면적을 계산하기 위한 가장 일반적인 방법을 나타내고 있다. 이 방법은 심프슨 법칙(Simpson's rule)이라고 불리고, 조선공학에서 꽤 유명한 방법이다. 심프슨 법칙을 적용할

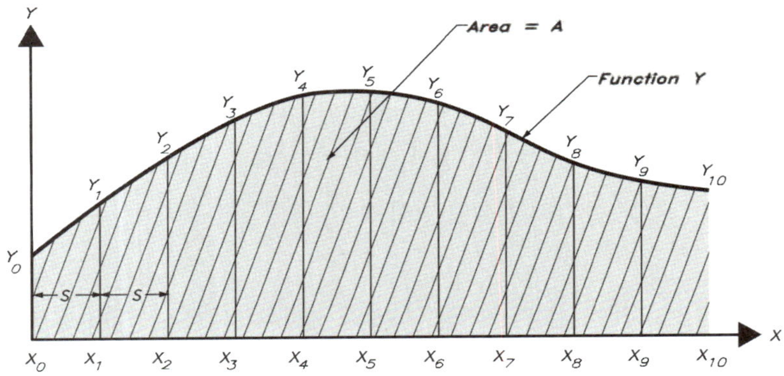

Simpson's rule :

$$A = \frac{S}{3}(Y_0 + 4Y_1 + 2Y_2 + 4Y_3 + 2Y_4 + 4Y_5 + 2Y_6 + 4Y_7 + 2Y_8 + 4Y_9 + Y_{10})$$

S.M. = Simpson's multipliers

Ordinate No.	Ordinate value	S.M.	Product
0	Y_0	1	Y_0
1	Y_1	4	$4Y_1$
2	Y_2	2	$2Y_2$
3	Y_3	4	$4Y_3$
4	Y_4	2	$2Y_4$
5	Y_5	4	$4Y_5$
6	Y_6	2	$2Y_6$
7	Y_7	4	$4Y_7$
8	Y_8	2	$2Y_8$
9	Y_9	4	$4Y_9$
10	Y_{10}	1	Y_{10}
			Sum of products

$$A = \frac{S}{3}(\text{Sum of products})$$

그림 4.1 심프슨 법칙

때 계산 순서는 항상 같기 때문에 그림 4.1과 같은 특별한 절차가 있다.

양 끝점 사이의 거리(이 경우에는 X_0와 X_{10})를 짝수 개의 등 간격으로 나눈다(이 경우는 10). 나눈 간격의 길이는 s로 나타낸다. 함수의 Y값들을 모든 X값들에 대해 계산하여 표의 '종축 좌표값' 행에 넣는다. 각 수치에 처음과 끝은 1을, 나머지에는 4와 2를 교대로 넣는다.[4] 이것을 종축 좌표값과 곱하고 전체를 더하면, 결과값의 합을 얻게 된다. 곡선 Y아래의 면적은 이 결과값의 합을 간격의 크기 s로 곱한 다음 3으로 나누면 구할 수 있다.

나눈 간격의 수는 10이 아니어도 되지만, 심프슨 법칙에 따라 항상 짝수여만 한다. 요트 설계에서는 통상 10으로 하지만 때때로 양쪽 끝점 근처에서는 높은 정도가 필요하기 때문에 1/2 스테이션이 추가된다. 심프슨 법칙의 원리는 아직 많이 사용하고 있으며, 1/2 스테이션을 사용하는 경우에도 반드시 짝수로 하기 때문에 두 개 또는 네 개의 간격을 나눈다. 그림 4.3은 간격을 이등분했을 때 생기는 변화를 보여준다. 앞으로 이 책에서 면적의 계산에는 항상 심프슨의 법칙을 사용한다. 그러나 물론 앞에 언급한 것과 같은 다른 방법을 사용해도 좋다.

‖ 접수 면적

선체는 3차원 형태이기 때문에 그 접수면적을 정확히 계산하는 것은 복잡하지만 근사값은 그림 4.2에 설명된 방법으로 얻을 수 있다. 각 단면에서 킬부터 수선까지 표면을 따라 수면 아래 잠긴 부분의 거스 길이(girth length) g를 계측한다. 그리고 계측한 수치를 선체의 길이방향에 따라 높이로 점을 표시한 다음 점을 잇는 곡선을 그리면 이 곡선 아래 면적 A는 선체 접수 면적의 반이 된다. 이 면적의 계산 절차 또한 그림 4.2에 나타나 있다. YD−41에 대한 값은 괄호 안에 있다.

이 면적에는 수선과 사선에서 봐도 알 수 있듯이 선체 길이방향으로 기울기가 고려되지 않는다는 문제가 있다. 그 값의 영향은 작지만 보다 정확하게 구하고 싶을 때는 여기에 2~4%를 더하면 된다. 즉, '빌지인자(bilge factor)' c를 곱하는 것인데 이 인자는 1.02~1.04 정도의 범위를 가진다. 빌지인자는 대표적인 사선의 길이를 수선 앞 끝에서 뒤 끝까지 직선 길이와 비교하여 추정한다.

---

4 표에는 S.M(Simpson's multiplier)이라고 표시되어 있다.

가능한 설명을 간단하게 하기 위해 모든 계산은 실선(full scale)의 값을 사용한다. 그러므로 도면으로부터 얻은 계측치는 계산에 사용하기 이전에 실선 값으로 바꿔야 한다. 이렇게

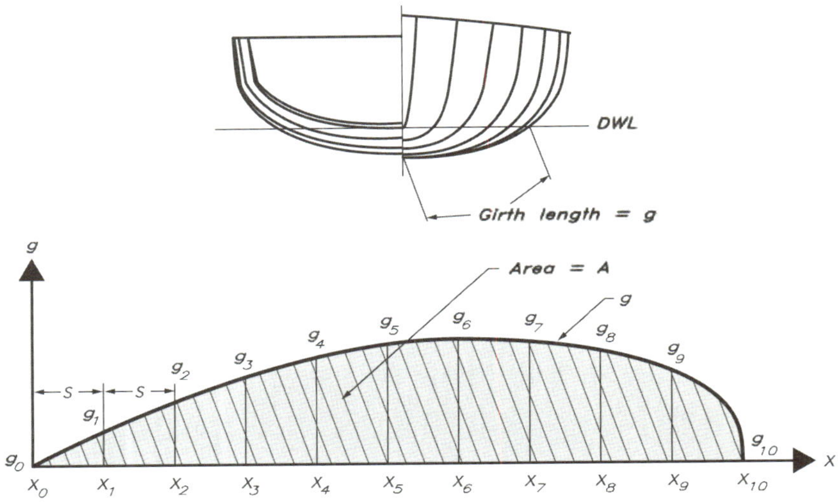

Ordinate No.	Ordinate value		S.M.	Product	
0	g_0	[0.000]	1	g_0	[0.000]
1	g_1	[0.436]	4	$4g_1$	[1.742]
2	g_2	[0.820]	2	$2g_2$	[1.639]
3	g_3	[1.155]	4	$4g_3$	[4.620]
4	g_4	[1.417]	2	$2g_4$	[2.834]
5	g_5	[1.587]	4	$4g_5$	[6.349]
6	g_6	[1.662]	2	$2g_6$	[3.325]
7	g_7	[1.638]	4	$4g_7$	[6.552]
8	g_8	[1.506]	2	$2g_8$	[3.012]
9	g_9	[1.218]	4	$4g_9$	[4.870]
10	g_{10}	[0.000]	1	g_{10}	[0.000]
				Sum of products	[34.95]

$$A = \frac{S}{3} \cdot (\text{ Sum of products })$$

$$S_w = 2 \cdot c \cdot A \qquad \left\{ \begin{array}{l} 2 = \text{both sides} \\ c = \text{bilge factor} = 1.02 - 1.04 \end{array} \right.$$

$[S_w = 28.20\ m^2]$

Alternatively (entirely empirical) :

$$S_w = [\ 1.97 + 0.171\ \frac{B_{WL}}{T_c}\ ]\sqrt{\nabla_c \times L_{WL}} \cdot \sqrt[3]{\frac{0.65}{C_M}} \quad [\ 27.34\ m^2]$$

$$C_M = \frac{\nabla_c}{L_{WL} \cdot B_{WL} \cdot T_c \cdot C_p} \quad [\ 0.716\ ]$$

그림 4.2 접수면적의 계산

해두면 여러 식에서 사용하는 다양한 축척비 승법으로부터 오는 혼란을 어느 정도 피할 수 있다. 지금처럼 선체의 반에 대해서만 계산하는 경우가 많으니 주의해야 할 필요가 있다. 그런 경우에는 계산을 마치고 마지막에 2를 곱하면 최종 결과값을 얻을 수 있다.

나선의 길이, 폭, 깊이, 배수량, 그리고 주형계수 등을 바탕으로 구성된 경험식을 사용하여 접수면적을 구하는데 방법도 있는데 근사치이기는 하지만 빠른 방법이다(그림 4.2 참고). 매끄러운 선체의 경우 이 계산법은 상당히 정확하지만, 만약에 선체의 도면이 있다면 앞서 언급한 계산법을 권고한다.

‖ 배수량

아르키메데스 원리에 따르면 물체가 물에 떠 있는 경우 물체의 중량[5](mass)은 물체가 밀어낸 물의 중량과 같다. 때문에 요트의 배수용적 ▽에 물의 밀도 ρ를 곱한 물의 중량(즉, 중

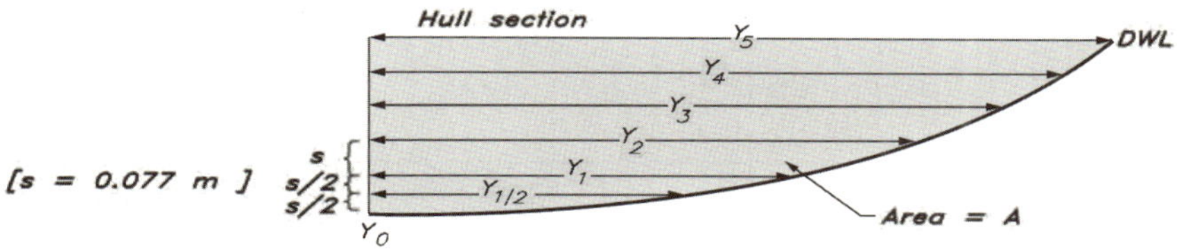

Ordinate No.	Ordinate value	S.M.	Product
0	Y_0 [0.000]	0.5	$0.5Y_0$ [0.000]
1/2	$Y_{1/2}$ [0.682]	2	$2Y_{1/2}$ [1.364]
1	Y_1 [0.892]	1.5	$1.5Y_1$ [1.338]
2	Y_2 [1.154]	4	$4Y_2$ [4.616]
3	Y_3 [1.334]	2	$2Y_3$ [2.668]
4	Y_4 [1.474]	4	$4Y_4$ [5.896]
5	Y_5 [1.585]	1	Y_5 [1.585]
			Sum of products [17.467]

$A = \frac{s}{3} \cdot (\text{Sum of products})$

$A_s = 2 \cdot A$ (both sides)

$[A_s = 0.896\ m^2]$

그림 4.3 단면적 계산

5 중량이라는 말을 썼지만, 엄밀하게 이야기하면 질량(mass)을 사용하여야 한다. 통상적으로 중량이라는 말을 사용하니 주의가 필요하다.

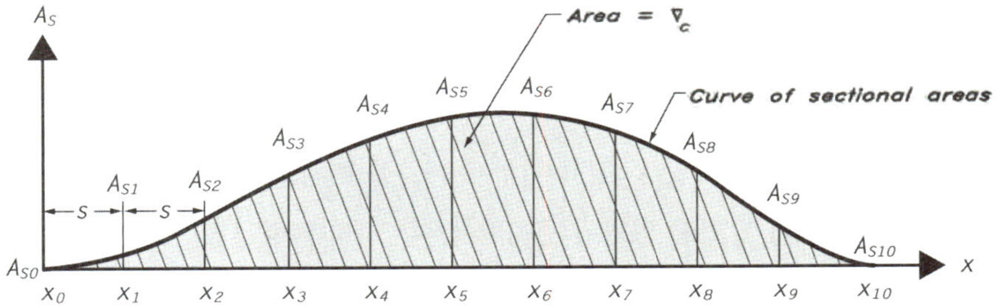

[s = 1.19 m]

A_s : Areas calculated as in Fig 4.3

Ordinate No.	Ordinate value	S.M.	Product
0	A_{S0} [0.000]	1	A_{S0} [0.000]
1	A_{S1} [0.090]	4	$4A_{S1}$ [0.360]
2	A_{S2} [0.294]	2	$2A_{S2}$ [0.588]
3	A_{S3} [0.541]	4	$4A_{S3}$ [2.164]
4	A_{S4} [0.757]	2	$2A_{S4}$ [1.514]
5	A_{S5} [0.886]	4	$4A_{S5}$ [3.544]
6	A_{S6} [0.906]	2	$2A_{S6}$ [1.812]
7	A_{S7} [0.802]	4	$4A_{S7}$ [3.208]
8	A_{S8} [0.562]	2	$2A_{S8}$ [1.124]
9	A_{S9} [0.244]	4	$4A_{S9}$ [0.976]
10	A_{S10} [0.000]	1	A_{S10} [0.000]
			Sum of products [15.290]

$\nabla_c = \frac{s}{3} \cdot$ (Sum of products) [6.06 m^3]

그림 4.4 배수용적의 계산

량배수량)은 요트의 중량과 같다.

이 장에서는 배수용적 계산에 대해 다루며, 중량에 대해서는 부록 2에서 논의할 것이다. ρ는 청수의 경우 1,000kg/m^3이지만, 해수는 염분의 양에 의해 다르다. 해수는 평균치로 1,025kg/m^3을 사용한다.

용적을 구하기 위해서는 우선 횡단면 곡선을 결정해야 한다. 3장에서 설명한 것처럼, 반폭도에서 적당한 축척으로 각 단면(물속에 들어간 부분)의 면적 수치를 그려서 얻는다. 각 단면의 면적 A_s를 계산하기 위해 심프슨 법칙을 적용한다. 이때 적절한 간격에 따른 좌표값을 알 수 없다는 문제가 있기 때문에 각 단면을 적절히 나누어야 한다(그림 4.3 참고).

그림 4.3에서 좌표들은 단면을 깊이방향으로 5개로 나누어 반폭에 배열한 것이다. 맨 아

래에서는 곡선이 급격히 변하기 때문에 다시 간격을 반으로 나누었다. 이 간격에서는 심프슨 수는 따로 적용해야 하고 원래 승수의 반 즉, 0.5, 2, 0.5가 된다. 반면 가장 오른쪽 좌표값은 원래 간격에서도 동일하게 적용되기 때문에 첫 번째 심프슨 수는 1이 된다(즉, 1, 4, 2, 4, 1). 따라서 전체 값은 1.5가 된다.

모든 단면적을 구하고 그림으로 나타내면 그림 3.5의 선도와 같은 형태의 횡단면적 곡선에 얻을 수 있고, 이 곡선 아래의 면적이 배수량이 된다. 그림 4.4는 심프슨 방법을 이용한 계산법이 나타나 있다. 여기에서도 앞서처럼 실선 값을 사용했고 YD−41의 값은 괄호 안에 나타내었다.

‖ 부심

물체에 대한 기준축과 관련된 힘에 의해 생성되는 모멘트는 그 물체로부터 기준축까지의 거리와 힘의 곱으로 표시된다. 이 개념을 이용하여 물체의 무게중심을 찾을 수 있다. 정의에 따르면 무게중심은 물체의 질량이 집중되어 있다고 가정한 점이다. 중력은 이 점에 작용한다고 보는 것이다.

어떤 축에서 무게중심까지의 거리를 산출하는 방법은 이 축에 관련하여 물체의 각 부분 모멘트를 모두 더하는 것이다. 모두 더한 모멘트 결과값은 무게 중심에 집중된 질량의 모멘트와 같다.[6] 이 방법이 그림 4.5에 나타나 있고 축은 F.P.에 설정되어 있다.

배수된 물의 무게 중심(즉, 부심)을 찾는데도 같은 방법을 적용할 수 있다. 먼저 앞서의 축을 이용하여 종 방향 부심위치(LCB)를 계산해 보자. 선체 각 단면들의 면적과 F.P.로부터 거리와의 곱으로 모멘트가 발생한다고 할 수 있다. 때문에 단면적 곡선과 같이 단면 모멘트 곡선을 그릴 수 있다. 이 곡선으로 둘러싸인 면적이 총 모멘트가 되고 이것으로부터(그림 4.6에서 나타나 있듯이) 부심의 위치를 계산할 수 있다.

이것 대신에 사용할 수 있는 간단한 방법도 있다. 신중하게 계산한다면 아마 위의 수치적인 방법과 비슷한 정확도가 나온다. 단면적 곡선을 마분지에 붙여 잘라낸다. 전후 방향의 기선에 직각으로 칼날을 대어 균형을 잡는다.[7] 균형이 잡혔을 때의 칼날의 위치가 종 방

---

6 그것을 총 중량으로 나누면 중심 위치가 나온다.

7 시소를 생각해 보자.

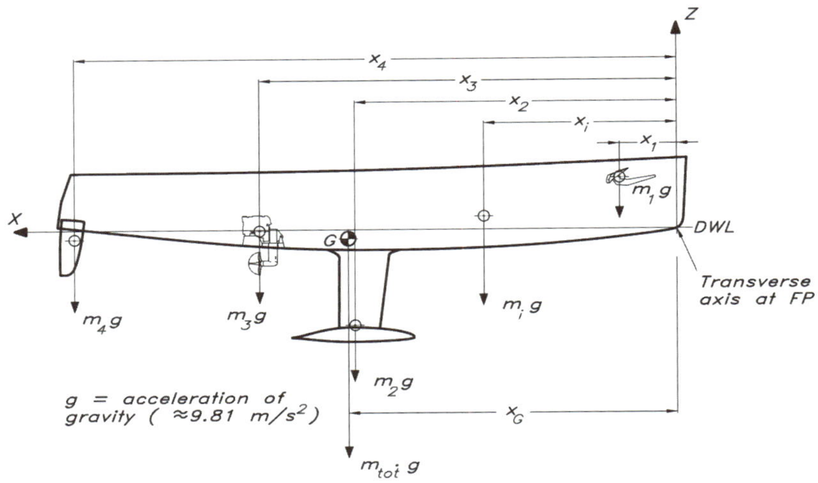

FP 앞의 *x*값과 *DWL* 아래의 *z*값은 음수임

*FP*에서 *x*축을 따라 계측한 무게중심

$$m_{tot}\, g \cdot x_G = m_1 g x_1 + m_2 g x_2 + m_3 g x_3 + \dots + m_i g x_i + \dots$$

$$m_{tot}\, x_G = m_1 x_1 + m_2 x_2 + m_3 x_3 + \dots + m_i x_i + \dots$$

$$m_{tot} = m_1 + m_2 + m_3 + \dots + m_i + \dots$$

$$x_G = \frac{m_1 x_1 + m_2 x_2 + m_3 x_3 + \dots + m_i x_i + \dots}{m_1 + m_2 + m_3 + \dots + m_i + \dots}$$

*DWL*에서 *z*축을 따라 계측한 무게중심

$$z_G = \frac{m_1 z_1 + m_2 z_2 + m_3 z_3 + \dots + m_i z_i + \dots}{m_1 + m_2 + m_3 + \dots + m_i + \dots}$$

그림 4.5 무게중심을 찾는 방법

향 부심이다. 이것은 곧 LCB의 위치다. 바늘에 이것을 매달아 자유롭게 회전이 되도록 하면 바늘이 지나는 연직선은 무게중심을 통과하게 된다.[8] 두 군데에서 이렇게 한 후 추를 이용해 연직선을 직선을 긋는다. 그러면 연직선의 교점이 무게중심이 된다.

상하 부심위치(VCB)를 구할 때는 상하방향으로 단면 모멘트의 분포를 생각해야 한다. 각 수선에서의 수선 면적을 알게 되면 상하방향으로 용적의 분포를 곡선 형태로 그릴 수

8 벽에 액자를 걸어 수평을 맞출때를 생각해 보자.

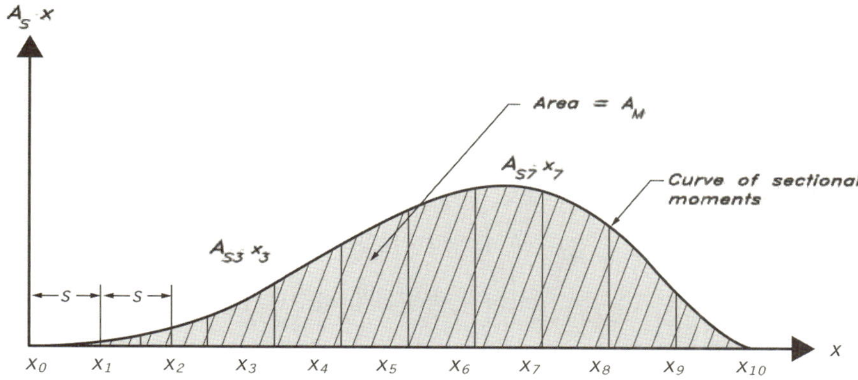

[s = 1.19 m]

A_s: Areas calculated as in Fig 4.3

Ordinate No.	Ordinate value	S.M.	Product
0	$A_{S0} \cdot x_0$ [0.000]	1	$A_{S0} \cdot x_0$ [0.000]
1	$A_{S1} \cdot x_1$ [0.107]	4	$4A_{S1} \cdot x_1$ [0.428]
2	$A_{S2} \cdot x_2$ [0.699]	2	$2A_{S2} \cdot x_2$ [1.399]
3	$A_{S3} \cdot x_3$ [1.931]	4	$4A_{S3} \cdot x_3$ [7.722]
4	$A_{S4} \cdot x_4$ [3.602]	2	$2A_{S4} \cdot x_4$ [7.203]
5	$A_{S5} \cdot x_5$ [5.269]	4	$4A_{S5} \cdot x_5$ [21.077]
6	$A_{S6} \cdot x_6$ [6.466]	2	$2A_{S6} \cdot x_6$ [12.932]
7	$A_{S7} \cdot x_7$ [6.678]	4	$4A_{S7} \cdot x_7$ [26.711]
8	$A_{S8} \cdot x_8$ [5.348]	2	$2A_{S8} \cdot x_8$ [10.696]
9	$A_{S9} \cdot x_9$ [2.612]	4	$4A_{S9} \cdot x_9$ [10.705]
10	$A_{S10} \cdot x_{10}$ [0.000]	1	$A_{S10} \cdot x_{10}$ [0.000]
			Sum of products [98.617]

$$A_M = \frac{s}{3} \cdot (\text{ Sum of products }) \qquad [\ 39.10\ m^4\ ]$$

$$x_{LCB} = \frac{A_M}{\nabla_c} \qquad [\ 6.468\ m\ ]$$

그림 4.6 나선의 종 방향 부력중심 계산

있다. 이 곡선을 단면적곡선과 같이 취급하면 상하 부심위치를 구할 수 있다. 그러나 수선에서의 면적은 이 용도가 아니면 사용하는 경우가 거의 없기 때문에 미리 알 수가 없는 경우가 있다. 또 다른 방법으로 각 단면을 오려내어 정면도처럼 붙이는 방법도 있다. 종이로 만든 이 배의 상하 무게중심위치가 곧 우리가 찾으려고 하는 상하 부심위치가 되어야 한다.

‖ 수선면 면적

수선면 면적, 곧 설계수선(*DWL*) 안쪽 면의 면적은 여러 관점에서 중요하다. 첫째로 수선면 면적의 크기는 '밀리미터 침하 당 중량'을 결정한다. 즉, 어떤 길이만큼 배를 침하시키는데 필요한 추가 중량이 된다. 두 번째로, 수선면의 중심은 선체가 트림되는 축, 즉, 배 위의 어떤 중량물을 종 방향으로 옮겼을 때 배가 트림되는 축의 주위에 있다. 세 번째로 종축에 대한 소위 관성모멘트[9]는 소각도 경사시의 복원성을 결정한다. 마지막으로 면적중심을 지나는 횡축에 대한 관성모멘트는 종 방향 복원력, 즉, 선체를 어느 각도만큼 트림하려 할 때 필요한 모멘트를 결정한다.

면적의 계산은 그림 4.1처럼 심프슨 법칙을 그대로 사용한다. 이 면적을 A_W(실선 값)이라 하면, 선체를 1mm 침하시키는데 필요한 배수용적은 $0.001 \times A_W\ m^3$이 된다. 물의 밀도를 ρ라고 하면, 이 부피의 중량은 $\rho \times 0.001 \times A_W$가 된다. 밀리미터 침하 당 중량은 이 방법으로 간단하게 계산할 수 있다.

앞에서 본 것처럼 부심은 단면적 곡선의 기하학적 중심으로부터 계산한다. 계산은 심프슨과 같은 수치계산법이나 또는 단순하게 '마분지'를 사용하는 방법들이 있다. 수선면의 중심, 소위 '부면심(center of floatation)'을 구할 때에도 같은 방법을 사용할 수 있다.

관성모멘트는 간단한 방법으로 찾을 수 없고 중심을 찾을 때와 같이 수치계산법을 사용한다. 먼저 FP에서의 횡축에 대한 종 방향 관성모멘트 I_{LFP}를 계산해 보자. 그러면 어떤 "단면 관성모멘트의 곡선"을 얻을 수 있는데 이 곡선에서 각 종좌표는 수선의 반폭과 FP로부터 거리의 제곱을 곱한 값이 된다. 이 곡선의 면적을 이용하면 실선에서의 관성모멘트를 찾아낼 수 있다(그림 4.7 참고). YD-41의 경우 선미 쪽에서 매우 급격하게 변하는 수선 폭 때문에 마지막 두 개의 간격을 쪼개었다는 점을 주의하자. 형상이 급격히 변할 때는 적절한 정도를 얻기 위해 이러한 것이 필요하게 된다.

다음 장에서 나올 종 방향 복원력 계산에서, 관성모멘트 I_L은 FP를 지나는 축이 아닌 부면심을 지나는 축에 대해 계산한다. 그러나 I_{LFP}값은 그림 4.7에 나와 있는 것처럼 간단하게 I_L로 바꿀 수 있다.

원론적으로 횡 복원력에 필요한 종축에 대한 횡 방향 관성 모멘트 I_T 역시 비슷한 방법

---

9 엄밀히는 2차모멘트라고 해야 하지만 저자들은 일관되게 관성모멘트라는 용어를 사용했다. 주의가 필요하다.

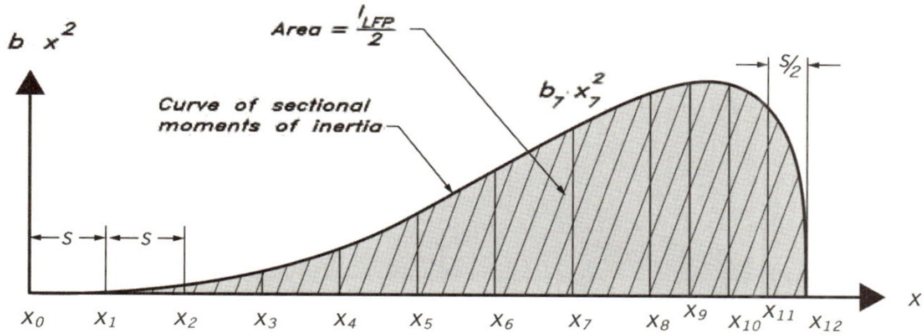

[s = 1.19 m]
b = half beam

Ordinate No.	Ordinate value	S.M.	Product
0	$b_0 \cdot x_0^2$ [0.00]	1	$b_0 \cdot x_0^2$ [0.0]
1	$b_1 \cdot x_1^2$ [0.55]	4	$4\,b_1 \cdot x_1^2$ [2.2]
2	$b_2 \cdot x_2^2$ [4.23]	2	$2\,b_2 \cdot x_2^2$ [8.5]
3	$b_3 \cdot x_3^2$ [13.63]	4	$4\,b_3 \cdot x_3^2$ [54.5]
4	$b_4 \cdot x_4^2$ [30.08]	2	$2\,b_4 \cdot x_4^2$ [60.2]
5	$b_5 \cdot x_5^2$ [53.12]	4	$4\,b_5 \cdot x_5^2$ [212.5]
6	$b_6 \cdot x_6^2$ [80.73]	2	$2\,b_6 \cdot x_6^2$ [161.5]
7	$b_7 \cdot x_7^2$ [109.2]	4	$4\,b_7 \cdot x_7^2$ [436.8]
8	$b_8 \cdot x_8^2$ [132.9]	1.5	$1.5\,b_8 \cdot x_8^2$ [199.4]
9	$b_9 \cdot x_9^2$ [139.0]	2	$2\,b_9 \cdot x_9^2$ [278.4]
10	$b_{10} \cdot x_{10}^2$ [138.0]	1	$b_{10} \cdot x_{10}^2$ [138.0]
11	$b_{11} \cdot x_{11}^2$ [124.0]	2	$2\,b_{11} \cdot x_{11}^2$ [248.0]
12	$b_{12} \cdot x_{12}^2$ [0.00]	0.5	$0.5\,b_{12} \cdot x_{12}^2$ [0.0]
			Sum of products [1800]

$I_{LFP} = 2 \cdot \frac{s}{3} \cdot$ (Sum of products) [1427 m^4]

Moment of inertia around centre of flotation

$I_L = I_{LFP} - A_W \cdot x_F^2$ [205 m^4]

A_W = waterline area [26.34 m^2]

x_F = distance from FP to centre of flotation [6.812 m]

그림 4.7 종 방향 관성모멘트 계산

으로 계산할 수 있지만, 이럴 경우 수선면을 길이 방향으로 쪼개어야 한다. 길이방향으로 쪼개는 것은 다른 계산에서는 사용하지 않는 것으로 사실 실용적이지 않다. 이에 그림 4.8과 같은 대안을 사용한다. 주의할 점은 좌우 대칭에 종 방향 축은 부면심을 통과하기 때문에 따로 수정을 할 필요는 없다는 것이다.

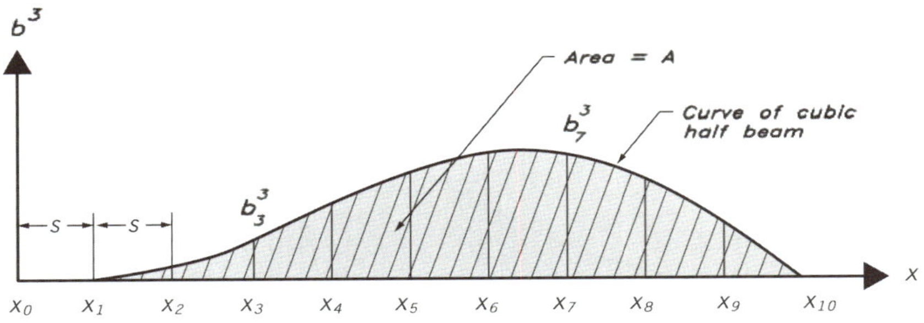

[s = 1.19 m]

b = half beam

Ordinate No.	Ordinate value	S.M.	Product
0	b_0^3 [0.000]	1	b_0^3 [0.000]
1	b_1^3 [0.058]	4	$4\,b_1^3$ [0.235]
2	b_2^3 [0.418]	2	$2\,b_2^3$ [0.837]
3	b_3^3 [1.228]	4	$4\,b_3^3$ [4.914]
4	b_4^3 [2.347]	2	$2\,b_4^3$ [4.695]
5	b_5^3 [3.388]	4	$4\,b_5^3$ [13.55]
6	b_6^3 [3.982]	2	$2\,b_6^3$ [7.964]
7	b_7^3 [3.906]	4	$4\,b_7^3$ [15.63]
8	b_8^3 [3.163]	2	$2\,b_8^3$ [6.327]
9	b_9^3 [1.745]	4	$4\,b_9^3$ [6.981]
10	b_{10}^3 [0.000]	1	b_{10}^3 [0.000]
			Sum of products [61.135]

$A = \frac{s}{3} \cdot (\text{ Sum of products })$

$I_T = \frac{2}{3} \cdot A \quad [\ 16.1\ m^4\ ]$

그림 4.8 횡방향 관성모멘트 계산

‖ 소각도 경사시 횡, 종 복원성

요트의 횡 복원성에 대해서는 그림 4.9를 이용해서 설명한다. 요트가 경사를 일으키면 부심은 B에서 풍하 측 B'로 이동한다. 위로 향하는 부력은 무게중심 G에 작용하는 중력과 짝힘을 이루게 된다. 복원 팔(lever arm)은 보통 $\overline{GZ}$라고 하며 복원모멘트는 $m \cdot g \cdot \overline{GZ}$가 된다. 즉, 중력의 배의 질량 m에 중력가속도 $g(9.81m/s^3)$를 곱해야 하기 때문이다.

그 밖에 그림에 나타난 또 다른 중요한 개념으로 횡 메타센터 M이 있다. 이것은 B'를 지

횡방향 복원성 관계 :

$\overline{BM} = \frac{I_T}{\nabla}$ (*Fundamental stability formula*) [2.55 m]

$\overline{GM} = \overline{BM} - \overline{BG}$ (*G above B*) [2.52 m]

$\overline{GZ} = \overline{GM} \cdot \sin\Phi$ (Φ = *heel angle*)

[$\overline{BG}$ = 0.03 m]

[∇ = 6.3 m^3]

횡방향 복원모멘트 :

$$RM = m \cdot g \cdot \overline{GZ}$$

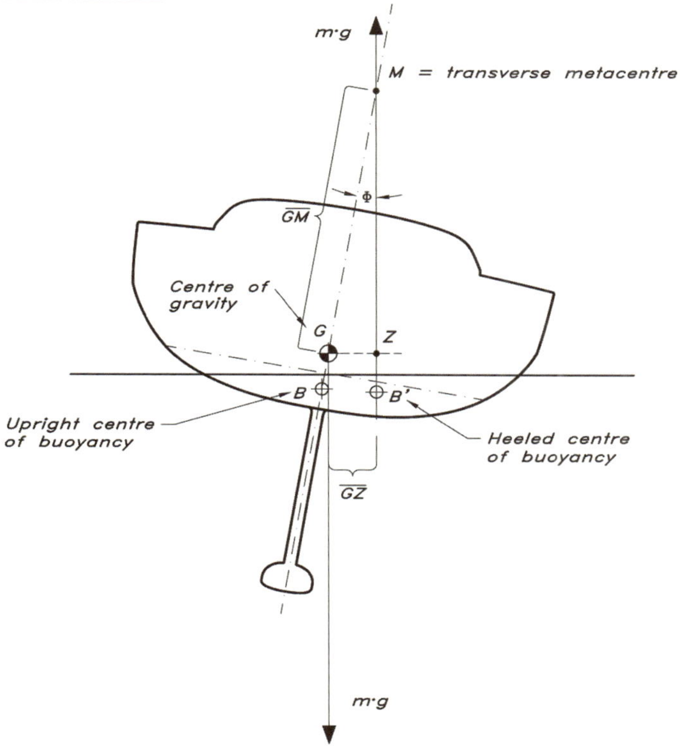

그림 4.9 횡 방향 복원성

나는 연직선과 요트 중심선과의 교점이다. 소각도 경사시에 M은 고정되어 있다고 보기 때문에 계산이 간단하다. G와 M 사이의 거리 $\overline{GM}$을 메타센터 높이(metacentric height), 그리고 $\overline{BM}$은 메타센터 반경(metacentric radius)이라 한다. 복원성 기본 공식에 따르면 메타센터 반경은 횡 관성모멘트 I_T와 용적 배수량 ∇와의 비다(여기서 증명은 하지 않는다). 이 공식과 간단한 기하학적 관계를 이용하여 그림 4.9와 같이 복원모멘트를 구할 수 있다.

요트의 복원력은 $\overline{GM}$에 비례하기 때문에 이를 증가시키는 방법은 기본적으로 두 가지가 있다. G를 낮게 하거나 M을 높게 하는 것이다. 낮은 G는 보통 폭이 좁고 발라스트 비가 높은 무거운 배에 나타나며 12m나 R 클래스와 같은 요트가 있다. 즉, 이들 배들은 중

종방향 복원성 관계 :

$\overline{BM}_L = \frac{I_L}{\nabla}$ (Fundamental stability formula) [33.06 m]

$\overline{GM}_L = \overline{BM}_L - \overline{BG}$ (G above B) [33.03 m]

$\overline{GZ}_L = \overline{GM}_L \cdot \sin\theta$ (θ = trim angle)

[$\overline{BG}$ = 0.03 m]

[∇ = 6.3 m^3]

종방향 복원모멘트 :

$$RM_L = m \cdot g \cdot \overline{GZ}_L$$

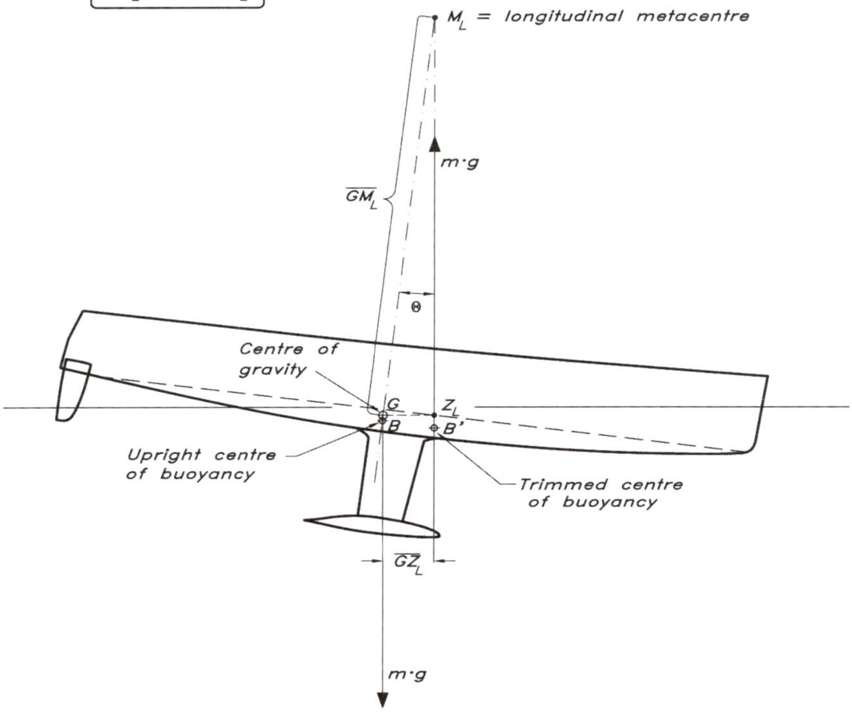

무게 W를 거리 x만큼 옮겼을 때의 트림각(도) :

$$\theta = \frac{180}{\pi} \cdot \frac{W \cdot x}{m \cdot \overline{GM}_L}$$

그림 4.10 종 방향 복원성

량 복원성(weight stability)을 가지고 있다고 한다. 반면, 현대 경기정은 폭이 넓고 흘수가 작은 배들이 많은데 이런 배들은 M이 높다, 즉, 형상 복원성(form stability)을 가지고 있다고 한다.

종 방향 복원성의 계산 방법은 횡 방향 복원성 계산과 같다. 따라서 배에 트림이 생겼을 때의 복원모멘트는 그림 4.10의 식으로 계산할 수 있다. 또한 요트 위에서 중량물을 앞뒤로 이동시켰을 때의 트림각도 계산할 수 있다.

‖ 대각도 경사시 횡 복원성

대각도 경사시의 복원력 계산은 소각도 경사 때보다 훨씬 복잡하다. 우선 선체가 대각도 경사를 일으키면 수면에 대해 경사된 배의 위치가 어디에 올지 알 수 없다는 것이 첫 번째 어려움이다. 만약 배의 중심선(DWL 상에서)을 기준으로 단순히 회전한다면, 통상 배수량이 더 크게 되기 때문에 트림 모멘트가 발생하게 된다. 이 문제를 해결할 수 있는 방법은 시행착오 방법뿐이다. 즉, 배의 침하와 트림을 체계적으로 바꾸어 가면서 몇 개의 자세를 시도해 배수량과 LCB의 위치를 찾아내는 것이다.

배의 자세를 찾아내면 복원모멘트를 찾기 위해 상당한 양의 계산을 해야 한다. 이는 경사각이 작을 때와 같은 간단한 식이 없기 때문이다. 실무에서 이런 계산은 대형선에서조차

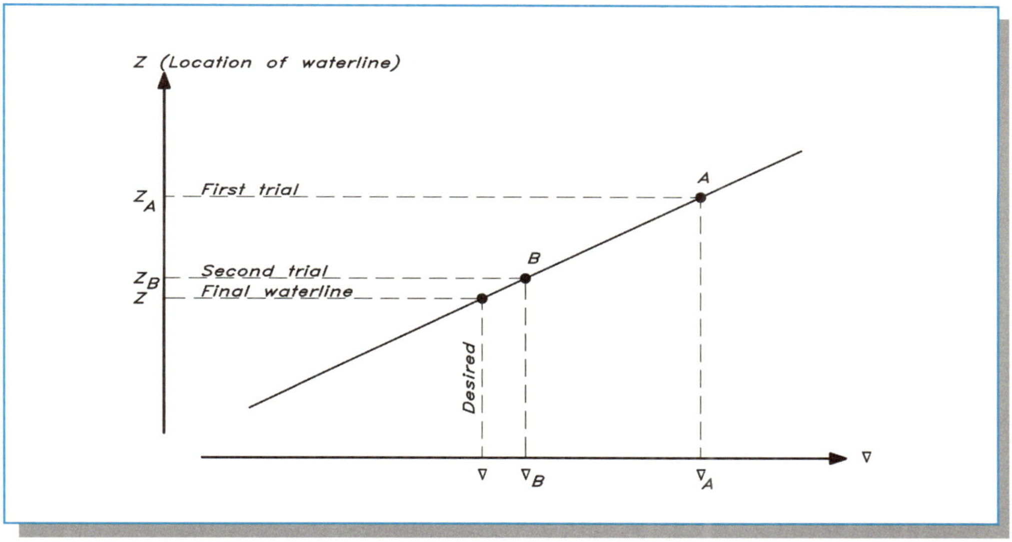

그림 4.11 경사 수선 길이 찾는 절차

수작업으로 하는 경우가 거의 없었는데 컴퓨터 시대 이전에는 적분기(integrator)라는 특수한 장비를 사용했기 때문이다. 그러나 이런 장비는 요트설계자도 사용할 수 있는 물건이 아니었기 때문에 근사적인 방법이지만 나름대로 충분한 정도를 갖는 다른 방법을 사용해 본다. 그림 4.11에 이 방법이 나와 있다. 이 경우 배의 폭이 상당히 넓고 앞/뒤로 선형이 비대칭인 경우 특히 주의해야 한다. 이런 배는 경사 시에 상당한 트림이 생기게 되는데 이 방법에서는 그것이 고려하지 않기 때문이다.

배의 자세를 찾기 위해서는 우선 DWL상의 중심선을 기준으로 필요한 각도만큼 회전시킨다. 그리고 Z_A에 위치하는 수선까지의 배수량 ∇_A을 계산한다. 이 작업은 단면의 모양을 모르면 할 수 없는 작업이기 때문에 좌우 대칭으로 되어 있는 정면도를 우선 만들어 둘 필요가 있다.

배수량 ∇_A는 당연히 크게 나타날 것이기 때문에 추가로 새로운 수선면 Z_B를 찾아야 한다. 이 수선의 첫 추정은 배수량 초과분을 원래 설계수선(DWL)에서의 수선 면적으로 나누어 한다. 이렇게 하면 Z_B에서 새로운 수선까지의 근사 길이를 구할 수 있고 여기에 해당하는 새로운 ∇_B를 계산할 수 있다. 매우 정확하지는 않지만 수선의 최종 위치 Z는 내삽법이나 외삽법을 통해 구할 수 있다. 이 방법을 통하면 트림에 의한 모든 효과는 무시하더라도 배수량은 제법 정확하다.

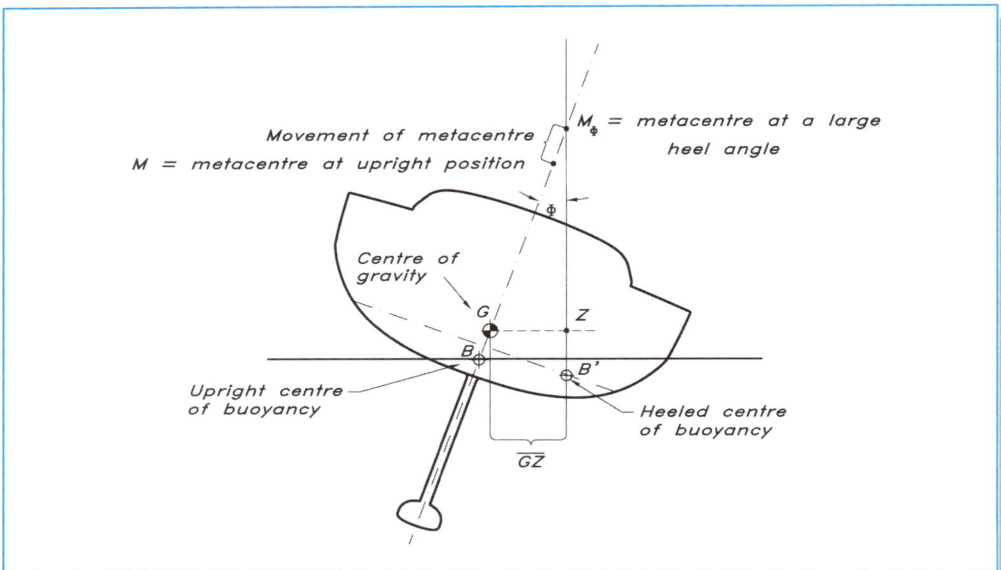

그림 4.12 대각도 경사의 복원성

수선을 찾은 후, 그림 4.12의 부심 B'의 횡 방향 위치는 앞에서의 '마분지 방법'을 사용한다. 수선 아래의 모든 경사 단면을 마분지로 오려 바른 위치에 붙인다. 앞에서도 설명했듯이 마분지로 만들어진 선체의 무게 중심은 부심에 해당되며 추를 이용하여 찾듯이 두 선의 교점이 된다.

B'를 알면 그림 4.12와 같이 B'를 통과하는 연직선과 배의 중심선이 교차되는 지점, M_ϕ를 얻을 수 있다. 그림에서 $\overline{BM}$을 계측할 수 있고 남은 계산은 소각도 경사시의 식과 같다.

‖ 정복원력 곡선

정복원력 곡선은 변화하는 배의 경사각에 대한 복원모멘트를 나타낸 것이다. 일정한 $m \cdot g$만을 생각하면 복원모멘트는 복원 팔에 대해서만 달라지기 때문에 종축을 $\overline{GZ}$로 나타낼 수 있다. 그림 4.13에는 YD-41의 $\overline{GZ}$곡선이 나타나 있다.

소각도에서서는 $\overline{GM}$이 일정하고 $sin\phi \approx \phi$(라디안)이기 때문에 $\overline{GZ}$는 배의 경사각에 비례

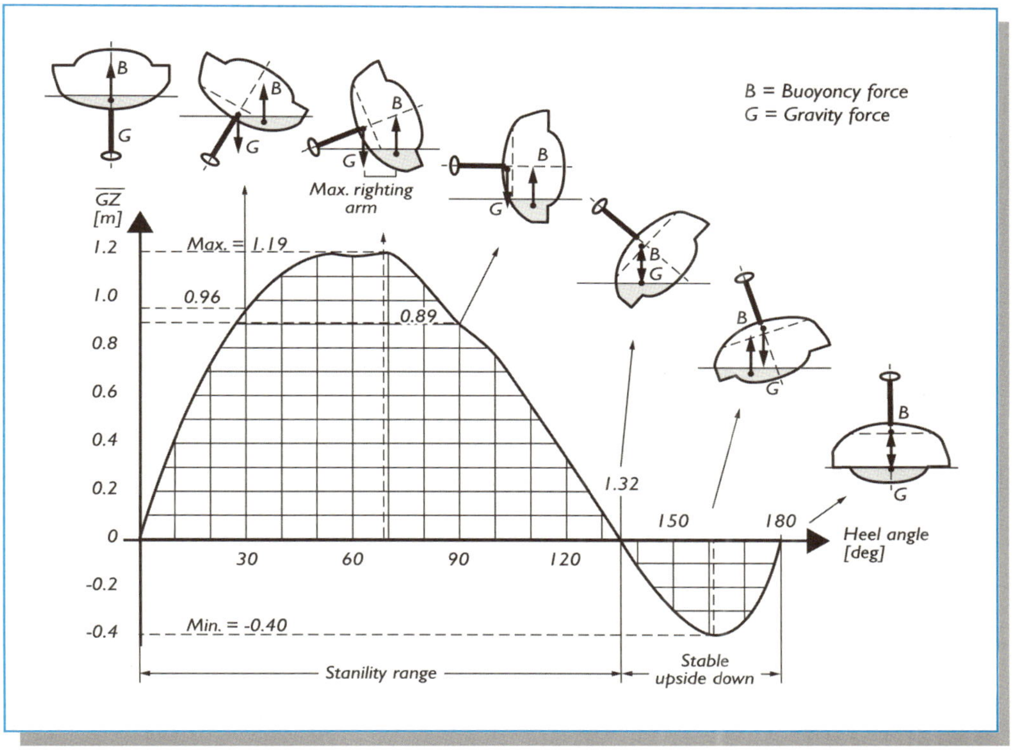

그림 4.13 YD-41의 정복원력 곡선

하여 $\overline{GZ} = \overline{GM} \cdot sin\phi \approx \overline{GM} \cdot \phi$가 된다. 원점에서 $\overline{GZ}$곡선의 경사는 $\phi = 1$ 라디안(즉, 57.3°)에서 $\overline{GZ} = \overline{GM}$이 되는 점을 지나는 접선을 이용하여 얻을 수 있다.

$\overline{GZ}$ 곡선에서 중요한 또 하나는 그 최대치로 선체의 가장 큰 복원모멘트를 뜻한다. 당연히 경사모멘트가 이 수준을 넘어서게 되면 요트는 전복하게 될 것이다.

또 다른 관심사로 소위 복원성 범위(stability range)는 양의 복원모멘트가 유지되는 경사각의 구간을 말한다. 이 범위를 넘어서면 요트는 전복된 상태로 안정을 유지하게 된다.

임의 각도까지 복원모멘트(RM) 곡선 아래의 면적은 그 각도까지 배를 기울이는 필요한 일(가령, 파도에 의한)을 뜻한다.

현대의 핀 킬(fin keel) 요트와 전통적인 V형의 롱 킬(long keel) 요트는 복원력곡선에서도 큰 차이를 보인다. 1979년 패스트넷 경기(Fastnet Race) 사고 후, 사우스햄턴 대학에서 비슷한 크기의 두 요트를 비교하는 연구를 하였다. 두 배는 모두 클래스 V에서 경기를 한 배였다. 하나는 크루저-레이서인 콘테사(Contessa)32였고, 다른 하나는 30피트의 그리말킨(Grimalkin)이라는 극한 레이서였다.

재미있게도 두 요트의 $\overline{GM}$은 0.85m로 같았다(그림 4.14의 $\overline{GM}$곡선을 참고하라). 그러나, 이것이 소각도 경사에서 RM이 같다는 것을 뜻하는 것은 아니다. 이는 배들의 중량이 다르기 때문인데 콘테사 32는 4,600kg인 반면 그리말킨의는 3,800kg이다. 1° 경사에서 RM은 각각 670Nm와 550Nm이다. 두 배의 세일 면적은 거의 같았다는 점에 유의할 필요가 있다.

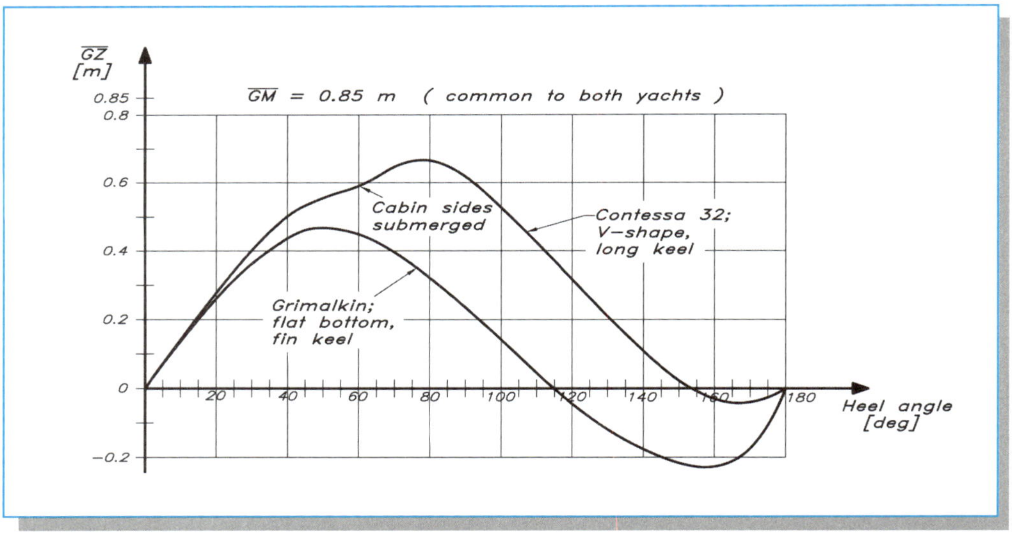

그림 4.14 그리말킨과 콘테사32의 GZ 곡선

GZ최대치에서도 큰 차이를 보이는데 콘테사 32가 약 40%가량 크다. 복원력으로 바꿔 보면 그 차이는 더욱 크다. 콘테사 32의 최대 복원력 RM_{max}은 약 80°에서 30,200Nm 정도인 반면 그리말킨은 약 50°에서 17,900Nm가량이다.

복원성 범위에서도 더 큰 차이가 발견되었다. 콘테사 32는 약 155°까지 양의 복원력인데 비해 그리말킨은 약 115°에서 이미 복원력이 소실된다. 콘테사 32는 배가 뒤집혔을 때 안정적인 범위가 25°로 작고 곡선의 면적 또한 작다. 그리말킨의 경우 이에 해당하는 범위는 약 65°이며 면적 또한 상당하다. 이는 결국 그리말킨의 경우 배가 뒤집히면 원래로 되돌리기가 상당히 어렵다는 것을 뜻한다. 바람이나 파도의 일 양이 상당히 크다는 것을 감안해도 그리말킨의 경우 뒤집히면 한동안, 아마 몇 분 정도, 뒤집혀 있겠지만 콘테사 32의 경우는 배가 넘어지더라도 거의 순식간에 원래 자세로 되돌아올 것이다.

이 논점에서 보았을 때 거친 바다에서는 전통적인 요트가 현대적인 요트보다 안전하다고 말할 수 있을 것이다. 다음 절에서는 파도가 복원력에 끼치는 영향에 대해 좀 더 설명할 것이다. 대양 경기용 요트의 내항성에 관한 통계나 기준에 대해서는 그 뒤에 언급하기로 한다.

‖ 횡요(Rolling)

해상에서 요트는 6자유도 운동을 하게 된다. 즉, 전후요(surge), 좌우요(sway), 상하요(heave), 횡요(roll), 종요(pitch) 그리고 선수요(yaw) 운동이다. 앞의 세 개는 평행운동으로 전후방향, 좌우방향, 상하방향 움직임을 뜻하고, 뒤의 세 개는 종축, 횡축, 연직축을 중심으로 한 회전운동을 말한다. 안전의 관점에서 보면 횡요(roll) 운동이 가장 중요하며 이번 절과 다음 절에서 서술할 것이다. 파랑 중 추가저항에 대해서는 종요(pitch)와 상하요(heave)가 중요하며 이것은 제5장에서 선형설계와 함께 다루기로 한다.

정수 중 경사된 배를 놓으면 복원력에 의해 선체는 직립 상태로 되돌아간다. 즉 직립으로 가기 위해 횡요를 시작하지만 관성력에 의해 경사각이 0이 되어도 거기에서 정지하지 않고 복원력이 발생할 때까지 반대 방향으로 계속 횡요를 진행한다. 그리고 반대편에서 다시 횡요가 시작되고 움직임이 감쇠될 때까지 계속 반복된다. 실제 세일요트의 경우 감쇠력이 매우 크기 때문에 운동은 곧 멈춘다.

이 예는 해상에서 발생하는 횡요에 관해 많은 점을 시사하고 있다. 그중 하나는 정수 중

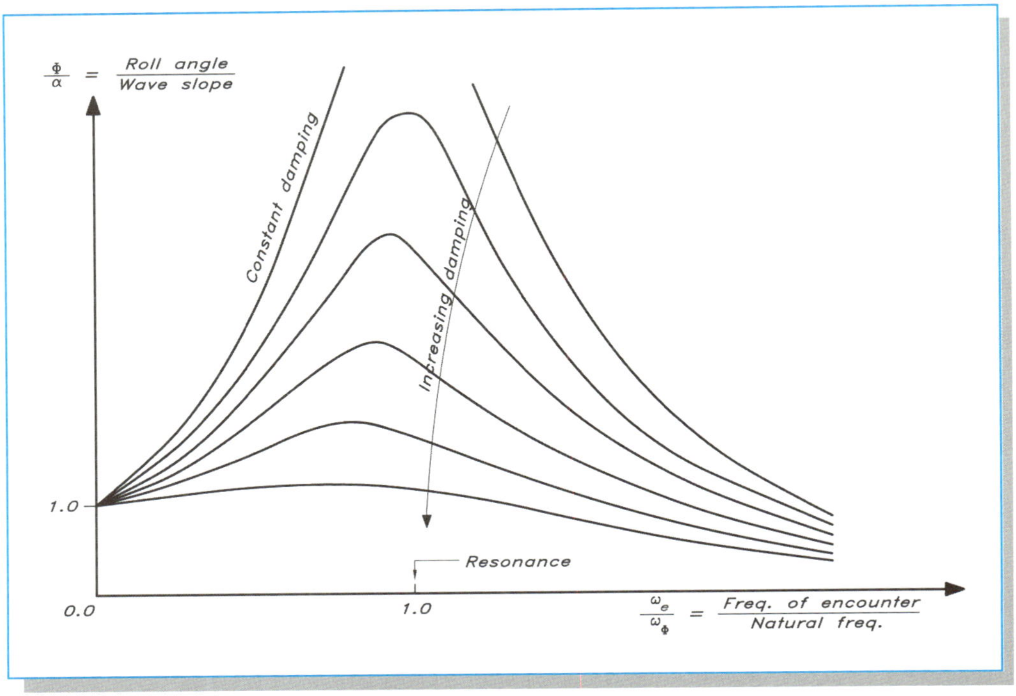

그림 4.15 주파수와 감쇠에 따른 횡요 진폭

에서 선체가 횡요 운동을 할 때의 진동수, 이른바 고유진동수이다. 복원력이 높을수록 그리고 관성력이 작을수록 고유진동수는 커진다. 감쇠력이 작다고 가정했을 때, 배의 고유진동수와 같은 진동수의 파도를 맞게 되면(공진현상) 매우 큰 횡요 운동이 일어날 것임을 상상할 수 있다.

이 현상은 그림 4.15에 잘 나타나 있다. 횡축은 조우주파수를 배의 고유진동수로 나눈 값이며, 종축은 횡요 각도를 파의 경사각으로 나눈 것이다. 그림에서 보면 여러 곡선이 그려져 있는데 각 곡선은 일정한 감쇠를 뜻한다. 제일 아래 곡선의 감쇠가 가장 큰 것임에 주의하자.

조우주파수가 낮거나 또는 고유진동수가 높으면 횡축에서의 값들은 작아진다. 모든 곡선이 종축의 1에 수렴하는 점이 그렇다. 이때 횡요 각도는 파도의 경사각과 같게 된다. 폭풍후에 나타나는 주기가 긴 해양파의 경우 대부분의 배는 파도의 모양에 따라 움직이게 된다. 관성력이 매우 작은, 따라서 높은 고유진동수를 가지는 구명뗏목(liferaft)은 좀 더 높은 주파수의 짧은 파도를 만나도 파도의 모양대로 움직이게 된다. 이는 횡축에서의 값이 여전히 매우 낮기 때문이다. 스펙트럼의 반대쪽 끝에서는 모든 곡선이 0에 수렴한다. 여기서는 파도가 매우 높은 주파수로 배와 만나게 되어 배가 반응할 시간이 없다는 것을 의미한다. 파도의 높이가 상당히 크면 이런 현상은 일어나지 않는다.

위험한 상황은 파도의 조우주파수와 배의 고유진동수가 가까워질 때, 즉, 공진에 가까워질 때 이다. 그림 4.15에서처럼 횡요 각도가 파도의 경사각보다 몇 배나 커져 요트가 전복될 수 있다. 이런 상황을 피하는 방법에 대해서 이야기해 보자.

만약 요트가 공진에 가까워지면, 즉 파도의 조우주파수가 배의 고유진동수에 근접하게 되면 둘 중 어느 한 쪽을 바꿔야 한다. 가장 단순한 방법은 진행방향을 바꾸는 것이다. 조우주파수는 파도의 속도(와 길이), 파도 진행방향에서 요트의 속도성분에 좌우되기 때문에 코스를 바꾸면 조우주파수가 바뀌게 된다. 풍상(upwind) 코스는 풍하(downwind) 코스보다 더 많은 파도를 만나게 된다. 과도한 횡요를 피하는 이러한 방법은 큰 선박에서도 사용할 수 있다. 물론 배의 속도를 낮추는 것도 가능하다.

이론적인 관점에서 보면 고유주파수는 배의 복원력이나 관성력을 높이거나 낮추어도 바꿀 수 있다. 공진 상황을 피하기 위해서는 고유진동수를 높이거나 낮추어야 한다. 그러나 이러한 문제가 일어나는 조건에서는 그림 4.15의 왼쪽으로 이동시키는 편이 좋다. 즉 복원력을 증가시키거나 관성력을 낮추는 것이다. 높은 위치의 중량물은 선저쪽으로 내리면 두 가지 효과를 모두 볼 수 있다.

공진을 피하는 기술은 요트를 운용하는 것과 밀접한 관계가 있지만 다른 한편으로 횡요를 감소시키는 방법으로 소위 감쇠를 증가시키는 것이 있다. 이것은 설계자의 몫이다. 감쇠는 세 가지에 의해 발생한다.

- 물과 요트 사이의 마찰
- 수면에서 발생하는 파도
- 킬, 타, 모난 빌지부, 세일 등에서 발생하는 와류(vortex)로 요트에서 가장 중시하는 요소

와류의 발생은 부분적으로 단면형상에 영향을 받지만(그림 4.16 참고) 주로 횡면적의 크기에 의해 결정된다. 저속에서 과도한 횡요가 발생하면 킬이나 타에 접근하는 흐름이 큰 받음각으로 접근하기 때문에 실속을 일으킨다. 이 현상은 6장에서 다시 언급할 것이다. 실속이 일어나는 면에서의 힘은 다른 어떤 기하학적인 특성보다 면적이 중요하다. 때문에 횡면적이

큰 롱 킬 요트가 핀 킬 요트보다 감쇠가 크다. 그래서 횡면적이 작은 현대적인 요트보다 전통적인 요트가 바람직하다고 하는 결론이 나온다.

전진속도는 특히 핀 킬 요트의 경우, 감쇠를 상당히 증가시킨다. 속도가 충분히 높으면 킬은 작동을 잘하게 되고 발생하는 힘도 상당히 커진다. 그림 4.17은 정수 중에서 그리말킨의 횡요 진폭이 줄어드는 양상을 보여주고 있다. 속도가 없는 경우, 고속에서보다 횡요의 감쇠속도가 훨씬 작다. 때문에 특히 핀 킬 요트는 위험한 상황에서 배의 속도를 유지하는 것이 중요하다.

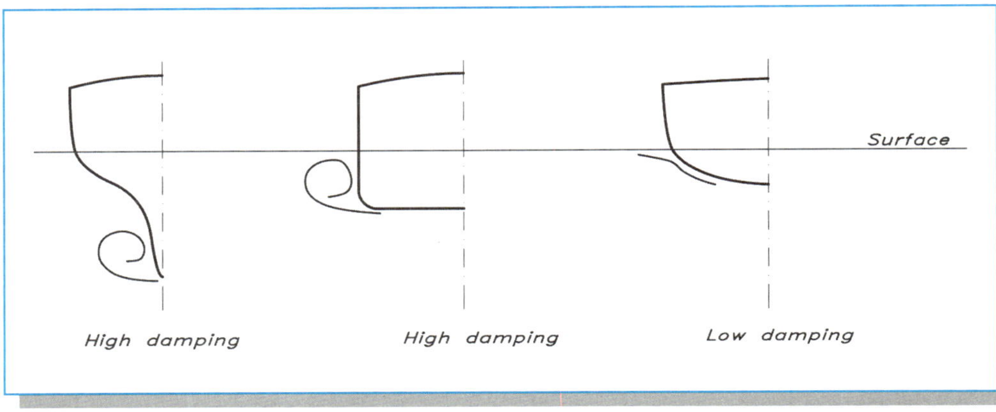

그림 4.16 단면형상이 감쇠에 끼치는 영향

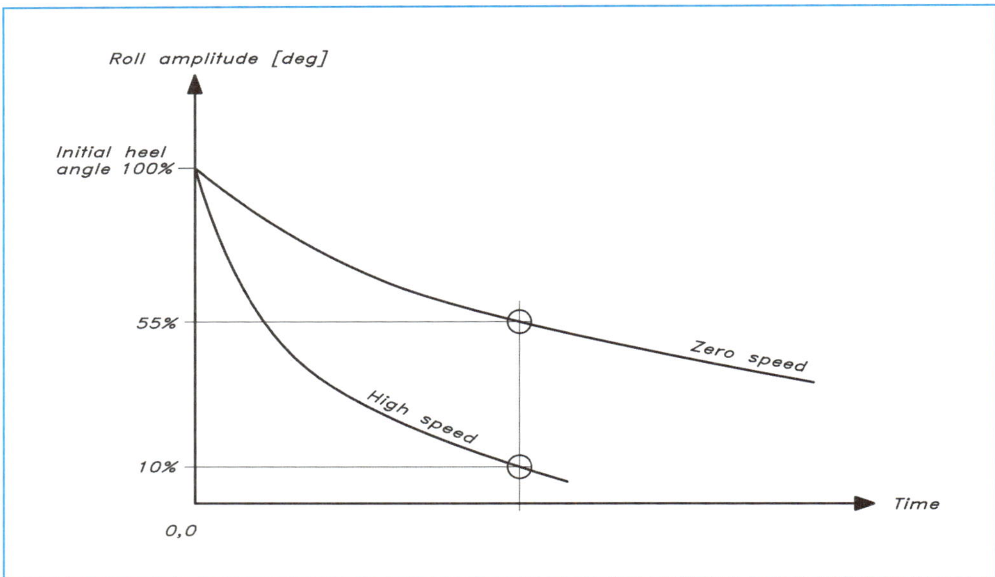

그림 4.17 속력이 횡요 감쇠에 끼치는 영향–핀 킬 요트

‖ 복원력에 대한 파도의 영향

복원모멘트는 다음과 같은 방식으로 파도에 영향을 받는다.

- 파도의 형상은 요트의 수선면 형상을 바꾼다.
- 물 입자의 원심력으로 물의 압력이 변한다.

파도의 형태에 관해서는 두 가지의 전형적인 케이스로 나눌 수 있다. 그림 4.18에 있듯이 파도의 꼭대기(파정)가 선체중앙에 놓이는 호깅(hogging)과 파도의 바닥(파저)이 그 위치에 오는 새깅(sagging)이 있다. 모든 단면에 약간의 흘레어(flare)가 있는 세일요트의 경우, 호깅일 때 선체 침수부분은 전후 양 끝에서는 얇게, 선체중앙부에서는 두껍게 된다. 수선면의 관성모멘트와 횡메타센터 반경은 폭의 3승에 좌우되기 때문에(그림 4.8과 그림 4.9 참고) 호깅일 때는 복원력이 증가한다. 세깅일 때는 반대로 양 끝에서 폭이 넓어지고 중앙부에서 좁게 된다. 즉 폭이 보다 평준화되어 복원력이 감소한다(선체 중앙부에서 선측이 수직인 대형선에서는 반대효과가 일어나는 점에 주의할 필요도 있다).

파도 형태에 따른 영향이 크게 나타나려면 파장이 선체의 길이와 같은 정도가 되어야 한다. 해상에서는 파도 쪽이 훨씬 길기 때문에 적어도 어려운 상황이 아닌 이상 이러한 일이

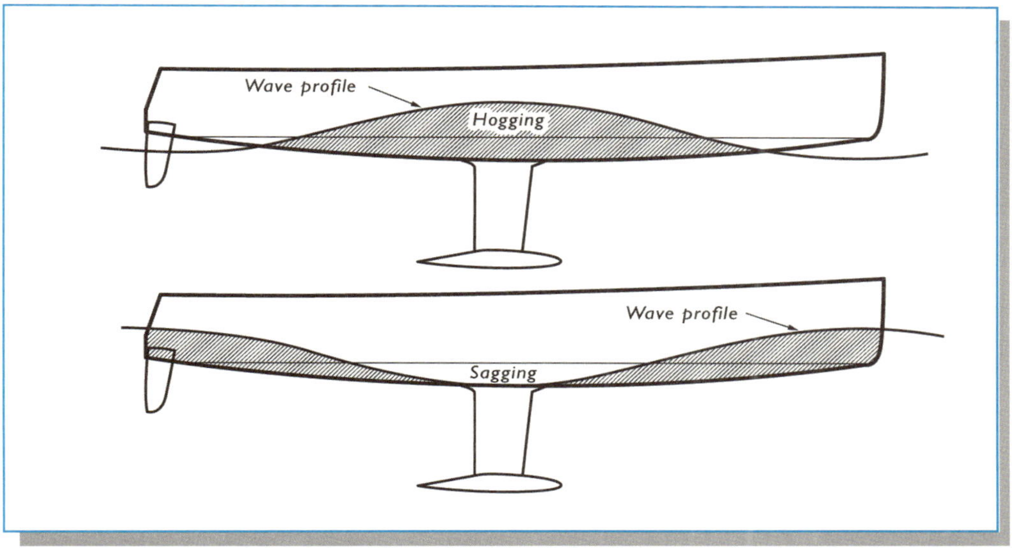

그림 4.18 호깅과 새깅

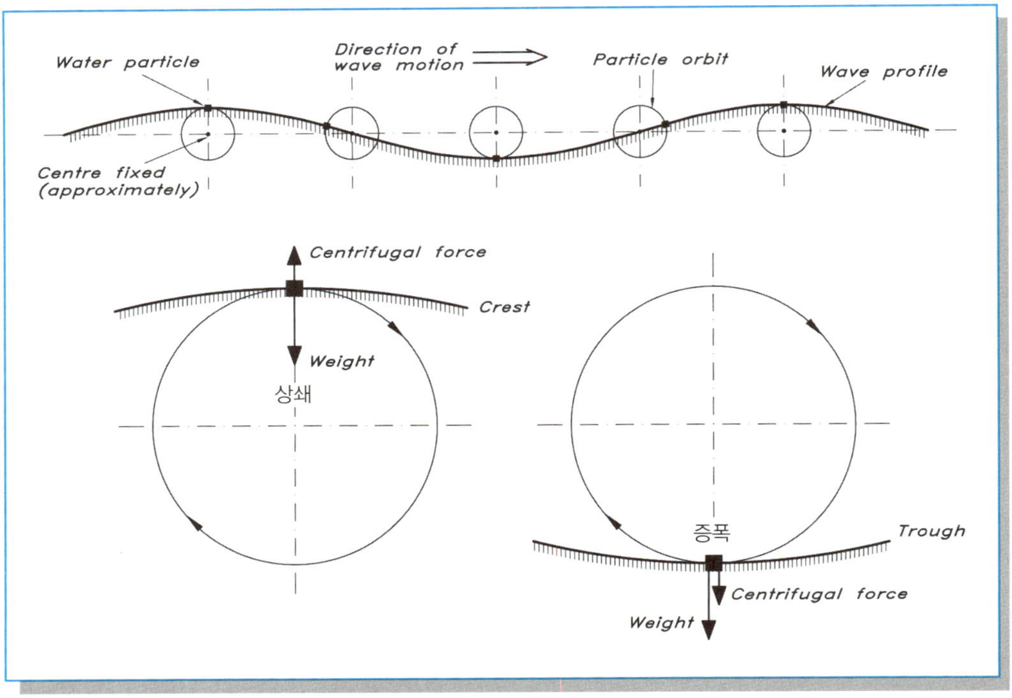

그림 4.19 파 속에서 물 입자의 운동

잘 일어나지 않는다. 반면, 배가 만드는 파도는 종종 선체와 같은 길이가 된다(제5장에서 알 수 있다). 이럴 경우 새깅 상태가 되고 복원력이 상당히 감소한다. 특히 흘수가 작은 배는 파저에서 최대 수선 폭이 매우 감소된다. 이 영향을 나타내는 식은 이 장에서 후반부에 실어둔다.

원심력의 영향을 이해하기 위해서는 파도에서 물 입자의 움직임에 대한 지식이 조금 필요하다. 그림 4.29에서 이것을 설명한다. 파도가 수면 상에 어떤 점을 통과할 때 물의 입자는 원운동을 한다. 따라서 입자는 파도 꼭대기에 있을 때 파도의 진행방향과 함께 움직이지만, 파저에 있을 때는 그 반대로 움직인다. 원의 직경은 파고와 같고 한 바퀴 도는 시간은 파주기와 같기 때문에 원운동의 속도는 쉽게 계산할 수 있다. 대양에서 파는 초속 수 미터 정도가 된다.

물 입자에서의 원심력 영향은 그림 4.19에서 설명하고 있다. 파정에서 원심력은 중력과 반대 방향인 위로 향하고, 반대로 파저에서는 두 가지 힘(원심력과 중력)이 같은 방향을 향한다. 최악은 두 힘이 같은 정도로 큰 경우로 짧고 급격한 파도가 생긴다. 파정에서 중력이 상쇄되고 물은 깨져 버린다. 그런 상태인 곳에 배가 있으면 복원력을 모두 잃어버린다. 그렇다

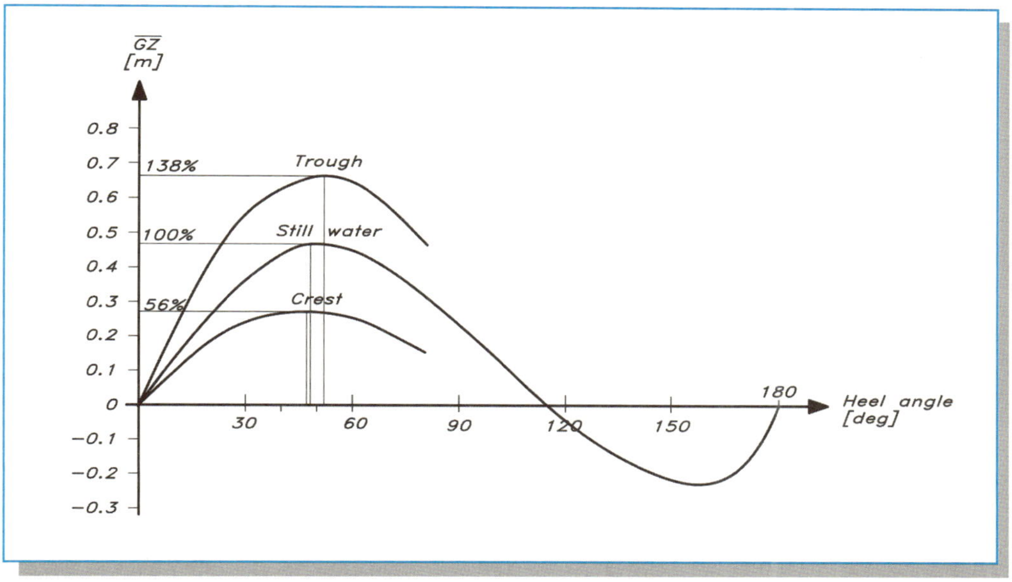

그림 4.20 파도가 복원성에 끼치는 영향–그리말킨

면 배는 거기에서 떠 있을 수 있는가라는 질문이 나오겠지만 그것에 대한 답은 그렇다 이다(전복되지 않았을 때). 사실 원래의 수선면에 떠 있을 것이다. 이는 물의 원운동에 의해 물의 무게만큼 잃어버리기 때문이다.

다행히도 완전히 복원력을 잃어버리는 경우는 상당히 드물지만, 상당히 줄어드는 것은 일어날 수 있다(그림 4.20 참고). 이 그림에서 파고는 12m, 파 주기는 9초인 경우 그리말킨의 복원력 곡선이다. 이런 극단적인 조건은 1979년의 패스트넷 사고 때 실제 관측이 되었다. 파정에서 복원력이 반으로 줄었고 또 요트가 가장 바람을 많이 맞는 위치이기도 하다.

‖ 복원력 통계치

보통 현대요트는 폭/흘수의 비가 전통적인 요트보다 크기 때문에 $\overline{GM}$값도 크다. 그러나 $\overline{GM}$값의 분산 폭은 상당히 넓다. 1990년경 미국 IMS[10] 요트에 대한 조사에서 그 최소치가 0.67m, 최대치가 2.1m이었다. 2010년을 전후한 시기 유럽에서 설계된 배들의 통계치를 살펴보면 놀라울 정도로 비슷하게 나타나는데 수선 길이 8~15m가량일 때 0.85~2.1m 정

10 International Measurement System.

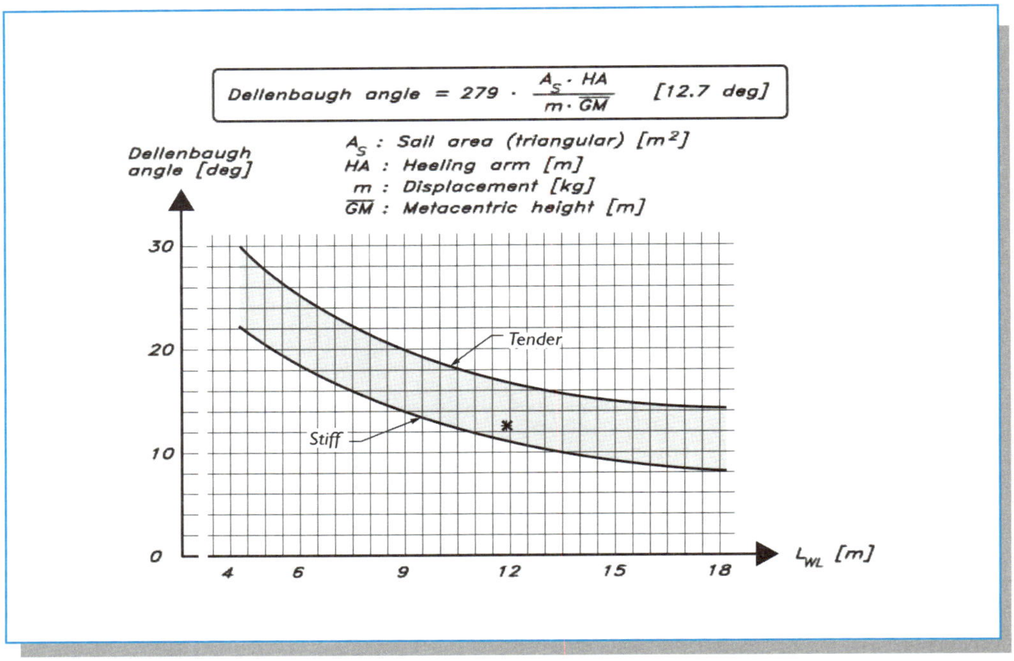

그림 4.21 델런보우 각도

도이다. 이런 요트들은 $\overline{GM}$이 L_{WL}의 10~15%의 범위에 있다.

복원성 범위를 논하자면, IMS의 몇몇 요트는 180까지 양의 복원모멘트를 가지는 반면 100° 이상에서는 음의 복원성을 가지는 배도 있었다. 평균값은 122°였다. 최근의 조사에 의하면 복원성 범위는 100°와 135° 사이에 있었으며 평균값은 118°였다.

복원성을 판단할 수 있는 빠른 방법은 소위 델런보우 각(Dellenbaugh angle)을 계산하는 것이다. 이 각은 간단한 식으로 계산할 수 있으며(그림 4.21 참고), 세일면적, 경사팔(heeling arm), $\overline{GM}$과 배수량으로 계산한다.

경사팔은 세일의 풍압중심과 수면 아래 선체의 횡압 중심사이의 수직거리다(나중에 제8장에서 논의하기로 한다). 대부분의 현대요트는 그림 4.21에 나와 있는 범위 안에 있으며 해당하는 델런보우 각과 수선 길이를 알 수 있다. 무게중심이 위에 있는 배(tender)와 아래에 있는 배(stiff)[11]와의 각도 차이는 모든 길이 범위에서 약 6°로 나타난다. 특히, 수선 길이가 12m인 요트인 경우 각도는 11°에서 17° 사이에 있게 되며 YD−41의 경우는 12.7°로 무게중심이 아래에 놓이는 경두선(stiff)이라는 것을 확인할 수 있다. 극히 중간부분이 강한 요트

11 경두선(stiff)은 무게중심이 상대적으로 아래에 있는 배를, 중두선(tender)은 무게중심이 상대적으로 위에 있는 배를 말한다.

라는 것을 알 수 있다. 델런보우 각은 큰 경사각에서의 복원력에 대해서는 아무런 의미가 없다는 것에 주의할 필요가 있다.

‖ 내항성(Seawothiness) 평가

외해용 요트의 안전성에 대한 엄밀한 기준을 찾아낸다는 것은 상당히 어려운 일이다. 앞에서 여러 요소의 중요성에 대해 살펴보았지만 항해중의 동적인 효과와 마주치게 되면 정량적 정보는 거의 없다. 그래도 이 문제는 상당히 중요하기 때문에 ISO[12]의 노력으로 2.5*m*부터 24*m*까지의 보트와 요트에 대한 기준이 만들어졌다.

일반적인 생각은 복원성지수(stability index, STIX)를 정의하여 주요제원과 복원력곡선으로부터 구할 수 있도록 하자는 것이다. 내항성과 안전성 차원에서 중요한 설계상의 여러 성질을 찾아내고 인자의 형태로 표현한 후 곱하여 STIX를 얻을 수 있다. 인자들은 아래에서 설명하며 그림 4.22에 계산식들이 있다.

▣ 기준 길이 인자(L_{BS})

요트의 크기는 해상에서의 안전성을 평가할 때 가장 중요한 변수로 상대적인 파도의 크기를 측정할 수 있는 잣대이다. 요트가 커질수록 파도는 상대적으로 작아지게 된다. 이 접근 방식에 따라 요트의 크기는 단순히 전장과 수선 길이의 가중 평균치로 한다. 이 가정이 유효성 여부는 재론의 여지가 있다. 계산식에서와 같이 요트의 성능 관점에서는 수선 길이를 전장의 두 배가량 중요하다고 생각하는 것이 적절한 것으로 본다. 반면 종종 90° 또는 그 이상 경사하는 배의 경우, 수선 길이보다는 전장이 중요해진다. 계산식은 오버행(overhang)이 있는 옛날 요트에는 불리하고 수직으로 끊어지는 트랜섬을 가지는 요즘 요트에는 유리하게 작용한다.

▣ 배수량 길이 인자(FDL)

크기에 비해 배수량이 작은 요트는 제어라는 관점에서는 불리하다고 생각되기에 그림 4.22와 같이 벌점을 부과한다. 이 계산식은 '정상적인' 요트의 경우 1.0이 나오도록 되어 있

---

12 International Standards Organization, 국제표준화기구.

다. 실제 값은 범위 밖에 있을 수 있지만 STIX 계산에 사용되는 최소치와 최대치는 각각 0.75와 1.25이다. 이 원칙은 이하 다른 계수에도 적용된다.

가벼운 배에 벌점을 부과하는 방식이 공정해 보이지 않을 수 있다. 1979 패스트넷 경기나 1998 시드니–호발트 경기에서 살아남은 가벼운 요트들이 그러한 사례이다. 그러나 이런 배들은 전문적인 경기인들이 타고 있었던 경우였다. 반면 ISO 표준에서 다루는 요트는 경험이 적고 또한 최소한의 사람이 타는 경우를 대상으로 한다. 그러기에 반응이 빠르고 민감한 요트는 그리 좋은 점이 아니다. *FDL*인자에는 길이 인자인 F_L있는데 L_{BS}가 커지면 함께 커진다. 식에서는 요트가 커질수록 벌점 없이 상대적으로 가벼운 배수량이 되도록 한다. 그 이유는 그림 2.1에서 알 수 있다. 즉, 복원성 특성은 길이에 비례하지 않는다는 것이다.

▣ 폭 배수량 인자(*FBD*)

페스트넷(Fastnet) 사고 이후 영국(울프슨 유닛, 사우스햄턴 대학교 : Wolfson Unit, Southampton)과 미국(미국 조선학회 : Society of Naval Architects and Marine Engineers)에서 행해진 조사를 바탕으로 한 결론은 넓은 폭과 연계된 가벼운 배수량형 요트는 파도에 의한 전복에 취약하다는 것이었다. 이런 종류의 선체는 전복상태에서 안정하기 때문에 바람직하지 않다. 이런 특징은 몇 해 전 오픈 60(Open 60) 요트로 실증되었다. 킬이 온전한데도 전복된 상태로 매우 오랫동안 떠 있었던 것이다.

한편 폭–배수량 비가 매우 작은 배에는 형상복원력(form stability)측면에서 부정적인 효과가 있기 때문에 기준에서 양쪽으로 큰 편차를 가지면 벌점이 부과된다. 폭이 좁은 요트의 나쁜 예는 옛 영국의 플랭크 방식으로 건조한 커터선(old English plank on the edge cutter)으로 형상복원력이 거의 없는 배다. 이 배는 레이팅(rating)규칙이 좋지 못하던 시절 만들어진 것으로 배 아래의 무거운 발라스트에 의존하는 배이다. 보통의 항해 상태에서도 경사가 심해서 해수유입(downflooding)의 위험이 큰 배였다.

*FBD*식은 배의 폭에 따라 다르게 나타난다. 지배인지는 F_B로 폭과 배수량 세제곱의 비로 나타난다. 정상적인 F_B비는 1.45와 2.2 사이에 있다.

▣ 전도복원인자(*FKR*)

이 인자는 배가 90°로 전도되었을 때 세일에서 물을 빼내는 능력을 말한다. 여기에서 지배인자는 F_R이며 세일이 물에 빠졌을 때의 복원모멘트와 경사모멘트의 비를 뜻한다. F_R이

1.5 또는 그 이상이면 그림 4.22의 윗 식을 이용하여 복원인자를 계산하고, 1.5 이하이면 두 번째 식을 이용한다. 복원력 소실각이 90° 이하인 배는 FKR을 최소값인 0.5로 고정한다.

▣ 전복복원인자(FIR)

FIR은 전복후 외부의 도움 없이 배 스스로 복원하는 능력을 말한다. 여기서 중요한 요인은 복원력 소실각이다. 배수량이 40톤 이상 되는 배의 경우 식이 간단하다. 이 정도 규모의 배에서 FIR은 소실각을 100으로 나눈 값과 같다. 작은 배의 경우 더 큰 각을 요구한다. 8톤 규모의 요트를 예로 들면 FIR이 1이 되기 위해서 120°의 소실각이 필요하다.

▣ 동복원력 인자(FDS)

그림 4.13에서 볼 수 있듯이 임의 각도까지 복원모멘트 곡선 아래 면적은 바람과 파도와 같은 외력이 배를 그 각도까지 경사시키는데 필요한 일을 뜻한다. 이 개념이 동복원력 인자가 되는데 전체 복원범위에 걸쳐 복원팔($\overline{GZ}$)곡선 아래의 면적에 비례하도록 한다. 복원모멘트를 사용하지 않는 이유는 배의 크기가 이미 LBS에 포함되어 있기 때문이다. 따라서 복원모멘트곡선을 사용하면 큰 요트의 경우 너무 과도하게 반영이 된다. 작은 경사각에서 $\overline{GZ}$의 곡선은 경사시험을 통해 결정한다. 계산 결과도 사용할 수 있지만 너무 낙관적인 예측으로 나타난다.

▣ 바람모멘트 인자(FWM)

해수유입각이 90°보다 작은 배의 경우, 이 인자는 축범하지 않은 상태에서 돌풍에 의한 해수유입의 위험을 나타내는 것이다. FWM은 1보다 클 수 없다. 이 값은 해수유입각이 90° 또는 그보다 큰, 정상적인 개구부(opening)와 발라스트를 가지는 대부분의 요트에서 얻을 수 있다. 해수유입각이 90°보다 작은 요트는 전체 세일을 올린 상태에서 해수 유입 없이 17m/s의 겉보기 바람(apparent wind)을 견뎌야 FWM값 1을 얻을 수 있다.

▣ 해수유입인자(FDF)

이 인자는 배가 전도되었을 때 해수유입의 위험을 나타내며 해수유입각에 비례한다.

해수유입각은 개구부에 해수유입이 시작되는 경사각을 말한다. 개구부는 선내출입구해치(companionway hatch), 물이 빨리 빠지지 않는 조종칸(cockpit) 또는 선체 내부일 수 있다.

배수가 빨리 되는 조종칸을 보유한 배의 경우, 가장 위태로운 지점은 보통 선내출입구 해치의 가장 위쪽 모서리이지, 조종칸 바닥과 맞붙은 가장 아래쪽 모서리가 아니다. 따라서 선체에 비정상적으로 큰 통풍구가 있지 않은 선체에서는 선내출입구 해치의 위쪽 모서리가 해수유입각을 정의한다. 무거운 요트의 경우(선체 중앙선에 해치가 있는), 각은 보통 115° 범위에 있는 반면 가벼운 요트의 경우 125°가량 된다. 이는 요트가 경사할 때 이 지점이 위로 올라가기 때문이다. 선체 중앙에 해치가 있지 않는 경우, 이 각은 최악의 경우를 만들 수 있는 방향으로 계산하여야 한다.

복원성 지수는 그림 4.22의 위에 있는 계산식을 이용하여 계산한다. 계산을 할 때 최소 운항 조건(m_{MO})과 만재 도착 조건(m_{LA}) 두 가지 모두를 해야 한다는 점에 주의하라. 이 중 가장 작은 STIX 값을 사용해야 한다. STIX 값에 따라 배는 A부터 D까지 네 개 범주로 나뉜다. 그림 4.22에 이 범주의 한계값 들이 나와 있다. 범주 A에 속하는 배는 내항성이 매우 좋으며 대양횡단에 적합하다. 반면 D에 속하는 배는 바람으로부터 보호된 곳(sheltered water)에서만 사용할 수 있다. A 또는 B의 범주에 들기 위해서는 신속히 배수되는 조종칸과 최소 90°의 해수유입각이 필요하다. 가볍고 무거운 배에 대한 STIX 계산의 비교와 논고에 대한 보다 자세한 내용은 롤프 엘리어슨이 2003년 2/3월 호 **프로페셔널 보트빌더**(*Professional Boatbuilder*)[13]라는 잡지에 기고한 'STIX'를 참고하기 바란다. 이제부터 YD-41의 STIX 계산에 대해 이야기해 보자.

그림 4.22에 있듯이 YD-41의 STIX는 42로 A범주에 충분히 들 수 있다. 다만 배수량-길이 인자 과 폭-배수량 인자 FBD가 1보다 작다(각각 0.905, 0.831). 강점은 복원모멘트($FKR = 1.216$, $FIR = 1.09$, $FDS = 1.183$)와 해수유입각($FDF = 1.0$)과 관련된 것이다. 부록 3에 YD-41의 상세한 STIX 계산 결과가 나와 있다. 계산은 최소 운항 조건과 만재 도착 조건에 대해서 하였지만 최소 운항 조건에 대해서만 수록이 되어 있다. 이는 만재 도착 조건에서 보다 높은 STIX 결과가 나왔기 때문이다. 최소 운항 조건에서는 배의 경하중량(light ship)이 사용되었으면 부록 1에 나와 있다. 최소 운항 조건에는 두 사람의 크루, 구명뗏목과 몇 가지 표준 장비들이 추가되었다. 이 중량에 해당하는 선체 제원은 부록 1의 두 열 사이의 값을 내삽(interpolation)하여 구하였다.

---

13 www.proboat.com 참고하라. 무료로 잡지를 받을 수 있다.

복원성 지수는 ISO 실무단의 반 오사넨(van Oossanen), 돌토(Dolto), 엘리어슨(Eliasson) 그리고 문(Moon) 등이 개발하였고 의장은 블리스(A.G.Blyth)였다. ISO의 허락 하에 이 책에

Determination of monohull stability index (STIX) : [42]

$$STIX = (7 + 2.25 \cdot L_{BS}) \cdot (FDL \cdot FBD \cdot FKR \cdot FIR \cdot FDS \cdot FWM \cdot FDF)^{0.5}$$

L_H = 선체 길이(m, 부가물 제외)
B_H = 선체 폭(m, 부가물 제외)
B_{WL} = 수선에서의 선 폭(m)
m = 배 무게(kg)
m_{MO} = 최소운항조건에서의 배 무게(kg)
m_{LA} = 만재도착조건에서의 배 무게(kg)
h_{CE} = 수선으로부터 세일면적의 중심 높이(직립시)
h_{LP} = 수선하부 횡면적의 중심 높이(직립시)
GZ_{90} = 90도 경사시 복원 팔
GZ_D = 해수유입각에서의 복원 팔
Φ_V = 복원력 소실각
Φ_D = 해수유입각 (ISO 12217-2 참고)

Base Length Factor : [12.26]

$$L_{BS} = (L_H + 2L_{WL})/3$$

Displacement Length Factor : [0.905]

$$FDL = \left[0.6 + \frac{15 \cdot m \cdot F_L}{L_{BS}^3 \cdot (333 - 8 \cdot L_{BS})}\right]^{0.5} \qquad 0.75 < FDL < 1.25$$

$$F_L = (L_{BS}/11)^{0.2}$$

Beam Displacement Factor : [0.831]

$$F_B = \frac{3.3 \cdot B_H}{(0.03 \cdot m)^{1/3}} \qquad 0.75 < FBD < 1.25$$

$$FBD = \left[\frac{13.31 \cdot B_{WL}}{B_H \cdot F_B^3}\right]^{0.5} \qquad \text{if } F_B > 2.2$$

$$FBD = \left[\frac{B_{WL} \cdot F_B^2}{1.682 \cdot B_H}\right]^{0.5} \qquad \text{if } F_B < 1.45$$

$$FBD = 1.118 \cdot (B_{WL}/B_H)^{0.5} \qquad \text{if } 1.45 \leq F_B \leq 2.2$$

Knockdown Recovery Factor : [1.216]

$$F_R = GZ_{90} \cdot m/(2 \cdot A_s \cdot h_{CE}) \qquad 0.5 < FKR < 1.5$$

$$FKR = 0.875 + 0.0883 \cdot F_R \qquad \text{if } F_R \geq 1.5$$

$$FKR = 0.5 + 0.333 \cdot F_R \qquad \text{if } F_R < 1.5$$

$$FKR = 0.5 \qquad \text{if } \Phi_V < 90°$$

Inversion Recovery Factor : [1.090]

$$FIR = \Phi_V/(125 - m/1600) \qquad \text{if } m < 40000 \qquad 0.4 < FIR < 1.5$$

$$FIR = \Phi_V/100 \qquad \text{if } m \geq 40000$$

Dynamic Stability Factor : [1.183]

$$FDS = (A_{GZ}/(15.81 \cdot \sqrt{L_H}))^{0.3} \qquad 0.5 < FDS < 1.5$$

A_{GZ} = GZ곡선아래 양의 면적, 직립부터 복원력 소실각까지

Wind Moment Factor : [1.00]

$$FWM = 1.0 \qquad \text{if } \Phi_D > 90° \qquad 0.5 < FWM < 1.0$$

$$FWM = V_{AW}/17 \qquad \text{if } \Phi_D < 90°$$

V_{AW} = 해수유입각까지 경사시키는 겉보기바람 속력

$$\text{full sail} = (13 \cdot m \cdot GZ_D/(A_S \cdot (h_{CE} + h_{LP}) \cdot \cos\Phi_D^{1.3}))^{0.5}$$

Downflooding Factor : [1.25]

$$FDF = \Phi_D/90 \qquad 0.5 < FDF < 1.25$$

Design Categories :	A	B	C	D
STIX Lower Limits :	32	23	14	5

그림 4.22 STIX 복원성

수록이 되었다. 복원성 지수는 2.5m에서 24m까지 요트/보트의 강도와 안전에 관한 유럽규정 94/25/EC의 한 부분이기도 하다.

YACHT

선형 설계

세일요트의 힘과 모멘트 / 저항성분
점성저항(Viscous Resistance) / 마찰저항(Frictional Resistance)
점성압력저항(Viscous Pressure Resistance)
표면 거칠기(Roughness) / 조파저항(Wavemaking Resistance)
조파저항, 잉여저항(Residuary Resistance)
횡경사 저항(Heel Resistance)
파랑 중 부가저항 / 그 밖의 내항성 분야 / 선형 통계치

05

DESIGN

5. 선형 설계

이 장에서는 선체의 유체동역학 설계에 대한 배경이론을 다룬다. 우선 세일요트에 작용하는 여러 가지 힘을 소개하고 선체 주변 물의 흐름에 의해 힘이 어떻게 발생하는지를 설명한다. 각 힘 성분에 대한 계산식이 주어질 것이며, 설계 중 서로 상충되는 요소들의 균형 잡는 방법에 대해 제법 다룰 것이다. 마지막으로 선형 관련 통계를 다룬다. 이 통계 자료는 새로운 설계를 할 때 안내 역할을 할 것이다.

∥ 세일요트의 힘과 모멘트

그림 5.1은 세일요트에 작용하는 여러 가지 힘을 나타내고 있다. 위 평면도에는 힘의 수평성분들이 있다. 배가 물에서 진행할 때는 저항(resistance)이 발생한다. 요트가 정해진 방향을 일정한 속력으로 진행할 때 배의 저항은 세일에서 발생하는 추진력과 균형을 이룬다. 그러나 불행하게도 추진력에는 항상 배의 좌우방향으로 발생하는 횡력(side force)이 병행하게 되고, 세일에서 발행하는 횡력은 물속의 유체동력학적인 횡력과 균형을 이루어야 한다. 유체역학적 횡력은 수면 아래 선체가 약간 비스듬하게 움직일 때, 즉 요트가 선체받음각(leeway angle)을 가질 때 발생한다. 평형상태에서는 배를 돌리려는 회전모멘트도 영이 되어야 하기 때문에, 수동력학적 힘과 공기역학적 힘은 동일선상에서(수평면 내에서) 작용해야 한다.

그림 5.1의 아래 그림에서는 운동 방향에 대해 설명하고 있다. 여기에서 수동력학적 합력과 공기역학적 합력은 모두 마스트에 직각으로 작용하고 있다. 사실 반드시 이렇지는 않지만 세일요트 이론에서는 이에 근사하다고 가정한다. 공기역학적 힘에서 생기는 경사모멘트는 복원모멘트와(부력과 중량에 의해 생기는) 균형을 이루고 있다.

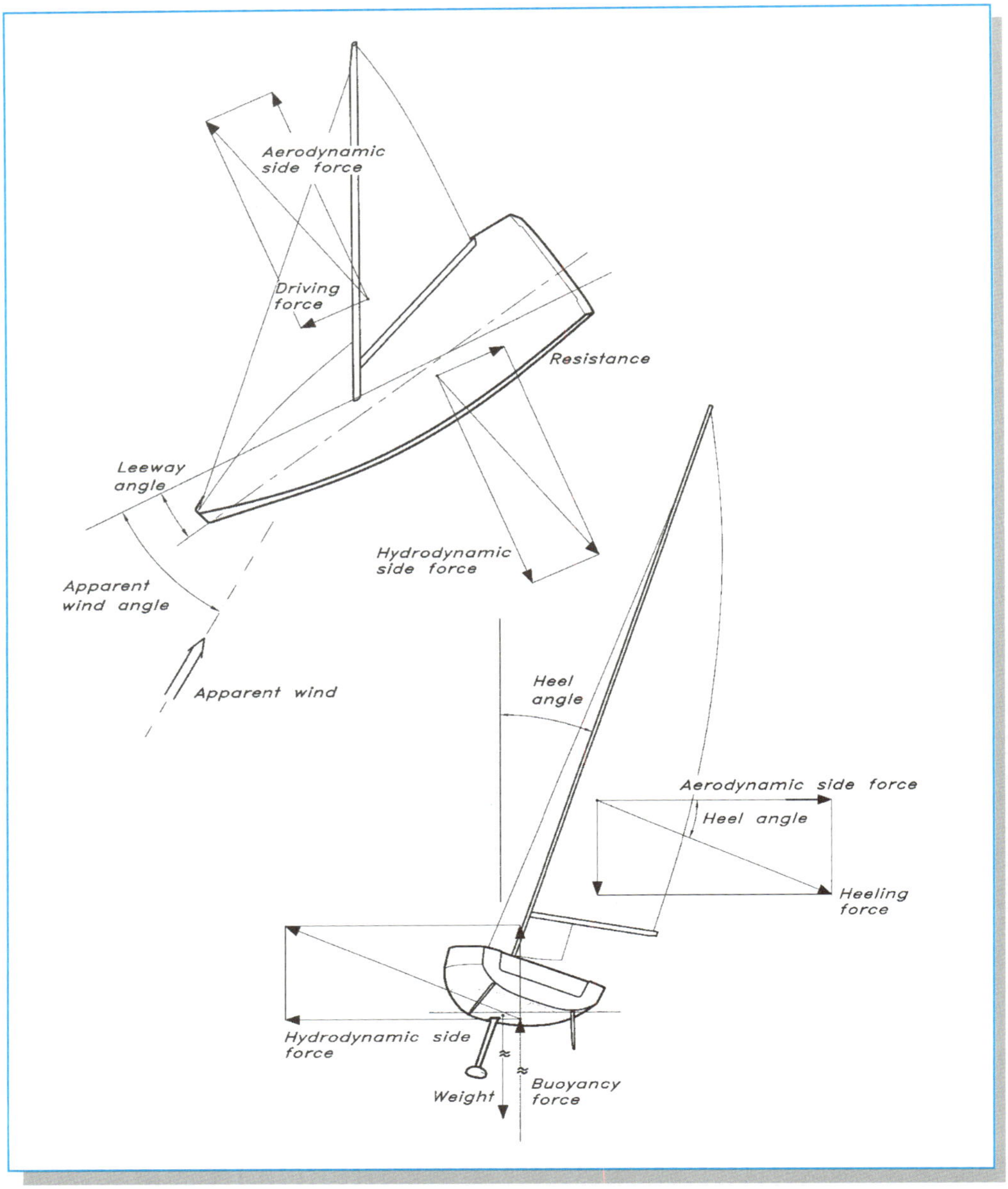

그림 5.1 세일요트의 힘

그림 5.1에서 겉보기 바람(apparent wind)[14]의 방향이 굵은 화살표로 그려져 있다. 이것은 참 바람(true wind)[15]의 방향이 아니다. 이는 요트의 움직임으로 인해 느끼는 바람이기 때문

---

14 참 바람(true wind)과 선속의 벡터 합

15 배가 가만히 있을 때 부는 바람의 세기와 방향

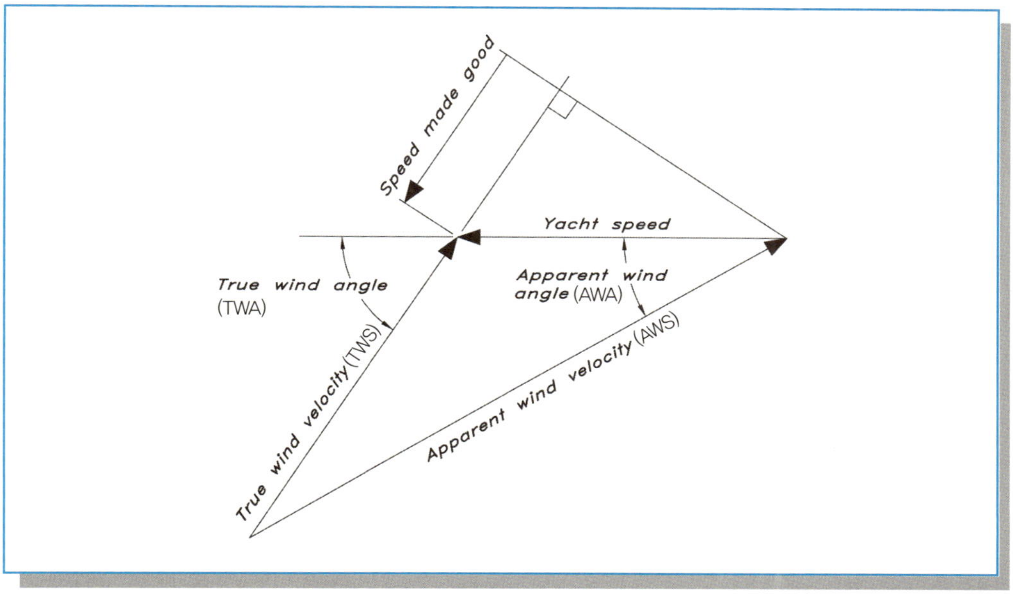

그림 5.2 속도 삼각형

이다. 그림 5.2는 참 바람과 겉보기 바람의 관계를 나타내고 있다. 이것을 소위 속도 삼각형[16]이라고 한다. 선속에 의해 발생한 바람의 방향은 그림의 선속 화살표와 반대라는 점을 유의해야 한다.

이 장에서는 주로 저항과 그 성분에 대한 것 그리고 적절한 설계를 통해 어떻게 최소화할 수 있는가에 대해 이야기한다. 횡력은 킬, 타와 같이 묶어 다음 장에서 다룬다. 이는 킬과 타가 횡력을 발생시키는 주 수단이기 때문이다.

저항성분

그림 5.3은 평수 중에 직립한 YD-41의 저항 곡선을 나타내고 있다. 저속영역에서의 주요 저항성분은 선체와 물 사이에 생기는 마찰에 기인한 점성저항(viscous resistance)이다. 마찰은 여러 크기의 와류(eddy)를 발생시키며 이때 에너지가 소모되고 나중에는 결국 선체에서 떨어져 나가게 된다. 이 성분은 속도가 올라가는 것과 함께 비교적 천천히 증가한다.

다른 성분인 조파저항(wavemaking resistance)은 선체가 일으킨 파도에 의해 생기는 저항이

16 사람에 따라서는 바람삼각형(wind triangle)이라 한다.

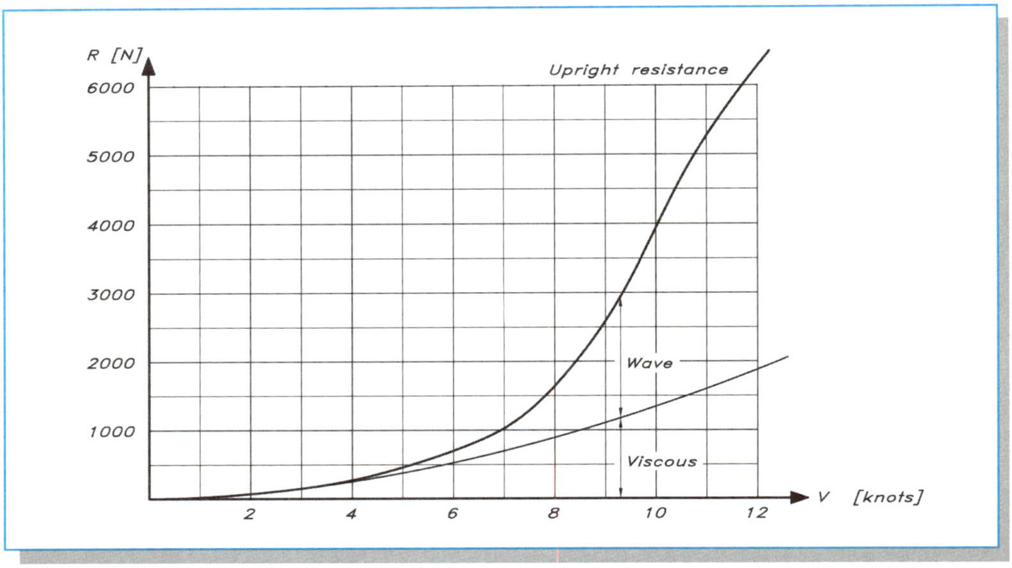

그림 5.3 직립시 저항 – YD–41

며 파도로 에너지가 이동하는 것이다. 점성저항과는 반대로 속도가 증가하면 급격히 증가한다. 점성저항과 조파저항을 합한 것을 종종 직립시의 저항이라고 한다.

실제 세일링, 특히 바람을 거슬러 올라가는 풍상(upwind) 범주에서는 상황이 좀 더 복잡하다. 그림 5.4는 YD–41이 속도 7.3노트로 풍상으로 세일링 할 때의 전체 저항을 분류한 것이다. 저항성분의 수치는 이 장에 나오는 수식으로 계산하였으며 그림 왼쪽에 표시되어 있다. 각 성분이 전체 힘에서 차지하는 비율도 백분율로 나타내었다. 이 그림은 앞으로 광범위하게 언급될 것이다.

점성저항은 다시 여러 가지 구성요소로 나누어져 있지만 이것은 나중에 이야기하기로 한다. 점성이나 조파 성분에 덧붙여 세 개의 새로운 힘이 있다. 횡경사(heel), 유도(induced) 그리고 부가저항(added resistance)이 그것이다. 횡경사 저항(heel resistance)이란 횡경사에 의한 점성저항과 조파저항 변화량의 합계를 말한다. 이 요소는 편의를 위해 세일링 이론에서 소개되었다. 직립한 배의 두 저항을 구하는 방법은 선박의 유체동역학 분야에서 잘 확립되어 있기 때문에 횡경사의 영향은 별도로 생각하는 것이 편리하다.

유도저항은 선체받음각(leeway)[17]에 의해서 생긴다. 요트가 약간 비스듬하게 진행할 때,

17 세일요트는 물에 대해 배 전체가 일정한 받음각(angle of attack)을 가지고 앞으로 진행하게 되는데 이것을 리웨이(leeway)라고 한다. 굳이 번역하자면 선체 받음각 정도가 되겠다.

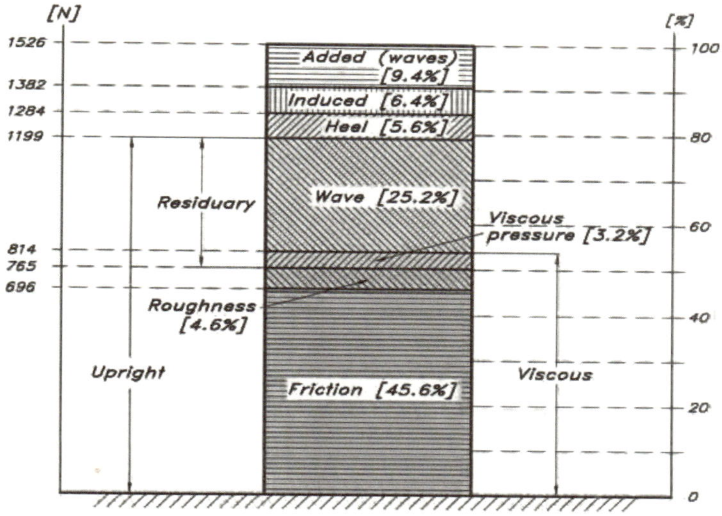

저항성분, YD-41이 7.35노트의 속도로 풍상을 올라갈 때 (F_n=0.35)

그림 5.4 전 저항의 분해 - YD-41

물은 킬, 타 그리고 선체의 끝단부나 바닥을 지나 정압면의 높은 압력에서 부압면의 낮은 압력으로 흐른다. 그리고 배의 종 방향으로 와류(vortices)가 발생한다. 횡경사가 클 때 킬 끝단에서 발생하는 와류를 많은 세일러들이 보았을 것이다. 와류가 수면에 붙으면 공기를 빨아들이기 때문에 눈으로 볼 수 있다. 와류가 가지고 있는 회전에너지가 선체로부터 떨어져 나가게 된다.

해상에서는 요트의 정수 중 저항 성분들이 증가하는데 이는 배의 불규칙적인 움직임 때문이다. 이 변화량을 모두 하나로 모아 파랑 중 부가저항으로 취급하는 것이 편리하다. 이 성분은 그림 5.4의 막대 그래프 상단에 표시되어 있다.

정리하자면, 우리에게 5개의 주요 저항 성분이 주어져 있다 : 곧 점성저항과 조파저항, 횡경사 저항, 유도저항, 그리고 파랑 중 부가저항이 그것이다. 이하 이에 대해 차례로 서술하고 선형에 따라 어떤 영향을 끼치는지 살펴볼 것이다.

점성저항(Viscous Resistance)

점성저항은 직, 간접적으로 물의 점성이 저항을 증대시킨다는 사실에 유래한다. 물의 점성(동점성)은 ν로 표시하고 수온의 영향을 받는다. 섭씨 20°에서 $1.0 \cdot 10^{-6} m^2/s$이다. 우리는

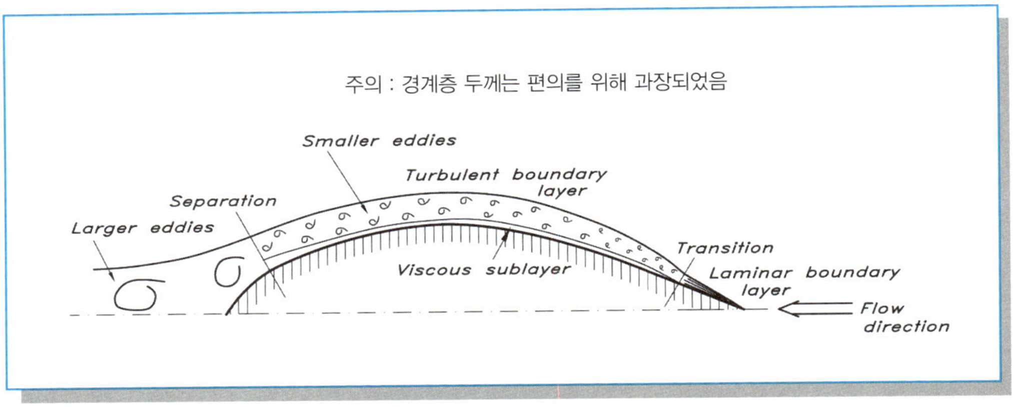

그림 5.5 선체 주위 흐름의 영역들

앞으로 이 수치를 사용한다. 다른 온도에 대한 값은 표에서 찾을 수 있지만 점성저항을 추측하기에는 이 값으로도 충분하다.

점성저항의 본질을 이해하기 위해서는 유체역학의 개념을 어느 정도 이해할 필요가 있다. 이 점에서 가장 중요하다고 생각되는 것이 그림 5.5에 있다.

정수중을 항해하는 선박의 바로 옆을 살펴보면 선체 가까운 곳의 물이 선체에 붙어 선체와 같이 움직이는 것을 알 수 있을 것이다. 마치 선체 근방의 물 입자가 선체 표면에 붙어 있는 것처럼 보인다. 이것이 지금 설명하려고 하는 것이다. 선체와 물 사이의 분자력은 제일 안쪽 층의 상대운동을 멈추게 할 정도로 충분한 힘을 가지고 있다. 선체에서 본 물의 속도는 선체 표면에서의 속도가 영에서 시작해 선체에서 어느 정도 떨어진 곳에서는 선속과 같은 정도로 서서히 증가한다. 이와 같이 특정 거리 안쪽의 흐름을(대형선박에서는 보통 1m 이하) 경계층(boundary layer)이라 한다. 크기가 작은 세일요트에도 물론 같은 현상이 일어난다. 선수에서는 경계층이 상당히 얇지만 뒤쪽으로 갈수록 그 두께는 커지고 선미 가까이에는 대략 0.1m 정도가 된다. 그림 5.5의 경계층은 확실하게 보여주기 위해서 과장한 것이다.

선수 가까이 경계층 내의 흐름은 부드럽다. 이것은 경계층의 층류(laminar) 영역이다. 선수로부터 어느 정도 뒤로 가면 교란이 시작되고 흐름은 깨져 혼돈 상태, 즉 난류(turbulent)가 된다. 이제 경계층은 다양한 크기와 주파수의 와류들로 나타난다. 와류에 기인한 변동 속도는 경계층 내의 평균속도보다 상당히 작기 때문에 흐름은 항상 뒤로 향한다.

난류 경계층 안쪽에는 특수한 영역이 있다. 이 층은 극도로 얇다. 만약 요트 주요부에 걸쳐 총 경계층 두께가 수 센티의 정도라고 하면 이 내측 영역, 즉 점성 하층(viscous sublayer)은 약 0.1mm 정도이다. 이 층은 두께는 얇아도 특히 선체 표면의 거칠기와 관련하여(뒤에 설명하겠지만) 매우 중요한 역할을 한다. 점성 하층의 흐름은 주로 층류이지만 때때로 특정 지점에서 난류 파열(turbulent burst)에 의해 교란되어 흐름과 같이 아래로 움직인다.

흐름이 층류에서 난류로 바뀌는 영역을 천이영역(transition region)이라고 부르고 보통 상당히 짧다. 그림 5.5에 선으로 표시되어 있다.

선미 부근에서는 또 다른 흐름 현상, 즉 박리(separation)가 일어난다. 선미 형상이 상당히 뭉툭할 경우 흐름이 표면을 따라 급격하게 안쪽으로 휘어지는 것이 불가능하다. 표면에서의 흐름은 멈추고 흐름은 바깥으로 밀려 후방으로 흐르게 된다. 여기서 그림과 같이 큰 와류가 생긴다. 이 와류는 난류경계층 내의 와류보다 훨씬 강하고 평균 흐름은 앞 방향으로 움직일 수 있다. 어떤 세일요트에서도 경계층의 난류 천이를 막는다는 것이 불가능하지만 저항을 상당히 증가시키는 박리는 피해야 한다. IOR시대 때는 '규칙을 속여' 작은 레이팅(rating)을 받기 위해 매우 고르지 못한 선미형상을 하였지만, 이것은 결과적으로 배의 속도를 느리게 하는 것밖에 되지 않았고, 또한 규칙 수정이 이루어져 곧 없어져 버렸다.

점성저항은 3개의 성분으로 분할할 수 있다. 즉, 표면과의 직접적인 마찰, 경계층으로 인한 선체 전후의 압력 불균형 그리고 표면 거칠기에 의한 마찰의 증가이다. 이들 성분에 대해 하나씩 이야기해 보자.

‖ 마찰저항(Frictional Resistance)

지금까지 점성저항에 관한 여러 가지 중요한 개념을 소개해 왔지만 여기에서는 선체와 물 사이의 직접적인 마찰에 의한 가장 중요한 성분에 대해 논의한다. 물이 선체 표면을 따라 미끄러지지 않기 때문에 저항력이 발생한다. 왜냐하면 선체에 가장 가까운 층은 뒤로 움직이는 다음 층의 영향을 받기 때문이다. 하나의 층은 또 그 주변의 다음 층에 영향을 받는 식으로 계속 이어진다. 마찰력은 표면에서 떨어진 거리와 물 속력의 증가율에 비례한다.

여기서 마찰저항(frictional resistance)에 대한 어느 정도의 결론을 내릴 수 있다. 첫 번째로 마찰은 선체 표면에 작용하기 때문에 접수 면적을 최소로 하면 유리해질 것이다. 1960년대 핀 킬(fin keel)의 등장은 접수 면적을 상당히 줄였고 나아가 속력 증가로 이어졌다. 두 번째로 경계층 내 층류영역의 속도분포는 난류영역의 분포와는 다르기 때문에 마찰이 다르다는 것이다. 층류의 경우 얇은 층들은 상대적으로 약한 분자력에 의해 서로 영향을 끼치지만 난류의 경우 와류의 '휘젓는' 효과에 의해 상대적으로 강하게 영향을 끼친다. 경계층 내 층

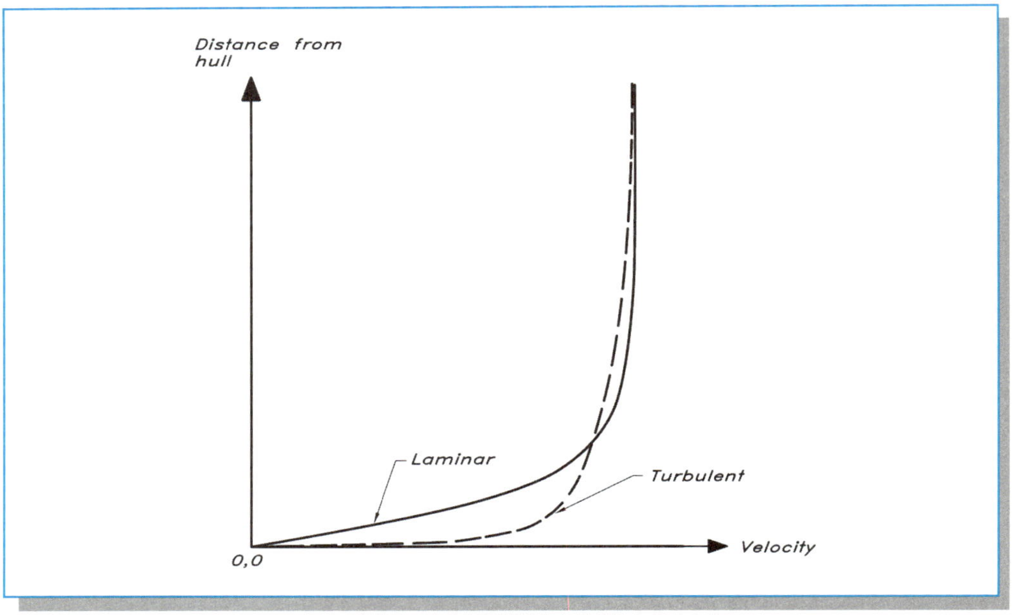

그림 5.6 경계층에서의 속도 분포

류와 난류 영역에서의 전형적인 속도분포가 그림 5.6에 있다.

난류의 경우 표면에서 멀어질수록 속도가 훨씬 급격히 증가하기 때문에 마찰보다 크게 된다. 따라서 층류는 가능한 뒤쪽까지 유지되도록 해야 한다. 킬이나 타 그 밖에 벌브와 같은 자유롭게 형태를 선택할 수 있는 부가물을 설계할 때는 이 효과가 매우 중요하다. 반면, 선체에는 다른 여러 가지 효과들도 고려해야 하기 때문에 이 점에 있어서는 그리 많은 것을 할 수 없다. 부가물 설계에 대해서는 다음 장에서 설명한다. 선수에 직선을 사용하면 층류역을 길게 할 수 있겠지만, 층류경계층이 차지하는 면적은 선체의 접수면적에 비하면 조금이라는 것만으로 충분할 것이다.

일례로 길이 7.6m인 전통적인 요트의 경계층과 마찰(종종 표면마찰이라고 한다)분포가 그림 5.7에 있다. 수치는 선수에서 선미까지 하나의 유선에 따라 계산한 것이다. 경계층의 두께는 층류역에서는 서서히 증가하지만 천이역을 넘으면 급격하게, 특히 선미 부근에서, 증가한다. 두께는 왼쪽 좌표축에 mm로 표시되어 있다. 마찰은 층류역에서 급속히 감소하여 작은 값을 나타내지만 천이역에서 갑자기 증가한다. 천이역을 넘으면 다시 감소하기 시작하여 선미에서는 거의 0이 된다. 이 선체는 앞부분이 직선이라 층류역이 비교적 길다.

그림 5.7의 자료는 선체나 그 밖에 물체 주변의 흐름을 계산하는 컴퓨터 프로그램(SHIP-FLOW)을 이용한 것이다. 이 프로그램은 제16장에서 설명하게 되는데 아메리카스 컵(Amer-

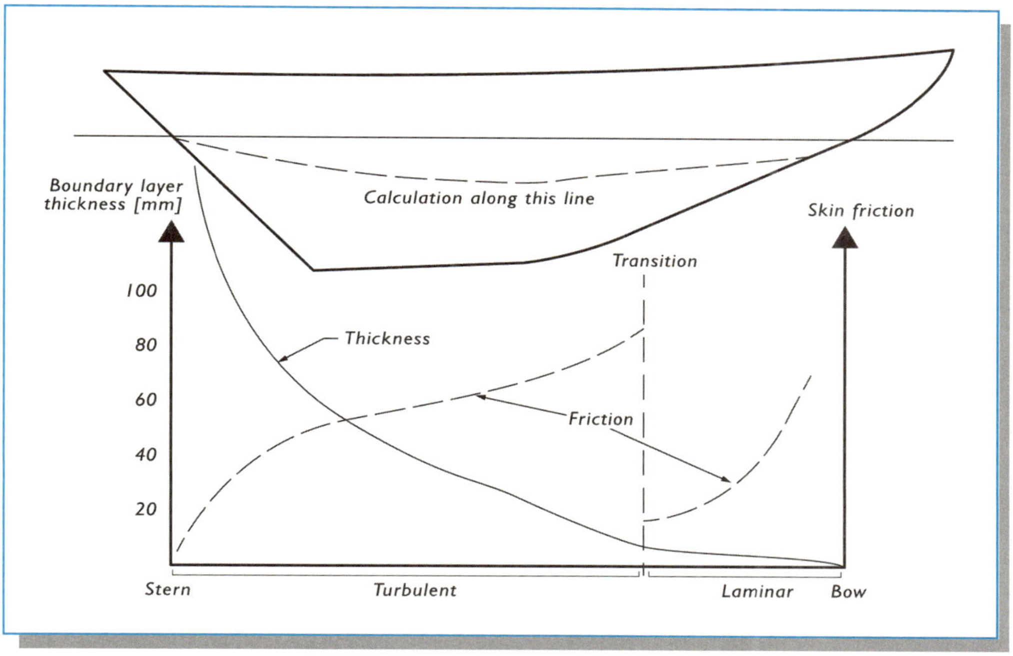

그림 5.7 경계층과 마찰 분포 – 7.6m 전통 요트

ica's Cup)과 같은 고차원적인 요트설계에 사용되고 아마추어 요트 설계자에게는 너무 복잡하고 가격도 비싸다. 그러나 이런 것을 사용되지 않아도 평판에 대한 간단한 공식이 있기 때문에 경계층의 두께와 표면마찰을 추정할 수 있다. 점성저항과 관련 있는 모든 물리량은 무차원 수인 레이놀즈 수(R_n)에 좌우된다. 이것은 판의 속도와 길이 V, L의 곱에 물의 동점성계수 ν로 나눈 것으로 $R_n = V \cdot L / \nu$로 나타낸다. 그림 5.8은 레이놀즈수에 의해 마찰이 어떻게 변하는지 보여주고 있으며, 수면 아래 여러 부분의 마찰을 추정하는 계산식도 나타나 있다. 주의할 점은 선체 마찰을 계산할 때는 수선 길이의 70%를 레이놀드 수의 산정에 사용해야 한다는 것이다. 이는 물 입자가 선저 길이 전체에 걸쳐 흐르는 것이 아니기 때문이다. 예를 들면 최대 폭 부근에서 선체에 부딪히는 입자는 선체를 따라 조금 흐르고 난 뒤 선체 뒤쪽에서 와류의 형태로 떨어져 나간다. 그림 5.8 각 괄호 안의 수치는 YD–41의 것이다.

그림에는 전 표면 마찰계수 C_F가 있는데 이것은 네모 칸 안의 식을 이용해서 마찰 저항력 R_F로 바꿀 수 있다. 이런 식으로 힘을 계수 C의 형태로 나타내는 것은 유체역학에서는 자주 있는 일이며, 힘은 소위 동압력 $0.5 \cdot \rho \cdot V^2$에 면적(여기에서는 접수면적 S_W)을 곱해서 구한다.

YD-41의 경우 3.5m/s 또는 6.8노트의 속도에서 계산하였고 그림 5.4와 같다. 선체, 킬, 타, 벌브의 영향을 더하여 전체 마찰 696N이 얻어진다. 이것은 그림 5.4의 막대 그래프 숫자와 같다.

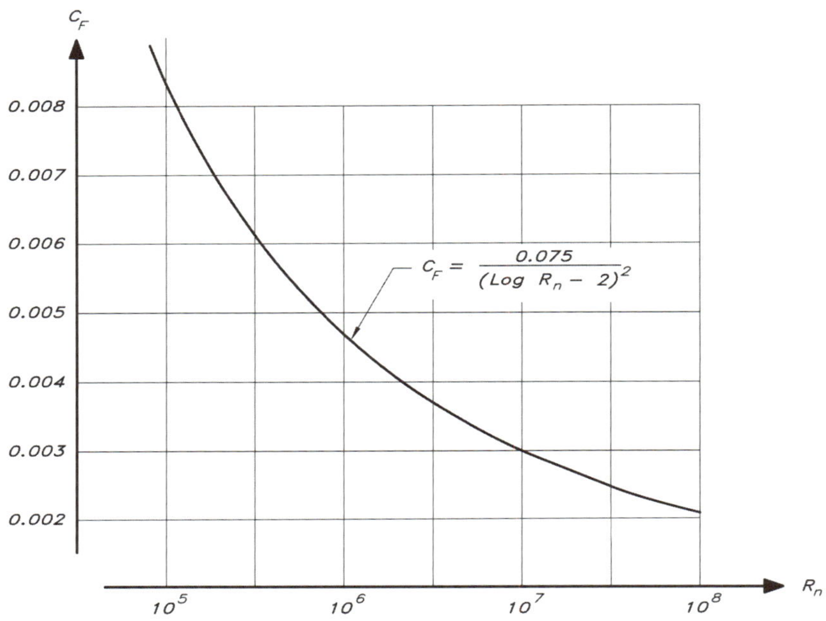

Reynolds number: $R_n = \frac{V \cdot L}{\nu}$

V = velocity of yacht in m/s [3.78 m/s]

For hulls: $L = 0.7 \cdot L_{WL}$ [8.3 m]

For keels and rudders: L = mean chord [keel: 0.89 m] [rudder: 0.35 m]

For bulbs: L = bulb length [bulb: 2.42 m]

ν = kinematic viscosity [salt water at 20 °C $\approx 1.0 \cdot 10^{-6}$ m^2/s]

Frictional resistance: $R_F = C_F \cdot 0.5 \cdot \rho \cdot V^2 \cdot S_W$

[hull: 512.7 N] [keel: 80.0 N] [bulb: 53.1 N] [rudder: 24.9 N]

ρ = water density [salt water at 20 °C ≈ 1025 kg/m^3]

S_W = wetted surface [hull: 28.2 m^2] [keel: 2.98 m^2]
[bulb: 2.38 m^2] [rudder: 0.77 m^2]

전체 마찰 저항-선체, 킬 블레이드, (두 개의) 타 성분을 모두 더함 [695.6N]

그림 5.8 마찰저항의 계산

‖ 점성압력저항(Viscous Pressure Resistance)

그림 5.9는 일정한 깊이, 곧 특정 수선에서 선체주위의 전형적인 압력분포를 보여주고 있다. 선수와 선미의 압력이 해당 깊이의 정수압보다 높고 선체 중앙부의 압력이 정수압보다 낮다는 것을 알 수 있다. 만약 경계층이 없다면 선수 압력은 선미 압력과 균형을 이루기 때문에 어떤 힘도 생기지 않는다(여기에서는 우선 압력 형태로 영향을 끼치는 파도의 모멘트 영향은 고려하지 않는다). 그러나 경계층은 선미 부근이 선수보다 두껍기 때문에 즉, 선미압력 쪽이 많은 영향을 받기 때문에, 압력분포가 바뀌어 버린다. 선미 쪽의 살짝 낮은 압력은 저항성분을 증가시키는데 이는 경계층을 통한 마찰에 간접적으로 기인한 것이다. 세일요트의 경우 이것은 직접적인 마찰력의 5~10% 범위이다.

이 압력저항은 피할 수 없는 것이지만 선미를 적절하게 설계한다면 압력을 최소화할 수 있다. 선미를 뭉툭하게 하면 할수록 압력저하는 커진다. 박리가 발생하지 않으면 압력저하의 영향은 적지만, 박리가 일어나면 큰 압력저하가 발생한다. 이때의 압력저항은 언급했던 값, 5~10%보다 더 커질 수 있다. 선미의 뭉툭한 정도를 판단할 때는 사선(diagonal)의 형상을 조사하는 것이 좋은데 이는 사선(diagonal)이 수선보다 흐름의 방향에 가깝기 때문이다. 사선(diagonal)의 최대 경사각은 여러 문헌에 나와 있다. 그러나 그 수치들은 대개 22°~30°로

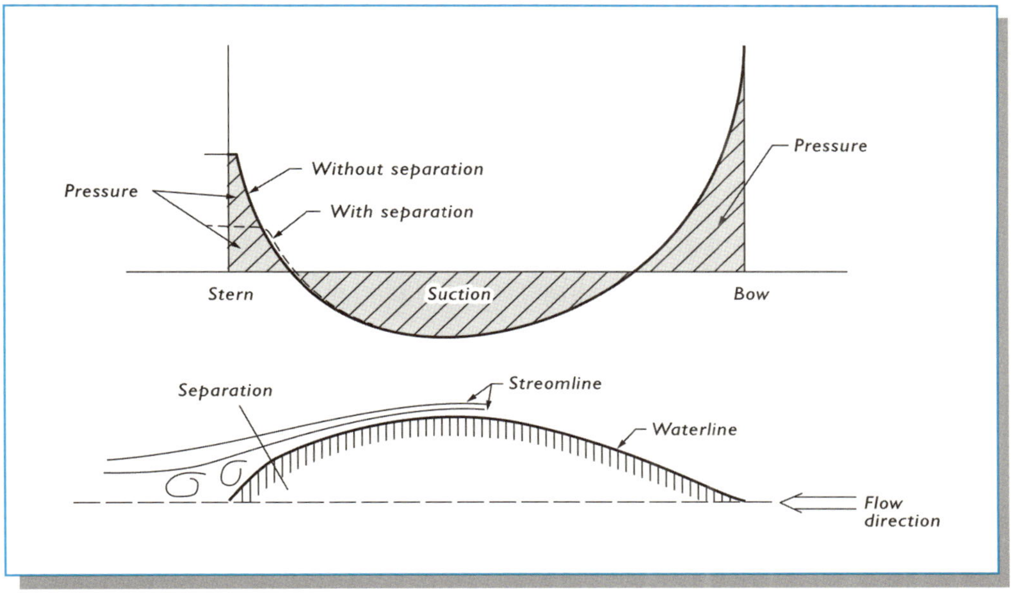

그림 5.9 박리와 압력분포

저자에 따라 다양하다. 상한치는 사용하기에 너무 크며 하한치를 넘지 않는 정도로 하는 것이 안전하다.

점성압력저항은 주형계수(prismatic coefficient)[18]와 부심의 길이방향 위치(LCB)[19]에 좌우된다. 큰 C_P는 선체의 끝이 두터운 것을 의미하고 LCB가 뒤쪽에 있으면 선미가 두터운 것을 의미한다. 점성저항을 최소화하기 위해서는 선체가 대구와 같은 형상을 하는게 바람직하고 매우 가늘어야 한다. C_P는 0.5보다 작아야 하고 LCB는 중앙 단면보다 앞에 있어야 한다. 이러한 설계는 조파저항을 생각하지 않는 경우에는 좋은 것이다. 나중에 알게 되겠지만 짧고 두툼한 앞부분은 파도를 증가시키고 반면에 불룩한 부분이 뒤쪽으로 가면 파도를 감소시킨다. 불룩한 선미부의 두꺼운 경계층은 선체를 실제이상으로 길게 하고 이런 효과는 박리가 일어나면 더 커진다. 때문에 조파저항을 감소시키는 것만을 목적으로 매우 뭉툭한 선미를 만드는 설계자도 있다. 이것은 레이팅 규칙에 따른 계측상의 이득이 없다면 성공적이라 하기 힘들다.

선미설계, C_P나 LCB는 그 요트의 설계 속도에 맞추어 최적화(예를 들면, 바람조건에 대한)해야 한다. 속도가 높으면 높을수록 조파저항이 중요하게 되고 선미는 뭉툭해진다. C_P나 LCB의 최적값에 대해서는 조파저항 부분에서 서술한다.

마찰저항은 주로 접수면적에 의해 결정되지만 점성압력저항은 선체의 형태에 좌우된다. 조파저항같은 경우이며 양쪽 모두 압력의 불균형에 의해 일어난다. 때문에 보통은 둘을 하나로 합쳐 잉여저항(residuary resistance)이라 부른다. 여기에서는 점성압력저항에 대한 수식은 나타내지 않지만 일반적인 관행에 따라 잉여저항의 수식만 나타낼 것이다. 그림 5.4에서 점성압력저항을 마찰의 7%로 가정하였는데 이는 CFD[20]의 계산 결과다.

지금까지의 이야기는 선체부가물에 대해서도 유효한다. 경계층 효과에 의해 부가물 뒤끝은 압력이 떨어지고 압력항력(pressure drag)가 생긴다. 그 크기는 선체와 마찬가지로 단면형상의 영향을 받는다. 이에 대해서는 6장에서 이야기하자. 그림 5.4의 점성압력저항에서는 선체와 부가물 둘 다 포함이 되어 있다.

---

18 C_p

19 Longitudinal Centre of Buoyancy.

20 Computational Fluid Mechanics, 전산유체역학

‖ 표면 거칠기(Roughness)

점성저항의 세 번째 성분은 표면의 거칠기 또는 조도에 의한 것으로 설계의 관점에서 보면 그렇게 중요하지 않을 수도 있지만 요트맨(yachtman)의 입장에서는 흥미를 가지는 부분이기 때문에 여기에서 언급한다.

거친 표면상의 흐름에 대한 수많은 실험에 따르면, 표면의 거친 부분이 앞서의 점성 하층(viscous sublayer)에 묻혀버리면 표면 거칠기의 영향이 없는 것으로 알려졌다. 이에 어떤 한계가 존재하게 된다. 즉, 한계 이하에서는 저항 관점에서 보았을 때 표면이 매끄럽다고 가정할 수 있는 것이다. 이미 살펴보았지만 점성 하층의 두께는 매우 얇고 보통 0.1mm 정도이다. 이 점에 대해서 7.6m의 전통적인 요트에 대한 경계층 계산 예를 사용해 상세하게 살펴보자. 그림 5.10의 점성 하층의 두께, 즉 허용 가능한 거칠기 높이(roughness height)가 3개의 속도에 대해 나타나 있다. 곡선은 한 갈래는 선체이고 다른 하나는 킬이다. 선수 끝부분의 경계층은 층류이고 이 부분의 허용 가능한 거칠기는 그림에서와 같이 난류 경계층의 맨 앞부분과 같다고 가정해도 안전하다(이 부분에 대한 이론은 아직 확립되지 않았기 때문에 주의가

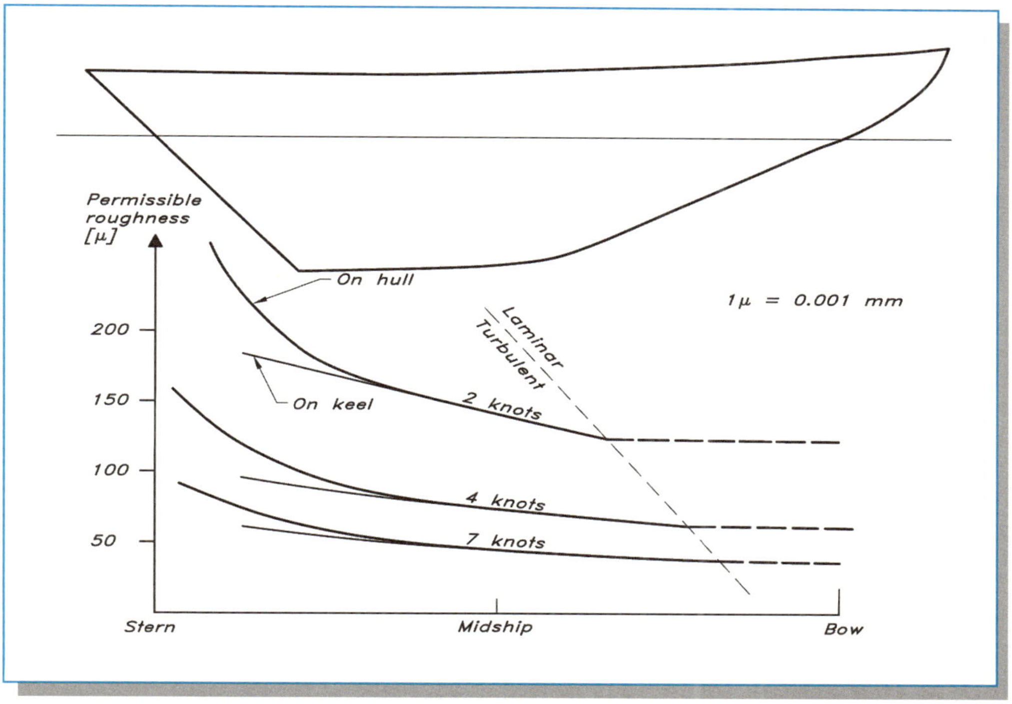

그림 5.10 허용 가능한 표면 거칠기 – 전통 요트

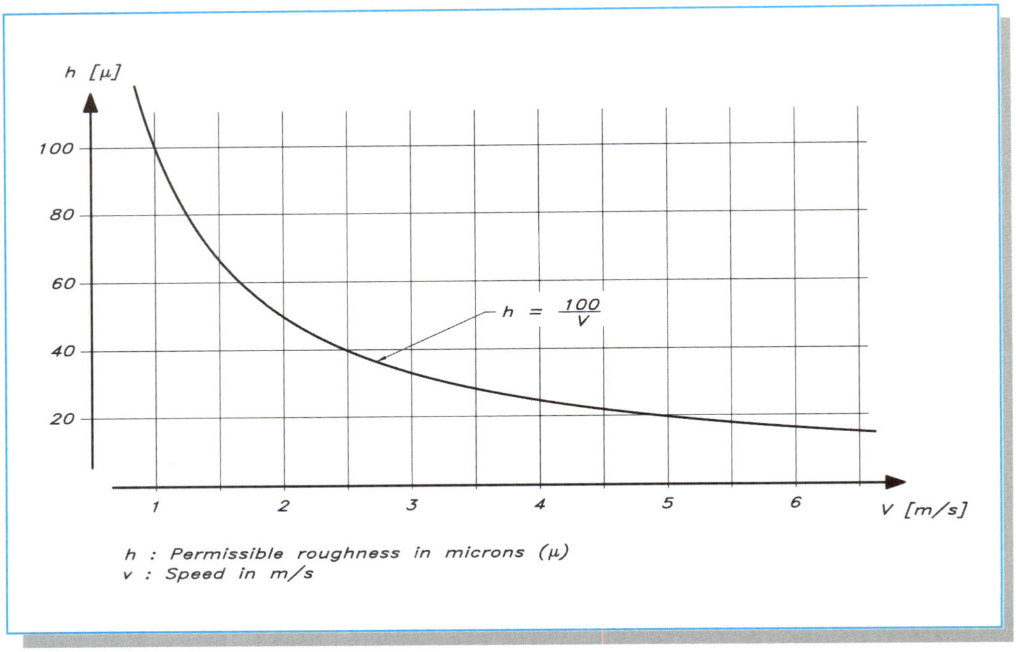

그림 5.11 속력에 따른 허용가능한 표면거칠기 추정

필요하다).

그림 5.10과 관련해 주목해야 할 점이 몇 개 있다. 첫 번째로 속도와 강한 관련이 있고, 두 번째로 허용 거칠기는 뒤로 갈수록 커진다. 세 번째로 킬에서의 증가는 선체 선미부만큼 크지 않다는 것이다. 가장 엄격한 요구치는 배의 속도가 제일 빠른 경우, 선수부에서 $0.03mm$ 곧 $30\mu m$가 된다. 400번 사포의 알갱이가 $25\mu m$ 정도라고 하면 그 느낌을 알 수 있을 것이다. 그렇다고 표면을 이 사포로 문지르라는 소리는 아니다. 사포에 문지른 뒤에 남은 홈은 그 알갱이보다 훨씬 작기 때문에 더 성긴 사포로 문질러도 좋을 것이다.

선수부에서 허용표면 거칠기를 추정하는데 사용하는 매우 간단한 관계식이 그림 5.11에 있다. 표면 거칠기는 마이크로미터(μm) 단위로 나타내고, 속도에 반비례한다.

이제 문제는 만약 표면이 유체역학적으로 부드럽지 않다면 점성저항은 어느 정도 증가할 것인가이다. 이 물음에 답하기 위해서 다시 전통적인 요트의 계산 예로 돌아간다. 그림 5.12에는 다양한 표면 거칠기 높이와 속도에 대한 점성저항의 증가량이 나타나 있다. 이 증가경향은 특히 고속인 경우 크다. 이 그림은 평판에 모래 알갱이를 붙여 수행한 실험에 기초하여 계산한 것이다. 세일요트에 대한 경우는 없기 때문에 이 수치들을 상한치라고 생각해야 한다. 어떤 경우든, 표면 거칠기가 유체역학적으로 매끈한 표면의 한도를 넘기는 것은 특

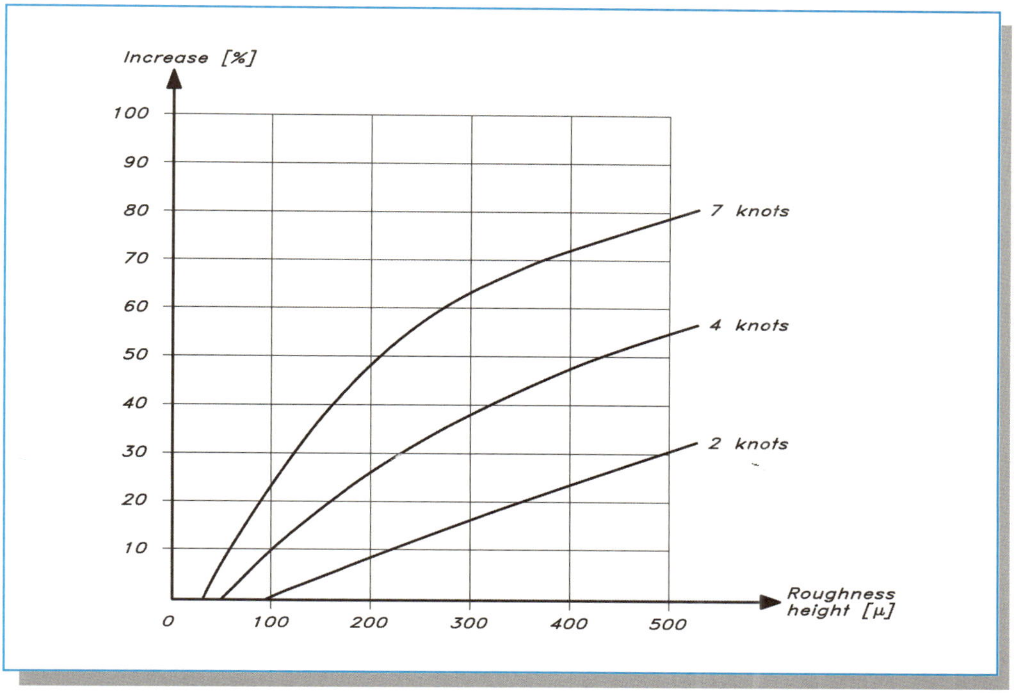

그림 5.12 표면거칠기에 따른 점성저항의 증가 – 전통 요트

히, 경기정의 경우, 바람직하지 않다. 따개비가 붙어 있다면 여기에 표시되어 있는 숫자보다 훨씬 큰 저항이 될 것이다. 따개비가 빽빽이 붙어 있으면(수 mm 단위의 높이) 점성저항은 2배 또는 3배까지 증가한다. 참고자료 목록에서 리어–앤더슨과 라슨(2003)을 살펴보라.

YD–41의 최고속도는 약 13노트로 6.5m/s 정도이다. 그림 5.11에 의하면 허용 표면 거칠기는 약 15μm이다. 보통 페인트 붓으로 칠한 페인트 두께는 50~100μm로, 유체역학적으로 매끄러운 표면과 비교하면 상당한 저항 증가가 예상된다. 그림 5.4에서 보면 표면 거칠기 요소는 마찰의 10%가 되고 배의 속도는 7.35노트이다. 그림 5.12의 7노트 곡선이 표면 거칠기 50~100μm 사이에서 8~23%의 점성저항증가를 나타내고 있는 것을 감안하면 이는 타당하다. 위에서 얘기했듯이 이 높이는 표준 거칠기로는 다소 높을 것이다. 그림의 곡선들이 상이한 선체에 대한 것이라는 사실은 그리 중요하지 않다. 이는 속도가 가장 큰 요인이기 때문이다.

부가물의 거칠기에 대해서는 6장에서 다룬다. 이는 많은 날개 단면이 층류를 위해 설계된 것이고(거칠기에 의해 층류가 불안정하게 된다), 매끈함에 대한 요구조건이 선체보다는 훨씬 까다롭기 때문이다.

|| 조파저항(Wavemaking Resistance)

이번에는 그림 5.4에 나타나 있는 제2의 주요저항성분, 조파저항에 대해 살펴보자. 점성저항과 같이 하위 성분마다 나눌 수 있지만 이것은 어떤 조건에 따른, 예를 들면 선수파가 깨진다든가 또는 그것이 스프레이로 변하는 등, 관심 대상이다. 여기에서는 그런 현상은 무시한다. 점성저항의 경우처럼 우선 기본적인 개념부터 시작한다.

연못에 돌을 던지면 돌이 수면에 닿는 곳부터 동심원의 파도가 생긴다. 여러 개의 돌을 일렬로 던지면 원형의 파도는 서로 간섭해서 요트의 후방에 생기는 것과 매우 비슷한 파계(wave system)가 생긴다. 이 파계는 켈빈 파계(Kelvin wave system)라는 것으로 그 특성이 잘 알려져 있으며 수면에서 교란점[21]의 이동에 의해 생긴다. 같은 파계는 대형 선박의 후방에서도 보이며 실제 수면을 운항하는 모든 물체의 후방에서 나타난다. 같은 파계가 생기는 이유는 만약 파도가 충분히 긴 거리를 이동하고 또한 그 물체에 비해 넓은 지역에 걸쳐져 있다면 그 물체는 언제나 점으로 인식될 수 있기 때문이다. 예를 들어 정수중을 운항하는 선박을 비행기에서 보았다고 한다면 선박은 파계가 지배하는 지역에 비교해 매우 작은 것이 된다. 그리고 이 파계는 전형적인 켈빈 구조를 가지게 된다. 이 현상이 그림 5.13에 나타나 있

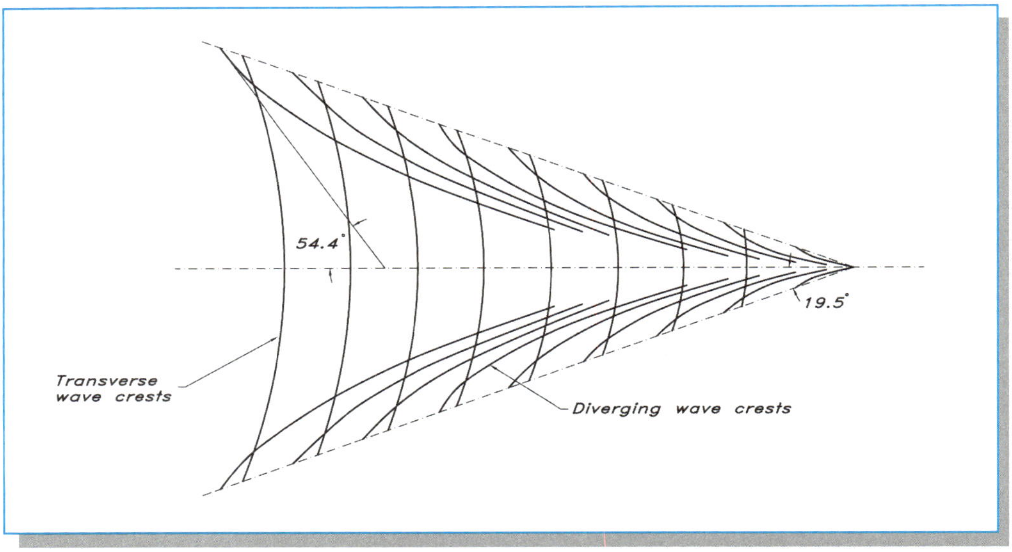

그림 5.13 켈빈 파계

21 배와 같이 물위에서 움직이는 물체를 생각하면 된다.

다. 이 경우 파도의 종류는 두 가지이다. 선측으로 펴져나가는 파와 배의 진행방향과 직각으로 배와 함께 움직이는 횡파가 있다.

위치에 따라 상황은 다소 다르고 파도는 선체의 형상에 크게 좌우된다. 이론에서는, 선체 표면 모든 점에서 나오는 파도는 파계형성에 기여한다. 그러나 어떤 특정 부분에서 나오는 파도는 다른 부분에서보다 교란이 크기 때문에 보다 중요하다. 세일요트에서는 선수와 선미의 압력이 높은 영역에서 파도가 압도적이고 보통은 이 두 개의 파계만 있다고 가정한다(그림 5.14 참고).

표면파의 파장(wavelength)과 파도의 이동속도와의 관계는 매우 단순하다. 그림 5.15에서 볼 수 있듯이 속도는 파장의 제곱근을 1.25배 한 것과 같다. 예를 들어 파장이 $7m$인 파도의 이동속도는 $3.3m/s$이 된다.

파계는 요트와 같은 속도로 전후방향으로 이동하기 때문에 파장은 요트의 속도에 의해 결정된다. 예를 들어 배의 속도가 수선 길이 제곱근의 1.25배라면 파장은 수선 길이와 같게 된다. 곧 L_{WL} $7m$의 요트가 $3.3m/s$로 진행한다면 선수에 한 개의 파정을 갖고 선미에 다음 파정을 갖게 된다.

파도의 속도 의존성은 중요한 현상인 간섭을 일으킨다. 그림 5.15에서 보듯이 만약 선수 파계에서 생긴 파정과 선미 파계에서의 파정이 일치하면 큰 파도가 생긴다. 반대로 선수 파

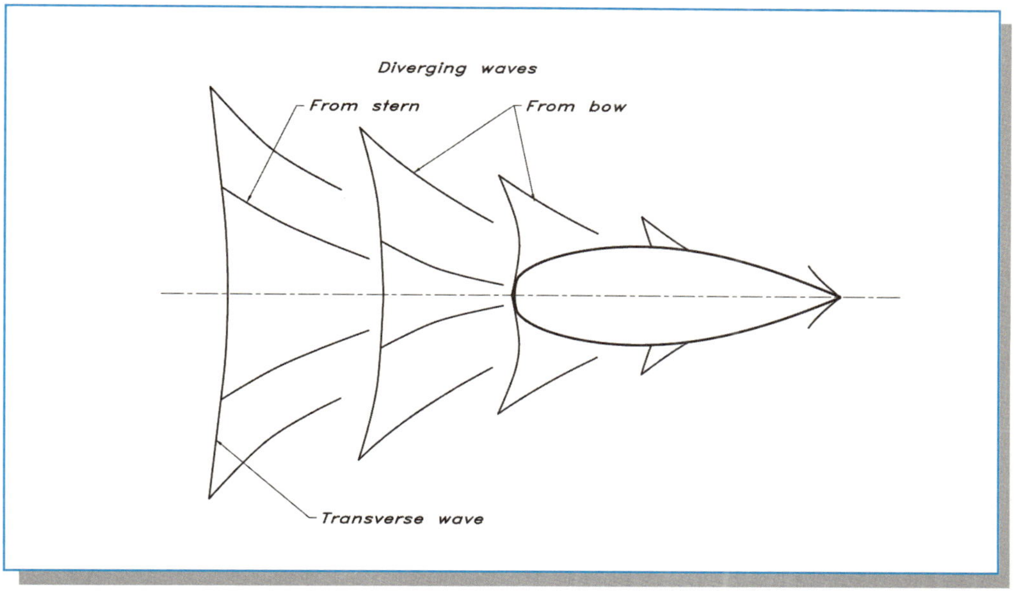

그림 5.14 선수, 선미에서의 파계

계에서의 파정과 선미 파계에서의 파저가 일치하면 그 결과는 작은 파도가 된다. 처음의 경우는 그림 5.15의 a와 c로, 파장은 각각 수선 길이의 반 또는 같은 길이가 된다. b에서 파장은 L_{WL}의 2/3로, 파도는 작아지게 된다. d의 경우, 파장은 L_{WL}보다 길다. 이 때 두 번째 파정은 선미의 후방에서 발생한다. 게다가 속도가 증가하면 선미는 파저에 들어가 선체의 트림이 커지게 된다.

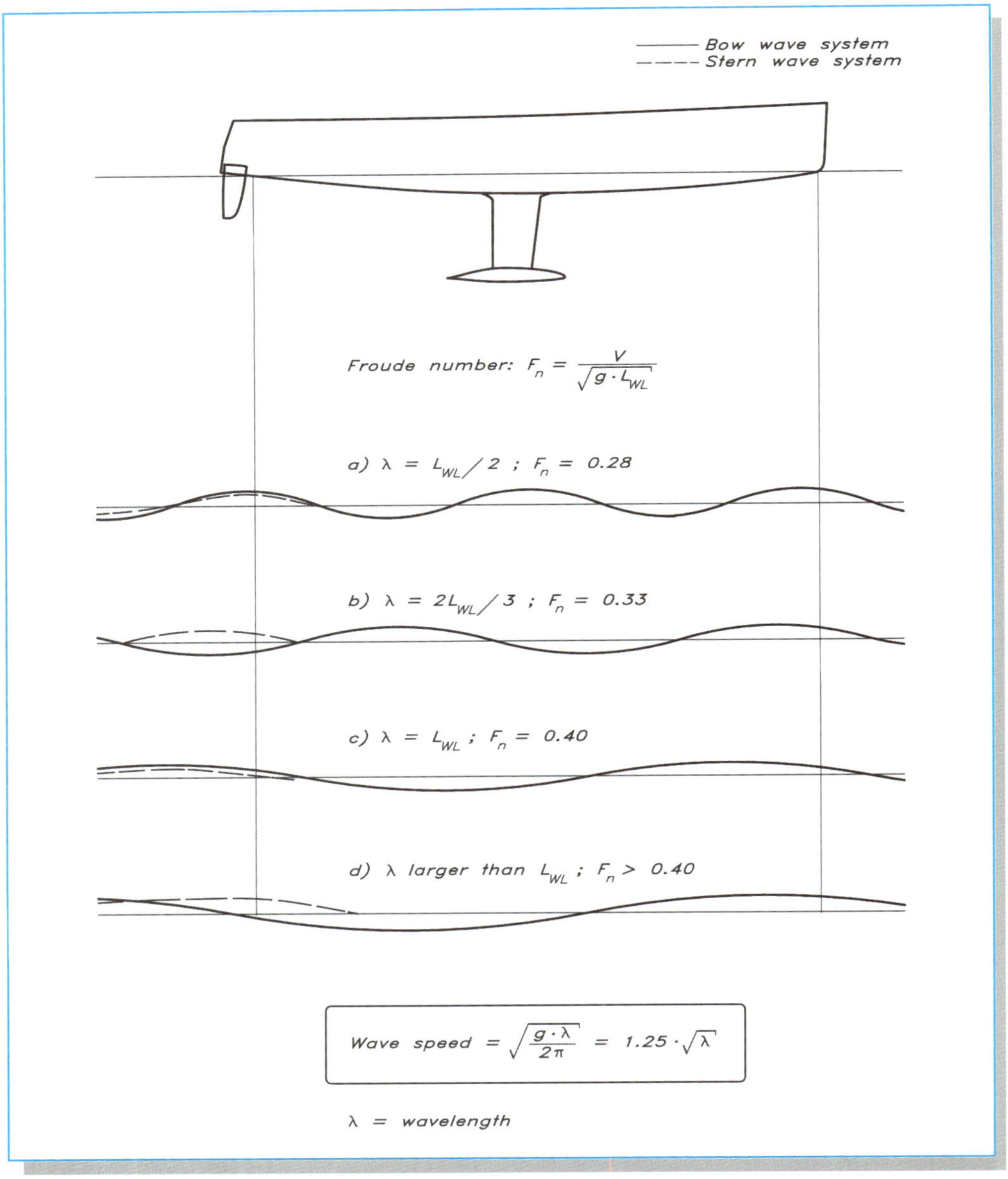

그림 5.15 선수, 선미 파계의 간섭

a에서 d까지 보면 각각에 F_n 수치가 나온다. 이것은 프루드 수라고 불리는 것으로 점성저항에서 레이놀즈수와 같은 역할을 조파저항에 대해서 하는 것이다. 프루드 수는 소위 무차원 속도로 속도(m/s)를 수선 길이와 중력가속도 곱의 제곱근으로 나눈 것이다(그림 5.15 참고). 선체(수선 길이)를 따라 얼마나 많은 파도가 생기는가를 결정하는 것이 프루드 수이다. 예를 들어 $F_n = 0.40$일 때, 파도는 하나, $F_n = 0.28$일 때 파도는 두 개가 된다. 조파저항곡선은 프루드 수에 강하게 영향을 받는다.

프루드 수는 매우 중요한 수로 이하의 논의에서 노트나 m/s로 표시되는 속도보다 오히려 광범위하게 사용한다. 간단한 정의를 사용하면 프루드 수는 언제라도 차원이 있는 다른 수치로 변환이 가능하다.

에너지가 파도로 이동하면서 조파저항이 발생하기 때문에 파계끼리의 간섭에 의한 증폭과 상쇄가 조파저항곡선에 어떤 영향을 주는 것이 틀림없다. 곧 파도의 증폭이 일어나는 속도에서 저항은 비교적 크게 되고, 반대로 상쇄가 일어나는 속도에는 작게 된다. 조파저항곡선을 살펴보면 이런 것이 어떻게 곡선의 볼록한 부분(hump)과 오목한 부분(hollow)으로 나타나는지를 알 수 있다(그림 5.16 참고). 조파저항은 속도의 6승까지 비례해서 증가하지만 여기에 더해 간섭에 의한 변동요소가 있게 된다.

저항곡선에서 볼록, 오목한 부분은 선체의 형태에 따라 다소 그 정도가 커진다. 대부분의 세일요트는 저속역에서 그 정도가 매우 작지만 마지막 볼록한 부분은 여전히 중요한 문제이다. 이 속도 직전에서 곡선의 경사가 매우 크기 때문에 볼록한 부분을 극복하는 것이

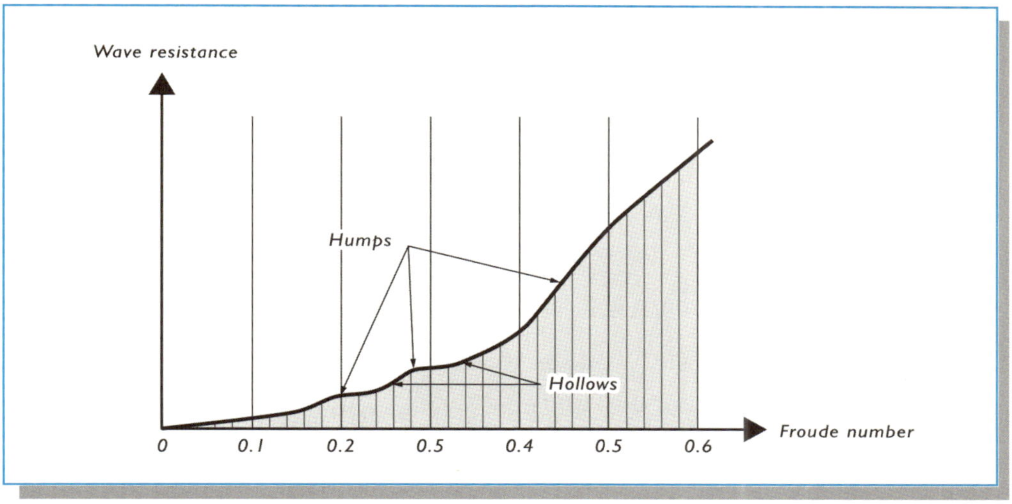

그림 5.16 조파 저항 곡선의 오목부

어렵게 된다. 그러나 여기를 극복하면 저항의 증가는 완만하게 되고, 선체는 반활주(semi planing)속도 영역에 들어간다.

쌍동선(catamaran)이나 극경량의 배 또는 딩기의 경우 풍상 쪽으로 진행할 때도 반활주 상태에 있을 수 있고 가벼운 배수량형 배는 풍하에서 이 상태에 들어갈 수 있다. 그러나 대부분의 배수량형 배는 저항곡선의 마지막 볼록한 지점의 벽을 넘을 수 없다.

이상과 같이 저항곡선 중 가장 큰 볼록 부분은 파장이 수선 길이와 같아졌을 때, 곧 $F_n = 0.40$일 때에 일어나지만, 실제로는 조금 더 높은 프루드 수 또는 높은 속도에서 일어난다. 이는 선수와 선미의 오버행(overhang)에 의해 선수파와 선미파와의 사이의 거리가 공칭 수선 길이보다 길어지기 때문이다. 때문에 마지막 볼록 부분은 프루드 수 0.5 부근에서 일어난다. 무거운 배수량형 배는 특수한 경우를 빼고는 이 수치에 도달할 수 없다. YD−41은 매우 가벼운 배라서 프루드 수 0.6에 도달할 수 있고 이때 배의 속도는 6.5m/s 또는 14노트가 된다.

세일링 이론의 문헌에서는 대부분이 프루드 수가 아닌 옛 단위인 소위 속장비(speed length ratio)를 사용했다. 속장비는 노트 단위 속도를 피트 단위 길이의 제곱근으로 나눈다. 프루드 수와는 단지 숫자가 다르게 나온다는 차이점뿐이지만 무차원수가 아니라는 것 그리고 미터 단위계가 아니라는 불리한 점이 있다. 둘 사이의 변환은 간단히 프루드 수= 0.30× 속장비로 할 수 있다.

‖ 조파저항, 잉여저항(Residuary Resistance)

델프트 공과대학에서는 40년 이상에 걸쳐 광범위한 세일요트의 수조시험을 수행해 왔다. 첫 계열은 게릿스마(J Gerritsma) 교수가 1973년 시작했으며 이후 여러 사람들이 대를 이어 다섯 계열에 걸쳐 많은 시험을 해 오고 있다. 지난 수년간 시험에는 여러 사람들이 관련되어 있지만 게릿스마 교수를 이어 크닝(J A Keunning) 박사가 과제를 이끌고 있다. 델프트에서 수행한 일련의 시험은 세일요트의 성능예측에 큰 기여를 하였고, 요트의 핸디캡을 계산하기 위한 국제외양경기회(ORC : Offshore Racing Congress)의 속도예측프로그램(VPP : Velocity Prediction Program)과 같이 실제 사용되고 있다. 1990년 후반까지의 시험 자료를 조사한 결과는 크닝과 소넨버그(Sonnenberg)의 "델프트 요트 시리즈에 기반한 세일링 보트의 유체동역학적 힘에 관한 근사"라는 논문에 나타나 있다. 잉여저항의 계산식에 관한 가장 최근 소식은 크닝과 카트거트(Katgert)가 제안한 "고속영역으로 확장한 델프트 시리즈에 기반한 나선의 저항 예측 방법"에 나타나 있다. 참고문헌 목록을 보라.

첫 계열은 22개의 모델로 구성되어 있으며 다섯 개의 서로 다른 선형변수, L_{WL}/B_{WL}, B_{WL}/T_c, C_p, LCB, $L_{WL}/\nabla_c^{1/3}$를 체계적으로 바꾸었다. 선형은 모두 프란스 마스(Frans Maas)의 설계를 바탕으로 하였으며 중간 정도의 배수량에 최근의 대양 경주용 요트였다. 그림 5.17의 위 그림이 그 정면도이다. 1980년대에는 보다 가벼운 배에 대해 시험을 확장할 필요성이 있었으며 이에 따라 1983년 반 드 스타드(Van de Stadt) 디자인에서 설계한 배를 모선으로 한 새로운 모델을 만들었다. 그림 5.17의 가운데 선형을 보라. 이 모델은 선형의 두 번째 계열에서 25번으로 명명되었고 23번부터 28번까지의 선형으로 구성되어 있다. 세 번째 계열

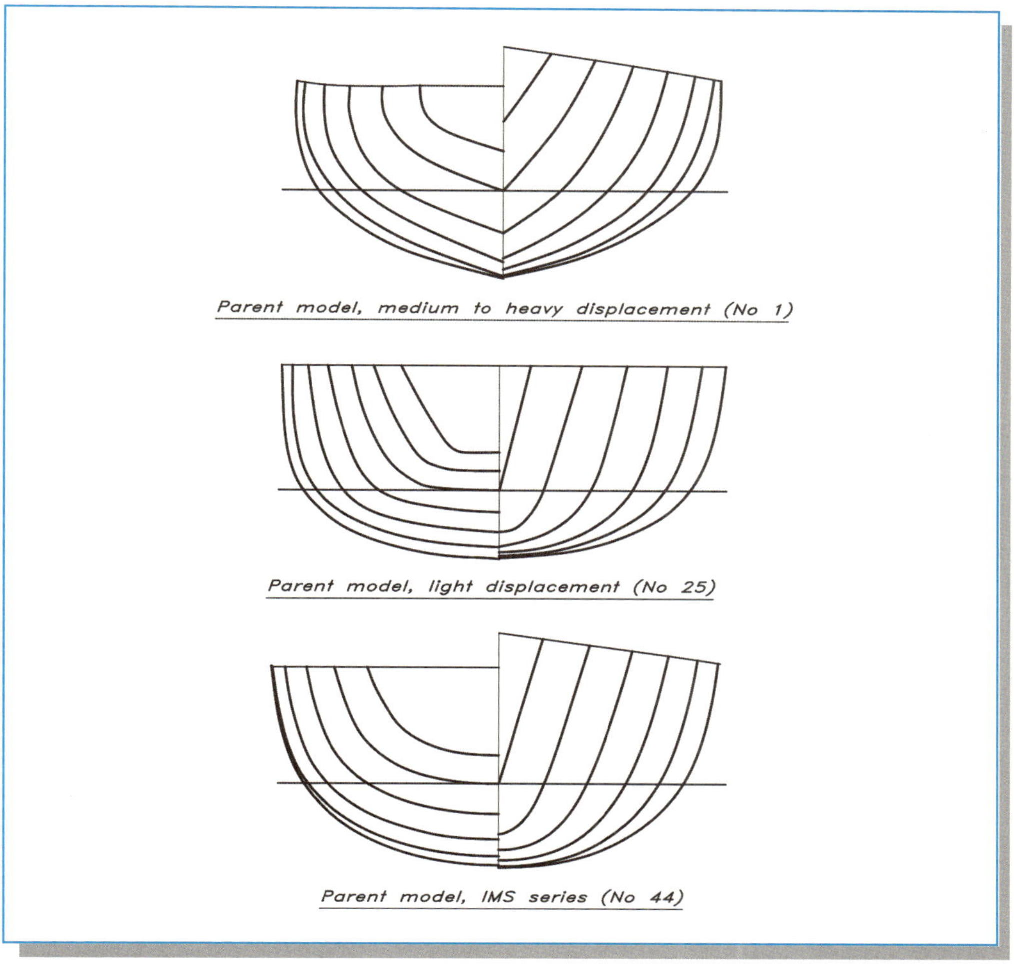

그림 5.17 델프트 모델의 정면도

은 두 번째 계열의 확장판으로 29번부터 40번까지의 선형으로 되어 있으며 같은 모선으로부터 변형되었지만 매우 가벼운 배수량 형에 보다 높은 L_{WL}/B_{WL}을 가지도록 하였다. 그리고 마침내 1995년 그림 5.17의 맨 아래와 같은 스파크맨 앤 스테펜스(Sparkman and Stephens)에서 설계한 것을 모선으로 삼은 모델을 채용하였다. 이 선형은 평균적인 IMS[22]용으로 개발된 것으로 특히 연구 목적도 있었으며 44번으로 명명되었다. 네 번째 계열은 모델 41번부터 50번까지로 구성되었다. 이후 중앙횡단면 형상이 다른 세 척의 요트로 구성된 작은 계열(모델 60번~62번)과 맥시 요트들과 관계되는 보다 큰 L/B를 가지는 세 척의 모델(모델 71번~73번)이 추가되었다.

표 5.1에서와 같이 8개의 변수를 변화시키며 저항 예측을 하였다. 비교적 높은 속도에서는 $\nabla_c^{2/3}/A_W$(수선 면적과 배수용적 2/3승의 비)로 정의된 하중인자가 관심의 대상인데 이는 유체동역학적인 양력이 효력을 발휘하기 시작하기 때문이다(10장을 보라). 아래의 식은 변화 한도 내에서 근사값을 계산할 수 있다. 한도 밖에서는 외삽에 의한 오류가 클 수 있기 때문에 이 식을 사용하지 않길 바란다.

이 델프트 계열부터 몇 개의 중요한 경험식이 유도되었다. 접수면적에 관한 식은 그림 4.2에서 소개하였다. 여기에서는 저항에 집중한다. 과학자들은 조파저항을 단독으로 취급하지 않고 조파저항과 점성압력저항을 하나로 묶어 잉여저항(residuary resistance)이라고 부른다. 왜냐하면 선체가 매끄럽다고 가정한다면 직립시 총 저항 중에서 빠지는 성분은 마찰이기

표 5.1 델프트 계열의 선형 변수 범위

변수	범위
LCB_{fpp}/L_{WL}	0.500–0.582
C_p	0.519–0.599
$\nabla_C^{2/3}/A_W$	0.079–0.265
B_{WL}/L_{WL}	0.170–0.366
LCB_{fpp}/LCF_{fpp}	0.920–1.002
$\nabla_C^{2/3}/L_{WL}$	0.12–0.23
C_M	0.646–0.790
B_{WL}/T_C	2.46–19.38

(LCB_{fpp}와 LCF_{fpp}는 F.P로부터의 값)

22 International Measurement System, ORC의 전신

때문이다(그림 5.4 참조). 앞서처럼 조파와 점성압력은 선체의 삼차원 형상에 좌우된다는 점에서 공통되기 때문에 이 두 가지를 합치는 것에는 무리가 없다. 때문에 어떤 속도에서 선형을 최적화할 때는 조파와 점성압력 성분들의 복합적인 영향을 고려해야 한다.

모든 선형에 대한 통계해석을 기초로 한 나선의 잉여저항 R_{RC}는 그림 5.18의 수식으로 계산할 수 있고 이때의 결과는 특정 프루드 수에 대한 값이다. 저항은 중력(즉, 요트의 질량과 중력가속도의 곱)으로 나누어져 있다. 표의 계수 a0~a7을 변화시켜 프루드 수 0.15~0.75까지의 해당 값을 계산할 수 있다. LCB와 LCF의 위치는 F.P.(그림 3.5의 0번 스테이션)로부터 계측한 것으로 단위는 미터이다.

킬이 조파에 기여한다는 것도 오래전부터 알려져 왔고 그 영향을 알아보기 위해 역시 델프트에서 실험이 수행되었다. 그 결과 그림 5.19의 식이 유도되었다. 나선의 잉여저항처럼 식에는 조파저항과 점성압력저항이 포함되어 있다. 이 관계의 정확도는 선체의 정확도보다 낮

$$F_n = [0.15 - 0.75]$$

$$\frac{R_{Rc}}{\nabla_c \cdot \rho \cdot g} = a0 + (a1 \cdot LCB_{fpp}/L_{WL} + a2 \cdot C_p + a3 \cdot \nabla_c^{2/3}/A_W + a4 \cdot B_{WL}/L_{WL}) \cdot \nabla_c^{1/3}/L_{WL} + (a5 \cdot LCB_{fpp}/LCF_{fpp} + a6 \cdot B_{WL}/T_c + a7 \cdot C_m) \cdot \nabla_c^{1/3}/L_{WL}$$

$$\left[\frac{R_{Rc}}{\nabla_c \cdot \rho \cdot g} = 0.00649 \text{ at } F_n = 0.35 \right]$$

LCB_{fpp} and LCF_{fpp} in metres from forward perpendicular

F_n	a0	a1	a2	a3	a4	a5	a6	a7
0.15	−0.0005	+0.0023	−0.0086	−0.0015	+0.0061	+0.0010	+0.0001	+0.0052
0.20	−0.0003	+0.0059	−0.0064	+0.0070	+0.0014	+0.0013	+0.0005	−0.0020
0.25	−0.0002	−0.0156	+0.0031	−0.0021	−0.0070	+0.0148	+0.0010	−0.0043
0.30	−0.0009	+0.0016	+0.0337	−0.0285	−0.0367	+0.0218	+0.0015	−0.0172
0.35	−0.0026	−0.0567	+0.0446	−0.1091	−0.0707	+0.0914	+0.0021	−0.0078
0.40	−0.0064	−0.4034	−0.1250	+0.0273	−0.1341	+0.3578	+0.0045	+0.1115
0.45	−0.0218	−0.5261	−0.2945	+0.2485	−0.2428	+0.6293	+0.0081	+0.2086
0.50	−0.0388	−0.5986	−0.3038	+0.6033	−0.0430	+0.8332	+0.0106	+0.1336
0.55	−0.0347	−0.4764	−0.2361	+0.8726	+0.4219	+0.8990	+0.0096	−0.2272
0.60	−0.0361	+0.0037	−0.2960	+0.9661	+0.6123	+0.7534	+0.0100	−0.3352
0.65	+0.0008	+0.3728	−0.3667	+1.3957	+1.0343	+0.3230	+0.0072	−0.4632
0.70	+0.0108	−0.1238	−0.2026	+1.1282	+1.1836	+0.4973	+0.0038	−0.4477
0.75	+0.1023	+0.7726	+0.5040	+1.7867	+2.1934	−1.5479	−0.0115	−0.0977

$$[R_{Rc} = 394.9 \text{ N} \quad \text{at } F_n = 0.35]$$

그림 5.18 선체의 잉여저항

은데 이는 실험의 수가 한정적이기 때문이다. 반면 계산 결과 그 양이 얼마 되지 않기 때문에 전체 저항에 끼치는 영향은 작다. 식에는 흘수/선폭비, 선체의 부피, 킬의 부피, 킬의 부심위치 등이 포함되어 있다. 그림 5.18과 같이 식은 주어진 계수들로 구성된 하나의 프루드 수에 대해 유효하다. 표에서처럼 계수들은 프루드 수에 따라 0.20~0.60까지의 범위에 있다. 저속영역에서는 그 기여도가 무시할 정도이다. 0.75까지의 속도영역에 대한 정보는 아직 없다. 이 식은 벌브가 없는 킬에 대한 것이지만 벌브 킬에 대한 데이터가 없더라도 어느 정도 적용할 수 있을 것이다. YD-41에도 이런 식으로 적용되었다.

흥미가 있는 독자는 식을 프로그램화하고 표의 계수를 사용하여 다양한 선형에 대한 잉여저항을 계산할 수 있을 것이다. 그리고 주어진 설계에 대한 정확하고 효과적인 최적화 작업도 여러 후보군 조사를 통해 할 수 있을 것이다. 이런 접근은 기존의 엄지손가락 법칙과 경험에 의존해왔던 전통적인 방식보다는 보다 정량적이다.

아래에서 선형이 잉여저항에 미치는 영향에 대한 몇 개의 일반적인 결론을 이끌어 낸다.

$$F_n = [0.20 - 0.60]$$

$$\frac{R_{Rk}}{\nabla_k \cdot \rho \cdot g} = A0 + A1 \cdot (T/B_{WL}) + A2 \cdot (T_c + Z_{CBk})/\nabla_k^{1/3} + A3 \cdot \nabla_c / \nabla_k$$

$$\left[\frac{R_{Rk}}{\nabla_k \cdot \rho \cdot g} = 0.01406 \text{ at } F_n = 0.35 \right]$$

F_n	A0	A1	A2	A3
0.20	−0.00104	+0.00172	+0.00117	−0.00008
0.25	−0.00550	+0.00597	+0.00390	−0.00009
0.30	−0.01110	+0.01421	+0.00069	+0.00021
0.35	−0.00713	+0.02632	−0.00232	+0.00039
0.40	−0.03581	+0.08649	+0.00999	+0.00017
0.45	−0.00470	+0.11592	−0.00064	+0.00035
0.50	+0.00553	+0.07371	+0.05991	−0.00114
0.55	+0.04822	+0.00660	+0.07048	−0.00035
0.60	+0.01021	+0.14173	+0.06409	−0.00192

$$[R_{Rk} = 39 \text{ N} \quad \text{at } F_n = 0.35]$$

Z_{CBk} : 킬의 부심에서 선저까지의 거리

그림 5.19 킬의 잉여저항

▣ 배수량

그림 5.18의 수식에서 잉여저항을 선체 중량의 비율로 나타내었다. 실제 관심 대상의 배속도에 대한 이 비율은 0에서 10% 범위에 있다. 예를 들어, 그림 5.17의 첫 모형들에 대한 저항곡선을 그림 5.20에 나타내었다. 이 모형들은 전형적인 중간/중 배수량형 계열(모델1에서 22)와 경 배수량형 계열(모델23에서 39)를 대표한다. 선체 중량에 대한 저항의 비율(위 그림)은 프루드 수 0.4 근처까지는 거의 같다. 그러나 그 이후에서 모델 1은 위쪽으로 휘고 있지만 모델 25 굴곡이 있는 상태에서 다시 경사가 완만해진다.

그림 5.20 아래의 그림에서는 상당히 다른 그래프가 있다. 이것은 L_{WL}을 $10m$로 할 때 두 모델의 잉여저항을 뉴튼(N)단위로 표시한 것이다. 모델 1의 배수량은 9.18톤인데 비해 모델 25는 단지 4.62톤이어서 배수량에 약 두 배의 차이가 있다. 저속영역에서는 이런 차이가 저항곡선에도 대등하게 반영이 되고 있다. 그러나 무거운 요트의 저항은 $F_n = 0.45$ 이후 매우 가파르게 증가하기 때문에 프루드 수 0.45 이상에 도달하기가 힘들 것이다. 그러나 가벼운 요트는 곡선의 경사가 완만해서 0.60 또는 그 이상까지 도달할 수 있다.

그림 5.20에서 배수량은 잉여저항에 있어서 매우 중요한 변수인 것을 알 수 있다. 배수형 속도 영역인 $F_n = 0.45$ 정도까지 저항은 대개 배수량에 비례한다. 어느 영역까지는 요트의 형상에 관계없이—그것이 크건 작건, 가볍거나 무겁거나 또는 좁거나 넓거나 간에—잉여저항이 다소 같다. 예를 들어 $F_n = 0.3$에서 잉여저항은 통상 선체 중량의 0.3~0.4%, 0.35에서는 0.7~0.8%, 0.4에서는 2.0~2.5%, 0.45에서는 4.5~5.5%가 된다. 저항을 프루드 수에 대응하여 나타내었음을 주의할 필요가 있다. 배의 크기가 다른 경우 프루드 수가 같다면 큰 요트 쪽의 속도가 빠르다.

배수량이 잉여저항을 결정하는 주요한 요인이라면 그림 5.18의 형상 변수는 주어진 배수량에서의 저항을 변동시킬 수 있는 요소이다. 잉여저항 중 10~20%는 이들 형상계수의 변화에 의해 변동한다. 선형을 최적화할 경우는 적어도 3개의 형상 계수($\nabla_c^{1/3}/L_{WL}$, C_p, LCB)는 고려할 필요가 있다. 이하에서는 B_{WL}/L_{WL}과 B_{WL}/T_c에 대해 논의해 보자.

▣ 길이/배수량 비

$\nabla_c^{1/3}/L_{WL}$의 역수 즉, $L_{WL}/\nabla_c^{1/3}$는 길이/배수량 비라 불리며 저속영역에서 단위 길이 당 저항에 다소 부정적인 영향을 끼친다. 그림 5.20의 (a)에서는 보기 힘들지만 길이/배수량 비가 큰 가벼운 선체는 이 속도 영역에서 약간 높은 단위 배수량 당 저항이 발생한다. 그러

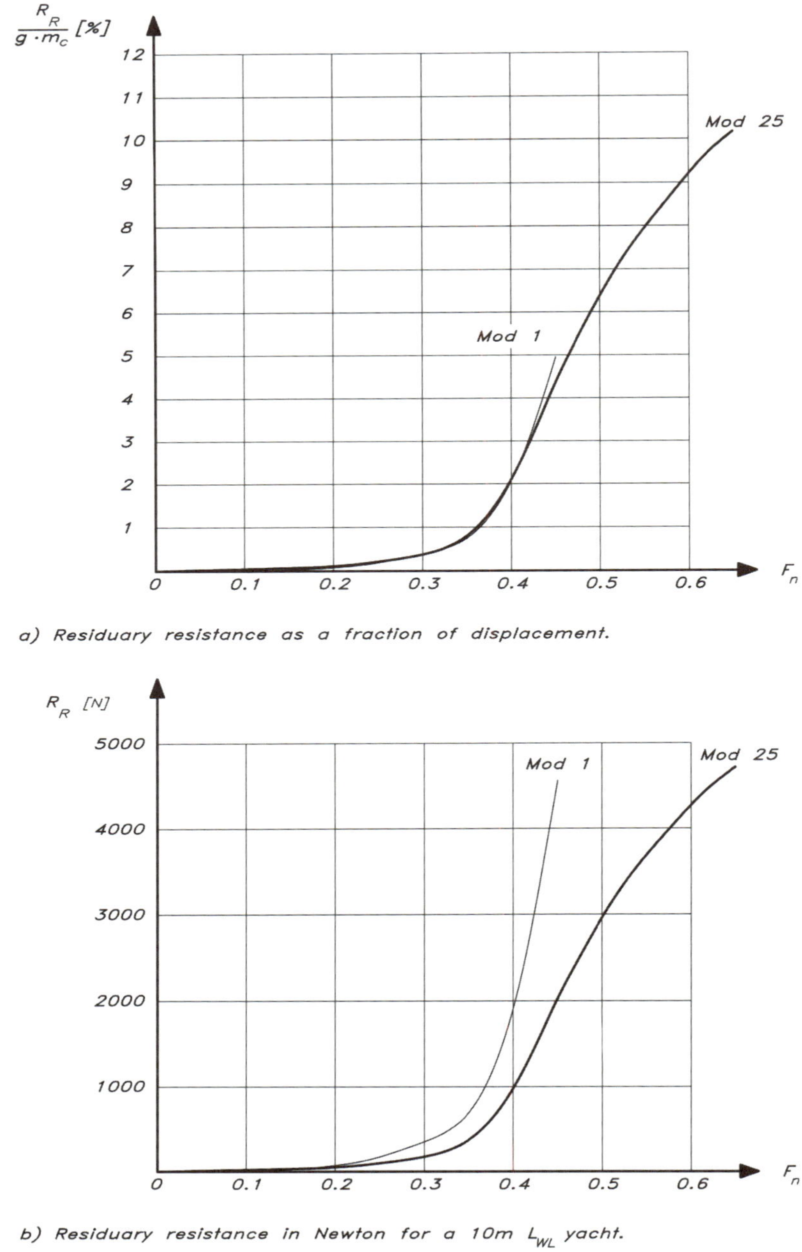

그림 5.20 두 델프트 모델의 잉여저항

나, 고속역에서는 길이/배수량비의 효과는 고속영역에서 생기는데 길이/배수량비가 충분히 클 때만 나타난다. 단면형상, 복원력 등의 다른 변수도 관련되어 있기 이 비가 정확히 어느 정도인지는 말하기 힘들다. 문헌에는 5.7 전후의 숫자가 빈번하게 나온다. 이 비가 낮은 선체는 F_n=0.45 부근의 '장벽'에 막히지만 반대로 높은 요트는 여기를 넘어 보다 높은 속도에 도달할 수 있다. 길이/배수량 비가 크면 클수록 도달할 수 있는 속도는 높아진다. YD-41은 이 비가 6.5로 대량 생산형 요트에서는 비정상적으로 높은 수치이며 프루드 수 0.6에 도달 할 수 있을 것이다. 505나 플라잉더치맨(Flying Dutchman)과 같은 경기용 딩기는 7.5까지 도달할 수 있지만 8.8인 국제 카누(International Canoe)를 이기기에는 힘들 것이다. 길이/배수량 비에 대한 추가 내용은 선형의 통계를 다루는 단락에 있다.

▣ 주형계수

설계자는 어느 속도에서 요트가 최적의 성능을 보여줄 것인지를 결정해야 한다. 바람이 약할 때 풍상으로 향하면 주형계수는 0.5 또는 그 이하여야 하고, 비교적 가벼운 배가 강한 바람에서 풍하를 향하면 프루드 수 0.65에 도달하기 위해 0.65~0.70이 되어야 한다. 보통 선형의 최고 성능은 중간 바람 정도에서 풍상을 향하는 경우로 설계된다. 이럴 경우 프루드 수는 0.35 부근이고 여기에 적당한 주형계수는 0.55 부근이다. YD-41은 0.56이다.

고속영역에서 주형계수를 최적화하는 것이 어렵다. 높은 풍하 속도를 얻기 위해서는 선저의 뒷부분이 편평하고 상대적으로 수평이어야 한다. 버토크 선은 직선이거나 오목해야 음압을 생성하지 않으며 따라서 선미가 빨려 들어가지 않는다. 수선 역시 가능한 직선으로 해야 흡입을 피할 수 있다. 흡입이 일어나면 선미의 파저를 증폭시킨다. 이 모든 조건을 만족시키는 유일한 방법은 파워보트에서 보는 것 같은 수몰형 트랜섬을 만드는 것이다. 그러나 이것은 세일요트에서는 거의 불가능한데 이는 광범위한 속도 영역에서 배가 움직이기 때문이다. 이 방식은 저속 영역에서는 받아들일 수 없는 특징이다.[23]

▣ 부심

저속영역에서 *LCB*는 L_{WL}의 3%가량으로 배의 중앙에서 선미 쪽에 있어야 한다. 프루드 수 0.35의 최대 풍상속도에서는 선미 쪽으로 3.5~4.5% 옮겨야 한다. 프루드 수 0.6의 고속영역에서는 최적화하기가 매우 힘들다. 이럴 경우 매우 큰 수몰형 트랜섬과 *LCB*를 배 중앙

23 사실 수몰형 트랜섬이 많이 사용되고 있는데 이는 저속영역에서의 성능은 포기하는 면이 있더라도 강한 바람에서의 성능을 최대한으로 하려는 의도이다.

으로부터 6~8% 뒤에 놓는 것이 필요하기 때문이다. 세일요트의 경우 수몰형 트랜섬은 파워 보트보다 상당히 크게 해야 한다는 점을 유의해야 한다. 이는 세일에 의한 선수 트림 모멘트[24]가 발생하기 때문이다.

▣ 길이/폭 비와 폭/흘수 비

이들 변수가 잉여저항에 끼치는 영향은 매우 작다. 오히려 폭이 변할 때 접수면적 나아가 마찰저항에 끼치는 영향이 잉여저항에 끼치는 영향만큼 이거나 또는 더 크다. 폭의 영향에 대한 다른 측면은 무엇보다도 복원력이다. 복원력은 폭의 3승에 비례한다. 파랑 중 부가저항에 대한 영향도 꽤 중요하다. 특히 선수부의 폭의 넓거나 비대해지면 이 저항성분이 크게 증가한다. 횡경사에 의한 영향도 중요하다. 이것에 대해서는 다음 항에서 서술한다.

‖ 횡경사 저항(Heel Resistance)

세일에서 발생하는 횡력에 의해 선체가 횡경사할 때 앞서 이야기했듯이 두 개의 저항성분이 발생한다. 가장 중요한 하나는 유도저항이지만 이것은 유체역학적 횡력(side force)의 대부분을 만들어 내는 킬과 타에 의한 것이기 때문에 여기에서는 논의하지 않는다. 유도저항과 횡력에 관해서는 6장에서 이야기한다.

횡경사 저항은 횡경사 만에 의한 전체저항의 변화량을 말한다. 즉, 횡력이 없을 때를 이야기한다. 선체가 경사하면 물속의 형상이 바뀌게 되고 모든 저항성분에 변화가 생긴다. 대부분의 변화는 무시할 만하지만 고려해야 할 것은 아래와 연관되어 있다.

- 선체의 마찰
- 선체의 조파
- 킬의 조파

선체의 마찰 변화는 거의 접수면적의 변화에 기인한다. 그림 5.21의 식을 이용하여 경사시의 표면적과 경사시 마찰을 계산할 수 있을 것이다(그림 5.8 참고). 표에서 (−)부호는 새로 계

---

24 선수가 물에 잠기려고 하는 회전력을 말한다.

경사 위치에서 선체의 접수 면적 :

$$S_{Wc\Phi} = S_{Wc} \cdot [1 + 0.01 \cdot (s0 + s1 \cdot (B_{WL}/T_c) + s2 \cdot (B_{WL}/T_c)^2 + s3 \cdot C_{Mc})]$$

$$[\,S_{Wc\Phi} = 25.2\ m^2 \ \text{at}\ \Phi = 20.0°]$$

Φ	s0	s1	s2	s3
5	−4.1120	+0.0540	−0.0270	+6.3290
10	−4.5220	−0.1320	−0.0770	+8.7380
15	−3.2910	−0.3890	−0.1180	+8.9490
20	+1.8500	−1.2000	−0.1090	+5.3640
25	+6.5100	−2.3050	−0.0660	+3.4430
30	+12.334	−3.9110	+0.0240	+1.7670
35	+14.648	−5.1820	+0.1020	+3.4970

그림 5.21 직립시 접수면적

20도 경사시 잉여저항의 변화

$$\frac{\Delta R_{Rc(\Phi=20°)}}{\nabla_c \cdot \rho \cdot g} = u0 + u1 \cdot (L_{WL}/B_{WL}) + u2 \cdot (B_{WL}/T_c) + u3 \cdot (B_{WL}/T_c)^2 + u4 \cdot LCB + u5 \cdot LCB^2$$

$$[\,\Delta R_{Rc(\Phi=20°)} = 33\ N \ \text{at}\ F_n = 0.35]$$

F_n	u0	u1	u2	u3	u4	u5
0.25	−0.0268	−0.0014	−0.0057	+0.0016	−0.0070	−0.0017
0.30	+0.6628	−0.0632	−0.0699	+0.0069	+0.0459	−0.0004
0.35	+1.6433	−0.2144	−0.1640	+0.0199	−0.0540	−0.0268
0.40	−0.8659	−0.0354	+0.2226	+0.0188	−0.5800	−0.1133
0.45	−3.2715	+0.1372	+0.5547	+0.0268	−1.0064	−0.2026
0.50	−0.1976	−0.1480	−0.6593	+0.1862	−0.7489	−0.1648
0.55	+1.5873	−0.3749	−0.7105	+0.2146	−0.4818	−0.1174

계수에 1000을 곱함

잉여저항의 변화

$$\Delta R_{Rc\Phi} = \Delta R_{Rc(\Phi=20°)} \cdot 6.0 \cdot \Phi^{1.7} \qquad [\,33\ N\,]$$

$$\Phi\ :\ \text{Heel angle [rad]} = \frac{\pi \cdot \Phi}{180}\ \text{[deg]} \qquad [\,20.0\ \text{deg}\,]$$

그림 5.22 선체 잉여저항의 변화량

산한 마찰이 직립시보다 작아진 것을 의미한다. 킬은 애초부터 물에 잠겨 있기 때문에 마찰에 변화가 없는 것으로 간주한다. YD−41과 같이 쌍 타(twin rudder)를 가진 요트는 하나가 물 밖으로 나올 수 있다. 그림 5.4에는 이 상황을 가정하였다.

킬 잉여저항 계수의 변화량

$$C_H = -3.5837\cdot(T_c/T) - 0.0518\cdot(B_{WL}/T_c) + 0.5958\cdot(T_c/T)\cdot(B_{WL}/T_c) + 0.2055\cdot(L_{WL}/\nabla_c^{1/3})$$

$[\ C_H = 1.13\ ]$

킬 잉여저항의 변화량

$$\Delta R_{RK\Phi} = \nabla_k\cdot\rho\cdot g\cdot C_H\cdot F_n^2\cdot\Phi \qquad [\ 134\ N\ \text{at}\ F_n = 0.35]$$

∇_k : *Volume of displacement of keel* $[0.275\ m^3]$

ρ : *Density of water* $[1025\ kg/m^3]$

g : *Acceleration of gravity*

Φ : *Heel angle* $[rad] = \dfrac{\pi\cdot\Phi}{180}[deg] \quad [\ 20.0\ deg\ ]$

그림 5.23 킬의 잉여저항 변화량

선체의 조파저항 변화는(나아가 점성 압력 저항의 변화) 그림 5.22의 식을 이용해서 반영할 수 있다. 여기서 경사시 잉여저항의 변화도 비슷한 방식으로 그림에 나타나 있다. 이 계산식은 델프트 계열의 거의 모든 모델을 경사시켜 실험한 결과로부터 만들어진 것이다. 그림 5.23에 킬의 잉여저항 변화량이 나타나 있다.

그림 5.4와 같이 YD-41의 경사시 저항을 계산할 때 경사각은 20°로 하였다. 선체의 마찰저항 감소분(직립시 513*N*, 경사시 459*N*)과 하나의 타에 대한 마찰저항(25*N*)이 반영되었고 선체와 킬의 잉여저항 증가분(각각 33*N*, 134*N*)을 포함시켜 최종적으로 경사로 인한 증가분은 88*N*으로 계산되었다. 그림 5.4를 보라. 경사각은 라디안(radian)을 주어진 점을 주의하라.

‖ 파랑 중 부가저항

제4장에서는 파랑중 항해의 기본적인 안전 요소를 소개하였고 횡요(roll)운동 방정식의 해답에 대해 논의하였다. 운동 간의 연성은 무시한다면, 다른 종류의 운동에서도 비슷한 방정식이 유효하다는 것도 서술하였다. 여기에서는 내항성의 특수한 부분인 파도에 의한 저항증가에 대해 서술한다. 제4장에서 지적한 대로, 내항성 이론은 꽤 복잡하여 이 책에서 그 모든 것을 다루는 것이 불가능하다. 여기에서는 파랑 중 부가저항과 그것을 줄일 수 있는 방법에 관련된 몇몇 기본적인 내용만 다룬다.

요트가 항해할 때 선체는 파도에 의해 모든 종류의 운동을 하게 된다. 그중에서 저항이

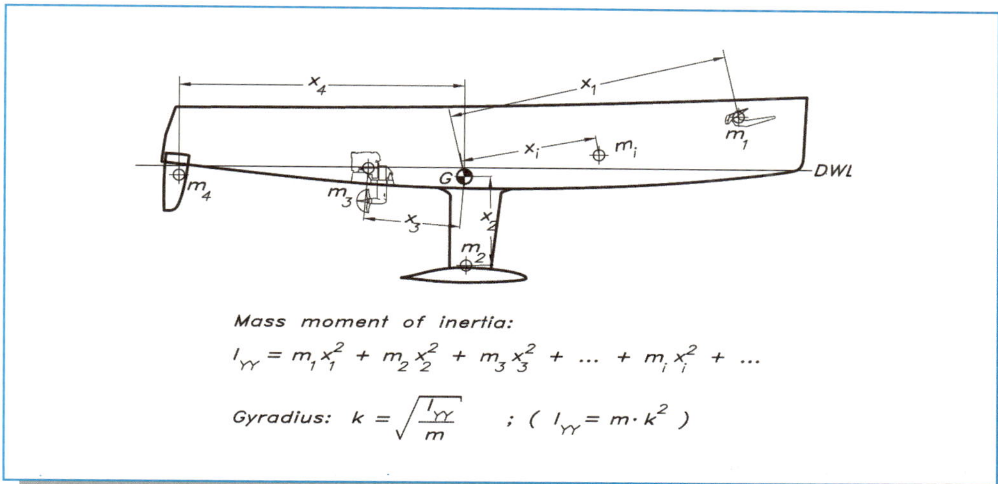

그림 5.24 관성모멘트 I_{YY}의 계산

라는 관점에서 가장 중요한 것은 강한 연성을 가진 상하요(heave)와 종요(pitch)이다. 선체가 상하요와 종요 운동을 할 때 그 자신만의 파계를 만든다. 이 파계는 정수중의 파와 같이 에너지를 상실하게 하여 저항을 만들어낸다.

세일요트의 경우 횡요도 중요한 요소이다. 횡요는 앞에서 보았듯이 킬이나 타의 끝단에서 와류 즉, 일종의 유도저항을 만든다. 그것은 마치 요트가 정수 중을 항해할 때 끝단의 와류에 의해 유도저항이 발생하는 것과 유사하다(제6장 참고). 이하에서는 상하요와 종요에 초점을 맞추어 논의하기로 한다.

횡요와 같이 요트는 상하요나 종요 운동에 대해서도 고유진동수를 가지고 있다. 조우주파수(encouter frequency)가 요트의 고유주파수와 같게 되면 공진이 일어나고 그 운동의 진폭이 매우 커지게 된다. 종요에서 공진이 일어나는 경우 저항이 심각하게 증가하기 때문에 부가저항은 상당히 커진다. 보통 해양파의 파장은 요트 길이보다 상당히 길어 조우주파수가 고유진동수보다 훨씬 작기 때문에 외해에서는 공진이 일어나기 어렵다. 그러나 내해에서는 일어날 수 있다. 공진으로부터 멀어지는 방법으로, 조우주파수가 작을 때는 선체의 고유진동수를 올리고 반대일 때는 고유진동수를 내린다. 따라서 현실에서는 가능한 고유진동수를 높게 하는 것이 이롭게 된다. 이것은 선체가 파도의 모양대로 잘 넘어갈 수 있다는 의미이다.

종요에서 고유진동수와 관련된 중요한 물리량은 무게중심을 지나는 횡축에 대한 요트의 관성 모멘트를 들 수 있다. 이 물리량은 그림 5.27과 같이 갑판 위의 모든 중량을 고려해서 계산할 수 있다. 요트의 모든 부분, 즉 마스트, 킬, 선체 외판도 모두 포함해야 한다. 계산할 때 큰 물체는 어느 정도 작게 나누고 각각의 정확한 중량과 무게 중심으로부터의 거리를 이용한다. 관성 모멘트 계산은 중량 계산과 함께 할 수 있다(부록 2 참고). 단지 모멘트의 최대치에 대한 가이드라인이 없기 때문에 그다지 실행되고 있지는 않다. 그러나 관성모멘트를 최소화하는 것의 중요성을 보여주기 위해 일례를 들 것이다.

모든 물체는 그 중량뿐만 아니라 무게 중심으로부터 거리의 제곱도 관성모멘트에 기여하기 때문에 무게 중심으로부터 먼 곳에 있는 물체의 영향은 커지게 된다. 예를 들면 마스트 상단의 항해등, 풍향풍속계, 안테나 또는 보트의 끝쪽에 있는 탱크, 앵커, 계류 장비 등이 이에 해당된다.

편의를 위해, 관성 모멘트와 관련된 관성반경(gyradius)이라는 개념이 그림 5.24에 나온다. 이것은 길이 단위로 제곱해서 선체 중량을 곱하면 관성 모멘트를 얻을 수 있다. 대형선박의 관성반경은 선체 길이의 25% 정도이며 세일요트와 비슷한 정도라 생각해도 좋을 것이다. 때문에 전체 관성 모멘트는 대개 선체 길이의 25%를 제곱한 길이와 선체의 중량을 곱한 값이 된다. YD-41의 관성반경을 자세히 계산한 결과 전장의 21.5%로 나타났다.

보다 정확한 관성반경을 계산하고 그 영향을 조사하기 위해서 1980년대 초기 건조된 3/4 토너(three quarter tonner)인 선샤인(sunshine) 호에 대한 계산이 행해졌다. 요트의 모든 부분이 관성 모멘트에 미치는 영향을 표 5.2에 나타나 있다. 표 5.2a는 크루징 버전을, 표 5.2b는 극한 경기용 버전의 값을 나타내었다. 중량도 표시되어 있는데 레이팅 상의 이유로 총 중량은 양쪽이 같다. 모든 표에서 리그의 영향이 매우 큼을 알 수 있다. 관성 모멘트 관점에서 그 중요도는 선체의 2배, 킬의 4에서 5배가 된다. 크루징 버전은 관성반경이 2.22m, 극한 경기용 요트는 1.85m로 계산된다.

관성반경을 변화시켰을 때의 영향은 배의 운동과 저항 증가분을 계산하여 조사했다. 그리고 저항을 속도예측프로그램(VPP : Velocity Prediction Program) 적용하였다(제14장 참고). 그 결과를 그림 5.25a와 그림 5.25b에 나타내었다. 첫 그림에서는 풍속(6에서 18m/s)과 관성반경(1.5m~2.5m)을 변화시켰을 때 풍상에서의 속도이득(VMG : speed made good)[25]이 어떻게 변하는지를 나타내었다. 관성반경의 양 끝에서 속도가 상당히 떨어지는 것을 볼 수 있다. 그러나 이 예의 경우 관성반경의 범위가 너무 넓어서 그럴 것이다. 선샤인 호에 두 2.22m와

25 보통 Velocity Made Good이라 하지 않고 Speed Made Good이라 한다. 이를 속도 이득으로 번역하였다.

표 5.2a 선샤인(크루징 버전)의 관성모멘트

Object	Mass(kg)	% of total mass	Moment of inertia (moi)	% of total moi
Rig	104	3.2	6798	42.0
Hull	597	18.3	3631	22.4
Deck	300	9.2	1867	11.5
Kell	1200	36.8	1296	8.0
Rudder	30	0.9	471	2.9
Motor	230	7.1	345	2.1
Others	800	24.5	1774	11.0
Total	3261	100.0	16182	100.0

표 5.2b 선샤인(레이싱 버전)의 관성모멘트

Object	Mass(kg)	% of total mass	Moment of inertia (moi)	% of total moi
Rig	73	2.2	4759	43.1
Hull	299	9.2	1816	16.4
Deck	150	4.6	933	8.4
Kell	1200	36.8	1296	11.7
Rudder	30	0.9	471	4.3
Motor	230	7.1	0	0.0
Others	1279	39.2	1774	16.1
Total	3261	100.0	11049	100.0

1.85m를 적용해 보면 크루저로써의 속도가 경기용의 속도보다 0.1노트 정도 느리다. 이것은 2.2%의 속도 저하에 해당하는 것으로 경기를 하면 크루저는 승산이 없다. 모든 풍향의 평균치에 대한 결과는 그림 5.25b에 있다. 이 계산에서 운동에 대한 세일의 영향은 고려하지 않았다. 상하요와 종요만 고려하고 있기 때문에 이 근사적인 방법은 적절하다. 횡요의 경우 세일은 확실히 큰 감쇠효과가 있을 것이다.

델프트 모델의 16개에 대한 내항성 계산을 기초로 하여, 파랑 중 부가저항에 대한 간단한 통계적 계산식을 샤프(D M W Schaaf)가 제안하였다(참고문헌에 나와 있는 1998년 크닝과 소넨버그의 문헌을 보라). 이 식은 그림 5.26에 나와 있다. 여기서 평균 부가저항은 수선 길이와 유의파고로 무차원화 되었다. 유의파고는 파고의 상위 1/3을 평균한 높이로 숙련된 세일

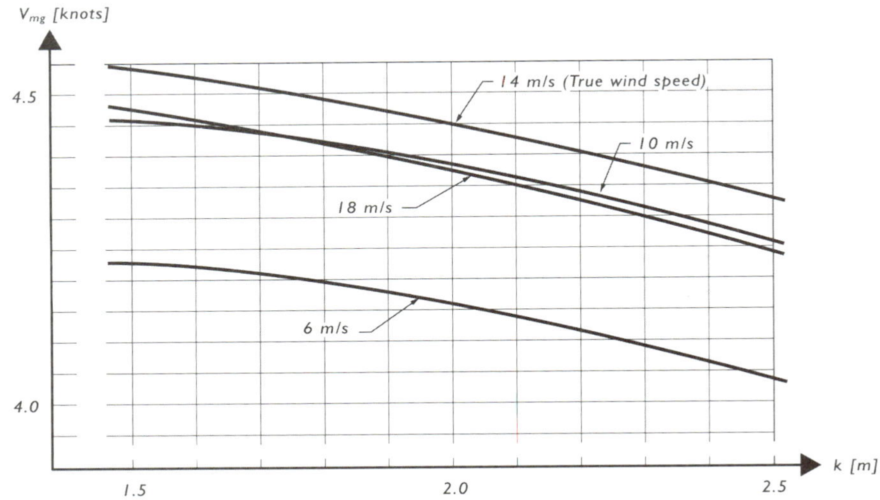

그림 5.25a 관성반경이 VMG에 끼치는 영향–선샤인

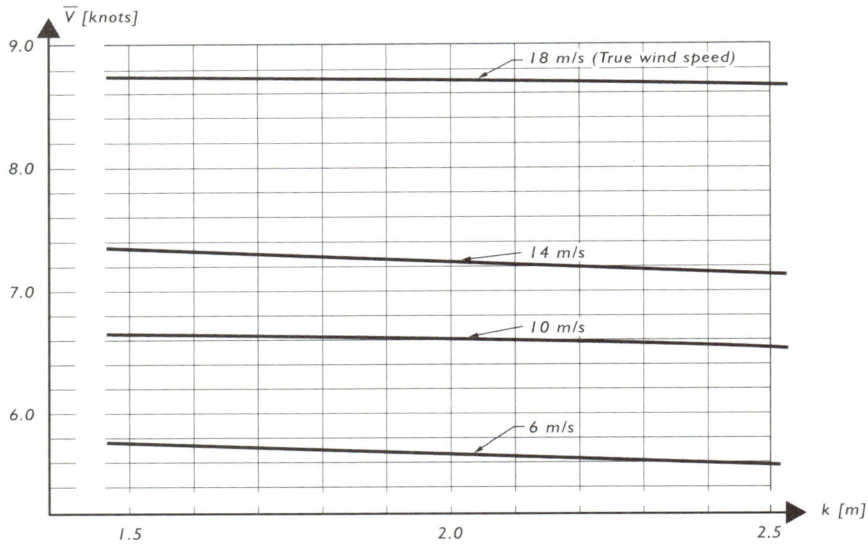

그림 5.25b 관성반경이 평균 속력에 끼치는 영향–선샤인

러들이 파고를 추측할 때 사용한다. 식의 오른쪽에 있는 독립변수는 배수량/길이 비와 종요 관성반경의 곱이다. 식에 있는 두 개의 계수 (a)와 (b)는 각각 프루드 수와 조우각(heading angle) 그리고 평균 파주기로 결정되며 그림 5.27의 표에 나와 있다. 똑바로 풍상을 향하는

파중에서의 부가 저항

$$\frac{\bar{R}_{AW}\cdot 10^2}{\rho\cdot g\cdot L_{WL}\cdot H_{1/3}^2} = a\cdot[10^2\cdot(\nabla_c^{1/3}/L_{WL})\cdot(k_{yy}/L_{WL})]^b$$

$[\ \bar{R}_{AW} = 144\ N\ ]$

∇_c : *Volume displacement of hull [6.05 m^3]*
ρ : *Density of water [1025 kg/m^3]*
g : *Acceleration of gravity*
T_1 : *Wave period [2.8 s]*
$H_{1/3}$: *Significant wave height [0.4 m]*
k_{yy} : *Longitudinal radius of gyration [2.685 m]*

그림 5.26 파 중 부가저항

조우각을 180°로 한다는 점에 유의하자.

식의 결점은 선형을 나타내는 변수가 오직 배수량/길이 비와 관성반경 두 가지뿐이라는 것이다. 유체동역학적인 관점에서 다른 변수 즉, 길이/폭 비, 폭/흘수 비, 주형계수와 같은 것이 필요할 것이다. 이에 따라 이러한 변수들이 포함된 식이 역시 제안되었다. 그러나 이 식은 너무나 많은 계수를 필요로 하기 때문에 여기에서는 다루지 않는다. 두 식의 계산 결과를 비교해 보면 매우 유사하지만 매우 짧은 파에 대한 계산 결과는 후자가 낫다.

YD−41의 부가저항은 연안의 유의파고 0.4m, 평균 파주기 2.8초에 대해 계산하였다. 이렇게 나온 결과는 144N으로 조우각 135°의 풍상방향이다. 그림 5.4에서 보듯이 이는 전체저항의 9.4%에 해당한다.

∥ 그 밖의 내항성 분야

해상에서 세일요트에 필요한 가장 중요한 점에는 두 가지가 있다. 하나는 가혹한 조건에서도 전복(capsize)을 피할 수 있는 충분한 복원력을 가져야 하며 다른 하나는 선체가 파도에 의한 하중을 견딜 수 있어야 하는 것이다. 이 점들에 대해서는 각각 제4장과 제12장에서 다루었다. 경기용 요트의 경우 파랑 중 부가저항은 그 다음으로 중요하기에 앞에서 꽤 상세하게 다루었다. 그러나 크루징 요트에는 그 외 비슷한 중요도의 설계요소가 있다. '내항성(seakindliness)'[26]이라고 불리는 것으로, 몇 달씩 장기간에 걸쳐 대양을 횡단하는 요트의 크루에게는 더욱 중요하다. 내항성이 좋은 요트라면 설사 상당히 곤란한 상황에서도 사람이 살아나가는데 편리할 것이다. 이 특성은 정량화하기는 힘들지만 내항성이 좋은 요트는 움직임이 부드러워 크루가 문제없이 일과 휴식을 할 수 있다.

제4장에서 설명했듯이 요트의 운동은 배의 관성, 복원력 그리고 감쇠에 의해 결정된다. 종요, 횡요, 상하요는 가장 중요한 운동으로, 가장 중요한 관성은 종 및 횡축에 대한 질량관성 모멘트(또는 그것과 연동하는 관성반경)과 선체중량이다. 복원력은 수선면의 형상과 위의 두 축에 대한 수선면의 관성 모멘트에 좌우된다. 마지막으로, 감쇠는 킬의 크기에 달려있다. 요즘 설계자의 대부분은 적은 관성반경, 경량 선체, 큰 복원력, 작은 킬이라는 방향으로 향하고 있다. 이 조건들은 모두 요트의 가속성 증가시키는 특성들이라서 내항성이 취약하게 된다. 크루징 요트의 경우에는 최적화 되었다고 보기 힘들어진다. 대형광석운반선이 취항했을 당시, 이런 종류의 큰 문제가 발생했다. 광석을 선저에 쌓아서 복원력이 매우 크게 되어 과잉 가속도가 발생한 것이다. 실제 악천후에서 사람이 격벽(bulkheads)으로 내동댕이쳐지는 심각한 사고도 생겼다. 최근의 광석운반선은 선저 위의 이동식 받침대(cradle)에 광석을 쌓기 때문에 운동이 한결 부드러워졌다. 부드러운 운동이 요구되는 다른 배는 어선이 있다. 어선은 악천후에서도 어부들이 갑판 위에서 일을 해야 하기 때문이다. 이 문제에 대처하기 위해 어떤 배는 횡 방향의 관성반경을 크게 하려고 철이나 콘크리트 같은 중량물을 선내 최외측에 설치한다.

선체의 내항성에 영향을 미치는 또 다른 요인으로는 선체 전후의 오버행(overhang), 건현 높이 그리고 선수의 플레어(flare)를 들 수 있다. 선수의 큰 오버행은 종요를 증가시키는 경향이 있는데 이는 파도가 중심에서 많이 떨어진 이 부분을 치게 되면 큰 종요 모멘트가 발생하기 때문이다. 선미의 오버행은 추파(following wave)[27]에서 비슷한 영향을 끼친다. 그러나 이 경우는 파도와의 조우주파수가 상당히 낮기 때문에 문제는 작다. 반대로 선미의 오버행은 앞에서 파도를 받을 때 종요 운동을 감쇠시키는 역할을 하기 때문에 오히려 유리하다. 선수의 건현이 높고 게다가 거기에 플레어가 붙어 있다면 바닷물이 갑판을 넘쳐 올라오는 것을 막을 수 있고 스프레이(spray)가 조종칸(cockpit)으로 유입되는 것을 피할 수 있다.

---

26 내항성, 감항성, 능파성 등 다양한 말들이 존재한다. 여기서는 부산대 이승건 교수의 "선박의 내항성과 조종성"이라는 책에서 사용한 정의를 따른다.

27 선미쪽에서 오는 파도를 말한다.

$$T_1' = T_1 \cdot \sqrt{g / L_{WL}}$$

		$F_n = 0.15$		$F_n = 0.25$		$F_n = 0.35$		$F_n = 0.45$		$F_n = 0.60$	
T_1'	μ	a	b	a	b	a	b	a	b	a	b
2.0	100	0.0064	1.8012	0.0094	1.6076	0.0131	1.4260	0.0170	1.2701	0.0000	0.0000
2.0	115	0.0702	1.2351	0.1253	1.0662	0.2020	0.7105	0.2958	0.4759	0.0000	0.0000
2.0	125	0.1778	0.9700	0.2924	0.7191	0.4691	0.4367	0.6982	0.1580	0.0000	0.0000
2.0	135	0.3367	0.7520	0.4790	0.5351	0.7962	0.2292	0.0000	0.0000	0.0000	0.0000
2.0	145	0.5349	0.5876	0.7386	0.3868	1.1418	0.0633	0.0000	0.0000	0.0000	0.0000
2.5	100	0.0022	2.1441	0.0031	1.9747	0.0043	1.7986	0.0055	1.6561	0.0071	1.4768
2.5	115	0.0217	1.6837	0.0383	1.4654	0.0609	1.2603	0.0876	1.0757	0.1283	0.8442
2.5	125	0.0537	1.4670	0.0884	1.2926	0.1408	1.0782	0.2054	0.8712	0.3089	0.5981
2.5	135	0.0999	1.3090	0.1515	1.1733	0.2403	0.9466	0.3544	0.7159	0.5456	0.4009
2.5	145	0.1360	1.2874	0.2196	1.0797	0.3444	0.8444	0.5117	0.5931	0.8044	0.2401
3.0	100	0.0010	2.3044	0.0014	2.1272	0.0019	1.9711	0.0025	1.7965	0.0031	1.6447
3.0	115	0.0092	1.8811	0.0161	1.6875	0.0255	1.5033	0.0365	1.3381	0.0523	1.1408
3.0	125	0.0226	1.6904	0.0369	1.5517	0.0585	1.3686	0.0847	1.1929	0.1234	0.9741
3.0	135	0.0418	1.5562	0.0630	1.4652	0.0993	1.2809	0.1450	1.0916	0.2145	0.8488
3.0	145	0.0642	1.4592	0.0908	1.4015	0.1423	1.2141	0.2087	1.0130	0.3126	0.7488
3.5	100	0.0005	2.3809	0.0007	2.2141	0.0010	2.0250	0.0013	1.8954	0.0016	1.7004
3.5	115	0.0046	1.9846	0.0082	1.7948	0.0129	1.6215	0.0184	1.4634	0.0261	1.2793
3.5	125	0.0115	1.7995	0.0186	1.6757	0.0294	1.5105	0.0422	1.3514	0.0609	1.1546
3.5	135	0.0210	1.6782	0.0317	1.6078	0.0497	1.4467	0.0724	1.2761	0.1050	1.0676
3.5	145	0.0324	1.5891	0.0456	1.5598	0.0712	1.3989	0.1040	1.2222	0.1522	0.9995
4.0	100	0.0003	2.4046	0.0004	2.2345	0.0006	2.0808	0.0007	1.9466	0.0010	1.7326
4.0	115	0.0026	2.0357	0.0046	1.8532	0.0073	1.6824	0.0103	1.5325	0.0148	1.3493
4.0	125	0.0065	1.8550	0.0105	1.7445	0.0166	1.5870	0.0238	1.4336	0.0341	1.2495
4.0	135	0.0119	1.7434	0.0180	1.6810	0.0281	1.5238	0.0408	1.3743	0.0588	1.1803
4.0	145	0.0183	1.6596	0.0258	1.6418	0.0401	1.4981	0.0586	1.3336	0.0850	1.1309
4.5	100	0.0002	2.4482	0.0003	2.2604	0.0004	2.0584	0.0005	1.9708	0.0006	1.7525
4.5	115	0.0017	2.0487	0.0028	1.8848	0.0044	1.7216	0.0064	1.5621	0.0090	1.3874
4.5	125	0.0040	1.8939	0.0064	1.7856	0.0101	1.6294	0.0147	1.4736	0.0209	1.2971
4.5	135	0.0073	1.7805	0.0109	1.7283	0.0171	1.5848	0.0249	1.4305	0.0359	1.2425
4.5	145	0.0112	1.6989	0.0157	1.6910	0.0246	1.5529	0.0359	1.3961	0.0518	1.2037
5.0	100	0.0001	2.0466	0.0002	2.3517	0.0002	2.1274	0.0003	1.9235	0.0003	1.8738
5.0	115	0.0011	2.0596	0.0019	1.8990	0.0029	1.7384	0.0042	1.5856	0.0059	1.4108
5.0	125	0.0026	1.9051	0.0042	1.8020	0.0066	1.6550	0.0094	1.5094	0.0135	1.3302
5.0	135	0.0047	1.8004	0.0071	1.7548	0.0112	1.6107	0.0161	1.4648	0.0232	1.2797
5.0	145	0.0072	1.7275	0.0102	1.7217	0.0159	1.5872	0.0232	1.4363	0.0336	1.2460
5.5	100	6.0e−5	2.6609	0.0001	2.3753	0.0002	2.0611	0.0002	2.0358	0.0002	1.8756
5.5	115	0.0007	2.0844	0.0012	1.9306	0.0019	1.7600	0.0028	1.5994	0.0039	1.4301
5.5	125	0.0018	1.9197	0.0028	1.8161	0.0044	1.6773	0.0064	1.5267	0.0091	1.3506
5.5	135	0.0032	1.8225	0.0048	1.7664	0.0075	1.6315	0.0109	1.4841	0.0157	1.3046
5.5	145	0.0050	1.7307	0.0069	1.7372	0.0107	1.6102	0.0158	1.4579	0.0229	1.2703
6.0	100	5.0e−5	2.5121	6.0e−5	2.4574	9.0e−5	2.2831	0.0001	2.0042	0.0002	1.6893
6.0	115	0.0005	2.0700	0.0009	1.9220	0.0014	1.7578	0.0020	1.6112	0.0028	1.4332
6.0	125	0.0012	1.9246	0.0020	1.8259	0.0031	1.6867	0.0046	1.5244	0.0064	1.3600
6.0	135	0.0022	1.8258	0.0034	1.7814	0.0053	1.6457	0.0077	1.4950	0.0111	1.3136
6.0	145	0.0034	1.7506	0.0049	1.7446	0.0076	1.6232	0.0111	1.4746	0.0161	1.2867

그림 5.27 파 중 부가저항용 계수

따라서 배가 좀 더 마른 상태가 된다.

마지막으로 선수부와 선미부의 균형문제를 언급해 보자. 1980년대의 요트의 대부분은 선미의 단면형상이 상당히 부풀려져 있으며 반대로 선수부는 매우 날카로웠다. 이런 형태는 서핑(surfing)능력에는 좋지만 횡요시의 침로 안정성(course stability)에는 좋지 않을 수 있다. 경사 시 부심은 선수보다 선미 쪽에서 보다 크게 횡 방향으로 이동한다. 물을 옆으로 밀어내는데 필요한 힘은 선체에서 나오고, 작용과 반작용의 원리에 따라 물로부터 같은 크기의 반대방향으로 힘을 받게 된다. 이에 따라 선미는 선수보다 훨씬 큰 영향을 받기 때문에 침로는 경사방향으로 바뀐다. 물론 이 현상은 좌, 우현 모두 일어나기 때문에 침로를 유지하는 것이 곤란해진다. 처방은 덜 각이 진 트랜섬(transom)을 설계하는 것이다. 둥근 형상의 트랜섬은 경사시 수선면이 횡 방향으로 너무 많이 이동하지 않게 하기 때문이다. 또한 넓은 선미의 요트에서 자주 발견되는 선수를 잠기게 하는 트림모멘트도 줄일 수 있다.

‖ 선형 통계치

여기서는 설계자가 요트의 비율을 결정할 때 도움이 되도록 가장 중요한 요소들의 통계자료를 소개한다. 통계자료의 대부분은 국제외양경기회(ORC)의 증서를 바탕으로 하였고 2000년에서 2012년까지 전장 8에서 15m의 배를 포함하고 있다. 약 400여 개의 서로 다른 형태의 배들이다. 데이터를 외삽하여 6m까지 그림에 나타내었다.

우선 주요한 무차원비 즉, 전장/전폭, 수선 길이/흘수, 수선 길이/나선 흘수, 수선 길이/(용적배수량)$^{1/3}$, 전장/수선 길이 등을 소개한다. 다음으로 수선 위 선체 모양에 관한 두 개의 중요한 비인 선수 건현/수선 길이, 선수 건현/선미 건현을 소개한다. 마지막으로 발라스트 비에 관한 통계치를 논의한다.

이 통계에서 사용되는 데이터는 사람, 물, 연료, 저장품 등이 모두 없는 경하상태(light weight condition)[28]라는 것을 지적해 두고 싶다. 이 조건은 요트의 공식 데이터에 가장 충실하고 또한 레이팅 목적과 클래스[29] 규칙에서 사용된다. 사람을 포함한 모든 물품을 갖춘 크루징 요트는 약 20% 정도까지 더 무거워질 수 있다. YD-41의 계산에서는 실정에 가까운 사람을 포함한 절반의 만재상태를 고려하였다. 그러나 다른 요트와의 비교를 위해 경하상태를 사용한다. 차이는 부록 1에 있다.

---

28 거인이 배를 들고 흔들었을 때 떨어지는 모든것을 빼고 남은 배만의 무게라고 상상하면 편하다.

29 보통 선급으로 알려진 클래스(classification society)와 달리 요트는 하나의 설계를 기반으로 여러 대가 생산되어 선단을 이루게 된다. 그 특정 선단과 사람들의 단체를 클래스(Class)라고 한다.

▣ 전장/전폭(L_{OA}/B_{MAX})

제2장에서 보았듯이 선체의 무차원비의 대부분은 요트의 크기에 따라 달라진다. L_{OA}/B_{MAX}도 마찬가지다. 요트가 커질수록 비도 커진다. 곧 상대적으로 말하자면 큰 요트는 홀쭉해진다. 이는 만약 주어진 배를 같은 비율로 단순히 크게 하면 배의 복원력이 세일에서 생기는 경사모멘트보다 더 빨리 증가하기 때문이다. 따라서 배가 필요 이상으로 복원성이 커지기 때문에 더 홀쭉한 선형으로도 충분한 것이다. 다른 모든 것의 축척비가 적당하다면 폭의 축적비는 길이의 2/3승으로 적절해 보인다. 이것은 L_{OA}/B_{MAX}가 길이의 1/3승이 된다는 것을 의미한다. 다시 말해 길이에 따라 비도 약간 늘어나게 된다. 예를 들어 길이가 2배가 되면 이 비는 25% 증가하게 된다. 발라스트 비, 벨러스트 위치, 마스트 높이 등과 같은 모든 요소의 비가 적절하게 되었다는 가정은 너무 간략화한 것처럼 보일지 모르지만 위의 간이 축척법은 L_{WL} $6m$에서 $15m$의 범위에서는 통계치에 잘 맞는 것으로 보인다. 그림에서 보듯이 L_{WL} $7m$의 요트는 통상 길이/폭 비가 2.8이며 배 길이가 두 배가 되면 이 비가 3.5로 약 25% 증가한다.

그림 5.28의 굵은 선은 중간값(median)를 나타내고 있다. 이 선의 상하에 같은 수만큼의 요트가 분포하게 된다. 그림의 음영은 데이터가 퍼져 있는 것을 나타내고 있으며 선의 아랫부분보다 윗부분에 더 많은 데이터가 있다. 이는 중간값이 평균치(average)와는 다른 개념이기 때문이다. 데이터의 95%가 이 음영부분에 들어가도록 하기 위해 극한의 값을 조정하였

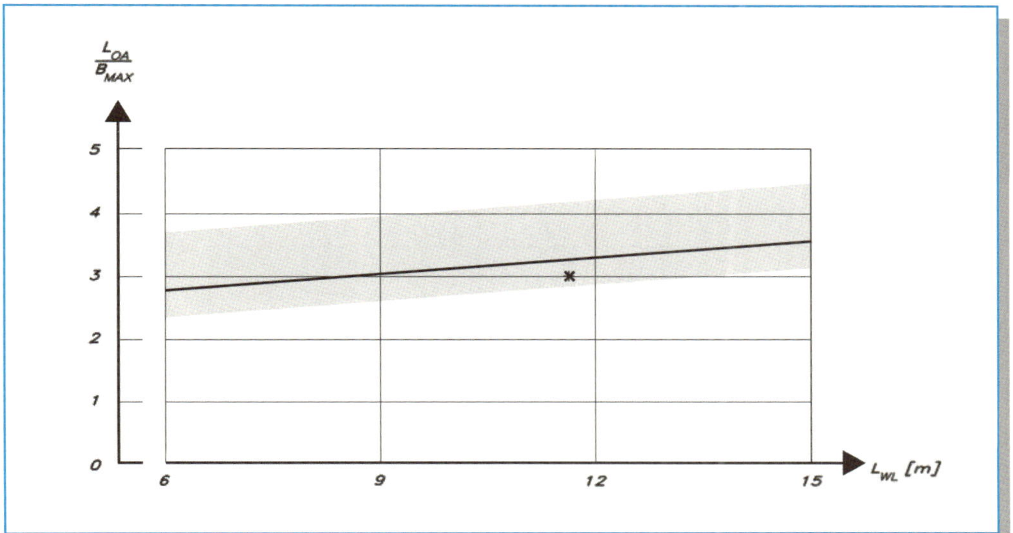

그림 5.28 길이/폭 비

다. 이 극한의 값에 가까운 설계는 상당히 극한의 배가 된다.

YD-41은 전장이 12.50m이고 폭은 4.20m이다. L_{OA}/B_{MAX}는 3.0이다. 경하중량 상태에서 L_{WL}은 11.62m로 그림 5.28의 선 아래에 있으며 따로 표시를 하였다. 따라서 배는 평균(average)보다 약간 폭이 크게 된다.

▣ 수선 길이/흘수(L_{WL}/T)

L_{WL}/T를 L_{WL}에 대해 그림 5.33과 같이 그려 보았다. 이 비는 분명히 길이와 함께 증가한다. 큰 요트는 큰 비로 타나난다. 즉, 흘수가 상대적으로 작아진다.

크루징 요트에서 흘수를 선택하는 것은 성능과 실제 이점 사이의 균형을 맞추는 것이다. 즉, 보다 얕은 수역으로 들어 갈 수 있다는 것, 배를 좀 더 다루기 편하다는 것 등이 있다. 반면 경기용 요트로써 성능의 이점이 없어진다. YD-41은 경하중량 상태에서 L_{WL} 11.62m, 흘수 2.28m로 L_{WL}/T는 5.1이 되어 그림 5.29의 선에 가깝다

▣ 수선 길이/나선흘수(L_{WL}/T_C)

요즘 요트의 대부분은 핀 킬(fin keel)을 채용하기 때문에 나선 흘수(canoe body draft) T_C를 정의할 수 있다. 그림 5.30에서처럼 L_{WL}/T_C는 길이에 따라 약간 증가하지만 의존성은 매우 강한 편이 아니다. 이 책의 3판에 나와 있는 통계값들과 비교해 보면 이 값들이 좀 더

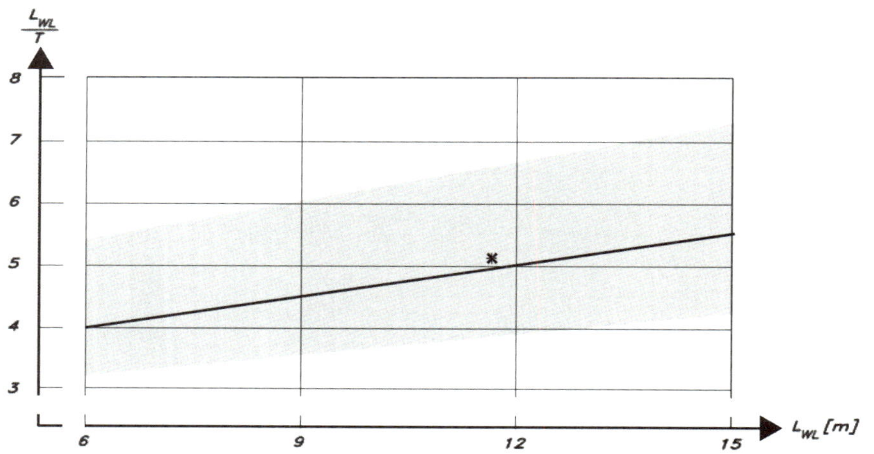

그림 5.29 길이/흘수 비

크게 나타나고 중간값은 21~23사이다. 1970년대와 80년대 배들에 기초한 옛 통계치에서는 중간값이 18이다. 요즘 배들은 흘수가 작은 것을 알 수 있다. 이 통계치는 옛날보다는 적은 수에 기초한 것으로 약 30척 정도의 최근 요트 데이터를 사용했다는 점에 주의할 필요가 있다. ORC 증서에서는 흘수가 나타나 있지 않기 때문에 흘수를 결정할 때 특별히 주의할 필요가 있다.

YD-41은 그림 5.30에서 보듯이 초경량 요트의 한 예가 된다. L_{WL}/T_C값이 매우 높게 나타나고 심지어 음영구역 밖에 있다.

▣ 길이/배수량 비($L_{WL}/\nabla^{1/3}$)

앞에서 설명한 대로 길이/배수량 비는 고속에서 요트의 저항과 관련된 매우 중요한 수치다. 프루드 수 0.45를 넘기 위해서 이 비는 약 5.7 이상이 필요하다. 그림 5.31에 길이/배수량 비를 수선 길이에 대해 나타난 그래프가 있다.

폭과 흘수는 길이에 선형적으로 비례하지 않기 때문에 배수량의 증가율은 길이의 3승보다 조금 느리게 나타난다. 실제 상기와 같은 방법을 사용하면 배수량은 수선 길이의 7/3승으로 증가하며 이것은 곧 길이/배수량 비가 길이의 2/9승으로 증가한다는 것을 의미한다. 수선 길이를 2배로 늘리면 이 비는 17% 증가한다. 이 증가는 그림 5.31에서 볼 수 있듯이 통

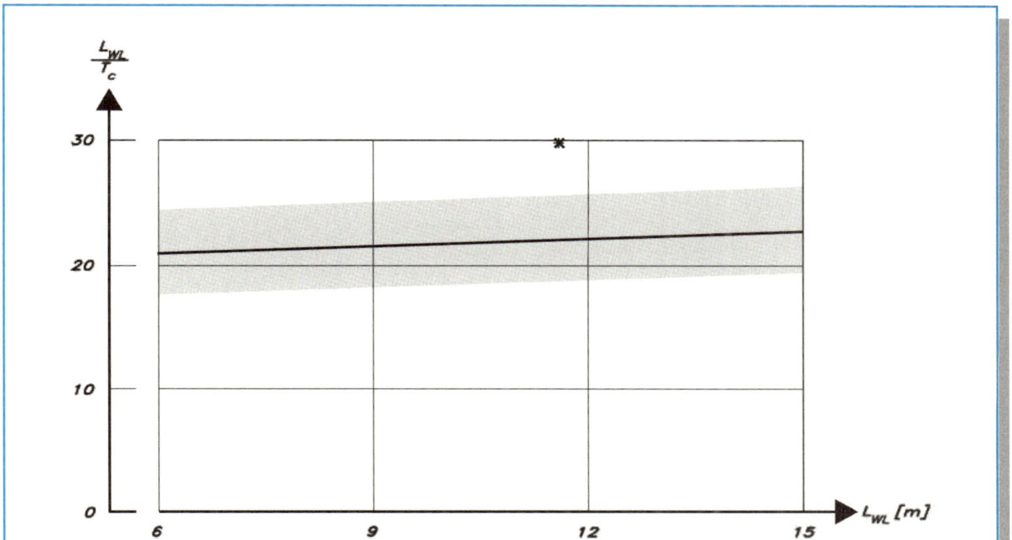

그림 5.30 길이/나선 흘수 비

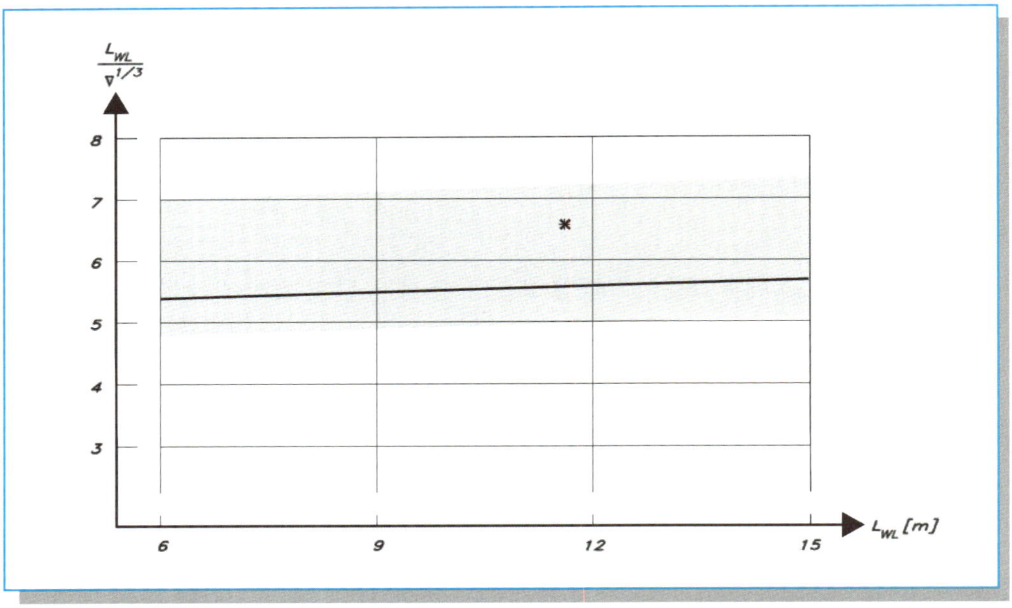

그림 5.31 길이/배수량 비

계치보다 빠르지 않다.

길이/폭 비에서와 같이 이 경우도 비대칭 분포를 보이고 있다. 한편 한계치를 벗어나는 배들도 있다. 이에 따라 어떤 초경량 요트의 경우 매우 높은 비를 나타내기도 하는 반면 몇몇 무거운 크루징 요트의 데이터는 없기도 하다. 이는 통계치가 주로 ORC 인증서를 보유하고 있는 경기 참가정을 기초로 해서 만들어졌기 때문이다.

길이/배수량 비는 물론 경주용과 크루징 용에서 꽤 다르게 나타난다. 이는 쾌적한 해상생활을 위해 필요한 장비가 다소 무겁기 때문이다. YD−41과 같은 고성능 크루저에서 이 비는 6.5로 나타나는데 이는 그림 5.31의 평균값보다 상당히 위에 있는 값이다.

▣ 전장/수선 길이(L_{OA}/L_{WL})

요즘의 요트는 과거 50년 동안 오버행(overhangs)이 점진적으로 작아져 왔다. 유행의 문제였던 것이기도 하지만 경기 규칙의 영향과 같은—특히 IOR 규칙은 과거 몇십 년 동안 선형에 상당한 영향을 끼쳤다—이유도 있다. 주어진 전장에 대해 오버행이 작으면 수선 길이가 늘어나기 때문에 유리해진다. YD−41의 L_{OA}/L_{WL}은 1.08로 최근 요트에 있어서는 전형적인 것으로 보인다.

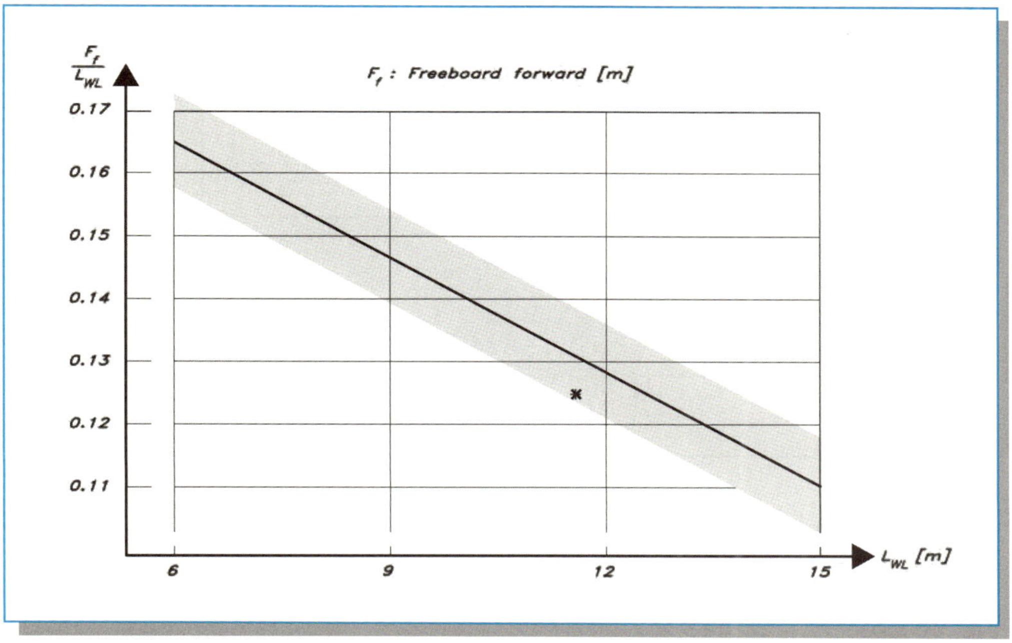

그림 5.32 선수건현/길이 비

▣ 건현 높이

선체가 길어지면 상대적으로 건현높이가 작아진다는 것은 이미 잘 알려진 사실이다. 이것은 선실의 요구조건 때문이다. 아주 작은 요트라도 어느 정도 큰 사람이 들어갈 정도의 선실이 필요하다. 이 경향은 그림 5.32에서 알 수 있으며 선수 건현과 수선 길이와의 관계가 나타나 있다. 이 그래프의 데이터는 그림 5.30과 같은 제한된 데이터를 기초로 하고 있다.

선수 건현/선미 건현의 전형적인 수치는 1.3이다. 옛날 요트와 비교하면 이 숫자는 작은 편이기 때문에 요즘 요트는 상대적으로 편평한 현호(sheer)를 갖고 있다. 앞, 뒤 건현 모두 높고, 현호선의 캠버인 '스프링(spring)'은 작아졌다. YD-41의 선수건현/수선 길이는 0.123으로 동급 요트의 평균값은 0.130이다. 그리고 두 건현의 비는 1.23으로 나타난다.

▣ 발러스트 비(Ballast ratio)

총중량에 대한 킬 중량의 비, 즉 발라스트 비는 현대요트에 있어서 상당히 다양하다. 그림 5.33에서 보듯이 대부분의 요트는 0.25~0.50 사이에 분포하고 있다. 최근에 이 숫자는 더 낮아지고 있는데 이는 벌브 킬(bulb keel)을 많이 채용하고 있기 때문이다. 벌브 킬은 더 가벼우면서도 같은 복원성이 나온다. 길이에 따라 수치가 변화하는 양상은 보이지 않는다.

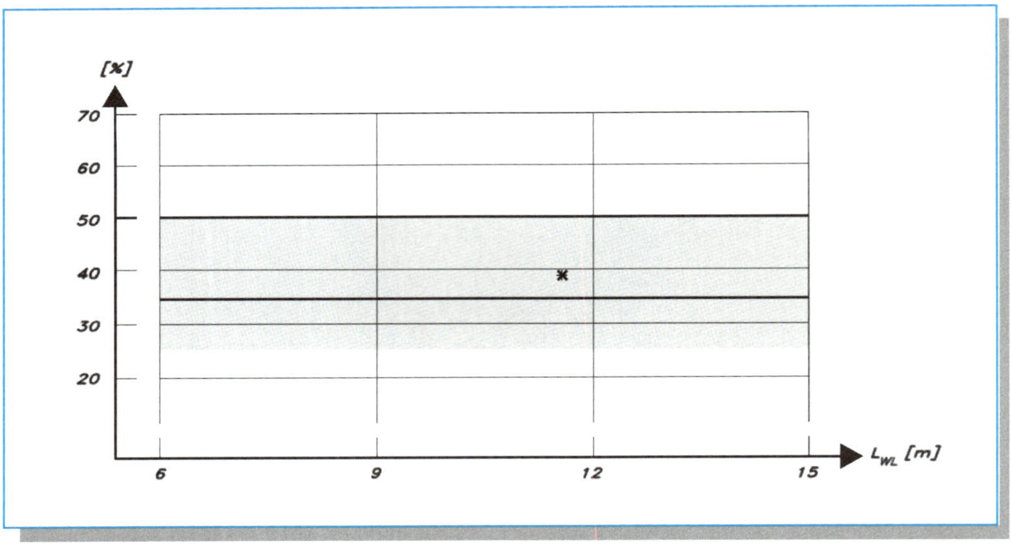

그림 5.33 발라스트 비

YD−41의 경우 발라스트 비는 0.39이며 중간값에 가깝다. 킬 중량은 2,300*kg*이며 경하중량은 5,900*kg*이다.

마지막으로 주의해야 할 것으로 통계에서 사용되고 있는 공식 배수량은 살짝 더 낮을 수 있다. 이는 심지어 경하중량에서도 무게 계산을 낙관적으로 하기 때문이다. 현실에서는 수선 길이/배수량비와 발라스트 비가 공식적인 값보다 약간 작을 것이다. 그러나 YD−41에서 주어진 수치는 현실적인 값이다.

YACHT

킬과 타의 설계

날개 주위 흐름 / 킬 평면 형상 정의 / 고전적 날개 이론
끝 모양 / 벌브 킬(Bulbous Keel) / 요트의 양력과 유도저항
평면형상의 고급 설계 / 캔팅 킬(Canting Keel) / 평면 형상의 평가
날개단면의 정의 / 유용한 세 종류의 NACA 단면
단면특성에 대한 형상의 영향 / 단면형상에 대한 실용적 결론
이론적 단면형상의 편차 영향 / 선진 단면설계
킬과 타의 면적에 관한 통계 자료 / YD-41

06

DESIGN

6. 킬과 타의 설계

킬과 타의 설계에서는 비행기의 공기역학 원리가 이용된다. 오늘날 대부분의 비행기는 공기의 압축율이 중요해지는 속도(100m/s 이상)에서 비행하지만, 50년 이전에 확립된 초기 공기역학 연구에 일부 기인한 비압축성 유동에 관한 것도 많이 얻을 수 있다. 본 장에서는 임의 받음각 상태에서 날개(킬과 타) 주위의 흐름에 대한 기본원리와 그로 인해 발생하는 힘에 대해서 소개한다. 이후 날개 설계에 있어 두 가지 주 내용인 평판 형상(planform)과 날개 단면형상(wing section)에 관하여 설명한다. 앞 장과 같이 설계자가 킬이나 타를 적절히 설계할 수 있도록 본 장에서도 여러 통계 자료를 실어둔다.

‖ 날개 주위 흐름

날개가 적절히 작동하게 되면 날개의 양면에는 유체가 흐르게 된다. 박리(seperation)가 발생하지 않으면 날개단면 주위의 유선(streamline)은 그림 6.1과 비슷하다. 이 날개의 단면형상이 일정하고 무한히 길며 흐름이 날개폭(span)에 대해 직각으로 흐른다고 가정하면 앞날(leading edge) 가까이에 정체점(stagnation point)이 있고 이 정체점을 중심으로 흐름이 나누어져 단면의 윗면과 아랫면으로 흐르게 된다. 정체점에서는 어느 방향으로도 흐름이 발생하지 않고 날개를 뚫고 들어가지도 않기 때문에 표면에 수직인 곳에서는 속도도 없다. 이와 유사하게 속도가 0인 곳은 뒷날(trailing edge)에서도 발생한다. 이런 경우는 소위 2차원 경우라 하여 모든 날개 단면에서 같은 물리적 특성을 가지게 된다. 현실에서는 풍동(wind tunnel)과 같은 곳에 날개폭을 벽에 수직으로 붙여 설치는 경우가 된다. 그리고 날개 단면에 대한 물리적 특성을 조사한다. 요트 설계에서 대상이 되는 날개 형상은 양쪽 택(tack)에서 똑같은 기능을 수행해야 하기에 그림 6.1의 같은 대칭 형상을 가진다. 받음각(angle of attack)[30]

30 사람에 따라서는 양각이라고도 한다.

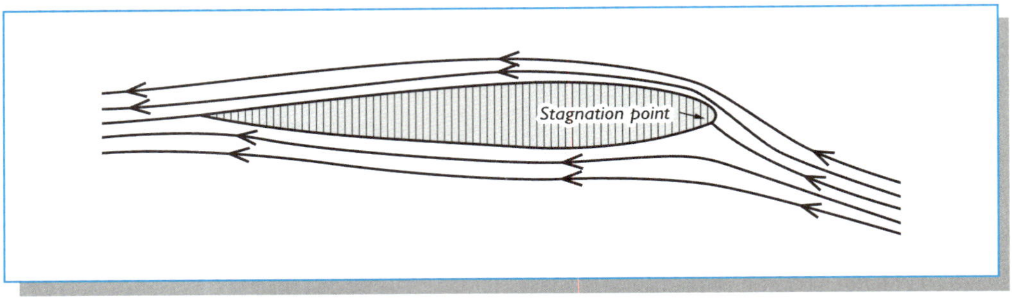

그림 6.1 날개단면 주위의 흐름

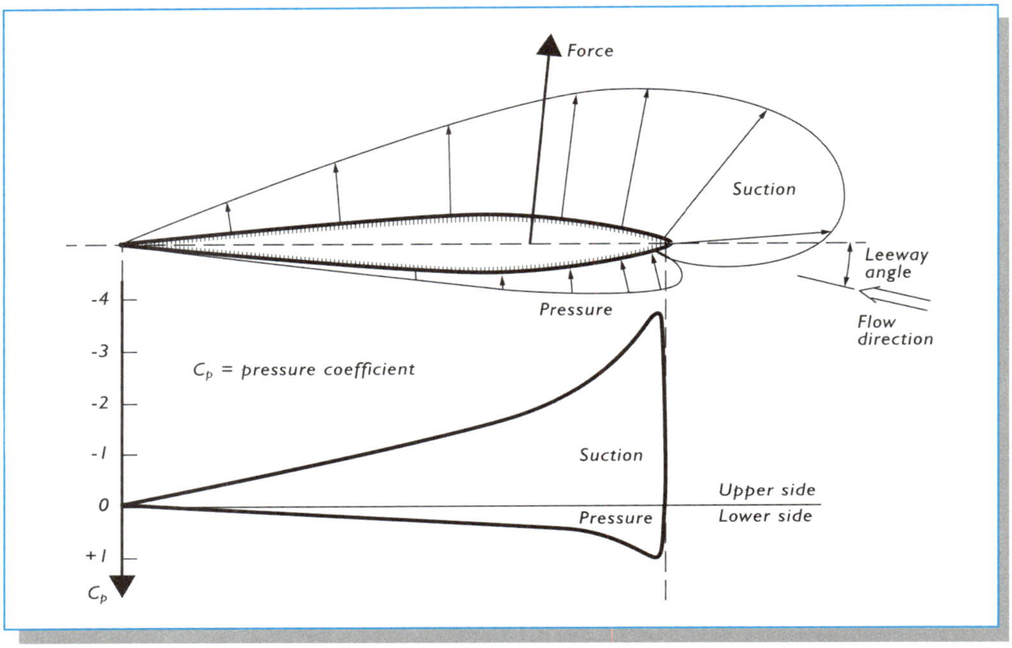

그림 6.2 날개 단면 주위의 압력 분포

이 0일 경우 단면의 압력분포는 기본적으로 요트 수선면의 형상과(그림 5.9 참고) 비슷한 형태가 된다.

특히 앞날과 뒷날에는 고압이 되고, 그 사이에서는 저압이다. 그러나(그림 6.1 참고) 받음각이 조금이라도 있을 경우 흐름은 상당히 비대칭이 된다. 즉, 정체점에서 위쪽으로 흐르는 흐름과 아래쪽으로 흐르는 흐름 사이에는 큰 차이가 있다. 위쪽은 상당히 큰 굴곡부를 통과하지만 아래쪽은 다소 편평한 면을 통과한다. 양면은 속도에 있어서도 큰 차이가 있다. 윗면은 본래의 유속보다 빠르게 되고, 아랫면의 속도는 느리다. 그 결과 그림 6.2와 같이 상당히 다른 압력 분포가 발생한다.[31] 특히 주목해야 하는 것은 앞날에 큰 부압 점(suction peak)이 발생한다는 점이다. 윗면은 뒤쪽으로 갈수록 부압이 서서히 감소한다. 아래 면은 정압이 걸리지만 그 절대치는 윗면보다는 작다. 단면에 걸리는 압력을 전부 합치면, 그 합력(그림에 큰 화살표)이 얻어진다. 유입되는 흐름과 이 합력 사이의 각도는 날개의 효율에 의해 좌우된다. 마찰이 없는 2차원 날개의 경우, 이 각도는 90°가 될 것이다. 그러나 실제는 90°보다도 항상 작다. 즉, 보다 후방을 향한다. 설계자의 일은 이것을 될 수 있는 한 90°에 가깝게 하는 것이다. 아래에 그 방법을 설명한다.

이 정압과 부압은 날개의 전방부분에서 크기 때문에 합력의 유효 중심(centre of effort)은 날개 앞부분에 존재하게 된다. 실제 마찰이 없는 2차원 유체 내의 대칭날개단면에서 그 유효중심은 정체점에서부터 앞날과 뒷날의 거리, 즉, 코드선(chord line)의 1/4 위치에 있는 것으로 이론적으로 알려져 있다. 그림 6.2내의 아래 그림은 보다 일반적인 방법으로 그것을 표현하고 있다. 즉 세로축에는 압력의 크기, 가로축에는 단면상의 위치이다. 여기서 부압이 위로 향하게 표시되어 있는 점에 주의하자. 이 표현 방법에 따라 날개의 윗면은 그림의 윗부분에 해당하고, 아랫면은 그림의 아랫부분에 해당한다. 상하 곡선 간의 거리가 그 지점에서 발생하는 수직력을 표시한다. 또한, 전체 수직력은 상하 곡선으로 둘러싸인 면적에 비례한다.

그러나, 실제 날개는 무한히 길지 않고, 터널의 양 벽 사이에 고정되어 있지도 않다. 날개의 끝단은 자유단(free edge)이기 때문에, 새로운 현상이 발생하게 되는데 이것은 3차원인 경우이다.

그림 6.3은 킬을 옆(a)과 뒤(b)에서 보았을 때이다. 압력은 풍부압면(leeward)[32]보다 풍정압면(windward)[33]쪽이 낮기 때문에 킬의 자유단에서 유동이 풍부압면에서 풍정압면으로 이동하려 한다. 이로 인해 풍부압면에서 아래로 향하는 어떤 움직임이 생기며, 그 속도는 킬의 뿌리(root)에서 0이며, 점점 커져 자유단에서 최대가 된다. 나아가 부면에서는 위 방향으로 흐름이 발생한다. 킬의 양면에서 흐름은 서로 다른 방향이 되고 킬의 끝날에서 만나면 와류(vortex)가 발생하게 된다. 특히 이 현상은 킬의 끝단에서 특히 발생하며 강한 와류가 킬 뒤쪽으로 남게 된다. 요트가 크게 기울면 와류는 수면에 근접하게 되고 와류에서의 부압이

31 베르누이의 식에 따라 통상 이렇게 설명한다. 하지만 베르누이의 식은 상관관계를 말할 뿐이다.

32 Pressure side가 된다. Leeway angle을 생각하라.

33 Suction side가 된다. Leeway angle을 생각하라.

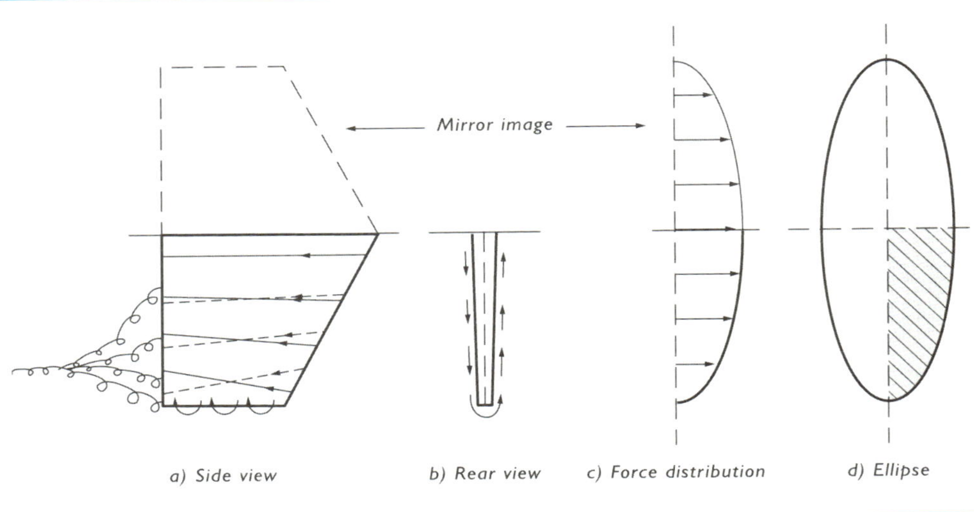

그림 6.3 날개상에서 힘과 와류 분포

공기를 빨아들여 와류를 볼 수 있게 된다. 그림에서 보는 것처럼 킬 끝날에서 발생하는 와류는 전부 하나로 뭉쳐져서 뒤쪽에 남는다. 이 와류는 회전 에너지를 가지고 있어 저항 성분을 증가시킨다. 이것은 앞장에서 설명한 유도저항(induced resistance)이다.

킬 끝단(keel tip)에서 양면의 압력 차가 없기 때문에 횡력(side face)은 없다. 반면, 킬 뿌리(keel root)에서는 끝단과는 달리 넘어가는 흐름이 발생하지 않으며 벽 역할을 하기 때문에 큰 횡력이 발생한다. 킬 뿌리와 끝단 사이 힘의 분포는 킬의 평면 형상에 좌우된다. 힘의 분포라는 관점에서 말하면 타원형의 킬이 최상이다. 이 경우에 후방에 남는 수직방향 에너지와 나아가 유도저항이 최소화된다.

그림 6.3 (c)에서 타원 분포가 나타나 있다. 이것은 그림 6.3 (d)처럼 완전한 타원의 1/4로 생각할 수 있다. 횡력을 타원 분포로 얻기 위한 가장 단순한 방법은 킬을 타원형으로 만드는 것이다. 단, 이것은 다소 단점이 있기 때문에 킬 평면 형상의 최적화 문제에 대하여 간단히 언급할 것이다.

그림 6.3 (a)와 (c)에 흥미 있는 현상을 그려 놓았다. 만약 선저를 무한히 긴 평판으로 가정한다면 킬 주위의 흐름은 그 평판을 거울로 보아 한 개의 경상이 그 반대 측에 존재하는 것과 같은 형상이 된다. 흐름에 평행한 평면 벽은 이처럼 대칭면의 역할을 한다. 선체는 실제 평판도 아니며 무한히 길지도 않기 때문에 더 복잡한 실제 흐름에 대해서는 계속해서 아래에 논의한다.

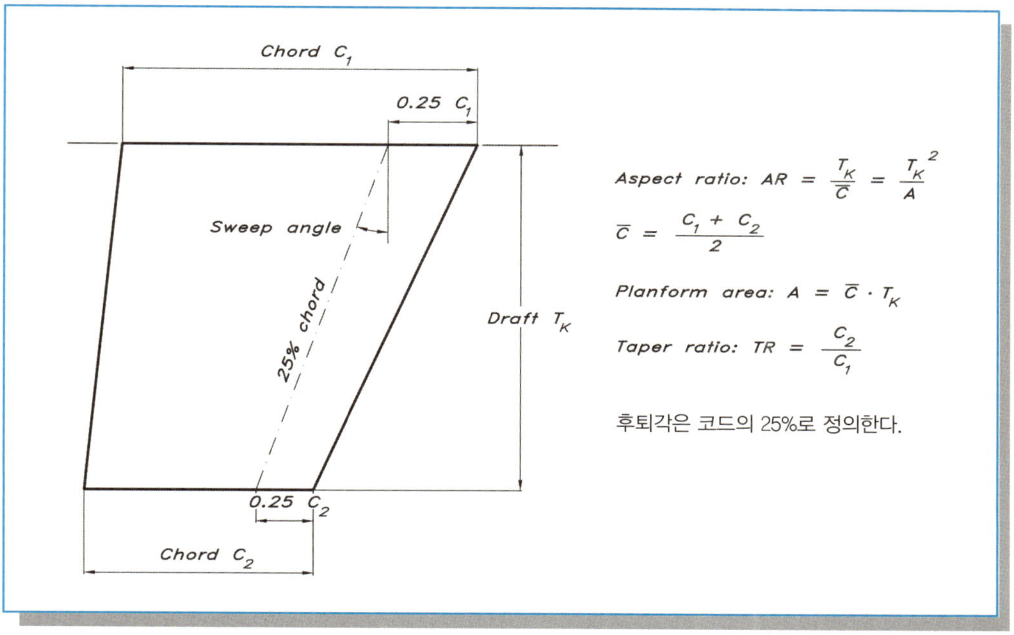

그림 6.4 평면형상의 정의

‖ 킬 평면 형상 정의

그림 6.4에 사다리꼴 킬의 평면 형상이 정의되어 있다. 먼저 앞날과 뒷날의 수평거리, 코드(chord)에 대해서 설명한다. 그림에서 C_1과 C_2 두 개의 코드가 표시되어 있다. 각각 날개뿌리 및 날개끝단의 코드를 나타내고 있다. 이것을 이용하여 날개의 평균코드 $C = [(C_1+C_2)/2]$를 결정한다. 킬의 효율상 가장 중요한 변수는 종횡비(Aspect Ratio, 이후 AR로 표기)이다. AR은 T_k/C로 표현되고, 킬의 깊이를 날개의 평균 코드 길이를 나눈 것이다. 즉, 기하학적 AR이다. 앞서 설명한 바와 같이 만약 킬이 충분히 평평하고 큰 평면에 부착되어 있다면 유효종횡비 AR_e는 2배가 된다. 두 번째 변수는 테이퍼 비(Taper ratio, TR)다. 이것은 단순히 날개끝단 코드와 날개뿌리 코드의 비로 $TR = C_2/C_1$이다.

대부분의 킬은 정확히 하향수직을 이루지 않고 어느 정도 후방으로 기울어져 있다. 이 후퇴각(sweep angle), Λ를 어떻게 정의해야 할지가 명확하지 않다. 앞날 또는 뒷날 또는 두 날의 중간선을 후퇴각을 정의할 때 사용해도 좋겠지만 가장 적당한 것은 앞날에서부터 코드 길이의 25% 뒤의 선으로 나타난다. 앞서 지적한 바와 같이 이상적인 조건 아래에서는 전체 단면의 유효 중심은 이 선상에 존재한다. 현실에서는 엄밀하지 않다고 하더라도 통상의 AR를 가지는 핀 킬이나 타라면 이 선은 좋은 근사치가 된다. 유효 중심의 위치에 대해서는 제8장에서 요트의 균형과 관련하여 다시 설명한다.

‖ 고전적 날개 이론

공기역학 분야에는 날개의 양력과 유도저항을 계산하는데 잘 알려진 이론 중에 양력선 이론(lifting line theory)[34]이라는 것이 있다. 여기서는 이 이론을 수학적으로 깊이 다루지는 않고 그림 6.5에서처럼 기본적인 배경만 설명한다. 그림에 자유단이 두 개가 있고 중심선을 기준으로 대칭인 날개가 그려져 있다. 나아가 이것은 선저를 기준으로 한 반사된 킬로 해석할 수 있다. 날개는 점선으로 나타내었는데 이는 이론에서는 날개를 일련의 와류로 치환하기 때문이다. 즉, 날개 폭(span)을 따라 날개의 한 끝단에서 다른 끝단까지 1개의 와류가 존재한다. 이것은 날개에 붙어 있기 때문에 속박와류(bound vortex)라 부른다. 그러나 앞서 보았듯이 와류는 날개에서부터 후방으로—특히 날개 끝단에서—흘러나간다. 이 와류들을 자유와류(free vortex)라 부르며, 국부 흐름 방향과 같은 방향으로 흐른다. 자유와류는 흐름 중에서 자유단(free end)이 없다는 이론이 있다. 따라서 와류 필라멘트(vortex filament)이 후방으로 굽으면서 속박부에서 떨어져 나가면, 떨어져 나간 와류 강도는 와류 필라멘트의 강도만큼 감소한다. 날개 끝에서 전체 와류도(vorticity)는 후방으로 흘러나가기 때문에 속박와류는 0이 된다. 날개를 벗어나면 모든 자유와류 필라멘트가 꼬여서 각 면(상면, 하면)에서 하나씩의 자유와류로 집중된다. 이 두 개의 와류가 다시 시동와류(starting vortex)를 통해 연결되며(그림에는 그려져 있지 않다) 날개가 운동을 시작하면 발생한다.

이 와류 체계로 생기는 국부적인 힘은 그 국부지점에서 흐름 방향의 수직인 와류성분에 비례한다. 자유와류는 흐름에 평행하므로 어떤 힘도 생기지 않지만 날개에서의 속박와류는 와류 강도에 비례하는 힘을 만든다. 이 이론은 또한 날개에서 와류도 및 나아가 힘의 최적 분포는 타원형이라는 것도 보여주고 있다. 이 경우 날개의 유도저항계수 C_{DI}와 양력계수 C_L, 그리고 이에 대응하는 힘은 그림 6.5와 같이 쉽게 구할 수 있다. $C_{L,2D,1°}$는 이차원 경우에 대한 각도 당 양력계수를 말한다. 마찰이 없는 유체 중의 대칭단면은 이론적으로 $\pi^2/90 = 0.11$로 나타난다. 실제 유체는 점성으로 인해 이보다 약간 작게 나타나며, 모든 대

34 보다 자세한 내용은 프란틀(Ludwig Prandtl)의 양력선 이론을 참고하라.

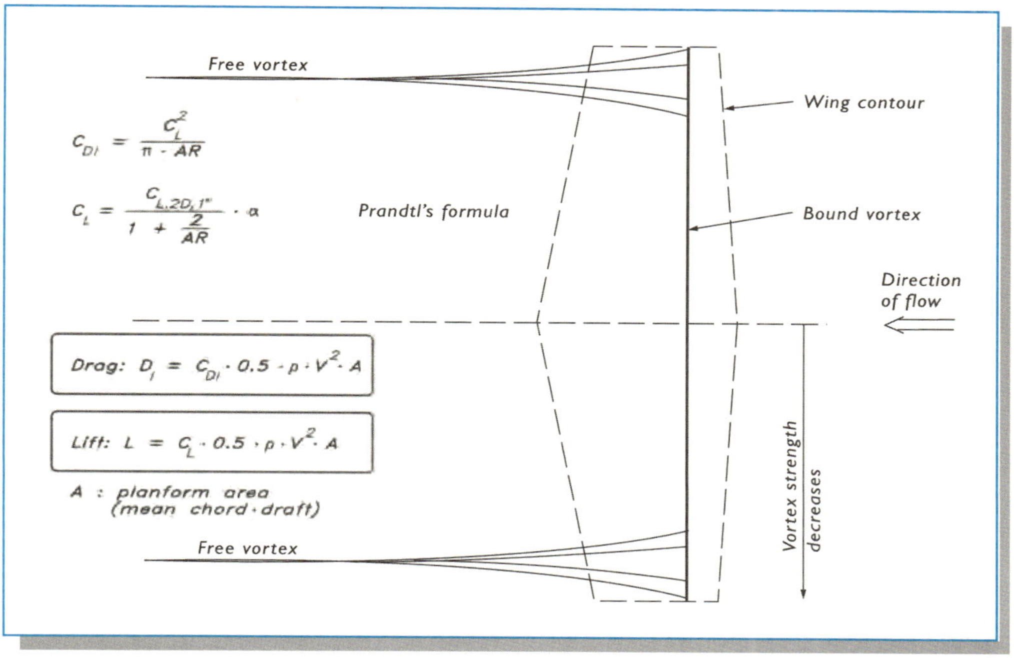

그림 6.5 양력선 이론

칭 단면에 대해 0.10 정도가 좋은 근사치이다.

날개에서 힘의 분포가 타원이 아닌 경우, 항력이 증가하며 양력은 감소한다. 이 때문에 식에서 유효 종횡비(effective aspect ratio, 이하 AR_e)를 사용하여 설명하기도 한다. 앞서 보았듯이 이 개념은 경상(mirror image)이라는 것을 설명하기 위해(2를 곱하여 얻어짐) 도입되었지만 타원형에서 출발하기 위해 사용된 점도 있다(1보다 약간 작은 수를 곱하여 얻음). 타원형 분포에서 출발함으로써 유효 종횡비를 줄일 수 있다. 이 효과는 상대적으로 작지만 아래에서 알 수 있듯이 최소 경기용 요트의 설계에서는 문제가 될 정도로 크다. 중요한 결론을 요약하면 아래와 같다.

- 양력계수와 유도항력계수는 거의 대부분의 경우 그림 6.5의 식으로부터 추정 가능하다.
- 종횡비는 날개의 양력과 항력에서 가장 중요한 변수이다.
- 타원형상의 힘 분포가 가장 좋다.

종횡비의 영향은 그림 6.6에 다시 나타내었는데 이 그림은 여러 종횡비의 날개를 풍동 실험하여 얻은 것이다. 다양한 받음각에 대해 양력계수와 항력계수를 표시하고 있다. 왼쪽

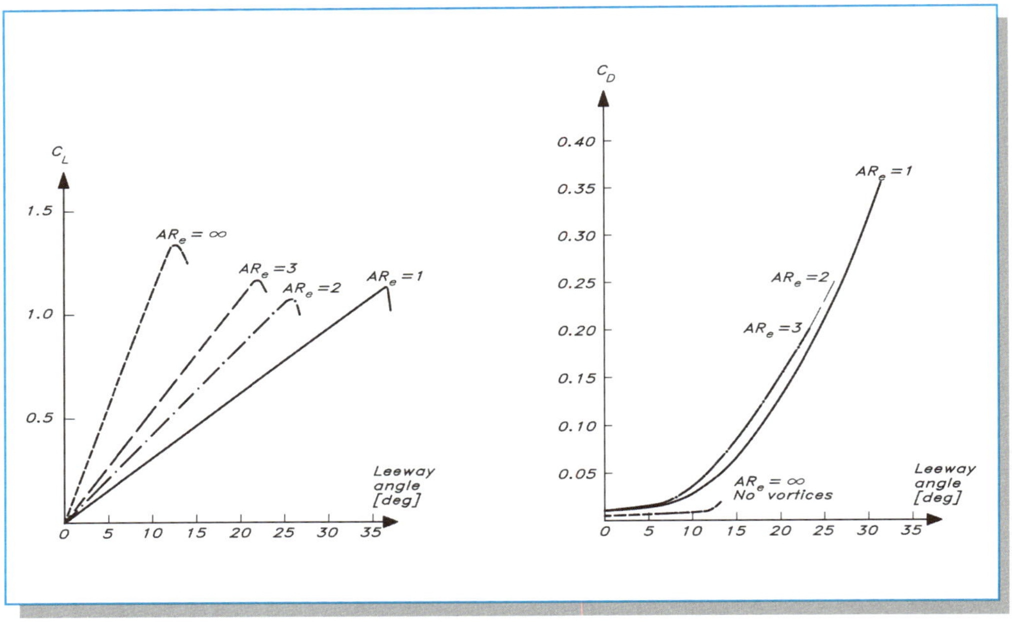

그림 6.6 *AR*이 양력과 항력에 끼치는 영향

그림에서는 AR_e에 대해 매우 다른 곡선들이 얻어졌다. 예를 들어 전형적인 선체 받음각(leeway)이며 킬의 받음각이 되는 5°의 경우, $AR_e = 1$인 정방형 날개의 양력계수는 $AR_e =$ 무한대인 2차원 날개의 양력계수보다 1/3 이하로 떨어진다. 유효 $AR_e = 3$은 킬에 있어서는 상대적으로 일반이다. 이 경우는 정방형 경우보다 약 2배의 양력을 얻을 수 있다.

실제 사용하는 AR_e 범위 내에서는 상대적인 항력의 변화가 없지만 이러한 현상은 주어진 받음각에 대한 것이라는 것을 유념해야 한다. 왜냐하면 현실에서는 주어진 횡력에 대해 얼마나 많은 항력이 만들어지는지가 더 관심이 있는 문제이기 때문이다. 5장에서 지적했다시피 킬의 역할은 가능한 작은 저항으로 세일에서 발생하는 횡력에 균형을 맞추는 것이기 때문이다. 이러한 점을 고려해서 양력 그래프를 여러 형태로 해석할 수 있다. 주어진 횡력에 대해 이차원 킬의 선체받음각은 1/3보다도 작아질 수 있고 $AR_e = 3$인 킬은 $AR_e = 1$인 킬의 1/2보다 작아질 수 있다. 그러면 오른쪽 항력 그래프에서처럼 상당히 다른 항력을 얻을 수 있다. 그림 6.6의 C_D는 전체 항력을 나타낸다는 점에 주의할 필요가 있다. 즉, 그림 5.4의 점성 성분도 포함된다. 이것이 선체받음각이 0일 때 C_D값이 0이 아닌 이유이다.

이제 전통적인 롱 킬(long keel)과 핀 킬(fin keel)의 차이가 명백해진다. 롱 킬의 AR_e는 1보다 상당히 작은데 반해 요즘의 핀 킬은 AR_e이 통상 3보다 크다. 그러므로 이 둘 사이에서 성능상 큰 차이를 예상할 수 있다. 그러나 핀 킬에도 불리한 점이 있다. 그 중 하나가 횡요

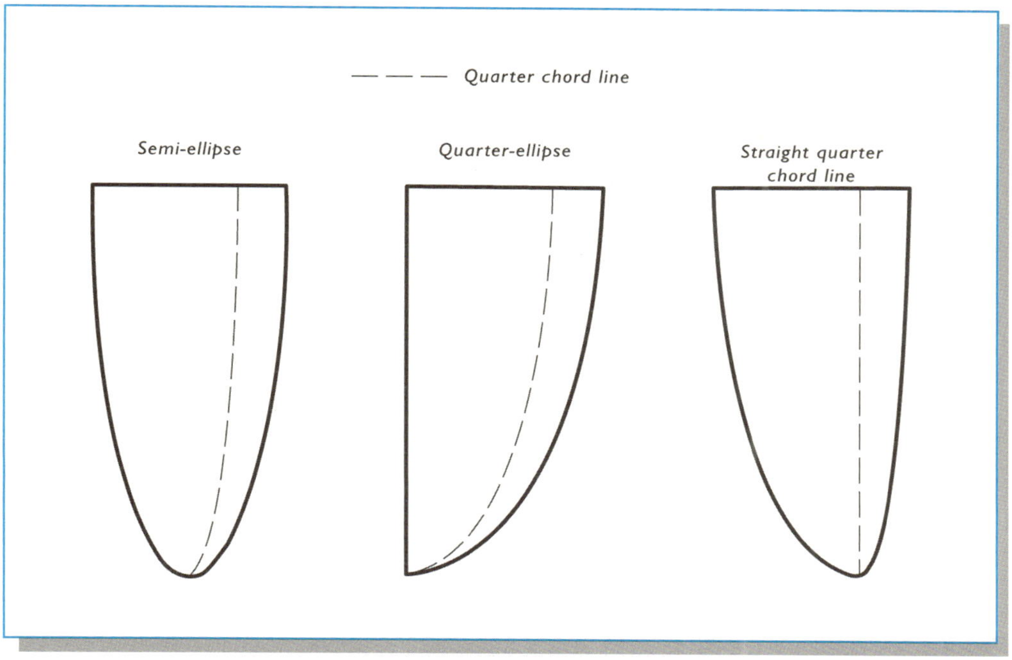

그림 6.7 여러 형태의 타원형 킬

감쇠(roll damping)와 관련된 것으로 3장에 다루었다. 이 점에 있어서는 확실히 롱 킬이 효과적이다. 또 다른 것으로는 저속시에 나타난다. 그림 6.5의 양력 공식에서 알 수 있듯이, 양력은 양력계수, 속도의 2승 그리고 킬의 면적에 비례한다. 핀 킬은 면적이 작기 때문에 보다 높은 양력계수에서 사용된다(핀 킬은 보다 효과적이기 때문에 쉽게 가능하다). 그러나 여전히 횡력이 필요한 상태에서, 최대 C_L은 모든 AR에서 거의 비슷하고, 속력이 떨어질 때는 핀 킬 요트에서 더 빨리 도달한다. 이러한 현상은 접안할 때나 또는 경기 출발 때와 같이 속력이 낮고 세일로부터 횡력이 클 때 일어날 수 있다. 이렇게 되면 킬은 실속(stall)하고 요트는 횡 방향으로 밀리게 된다. 이 경우 롱 킬과 핀 킬의 차이는 확연하게 되는데 최근 요트를 소유한 많은 선주들이 항내에서 배를 조종할 때 이런 문제를 경험하고 있다.

여러모로 유리한 횡력의 타원 분포를 얻기 위해서는 킬을 타원형으로 하면 된다. 이것은 날개 끝단에서 날개뿌리까지 코드길이를 타원 형태로 변화시켜야 한다는 것을 의미한다. 이 조건을 만족하는 형태는 1/2 타원과 1/4타원 두 가지가 있지만(그림 6.7 참고) 중요한 역할을 하는 코드의 1/4선이 휘어지기 때문에 힘의 분포가 정확히 타원이 되지 않는다. 이에 사용할 제3의 방법으로 수직선의 코드 1/4선을 그리고 수직방향으로 코드길이를 타원형이 되도록 분포시키는 것으로 각 코드길이의 25%를 코드 1/4선에 맞추는 것이다.

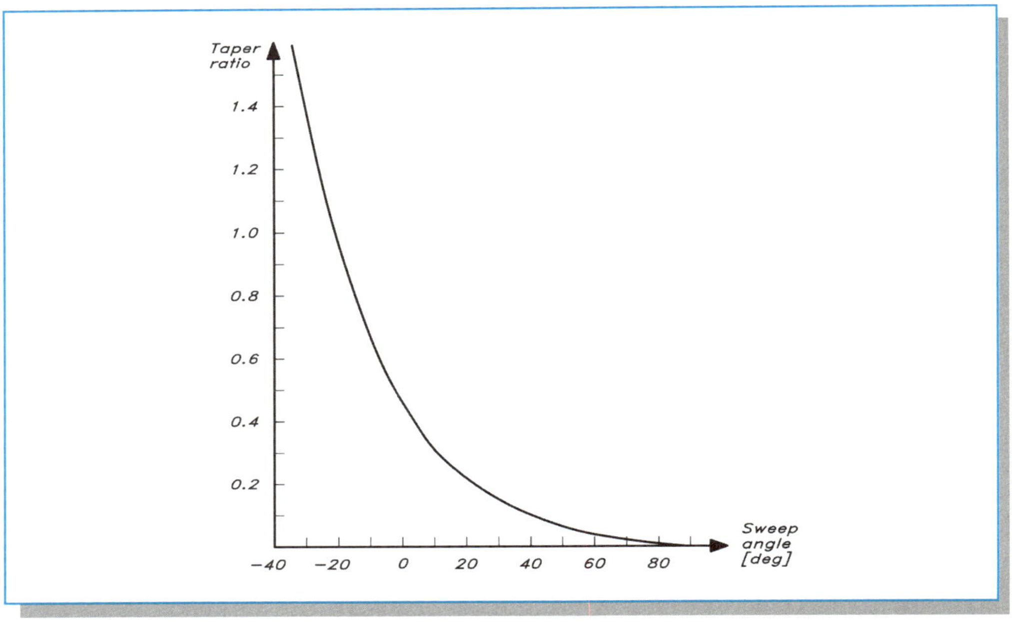

그림 6.8 후퇴각과 테이퍼 비의 최적 관계

타원형은 어느 정도 단점이 있기 때문에 사다리꼴 형이 보다 일반적으로 사용된다. 사실, 테이퍼 비와 후퇴각을 그림 6.8에 맞추어 적절히 선택하면 사다리꼴 킬이라도 타원형에 아주 가까운 힘의 분포를 얻을 수 있다. 그림에서 알 수 있듯이 테이퍼 비가 작은 경우는 큰 후퇴각이 필요하며, 클 경우에는 그 반대가 된다. 후퇴각이 0°일 경우 테이퍼 비가 0.45 정도이며, 더 큰 비에서는 각도가 음의 영역에 해당하기 때문에 실제 킬은 앞으로 경사가 지게 된다. 대부분의 킬은 후퇴각이 20~30°인데 이럴 경우 테이퍼 비가 약 0.1 정도가 된다. 그러나 이것은 무게 중심이 너무 높아지고 나아가 복원성이 나빠지기 때문에 실용적이지 않다. 테이퍼 비가 작으면 단점이 하나 더 있다. 킬의 후퇴각이 없는 상황에서 타원형이거나 테이퍼 비가 0.45이면, 수직방향의 면적분포는 힘의 분포와 일치한다. 코드길이가 작은 날개 끝단에서 충분한 힘을 내기 위해 후퇴각을 크게 하면 킬 끝단부는 다른 부분에 비해 더 큰 힘을 받게 된다. 그러면 국부 양력계수가 크게 되면서 실속이 빨리 발생한다. 실용적으로 0.2 이하의 테이퍼 비는 바람직하지 않다. 대부분의 설계자는 복원성 문제로 0.4~0.6 정도의 큰 테이퍼 비를 사용한다. 만약 정해진 두께 비(thickness ratio)를 사용한다면, 킬의 단면적은 코드의 2승에 비례한다. 이 말은 날개 끝부분이 담당하는 발라스트 양은 날개 끝 코드길이에 크게 좌우된다는 뜻이다.

그림 6.8은 그림 6.9와 마찬가지로 양력선 이론에서 구한 값이며 힘의 분포가 타원형이 아

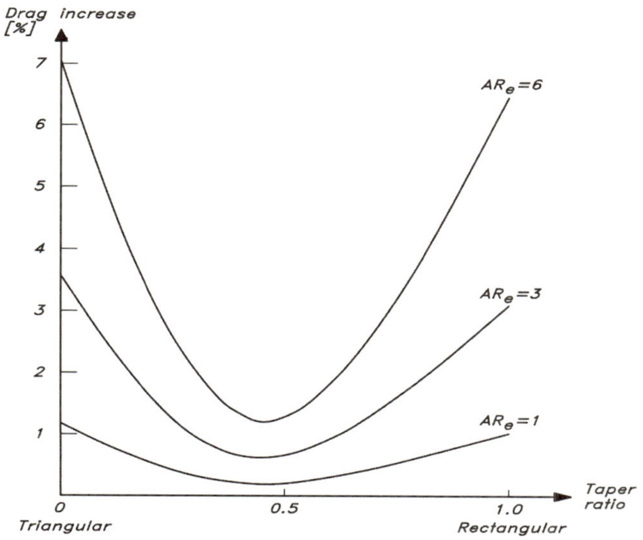

그림 6.9 최적화되지 않은 테이퍼 비에 의한 유도저항의 증가분

닐 경우의 불리한 정도를 나타낸다. 단지 후퇴각이 0°일 경우만 표시돼 있다. 수직축은 사다리꼴 킬이 타원형 킬과 비교하였을 때 항력의 증가를 %로 표시한 것이다. 예측한 대로 테이퍼 비가 약 0.45일 때에 최소가 된다. 이 경우 아주 작은 항력증가가 있으며 실제 *AR*은 1% 미만이다. 테이퍼 비가 최적값에서 벗어나면 항력의 증가는 3~4%에 달할 수 있다. 흥미로운 점은 적절한 힘의 분포는 *AR*에 좌우된다는 점이다. AR_e이 1보다 작은 롱 킬의 경우 이 불이익은 실제 중요하지 않다.

‖ 끝 모양

양력선 이론은 날개의 평면 설계에 가장 중요한 부분을 설명하는데 유용한 수단이다. 가장 중요한 결론은 주 변수가 *AR*이고 힘에 끼치는 영향은 앞의 수식으로도 꽤 정확하게 계산할 수 있다는 것이다. 후퇴각과 테이퍼 비의 킬의 효율에 대한 기여도는 거의 수 % 정도이지만 이 이론에 포함되어 있지 않지만 영향을 끼치는 다른 인자도 있다. 그중 하나가 여기서 이야기할 날개 끝 형상이다.

이론에서 날개는 어떤 와류 시스템으로 바뀌며 흐름의 주요 특징들에 적절하게 사용된다. 그러나 실제 날개 끝의 세부 형상은 속도 분포에 영향을 끼친다. 그 중 하나는 국부 흐

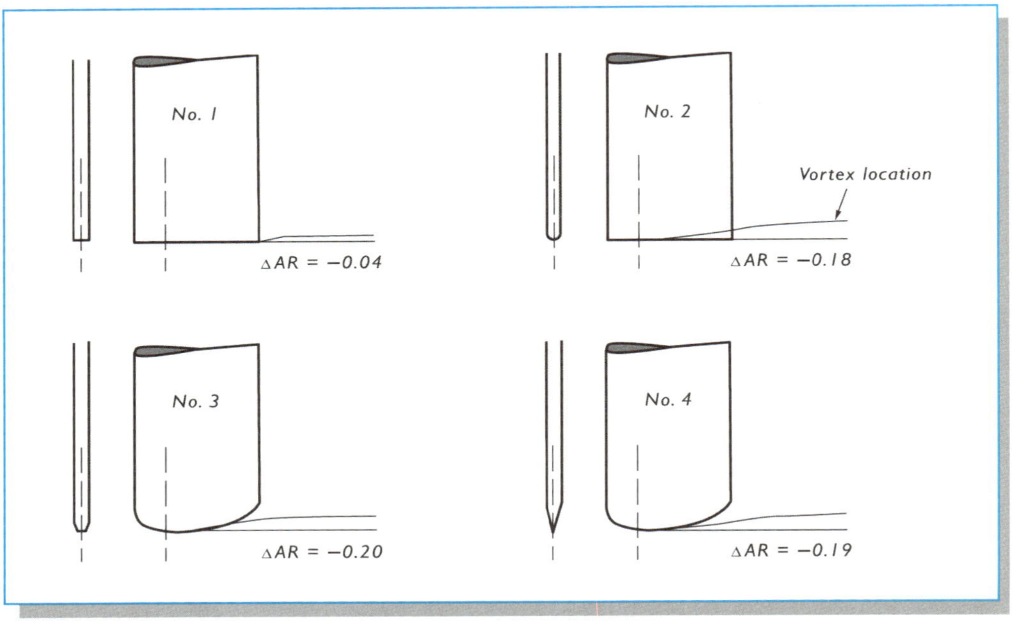

그림 6.10 끝단 형상이 *AR*에 끼치는 영향

름과 같이 흘러나가게 되는 자유와류가 날개 끝의 형상에 따라 그 위치가 약간 달라진다는 것이다. 그림 6.5의 유효 날개폭은 날개의 상당 후방에 있는 2개의 뒷날 와류(trailing vortex) 사이 거리에 의해서 결정되므로 끝 형상은 중요하게 된다. 세일요트에서는 실제 킬 깊이보다 뒷날 와류의 깊이가 AR_e를 결정한다는 의미이다.

그림 6.10은 여러 날개 끝에 대한 계측결과를 나타낸다. 정면도와 평면도를 보여주며 나아가 이론치에 대한 *AR*의 변화량과 와류의 위치도 나타나 있다. 두 개의 그림에서 보았을 때 가장 좋은 설계는 단순하게 자른 형상을 한 사각형이, 가장 나쁜 것은 두 개 모두 둥근 형상으로 보인다. 사각형은 *AR*이 0.04 정도 줄어드는데 비해 둥근형은 0.20 줄어든다.

우선 평면형상에서 사각형의 끝 모양이 좀 더 좋은 이유는 날개 끝을 따라가는 흐름이 편평한 모양에 의해 뒤쪽까지 유도되기 때문이다. 끝부분이 둥근 경우보다 위 방향으로 올라가지 않으려는 경향이 있다. 그래서 와류가 항상 더 아래에 머문다. 사실 날개 끝의 앞부분은 둥글게 하여 흐름이 부드럽게 유입되도록 향상시킬 수 있지만 중요한 것은 후반부는 직선 형태를 유지하는 것이다.

정면에서 보아도 사각형상이 둥근 것보다 나은데 이는 부압면의 내리흐름(downwash)이 날개 끝에서 박리가 일어나 와류가 날개 끝을 돌아 나가기 때문이다. 둥근 형상은 흐름이 박리하기 전 정압측으로 돌아가도록 되어 있다. 이에 와류는 최대 깊이 지점이 아니고 정압

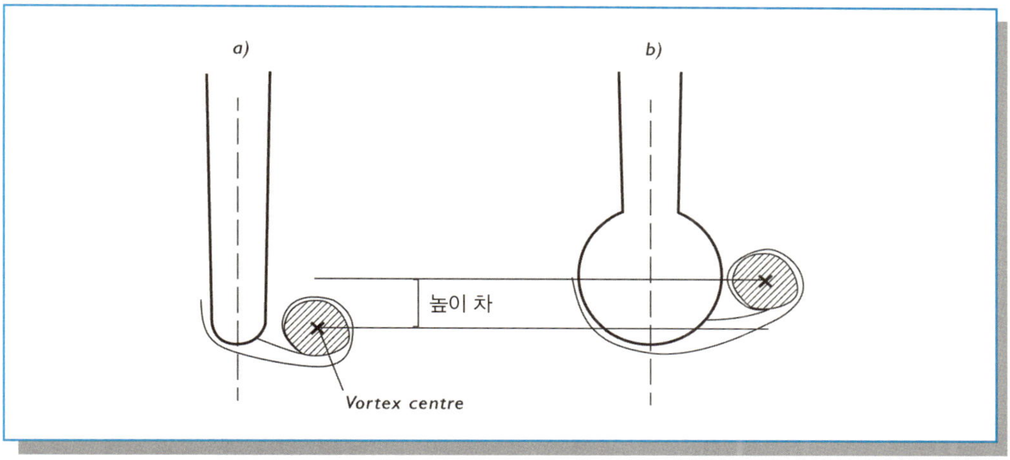

그림 6.11 끝단 와류의 위치

측에서 발생한다. 그림 6.11은 벌브 킬에서 그 경향이 더욱 크게 된다는 것을 보여 주고 있다. 사각형상의 단점은 양력을 필요로 하지 않을 경우에도 모서리에서 박리가 일어나는 점이다. 이에 풍하 범주에서는 추가로 저항 요소가 발생하게 된다. 이 단점은 날개 끝을 V자형으로 해서 부분적으로 개량할 수 있으며 끝 모양은 V형이면서 V와 수직면이 만나는 꼭지점이 둥글게 마무리되어야 한다.

네 종류 날개 끝 형상(둥근형, 사각형, V형, 벌브형)에 대한 수조 시험에서는 전체적으로 제일 좋은 것이 V형으로 그리고 풍하 범주에서는 둥근형이 가장 좋은 것으로 나타났다. 이 측면에 있어서 벌브의 효과는 다소 확실하지 않다. 그림 6.11에서 본 것과 같이, 큰 반경의 둥근형은 흐름이 날개 끝을 넘어 반대편으로 넘어가지만 모든 벌브에서 꼭 그런 것은 아니다. 이걸 피하기 위해 최대 흘수 지점에 작은 날개(riblet)를 붙여 와류의 분리를 촉진시키는 방법을 사용한다. 벌브의 약점으로는 침수 표면적이 상당히 늘어나는 것과 벌브와 킬이 만나는 지점에서 발생하는 간섭 저항이 생긴다는 것이다. 그러나 벌브가 복원성에 크게 기여한다는 장점은 이런 부정적 측면들을 충분히 보상하기에 요즘 세일요트는 벌브 킬로 설계를 많이 한다.

‖ 벌브 킬(Bulbous Keel)

서로 다른 벌브 킬의 성능을 조사하기 2010년 궤텐버그의 찰머스 공과대학에서 학생 프로젝트가 수행되었다. 추가로 2011년 그리고 2012년에 관련 프로젝트와 정도 향상 작업이

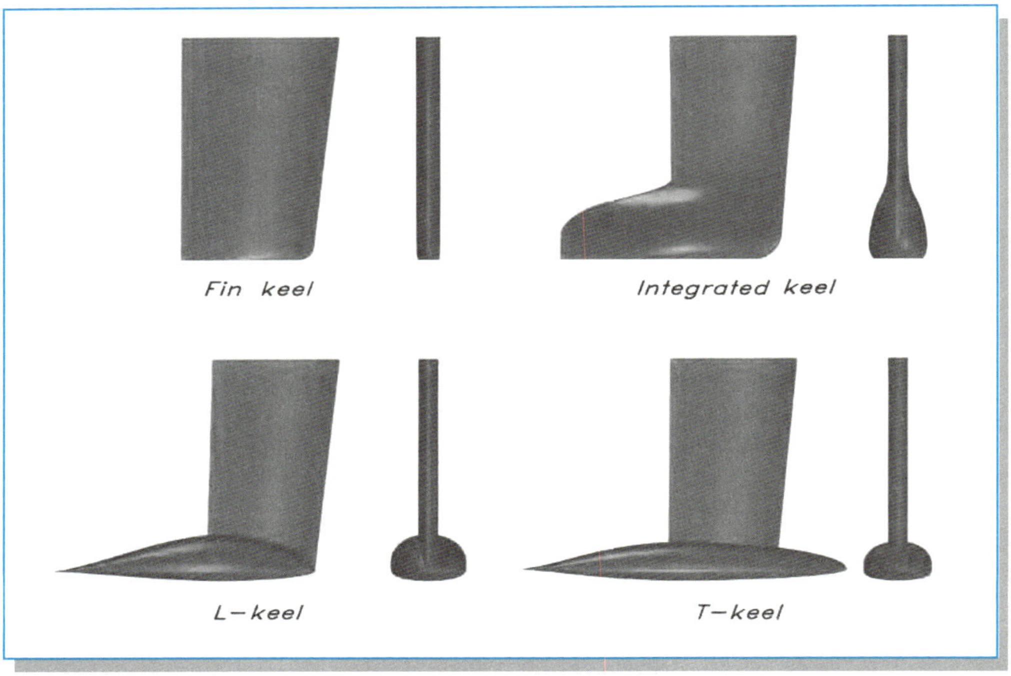

그림 6.12 킬

표 6.1 1해리당 소요시간(초), 모든 킬로 주물로 만들어짐

Wind speed	Course	Fin keel	Integrated keel	L-keel	T-keel
8 knots	Upwind	831	805	801	800
	Upw/Downw	918	895	893	890
20 knots	Upwind	627	615	611	611
	Upw/Downw	557	546	546	545

진행되었다. 이 작업의 일부분은 리융퀴스트(Ljungqvist) 등이 "세일요트의 킬 벌브에 관한 조사"라는 제목으로 발표하였다(참고문헌을 보라). 그림 6.12와 같은 네 개의 킬을 조사하였다. 평범한 핀 킬(fin keel)과 흔히 사용하는 세 개의 벌브 킬을 비교하였다. 여기서 세 개의 킬을 각각 '일체형 킬(integrated keel)', 'L형 킬(L-keel)' 그리고 'T형 킬(T-keel)'이라 한다. 모든 킬이 같은 복원모멘트를 가지도록 설계된 반면 핀 킬은 복원모멘트가 상당히 작다. 풍동실험과 수치계산이 시행되었다. 얻어진 힘과 모멘트를 (킬의) 속도로 변환하기 위해 속도예측프로그램(VPP)을 이용하였다(16장을 보라). 예측은 40피트급인 YD-40를 대상으로 하였으며 이 책의 3판에 예로 나와 있다. 킬의 조파 효과는 고려하지 않았다는 점과 모든 벌브 킬에 대해 매우 유사할 것이라는 가정이 있음을 주의하라.

표 6.1은 두 가지 바람에 대해 배의 1해리 당 예측 소요시간이 나타나 있다. 이 시간은 100% 풍상 범주와 풍상, 풍하 각 50% 조합에 대해 계산되었다. 핀 킬과 다른 킬 사이에 복원성이 (약간) 다르다는 것을 감안하기 위해 세일 면적을 조정하여 같은 경사각 13.6°(델런보우 각)이 나오도록 하였다. 리그 무게의 변화에 따른 효과도 역시 고려하였다. 결과를 보면 핀 킬과 그 외 킬에서 상당한 차이가 있음을 알 수 있는데 이는 서로 다른 복원성에 기인한다. 벌브 킬 사이에서는 이 차이가 비교적 작지만(특히 풍속이 높은 영역) T형 킬이 모든 조건에서 다른 킬보다 약간 나은 반면(풍상 20노트는 제외), L형 킬은 동등하게 빠른 성능을 보여준다.

‖ 요트의 양력과 유도저항

지금까지 양력과 유도저항의 논의는 양력선 이론에 기초를 두고 있으며 국부적인 끝단 흐름에 따라 필요한 수정을 포함하고 있다. 이 방법은 날개로 생각할 수 있는 각 부가물의 최적화에 매우 유용한 접근 방식이다. 유효 AR을 추가함으로써 경상 효과와 타원형 하중에 대한 것이 고려되었다. 그러나 만약 요트전체의 횡력과 유도저항의 계산에 있어서는 고려해야 할 효과들이 더 있다.

첫째, 킬, 타 그리고 선체 이 세 가지 요소가 힘에 관련이 있다. 이 세 요소의 복합에 의한 횡력의 분포는 타원형과는 분명 거리가 멀 것이다. 둘째, 자유수면의 효과가 있다. 이는 세 요소 모두에 영향을 받으며 배가 기울어져 있을 때 특히 그렇다. 이 흐름에 대한 관계는 간단하지 않다. 그러나 델프로 공대의 크닝과 베르베르프트(Keuning and Verwerft)는 체계적인 킬 변화를 통해 횡력을 예측할 수 있는 방법을 그림 6.13과 같이 제안하였다. 이 방법에는 킬, 선체, 타 및 수면 효과가 반영되어 있다. 이 제안은 부가물을 최적화하기에는 정확도가 낮음으로 주의를 해야 한다. 단지 이러한 효과를 고려해서 횡력을 추정하는 수단으로만 사용된다.

먼저 비커와 펠너(Whicker and Fehlner)가 3차원 날개를 풍동실험하여 얻은 식을 이용하여 킬과 타의 직립시 양력계수를 계산한다. 이 식은 날개의 후퇴각이 포함되어 있기 때문에 그림 6.5 프란틀의 식보다는 보다 정확하다. 선저에서의 경상(mirror image)을 이용하여 종횡비를 계산하며 AR_e에 대해서는 2의 계수가 적용된다.

킬의 받음각은 선체받음각(leeway)이지만 타에 있어서는 킬에 의한 흐름의 변화와 타의

Lift coefficient:

$$C_L = 5.7 \cdot AR_e / (1.8 + \cos(\Lambda) \cdot (AR_e^2 / \cos^4(\Lambda) + 4)^{0.5}) \cdot \alpha$$

$$AR_e = 2 \cdot AR$$

$$\alpha_k = \beta \quad \text{and} \quad \alpha_r = \beta - \varepsilon + \delta_r$$

$$\varepsilon = a0 \cdot (C_{L,k} / AR_{e,k})^{0.5}$$

Lift force:

$$L_k = C_{L,k} \cdot 0.5 \cdot \rho \cdot V^2 \cdot A_k \qquad L_r = C_{L,r} \cdot 0.5 \cdot \rho \cdot (0.9 \cdot V)^2 \cdot A_r$$

Hydrodynamic side force:

$$F_{h,k} = L_k \cdot c_{hull} \cdot c_{heel} \qquad F_{h,r} = L_r \cdot c_{hull} \cdot c_{heel}$$

$$c_{hull} = 1.8 \cdot (T_c / T_k) + 1$$

$$c_{heel} = 1 - 0.382 \cdot \Phi$$

$$F_h = F_{h,k} + F_{h,r}$$

ρ : Density of water [kg/m^3]
V : Boat speed [m/s]
A : Planform area of keel or rudder [m^2]
Λ : Sweep angle [deg]
β : Leeway angle [rad]
Φ : Heel angle [rad]
ε : Downwash angle [rad]
δ_r : Rudder angle [rad]

Φ	a0
0	0.136
15	0.137

그림 6.13 요트의 유체동력학적 횡력

각을 모두 고려해야 한다. 양력은 양력계수에 동압력[35]과 각각의 평면 면적을 곱하여 얻을 수 있다. 그러나 타의 유속은 배 속도의 90% 정도로 가정한다. 경사한 요트의 유체동역학적 횡력을 계산하려면 양력을 두 요소와 곱해야 한다. 하나는 선체의 효과이고 다른 하나는 경사의 효과이다. 암묵적으로 자유수면의 효과는 이 요소들에 포함되어 있다.

크닝과 베르베르프트의 제안에서는 이에 해당하는 유도저항을 찾는 방법이 없지만 적절한 접근방법이 그림 6.14에 나타나 있다. 일반적으로 유도저항은 양력계수와 종횡비를 알면 그림 6.5 프란틀의 식을 이용할 수 있다. 여기서 킬과 타의 횡력을 F_h라고 하자. 그림 5.1에

35 dynamic pressure = $0.5 \times \rho \times V^2$

Induced resistance coefficient:

$$C_{Dl,k} = \frac{C_{L\Phi,k}^2}{\pi \cdot AR_{Ee,k}} \qquad C_{Dl,r} = \frac{C_{L\Phi,r}^2}{\pi \cdot AR_{Ee,r}}$$

$$C_{L\Phi,k} = F_{\Phi,k} / 0.5 \cdot \rho \cdot V^2 \cdot A_{E,k} \qquad C_{L\Phi,r} = F_{\Phi,r} / 0.5 \cdot \rho \cdot (0.9 \cdot V)^2 \cdot A_{E,r}$$

$$F_{\Phi,k} = F_{h,k} / \cos(\Phi) \qquad F_{\Phi,r} = F_{h,r} / \cos(\Phi)$$

Induced resistance:

$$R_{i,k} = C_{Dl,k} \cdot 0.5 \cdot \rho \cdot V^2 \cdot A_{E,k} \quad \text{and} \quad R_{i,r} = C_{Dl,r} \cdot 0.5 \cdot \rho \cdot (0.9 \cdot V)^2 \cdot A_{E,r}$$

ρ : Density of water [kg/m^3]
V : Boat speed [m/s]
A_E : Lateral area of extended blade [m^2]
AR_{Ee} : Effective aspect ratio, for extended blade [m]
Φ : Heel angle [deg]

그림 6.14 요트의 유도저항

서 보듯이 이 힘은 수평면에 작용한다. 그러나 우리는 경사면에 대한 힘 F_ϕ가 필요하다. 이는 경사각의 코사인과 해당하는 양력을 이용하여 구할 수 있다. 양력계수를 얻기 위해서는 우선 평면 면적을 알아야 하는데 이는 킬과 타를 직립시 수면방향으로 투영시켜 찾을 수 있다. 이는 선체 효과를 포함한 근사적 방법이고 더 자세한 내용은 8장에서 설명한다(그림 8.2). 투영시킨 종횡비 AR_E 역시 계산할 수 있다. 자유표면의 경상효과를 생각하면 기하학적 종횡비인 AR_E에 2를 곱하면 투영된 유효종횡비 AR_{Ee}를 얻을 수 있다. 이후 유도저항계수를 계산하고 투영된 킬과 타의 면적을 이용하여 힘을 얻을 수 있다.

‖ 평면형상의 고급 설계

이 부분에서는 경기용 요트의 킬 평면형상에 대한 최신 개념을 설명한다. 대부분의 경우에 선체나 킬 주위의 흐름에 대해서 비교적 자세한 정보가 요구되는데 이를 위해서는 수조실험이나 전산유체역학(CFD) 기법이 필요하게 된다. 그러나 이 일은 보통의 아마추어로서는 쉽게 접근할 수가 없다. 그래도 설계상 이런 개념들 뒤에 숨어 있는 여러 원리를 이해하는 것은 여전히 흥미로운 일이다. 단면 설계와 연계하여 풀어보고자 한다.

▣ 날개 부착 킬

최근 눈에 띄는 발전을 보이는 것은 1980년대 12미터 급 요트에 주로 사용된 킬의 날개에 관한 형상설계이다. 이 기술은 크루징 세계에도 조금씩 확산되고 있다. 날개 부착 킬의 기본적 개념은 실제 깊이는 그대로 두고 킬의 AR_e을 높여 유도저항을 감소시키기 위한 것이다. 또는 같은 저항에서 킬의 길이를 짧게 할 수 있어 크루징 요트에 매력적인 옵션이 된다.

어떤 장치를 이용해 끝단의 흐름을 조절하는 방법은 새로운 것이 아니다. 1940년대에 이미 뉴욕의 데이비슨 연구소에서 킬의 끝단에 평판을 부착한 끝 단판(end plate)에 대한 실험이 이루어졌다. 킬의 끝단에 직각으로 판을 부착해서 정압측에서 부압측으로 넘어가는 흐름을 감소시켜 AR_e를 증가시켰다. 그러나 이 실험은 판의 점성저항이 크게 증가한 것으로 인해 전체적인 효과는 그리 바람직하지는 않았다. 1960년대 공기역학자 리더(S. O. Ridder)가 유선형의 날개형상을 한 장치를 풍동실험한 후에 경기용 요트에도 사용되었다. 진정한 돌파구는 1983년 아메리카스 컵에 출전한 12미터 급 "오스트렐리아 II(Australia II)"가 승리한 이후부터였다.

장치가 끝단에서 넘어가는 흐름을 감소하기 위한 것이라면, 국부 흐름 방향에 대한 상대적인 받음각이 생기게 된다. 국부 유선을 따르는 장치는 흐름의 방향을 바꾸지 못한다. 이 점을 생각하면 단순한 판은 효과가 없을 것이라는 것을 알 수 있다. 단순한 평판은 앞날에서 박리가 되기 때문에 어떤 받음각에 대해 오히려 저항이 커진다. 그러므로 좋은 효과를 얻기 위해서는 점성저항을 최소로 하는, 잘 설계된 날개를 사용할 필요가 있다. 흐름과 일치하지 않는 날개는 양력을 발생시키기 때문이다. 킬의 풍하측 흐름은 아래로 향하므로 날개는 아랫방향으로 힘을 발생시킨다. 풍상쪽은 풍하쪽과 정반대로 위로 향하는 힘이 생긴다. 날개가 충분히 효과를 발휘하면 두 힘은 앞으로 향하는 성분을 가지게 된다. 그래서 날개는 요트를 앞으로 밀게 된다. 그림 6.15는 항력이 양력에 비해 충분히 작을 때에 한해 그 현상을 보여주는 것이다, 조건이 맞지 않으면 항력이 발생한다. 따라서 적절한 날개를 설계하는 것의 중요성이 명확해진다.

날개의 효과를 확인하는 다른 방법은 킬의 후방에 남는 와류이다. 날개가 없다면 넘어가는 흐름에 의해 강한 와류가 킬 끝단에서 발생한다. 날개는 와류 에너지의 이점을 이용해 항력을 감소시켜 후방에 남은 와류와 나아가 저항을 작게 된다. 그러나 날개에도 넘어가는 흐름이 있기 때문에 이번에는 날개 끝 후방에 새로운, 그러나 작은, 와류가 남게 된다.

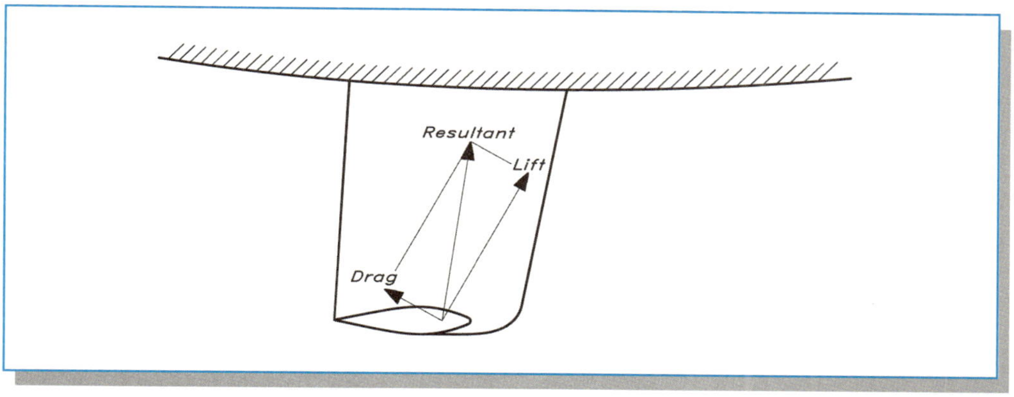

그림 6.15 풍상측에서 킬 날개 상의 힘

킬의 날개를 설계 시에 고려해야 하는 점으로는 :

- 날개뿌리의 코드길이(root chord)
- 피치 각(pitch angle)
- 날개 폭(span)
- 종 방향 위치(longitudinal position)
- 테이퍼(taper)
- 이음부의 페어링(junction fairing)
- 트위스트(twist)
- 단면 특성(section characteristics)
- 상반각(dihedral angle)

날개뿌리의 코드에서는 마찰과 유도저항 사이에 서로 대립되는 균형이 있다. 마찰이 없는 유체에서는 킬에서 날개로 가해지는 하중의 불연속을 피하기 위해서 날개뿌리를 킬 끝단의 크기가 되어야 한다. 이런 불연속은 와류의 발생과 이로 인한 유도저항을 의미한다. 한편 침수면적과 마찰을 최소화하기 위해 날개 코드 길이는 가능한 작게 하는 것이 좋다.

날개 폭에도 비슷한 것이 있다. 기본적으로 날개 끝단에서 떨어져 나가는 와류는 날개 폭이 크면 작게 되지만 대신 접수면적은 커진다. 날개 폭의 길이의 중요한 또 다른 하나는 날개 방향을 따라 발생하는 국부 흐름 방향의 변화이다. 날개 폭이 클수록 변화량도 크게 된다. 날개 안쪽에서의 흐름은 거의 선체 배수량에 좌우되지만 바깥쪽 흐름의 방향은 파도에 의해 결정된다. 당연히 경사각과 속력은 이들 조건에 변화를 줄 것이다. 따라서 큰 폭의 날개를 설계하는 것이 보다 복잡한 양상을 보인다. 날개 단면의 테이퍼와 트위스트는 하중과 날개 폭 방향을 따른 와류를 결정하므로 둘을 같이 고려하여 최적화해야 한다.

상반각은 요트 문헌상에도 논쟁거리이다. 상반각은 선체가 직립일 경우, 뒤에서 그리고 수평면에서 보았을 때 사이의 각도를 말한다. 앞서 설명한 바와 같이 킬의 정압쪽에서 부압쪽으로 넘어가는 흐름에 의해 날개는 하중을 받는다. 이것이 주요 효과로 보이는데 요트에 경사와 요우(yaw)가 생기면 선체받음각(leeway) 그 자체가 날개에 받음각을 일으키게 된다. 이 경우 풍하측의 날개는 보다 무거운 하중을 받고 풍상측은 덜 받게 된다. 예를 들어, 배가 45° 기울어지면 상반각이 45°가 되며 풍하측의 날개는 연직이 되어 선체받음각(leeway)을 그대로 받게 된다. 반대로 풍상측 날개는 수평이 되어 하중이 적게 작용한다. 이 상황에서 가장 큰 와류는 풍하측 날개 끝단에서 발생하며 이때의 흘수는 공칭 흘수보다 더 클 것이다. 이는 확실히 이득이다. 반면, 양쪽 날개 끝단에서 발생하는 와류들을 가능한 멀리 떨어지게 하여 똑같이 만드는 것도 이득이 있다. 후자의 이득은 상반각의 작을 때 유리하다.

날개의 피치각은, 옆에서 보았을 때, 날개 뿌리와 수평선 사이의 각을 말한다. 날개단면 전체에 걸쳐 국부 흐름 방향에 맞게 각도를 조정한다. 범용적인 방법은 날개가 없는 직립 조건에서 날개의 저항이 최소가 되도록 조정한다. 날개 부착 킬의 초기 시대에는 수조를 이용해 날개의 힘을 계측하고 그 각을 조정하여 최소 항력의 날개를 얻었다. 이 방법의 단

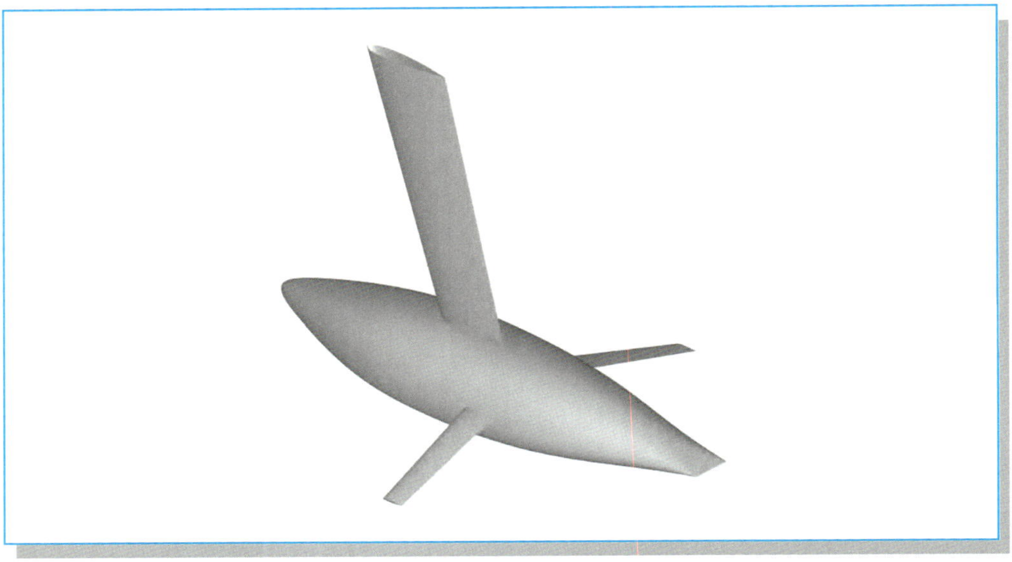

그림 6.16 아메리카스컵 요트의 대표적인 킬/벌브/날개 배치

점은 스팬 방향의 변화에 따른 효과가 고려되지 않았다는 점이다. 현재는 국부 흐름 방향 계산이나 날개의 각 단면에 트위스트를 주어 하중을 감소하는 것도 가능하다.

오스트랄리아 II가 성공할 수 있었던 이유는 킬에 부착된 매우 큰 날개에 기인한 복원모멘트에서 얻은 큰 복원성이 있을 수 있다. 위에서 바라보면 날개는 확실히 유체동역학적 최적화와는 거리가 있다. 현대의 설계에서는 킬의 복원성 효과와 킬에 부착되는 벌브 및 날개의 유체동역학적인 효과를 분리시킨다. 전형적인 예는 그림 6.16에서 불 수 있다. 그림의 킬

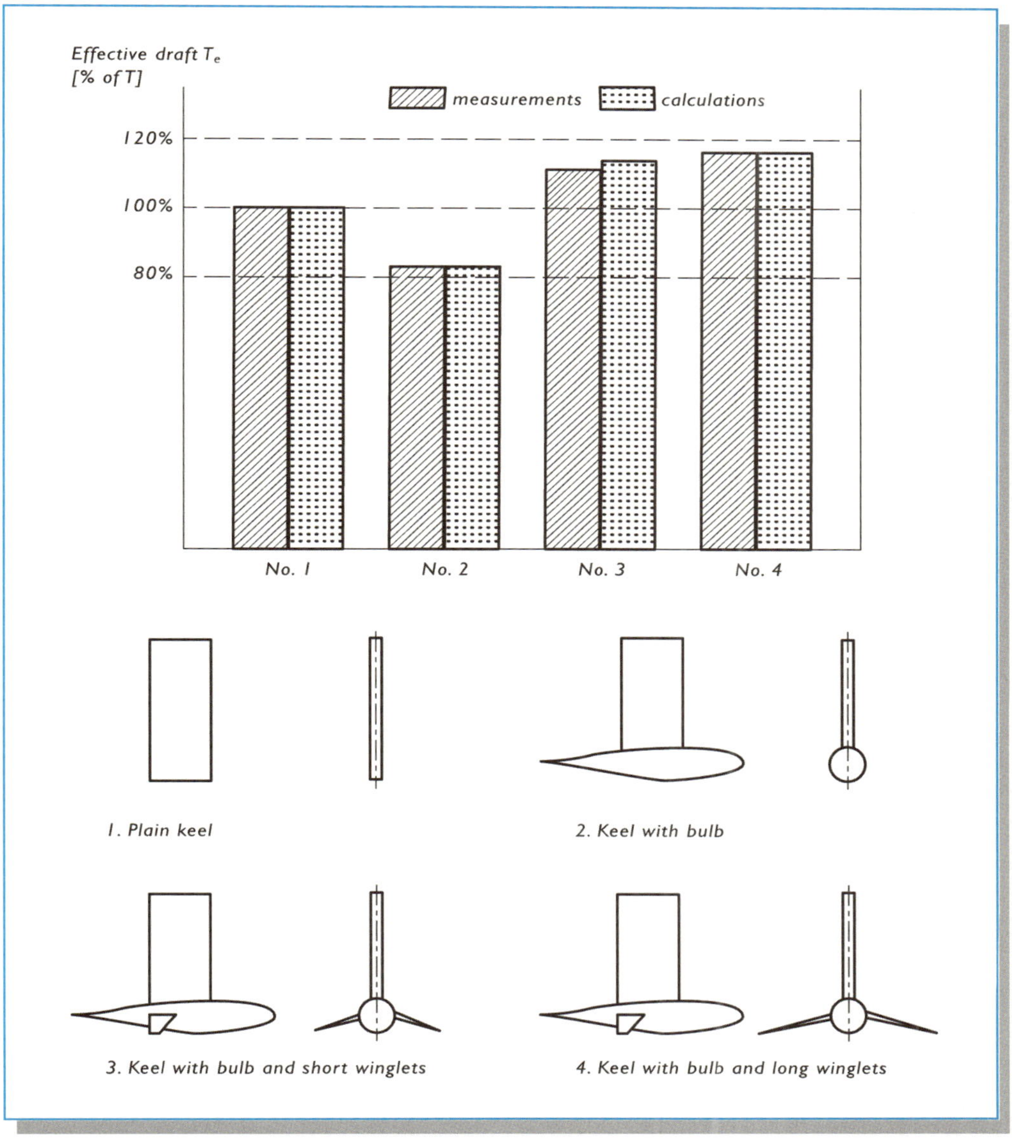

그림 6.17 유효흘수 T_e의 계산치와 실험치의 비교(Orych, 2005)

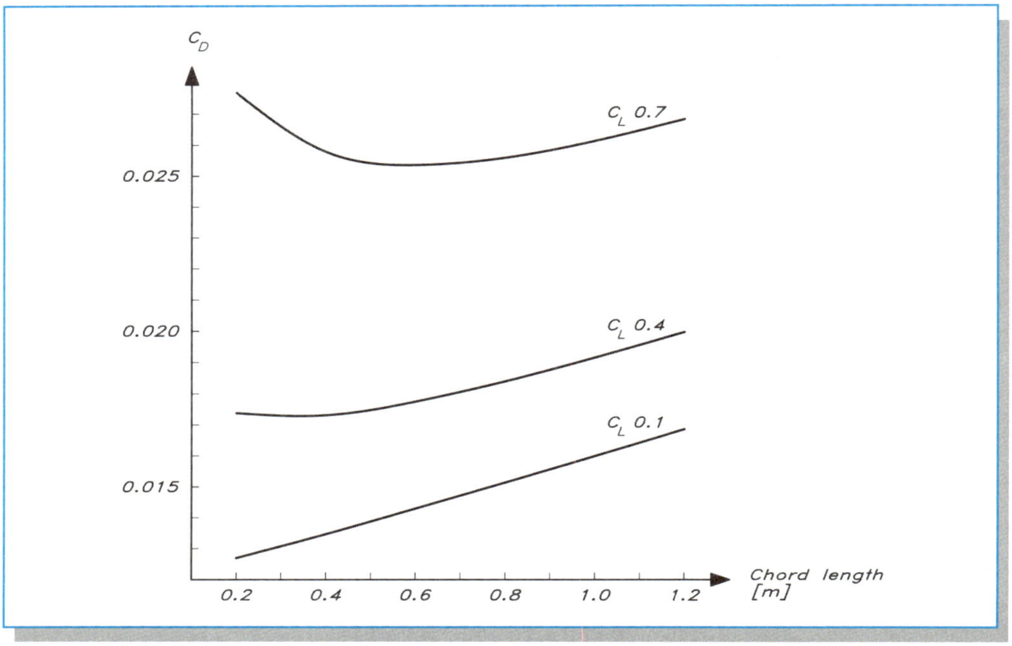

그림 6.18 양력계수와 킬/벌브/날개형상의 전저항 계수(Orych, 2005)

은 표준시험의 경우로 킬 주위의 유체 흐름을 수치적으로 예측하기 위해 소피아 워너(Sofia Werner)가 박사학위에서 사용한 것이다(참고문헌 참고).

벌브를 부착함에 따라 벌브와 킬의 연결부분에서 킬 단면 형상이 달라진다. 그러므로 킬의 유체역학적인 효율은 줄어든다(그러나 복원성 증가에 의해 보상된다). 그림 6.17에 명확하게 나타나는데 이는 네 가지 다른 형상에 대한 유효흘수의 값을 실험과 계산으로 비교한 그림이다(참고문헌 참고). 이 데이터는 보잉사의 풍동 계측값(티노코 외, 1993)과 오리치(Orych)가 발표한 계산값이다. 결과를 보면 벌브 부착시 유효흘수가 약 18%가량 감소한다. 반면 날개를 벌브에 부착하면 날개가 없는 단순한 킬보다 14~16% 정도 유효흘수가 증가한다. 긴 날개가 짧은 날개보다 약간 좋다.

유효흘수는 특정 형상이 유도저항과 관련하여 성능에 어떤 영향을 끼치는가를 보여주는 지수이기 때문에 접수 면적이나 마찰에 대한 악영향은 없다. 마찰을 고려한다면 킬/벌브 배치는 단순한 킬과 비교했을 때 유체역학적으로 불리하고 날개의 이점은 작아진다. 따라서 날개의 최적 크기는 양력 요구조건에 달려 있다. 오리치는 다양한 양력계수를 통하여 날개를 체계적으로 바꾸어 가면서 계산을 하였다. 전형적인 아메리카스 컵의 킬에 해당하는 배치와 그 예가 그림 6.18에 있다.

여기에 킬/벌브/날개 배치의 전체저항을 날개뿌리 코드길이에 대해서 나타내었다. 이 결과에 따르면 양력계수 0.7의 경우 0.6m, 0.4의 경우 0.4m의 최적 코드길이를 보이고 있다. 양력계수 0.1의 경우에는 날개의 의미가 없다. (곡선은 다소 외삽이 되었다.)

킬과 날개의 접합부에는 보통 와류가 발생한다. 이 와류로 저항성분이 증가한다. 실제 동일한 현상이 킬과 선체의 접합부에도 일어난다. 이것에 대처하기 위해서 필렛(fillet)이라고 부르는 특별한 페어링 작업을 한다. 전형적인 필렛 설계는 LE에서 시작해 TE까지 뒤쪽으로 가면서 접합부의 반경을 증가시켜 나가는 것이다. 이때 페어링 반경은 경계층 두께 최대치 정도로 한다. 킬/선체 접합부의 경우 선체 경계층은 보통 몇 센티미터로 YD−41와 같은 41ft 보트의 경우는 5센티미터 정도이다. 킬과 날개 접합부 경우는 경계층이 얇아 반경이 1센티미터 정도가 적절해 보인다. 여기서 상당히 중요한 점은 TE 뒤쪽에서는 부드럽게 테이퍼 처리를 해야 한다는 것이다. 최근에는 필렛설계에 다른 방법들이 제안되고 있지만 어떤 받음각에서는 작동하지 않는 것으로 보이기 때문에 요트 설계에는 잘 쓰이지 않는다.

이 모든 서로 대립되는 점 사이에서의 균형과 흐름에 대한 자세한 지식을 고려했을 때, 경험이 많은 유체역학자만이 효과적인 날개 설계할 수 있을 것으로 보인다. 앞서와 같은 내용을 고려하지 않으면 이점보다는 오히려 단점의 원인이 될 것이다.

▣ 전방 타(커나드 윙)

1987년 아메리카스 컵 경기에서 미국의 USA호는 혁명적인 설계를 했는데 킬의 두 가지 역할을(중심을 내리고, 횡력을 발생시킴) 각각의 장치로 따로 나누었다. 발라스트는 큰 벌브에, 횡력은 전방타와 후방타에 두었다.

횡력을 두 개의 면으로 나눌 때의 효과는 복엽기 이론(biplane theory)을 통해 조사할 수 있었다. 이 원리는 단순하다. 날개 폭은 유지하면서 각 면에 양력을 줄여 전체 유도저항의 합을 한 개 면일 때보다 작게 하는 것이다. 그 이유는 양력선 이론에서 보았듯이 유도저항은 양력의 제곱에 비례하기 때문이다. 만약 이 두 면 사이에 간섭이 없다면 양력이 반반씩 두 면으로 나뉘게 되고 각 면의 저항은 원래의 1/4이 된다. 즉 전체 저항은 반으로 줄어든다. 그러나 뒷날 와류계(trailing vortex system)가 날개 폭의 몇 배로 서로 떨어져 있지 않으면, 간섭의 효과를 무시할 수 없다. 따라서 뒤쪽 날개를 앞쪽날개의 반류(wake)내에 둘 필요가 없게 된다. 와류계들이 서로 만나 같이 작동하여 원래 한 개의 날개와 같은 저항을 발생시킨다. 만약 날개를 옆으로 배치하면 이것은 효과가 있다. 예를 들어 카타마란의 경우 두 개

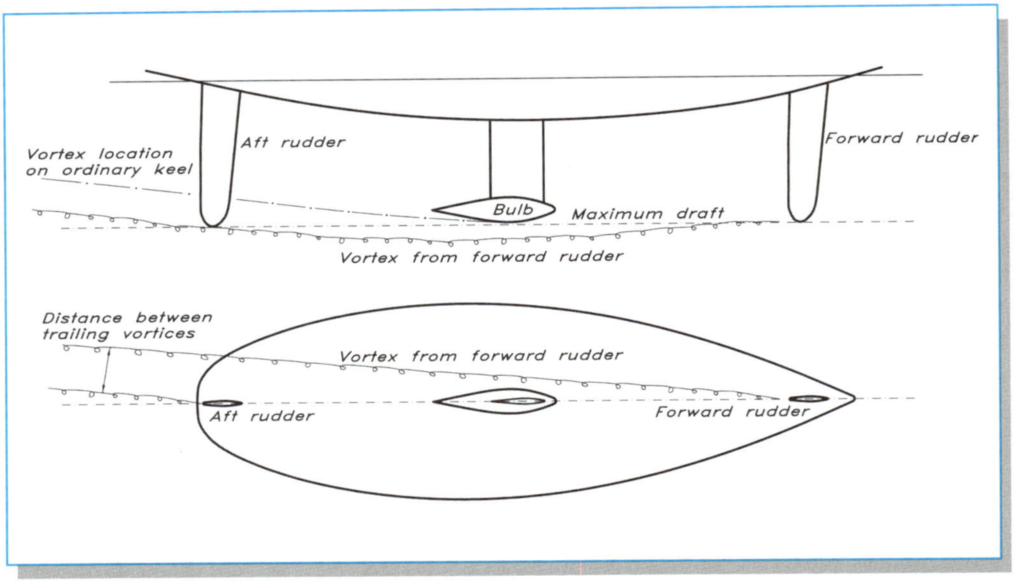

그림 6.19 전 후방 타 배치

의 센터보드는 스팬의 몇 배로 떨어져 있기 때문에 각각에 대해 고려할 수 있다.

일단 전방 타와 후방 타 배치는 하나의 타가 다른 타의 후방에 있기 때문에 의미가 없어 보일지 모른다. 그러나, 배는 선체받음각이 있고 타 들은 멀리 떨어져 있기 때문에 후방 와류계 사이의 거리는 크지는 않더라도 충분하다(그림 6.19 참고). 선체받음각이 4°, 타 사이 거리를 15m라고 하면 와류사이의 거리는 약 1m로 떨어지게 된다. 이것은 흘수의 약 40%에 해당하고 항력의 감소를 감지하기에 충분하다.

그림 6.19에는 상대적으로 깊은 선체의 후방에 타를 두는 것에 대한 효과와 관련된 흥미로운 사실이 하나 더 있다. 후방와류는 그림 위쪽에서 보듯이 선체 주위 흐름에 영향을 받는다. 와류의 최종 위치는 최대 흘수에 있는 보통의 킬보다 더 깊이 아래에 있게 된다. 유효 수심은 상당 후방의 와류 위치에 의해 결정되기 때문에 주어진 기하학적 최대 흘수 조건에서 타 배치가 보다 좋게 된다.

전후 타 방식의 세 번째 장점은 파계(wave system)에 대한 효과이다. 보통의 킬은 파에 나쁜 영향을 끼치지만 타는 그 반대이다. 선체가 풍상을 최고속력으로 달릴 때, 프루드 수는 약 0.35 전후이고 파장은 수선 길이보다 약간 짧다. 따라서 파저는 선체 중앙부분에 있게 된다. 선체가 제법 기울어지면 킬의 부압면이 수면에 가까워져 파저를 더욱 낮게 한다. 반대로 타는 부압면이 파정에 놓이므로 파고를 감소시킨다.

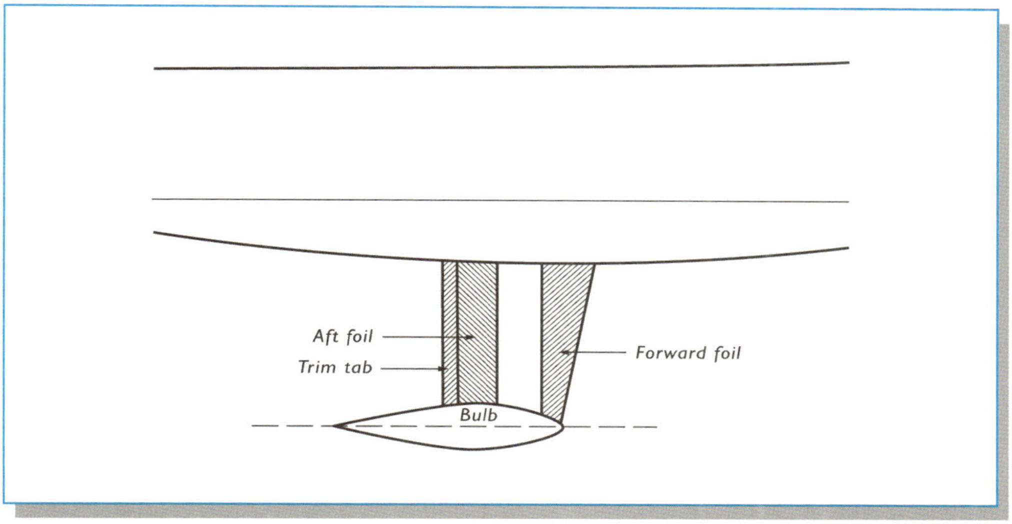

그림 6.20 트림탭 부착형 텐덤킬

전후타 방식의 배치에 몇 가지 현실적인 면들이 있다. 우선 조종성능은 향상되지만 양 타사이의 연동을 위해서는 좋은 제어시스템이 필요하다. 다른 하나는 배가 기울어졌을 때 타들이 위로 올라오기 때문에 공기흡입(ventilation)의 우려가 있다. 특히, 폭이 넓은 요트는 너무 많이 올라오기 때문에 타의 효과에 문제가 있다. 어떤 경우든 전후 타 방식은 흥미 있는 배치이고 앞으로 고속경기요트에서 빈번히 나타날 것으로 보인다.

▣ 탠덤 길(Tandem Keels)

전후 타와 유사하게 텐덤킬의 횡력은 가까이 붙어 있는 두 개의 포일에 나누어진다. 두 포일은 보통 수평의 핀(fin)이나 벌브로 연결되어 있다(그림 6.20 참조. 그림에서는 뒤 포일에 트림 탭이 부착되어 있다). 포일사이에는 집과 메인세일의 사이에서 나타나는 것처럼(여기에 대해서는 다음 장에 설명함) 강한 상호작용이 있다.

텐덤 배치에는 두 가지 장점이 있다. 첫째는 실속(stall) 직전 최대 양력계수가 커진다는 점이고 둘째는 보다 넓은 면적에 걸쳐 층류를 얻을 수 있다는 점이다. 후자는 의외일 것 같지만 실험에 의하면 앞 포일의 난류가 옆으로 빠르게 흘러나가 뒤 포일을 방해하지 않기 때문에 계속 층류가 작용하는 것으로 보인다. 최대 양력계수가 커진다는 것은 작은 면적이 필요하다는 것을 의미한다. 그러므로 두 효과는 마찰의 감소를 의미한다. 더 나아가면 타 없이 트림 탭(trim tab)으로 배를 조종할 수 있을지 모른다.

‖ 캔팅 킬(Canting Keel)

볼보 오픈 70(Volvo Open 70)과 같은 극한경기요트는 복원성 향상을 위해 캔팅 킬을 사용한다. 전형적인 예가 그림 6.21이다. 킬은 좌우로 각각 45° 회전할 수 있다. 풍상으로 갈 때는 유압시스템을 이용하여 킬을 풍정압측(windward)으로 회전시켜 복원성을 크게 한다. 반면 킬에서 생기는 횡력은 다소 잃어버리게 된다. 그러한 이유로 대거보드(dagger board)를 사용하여 횡력을 만들어 내는데 대거보드는 요트의 중앙이 아닌 빌지(bilge) 부분에 둔다. 풍부압측(leeward)의 대거보드만 내려가기 때문에 배가 기울었을 때 좀 더 수직이 되도록 하려고 기울여 설치한다. 또한 비대칭 단면을 사용하여 작은 선체받음각에서도 필요한 횡력을 만들어 낼 수 있게 한다. 킬 블레이드는 벌브의 무게를 지탱하는 역할을 하기 때문에 양력을 발생시키는 능력에 대해 고려할 필요 없이 설계할 수 있다. 캔팅 킬 요트는 쌍 타(twin keel)를 설치하는데 대거보드와 마찬가지로 효율을 향상시키기 위해 기울어져 있다.

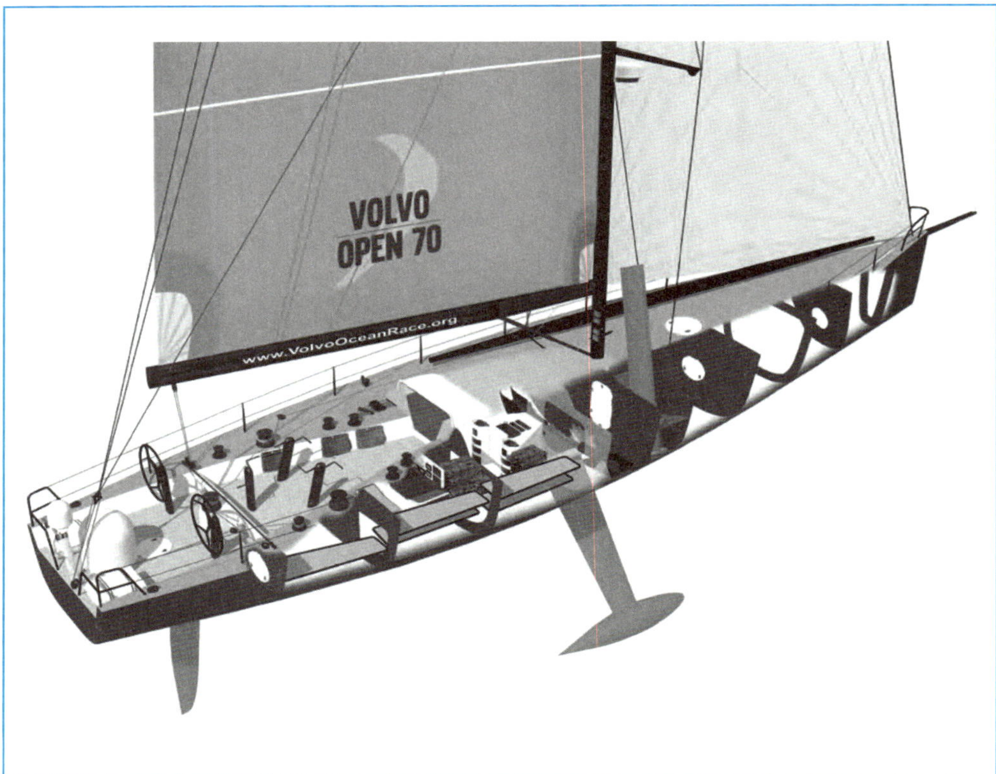

그림 6.21 캔팅킬(바람 쪽으로 기울어진)과 빌지보드(바람 쪽은 걸려있다)가 부착된 볼보 오픈 70의 그림

‖ 평면 형상의 평가

일곱 종류의 킬에 대한 개념평가가 1980년대 초기에 델프트공과대학에서 이루어졌다. 모든 킬을 같은 선체(63ft 크루저의 3.2m 모형선)로 실험하였다. 유체역학적 효과를 복원력과 분리시키기 위해 평가는 모두 동일한 복원력에서 행해졌다.

일곱 종류의 킬은 그림 6.22에 있다. 본 평가의 주안점은 성능을 너무 떨어뜨리지 않으면서 요트의 흘수를 최소화하는 것이어서 킬의 날개 폭은 1.39m로 매우 작다. 2, 3, 4, 5, 6은 짧은 쪽이며, 1번과 7번은 일반적인 길이인 2.29m이다. 1번은 다른 것과 비교를 위해 표준형의 사다리꼴 킬이고 7번은 타원형이다. 얕은 흘수의 킬에서는 3번이 사다리꼴로 비교대상으로 하였고 다른 것들은 킬 끝에 어떤 장치들을 하였다. 2번은 센터보드로 내리면 흘수가 1.41m가 된다. 4번은 소위 스킬(scheel)킬이며 5번과 6번은 각각 날개 폭이 다르다. 스킬 킬은 그림에서 보듯 끝단에서 상당히 두껍다. 정면도에서 있듯이 킬의 바닥 근방에 부착해 넘어가는 흐름을 줄이고자 하는 것이다.

실험 후 VPP(속도예측프로그램, 제 14장 참조)를 사용해 평가를 하였다. 모든 풍속과 풍향에 해당하는 세일링 속력을 구한다. 최종결과는 표 6.2와 같이 두 가지 풍속과 올림픽 코스에서의 소요시간으로 표시했다. 타원형과 기본 사다리꼴 킬이 거의 같은 숫자로 가장 좋은 것으로 나타났다. 이 결과는 물론 놀랄 일은 아닌데 이는 흘수가 가장 크기 때문이다. 그러나 주목할 것은 흘수가 얕은 6번 킬이 강풍에서 거의 유사한 성능을 보인다는 것이다. 따라서 날개를 사용해 성능 손실 없이 흘수를 얕게 하는 것이 가능하다. 흘수 차가 보다 작았다면 날개부착 킬이 거의 같거나 오히려 좋은 성능을 보였을 수 있다. 짧은 스팬의 날개부착 킬, 스킬 킬 그리고 얕은 사다리꼴 킬은 올림픽 코스에서 성능은 가장 좋은 것보다 각각 2%, 3.5%, 5% 정도만 느렸다. 기대 밖의 결과는 센터보드 킬의 성능인데, 흘수가 가장 큰데도 오히려 2%가량 늦었다. 실험에서 보드는 모든 조건에서 내려진 상태였다. 그러나 현

표 6.2 올림픽코스에서의 델프트 킬 소요시간(소수점의 시간)

Wind speed (knots)	kell no.						
	1	2	3	4	5	6	7
15	3.96	4.06	4.13	4.10	4.04	4.01	3.96
20	3.52	3.60	3.72	3.64	3.60	3.53	3.52

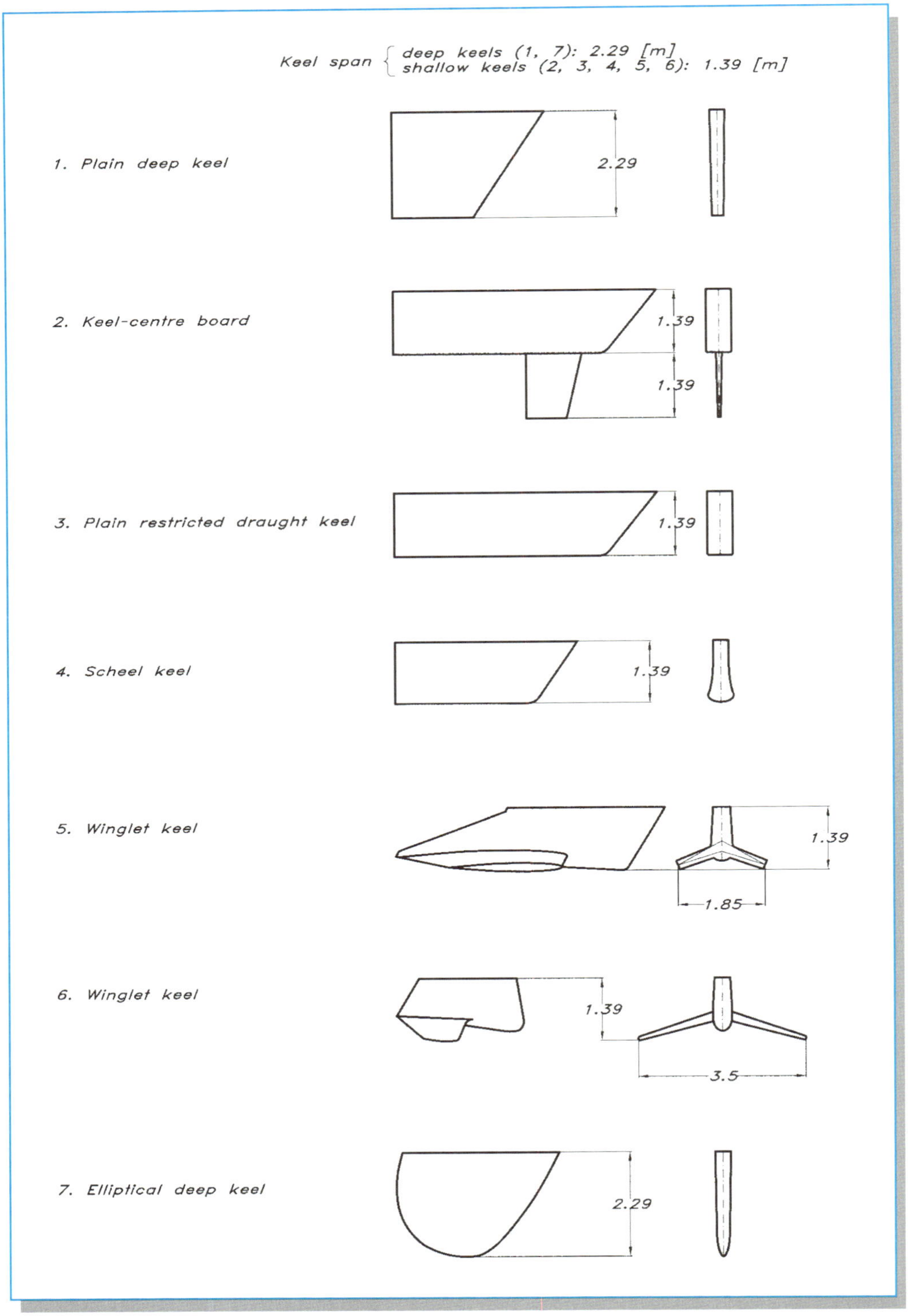

그림 6.22 게릿스마 교수팀이 실험한 킬의 형상들

실에서는 풍하로 내려갈 때 올려질 것이다.

‖ 날개단면의 정의

단면형상은 평면 형상의 영향처럼 킬 특성에 큰 영향은 없지만 평면 형상의 가장 큰 변수인 종횡비는 대부분의 클래스 규칙에서는 고정되어 있고 또한 레이팅 규칙에 의해 상당한 페널티(penalty)가 부여된다. 그러므로 단면특성의 영향에 대한 연구는 가치가 있다고 할 수 있다.

그림 6.23에는 날개단면을 정의하기 위한 기하학적 변수가 나타나 있다. 그림의 날개단면은 비대칭이므로 윗면과 아랫면 사이의 중심선이 휘어있다. 앞서 언급한 바와 같이, 요트는 좌우 택에서 동일한 성능이 나와야 하기에 비대칭 단면은 거의 사용하지 않는다. 그러므로 앞으로 서술되는 대부분은 대칭단면에 한한다. 날개두께 t는 중심선에 대해 직각으로 측정하며 최대 날개두께는 t_{max}로 표시한다. 단면의 두께비를 t_{max}/C로 나타내며 C는 코드 길이이다. 단면특성의 중요한 변수로 앞날반경 r_t가 있는데, 이것은 LE에서의 곡률반경을 말한다. 이 정의는 현실적이지는 않지만 앞날반경은 앞날 아래 위 형상의 45°를 따르는 원으로 정의하는데 큰 무리가 없다.

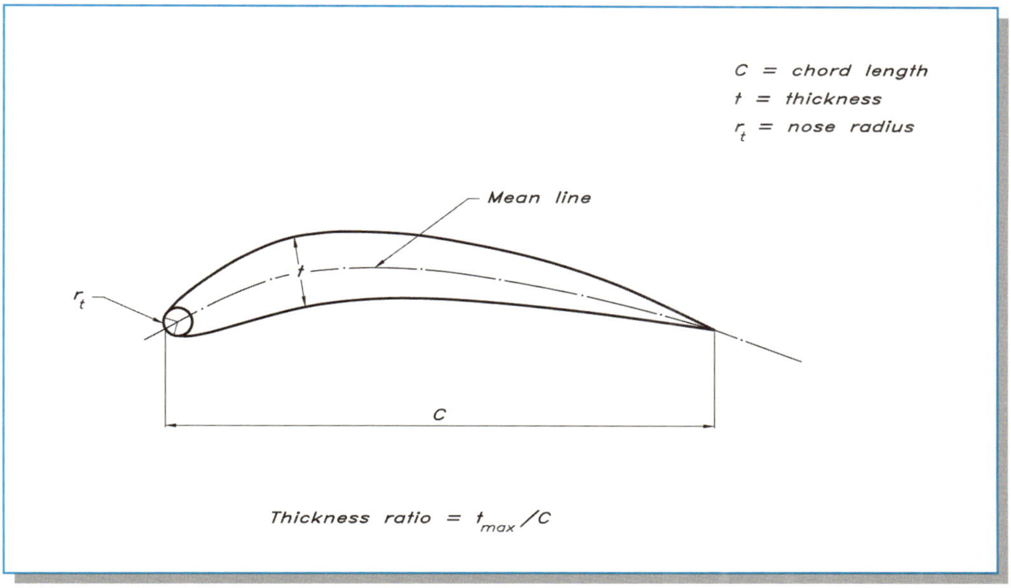

그림 6.23 단면형상 정의

∥ 유용한 세 종류의 NACA 단면

아쉽게도 많은 요트가 잘 설계된 날개 단면을 사용하고 있지 않다. 일반적 요트설계자는 경험이 있는 유체역학자가 아니면 스스로가 날개 단면을 개발하려고 해서는 안 된다. 날

표 6.3 세 가지 유용한 NACA 단면들

x	y 0010	y 63–010	y 65–010
0	0	0	0
0.5	1.018	0.829	0.772
0.75	1.237	1.004	0.932
1.25	1.578	1.275	1.169
2.5	2.178	1.756	1.574
5.0	2.962	2.440	2.177
7.5	3.500	2.950	2.647
10	3.902	3.362	3.040
15	4.455	3.994	3.666
20	4.782	4.445	4.143
25	4.952	4.753	4.503
30	5.002	4.938	4.760
35	4.958	5.000	4.924
40	4.837	4.938	4.996
45	4.651	4.766	4.963
50	4.412	4.496	4.812
55	4.127	4.140	4.530
60	3.803	3.715	4.146
65	3.444	3.234	3.682
70	3.053	2.712	3.156
75	2.643	2.166	2.584
80	2.187	1.618	1.987
85	1.710	1.088	1.385
90	1.207	0.604	0.810
95	0.672	0.214	0.306
100	0.105	0	0

개 단면을 소개하는 책이 많이 있어 대부분의 경우는 이것을 활용한다. 이 분야에 가장 잘 알려진 것은 애벗과 본 도엔호프(Abbott & von Doenhoff)의 날개 단면의 이론(Theory of wing section)이다. 이 책은 날개와 날개 단면에 대한 이론뿐만 아니고, 날개의 형상과 특성에 대해 풍부히 소개하고 있다.

표 6.3에 세 종류의 유용한 날개를 소개한다. 첫 번째 열은 네 자리 수 계열을 나타낸다. 뒤 두 숫자는 두께비를, 앞의 두 숫자는 중심선에 대한 정보를 뜻한다. 대칭단면의 경우는 뒤쪽 두 숫자만 의미를 가진다. 다음 두 열은 6-계열로 1940년대에 개발되었지만 보다 현대적이라고 생각해도 좋을 것이다. 6-계열은 5개의 그룹이 있는데 각각 63, 64, 65, 66, 67로 불리어진다. 두 번째 수는 코드상에서 최소압력이 발생하는 위치를 나타낸다. 즉, 63계열일 경우 최소 압력점은 LE로부터 코드길이의 30% 지점에 있고, 64계열일 경우에는 40%의 위치에 있다는 것을 나타낸다. 앞으로 보겠지만 이 정보는 아주 중요하다. (-) 뒤의 첫 숫자는 중심선에 관한 것이고, 뒤에 두 숫자는 두께비를 %로 나타낸 것이다. 표 6.3의 단면은 모두 두께비 10%를 가지는 예이다. 4-계열은 모든 두께로 상사(scale)가 가능하다. 즉, 원하는 두께에 주어진 10%로 나눈 수를 모든 y값에 곱하면 된다. 6-계열에서는 정확히 말하면 다르지만 10%보다 차이가 많이 나지 않는 이상 이와 같이 적용해도 좋은 근사치들이 얻어진다.

단면의 형상은 x, y좌표로 표현된다. x는 코드 상에서의 위치를 나타내고, y는 코드에

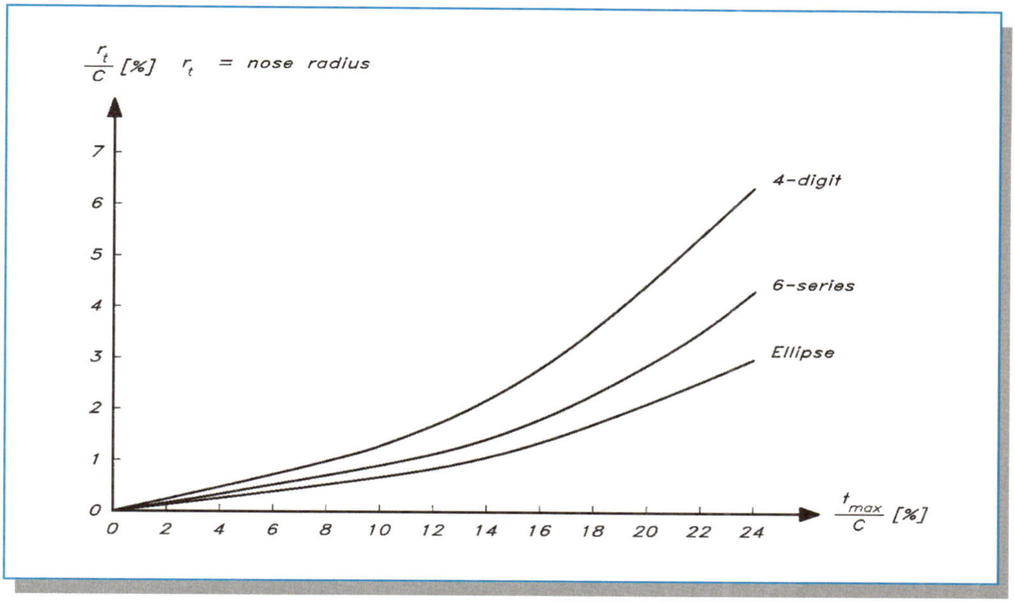

그림 6.24 앞날 반경

수직방향 상의 수치를 나타낸다. 두 좌표 치는 코드에 대해서 %로, 좌우대칭이므로 한 쪽만 나타낸다. 단면에서 가장 중요한 LE부분을 표현하기 위해서는 앞날반경(nose radius)가 필요하다. 이것은 그림 6.24에 나타난 것처럼 두께 비에 2차식 형식으로 변화한다. 두 계열뿐만 아니라 타원단면도 알 수 있다. 6-계열은 타원단면 형에 가깝고 4계열은 반경이 더 크다는 것을 알 수 있다.

|| 단면특성에 대한 형상의 영향

성능에 대한 단면형상의 영향을 이해하기 위해서는 그림 5.5의 선체 주위 경계층을 참고할 필요가 있다. 원론적으로 단면 주의의 흐름은 이것과 동일하다. LE부터 층류 경계층이 발달된다. 일정 거리가 되면 흐름은 불안정하게 되고, 이후 경계층은 천이단계를 거쳐 난류로 바뀐다. 어떤 조건하에서는 흐름이 박리되고, 재순환이 발생한다. 선체와 날개단면의 차이는 날개단면에는 받음각이 생기기 때문에 아래 위 면의 흐름이 달라진다는 것이다. 제5장의 내용을 상기해 보면, 경계층의 형성은 압력분포 즉 형상에 따라 결정된다. 감소하는 압력과 바람직한 압력 분포는 흐름을 안정되게 하고 후방으로 빨려 나간다. 증가하는 압력은 반대방향으로 작용하고 흐름을 불안정하게 해서 천이를 상부로 거슬러 올라가게 해 박리를 더욱 쉽게 한다.

이러한 내용을 염두에 두고, 그림 6.25의 세 개 단면에 대한 압력분포를 살펴보면 흥미롭다. 첫 번째는 두께 비 9%의 전형적인 NACA 4-계열 단면이고, 다른 2개는 각각 9%와 21%의 두께 비를 가지는 65-계열이다. 수직 위 방향이 음의 압력을 표시한다. 4-계열의 최대부압점은 상당히 앞쪽에 있고, LE로부터 10% 코드 근방에 위치한다. 이것은 유리한 압력분포는 코드길이 10% 내에만 있고, 천이가 더 앞에서 생길 것이라는 의미이다. 다른 두 개에서는 최대두께위치와 이에 따른 최대 부압점이 후방에 위치하기 때문에 보다 넓은 층류 영역이 기대된다. 그 결과로 항력은 상당히 감소하게 될 것이다.

65-계열에서는 압력분포가 두 개 더 그려져 있다. 이것은 최대 받음각(즉 최대양력계수)에서 단면의 아래, 위 압력을 표시한 것이다. 압력분포는 얇은 단면에는 양력계수 0.06까지, 두꺼운 단면에서는 0.44까지, 이로운 압력 상태를 유지하고 있다는 것을 알 수 있다. 보다 높은 양력대인 즉, 큰 받음각 상황에서 부압 최대치는 상당히 전방으로 이동, 천이가 LE 근방에 발생하며 항력이 증가한다. 풍상 범주의 경우 전형적인 양력계수는 0.2이고, 풍하

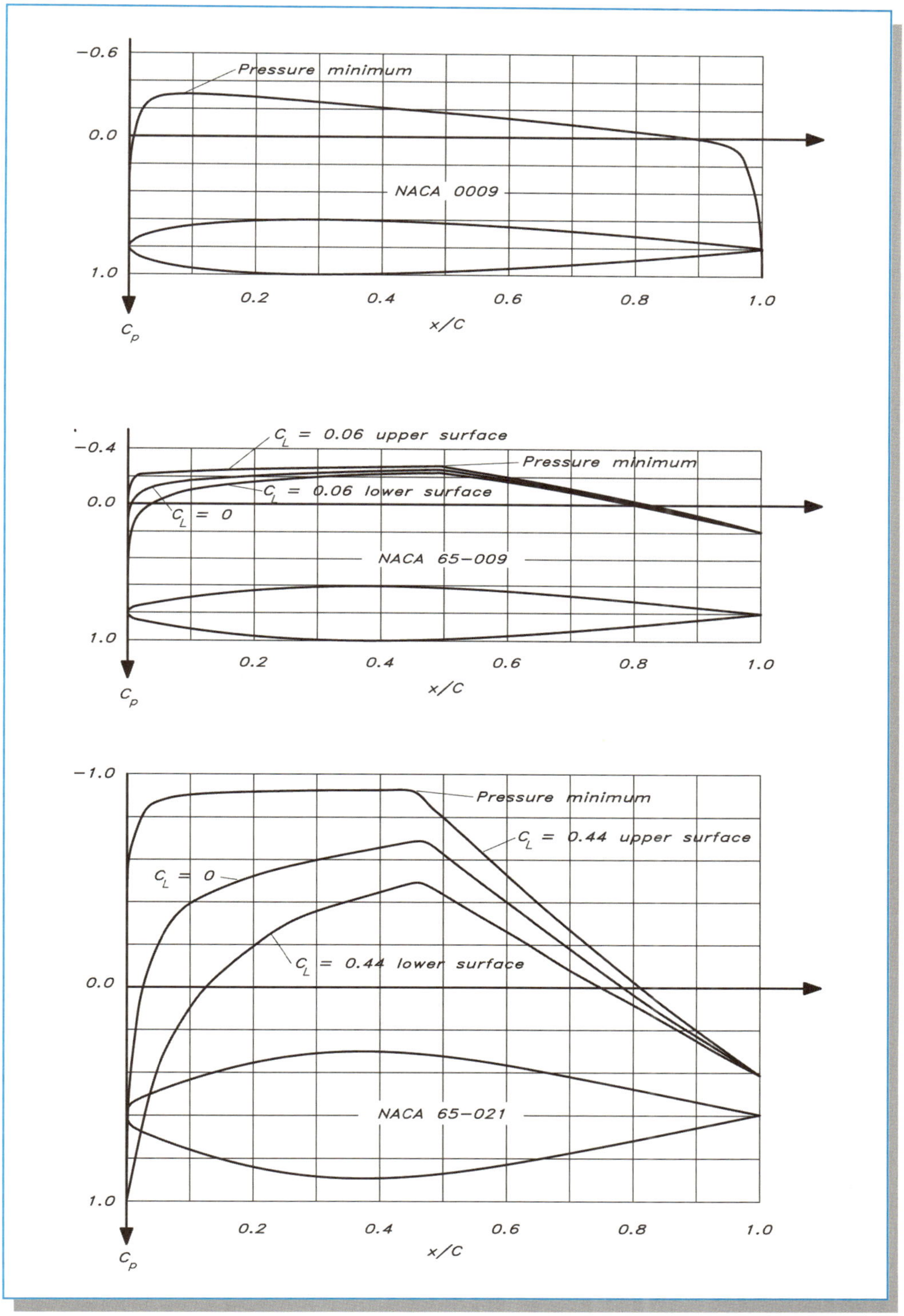

그림 6.25 단면형상에 따른 압력분포

범주는 거의 0이다. 세 단면의 차이점은 아래와 같이 정리한다.

- 4-계열은 최소 압력이 상당히 앞에 있고, 이로 인해 65-계열보다 층류 영역이 작다.
- 얇은 단면의 날개는 작은 받음각 범위에서만 작동을 잘하고 넓은 단면은 큰 받음각까지 가능하다.

이제 양력과 항력의 차이에 대해 보다 정량적인 논의를 해 보자. 먼저, 계열 간의 차이점이다. 그림 6.26에는 같은 두께(9%)의 두 종류 단면과 각각의 항력곡선이 있다. 그림 6.25에 보인 65-계열은 이렇게 얇은 상태에서 거의 사용하지 않으므로, 63-계열과 4-계열을 비교해 본다. 받음각 2° 부근까지는 63-계열이 약 20%가량 항력이 작아지지만, 역으로 그 각도를 넘게 되면, 4-계열 단면이 월등한 것을 알 수 있다. 단, 이것은 2차원 날개, 즉 AR이 무한대인 경우이다. 보다 현실적인 AR이 되면, 같은 양력계수를 얻기 위해 약 2배의 받음각이 필요하다(그림 6.6 참고).

6-계열에 속한 같은 형태의 모든 단면에 대한 두께와 두께분포의 영향을 그림 6.27에 타

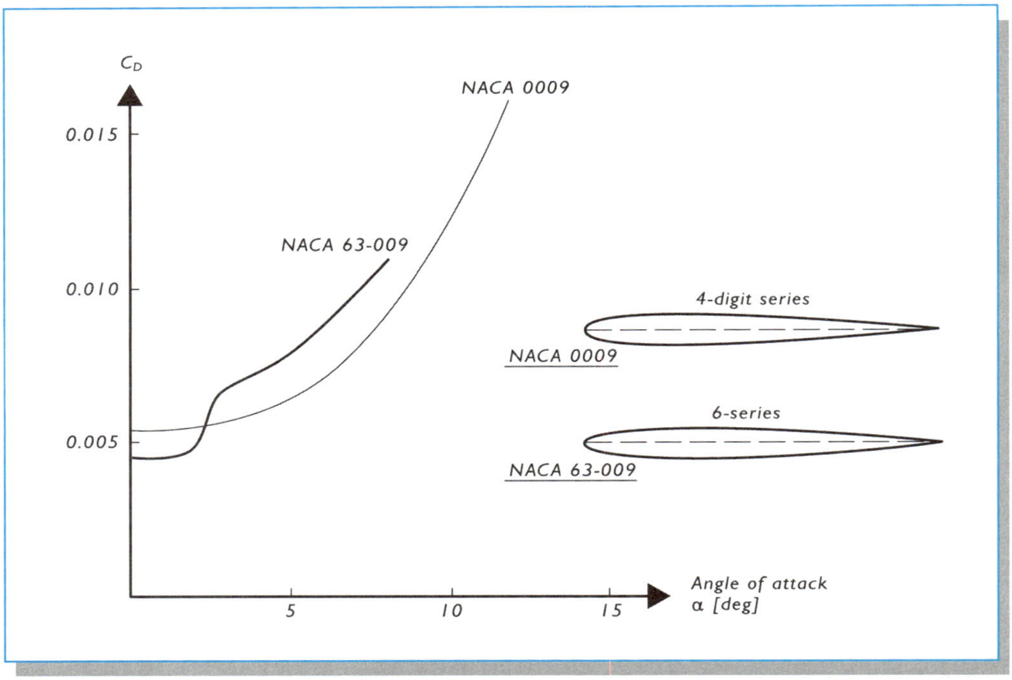

그림 6.26 두 형상 비교

나내었다. 두 개의 9%, 두 개의 21% 단면이 있다. 같은 두께라도 단면의 형상이 다르게 되는데 이는 각 63과 65 계열이기 때문이다. 최대두께위치(와 최대부압점)도 각각 다르다. 작은 받음각에는 얇은 단면이 작은 항력을 보인다. 그러나, 소위 "항력 물통"의 폭은 두께가 큰 것이 넓다. 또, 65-계열 단면이 63-계열보다 작은 항력을 보이나, 물통의 폭은 약간 좁다.

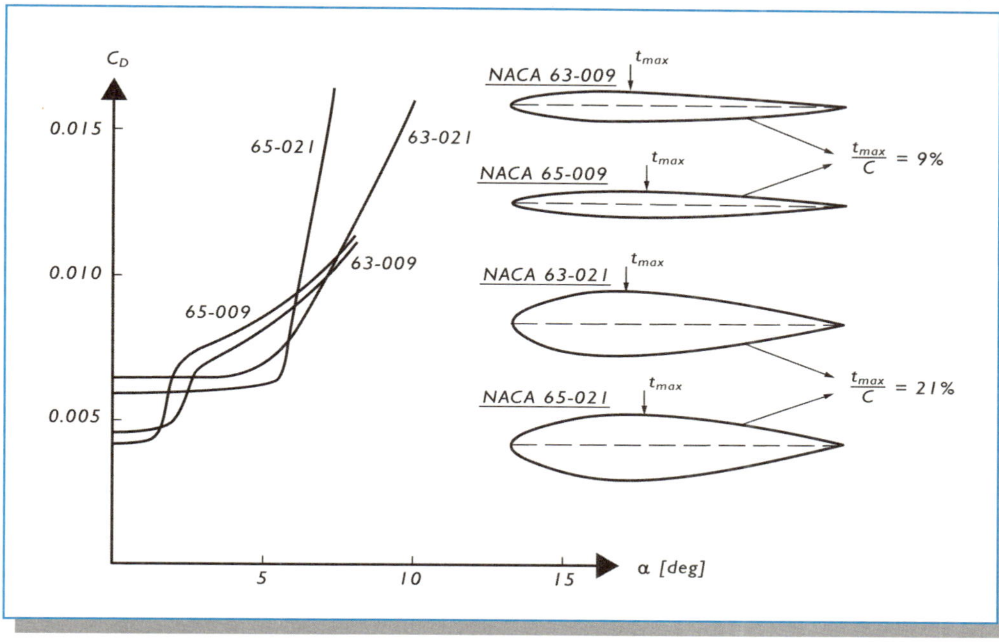

그림 6.27 단면에 따른 항력계수

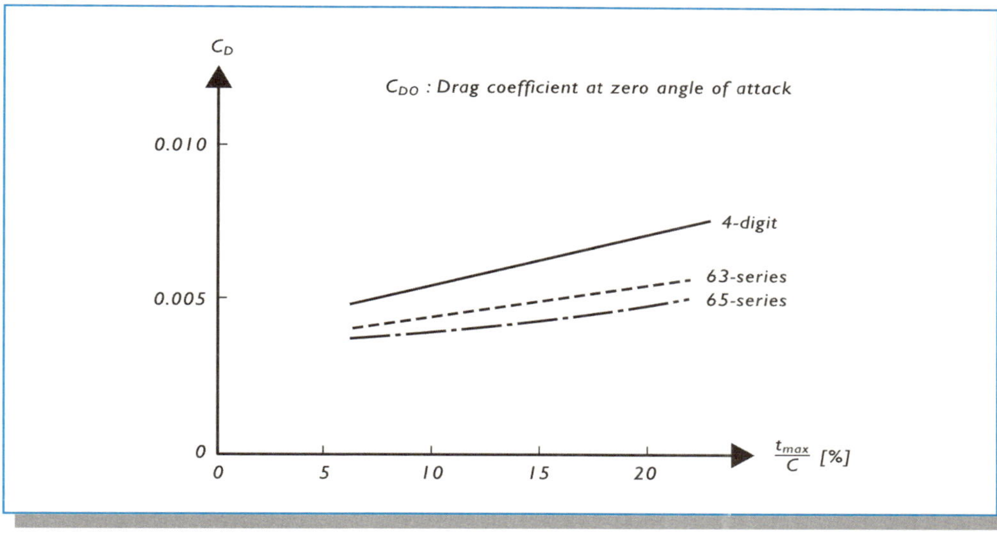

그림 6.28 받음각이 0일 때 두께비에 따른 항력의 변화

받음각이 0일 때 비교를 쉽게 하기 위해서 그림 6.28을 준비했다. 두께 비를 변화시켰을 때의 항력계수를 4–, 63–, 65–계열에 대해서 각각 표시했다. 4–계열과 다른 계열 사이에

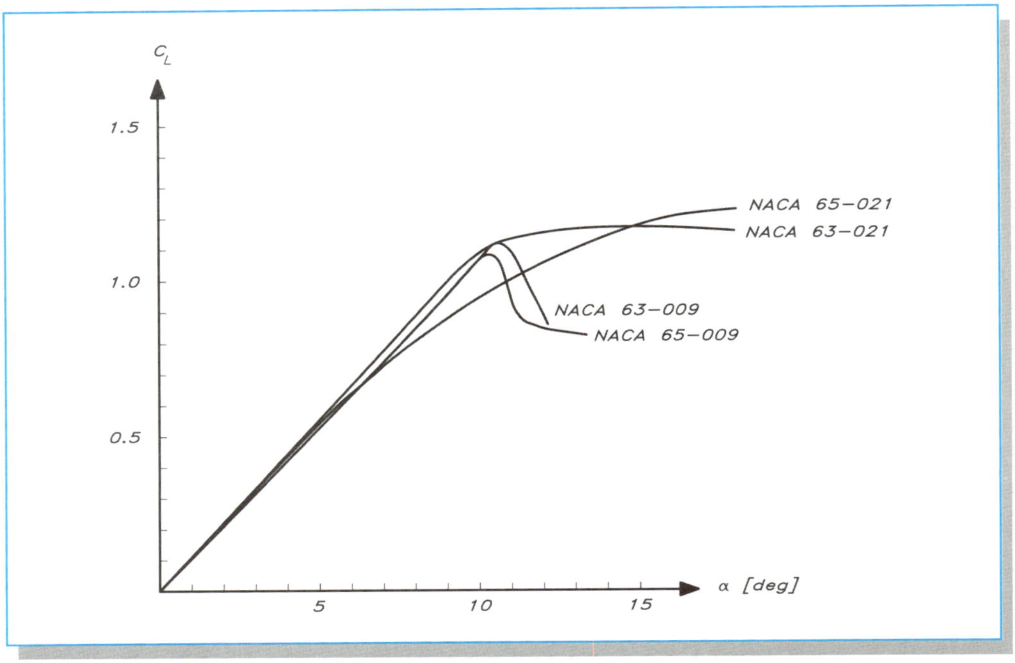

그림 6.29 받음각에 따른 단면들의 항력 계수

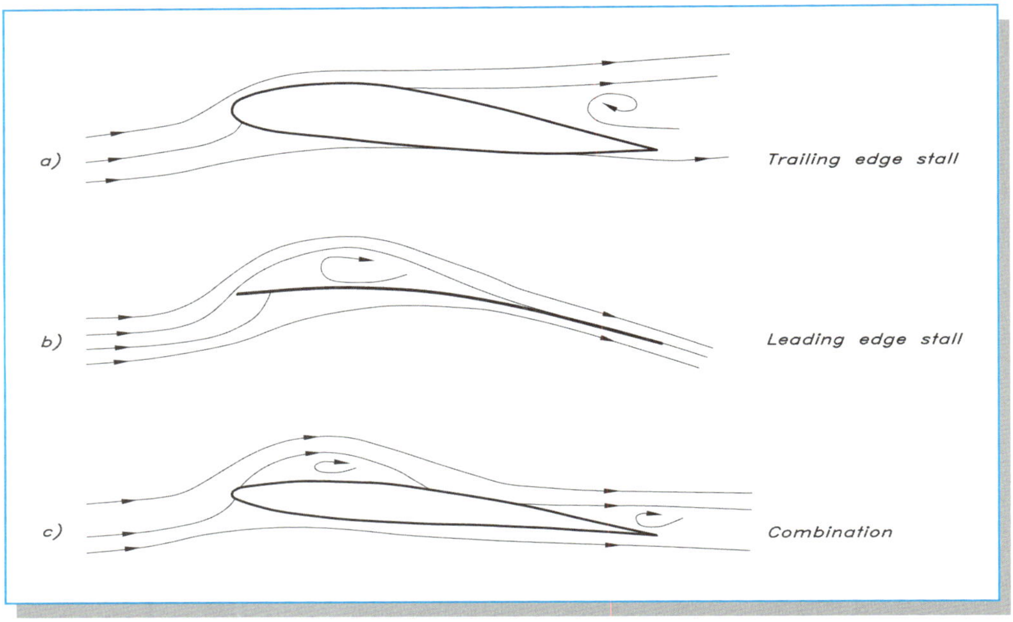

그림 6.30 실속 종류

서 큰 차이가 나타난다.

양력계수의 경우는 그림 6.29에서 볼 수 있듯이 그 차이가 매우 작다. 대상으로 하는 받음각(2~3°, AR=3에서는 4~6°)이면, 차이는 거의 없고 근사치는 0.10 정도이다. 또한 이 데이터는 2차원 날개의 1°당 양력계수($C_{L,2D,1°}$)와 잘 맞는다. 그러나 받음각이 크게 되면, 상황이 꽤 달라진다. 얇은 단면은 갑작스럽게 실속을 하는 경향이 있고 그 결과 양력을 크게 잃는다. 반대로, 두꺼운 날개의 경우에는 거의 일정한 양력을 유지하면서, 매우 천천히 실속하는 경향을 보여준다. 그 차이가 그림 6.30에 있다.

두꺼운 단면인 a의 경우가 실속하면 박리가 부압측의 TE 부근에서 일어난다. 받음각이 클수록 박리영역은 크지만 변화는 부드럽다. 반대의 경우는 매우 얇은 단면인 b로 받음각이 작아도 흐름이 앞날 근방의 예리한 LE를 따라가지 못하고 결국 앞날에서 박리 방울(separation bubble)이 생긴다. 받음각이 점점 커지면 방울은 점점 자라 뒷날까지 도달하게 되며 최대 양력이 만들어진다. 급격한 양력증가는 없으나 모든 각도에서 항력은 크게 된다. 중간정도의 두께, 9~12%, c의 경우 단면은 어느 정도 큰 받음각에 대해 두 형태의 박리가 일어난다. 두 방울이 만나 전체 부압면에 박리가 생기면 양력의 급격한 저하가 일어난다.

그림 6.31은 4-, 63-, 65-계열 각각의 최대 양력계수를 두께비의 함수로서 나타내었다. 최대양력은 두께 비가 12~15%인 단면에서 나타나며, 4-계열이 가장 좋은 결과를 얻는다

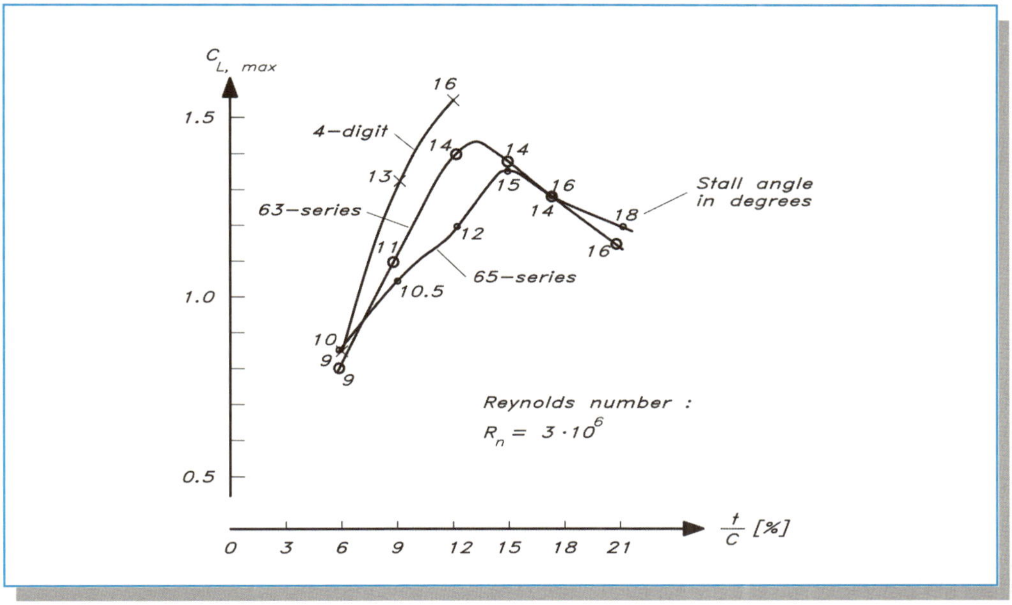

그림 6.31 날개 단면 별 최대 양력

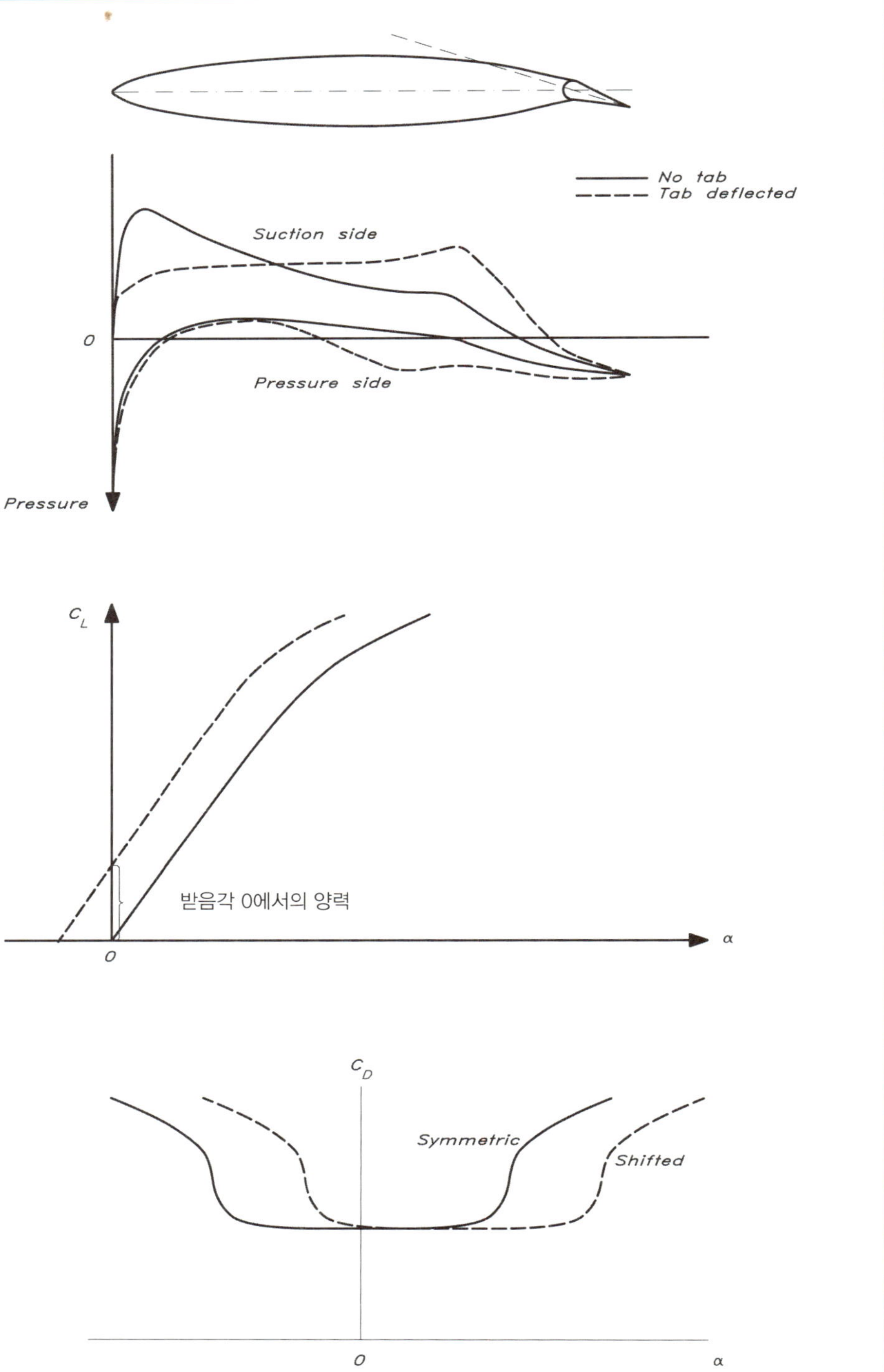

그림 6.32 트림탭의 효과

는 것을 알 수 있다. 날개에서 최대 양력이 얻어지는 받음각도 표시되었다. 주의해야 할 것은 보통의 AR의 킬은 이 각도가 약 2배가량 커진다.

단면을 고정부와 가동부로 나누는 것에 대해 이야기해 본다. 이렇게 하면 중심선은 직선이 되지 않지만 힌지부에서 뾰족한 모서리를 만들 수 있다. 이 설계는 몇 개의 이점이 있다. 그 대표적인 예가 킬 뒤에 부착되는 트림 탭(trim tab)이다. 그림 6.32는 탭의 변형에 따른 압력분포, 양력과 항력에 관한 기본적인 효과를 설명한다. 정체점은 앞날의 비대칭 지점에서 날개 본래의 대칭선으로 이동한다. 따라서 LE근방에서 급격한 휨에 의한 큰 부압 피크는 감소하거나 또는 없어진다. 양면의 압력분포는 받음각 0일 때의 그것에 가까워지고 큰 받음각에서도 바람직한 압력 감소를 지속시킬 수 있다. 이 효과는 그림 아래처럼 항력물통의 이동으로 입증되었다. 다른 중요한 효과는 양력곡선 자체가 왼쪽으로 이동하는 것으로 받음각이 없을 때도 양력을 발생시킬 수 있다는 것이다. 트림 탭을 유용하게 조정해 세일과 균형을 이루는 횡력을 만들어 내면 선체받음각을 없앨 수 있다. 이것은 선체가 선체받음각 없이 똑바로 전진하는 것으로 저항이 최소가 된다는 것을 의미한다.

탭이 회전하면 힌지부에 관절이 생기게 되어 양면에 압력 스파이크(spike)를 일으킨다. 이는 피할 수 없는 항력증가와 나아가 탭의 효과를 감소시킨다. 요트설계자 헤이만(G. Heyman)은 이 문제를 완화하는 방법을 지적하였다. 부압측이 가장 민감한 부분이기 때문에 이 부분에 탭 전향기(deflector)를 이용해 부드럽게 설계하는 것이다. 그러면 탭이 회전되어도 날개가 앞날부터 끝날까지 부드러운 곡선이 된다. 물론, 탭의 각도가 0일 때는 날개가 부드럽지 않겠지만 이때는 날개에 하중이 걸리지 않은 경우가 보통이므로 그렇게 심각하지 않다.

‖ 단면형상에 대한 실용적 결론

지금까지 논의를 통해 이제 결론을 내려야 할 때이다. 킬과 타는 작동과 사용조건이 다르기 때문에 여기서는 분리해서 생각한다. 킬은 보통 작은 받음각에서 사용되며 따라서 선속은 이 작은 받음각에서의 항력에 따라 결정된다. 반대로 타는 킬이 횡력을 발생시킬 수 있도록 돕기도 하지만 주요한 임무는 어떤 조건에서도 요트를 조종할 충분한 모멘트를 발생시키는 것이다. 그러므로 타는 횡력이 최대가 될 때를 생각해서 설계해야 한다.

킬은 양력과 받음각이 작기 때문에 6-계열의 단면이 바람직하다. 63- 또는 65-계열을 쓸 수 있겠지만, 풍상 범주에 대비하여 항력물통의 적절한 넓이를 고려한다면 두께비를 너무 작게 해서는 안 된다. 63–계열의 12%, 65–계열의 15%가 적당한 하한치라고 생각할 수 있다. 발라스트의 관점으로 본다면, 물론 두꺼운 단면이 좋겠지만 그 두께를 작게 하는 것은 이유가 있다. 따라서 받음각 0일 때의 항력은 두께가 증가할수록 커진다(그림 6.28 참고). 그리고 경험에 의하면 킬의 뿌리근방이 두꺼우면 경사할 때 불필요한 파를 발생시킨다. 그래서 대책으로 끝단에서는 15~18%의 비교적 두꺼운 단면을 사용하고 이것을 점점 감소시켜 킬 뿌리근방에는 12%로 한다. 이와 동시에 단면의 종류도 65–계열에서 63–계열로 변화시켜 나간다.

타는 요구되는 최대 횡력에 맞추어 설계해야 한다. 그리고 이 힘은 최대 양력계수와 형상 면적의 곱에 비례한다. 큰 C_{Lmax}는 면적을 작게할 수 있다는 뜻이고 따라서 전체 접수면적을 줄일 수 있다. 한편 접수면적이 크더라도 층류의 면적이 넓으면 허용할 수 있다. 나아가 타는 대부분의 경우 특히 항해 중에는 항상 코스 수정을 하고 있기 때문에 킬보다 더 큰 받음각에서 작동한다. 이 모든 것을 고려한다면 65–계열과 같은 극한의 층류계 단면은 피해야 한다. 이들은 큰 각도에서 상대적으로 낮은 C_{Lmax}와 높은 저항을 보여주기 때문이다. 쌍동선이나 딩기 또는 경량 요트와 같이 가볍고 빠른 배는 비교적 작은 타각이 필요하므로 63–계열이 유용하다 말할 수 있다. 반대로 무거운 요트의 경우는 큰 타각이 필요하므로 4–계열이 적절하다. 거의 모든 요트에 있어 적절한 두께는 12~15%이다. 이는 C_{Lmax}를 이 범위에서 얻을 수 있기 때문이다. 그러나 수면 관통형 타를 장착한 상당히 빠른 배의 경우 더 얇은 단면이 필요한데 이는 앞날에서 발생하는 스프레이가 두께의 제곱에 비례하기 때문이다.

‖ 이론적 단면형상의 편차 영향

단면에서 가장 민감한 부분은 앞날이다. 날개에 받음각이 있을 때 흐름은 정체점에서 부압측까지 상당히 큰 만곡부를 통과해야 하기 때문이다. 따라서 그림 6.24처럼 앞날반경은 가능한 정확하게 해야 한다. 마챠(Marchaj)의 세일링 이론과 실제(Sailing Theory and Practice)는 앞날의 결함이 끼치는 영향에 대해 실험한 결과를 두 가지로 보고하였다. 첫 번째 그림 6.33의 왼쪽 그림으로 앞날의 모양을 바꾸는 경우이다. 이상적인 모양과 비교했을 때 뾰족하든 뭉툭하든 둘 다 항력의 증가가 상당하다. 두 번째 조사에서는 좀 더 세밀하게 해서 앞날 반경을 12% 단면에 맞추어 변형했다. 특히 높은 양력 특성에 신경을 썼다. 올바른 앞날

반경과 비교했을 때 크거나 작은 반경 두 가지에 대해 낮은 C_{Lmax}를 얻었다(그림 6.33 오른쪽 그림 참고).

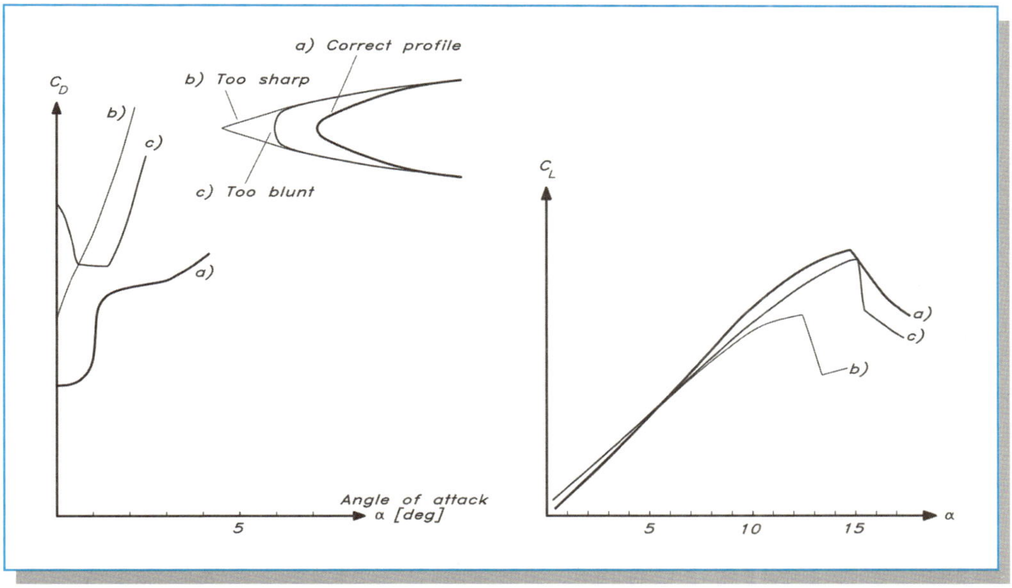

그림 6.33 앞날형상에 따른 항력과 양력 계수

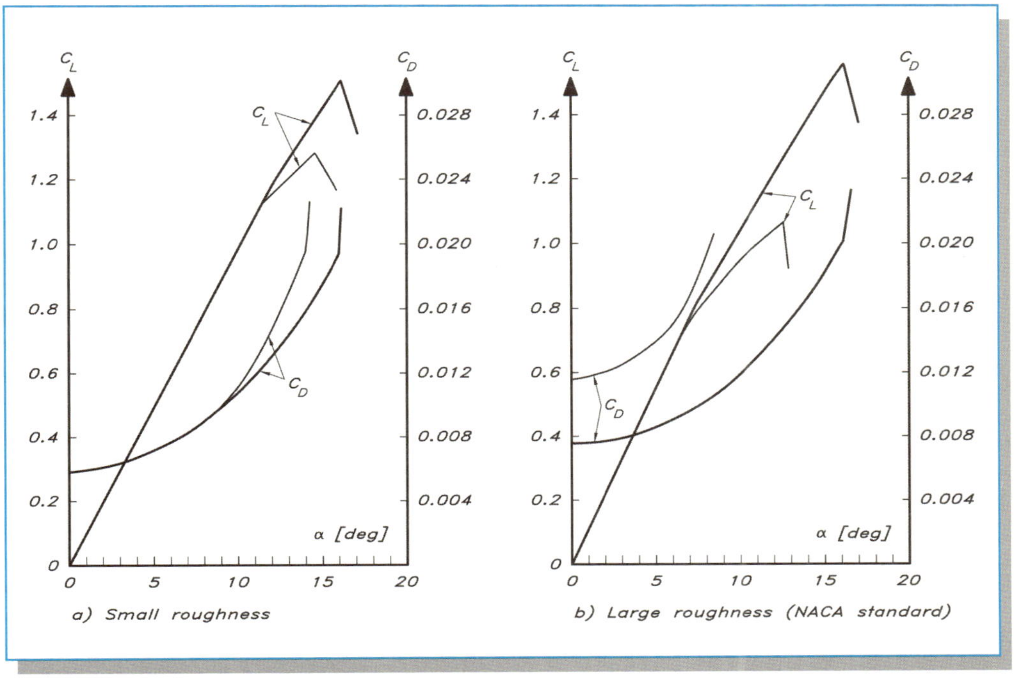

그림 6.34 표면 거칠기에 따른 항력과 양력 계수

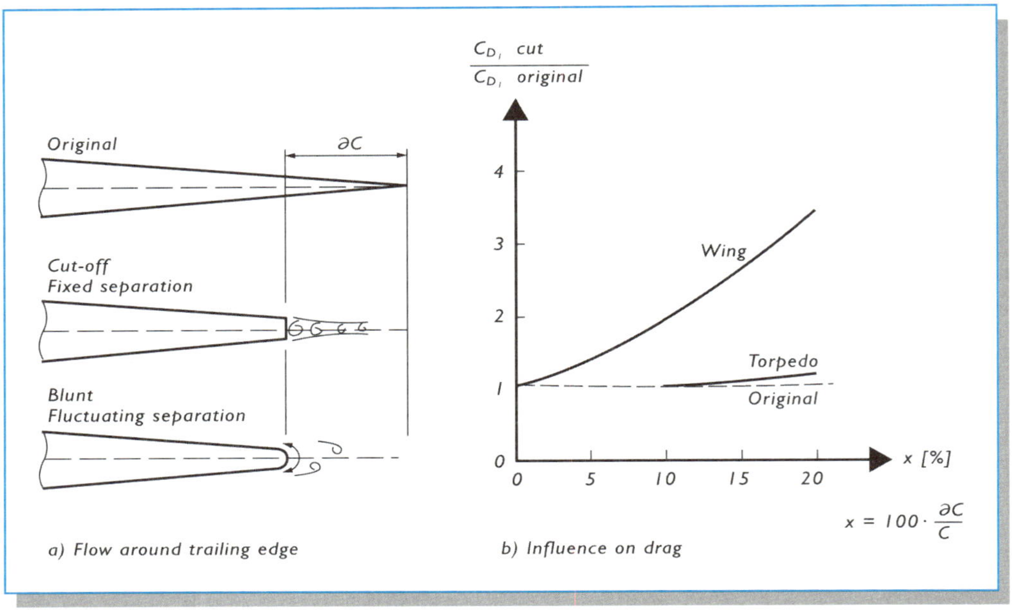

그림 6.35 뒷날 형상의 영향

제5장에는 선체의 점성저항에 대한 표면 거칠기의 영향에 대해서 약간 언급했다. 부드러운 표면은 킬이나 타에 더 중요하며 특히 층류 단면을 사용하는 경우 더 그러하다. 조그마한 결함으로도 천이가 빨리 일어나 애써 만든 특성이 소용없게 된다. 성능이 약간 떨어지는 4-계열보다 더 나빠진다. 그림 6.34 왼쪽은 NACA 0012에 10μm 정도의 매우 작은 거칠기를 주었을 때 그 영향을 나타내고 있다. 작은 받음각에서 항력에 끼치는 영향은 미미하지만 실속은 꽤 빨리 일어나는 것을 알 수 있다. 오른쪽 그림은 같은 날개에 대해서 NACA 표준거칠기의 영향을 나타내었다. 이 거칠기는 코드길이의 0.04%로 비교적 커 1미터의 코드길이에 대해 0.4mm에 해당한다. 이 영향은 극적으로 나타나 작은 받음각에도 큰 저항 증가가 있으며 실속도 상당히 빨리 일어난다. 제5장에서도 보았듯이 같이 표면 거칠기의 영향은 속도에 비례한다. 따라서 활주선에서는 포일(센터보드나 타)의 표면을 완벽하게 처리해야 한다. 이것은 코드의 앞 1/3 부분이 특히 중요하다.

현실적으로 킬이나 타의 뒷날을 면도날 같이 만드는 것은 불가능하다. 따라서 뒷날 형상의 영향에 대한 조사가 필요하다. 그림 6.35를 보면 뒷날 형상의 영향을 알 수 있다. 날개 끝단을 아주 조금 잘라내어도 곧 항력이 증가하기 시작한다. 이것은 어뢰나 킬 벌브와 같이 축대칭의 물체의 영향과 비교하면 대조적이다. 축대칭 물체의 경우에는 비교적 크게 잘라내어도 항력의 불이익이 없다. 그러므로 날개 뒷날을 자를 때는 최소한으로 하여야 한다. 자

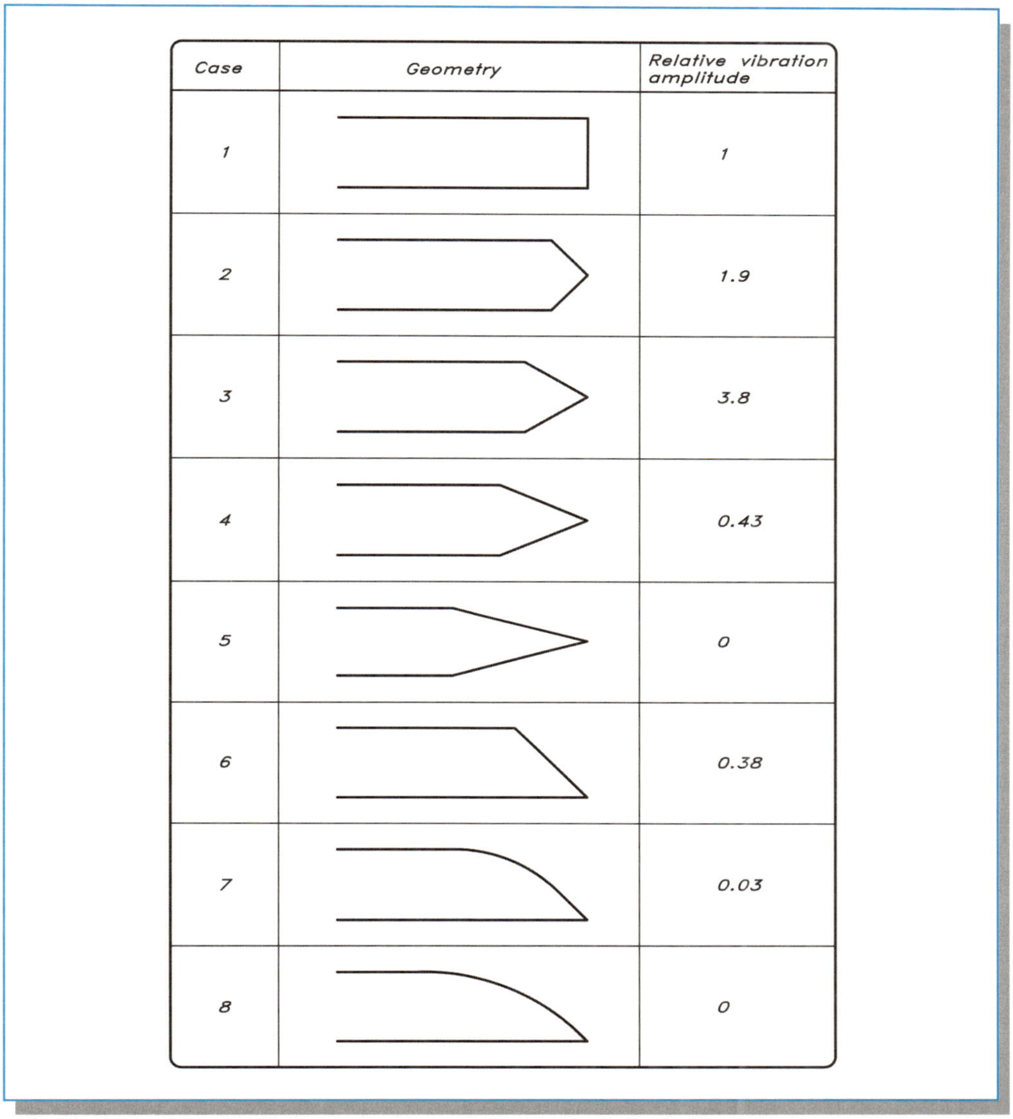

그림 6.36 뒷날 형상에 따른 진동 수준

르는 방법 또한 중요하다.

그림 6.36에 몇 가지 방법이 나와 있다. 어떤 형상에서는 진동이 생기기도 한다.

그림의 숫자는 뒷날을 수직으로 잘라낸 경우를 1로 하였을 때 나타나는 각각의 진폭을 상대적으로 나타낸 것이다. 형상이 대칭으로 웻지(wedge) 형상을 하는 경우(경우 2~5)는 웻지 각이 30° 또는 그 이하가 되어야 한다. 90° 또는 60°일 경우 수직으로 잘랐을 때보다 더 큰 진동이 발생한다. 이것은 보통 킬이나 타에서 많이 보이는 끝이 둥근 경우도 마찬가지다. 비대칭으로 자를 경우는 상황이 나아진다. 더욱이 잘라낸 끝이 부드럽다면 45°도 쓸 만하다. 진동은 학자만의 관심대상은 아니다. 공진을 일으키는 배 속도에서는 배 전체에 심각한 진동이나 소음을 일으킬 수 있다. 이런 종류의 문제는 그림 6.36을 사용한다면 해결할 수 있다.

|| 선진 단면설계

지금까지 서술한 NACA 계열은 대부분 요트에 유용하다. 그러나 어떤 상황에서는 보다 진보된 단면이 사용된다. 아메리카스 컵처럼 많은 돈을 투자할 수 있는 경기에서는 선진기술을 사용하여 최고의 성능을 만들어 내었다. 필요한 양력뿐 아니라 궁금해하는 레이놀스 수까지, 최적의 단면을 구하기 위해 컴퓨터를 사용했다. 이 장에는 아직 레이놀즈수의 효과에 대해서는 다루지 않았다. 앞 장에서 설명한 바와 같이 이 수는 경계층 발달과 나아가 항력과 연관되어 있다.

최적 단면을 설계할 때 설계자는 설계양력계수(받음각)에서 부압면의 압력분포로부터 시작한다. 부압 분포는 세 영역으로 분리된다(그림 6.37 참고). 경계층의 층류를 유지하기 위해서는 압력이 감소해야 하며 이는 단면 두께가 커지는 A영역에서 일어난다. 두께는 뒷날에서

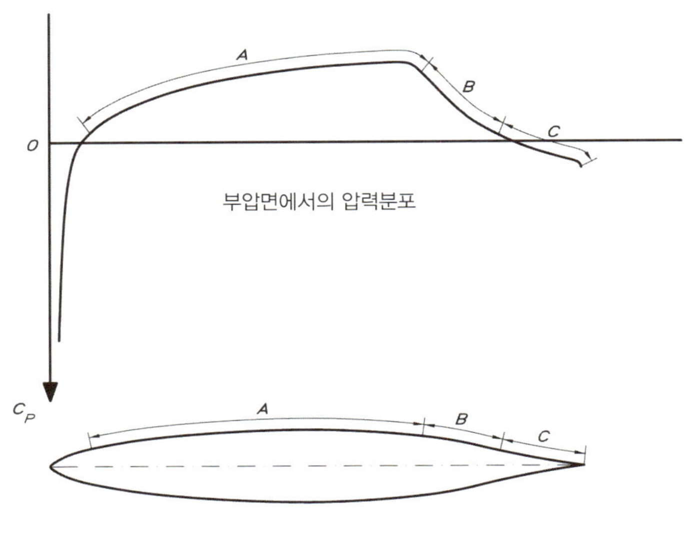

그림 6.37 개선된 단면상의 세 영역 분포

0이 되어야 하기 때문에 이 증가는 어디에선가는 멈출 수밖에 없다. 이는 코드를 따라 어딘가에서는 압력이 증가하기 시작한다는 의미이다. 영역 A에서 필요한 압력분포의 기울기는 레이놀즈수와 주위의 난류 수준에 좌우된다. 높은 레이놀즈수와 난류 수준은 흐름을 불안정하게 만들기 때문에 층류를 유지하기 위해서는 보다 큰 압력분포 기울기가 필요하게 된다. 이 기울기는 최대치에서 부압의 크기와 영역 A의 길이에 의해서 결정된다. 영역A는 길어야 하기에 부압의 최대치가 크게 된다. 즉, 최대 두께는 압력이 다시 커지는 뒤의 2개 영역에서 문제가 일어나지 않는 한 가능하면 크게 해야 한다.

압력이 회복되는 영역은 B와 C 2개로 나눌 수 있다. 이는 회복의 초반 및 후반에 다른 전략이 사용되기 때문이다. 문제는 박리를 피하는 것이다. 기본적으로 경계층이 두꺼울수록 압력증가가 빨리 이루어지고 박리의 가능성이 커진다. 부압의 피크에서 천이가 일어난다고 가정하면, 경계층은 비교적 얇고 급격한 압력증가를 견딜 수 있다. 그러나 뒷날쪽으로 가까워지면 경계층은 급속도로 두꺼워지기 때문에 보다 부드러운 압력증가가 필요하게 된다. 따라서 영역 B에서 압력은 빨리 증가해야 하고 이에 따라 단면 두께를 급속히 얇게 할 필요가 있다. 한편 영역 C에서는 압력이 천천히 증가해야 하기 때문에 끝단을 부드럽게 줄여나가야 한다. 그 결과 최적단면은 끝단이 오목한 형상을 하게 된다.

지금까지 설명한 단면 설계는 상당한 경험이 필요하고 압력분포나천이와 박리를 포함한 경계층 발달을 계산하기 위한 컴퓨터 프로그램도 정확히 알아야 한다. NACA 계열과 같은 표준 단면을 사용하는 아마추어 설계자에게는 어느 것도 가능하지 않을 것이다.

킬과 타의 면적에 관한 통계 자료

킬의 역할은 세일에서 발생하는 공기동역학적 횡력에 대응하는 수동역학적 횡력을 만드는 것이므로 킬 면적이 세일 면적에 비례할 것이라 보아도 틀리지 않을 것이다. 세일면적의 계산은 메인세일과 전방 삼각형의 합계를 참고하여 단순화시킬 것이다.

그림 6.38을 보면 킬 면적 A_k가 나와 있는데 이는 수선을 변화시켜가면서 세일의 면적을 백분율로 나타낸 것이다. 이 자료는 그림 5.30, 그림 5.32와 같은 것이다. 중간값 선과 배의 95% 영역이 같이 표시되어 있다. 중간값 선은 작은 배에 해당하는 3%에서 시작해서 큰 배의 값인 1.9%로 끝난다. 값이 떨어지는 이유는 주어진 풍속에 대해 세일에서 발생하는 힘이 세일의 면적에 비례하기 때문이다. 한편 킬에서 발생하는 양력은 주어진 선체받음각에

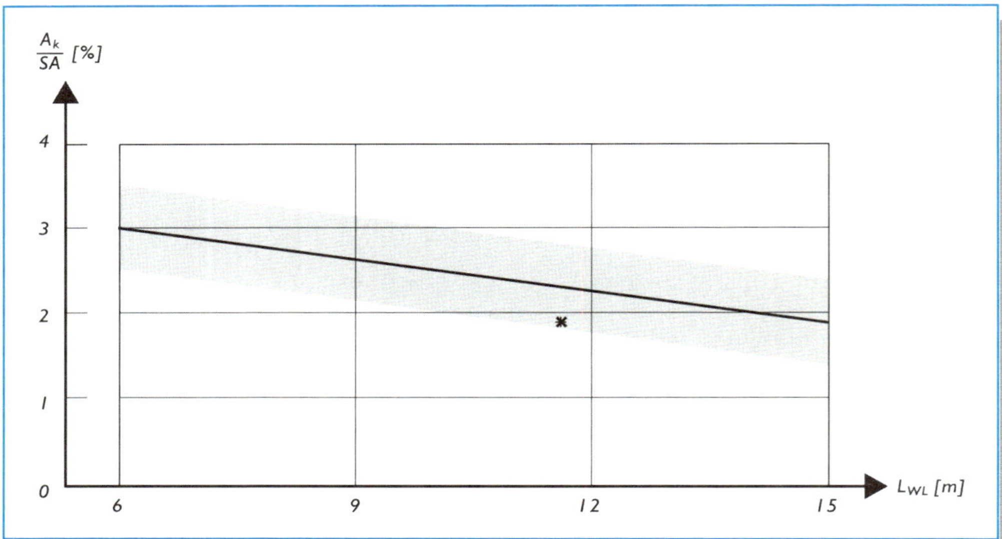

그림 6.38 킬의 확장 면적/세일면적

대해 킬의 면적뿐만 아니라 속도의 제곱에도 비례하는데 큰 배의 경우 속도가 더 높게 나온다. 그래서 백분율로 나타내면 큰 배에 대해 줄어든다(배의 속도 역시 겉보기 바람에 영향을 주기 때문에 다소 영향을 끼친다). 킬 면적은 킬 블레이드(blade)를 벌브를 지나 최대 흘수까지 확장시켰다는 것에 유의할 필요가 있다.

그림 6.38의 킬 면적은 구형 설계들보다 훨씬 작다. 이 책의 앞 판에서는 킬 면적을 세일면적의 3.5% 정도로 추천하였다(길이에 대한 의존성이 없는 것으로 제안). 감소의 주 이유는 벌브로 구형 요트에서는 잘 사용하지 않았지만 지금은 흔한 일이다. 벌브는 상당한 양력을 담당한다. 표 6.1과 연계되어 보고된 벌브 킬의 조사에서 핀 킬의 횡 면적이 20% 정도 작았는데도 빌브 킬과 핀 틸의 양력이 기본적으로 같았다. 다른 가능성은 배의 속도 증가로 킬이 작아졌다는 것이다.

∥ YD−41

YD−41의 킬 블레이드 면적(벌브의 하단까지 연장한)은 1.69m^2이고 메인과 전방삼각형의 합은 88.1m^2이다. 킬은 세일면적의 1.9% 로 작은 수치이며 속도를 내기 위해서는 숙련된 크루를 필요로 한다. 킬의 후퇴각은 5.5°로 그림 6.8에 따라 테이퍼 비 0.4이다. 그러나 이 수치는 핀 킬에 해당하며 벌브가 부착됨에 따라 바뀌어야 한다. 벌브는 정압면에서 부압면으로

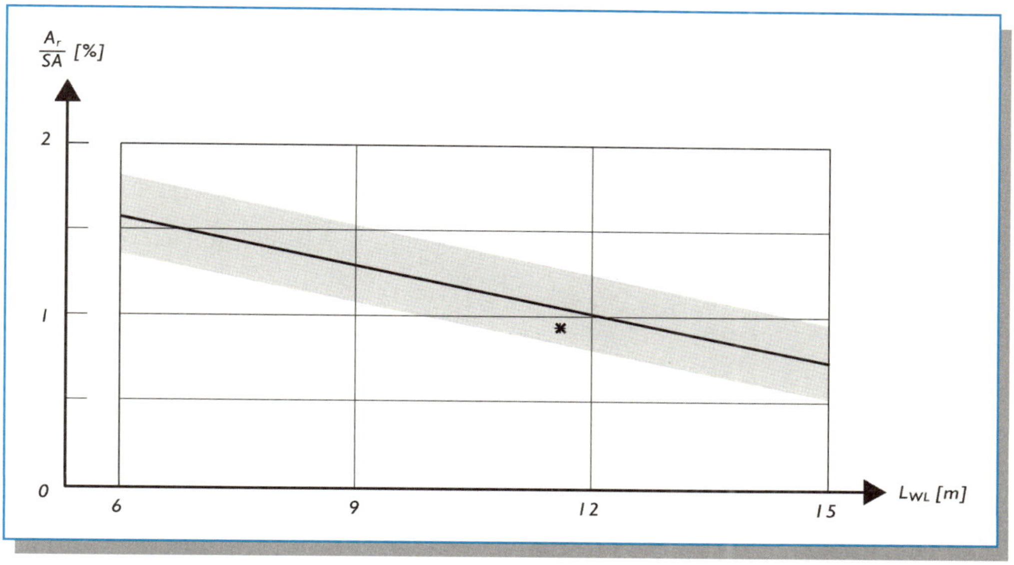

그림 6.39 타의 확장 면적/세일면적

넘어 흘러가는 흐름을 제한하기 때문에 보다 큰 테이퍼 비가 나을 것이다. 그러나 필자의 지식으로 그 최적값에 대한 조사는 현재까지 없다. 여기서는 뿌리길이를 1*m*로 날개끝 코드길이는 0.78*m*로 택하였다. 위쪽 코드를 상대적으로 작게 하여(주어진 두께비를 고려하여) 킬의 파 효과를 줄이는 대신 강도측면에서 요구되는 조건을 생각해야 한다. YD−41의 경우 킬 무게를 최대로 하기 위해 킬 블레이드를 강판 용접으로 제작하였다는 점에 주의하자. 블레이드의 전체 스팬에는 10.5% NACA 63−계열을 선택하였다. 얇은 단면이 조파저항을 거의 일으키지 않으며 이러한 얇은 단면에는 더 층류 단면인 6−계열은 피해야 한다.

YD−41은 경사 시 조종성능 향상을 위해 쌍 타(twin rudders)를 사용한다. 선미가 다소 넓어 중앙에 배치되는 하나의 타로는 큰 각도 경사시 물 밖으로 나올 가능성이 높아진다. 풍부압면(leeward)의 타가 20°경사에 가장 깊이 놓이도록 그리고 이 경사각에서 연직이 되도록 배치했기 때문에 풍정압면(windward) 타는 완전히 물 밖으로 노출된다. 따라서 이 각도에서 풍상을 달리게 되면 하나의 타에 비해 접수면적이 줄어든다.

만약 타주(rudder shaft)가 선저에 직각이면 이익이 있다. 이는 선체와 타사이의 간격이 모든 타각에 대해 닫힐 수 있기 때문이다. YD−41에도 이것을 적용하는데 25%선이 타주와 거의 일치하기 때문에 이 선이 거의 연직을 이룰 것이다. 타의 윗부분에서의 흐름은 선저를 따르기 때문에 후퇴각(sweep angle)이 0이 된다. 더 아래로 내려가면 흐름은 보다 수평으로 변하고 작은 후퇴각이 생긴다. 이 점은 우선 생략하고 테이퍼 비를 0.46으로 택했다. 이

비는 그림 6.8에 따라 후퇴각이 0일 때의 최적값이다. 따라서 뿌리의 코드는 0.48m, 날개 끝 코드는 0.22m가 된다. 타의 날개 폭(span)은 1.15m로 종횡비는 3.3으로 높고 타 면적은 0.40m^2이 된다. 타 면적은 세일면적의 0.45%로 단일 타에 비해 상당히 작다. 그림 6.39에 총 횡면적이 세일면적의 0.9%인 YD−41이 나타나 있다. 중간값 선보다 약간 아래에 놓여 있다. 타를 실속에 대비하여 튼튼하게 하기 위해서 NACA 0012 단면을 택하였다.

YACHT

세일과 리그 설계

세일주위의 흐름 / 평면 형상(Planform)
세일의 캠버 / 마스트 간섭
마스트 간섭을 줄이는 수단 / 유선화(Streamlining)
세일과 리그의 공기역학을 위한 모델 / 세일 통계치

07

DESIGN

7. 세일과 리그 설계

세일은 날개이지만 6장에서 다룬 내용과는 몇 가지 중요한 부분에서 차이가 난다. 세일은 두께가 없는 것으로 간주하지만 아주 큰 캠버(camber)를 가지고 있다. 또한 마스트로 인해 교란된 흐름 속에서 작동하는 경우가 많다. 그래도 앞장에서 설명한 날개의 원리 대부분을 적용할 수 있다. 본 장에서는 세일설계와 세일평면형상과 연관하여 설명한다.

‖ 세일주위의 흐름

그림 7.1은 마스트가 없을 때 세일 주위의 흐름과 두 면의 압력분포를 나타내었다. 부압면의 음의 압력(위 방향, 그림 6.2 참고)이 정압면의 양의 압력보다 훨씬 크다는 것을 알 수 있

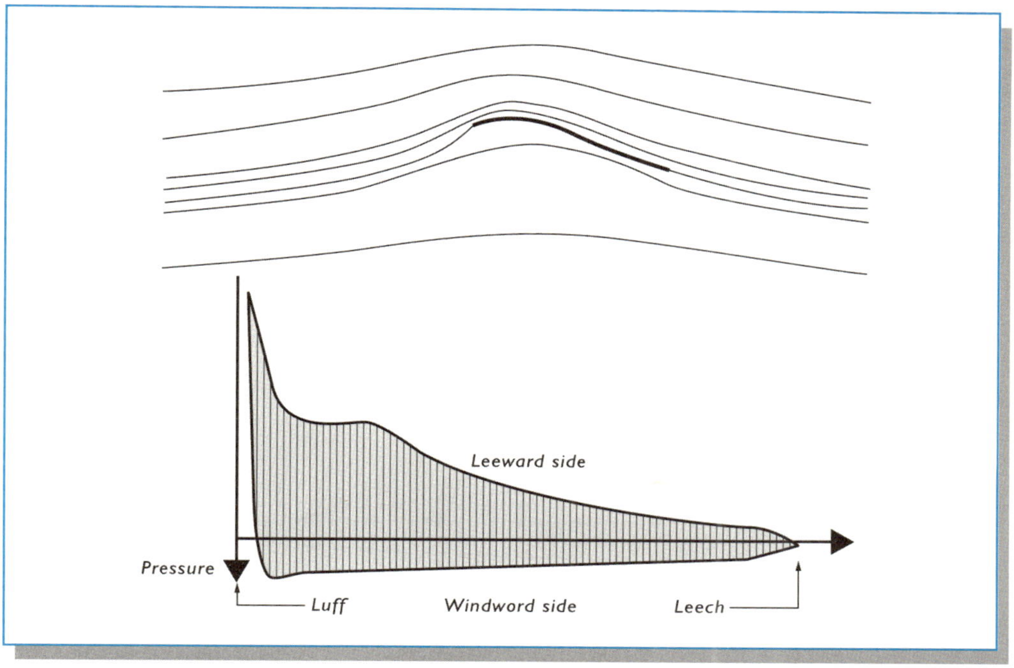

그림 7.1 세일 주의 흐름

다. 두 면의 압력차(즉, 두 곡선간의 수직거리)로 인해 힘이 발생하기에 부압면의 압력이 상당한 역할을 하게 된다.

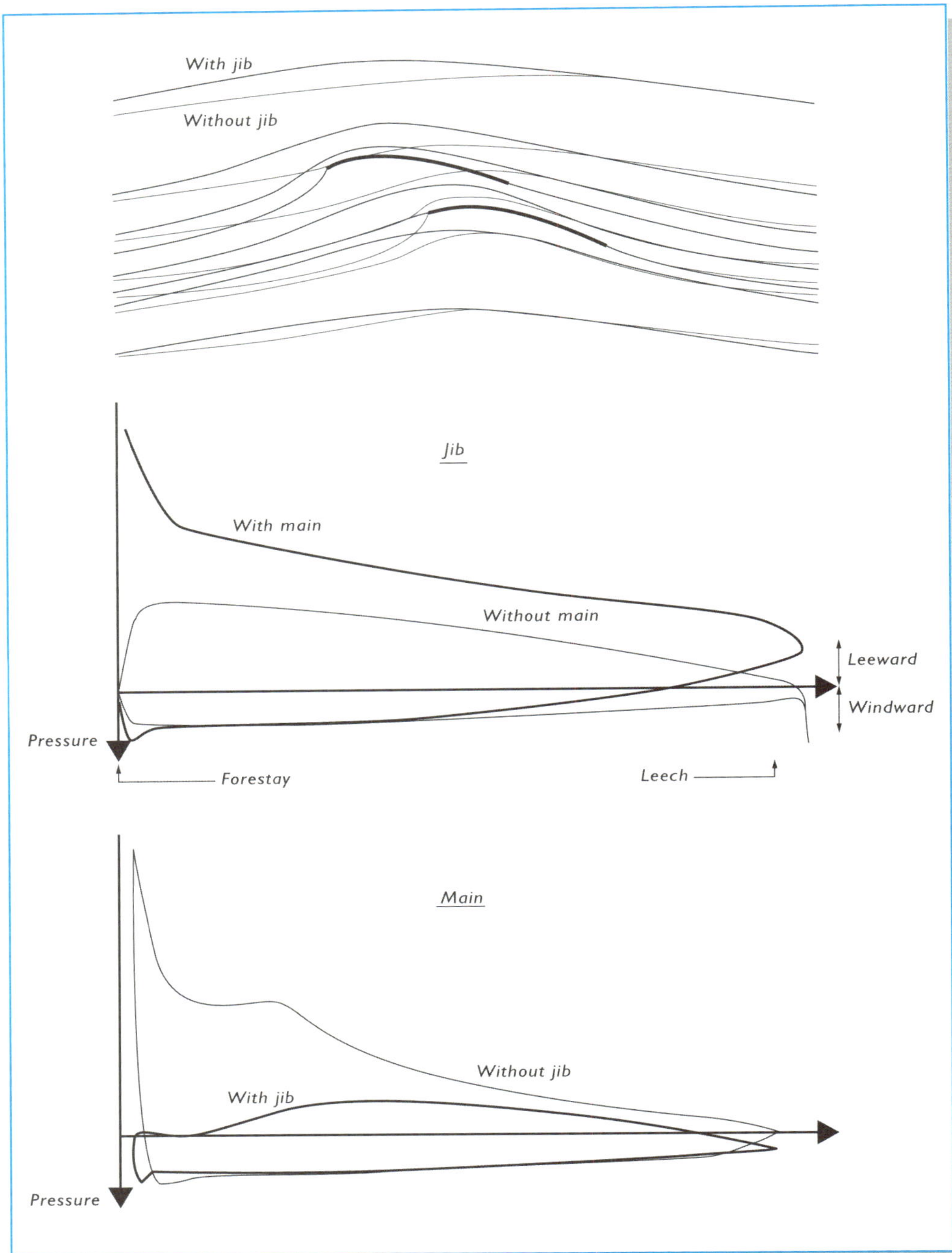

그림 7.2 메일세일과 집세일 조합시의 유체 흐름

두 장의 세일이 가까이 있을 때의 흐름을 그림 7.2에 도식적으로 나타내었다. 두 장의 세일이 동시에 있을 때의 유선은 굵은 선으로, 메인 세일만 있을 때의 유선은 가는 선으로 표시했다.

메인세일(mainsail)만 있을 때의 경우는 그림 7.1과 기본적으로 같다. 여기서 마스트의 교란은 무시한다. 두 경우 오름흐름(upstream)에서 흥미로운 차이점을 알 수 있다. 세일에 접근하면서 굵은 선이 얇은 선보다 바깥쪽으로 많이 휘어지는 것을 볼 수 있다. 이것은 공기가 하나만 있을 때보다 메인세일에 작은 각도로 접근한다는 것을 뜻하며 그 반대의 경우가 집(jib)에 해당한다. 그래서 메인세일 한 장일 때의 경우와 비교하면 두 장이 있는 경우 메인세일에는 하중이 작게 되고, 집 세일에는 크게 된다. 이것은 아래 그림의 압력 그래프에서 확인할 수 있다. 메인세일 전반부에 있던 하중은 거의 사라지고 두 면의 압력곡선간 면적으로 표시되는 전체의 힘은 상당히 떨어진다. 반면 집의 풍부압면은 부압은 앞날에서 뒷날에 걸쳐서 전체적으로 증가하여 힘이 상당히 커진다.

이 슬롯효과(slot effect)에 대한 설명은 1970년대 미국의 공력학자 젠트리(A.E. Gentry)에 의해 알려졌고 집 세일로 인해 메인세일 뒷면의 부압을 증가시킨다는 믿음을 뒤집었다. 이 믿음은 벤츄리 효과(Venturi effect)의 잘못된 해석에 기인한 것이다. 관내의 흐름에 제한이 생기면 즉, 관 단면적을 작게 하면 유속이 증가하고 압력이 감소한다. 이것은 논쟁의 여지가 없는 사실이지만 두 세일사이의 상황은 이것과 다르다. 관내 흐름과는 달리 세일에 접근하는 공기는 제한을 자유롭게 피할 수 있는 흐름이다. 세일 사이를 통과한다기보다는 집과 메인의 조합의 바깥쪽으로 굽어져 돌아나가게 된다. 즉, 집의 풍부압면과 메인의 풍정압면이 그것이다. 이미 살펴본 바와 같이 정확하게 이 현상이 일어난다. 집이 메인 앞에 있으면 메인의 풍부압면을 통과하는 공기는 적어진다.

젠트리의 설명은 점성을 무시하는 이론적 유체모델을 기본으로 한 것이다. 이것이 주 결론을 바꿀 정도는 아니지만 만약 점성을 고려한다면 추가적인 결론도 나올 수 있다. 즉, 하나의 세일이 있을 때보다 메인세일 부압면의 경계층은 훨씬 부드러운 압력 분포를 얻게 된다. 이 경계층 내의 흐름은 급격한 압력증가가 없으므로 박리의 발생 가능성은 상당히 적어진다. 이것은 주 흐름에 대해 보다 큰 각도로 메인세일을 닫을 수 있다는(배의 가운데 또는 풍정압면으로) 뜻이다.

|| 평면 형상(Planform)

세일의 상부와 붐(boom) 근처에서는 양력이 0으로 접근하며 와류가 흘러나가 유도저항이 발생한다. 세일의 높이가 클수록 와류의 영향은 작아진다. 킬과 같이 세일의 효율에 영향을 끼치는 가장 중요한 변수는 AR이다. AR은 러프(luff) 길이(P 또는 I)를 풋(foot) 길이(E 또는 J, IOR 표기법에 따름)의 반으로 나눈 값이며 로치(roach)는 무시한다. 즉, 앞장의 정의와 동일하다. 어떤 세일링 관련 문헌에서는 풋 길이를 반으로 하지 않은 경우가 있다. 이 경우의 AR은 반값이 된다.

MIT의 밀그램(J.H. Milgram) 교수는 컴퓨터로 평면형상에 대해 흥미로운 연구를 하였다. 마스트헤드 리그(masthead rig)에서 풋 길이를 바꾸어 메인세일과 집세일의 AR을 체계적으로 변화시켰다. 계산은 풍상 조건에서 대한 것으로 계산한 힘을 추진력 성분 R과 횡력 S로 분해했다. 그림 7.3과 그림 7.4에 이 힘을 C_R, C_S의 계수 형태로 표시했다.

메인세일의 그래프는 전방삼각형의 AR을 6으로 고정한 후 얻은 것이다. 그리고 전방삼각형 그래프는 메인 세일을 AR을 고정하였다. 그림 7.3에서 보듯이 메인, 전방삼각형 모두 AR이 증가함에 따라 추진력이 상당히 증가하고 있다. 그림 7.4의 횡력은 AR에 비교적 독립적이다(종축의 큰 스케일에 주의하라).

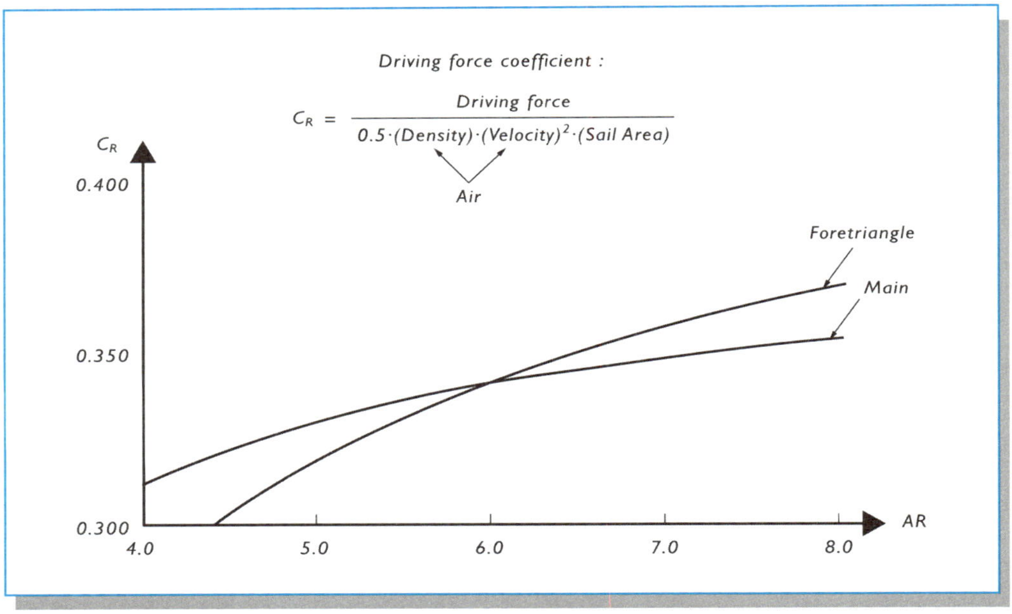

그림 7.3 AR이 추진력에 끼치는 영향

밀그램 교수가 계산한 또 다른 흥미로운 것은 마스트와 포스테이(forestay)의 연결 위치를 변화시킨 것이다. 네 가지 리그를 계산했는데 마스트와 포스테이의 연결위치를 각각 마스트 높이 3/4, 7/8, 15/16, 1/1로 변화시켰다. 그림 7.5에 그 결과가 있다. 전방삼각형의 높이를 증가시키면 추진력에 있어 상당한 이득을 얻게 되는 반면 횡력은 거의 변하지 않는다.

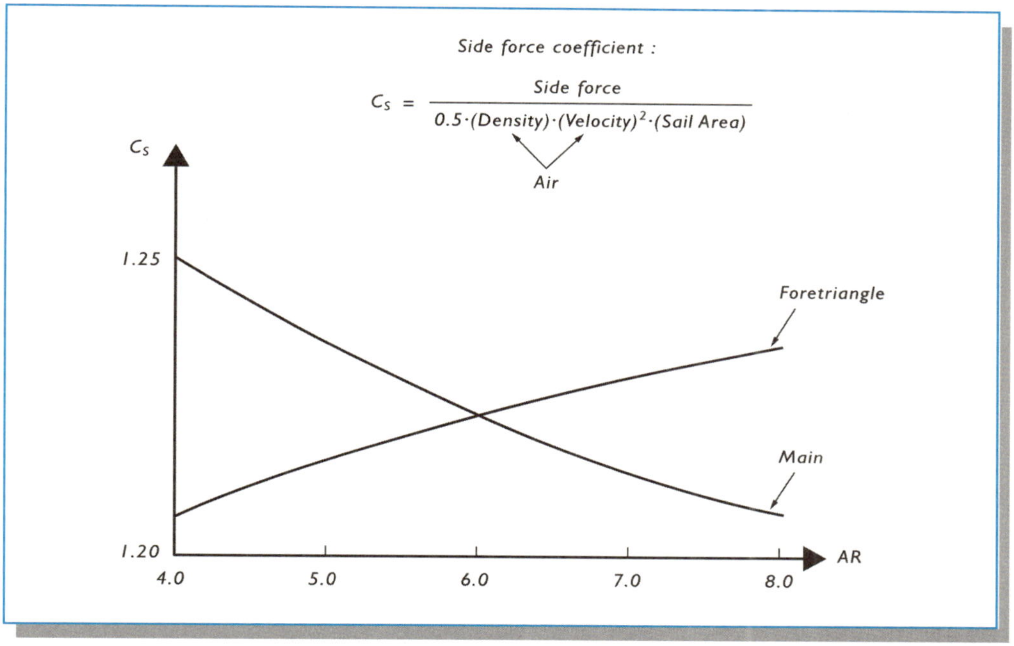

그림 7.4 *AR*이 횡력에 끼치는 영향

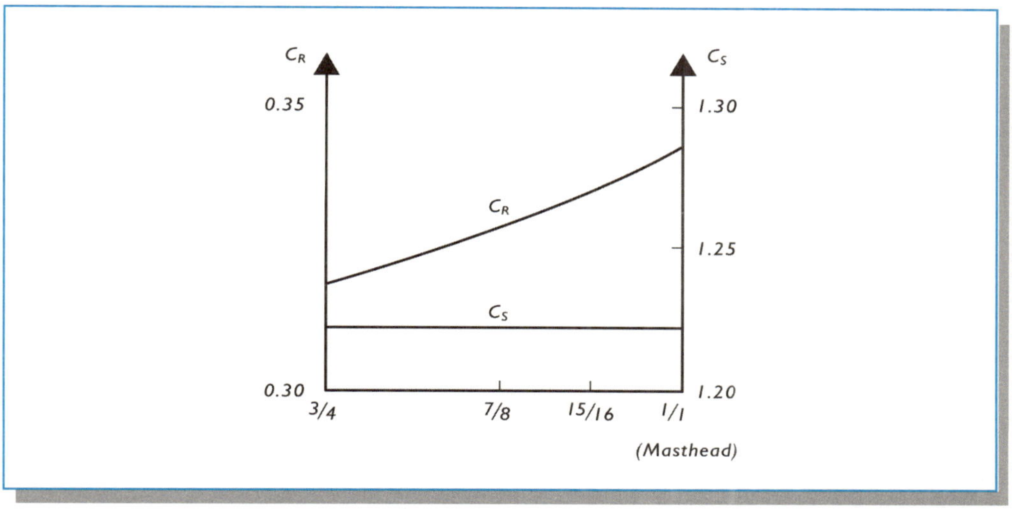

그림 7.5 전방삼각형의 높이가 추진력, 횡력에 끼치는 영향

그림의 결과에서 알 수 있듯이 *AR*을 가능한 크게 하는 것이 유리하다. 그러나 이것이 모든 상황에 적용된다고 할 수는 없다. 실제 상황에서는 아래를 고려해야만 한다.

- 풍상 범주 이외의 경우
- 메인세일에 대한 마스트의 영향
- 메인세일 트림을 위한 마스트의 굽힘 가능성
- *AR*과 병행한 경사모멘트의 증가

마지막 경우의 불리한 점은 분명하지만 그 중요도는 바람의 세기와 배의 복원성에 달려 있다. 이 경우에 대해서는 더 이상 논하지 않지만 다른 경우에 대해서 약간 더 설명하고자 한다.

마챠(C.A. Marchaj)는 세일의 *AR*을 변화시키며 풍동실험을 한 결과를 보고하였다. 세일링의 모든 방향을 고려하였다. 그림 7.6은 추진력을 그림 7.7에서는 횡력을 표시하고 있다. 사용한 *AR*은 6, 3, 1 세 개이다. 마지막 세일은 거의 정사각형의 개프(gaff) 세일에 가깝다. 겉보기 바람 각도(apparent wind angle, 이하 AWA)가 작은 풍상 범주의 경우 밀그램의 결론을 확인할 수 있다. 30° 근방에서는 큰 *AR*의 세일이 사각세일보다 2배 이상의 추진력을 발생시킨다. 그러나 바람의 각도가 크게 되면 상황이 바뀐다. 120° 근방에서 사각세일이 단연 월등하고 폭이 좁은 세일보다 50% 이상의 큰 추진력을 만든다. 70°에서는 추진력이 거의 같다. 그림 7.7의 횡력은 30°에서 다소 *AR*과 함께 커지나, 45°를 넘게 되면 그 반대가 된다. 높은 *AR*의 긍정적 효과는 모든 방향의 범주를 고려 대상으로 하면 감소한다는 것이 종합적 결론이다.

마스트 역시 높은 *AR* 메인세일의 긍정적 효과를 감소시킨다. 주어진 세일면적에 대해 *AR*이 높으면 높을수록 두꺼운 마스트가 필요하게 되고 메인세일의 평균 코드길이는 작아진다. 이 두 효과는 세일에 비례하여 증가하는 경향이 있고 이는 마스트의 교란 때문이다. 마챠는 풍동실험에서 $AR = 6$ 세일이 $AR = 4.6$ 세일보다 풍상에서조차 덜 효과적이라는 것과 이는 마스트의 교란 때문이라는 것을 알아내었다.

이 실험에서 마스트의 직경은 높은 *AR* 세일의 평균 코드길이에 8%였다. 요즘의 것과 비교하면 약간 두꺼워 보이고 그 영향이 다소 과장되었을 수도 있지만 메인세일의 *AR*이 끼치는 긍정적 효과에는 한계가 있다는 것을 보여주는 것이다.

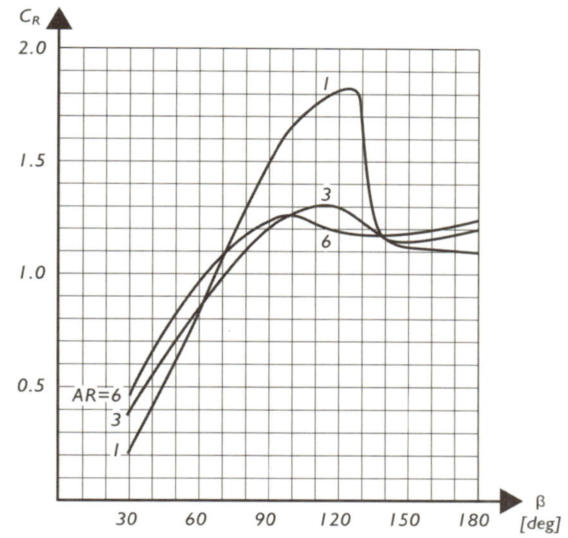

그림 7.6 *AR*이 추진력에 끼치는 영향(실험)

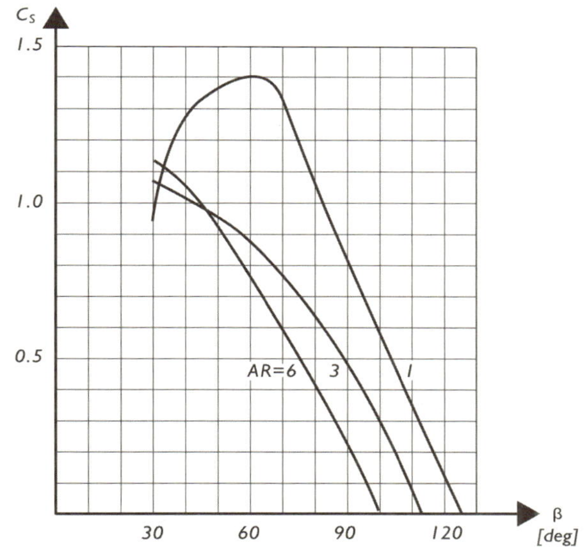

그림 7.7 *AR*이 횡력에 끼치는 영향(실험)

아마 요즘의 요트에서 마스트헤드 전방삼각형을 사용하지 않는 가장 중요한 이유는 메인세일의 캠버 조절 때문일 것이다. 아래에서 보겠지만 바람이 세어지면 캠버를 줄일 필요가 있고 이에 가장 효과적인 방법은 마스트를 굽히는 것이다. 프랙셔널 리그(fractional rig)는 포

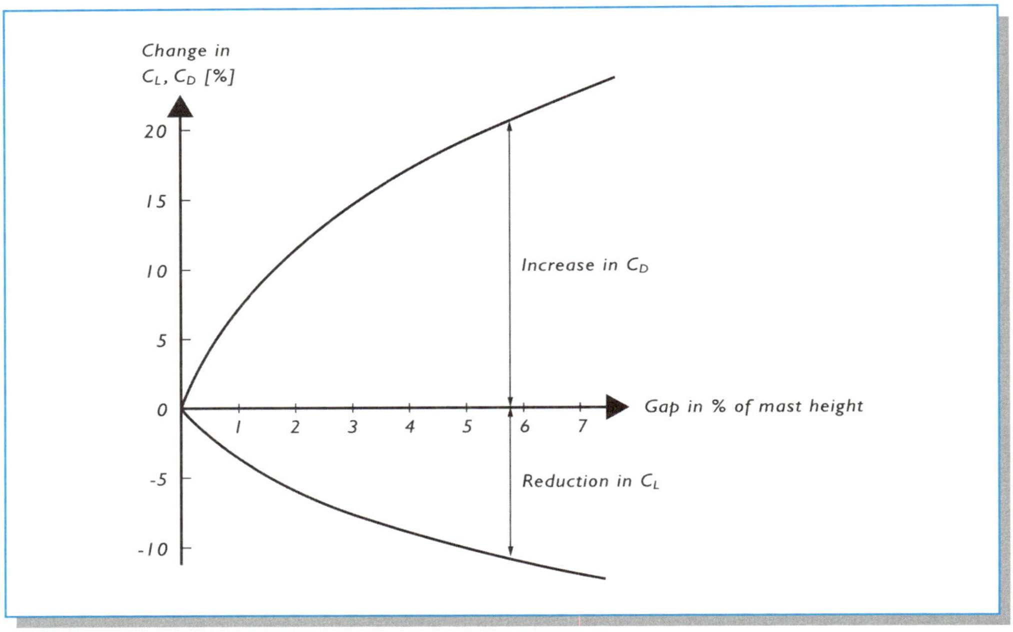

그림 7.8 세일과 선체사이 간격의 효과

스테이가 마스트헤드로부터 어느 정도 떨어진 곳에 연결이 되기 때문에 백스테이를 당겨서 쉽게 마스트를 굽힐 수 있다. 마스트헤드 리그의 경우 다른 방법을 이용하는데, 하단 슈라우드(lower shroud) 또는 선수 갑판과 마스트 사이를 연결한 베이비 스테이(baby stay)를 활용하는 것이다. 어떤 방법이건 마스트가 보통 테이퍼 되어 있지 않기 때문에 조절의 가능성에는 한계가 있다.

높은 AR만이 세일의 유도저항을 감소시키는 것은 아니다. 매우 효과적인 방법은 세일과 갑판사이의 틈새를 막는 것이다. 그림 7.8은 버그스트롬(Bergstrom)과 란젠(Ranzén)이 스톡홀름의 왕립기술원(Royal Institute of Technology)에서 수행한 풍동실험의 결과이다. 틈의 크기(여기서는 마스트의 높이에 대한 퍼센트로 표시함)를 변화시켰을 때 세일의 양력계수와 항력계수의 변화를 표시한 것이다. 틈을 크게 하면 양력은 감소하고 항력은 증가함을 알 수 있다. 예를 들어, 10m의 마스트에 대해서 틈 0.1m라고 하였을 때, 완전히 닫혔을 때와 비교하면 항력은 7% 증가하고, 양력은 4% 감소한다. 물론 붐과 갑판을 완전히 막을 수는 없는 것이므로 이것은 헤드세일(head sail)[36]만의 경우를 말한다. 항력은 바람과 평행한 힘의 성분임을, 양력은 수직성분임을 유의하자. 이것은 요트의 추진방향에 평행한 힘인 추진력과 수

36 헤드세일(headsail)과 포세일(foresail)은 같은 의미이다.

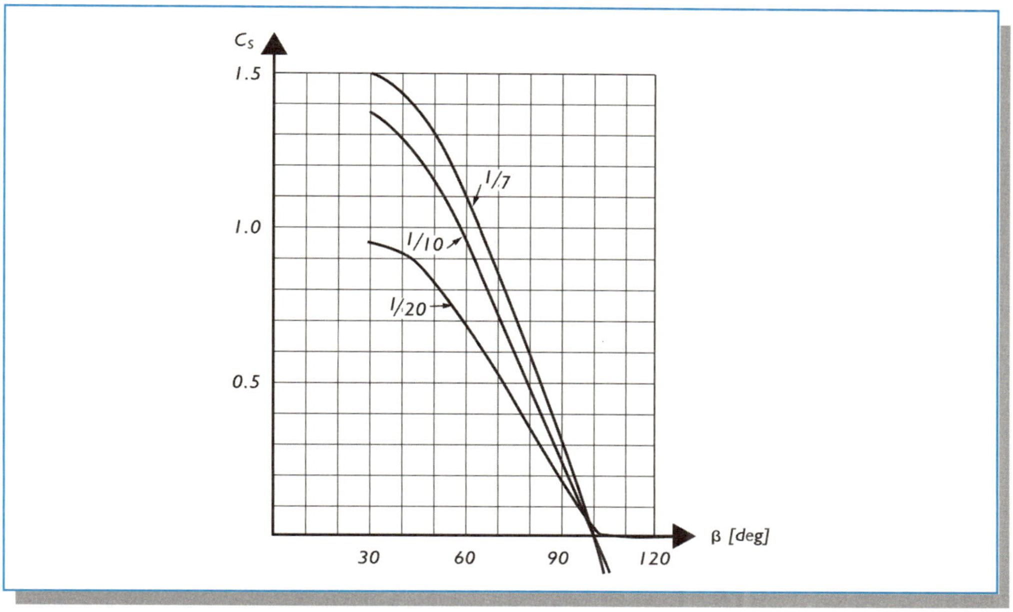

그림 7.9 캠버가 추진력에 끼치는 영향

직한 힘인 횡력으로 쉽게 변환할 수 있다(그림 7.21 참고). YD−41은 그림 11.15에서처럼 포스테이의 연결위치가 높은 프랙셔널 리그를 선택했다. 전방 삼각형은 큰 *J*로 인해 면적이 크다. 이는 중첩이 되지 않는(non−overlapping) 집 세일의 면적을 크게 하기 위함이며 갑판 하부에 숨겨놓은 펄러(furler)에 부착된다. 세일의 풋은 갑판에 상당히 가까이 붙어 있게 되고 틈새는 거의 없다. 리칭(reaching)과 풍하 성능을 향상시키기 위해 마스트헤드의 비대칭 스피네커(asymmetric spinnaker)와 코드 0(code 0)[37] 세일을 포함시켰다. 메인세일의 *AR*은 6.0으로 상한치에 근접하며 마스트와의 간섭을 고려하였다. 전방삼각형의 *AR*은 6.4로 큰 전방삼각형 밑변길이로 인해 보통의 값을 보인다.

|| 세일의 캠버

세일은 두께가 없는 날개이기 때문에 단면의 유일한 특성은 캠버(camber)이다. 캠버의 크기와 위치의 효과에 대해서 설명하려 한다. 그림 7.9와 그림 7.10은 마챠가 보고한 마스트가 없는 평판 세일의 측정 결과이다. 세 가지 캠버, 즉, 코드길이의 1/7, 1/10, 1/20에 대해 조

37 약한 바람에서 풍상용으로 사용하는 대형 헤드세일, 바람상태와 코스에 따라 코드 5까지 있다.

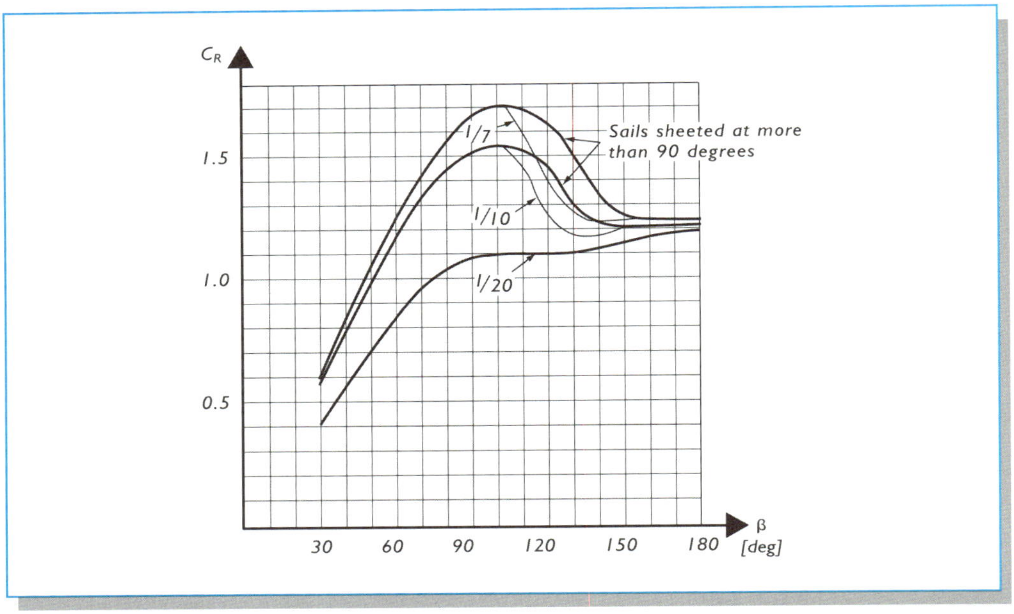

그림 7.10 캠버가 횡력에 끼치는 영향

사하였다. 캠버가 크면 두 커짐을 바로 알 수 있다. 특히 1/10과 1/20 사이에 큰 차이점이 보인다. 1/20의 경우가 흥미롭다. 이러한 평면에 가까운 세일은 극단적인 경우로 실제 사용되지 않지만 캠버와 힘의 경향을 보다 분명하게 알 수 있기 때문에 포함시킨다.

풍상 경우인 30°도 근방에서 1/7과 1/10 경우에는 거의 차이가 없고 1/7쪽이 약간 유리하다. 횡력에서는 두 경우의 차이가 거의 10% 정도로 다소 크다. 어느 세일이 더 나은가를 말하기는 힘들지만 과도한 유도저항을 발생하지 않으면서 횡력 균형을 이룰 수 있는 수면하 선체의 능력에 달려 있다. 이 문제는 VPP(제 16장 참고)과 같은 요트의 균형에 관한 계산을 거쳐야 해결할 수 있다. 하지만 경사가 문제가 되는 경우 외에는 계산을 통하지 않고서 그 결과를 명확하게 알 수 없다. 강한 바람 속에서 횡력이 10% 작은 1/10 세일을 보상하려면 1/7세일의 경우 축범(reefing)을 해야 한다. 이로 인해 세일의 효과 중심이 아래로 내려온다는 것을 고려하면 세일 면적을 7% 정도 줄여야 한다. 이렇게 하면, 동일한 추진력 감소 효과가 나타난다. 그러면 이 힘은 1/10세일보다 작아진다. 따라서 축범을 하는 것보다는 세일을 평편하게 하는 쪽이 유리하다. 이러한 사실은 거의 모든 세일러에게 잘 알려져 있는 사실이다.

그림 7.9와 그림 7.10에서 보듯이 큰 *AWA*에 대해 깊은 세일이 유리하다. 최대 추진력을 보이는 100° 근방에서 캠버 1/7과 1/10은 약 10%의 힘 차이를 보이고 있지만 횡력은 어느 경

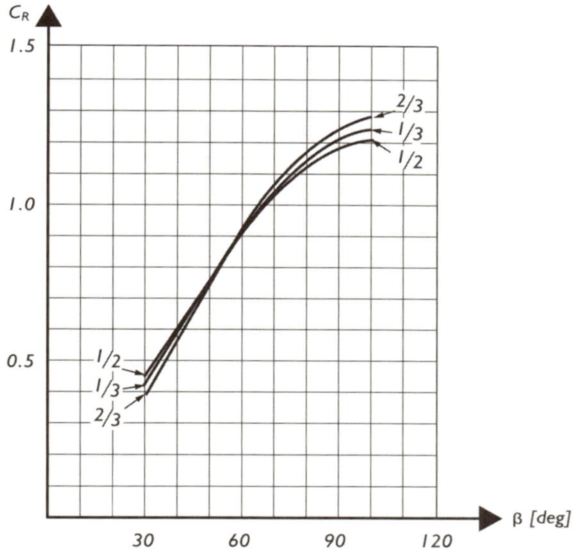

그림 7.11 최대캠버의 위치가 추진력에 끼치는 영향

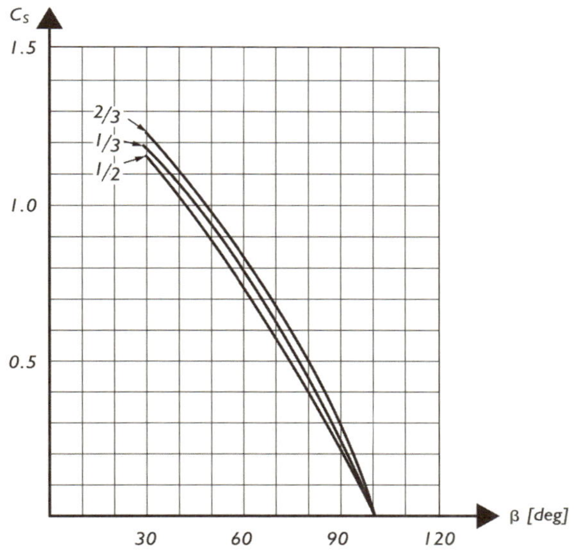

그림 7.12 최대캠버의 위치가 횡력에 끼치는 영향

우라도 0이다. 측정 결과에서 흥미로운 사실은 100°에서 150° 사이에서는 음의 횡력(즉, 풍정압면을 향하는 횡력)을 만드는 게 유리하다는 것이다. 따라서 세일을 90°보다 더 열어주어 풍부압면에서의 박리를 피할 정도로만 작게 받음각을 주는 것이다. 그렇게 하면 비록 풍상

을 향하게 되지만, 만들어지는 전체 힘과 그로 인한 추진력은 세일이 통상적인 위치에 있을 때보다 커진다. 현실에서는 슈라우드 때문에 이와 같이 하기가 어렵지만 딩기에서는 흥미의 대상이 될 것이다.

최대 캠버 위치의 영향을 그림 7.11과 그림 7.12에 나타내었다. 이것은 마스트를 부착한 세일의 풍동 실험 결과이며 따라서 메인세일에 적용 가능하다. 그림에서 보듯이 캠버 크기의 영향보다는 상당히 작다. 그림에서 재미있는 차이를 발견할 수 있는데 최대 캠버의 위치가 각각 코드의 1/3, 1/2, 2/3에 있을 때의 결과이다. 작은 각도에서는 최대 캠버의 위치가 1/2에 있는 세일에서 최대 추진력이 발생한다. 이어 1/3, 2/3의 순서이다. 55°에서는 전체적으로 같다. 100°에서의 최대 추진력은 2/3 세일이 가장 우수하고 그 다음이 1/3, 1/2 순서이다. 횡력은 1/2 세일이 가장 작고, 최대 추진력이 나오는 각도 범위에서 2/3가 가장 크다. 이 결과로부터 풍상에서는 1/2 세일이 가장 좋지만, 브로드리치(broad reach)에서는 최대 캠버가 뒤로 이동해야 한다는 것을 알 수가 있다. 그러나 이것은 메인 세일의 경우로 헤드세일에 의한 간섭은 고려하지 않은 경우이다. 마챠의 실험에 의하면 중복되는 제노아(genoa)가 있는 경우 메인세일의 최대 캠버는 상당히 앞쪽으로 와야 한다. 헤드세일의 경우, 캠버의 위치가 중앙에서 앞쪽에 있는게 나아 보인다. 뒤쪽에 놓이는 경우는 피해야 한다. 이는 메인세일에 접근하는 흐름에 과도한 교란이 생길 수 있기 때문이다.

‖ 마스트 간섭

그림 7.13은 풍상 범주 때 마스트 뒤쪽 세일 주위에서의 흐름이다. 그림에서 보듯이 공기는 항상 세일에 붙어 있지 않다. 세 가지의 박리 영역으로 나눌 수 있다. 두 가지는 마스트 바로 뒤편 정압면과 부압면이고 나머지는 부압편 뒤쪽 부분이다. 마스트 바로 뒤의 박리는 마스트 단면 형상을 적절히 하거나 난류 촉진을 시키면 최소화할 수 있다. 부압면 뒤쪽의 박리영역은 앞쪽을 어떻게 하느냐에 달려있다. 이는 앞쪽에서 생기는 큰 박리는 뒤쪽에 다시 붙게 되는 부분에 두꺼운 경계층 만들기 때문이다. 두꺼운 경계층은 얇은 경계층보다 박리가 일어나기 쉽다. 또한 뒤쪽의 박리는 세일에 작용하는 하중 상태에 좌우된다. 적절한 세일 조절과 마스트 설계에 따라 뒤쪽 박리 영역을 상당히 줄이거나 없앨 수 있다.

박리를 없애야 하는 두 가지 이유가 있다. 첫 번째로는 박리로 인해 세일 두 면의 압력차가 줄어들어 세일의 압력 분포가 교란된다. 이것은 양력과 추진력의 감소로 이어진다. 두

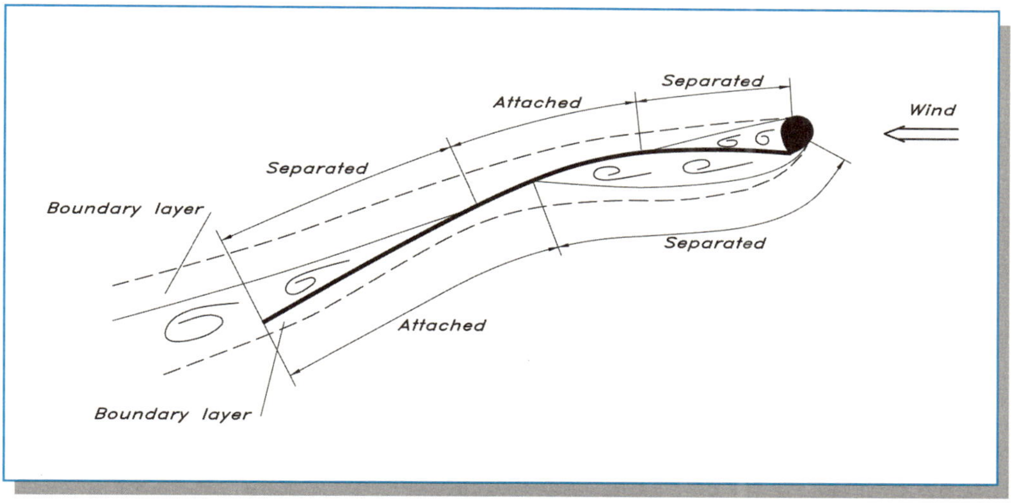

그림 7.13 마스트/세일 주위 흐름

번째로 박리 그 자체가 항력 증가의 원인이다. 사우스햄턴 대학에서 수행한 마스트와 세일의 관계에 관한 실험은 세일에 미치는 마스트의 영향이 꽤 크다는 것을 보여주고 있다. 직경이 세일 코드의 7.5%인 원형 마스트를 세일 앞에 두는면 풍상에서의 추진력이 약 20% 정도 감소한다. 12.5%의 두꺼운 마스트로 실험한 경우, 추진력이 거의 반으로 줄었다. 그러나 마스트를 회전시켜 부압면의 마스트/세일 연결부를 부드럽게 했을 때, 그 손실이 반 정도 감소되었다.

YD-41은 가벼운 카본 마스트이다. 고성능 크루저가 되려면 리그가 간단해야 하며 가족이 타거나, 사람 수가 적더라도 충분히 다룰 수 있는 것이어야 한다. 그러므로 러닝 백스테이(running backstay)나 안쪽 포스테이(inner forstay)는 피하고 대신 프랙셔널 리그에 상반각이 있는 스프레더(spreader)를 사용하였다. 크기는(11장의 리그 계산에서 얻은) 229*mm*×119*mm*이다. 로치(roach)는 평균길이 174*mm*로 평균 코드길이의 5%이다. 많은 양이 아니기 때문에 특히 마스트의 교란을 줄이기 위해 다음 절에서 설명할 기술들을 사용한다면 세일이 잘 작동할 것으로 보인다. 당연히 세일의 윗부분에서는 상당한 교란이 있을 것이다.

‖ 마스트 간섭을 줄이는 수단

유체역학적으로의 잘 알려져 있지만 이율배반적인 것으로 부드러운 표면의 뭉툭한 물체가 거칠어질 때 생기는 항력의 감소 현상이 있다. 제5장에서 보았듯이 요트의 표면이 거칠면 저항이 상당히 증가한다. 이 차이점은 요트와 같이 가는 형태의 점성저항은 본질적으로 직접 마찰에 기인(그림 5.4 참고)하지만 뭉툭한 물체의 저항은 반류중의 압력손실(점성압력저항)에 상당히 기인하기 때문이다.

그림 5.5로 다시 돌아가 보면 선체 주변의 흐름에는 다양한 영역이 있다. 선수 근방에서는 경계층은 층류이지만 비교적 빨리 천이에 도달한다. 그 이후 난류가 되고 경우에 따라서는 선미 부근의 박리점에서 떨어져 나간다. 동일한 흐름의 영역이 원주 주위에도 있을 수 있지만 항상 그런 건 아니다. 레이놀즈 수(직경과 속도를 곱하고 점성으로 나눔, 그림 5.8 참고)가 작으면, 경계층은 난류가 되지 않지만 층류상태에서 바로 박리된다. 이것은 실제 그림 7.14와 같이 최대두께가 되기 전에 발생한다. 이 때 반류는 상당히 넓어지고 저항은 커진다. 한편 박리에 앞서 경계층이 난류가 되면 박리점은 최대두께 이후 지점까지 늦어진다(그림 7.14 참고). 그러면 반류폭은 좁아져 저항이 작아진다. 난류가 박리를 늦추는 것은 흐름 중에 휘젓는 효과(stirring effect)가 있기 때문이다. 경계층 바깥의 속도가 빠른 유체가 안쪽으로 향해서 표면에서 멈추려고 하는 흐름에 에너지를 넣기 때문이다.

이 설명을 생각하면 표면이 거친 원주가 부드러운 원주보다 저항이 작은 이유를 이해할 수 있을 것이다. 레이놀즈 수가 임계점 아래에 있다면 층류 박리가 일어나고 표면 거칠기가 경계층을 박리 전에 빨리 난류로 바꾼다. 그 후 박리가 늦어지고 항력은 감소한다. 마스트는 보통 임계점 아래에 있고 항력이 크다. 그러나 표면 거칠기 장난을 칠 수 있는 낮은 항력 영역에 있다. 그림 7.15는 직경 $0.1m$ 원형 실린더의 표면 거칠기를 변화시켰을 때의 항력계

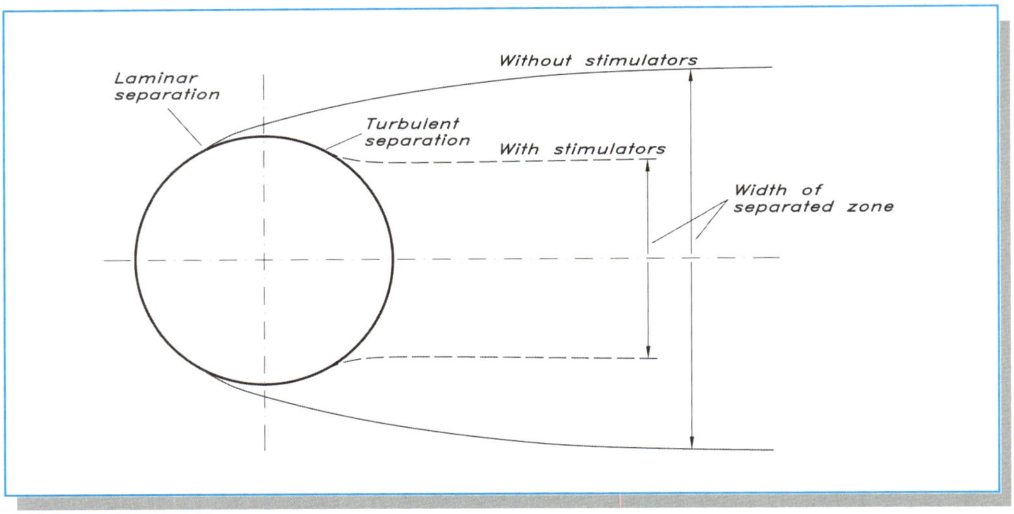

그림 7.14 실린더 주위 흐름상의 난류촉진 효과

수를 표시한 것이다. 표면 거칠기는 원주 직경에 대한 %로 표시했다. 표면 거칠기가 직경의 0.5%의 경우 풍속 $11m/s$에서 항력이 50% 감소한다. 반류의 폭이 좁으면 세일에 영향을 덜 끼치기 때문에 두 배의 효과가 된다. 최적 거칠기의 크기는 풍속에 따라 다르지만 1% 정도가 대부분의 바람에 대응할 수 있다. 여기서 풍속은 겉보기바람을 뜻한다.

그림 7.16은 저자와 학생의 실험 결과이다. 평판 세일에 여러 마스트를 설치하고 표면 거칠기를 조절하며 풍동실험을 하였다. 그리고 뒤쪽의 박리 위치를 관측하였다. 마스트 단면은

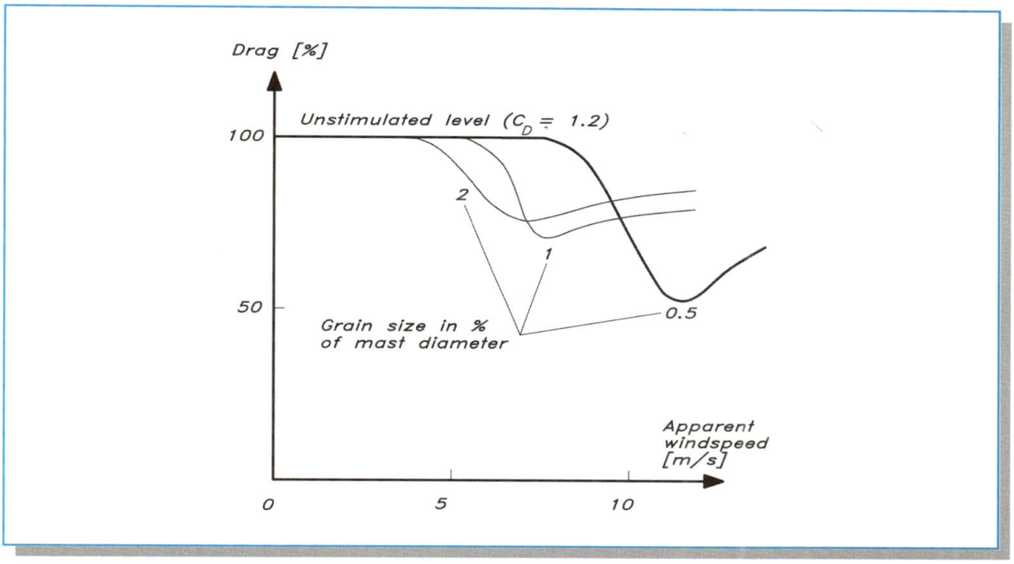

그림 7.15 모래거칠기에 따른 실린더 항력

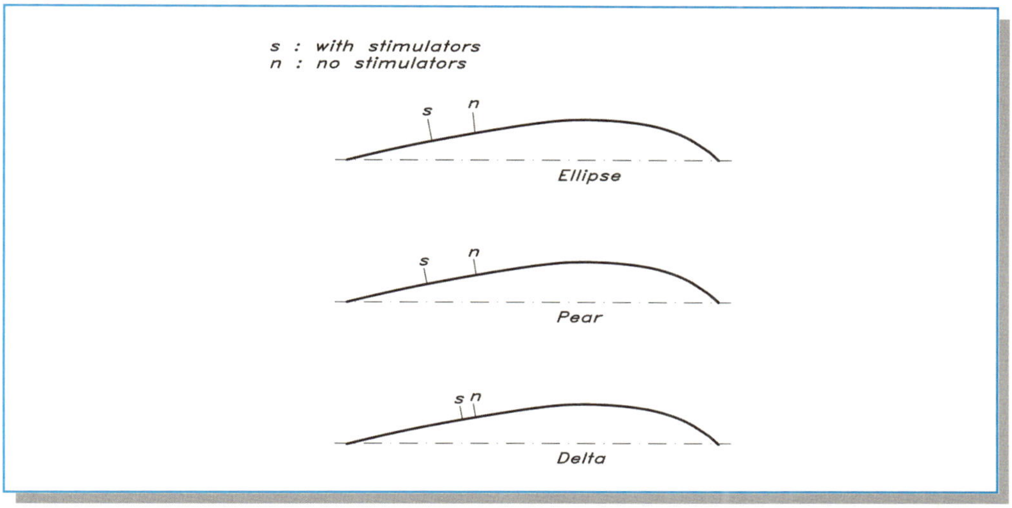

그림 7.16 세가지 마스트로 인한 세일상의 끝날 박리 위치 변화

가장 보편적인 것으로 타원 모양, 배(pear) 모양 그리고 델타(delta) 모양 세 종류를 사용하였다. 표면이 부드러운 경우, 세 종류의 마스트 모두 박리위치에 차이가 없었다. 그러나 표면의 거칠기가 있는 경우, 타원 모양과 배 모양에서 좋은 효과가 가장 컸다.

그림에서 보듯 모든 경우에서 상당한 세일 유효길이 증가 효과가 나타났다. 이 실험에서 표면 거칠기는 마스트 직경의 1%였고, 모래 입자를 마스트 앞쪽 1/2지점까지 균일하게 부착하였다. 후속 실험에 의하면 더 작은 교란이 필요했다. 사실 마스트의 앞쪽에 같은 높이의 작은 돌기(riblet)을 부착해도 같은 결과를 얻었다. 세일이 작동할 때, 마스트의 정체점은 마스트가 대칭이라 하더라도 항상 정압면에 있고 부압면으로 들어가는 흐름은 돌기를 거쳐야 한다. 그러나 정압면 흐름에 대한 효과는 없기 때문에 마스트의 양쪽, 예를 들어 앞에서 45° 근방 대칭면에 돌기를 각각 붙이는 게 나을 것이다.

‖ 유선화(Streamlining)

앞으로 9장에서 살펴보겠지만 마스트나 리그의 바람 막음(windage)[38]은 상당하다. 그리고 스프레더나 슈라우드 같은 서로 다른 요소를 유선화할 때는 다른 기법이 필요하다. 그림 7.17은 같은 항력을 가지는 서로 다른 2차원 물체를 나타낸 것이다. 윗 그림인 유선형 날개의 항력 대부분은 마찰인 것에 비해 아래 봉의 경우 대부분이 압력 저항이다. 정면 면적을 기준으로, 봉의 항력계수가 약 1.0임에 비해 날개는 약 0.03이다. 그러므로 같은 항력에 대해 날개와 봉은 직경에서 30배 정도 차이가 난다.

그림 7.18은 뉴욕 데이비슨 연구실(Davidson Laboratory)의 풍동 실험의 결과이다. 세 종류의 슈라우드, 즉, 와이어, 원형 막대, 타원형 막대)에 대한 항력을 측정하였다. 와이어가 가장 큰 항력을 보여주고 있고 막대보다 다소 크게 나타난다. 이것은 앞서 말한 것(표면의 거친 마스트는 매끈한 것보다 항력이 적음)과는 반대처럼 보인다. 그러나 이 경우는 직경이 작고 나아가 레이놀즈 수가 작기 때문에 표면이 거칠어도 난류층이 나타나지 않기 때문이다.

타원형 막대는 항력이 와이어의 1/4 수준으로 탁월하다. 타원형에서는 받음각이 19°였는데도 그런 결과를 보여준다. 현실적인 풍상 범주처럼 세일이 겉보기 바람 방향보다는 배 길이방향으로 흐름을 유도한다는 사실을 고려하면 확실히 작아 보인다. 그림 7.18 (b)에 보는

38 항력이라 보아도 되겠다.

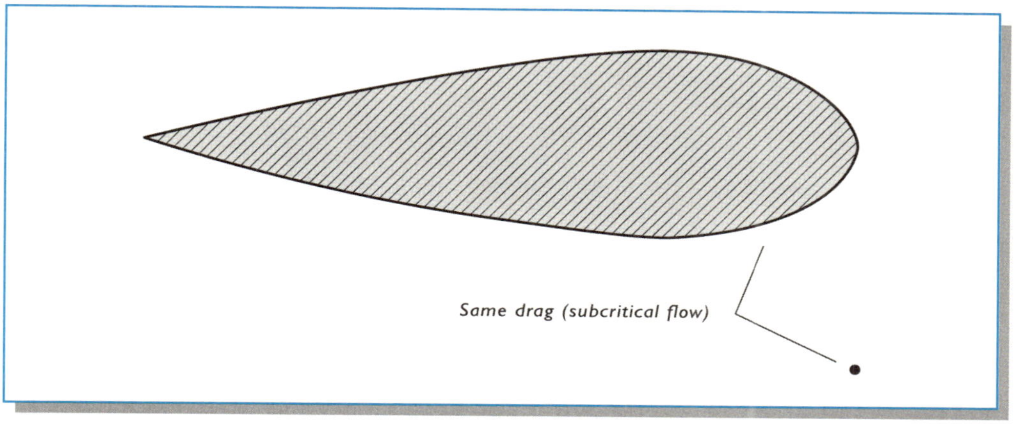

그림 7.17 유선화의 효과

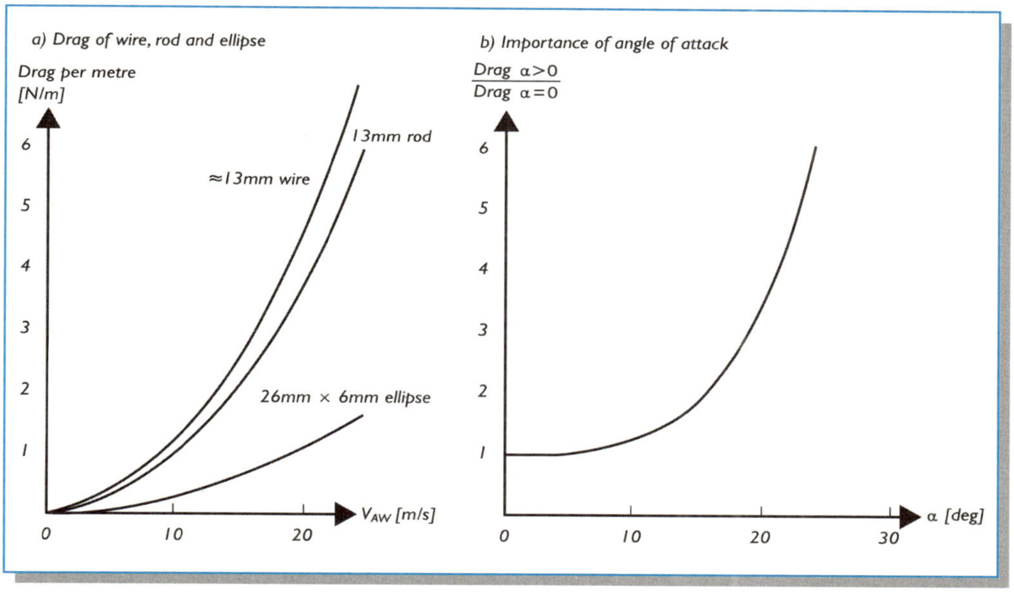

그림 7.18 슈라우드와 스테이의 항력

것처럼 타원형에 대해서 그리 커지지 않는다는 것이 중요하다. 10°까지 추가 항력은 작지만 20°에서는 최소값의 3배가량으로 커진다. 그 이후로도 증가는 상당히 빠르다.

‖ 세일과 리그의 공기역학을 위한 모델

세일요트의 공력모델은 1980년 헤이즌(G. Hazen)에 의해 개발되었다(참고문헌). 이 모델은 수많은 VPP(Velocity Prediction Program, 16장)의 기본이 되었다. 예를 들어, 최근 ORC와 같은 국제적인 핸디캡 시스템에서 사용하는 VPP는 이 기본 모델을 사용한다. 먼저 원래 모델 소개하고 이후 보완된 내용을 소개한다.

헤이즌 모델에서 각 세일의 양력과 점성 항력은 *AWA*의 함수로 설정하였다. 해당하는 계수는 표 7.1에 있다. 원래 모델에서 27°, 50°, 80°, 100°, 180° 다섯 개만 나타내었다. 이 사이 값은 스플라인 함수를 이용하여 내삽(interpolation)한다. 실제 스플라인을 사용한 수작업 페어링도 가능하지만 선형 보간은 과도한 근사방법이다.

다섯 종류의 세일(메인, 집, 스피네커, 미즌, 미즌 스테이세일)에 대해 각각의 계수가 나타나 있다. 총 양력 또는 점성 항력을 구하기 위해서는 각각의 세일면적과 해당하는 계수를 곱한 후 전체 세일에 대한 합계를 구하면 된다. 최종 계수는 그 합계치를 공칭세일면적(전방삼각형, 메인, 미즌 면적의 합계)으로 나누어 구한다. 모든 면적은 삼각형으로 생각하여 계산하며 로치(roach)는 무시한다. 그림 7.19에 관련 방정식을 나타내었다. 세일간의 상호작용은 생각하지 않지만 미즌세일에 의한 메인세일의 장막효과는 미즌 계수에 포함되어 있다. 앞서의 세일 간 상호작용에 대해 다소 대충 논하였지만 그 나름대로 실용성이 입증되어 있다.

풍상에서 점성항력보다 더 중요한 유도항력은 제6장 그림 6.5에 단순 날개 이론으로 계산했다. 유도항력계수는 양력계수의 제곱에 비례하고, *AR*에 반비례한다. 현재 방법에서는

표 7.1a 세일 양력 계수

각도	메인	집	스피네커	미즌	미즌스테이
27	1.5	1.5	0.0	1.3	0.0
50	1.5	0.5	1.5	1.4	0.75
80	0.95	0.3	1.0	1.0	1.0
100	0.85	0.0	0.85	0.8	0.8
180	0.0	0.0	0.0	0.0	0.0

표 7.1b 세일 점성 항력 계수

각도	메인	집	스피네커	미즌	미즌스테이
27	0.02	0.02	0.0	0.02	0.0
50	0.15	0.25	0.25	0.15	0.1
80	0.8	0.15	0.9	0.75	0.75
100	1.0	0.0	1.2	1.0	1.0
180	0.9	0.0	0.06	0.8	0.0

AR 계산 시 공칭세일형상 전체를 두고 생각하며 유도항력은 전체세일에 대해 계산한다.

날개의 AR은 6장에 있듯이 날개 폭을 평균 코드로 나누어 정의하였다. 다른 방식으로도 표현할 수 있다. 투영면적은 날개 폭에 평균 코드를 곱한 것으로 AR는 날개 폭의 제곱을 면적으로 나눈 값으로도 정의할 수 있다. 여기서는 이 정의를 사용한다. 요트가 크로스

Area

세일면적, 시어(sheer)로 부터 효과 중심까지의 높이

Area	Centre of effort
Main: $A_M = 0.5 \cdot P \cdot E$	$CE_M = 0.39 \cdot P + BAD$
Jib: $A_J = 0.5 \cdot \sqrt{I^2 + J^2} \cdot LPG$	$CE_J = 0.39 \cdot I$
Spinnaker: $A_S = 1.15 \cdot SL \cdot J$	$CE_S = 0.59 \cdot I$
Mizzen: $A_Y = 0.5 \cdot PY \cdot EY$	$CE_Y = 0.39 \cdot PY + BADY$
Mizzen staysail: $A_{YS} = 0.5 \cdot YSD \cdot (YSMG + YSF)$	$CE_{YS} = 0.39 \cdot PY + BADY$
Foretriangle: $A_F = 0.5 \cdot I \cdot J$	

Nominal area
$$A_N = A_F + A_M + A_Y$$

Lift
$$C_L = \frac{C_{LM} \cdot A_M + C_{LJ} \cdot A_J + C_{LS} \cdot A_S + C_{LY} \cdot A_Y + C_{LYS} \cdot A_{YS}}{A_N}$$

Viscous/parasitic drag
$$C_{DP} = \frac{C_{DPM} \cdot A_M + C_{DPJ} \cdot A_J + C_{DPS} \cdot A_S + C_{DPY} \cdot A_Y + C_{DPYS} \cdot A_{YS}}{A_N}$$

Induced drag
$$C_{DI} = C_L^2 \cdot \left(\frac{1}{\pi \cdot AR} + 0.005 \right)$$

close hauled: $AR = \frac{(1.1 \cdot (EHM + FA))^2}{A_N}$

other courses: $AR = \frac{(1.1 \cdot EHM)^2}{A_N}$

Drag of mast and topsides
$$C_{DO} = 1.13 \cdot \frac{(BMAX \cdot FA) + (EHM \cdot EMDC)}{A_N}$$

Total drag
$$C_D = C_{DP} + C_{DI} + C_{DO}$$

편평도 : 편평도 인자 F와 C_L을 곱함

축범 : 축범인자 R 제곱을 C_L과 C_{DP}에 곱함.
C_E높이에 R을 곱함

Standard IOR notation:

P : Mainsail hoist
E : Foot of mainsail
I : Height of foretriangle
J : Base of foretriangle
LPG : Perpendicular of longest jib
SL : Spinnaker leech length
PY : Mizzen hoist
EY : Foot of mizzen
YSD : Mizzen staysail depth
YSMG : Mizzen staysail mid-girth
YSF : Mizzen staysail foot
BMAX : Max beam of yacht
FA : Average freeboard
EHM : Mast height above sheer
EMDC : Average mast diameter
BAD : Height of main boom above sheer
BADY : Height of mizzen boom above sheer

그림 7.19 리그와 세일의 공기동역학에 관한 헤이즌의 모델

홀드(close hauled) 상태라면 수면의 경상효과로 인해 유효 날개 폭을 수면에서 마스트헤드까지 높이의 110%로 한다. 집을 느슨하게 하여 갑판과 틈을 두면 갑판에서부터 마스트 높이만을 고려하므로 이 높이의 110%를 AR 정의에 사용한다(그림 7.19 참고).

헤이즌은 세일의 부압면 박리에 기인한 점성항력의 일부분이 양력의 제곱에 비례한다고 주장한다. 그래서 이 효과를 고려한 유도항력을 추가하였다. 유도항력 계산식에 0.005라는 정수가 그것이다.

이 모델에는 마스트와 수면상부 선체의 항력도 포함되어 있다. 전방면적은 평균흘수와 최대폭의 곱으로, 마스트는 평균직경에 갑판으로부터 마스트 높이의 곱으로 계산하였다. 항력계수는 1.13으로 가정했다. 제9장에서 이 항력성분에 대해 자세하게 살펴볼 것이다. 전체 항력은 점성, 유도, 마스트와 수면상부 등 각 성분을 더한 것이다.

각 세일의 효과중심 높이는 그림 7.19에 있다. 메인, 미즌, 미즌 스테이세일에 대해 붐에서부터 러프 길이(luff length)의 39% 위에 있다. 집이나 스피네커는 현호선(sheer line)으로부터 전방삼각형 높이의 39%와 59% 위에 위치하고 있다.

겉보기 바람 0°에서 180°까지에 대한 YD-41의 세일계수가 그림 7.20에 있다. 각 곡선은 표의 수치로부터 만든 것이므로 다섯 점에 대해서만 계산을 하였다. 중간에 있는 점은 스플라인 방식을 사용하였다. 27° 이하는 통상적인 방법인 수평선으로 하였다. 20° 이하에서는 추진력이 거의 없는 상태이기 때문에 도달할 수 없는 각도이다.

이 세일모델의 흥미로운 점은 세일의 축범(reefing)과 편평도(flattening) 효과도 포함되어 있다는 것이다. 이 두 가지의 효과는 제법 다르다. 축범은 세일의 높이를 줄이는 의미로 인자 R로 정한다. 축범을 하지 않을 경우를 1로 둔다. 축범 후 새로운 효과중심의 높이는 원래 높이에 R을, 세일 면적은 기존 면적에 R^2을 곱해 구한다. 이 말은 양력, 항력 둘 다 R^2으로 감소(마스트, 수면상부는 제외)하고 경사팔은 R로 감소한다는 것을 의미한다.

편평도 인자 F는 세일을 편평하게 하여 양력을 줄이는 것이다. 정상적인 세일을 1로 두는데 직접적으로 세일 형상과는 관계가 없다. 세일의 캠버가 작아지면 인자는 작은 값을 가진다. F는 경사팔에는 어떠한 영향도 주지 않고 다만 양력과 항력에 영향을 끼친다. 양력은 F에 비례하기 때문에 유도항력은 F^2에 비례한다. 즉 양력보다도 항력이 더 줄어들고 합력은 배를 앞으로 회전시킨다. 따라서 축범 전 먼저 세일을 편평하게 하는 것이 유리하다. 거의 모든 VPP에서는 모든 상황에 대한 최적의 R과 F를 가지고 있으며 여기에 따라 가장 좋은 세일 설정에 대한 정보를 제공한다.

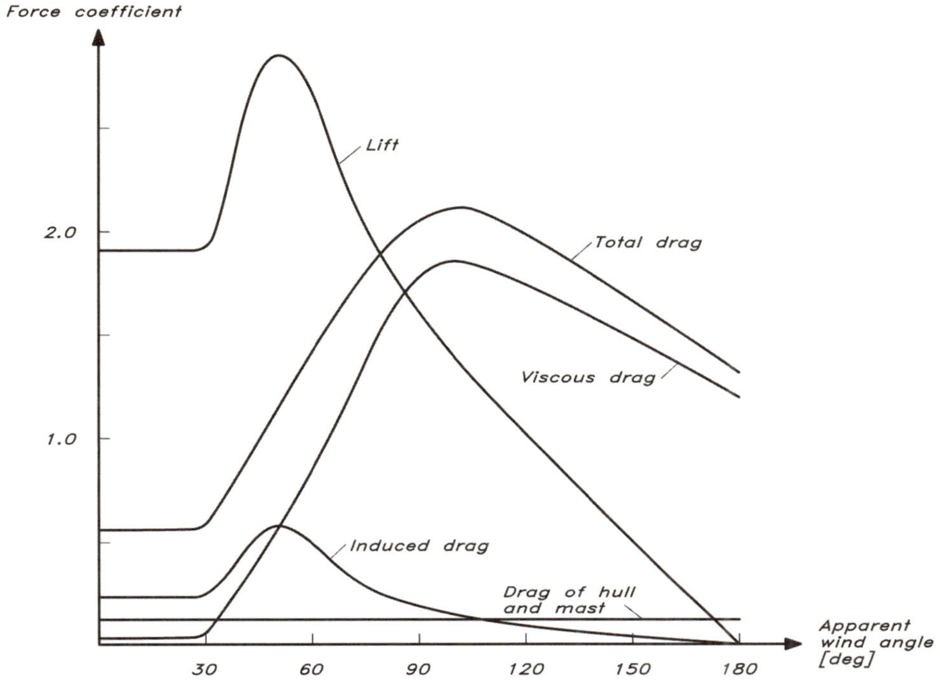

Main: $A_M = 0.5 \cdot 16.7 \cdot 5.6 = 46.8$

Jib: $A_J = 0.5 \cdot \sqrt{16.2^2 + 5.1^2} \cdot 5.40 = 45.8$

Spinnaker: $A_S = 1.15 \cdot 18.0 \cdot 5.1 = 115.6$

Foretriangle: $A_F = 0.5 \cdot 16.2 \cdot 5.1 = 41.3$

Nominal sail area: $A_N = 41.3 + 46.8 = 88.1$

Aspect ratio, close hauled: $AR = \frac{(1.1 \cdot (18.5 + 1.30))^2}{88.1} = 5.38$

Aspect ratio, other courses: $AR = \frac{(1.1 \cdot 18.5)^2}{88.1} = 4.70$

Drag of hull and mast: $C_{DO} = 1.13 \cdot \frac{(4.20 \cdot 1.30) + (18.5 \cdot 0.159)}{88.1} = 0.108$

그림 7.20 YD-41의 세일 계수

모델에서 얻은 세일 힘은 양력성분과 항력성분이다. 속도예측에 유용하려면 진행방향에 대해 평행한 성분과 직각인 성분이 필요하다. 그림 7.21은 양력과 항력이 어떠한 형태로 추진력과 횡력으로 변환되는지를 보여준다. 경사 상태에 필요한 힘을 구하기 위해 다른 변환도

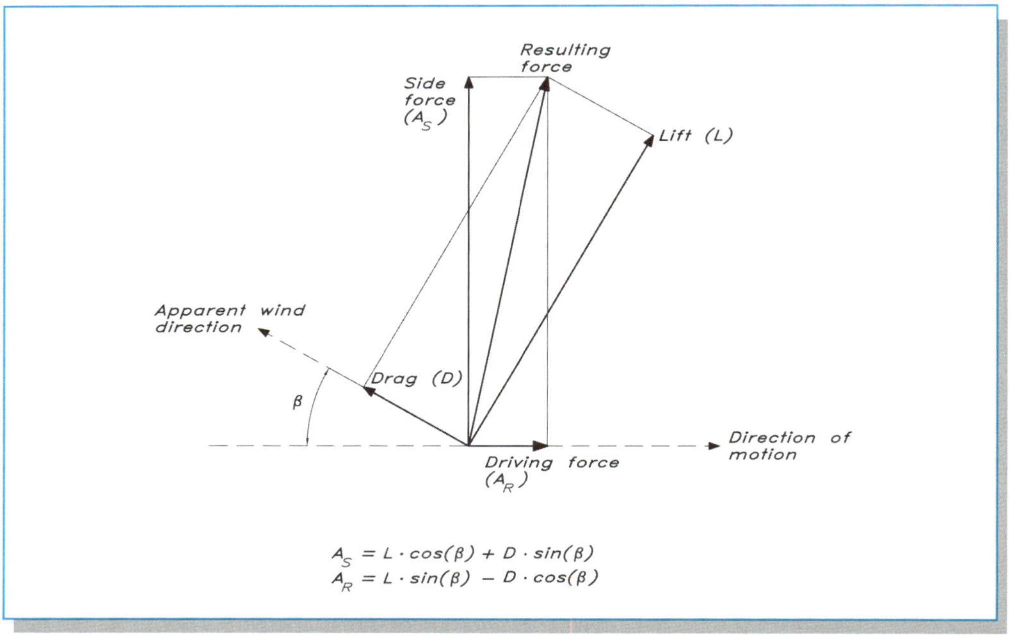

그림 7.21 공기동역학적 성분사이의 관계

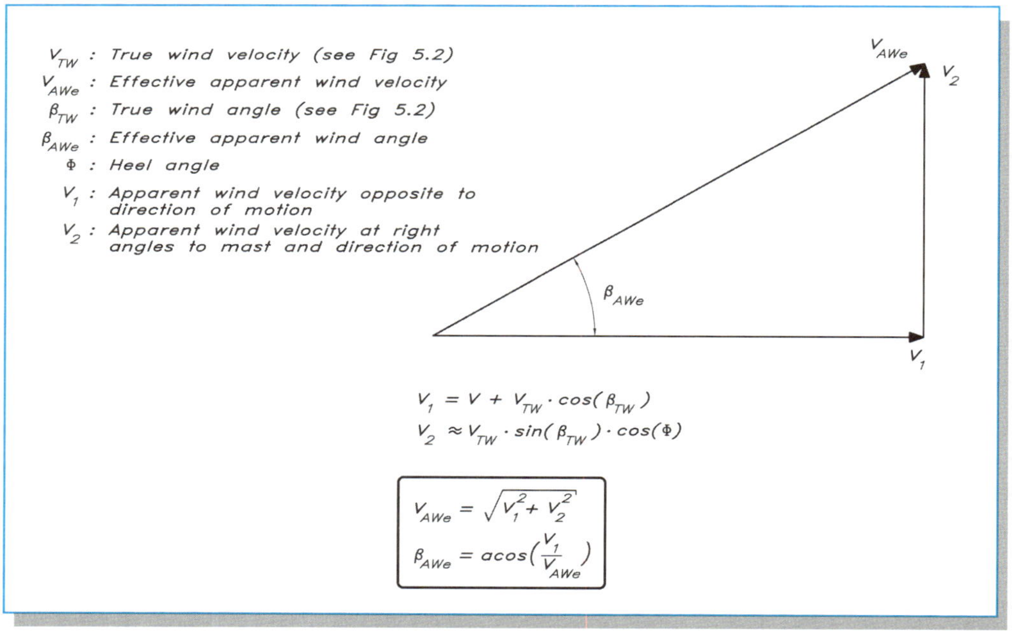

그림 7.22 경사시 유효 겉보기 바람

필요하다. 경사의 효과는 고려하지 않았다. 이것은 별도로 처리한다.

계수를 고치는 방식이 아니고 요트와 함께 경사한 평면에서 AWA와 AWS를 계산한다. 그림 7.22를 보듯 간단하게 할 수 있다. 배의 길이방향에 평행한 겉보기 속도 성분은 경사에도 변하지는 않지만 직각 성분은 경사각의 코사인에 비례한다. 간단한 계산을 위해 선체받음각(leeway)은 무시하기 때문에 진행방향과 같은 것과 직각인 두 방향만 생각한다.

이 공력 모델이 나온 이후 여러 개선이 있었다. 모든 것을 설명하긴 힘들지만 중요한 개선점은 아래에 나열하였다. 자세한 내용은 ORC VPP 문헌을 참고하라. 전체적인 흐름은 포사티(Fossati)가 2008년 암스테르담 20회 히스와 심포지엄(20th HISWA Symposium)에서 발표한 논문을 참고하라. 주요 개선점은,

- 비대칭 스피네커와 코드0에 유리하도록 미즌세일과 미즌스테이 세일을 내림.
- 작은 각도로 촘촘하게 새로운 계수를 정함. 메인과 헤드세일의 트림 가능성에 대한 두 셋트(포스테이와 백스테이)의 계수를 부여함.
- 로치와 메인세일의 직선 헤드부분을 고려한 면적의 보다 정확한 계산 방법.
- 스피네커에 대한(메인세일로부터의) 장막효과 도입.
- 유도저항식의 유효 날개 폭에 대한 보다 정확한 계산 방법
- 세일의 파워 감소를 위한 트위스트 함수 도입
- 선체, 마스트, 리그, 크루에 각각 다른 항력계수 도입

|| 세일 통계치

세일 면적은 세일 요트 추진력의 지표이다. 세일 면적이 충분히 큰가에 대한 판단을 위해서는 요트의 저항발생의 특성과 비교해야 한다. 5장에서 보았듯이 침수 면적과 배수량이 있다. 접수면적은 저속 영역에서의 마찰과 배수량은 고속영역에서의 조파저항과 밀접한 연관이 있다. 따라서 이 경우 적절한 무차원 계수는 세일면적/접수면적비와 세일면적/(용적배수량)$^{2/3}$비이다.

ORC 배들로부터 뽑은 통계치를 따르면 세일면적/접수면적 비의 중간값은 2.4이다. 요트의 크기에 따라 살짝 커지는 경향이 있지만 무시할 만하다. YD−41은 2.6으로 마찰 영역이 약한 바람에서 빨리 달릴 것이다.

세일면적/(용적배수량)$^{2/3}$비는 20.0이다. 길이에 따른 변화는 보이지 않는다. YD−41은 매우 높은 27.4이며 클래스40과 같은 경기정에 매우 가깝다. 따라서 고속에서 성능이 좋을 것

으로 보인다.

다른 재미있는 통계로 메인세일과 전방삼각형의 AR과 면저 분포가 보인다. 메인세일의 중간값은 5.8, 전방삼각형은 7.1이다. YD-41은 메인세일이 6.0, 전방삼각형은 6.4이다. 전방삼각형은 중첩이 되지 않도록 설계했기 때문에 수치가 약간 작다. YD-41의 메인세일은 전체 면적의 53%로 중간값이 54%보다 약간 작다.

YACHT

균형

경사의 영향 / 좋은 균형(Good Balance)
수면하 체적의 효과 중심 / 세일의 효과 중심
리드(Lead) / 타 균형(Rudder Balance)

08

DESIGN

8. 균형

요트 설계 시 어려운 점 하나는 수면 하 체적에 대해 최상의 세일평면 전후위치를 찾아내는 일이다. 세일의 위치가 뒤쪽으로 치우치면 웨더 헬름(weather helm)[39]이 되고, 앞쪽으로 치우치면 리 헬름(lee helm)[40]이 된다. 공기동역학적, 수동역학적 효과중심도 알지 못하면서 모든 경사각에 대해 요트가 잘 움직여야 한다면 문제는 더 복잡해진다. 이 문제에 대한 완벽한 이론적 해답은 아직 없지만 몇몇 경험적 방식은 있다. 이 방법들도 아직 확실한 검증을 거치지 않았기 때문에 본 장에서는 요트의 균형을 찾아내기 위해 설계자들이 사용하는 간단한 경험 법칙을 설명한다. 이 방법은 통상의 배에 대해서는 잘 적용되지만 경우에 따라 테스트 세일링 후에 어느 정도 수정이 필요할 때도 있다.

이 장에서는 평형에 미치는 경사의 영향을 시작으로 하여 효과중심 위치에 대해서 설명한다. 먼저 수면 하 체적에 대하여 그리고 세일에 대해서 이야기할 것이다. 그 후 세일 리드(lead)에 대한 경험 법칙과 타의 균형을 위한 지침을 다룬다.

‖ 경사의 영향

제5장에서 세일요트에 작용하는 힘과 모멘트에 대해서 설명했다. 그림 5.1에는 평형상태에 있어서 수동역학적, 공기동역학적 힘은 같은 선상에 있어야 한다는 것을 나타내고 있다. 이 상황을 그림 8.1에 다시 나타내었으며 이때의 경사각은 몇도 이내로 작다. 그림 8.1 (b)처럼 더 많이 경사가 되면 세일의 효과중심은 부압면으로 이동하고 수면하 체적의 효과중심은 반대로 이동한다. 배는 선수–선미를 잇는 중심선에 대해 회전하며 이때 수동역학적, 공기동역학적 힘과 연직이 되지 않기 때문에 힘들의 작용선이 일치하지 않게 된다. 공기에 의한 힘

---

39 틸러를 풍정압면에 두어야 하는 현상. 배는 풍하로 향할 것이다.

40 틸러를 풍부압면에 두어야 하는 현상. 배는 풍상으로 향할 것이다.

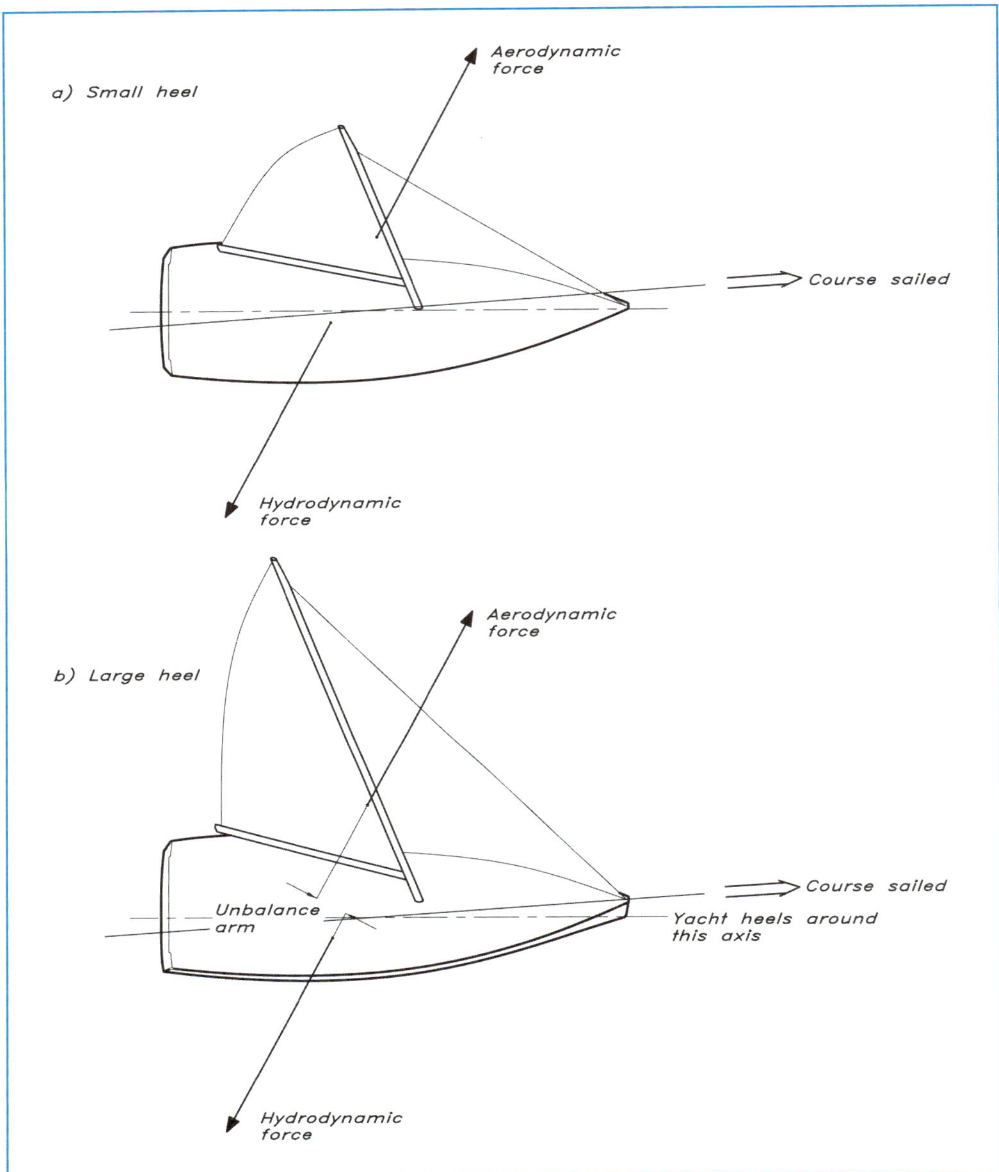

그림 8.1 수동역학적, 공기동역학적 힘의 불균형

이 물에 의한 힘의 뒤에 놓임으로 배는 러프(luff up)하려 한다. 이 힘에 대응하기 위해서 조타수는 웨더헬름을 취하며 그 결과물에 의한 힘을 선미 쪽으로 이동시켜 공기에 의한 힘의 작용선과 맞추게 된다.

물론, 그림 8.1 (a)보다 작은 경사각이면 반대 상황도 발생한다. 즉, 배가 베어(bear away)하려는 경향이 있다. 이런 효과들은 단지 배가 회전해서 생기는 것으로 효과중심들을 이동시키기 때문이다.

수면하 체적의 유체동역학에 끼치는 경사의 두 번째 효과가 있다. 경사시 수면하 체적의 비대칭으로 인해 동역학적 중심이 약간 앞으로 이동하여 균형상태가 더 나빠진다. 이런 경우 선체의 모양에 따라 크게 달라지는데 전후 대칭인 세장형은 영향이 거의 없다. 후미가 평편한 폭이 넓은 배는 꽤 중요하다.

균형 잡힌 요트를 설계하는 것이 쉽지 않다는 것을 이야기하고 있는 중이다. 모든 경사각에 대해 균형을 유지하도록 세일평면의 위치를 결정하는 것은 불가능하다. 보통 작은 각을 우선 생각하며 여기서 좋은 균형이 되도록 답을 찾는다. 더 경사가 되는 경우에는 큰 웨더헬름으로 버틴다.

‖ 좋은 균형(Good Balance)

좋은 균형의 의미를 아직 정의하지 않았다. 몇 가지 이유로 직선 코스에서 0 헬름이 필요한 것은 아니다. 6장에 본 바와 같이 타는 횡력에 기여를 하기 때문에 그만큼 킬의 부담을 덜어준다. 웨더헬름이 클수록 타에 의한 횡력이 커진다. 경험에 의하면 전체 효과가 양이 되는 각의 한계가 있다. 어떤 각도에서 요트의 총 저항이 최소가 되고 이 각을 넘으면 저항이 증가한다.

6장의 카나드 날개(Carnard Wing)에서 보았듯이 킬과 타는 복엽이론을 이용하여 해석할 수 있다. 이것은 킬과 타의 와류가 선체받음각에 의해 분리되기 때문에 하중을 두 개의 양력 면(그림 6.14 참고)에 분산시킬 수가 있는 장점이 있다. 그러나 타는 통상 흘수가 얕아 그 효과가 작고 그에 따라 작은 하중을 받게 된다. 이론적인 최적화가 가능하지만 복잡하다. 극한적인 경기정은 최적의 타각을 수조실험으로 알아내지만 그 외 대부분은 경험에 따라 웨더헬름 각 5°를 최적으로 가정한다.

저항 감소 문제와는 별도로 어느 정도의 웨더헬름은 필요하다. 안전 측면에서 본다면 배는 돌풍 속에서 자동적으로 러프하는 경향이 있기 때문에 세일에 하중이 줄어들고 과도한 경사의 위험성을 피할 수 있다. 그리고 조종의 관점에서 본다면 돌풍으로 인한 힘의 증가를 틸러(tiller) 또는 휠(wheel)로 느낄 수 있다는 장점이 있다. 이러한 것들은 조타수가 배에 잘 대응할 수 있게 해주며 배가 살아 있는 느낌이 든다. 돌풍에서는 *AWA*이 커지므로(그림 5.2 참고), 돌풍을 이용하려면 러프해야 한다. 좋을 밸런스의 배는 다소 자동적으로 움직인다.

‖ 수면하 체적의 효과 중심

그림 8.2는 수면하 체적의 효과중심에 대해 노모토(K Nomoto) 교수 등이 세 가지의 선형에 대해 오사카대학의 선박실험수조에서 한 실험 결과이다. 요트 문헌에서는 이것을 횡저항 중심(Centre of Lateral Resistance, *CLR*)이라고 부른다. 그림에는 유체동역학적 *CLR*로 표시하고 있다. 세 선형은 상당히 다른데 첫 번째는 전통적인 롱 킬(long keel)의 구조정, 두 번째는 핀 킬의 중량급 크루싱 요트 그리고 세 번째는 1970년대의 전형적인 IOR 경기정이다. 그림에서 보듯 유체동역학적 *CLR*이 기하학적 *CLR*과 꽤 떨어져 있는 것을 알 수 있다. 기

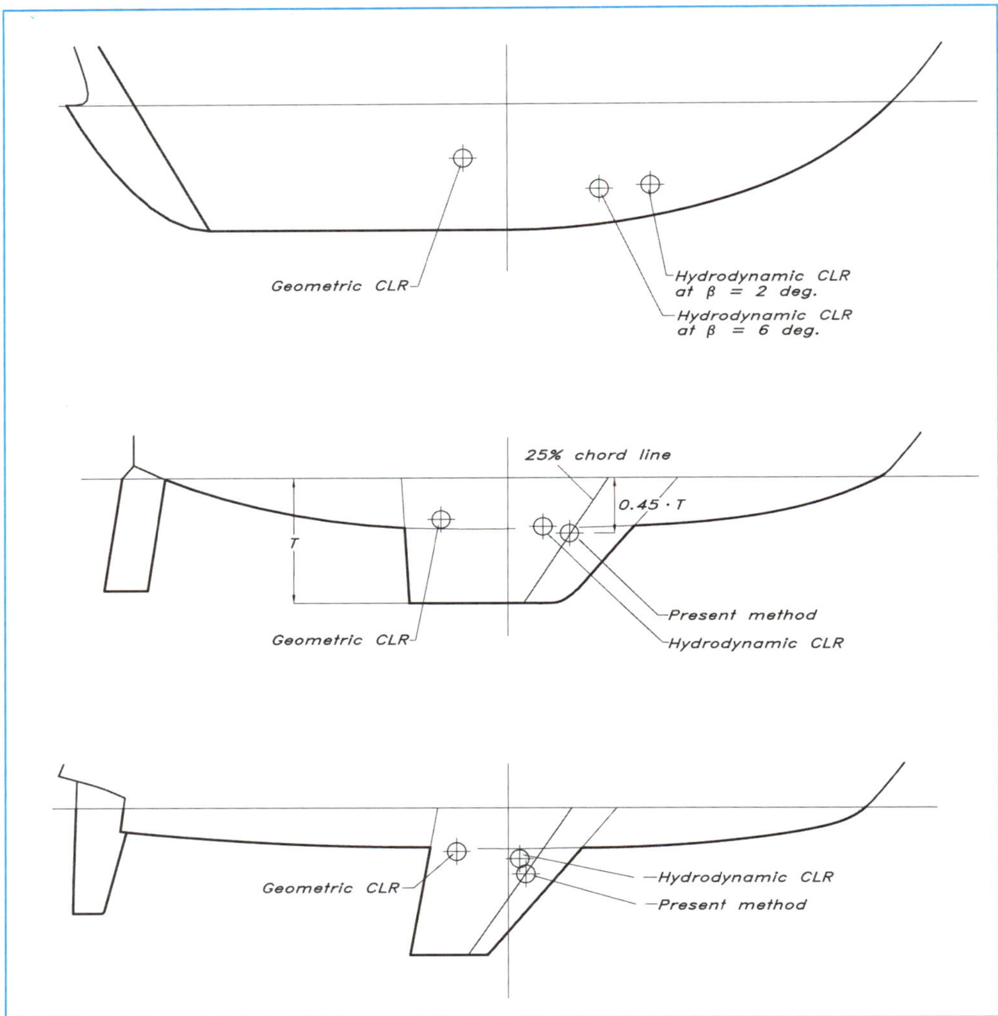

그림 8.2 세 선형의 유체동역학적 효과 중심(노모토)

하학적 *CLR*은 선체, 킬, 타를 포함한 수면하 단순도형의 중심을 뜻한다. *AR*이 큰 날개의 효과중심이 무게중심이 있는 50%의 위치가 아니라 LE부터 코드의 25% 위치에 있는 것을 보면 이건 그리 놀라운 일은 아니다. 수면하 체적은 특이한 모양과 두께 분포 그리고 *AR*이 작은 날개로 볼 수 있다. 날개 이론에서도 보여 주듯이 유체동력학적 *CLR*이 기하학적 *CLR*과 일치해야 할 이유는 없다.

유체동력학적 *CLR*의 위치를 찾기 위해 여러 방법들이 제안되었다. 게릿스마(J. Gerritsma) 교수는 핀 킬 요트에 적용하는 방법을 제안했는데, 여기서는 킬과 타만 고려했다. 선체의 효과에 대해서는 킬과 타를 수선까지 연장하여 어느 정도 반영하였다. 그림 8.2에서 보면 킬 부분만 연장된 걸 확인할 수 있다. 그림 6.14와 관련 문구를 참고하라. 횡력과 *CLR*을 찾는 것은 6장의 날개 이론을 이용한다. 횡력의 경우는 잘 맞지만 킬과 타를 따로 취급할 경우에 *CLR*의 위치가 뒤쪽으로 너무 치우친다. 또한 게릿스마 교수는 타에서 나오는 힘에 0.4를 곱하면 더 나은 결과가 나온다고 제안하였다. 그 이유는 킬이 타에 유체의 유입각을 변화시키기 때문에 0 헬름에서 양력이 약 40% 감소한다고 보았기 때문이다. 수정을 했다 하더라도 게릿스마의 방법은 *CLR*이 너무 뒤쪽에 놓이는 경향이 있다. 이는 선수에서 생기는 힘의 영향은 상당이 작지만 선체 효과 중심에는 다소 영향을 끼치기 때문이며 선체의 압력중심이 상당히 앞쪽에 있다.

노모토 교수는 게릿스마의 방법을 향상시킨 방법을 제안했는데 선수부의 힘을 세장체 이론으로 계산하였다. 타 감소 인자인 0.4를 사용하는 게릿스마 방법을 사용하여 꽤 괜찮은 결과를 내었다. 두 방법 모두 복잡하지는 않지만 계산한 *CLR*과 세일의 효과중심을 연결하는 경험 데이터가 거의 없다는 단점이 있다. 그러므로 노모토 방법에 대해서는 더 이상 깊게 들어가지 않고 다만 경험 데이터가 있는 간략식을 제안한다.

대부분의 핀 킬 요트에서는 타와 선수부의 효과가 상호 작용하여 상쇄되는 것으로 밝혀졌다. 따라서 첫 근사치 계산에서는 *CLR* 예측에 두 개를 무시할 수 있다. 따라서 흘수선까지 연장한 킬만을 사용하여 압력중심의 위치를 계산한다. 이것은 코드의 25%, 흘수의 45%에 있는 것으로 가정한다. 킬의 *AR*이 크다고 가정하기 때문에 하중이 타원형으로 나타날 것이지만 이 근사방법은 현재 그리 중요한 것은 아니다. 이 방법은 *CLR*을 구할 때 우선 수선에서 코드의 25% 점과 킬 끝단 점을 직선으로 연결하고 이 연결선에서 흘수의 45% 점을 찾는 것이다. 그림 8.2에 나타내었다.

이 방법의 단점은 오직 핀 킬에만 사용할 수 있다는 것이다. 롱 킬 경우에도 전체 측면을 날개로 생각하여 시도할 수 있지만 얻어진 *CLR*과 세일의 효과 중심을 어떻게 연관지을 것인가에 대한 경험이 없다. 따라서 이 접근 방식을 제안하고 싶지는 않다. 롱 킬의 경우 기하학적 *CLR*을 이용해서 세일과의 관계를 경험적으로 찾는 방법만이 쓸만하다. 이 방법은 전통적으로 내려온 표준적인 경험방식이고 상당한 자료가 있다.

‖ 세일의 효과 중심

세일의 받음각이 90°이면 뒤쪽 흐름이 완전히 분리된다. 이렇게 되면 효과중심 *CE*는 세일의 기하학적 중심에 놓인다. 이는 런(run)에서 일어난다. 받음각이 이보다 훨씬 작은 다른 코스에서는 *CE*가 앞에서 생긴다. 앞서 언급했듯이 그 중심은 큰 *AR*의 비행기 날개에서는 코드의 25%에 있다. 그러나 세일은 비행기 날개가 아니다. 날개와 같은 기능을 한다 하더라도 *CE*가 그렇게 앞으로 가지 않는다.

그림 8.3은 캠버별로 받음각에 따라 *CE*가 어떻게 이동하는가를 보여준다. 여기에 사용한 세일의 *AR*은 5.0이다. 캠버 비 1:27로 가장 편평한 세일이 작은 받음각에 있을 때 *CE*는 코드의 30% 위치에 온다. 캠버 비 1:7로 깊어지면 37% 정도 후퇴한다. 실전에서는 편평한 세일에서 깊이 있는 세일로 바뀌면 밸런스 변화가 생기며 깊이가 있는 세일일수록 웨더헬름이 필요하게 된다는 점을 활용할 수 있다.

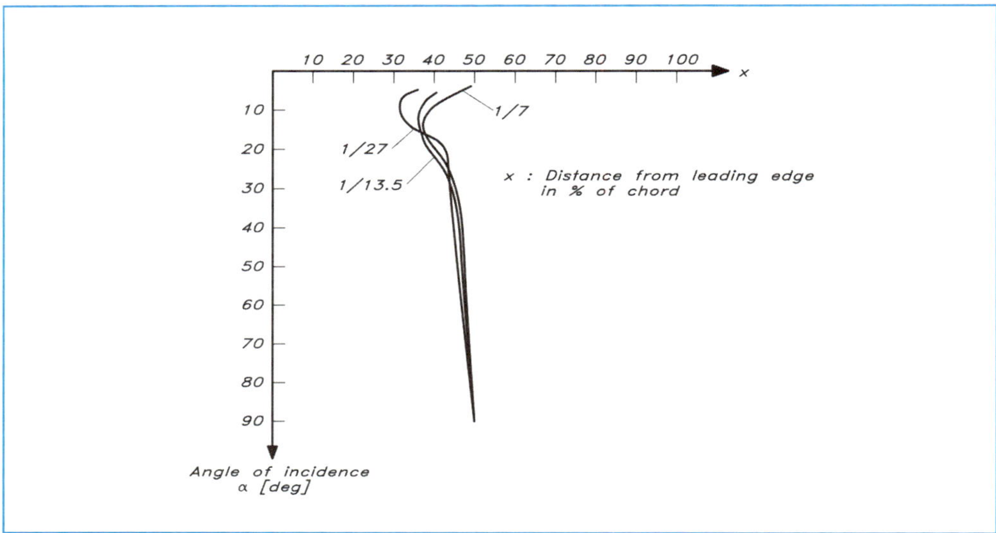

그림 8.3 받음각에 따른 세일의 효과 중심

그림 8.3을 활용할 수 있는 또 다른 것으로 기하학적 *CE*와 공기역학적 *CE* 상이의 거리가 상당히 떨어져 있다는 것이다. 기본적으로 전체 세일평면의 중심은 (예를 들면) 코드의 35%

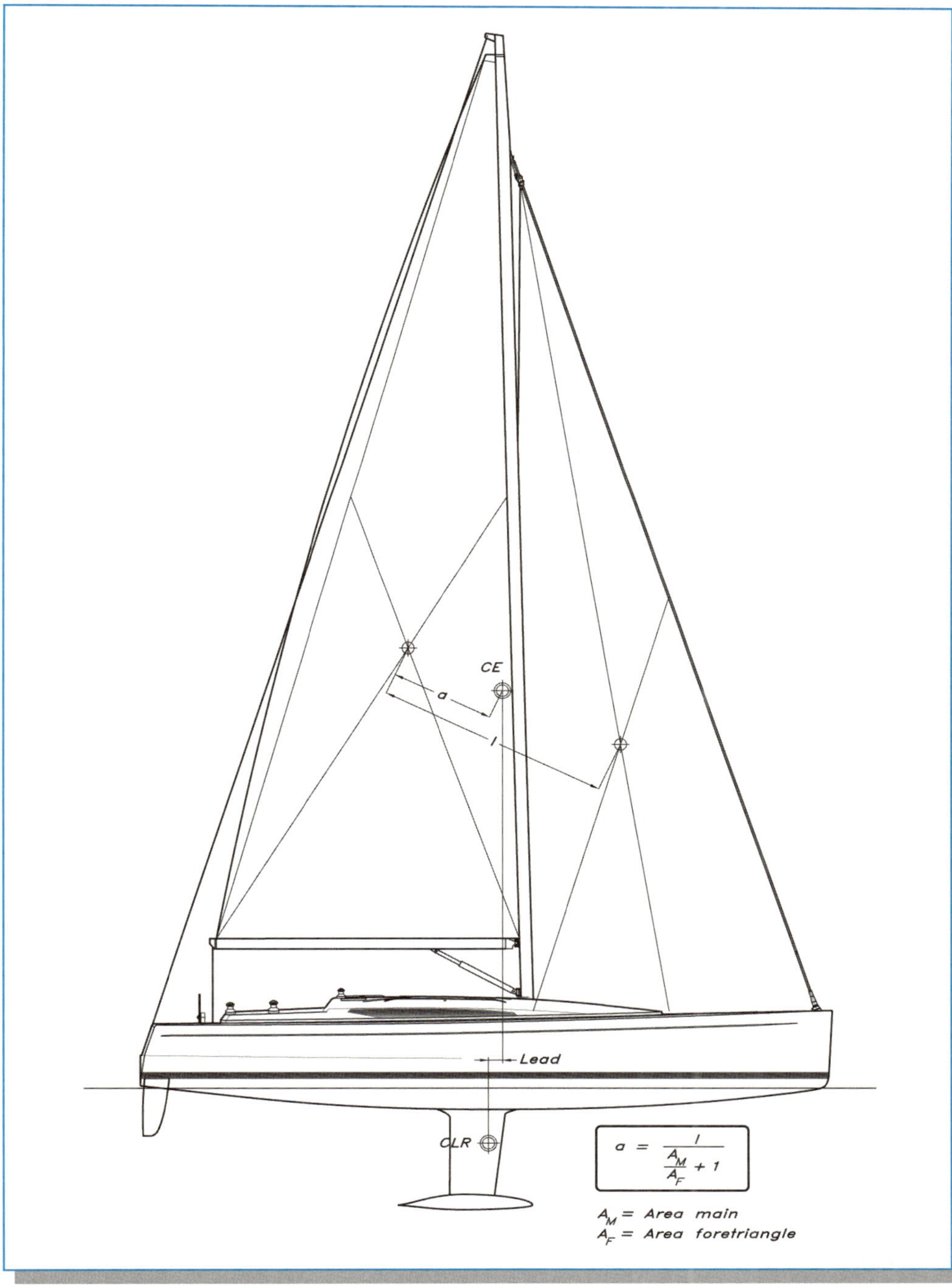

그림 8.4 리드

로 결정하는 것도 가능하지만 이러한 접근은 보통 사용하지 않는다. 대신 기하학적 중심을 이용한다. 그림 8.4는 슬룹 리그(sloop rig)에서 결정하는 방법을 보여준다. 먼저 삼각형 꼭지점에서 대변의 중점으로 직선을 그어 각 세일의 중심을 구한다. 전방 삼각형과 메인세일의 삼각형에 대해 먼저 구한다. 각각의 중심점을 구한 뒤 이 두 점을 직선으로 잇는다. 그림에서 보듯 *CE*는 그 직선상에 점이 된다. 만약 미즌 세일이 있으면 그 면적을 반으로 한다(게릿스마의 타 효율 0.4를 참고하라). 우선 집과 메인에 관해서는 그림과 같이 구한다. 메인과 집의 *CE*에 미즌 세일의 반에 해당하는 *CE*를 고려하여 같은 방식으로 전체에 대한 *CE*를 구한다.

∥ 리드(Lead)

앞에서 보았듯이 수면하 체적에 대해 세일평면의 위치를 결정하는 것은 이론적으로 매우 복잡하다. *CE*와 *CLR*을 찾는 방법에 상관없이 모든 조건하에서 좋은 균형을 만들려면, 이들 간의 상대적 위치는 경험에 의존할 수밖에 없다. 앞서의 어떤 방법을 사용하든지 *CE*는 *CLR*보다 앞에 있고 그 사이의 연직 거리를 리더(그림 8.4 참고)라고 한다. 이 거리의 크기는 첫째, 어떤 방법을 사용하여 *CLR*을 찾았느냐, 그리고 둘째로 요트의 종류에 따라 좌우된다. 기본적으로 아래에 따라 리드가 커진다.

- 넓은 폭. 폭이 넓은 폭은 경사시 비대칭성이 크기 때문에 정압면으로 모멘트를 만든다.
- 롱 킬. 실제 *CLR*은 코드의 25% 또는 앞쪽에 위치하기 때문에 킬이 길어질수록 *CLR*은 앞으로 이동한다.
- *AR*이 큰 세일. 요트가 경사할 때 *CE*의 부압면 이동량이 더 크다.
- 낮은 복원성. 낮은 복원성의 선체는 당연히 더 많이 경사가 되고, *CE*가 부압쪽으로 더 이동한다.

롱 킬 요트의 *CLR*은 기하학적 방법을 추천한다. 이 경우 리드는 아래와 같이 L_{WL}의 %로 나타낸다.

- 마스트헤드 슬룹 : 12~16%
- 프랙셔널 리그 슬룹 : 10~14%
- 켓치 : 11~15%

핀 킬은(그림 8.2) 킬을 수선까지 연장하는 방법을 사용한다. 아래의 리드를 추천한다.

- 마스트헤드 슬룹 : 5~9%
- 프랙셔널 리그 슬룹 : 3~7%

‖ 타 균형(Rudder Balance)

요트는 어느 정도 웨더헬름이 필요하기 때문에 타 균형이 적절치 않으면 장시간 조종하는 것이 피곤하다. 타주(rudder stock)에 걸리는 모멘트는 횡력과 타주의 중심에서부터 압력중심까지의 거리를 곱한 것과 동일하다(그림 8.5 참고). 압력중심은 그림 8.6처럼 실제 AR에서 구할 수 있다. 선저 아래에 매달려 있는 타의 실제 AR은 기하학적 AR의 두 배이다(6장에 설명하였다). AR이 0에 가까우면 압력중심은 LE쪽으로 이동한다.

여기서 제일 중요한 점은 타에 과도한 균형(압력중심이 타주 중심보다 앞에 있는 상태)이 되지 않도록 해야 한다는 것이다. 적당한 위치는 타주의 중심보다 50mm 후방에 두는 것이다. 이렇게 하면 조타수의 피로 없이 타력에 대한 좋은 느낌을 줄 수 있다.

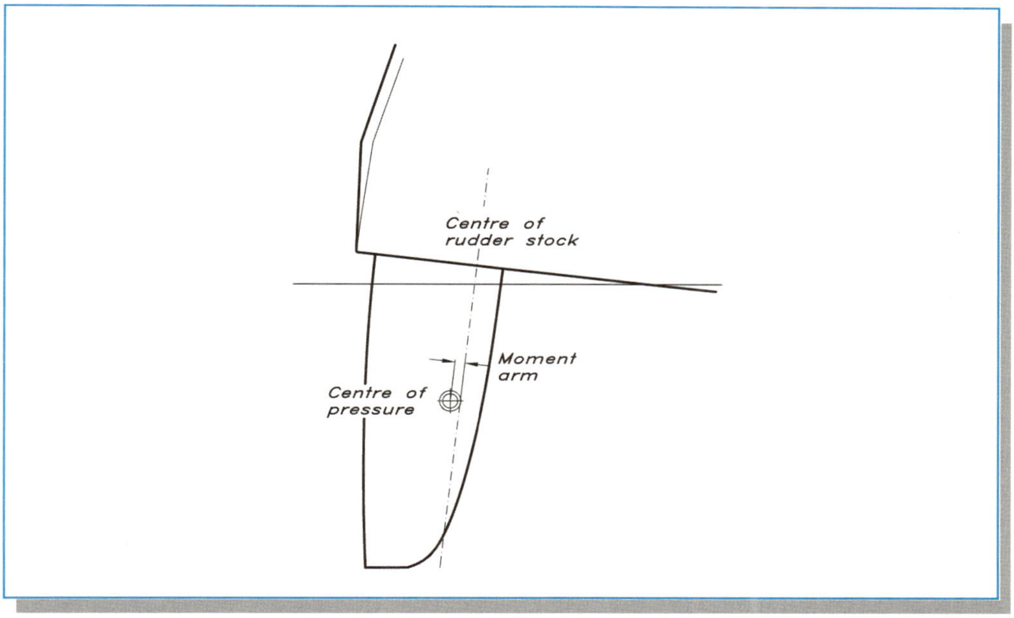

그림 8.5 타 균형

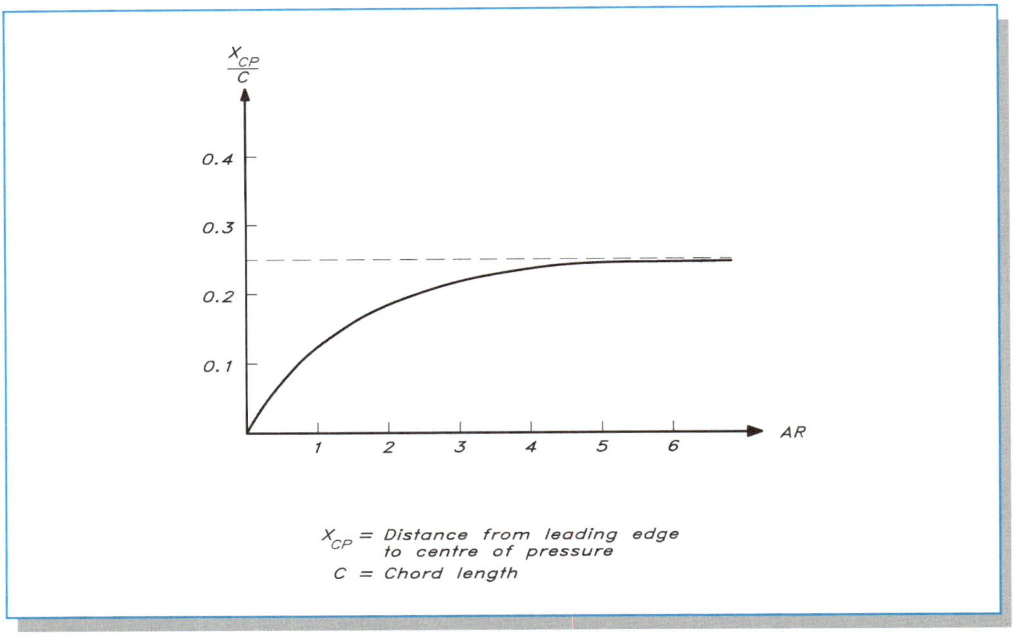

그림 8.6 *AR*에 따른 평면날개의 압력중심 위치

YACHT

프로펠러와 기관

무풍과 악천후에서의 저항
프로펠러 특성 / 최적 프로펠러 설계
비 최적 프로펠러의 성능
날개 면적의 확인
프로펠러의 저항

09

DESIGN

PROPELLER AND ENGINE

9. 프로펠러와 기관

요즘 세일요트는 거의 보조 동력을 장착하고 있기에 상황에 따른 동력이나 프로펠러의 설계가 중요하게 된다. 세일요트가 기관을 갖추는 경우는 세 가지다. 첫째로 요트 항구는 복잡한 경우가 많아 좁은 수역을 세일로 조종하기가 힘들다. 어떤 항구는 안전상의 이유로 항내 세일을 금지한다. 둘째, 세일링하기에 조건이 좋지 않을 경우, 많은 스키퍼들이 짧은 시간 동안이라도 기관을 사용하려 한다. 셋째, 악천후에서 위험한 상황이 발생할 경우 생명을 지킬 수 있는 수단이 된다.

첫 번째의 경우 제한된 동력을 사용하므로 기관과 프로펠러의 설계에 대해서 큰 요구사항은 없다. 그러나 후진의 경우에는 확실히 프로펠러가 기능을 해야 한다. 둘째의 경우에는 속력이 중요한 인자가 된다. 셋째의 경우 심한 바람과 파도의 위험한 상황에서부터 벗어날 수 있는 추력이 요구된다. 두, 세 번째 경우는 프로펠러에 필요한 요구조건이 다르기에 두 상황에 맞게 작동할 수 있는 적절한 설계 접점을 찾는 것이 중요하다. 가장 중요한 필요조건은 극한 상황에서도 기관이 최적점에서 작동하도록 프로펠러를 갖추는 것이다.

이 장의 앞부분은 요트의 전체 저항을 생각한다. 수면하 체적이 차지하는 비중, 즉 수동역학적 힘은 5장을 기반으로 계산할 것이다. 그리고 공기동역학적 항력은 7장에서 얻은 식을 이용할 것이다. 무풍과 악천후, 두 가지 상황을 고려한다. 첫 번째 상황에서는 수동역학적 저항만 고려하는 반면 두 번째 상황에서는 항해시의 부가저항과 선체상부, 마스트, 리그 등의 항력도 고려한다. 두 상황의 저항을 찾고 난 후 여러 조건하에서 어떻게 최적의 프로펠러와 필요한 동력을 알아내는지를 보여 줄 것이다. 프로펠러의 최종 선택은 두 요구조건 사이의 절충점(compromise)을 찾는 것이며 프로펠러와 기관 제조자가 어떤 것을 지원해 줄 수 있는지도 생각해야 한다. 적절한 조합을 선택하고 나면 그 성능을 조사할 것이다. 마지막으로 범주시 프로펠러로 인한 부가저항에 대해 이야기할 것이다.

이 장에서의 계산은 5장, 6장보다 더 근사치를 내는 방법으로 요트와 부가물을 미세하게 조정하는게 포함되어 있다. 적절한 프로펠러/기관 조합을 찾기 위해서는 이 정도의 정확도는 필요 없고 또 얻기도 힘들다. 이는 고도의 정확도에 영향을 끼치는 인자들을 모르기 때문이다.

‖ 무풍과 악천후에서의 저항

저항에 대해서는 제5장에 광범위하게 설명하였다(특히, 그림 5.4 참고). 지금은 배가 직립해 있을 때가 관심사이므로 경사저항과 유도항력은 생각하지 않는다. 또한 선체 표면이 오염되지 않았다고 가정하면 표면거칠기로 인한 저항도 무시할 수 있다. 따라서 정수 중 무풍에서 남아 있는 것은 마찰과 잉여저항이다. 마찰 계산 방법은 그림 5.8에 나타내었다. 잉여저항의 계산에 대해서는 그림 5.18과 그림 5.19에 있다. 그러나 그림 5.19의 공식은 상당히 복잡함으로 여기서는 근사치를 구하는 방법에 대해서 생각해 본다. 제5장에서처럼 배수량에 대한 백분율로 나타나는 잉여저항은 어떤 요트라도 주어진 상대속력(즉, 프루드 수)에서 대체로 같다. 이 개략적인 관계를 그림 9.1에 나타내었다. 그림 5.8과 그림 9.1로부터 무풍시의 저항을 추정할 수 있다.

악천후에서는 여기에 파랑 중 부가저항(5장 참고)과 공기저항(7장 참고)이 추가된다. 우선 후자부터 이야기해 보자.

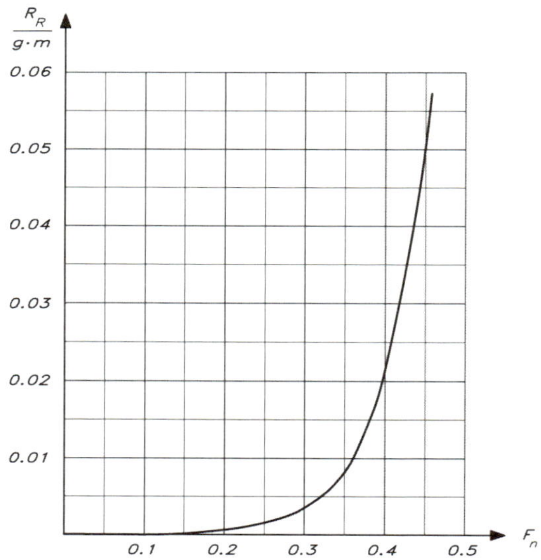

그림 9.1 잉여저항 추정

그림 9.2에 선체, 마스트 그리고 리그 각각의 공기저항을 계산하는 식이 있다. 이 원리는 7장에 있으나 명확히 하기 위해 다시 이야기한다. 선체와 상부구조물의 정면 면적은 단순히 최대 폭과 평균 건현의 곱으로 표현하고 항력계수는 그림 7.19처럼 1.13으로 가정한다. 마스트의 정면 면적은 평균 폭에 갑판 위에서부터의 높이를 곱한 것이고 항력계수는 선체와 같다. 그림 7.19의 절차를 따른다. 같은 계수를 스테이와 슈라우드에 사용하며 모든 리그의 영향을 더한다. 이렇게 계산을 하면 보통 과도한 추정치가 되지만 7장의 세일의 힘 계산을 하는 절차와 일맥상통한다. 항력이 과도하게 추정되는 이유는 선체와 마스트 그리고 슈라우

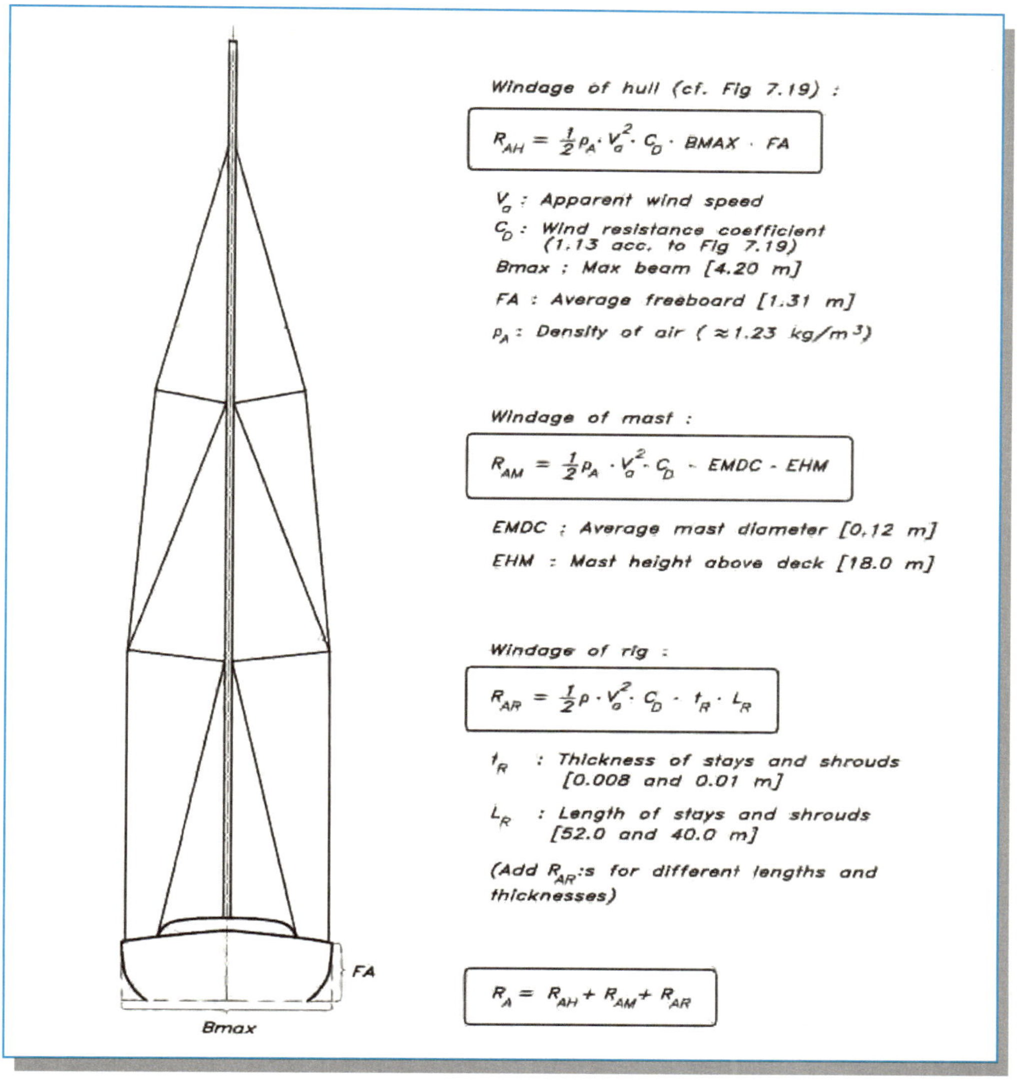

그림 9.2 공기저항 추정

드에 걸리는 바람은 10m 상공의 공칭속력보다 낮기 때문이다. 여기서 관심사는 연직 풍상인 경우라는 것에 주의하자. YD-41의 기하학적 수치는 사각 괄호에 나타내었다. 아래 예에서처럼 바람의 속력은 변하기 때문에 항력은 나타내지 않았다.

그림 5.4에 파고 0.4m, 파 주기 2.8초의 파에 대한 부가저항을 계산하였다. 이 상황은 세일링에 좋은 해상상태를 뜻하며 부가저항은 꽤 작다. 이제 상황이 안 좋은 악천후를 생각해 보자. 유효파고를 4m, 파 주기는 6초로 가정해 본다. 이 상황은 풍속 15m/s의 열린 해상으로 노르웨이, 스웨덴, 덴마크 사이의 해역 같은 곳이다. 더 큰 원양에서는 파주기가 커지고 파장은 길어지며 파고가 더 높더라도 부가저항은 작아진다. 물론 이보다 더한 상황도

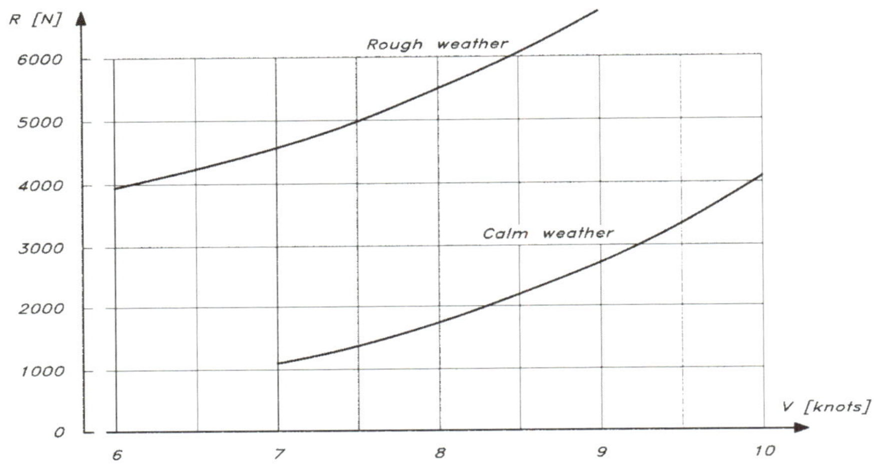

Resistance [N]		Speed [knots] 8	9	10
	Upright (Fig 5.3)	1640	2590	3937
	Wind (Fig 9.2)	100	126	156
	Waves (Fig 5.26)	0	0	0
	Total	1740	2716	4093

(Calm weather)

Resistance [N]		Speed [knots] 6	6.5	7
	Upright (Fig 5.3)	701	845	1027
	Wind (Fig 9.2)	1927	1983	2038
	Waves (Fig 5.26)	1317	1409	1501
	Total	3945	4237	4566

(Rough weather)

그림 9.3 정수와 악천후 중의 저항 – YD-41

생각할 수 있다. 그러나 일반적인 조건에서의 성능을 희생하지 않는 한 이 모든 조건하에서 최적값을 찾는 것은 어렵다. 관련된 모든 수식은 5장에 있기 때문에 독자들은 관심 조건에 대한 최적계산을 할 수 있을 것이다.

그림 5.27의 계수는 연직 풍상 조건[41](즉, 180°)에 대해 없기 때문에 파 각도 145°에 대해 계산을 하였다. 이 각은 연직풍상방향의 35°에 해당한다. 부가저항이 약간 과소평가 된 것 같지만 이 근사치는 적절한 파도 기상의 불확실성에 비해 작다.

그림 9.3은 정수 중 그리고 악천후의 저항을 계산한 것이다. 두 표에 세 개의 저항 성분을 더 했다. 정수중에서는 8, 9, 10노트의 속력에 대해, 악천후에는 6, 6.5, 7노트의 속력에 대해 전체 저항을 나타내었다. 정수중의 바람저항은 무풍 중 배의 운동에 의한 것이다. 표의 결과를 그래프에 나타내었다.

‖ 프로펠러 특성

프로펠러 날개(blade)는 회전해서 전진할 때 날개(wing)처럼 작동한다. 특정 반경위치(radius)의 날개 단면을 그림 9.4에 표시한다. 날개에 주어지는 최종 속도는(전진에 의한) 축 방향 성분과(회전에 의한) 접선방향 성분으로 나눌 수 있다. 프로펠러는 선미의 반류 중에서 회전하기 때문에 축방향 성분이 요트의 속도과 같지 않고 다소 느리다. 이 효과는 대형선에서는 제법 크게 나타나지만, 선저 아래에 프로펠러가 있는 세일요트는 10% 미만이다. 따라서 이후 이것을 무시한다. 접선방향의 성분은 국부 반경과 회전수에 비례한다. 그러므로 반경에 따라서 선형적으로 증가하며 유입각은 프로펠러 끝단으로 갈수록 작아진다. 이에 따라 바깥 방향으로 나갈수록 프로펠러 축에 직각이 되기 위해 날개를 비틀어야 한다. 실제 프로펠러는 일 회전 할 때 모든 반경위치의 단면이 같은 거리를 전진하도록 설계한다. 이 거리를 피치(pitch)라 하며, 프로펠러 직경과 마찬가지로 프로펠러에서 가장 중요한 특성이다.

피치는 유입 흐름과 단면사이에 적절한 받음각을 만들도록 적절히 커야 한다(그림 9.4 참고). 흐름에 대해 대략 직각방향인 합력이 생긴다. 저항이 없으면 이 각도는 90도가 되지만 유도저항과 점성저항 때문에 뒤쪽으로 향한다(6장 참고). 이 힘은 추력의 축방향 성분과 불필요한 토오크의 접선방향 성분으로 나뉜다. 이들 성분은 항력과 양력처럼 무차원화 할 수

---

41 소위 노 고 존(no go zone)을 뜻한다.

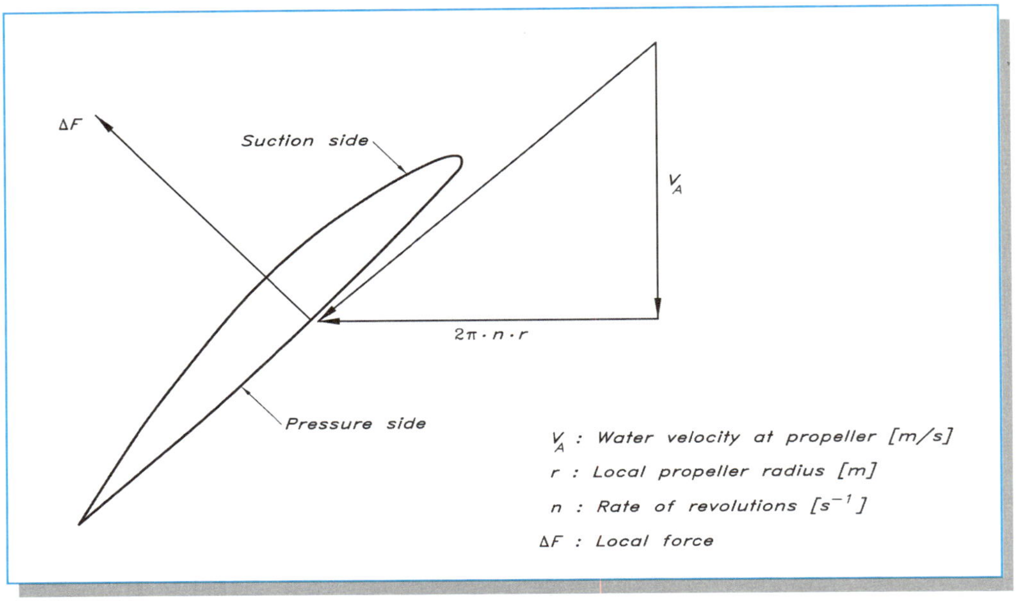

그림 9.4 프로펠러 날개 단면

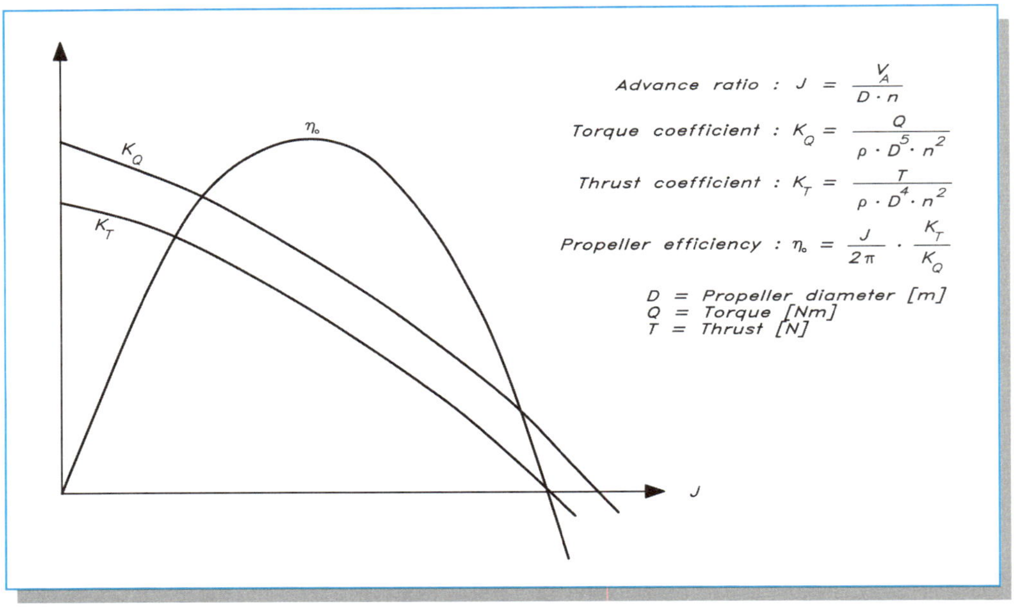

그림 9.5 프로펠러 특성

있다. 현재의 경우 전형적인 속도는 직경에 회전수를 곱한 것이며 면적은 직경의 제곱이 된다. 추력계수(thrust coefficient)는 그림 9.5에 정의하였다. 토크(torque)를 무차원하기 위해 분모의 직경을 5승으로 하였다. 그림의 전진비(advance ratio)는 유입흐름의 각을 나타내는 지표이다. 유효동력(추력과 축 속도의 곱[42], effective power)을 전달동력(토크와 각 회전수의 곱[43], delivered poiwer)으로 나누면 프로펠러의 효율을 얻을 수 있다. 이것을 그림에 나타내었다.

추력계수, 토크계수(torque coefficient) 및 효율을 프로펠러 특성이라 부르며 일반적으로 전진비(advance ratio)의 함수 형태로 주어진다(그림 9.5 참고). 이 그림을 작성하려면 계측기를 장착한 긴 축에 프로펠러를 부착하여 예인수조에서 실험[44]을 해야 한다. 일정한 회전수에서 전진 속도를 바꾸거나 또는 그 반대 방법으로 전진비를 체계적으로 변화시킨다. 속도가 0일 때는 큰 추력과 토크가 생기지만 프로펠러가 전진하지 않으므로 효율은 0가 된다. 고속에서는 프로펠러 날개의 받음각이 0가 되어 추력과 토크도 0이 된다. 더 고속이 되면 프로펠러는 터빈과 같이 작동하여 음의 추력과 토크가 발생한다. 추력이 0일 경우 효율도 0이다. 두 경우의 중간 속도에서 효율은 최대가 된다. 이와 같은 조건을 위해 프로펠러를 설계해야 하는 것이 중요하다.

그림 9.4에 있어 마지막으로 주의해야 할 점이 있다. 프로펠러 전문가들은 통상 우리와는 다른 방법으로 유도저항을 다룬다. 그들은 뒷날 와류(trailing vortex)로부터 유도속도(induced velocity)라는 개념을 사용한다. 만약 이 개념을 도입하면 그림 9.4는 좀 더 복잡해진다. 그러나 두 방식은 동등하며 이하 설명은 두 방법 모두에 유효하다.

‖ 최적 프로펠러 설계

최적의 프로펠러를 설계하기 하려면 프로펠러의 전진속도, 추력(또는 동력), 및 회전수를 알아야 한다. 보통 프로펠러는 반류속에서 회전하기 때문에 전진속도가 배 속도보다 작다. 그러나 세일요트에서는 이 차이가 작기 때문에 그리고 문제를 간소화하기 위해 무시할 것이다. 또 다른 가정으로 프로펠러의 추력이 요트의 전체 저항과 같다는 것을 사용할 것이다. 이것은 엄밀히 말하면 사실이 아니다. 이는 프로펠러 그 자체가 선미 부근의 압력을 감소시키고 나아가 저항을 증가시키기 때문이다. 그러나 프로펠러가 선체 아래에 있고 선미로부터 충분히 떨어져 있기 때문에 세일 요트에서 이 영향은 상당히 작다.

프로펠러의 체계적 계열에 대한 자료는 다수 있지만, 요트에 주로 쓰이는 두 날개(two

---

42 엄밀히 $P_E = RV$를 유효동력이라 하며 $P_T = TV_A$는 추진동력이라 한다.

43 $P_D = 2\pi nQ$

44 프로펠러 단독시험이라고 한다. (Propeller open water test)

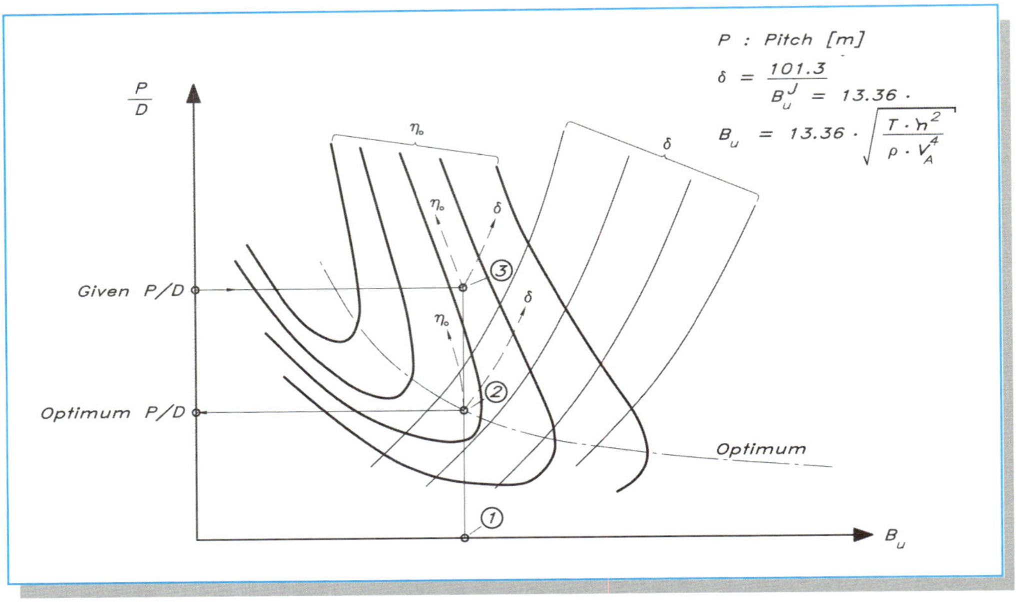

그림 9.6 $B_u-\delta$ 다이어그램 사용 원리

blade) 프로펠러를 포함하는 것은 몇 편밖에 없다. 그중에 트루스트(Troost) 프로펠러 계열라고 불리는 것이 있다. 이것은 네덜란드 선박 연구소(Netherlands Ship Model Basin, 현 MARIN)에서 개발 및 실험을 한 것이다. 그 결과는 $B_u-\delta$ 그래프 형태로 표현된다. B_u는 추력계수이고 δ은 전진비의 역수이다. 두 계수는 그림 9.6에서 정의했다. 나아가 그림 9.7(두 날개)과 그림 9.8(세 날개)의 그래프 사용 방법도 설명하고 있다(만약 동력을 알고 있으면, 비슷한 방식으로 $B_u-\delta$ 그래프를 이용할 수 있다).

기관 제작사의 제품 정보로부터 적당한 기관을 선택해야 한다. 대략 추정하자면 순수 세일링용에서는 배수량 1톤당 4–5kW, 모터를 많이 사용하는 경우는 5–7kW가 필요하다. YD–41의 경우, 배수량이 6.5톤이므로 기관의 출력은 26–33kW가 될 것이다. 이 요구 조건에 딱 맞는 기관을 찾는 것은 거의 불가능하기에 축 출력 30kW를 낼 수 있는 최선의 선택을 해야 한다. 따라서 공칭마력(nominal power)은 약간 더 클 것이다. 또한 이 출력은 3,000rpm, 기어비 2.5:1에서 나오는 것으로 가정한다. 이것으로 프로펠러의 회전수는 초당 20이 된다.

다른 속도에 대한 최적 프로펠러를 계산함으로써, 동력에 해당하는 선속을 구하는 것이 가능하다. YD–41의 계산 결과를 그림 9.9에 나타내었다. 선속은 그림 9.3이며 정수 중과 악천후의 두 조건으로 계산했다. (a)는 동력을, (b)는 직경과 피치를 나타내었다. 두 날개 프로

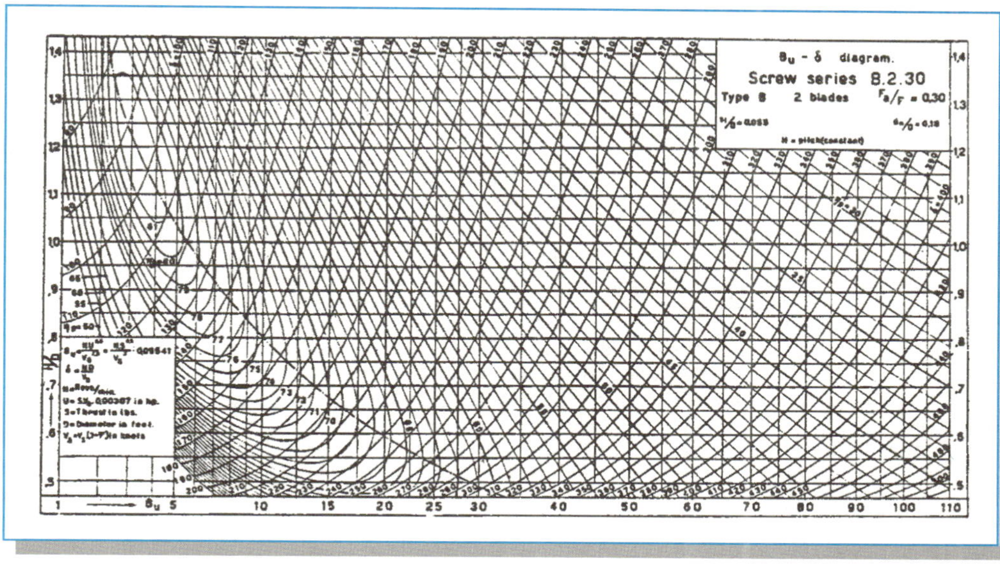

그림 9.7 B_u–δ 다이어그램, 두 날개 트러스트 프로펠러(MARIN)

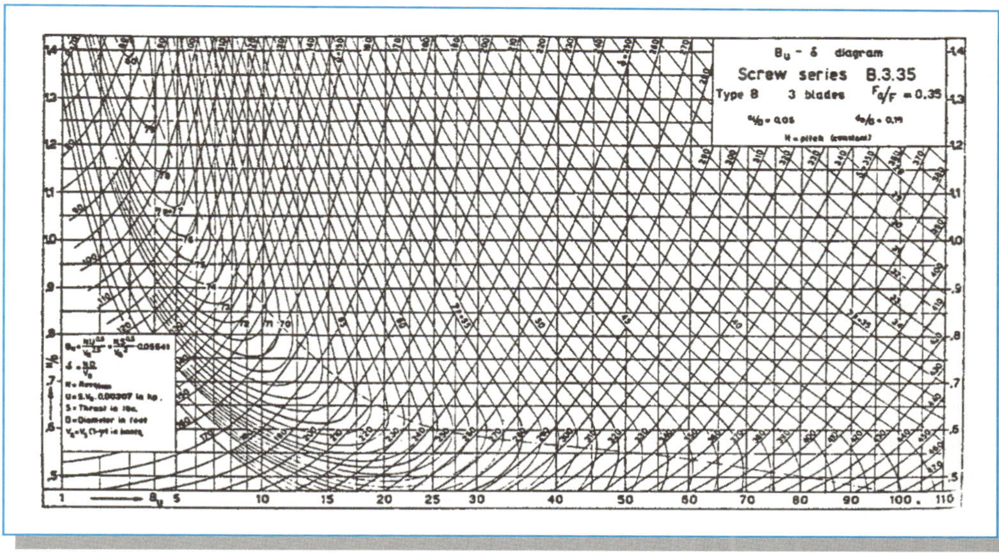

그림 9.8 B_u–δ 다이어그램, 세 날개 트러스트 프로펠러(MARIN)

펠러로는 공동현상 조건을 만족시키지 못하기 때문에(날개 면적의 확인을 참고하라) 그 결과를 그림 9.8을 이용하여 세 날개 프로펠러로 나타내었다. 그림으로부터 선속은 정수 중 및 악천후에 각각 9.77, 6.76 노트가 된다. 여기에 따른 최적 직경은 두 경우 모두 0.54m가 되고 최적 피치는 각각 0.34, 0.30m가 된다. 이와 같이 두 프로펠러의 차이점은 비교적 작기에 두 조건에서 잘 작동할 수 있는 프로펠러를 찾는 것이 가능하다.

	Calm weather			Rough weather		
V_A = [knots]	8	9	10	6	6.5	7
V_A = [m/s]	4.11	4.63	5.14	3.09	3.34	3.60
T = [N]	1740	2716	4093	3945	4237	4566
B_u	20.5	20.3	20.2	55.0	48.6	43.5
δ [diagram]	218	216	215	343	324	308
D [m]	0.44	0.49	0.54	0.52	0.53	0.55
P/D [diagram]	0.638	0.642	0.644	0.548	0.555	0.562
P [m]	0.28	0.32	0.32	0.28	0.29	0.31
η_o [diagram]	0.630	0.632	0.633	0.484	0.502	0.518
P_D [kW]	11.4	19.9	33.2	25.1	28.2	31.7

Engine max : P_D = 30 [kW] at n = 3000 [rpm]

Gear ratio 2.5:1

$$n = \frac{3000}{2.5 \cdot 60} = 20\ [rps]$$

$$B_u = 13.36 \cdot \sqrt{\frac{T \cdot n^2}{\rho \cdot V_A^4}}$$

$$D = \frac{\delta \cdot V_A}{101.3 \cdot n}$$

$$P_D = \frac{T \cdot V_A}{\eta_o}$$

그림 9.9 최적프로펠러 설계 – YD–41

B_u–δ 그래프 사용방법

1. 그림 9.6의 점 1을 구하기 위한 B_u를 계산한다.
2. 최적 효율 값이 필요한 경우, 최적곡선상의 점 2로 이동한다.
3. 또는 프로펠러가 먼저 결정되어 있다면, 알려진 피치비 *P/D*에 해당하는 점 3으로 이동한다.
4. 점 2로부터 연직축을 따라 최적의 피치비를 읽는다.
5. η_0–곡선의 점 2와 점 3에서 효율을 내삽한다.
6. 동일한 방법으로 δ–곡선에서 내삽한다.
7. δ를 알면, 전진비를 구할 수 있다. 전진비로부터 직경을 계산한다.
8. 최종적으로 유효동력으로부터 전달 마력을 구할 수 있다. 프로펠러에서의 동력임을 상기하라. 전달 손실로 인해 공칭동력보다 약간 작게 된다. 10%의 손실이 적절하다.

다음은 프로펠러 제작사로부터의 무엇을 얻을 수 있는지를 다시 살펴보자. 세일요트 용으로는 기본적으로 세 가지 형식의 프로펠라가 있다. 고정식(fixed), 접이식(folding) 그리고 베닝(vaning)[45] 방식이 그것이다. 뒤에 서술하겠지만, 접이식 프로펠러는 사용하지 않

45 이탈리아에서 나온 페더링(feathering)방식으로 보인다.

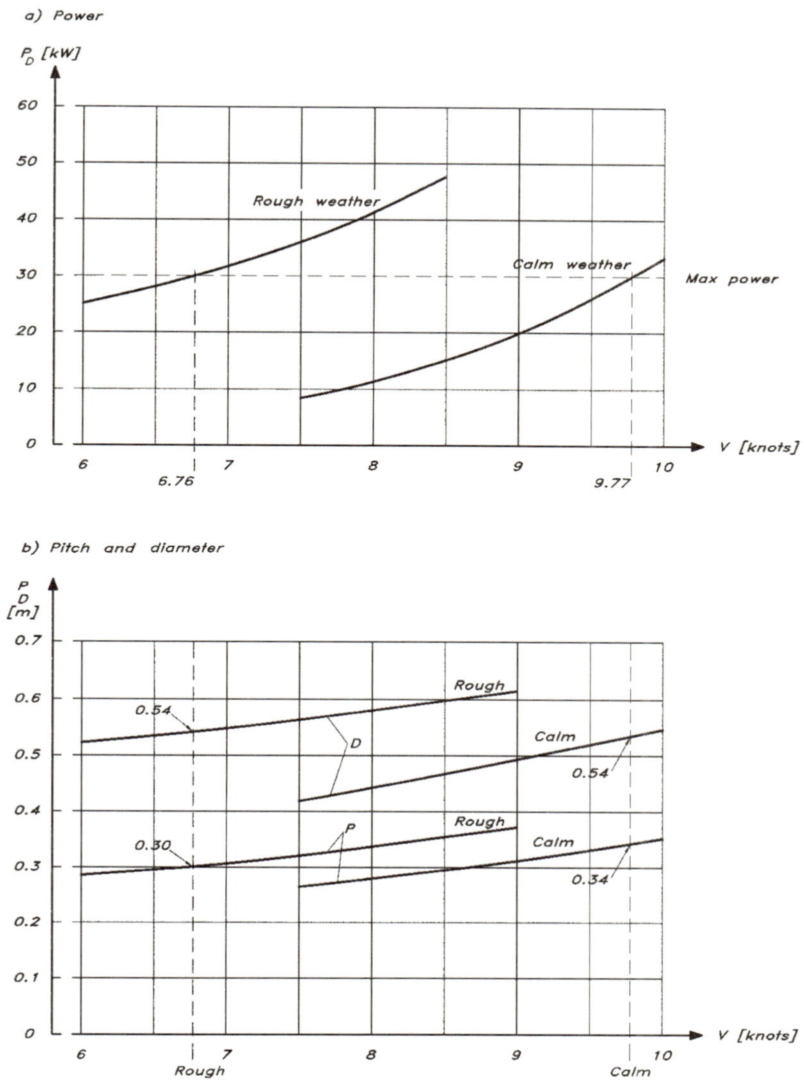

그림 9.10 최적프로펠러 – YD-41

을 때에 항력 특성이 우수하기 때문에 가장 많이 사용하는 것으로 보인다. 그러나, 프로펠러 설계 특성도에는 고정 프로펠러만 있기 때문에 접이식이라도 고정식 특성도를 사용한다. YD-41의 최적 직경은 0.5m 정도로 이 형식에서는 비교적 큰 부류에 속해 구하기가 쉽지 않다. 일반적으로 효율을 생각했을 때 가장 좋은 절충점은 필요한 프로펠러의 피치 곱하기 직경과 가장 가까운 것을 선택하는 것이다. 이렇게 함으로써 최적 프로펠러와 거의 같은 하중을 기관에 가하게 된다. 우리의 경우 최적의 프로펠러는 직경 0.56*m*(22"), 피치 0.31*m*(12")이다. 그리고 피치비는 0.55이다. 이제 최적화되지 않은 프로펠러가 어떤 성능을 보이는지 살펴보자.

‖ 비 최적 프로펠러의 성능

두 날개 트루스트 프로펠러의 특성표가 그림 9.12에 있다. 이것은 그림 9.8과 같이 날개 면적비(blade area ratio)가 0.35이다. 날개 면적비는 모든 날개 면적의 합을 프로펠러 디스크 면적(propeller disc area)으로 나눈 것이다. 이 비의 중요성에 대해서는 뒤에 이야기한다.

피치비 0.55 프로펠러의 특성을 구하기 위해서는 그림 9.12의 곡선들에 대한 내삽이 필요하다. 이렇게 해서 얻은 결과는 그림 9.13에 있다. 이제 이 그래프를 이용하여 선속에 따른 프로펠러의 회전수와 동력을 구한다. 이 두 수치는 기관의 출력곡선과 일치해야 한다.

추력계수를 전진비의 제곱으로 나누면 회전수와는 상관없는 수치가 얻어진다. 이 수치는 K_T/J^2으로 프로펠러 하중이라고 하며 특성치로부터 계산할 수 있다. 그림 9.13에 그 결과를 나타내었고 계산 방법은 아래와 같이 진행한다.

1. 프로펠러에서의 속도는 선속과 같다고 가정한다.
2. 전 저항(total resistance)을 계산하고 이것이 추력과 동일하다고 가정한다.
3. 프로펠러 하중 K_T/J^2를 계산한다.
4. 계산한 수치에 해당하는 점을 그림 9.13 하중 곡선에서 찾는다. 그리고 연직선을 이용하여 전진비와 토크계수를 읽어낸다.
5. 전진비의 정의로부터 회전수를, 토크와 각 회전수(angular frequency)로부터 동력을 각각 계산한다.

필요한 모든 수식과 YD-41에 대한 계산이 그림 9.14에 있다. 그리고 그 결과를 그림 9.15에 회전수 대 출력 그래프로 그렸다. 정수 중과 악천후의 두 곡선이 있다. 최대 출력과 최대 회전수를 뜻하는 기관의 한계도 각각 표시했다. '허용영역(allowable region)'의 정점은 최적 프로펠러가 설계된 점으로 출력 30*kW*, 회전수 20*rps*이다.

선택된 프로펠러는 정수중에 너무 작게 하중이 걸린다. 왜냐하면 직경과 피치의 곱이 이 조건에서 너무 작기 때문이다. 그림 9.15를 보면 알 수 있듯이 최대 동력보다 작은 곳에서 최

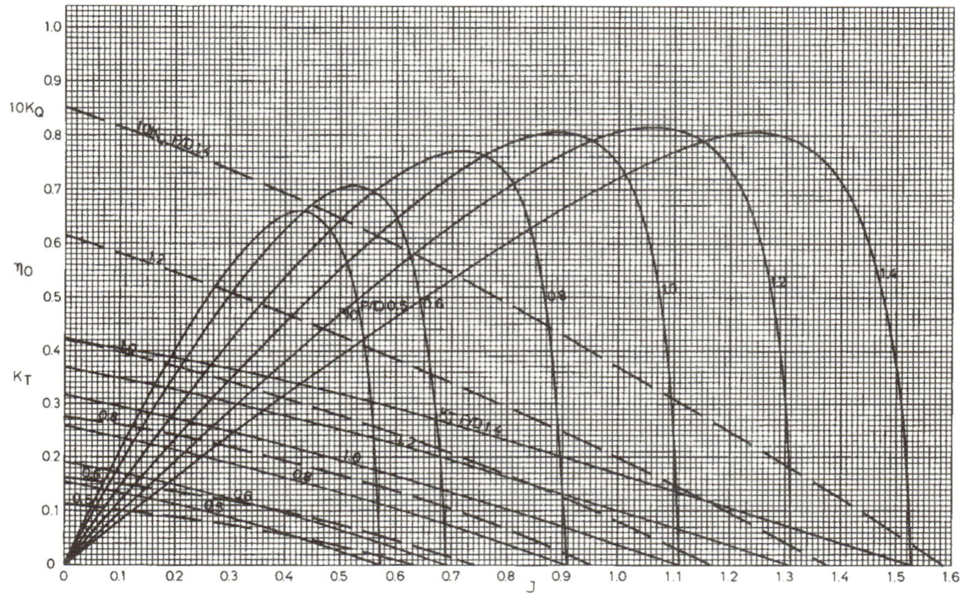

그림 9.11 프로펠러 특성, 두 날개 트러스트 프로펠러(MARIN)

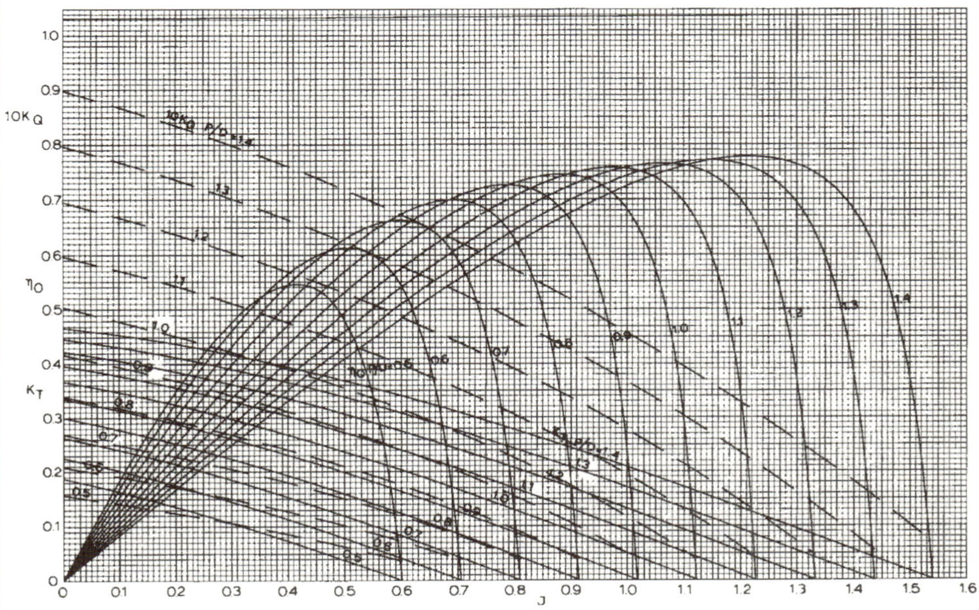

그림 9.12 프로펠러 특성, 세 날개 트러스트 프로펠러(MARIN)

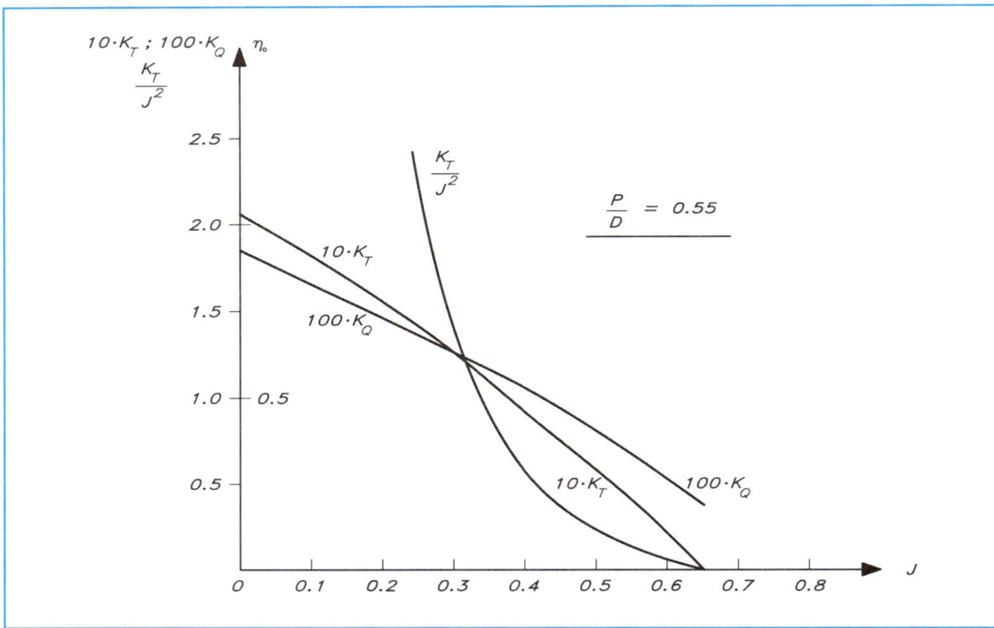

그림 9.13 내삽을 거친 세 날개 프로펠러의 특성

	Calm weather			Rough weather		
$V_A = V$ [knots]	8	9	10	6	6.5	7
$V_A = V$ [m/s]	4.11	4.63	5.14	3.08	3.34	3.60
$T = R$ [N]	1740	2716	4093	3945	4237	4566
D (given) [m]	0.56	0.56	0.56	0.56	0.56	0.56
Coefficient	0.319	0.394	0.481	1.288	1.179	1.109
J (diagram)	0.466	0.454	0.420	0.310	0.320	0.328
K_Q (diagram)	0.0090	0.0093	0.0101	0.0124	0.0122	0.0121
n [rps]	15.8	18.2	21.9	17.8	18.7	19.6
P_D [kW]	12.5	19.9	37.6	24.8	28.3	32.3

$$\text{Coefficient} = \frac{K_T}{J^2} = \frac{T}{\rho \cdot D^2 \cdot V_A^2}$$

$$n = \frac{V_A}{D \cdot J}$$

$$P_D = 2\pi \cdot K_Q \cdot \rho \cdot D^5 \cdot n^3$$

그림 9.14 최적이 아닌 프로펠러의 소요 동력 계산 – YD–41

대 회전수에 도달하게 된다. 악천후에는 정확히 반대 상황이 된다. 즉, 프로펠러에 너무 많은 하중이 걸린다. 최대 회전수 바로 앞에서 기관 한계에 도달한다. 따라서 29*kW*만 사용

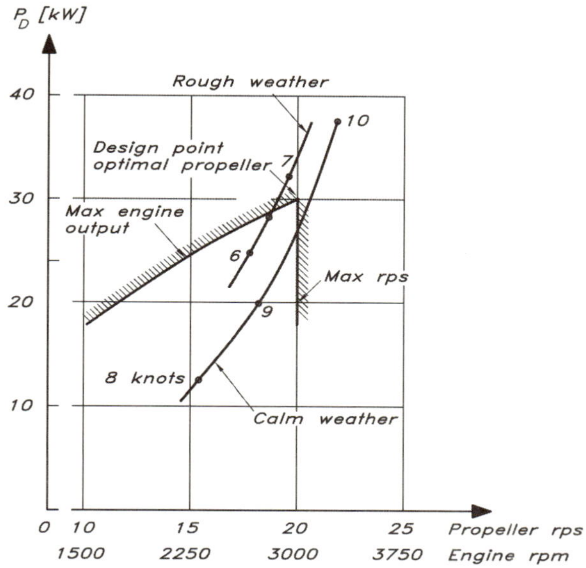

그림 9.15 기관과 프로펠러 동력

할 수 있다. 선택할 수 있는 프로펠러를 생각한다면 불행한 결과이기는 하지만 이 경우 불이익은 작아서 다행이다.

‖ 날개 면적의 확인

만약 프로펠러에 상당한 하중이 걸리면 부압측의 압력이 떨어져 물이 증발한다. 즉 기포가 발생한다. 이게 커지면 추력에 영향을 끼쳐 프로펠러 날개에서 소음과 부식을 발생한다. 이것을 공동현상(cavitation)이라 한다. 이것을 피하기 위해서는 추력을 받는 날개의 면적을 충분히 크게 할 필요가 있다. 간단한 확인 방법으로 버릴(Burrill)이 제안한 방법을 이용할 수 있다.

그림 9.16의 관련 식을 보면 첫째 공동현상 수(cavitation number) σ가 정의되어 있다. 이것은 무차원 형태로 나타낸 프로펠러 축에서의 공동현상에 대한 '여유분(margin)'이다. 분자에는 축에서의 정압력과 해당온도에서의 기화압력 차이가 있다. 분모에는 70% 프로펠러 반경 지점에서의 동압력이 있다. 축에서의 정압력은 그림 9.16에서처럼 대기압과 수압의 합이다.

공동현상 수의 계산 뒤 그림 9.16의 그래프를 사용하여 비 공동현상 조건을 위한 τ의 최대값을 찾는다. τ는 단순히 그래프 상에서 읽어들은 후 최소 날개면적비의 계산에 사용한다. 이 비는 전개면적(developed area) 즉, 날개를 편평하고 비틀어지지 않은 것으로 생각했을

Pressure at propeller shaft:

$$P_P = P_{atm} + \rho \cdot g \cdot h_P$$

P_{atm} : *Atmospheric pressure*

h_P : *Depth at propeller shaft*

Cavitation number :

$$\sigma = \frac{P_P - P_V}{\frac{1}{2}\rho \cdot V_A^2 \cdot \left[1 + \left(\frac{0.7\pi}{J}\right)^2\right]}$$

P_V : *Vaporization pressure*

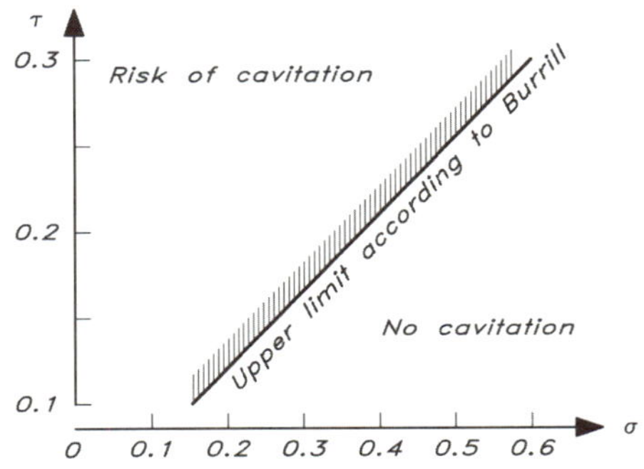

Blade area :

$$\frac{A_D}{A_O} = \frac{T}{\tau \cdot \frac{1}{2}\rho \cdot V_A^2 \cdot \left[1 + \left(\frac{0.7\pi}{J}\right)^2\right] \cdot \left(1.067 - 0.229\,\frac{P}{D}\right) \cdot \frac{\pi}{4} \cdot D^2}$$

A_D : *Developed blade area*

A_O : *Area of propeller disk*

그림 9.16 Burrill 다이어그램

그림 9.16에 따른 계산

$h_P = 0.67\ [m]$

$P_{atm} = 101300\ [Pa]$

$P_P = 101300 + 1025 \cdot 9.81 \cdot 0.67 = 108037\ [Pa]$

$P_V = 2300\ [Pa]$, at 20 ℃

$\frac{P}{D} = 0.55$

$D = 0.56\ [m]$

Worst case – rough weather, 6.5 knots (see Fig 9.14):

$V_A = 3.34 [m/s]$

$J = 0.32$

$T = 4237\ [N]$

$$\sigma = \frac{108037 - 2300}{0.5 \cdot 1025 \cdot 3.34^2 \cdot \left[1 + \left(\frac{0.7\pi}{0.32}\right)^2\right]} = 0.383$$

$\tau = 0.20$ (diagram Fig 9.16)

$$\frac{A_D}{A_O} = \frac{4237}{0.20 \cdot 0.5 \cdot 1025 \cdot 3.34^2 \cdot \left[1 + \left(\frac{0.7\pi}{0.32}\right)^2\right] \cdot (1.067 - 0.229 \cdot 0.55) \cdot 0.25 \cdot \pi \cdot 0.56^2} = 0.33$$

그림 9.17 블레이드 요구 면적 계산 – YD–41

때의 전체 날개 면적과 프로펠러 디스크 면적에 의해 정의된다.

그림 9.17에 YD-41의 프로펠러 날개면적을 확인한다. 그림 9.15에서 도달할 수 있는 최대 속도인 6.5노트에 대한 계산 결과를 보자. 그림 9.14의 표에 있는 수치와 0.67m의 프로펠러 깊이를 이용하면 최소 날개면적비가 0.33이 된다. 앞서 보았듯이 트루스트 프로펠러의 비는 0.35이기 때문에 충분히 크다 할 수 있다. 만약 면적이 너무 작다면 큰 직경을 택하는 게 도움이 된다. 6노트의 속도에 대해서도 확인해 보면 요구조건은 약간 작은 0.31이 된다.

‖ 프로펠러의 저항

프로펠러의 저항은 프로펠러의 정면 면적과 적절한 저항계수를 사용해서 추정할 수 있다. 정면 면적은 그림 9.18에 있는 근사적인 방법을 사용한다. 고정식 프로펠러의 항력계수는 1.2로 가정한다. 그러면 저항은 그림에서 간단히 구해진다. 만약 프로펠러가 마음대로 회전할 수 있다면 그 저항은 고정된 프로펠러의 4분의 1로 감소한다. 그러나 이것은 이상적인 상황일 때이다. 실제에서는 클러치와 마찰로 회전이 늦어진다. 저항측면에서 접이식 프로펠러가 특출하다. 이 저항은 보통의 고정식 프로펠러의 5% 미만이다.

그림 9.18에 YD-41의 프로펠러 저항이 선속에 따라 그려져 있다. 고정식 프로펠러를 제위치에서 고정되어 있다면 7.35노트의 전형적인 풍상 범주에서 저항이 700N이 된다. 이것은 프로펠러가 없는 경우의 전 저항에 반에 육박한다. 같은 프로펠러를 자유 회전상태로 두면 저항은 180N 증가할 것이다. 모든 요트맨들은 저항 줄이기에 민감하기 때문에 접이식 프로펠러를 사용하는데 이 경우 저항 증가는 약 35N이다. 이에 해당하는 속력 손실은 0.07노트로 받아들일 만하다.

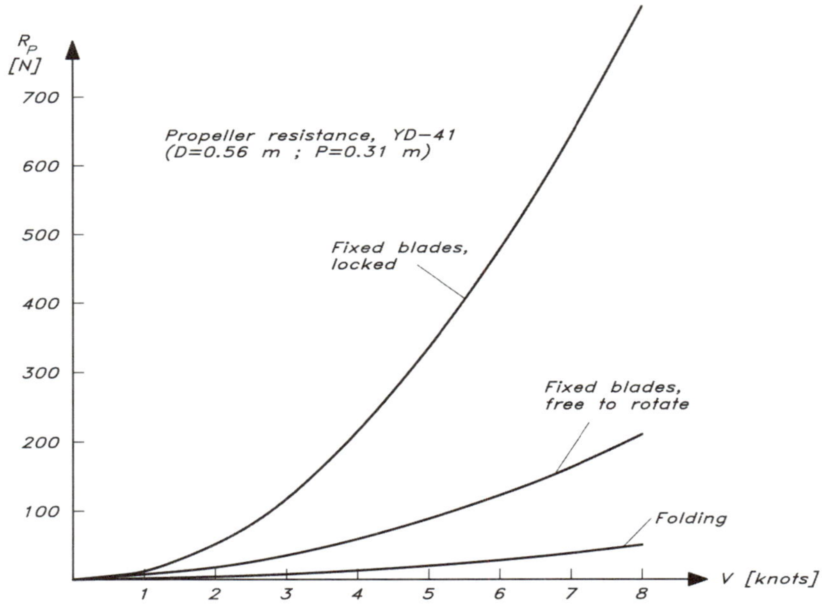

Frontal area of propeller:

$$A_P = \frac{A_D}{A_O} \cdot (1.067 - 0.229 \cdot \frac{P}{D}) \cdot \frac{\pi}{4} \cdot D^2$$

Resistance:

$$R_P = 0.5 \cdot \rho \cdot V^2 \cdot C_D \cdot A_P$$

$$\begin{cases} C_D = 1.2 \text{ for fixed blades, locked} \\ C_D = 0.3 \text{ for fixed blades, free to rotate} \\ C_D = 0.06 \text{ folding} \end{cases}$$

그림 9.18 범주시 프로펠러 저항

YACHT

고속선의 유체동역학

활주(Planing) / 선저구배, 데드라이즈(Deadrise) / 활주선에서의 힘
스프레이 레일, 스텝 선저와 트랜섬 플랩
(Spray rails, stepped bottoms and transom flaps)
동적 안정성(Dynamic Stability) / 그 외의 추진 장치 / 예(Example)

10

DESIGN

10. 고속선의 유체동역학

이 책에서 다루는 주 내용은 세일요트에 관한 것이지만, 많은 부분을 파워보트에도 적용할 수 있다. 선형의 기하학적 정의나 도면 작성의 원리에서는 별다른 차이가 없으며 요트의 배수량이나 정적/동적 복원성 등의 계산도 세일요트와 같은 방식이다. 선체주위 유동에도 기본적인 차이가 없을뿐더러 관련 점성저항이나 조파저항성분도 마찬가지다. 따라서 프루드 수(Fn) 0.7까지 직립 상태의 저항과 파랑 중에서의 부가 저항들은 5장에서 나와 있는 방법으로 구할 수 있다. 경사저항에 있어서는 확연한 연관성이 없지만, 유도저항(induced resistance)이나 양력(lift)은 효율적인 파워보트 타의 설계에 있어서 중요하다. 평면과 측면 형상도 고려대상이다. 파워보트에만 관심이 있는 독자는 세일과 균형(balance)에 관한 두 장은 넘어가도 좋겠지만 앞의 프로펠러와 기관에 관한 부분은 유심히 살펴볼 필요가 있겠다.

이 장에서 이야기할 부분 중에서, 활주상태에서 운항하는 고속선의 특별한 유체동역학적 내용은 다루지 않는다. 이 속도 영역에 도달하는 세일요트는 거의 없지만 간혹 윈드서핑이나 극경량 딩기의 경우는 충분히 빠른 속도를 낼 수 있다. 활주형 파워보트는 점점 더 인기를 구가하고 있으며, 이 장에서는 그러한 파워보트를 좋아하는 사람을 위해 고속 유체동역학에 대한 내용이 포함되었다.

활주(Planing)

아르키메데스에 의하면 전체적으로 또는 부분적으로 유체에 가라앉은 물체는 배수한 유체의 무게만큼 부력을 받는다. 유체의 정역학적 압력을 받아 발생하는 부력은 4장에서 다루었다. 속도가 없을 때, 이 힘은 부유체의 무게와 정확히 균형을 이룬다. 반면, 배가 움직이기 시작하면, 선체는 유체입자에 힘을 가하여 유체 입자를 움직이게 한다. 이때 같은 힘이 반대방향으로 선체에 가해지는데 단위 면적당이 힘을 수동역학적 압력(hydrodynamic pressure)이라 부른다. 이런 식으로 구분하지는 않았지만 이미 앞의 그림 5.4에서 이러한 압력을 보았고 5장에서 점성저항과 조파저항을 일으킨다는 것을 알아보았다. 이 두 저항 성분은 선체 표면에 걸친 종 방향 압력 성분에 의한 것이다. 수직방향으로 이 유체동역학적 압력은 선체를 가라앉거나 뜨거나 또는 기울어지게 한다. 고속에서는 수직방향 압력이 부력에 비해 상당히 커지게 되어 선체가 물 밖으로 완전히 나오도록 한다. 선체가 주로 이 수동역학적 압력에 의해 지지되는 것을 활주(planing)라 한다. 모든 배가 이러한 활주현상이 일어날 만큼 고속에 다다르지 않는다는 점에 주의하자. 그림 10.1은 전형적인 고속선의 프루드 수에 따른 수동역학적, 수정역학적 양력 또는 부력 요소를 보여주고 있다.

활주의 기본원리는 그림 10.2에서 설명하고 있으며 수면 위를 미끄러지는 평판 아래의 흐름을 보여주고 있다. 판에 대한 흐름의 방향은 속도벡터들로 표시되어 있다. 그림에서 흐름이 판에 수직으로 부딪히는 점을 볼 수 있는데 이 점을 정체점(stagnation point)라고 하며 이 곳을 기점으로 흐름이 앞, 뒤 방향 두 갈래로 나뉜다. 정체점에서의 압력은 매우 높은데 이는 모든 운동학적 에너지가 압력으로 변하기 때문이다. 이 점에서는 판에 대한 상대적 흐름이 없다. 정체점을 기준으로 양쪽에서는 압력이 점점 줄어들어 마침내는 소멸된다. 이는 판의 끝단 와 속도가 판과 평행이 되는 판의 앞부분에서 일어나다. 더 앞으로 나아가면 물의 얇은 층이 깨져 스프레이로 변해 수면으로 다시 떨어진다.

높은 압력은 판에 직각 방향으로 힘을 발생시킨다. 즉, 판의 피치각과 같은 각도로, 수직방향에서 뒤로 기울어져 힘이 작용한다. 수직방향 성분은 양력으로 배의 무게와 균형을 이루고, 수평방향 성분은 총 압력저항으로, 본질적으로는 조파저항이 된다.

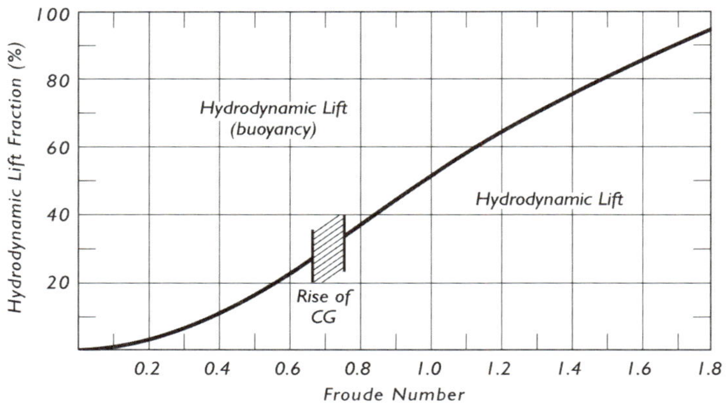

그림 10.1 프루드 수에 따른 유체정역학적, 유체동역학적 양력 성분의 분포(예)

실제상황에서는 그림과 같은 이상화 상태보다는 더 복잡한 양상을 띤다. 첫 번째로 어느 정도의 수정역학적 압력은 항상 존재한다. 이 성분 역시 판에 직각 방향이며 그림 10.2와 같이 압력으로 작용한다. 그림 10.3에 나타난 것처럼, 이는 양력과 항력의 증가를 의미한다. 따라서 수정역학적 압력에 의한 저항성분이 있게 된다. 배수량형 선체에서는, 선수부분에서 후방으로 작용하는 수정역학적 압력은 선미부분에서 전방으로 작용하는 압력과 거의 균형을 이룬다. 하지만 후자의 압력은 트랜섬(transom) 선미를 쓰는 활주형 선체에서는 거의 없다.

두 번째로 문제를 복잡하게 만드는 요인은 마찰로 판에 평행한 성분이다. 정체점 전방에서 앞으로 향하는 성분이 있기는 하지만 마찰력은 근본적으로 뒤로 향하고 저항을 증가시킨다. 또한 약간의 양력 감소도 있다. 재미있는 것은 마찰력이 없으면 판의 저항은 판의 무게와 트림각도로 유일하게 정의된다는 것이다(이는 전체 양력과 같다).

판의 무게가 바뀌면 이에 따라 양력도 바뀌어야 한다. 따라서 무게의 증가는 트림의 증가 또는 접수면적(wetted surface)의 증가로 보상되어야 한다. 후자의 경우, 판이 물속으로 좀 더 가라앉는 것으로 마찰이 증가하게 된다. 트림각도를 증가시키면 무게중심은 뒤로 이동한다.

데이비슨 연구실(Davison Laboratory)의 사빗스키(Savitsky)는 활주면에 대해 체계적이고 방대한 실험을 수행하여 몇 가지 일반적인 관계를 제안하였고, 고속선 설계자들이 흔히 사용하고 있다. 그림 10.3의 식은 접수면적의 길이-폭 비(length to beam ratio)와 트림각도가 주어져 있을 때 양력을 계산하는 식이다. 폭이 속력계수(프루드 수에 해당됨)와 양력계수의 기준

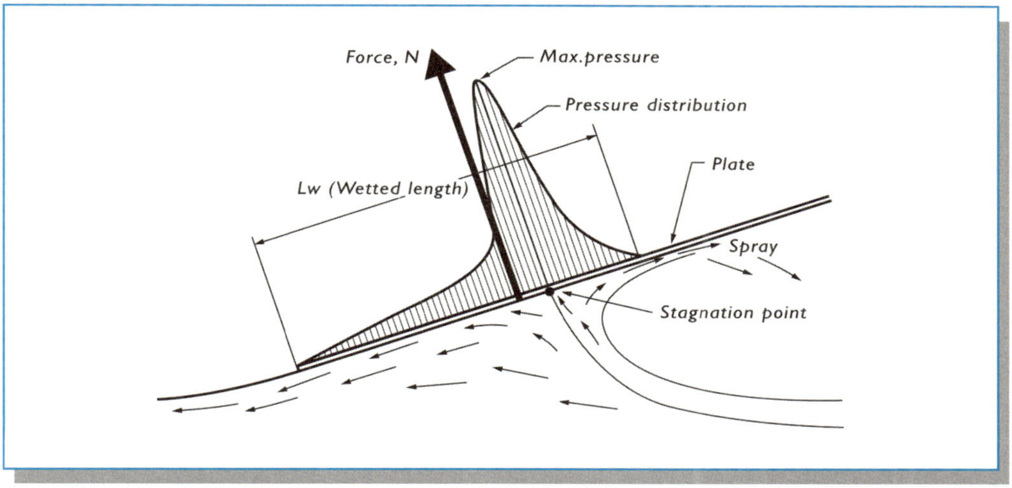

그림 10.2 활주하는 평판 아래에서의 압력과 속도분포(원리)

길이로 사용된 점에 유의할 필요가 있다. 양력 식에서 첫째 항은 수정역학적 부분이고 둘째 항은 수동역학적 압력이다.

얼핏 보았을 때 두 항이 양력에 끼치는 기여도가 길이–폭 비가 증가할수록 증가하는 것으로 보이지만, 양력계수가 폭의 제곱으로 나누어졌을 때만 유효하다. 이 계수가 접수면적을 이용한 통상적인 방법으로 정의되면 첫 항은 길이–폭 비와 함께 감소한다. 따라서 넓고 짧은 활주면이 동적인 양력을 만드는데 있어서는 길고 좁은 면보다 효율적이다. 6장에서 보았듯이 이것은 날개에 대해서도 마찬가지다. 넓은 선체가 파도 중에서 더 많은 부가저항을 만들어 내지만, 현실에서는 폭에 대한 제한이 있다.

그림 10.3에는 또한 활주면의 압력중심 위치를 나타내는 사빗스키의 식이 있다. 이 위치는

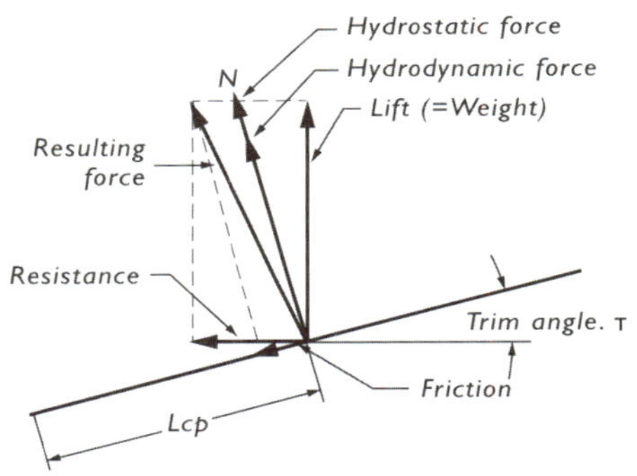

사빗스키에 따른 양력(마찰 무시)

λ : Wetted length-beam ratio $\frac{L_w}{b}$

τ : Trim angle [*]

C_V : speed coefficient $\frac{V}{\sqrt{g \cdot b}}$ (Beam Froude number)

V : Speed [m/s]

C_{L_o} : Lift coefficient $= \frac{m \cdot g}{0.5 \cdot \rho \cdot V^2 \cdot b^2}$

$$C_{L_o} : \tau^{1.1} \cdot \left(0.012 \cdot \lambda^{0.5} + 0.0055 \cdot \frac{\lambda^{2.5}}{C_V^2}\right)$$

Centre of pressure:

L_{cp} : 압력중심에서 뒷날까지의 거리 [m]

$$\frac{L_{cp}}{L_w} = 0.75 - \frac{1}{\frac{5.21 \cdot C_V^2}{X^2} + 2.39}$$

그림 10.3 활주 평면의 힘

파워보트의 트림각도를 결정할 때 중요한 역할을 하며 뒤에 자세히 쓴다.

‖ 선저구배, 데드라이즈(Deadrise)

수면을 미끄러져 가는 평판은 활주의 기본원리를 설명하는데 유용하며 서프보드나 수상스키 분야에서 흥미가 있을 것이다. 그러나 파워보트의 선체는 필연적으로 V형 단면을 가지는데 이를 선저 구배 또는 데드라이즈(deadrise)라고 한다. 그 이유는 선체의 내항성능 때문이다. 완전 평판은 바다에서 수직방향 가속도가 너무 크기 때문에 해상에서는 불가능한 것이다. 파도를 타고 넘을 때 충격을 받게 되어 배 위의 사람을 위험에 빠뜨리게 한다. V-형의 단면은 이러한 문제를 상당히 완화시키며 V-형태가 깊으면 깊을수록 가속도는 작아진다. 대신, 선저 구배는 양력을 감소시키기 때문에 더 넓은 접수면이나 큰 트림각이 필요

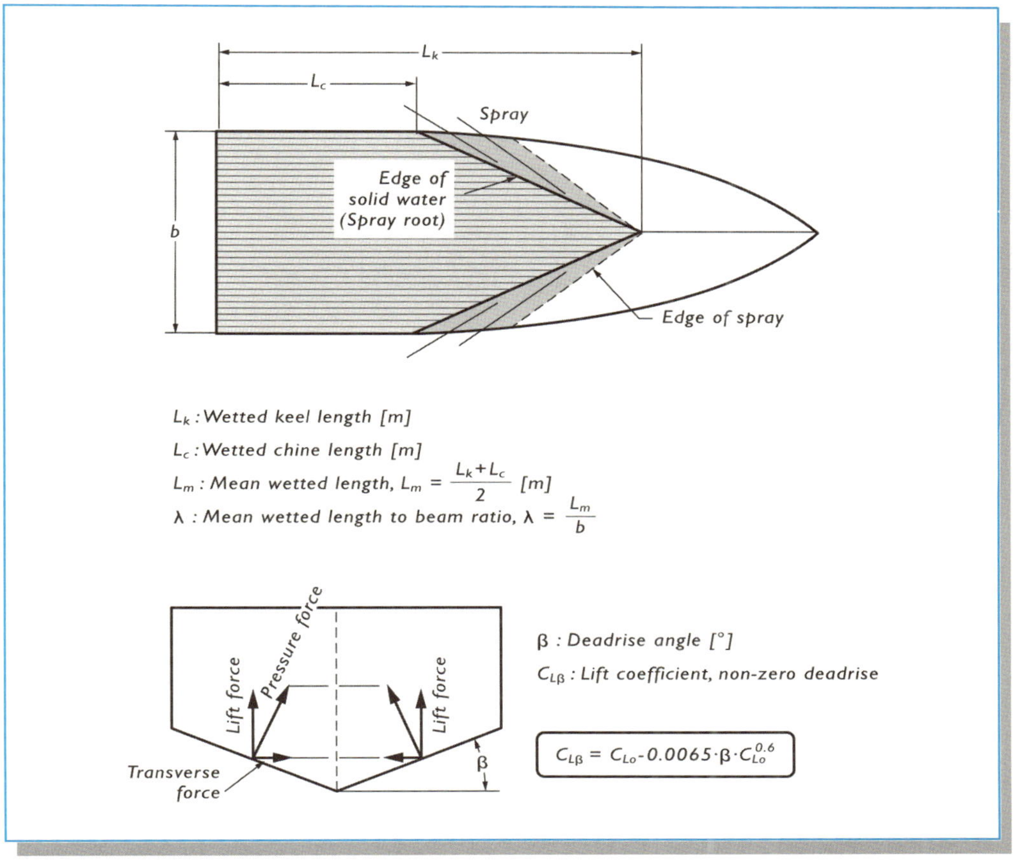

그림 10.4 선저구배가 스프레이와 압력에 끼치는 영향

하게 되어 저항을 증가시킨다.

선저구배가 양력을 감소시키는 이유는 선체의 바닥을 치는 물이 측면으로 분산되기 때문이다. 정상적인 선저구배 각을 가지면 대부분의 스프레이는 선저를 따라 측면으로 빠져나간다. 앞서 설명했듯이, 배를 들어 올리는 수동역학적 압력은 물로부터 받는 반력에 의한 것으로 물은 선체에 도달할 때 방향변화가 발생한다. 평판의 경우, 정체점 앞쪽의 흐름에서 방향 변화는 거의 180°가 된다(그림 10.2를 보라). 이는 높은 압력을 발생시킨다. 만약 스프레이가 측면으로 빠져나가면 방향변화와 반력이 작아진다. 나아가 이 힘은 이제 안쪽으로 기울어지게 되어 필요 없는 횡 방향 요소가 나타난다. 그림 10.4를 보라. 여기에는 선저구배에 따른 양력의 변화를 나타내는 식이 있다.

내항성 가속도와 관련하여, 선저구배의 이로운 효과를 이해하기 위해서는, 수면에 떨어

Frictional resistance:

R_t : *Friction [N]*

S_w : *Surface wetted by water and spray* $[m^2]$

C_F : *Skin friction coefficient (see Fig. 5.8)*

$\Delta\lambda$: *Increase in wetted length-beam ratia due to spray*

$$R_f = C_F \cdot 0.5 + \rho + V^2 \cdot S_W$$

$$S_W = \frac{L_m}{b} \cdot b \cdot \frac{b}{\cos\beta} = (\lambda + \Delta\lambda) \cdot \frac{b^2}{\cos\beta}$$

$$\boxed{R_f = C_F \cdot 0.5 + \rho + V^2 \cdot (\lambda + \Delta\lambda) \cdot \frac{b^2}{\cos\beta}}$$

$\Delta\lambda$ is obtained from the following figure

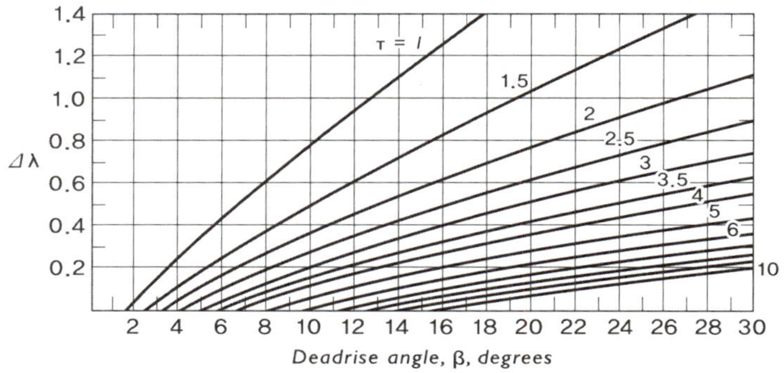

Lever arm for R_f : (ff and VCG, see Fig. 10.6)

$$\boxed{ff = VCG - \frac{b}{4} \cdot \tan_\beta \quad [m]}$$

그림 10.5 마찰저항의 계산

지는 쐐기의 충격을 평판의 충격과 비교하는 것이다. 후자의 경우 평판 전체가 물에 부딪히는데 반해 쐐기는 순차적으로 부딪히게 된다. 따라서 쐐기 형태가 반력이 한층 천천히 작용하게 된다.

선저구배가 있는 선저의 스프레이는 보통 마찰저항을 증가시키는데, 이는 대부분의 스프레이가 후방으로 향하기 때문이다. 사빗스키는 이 효과를 계측하여 접수길이–폭 비에 대한 스프레이 보정 방법을 고안하였다. 이 보정방법은 그림 10.5에서와 같이 여러 선저구배각과 트림각에 대해 그래프로 나타내었고 나아가 마찰저항을 계산하는 식도 나타냈다.

‖ 활주선에서의 힘

그림 10.6에는 주요한 힘이 작용하고 있는 활주선이 나타나 있다. N은 그림 10.3에 있는 압력에 의한 힘(수동역학, 수정역학적 기여)에 해당하며 R_f는 마찰력이다. 또한 프로펠러의 추력 T와 프로펠러 드라이브에 의한 저항성분 R_a가 나타나 있다. a는 부가물(appendage)을 뜻한다. 축에 프로펠러가 부착되어 있는 경우 저항은 축과 축 브라켓, 타와 같은 모든 부가물을 대상으로 고려하여야 한다. 유선형과 기울어진 원형 실린더에 사용할 수 있는 유용한 식이 그림 10.7에 있다. 부가물에 의한 힘의 방향은 다소 유동적이지만 보편성을 많이 잃지 않는 범위에서는 킬 선과 평행하다고 간주해도 무방하다. 부가물, 특히 축에 의해 양력이 발생하기도 하는데 이는 무시하기로 한다.

무게는 mg라는 힘으로 나타나 있고 무게중심 G를 통해 수직 하방으로 작용한다. 모멘

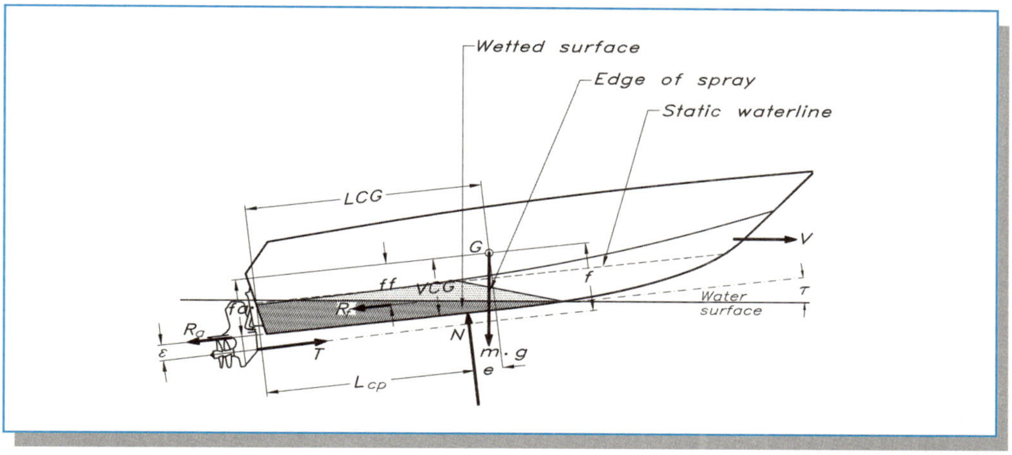

그림 10.6 활주선에서의 힘

Resistance of rudders and brackets:

R_r : Rudder or bracket resistance [N]
S_r : Wetted surface [m^2]
C_{Fr} : Skin friction coefficient (see Fig. 5.8)

$\frac{t}{c}$: Thickness to chord length ratio

$$R_r = 0.5 \cdot \rho \cdot V^2 \cdot S_r \cdot C_{Fr} \cdot \left[1 + 2 \cdot \frac{t}{c} + 60 \cdot \left(\frac{t}{c}\right)^4\right]$$

Resistance of propeller shaft:

R_{sh} : Shaft resistance [N]
l : Shaft length in water [m]
d : Shaft diameter [m]
ε : Shaft angle relative to flow [°]
C_{Fsh} : Skin friction coefficient based on shaft length

$$R_{Fsh} = 0.5 \cdot \rho \cdot V^2 \cdot l \cdot d \cdot (1.1 \cdot \sin^3 \varepsilon + \pi \cdot C_{Fsh})$$

그림 10.7 부가물 저항

트를 계산하기 위해 이 점을 원점으로 한다. 그림에서 보듯이 N, R_f, R_a에 의해 선수가 올라가는 트림을 발생시키는 모멘트가 생긴다. 각각에 해당하는 레버 암(lever arm)을 e, ff, fa로 한다. 반면, 프로펠러 추력은 f라는 레버 암에 의해 선수를 들어 올리는 모멘트를 생성한다. 선체는 자동적으로 전체 모멘트가 소멸되는 트림 각을 이룬다. 예를 들어, 전체모멘트가 선수를 내리는 트림을 발생시키면, 트림각은 작아질 것이고 균형이 이루어질 때까지 힘 N은 앞으로 이동할 것이다.

애초 최적 트림각에 있는 선체에 선수가 내려가는 모멘트가 작용하면, 새로운 미소 트림각은 수동역학적 압력이 줄어들었음을 의미하는 것이다. 반면 접수면적이 증가하여 양력이 유지되는 것으로 볼 수 있다. 만약 그렇지 않다면, 수정역학적인 부력이 증가하여 수동역학적 양력의 손실분을 메워줄 때까지 선체는 기울 것이다. 두 경우 모두 마찰의 증가가 있게 되는데 이는 약간 후방을 지지하는 힘 N에 의한 장점을 무색하게 한다. 이런 상황은 무게중심이 너무 앞쪽에 놓일 때 발생한다.

무게중심이 너무 뒤쪽에 놓이게 되면, 배를 기울이는 전체 모멘트는 선미 트림이 생기는 쪽으로 작용해서 트림 각이 커지게 되고 따라서 압력의 증가와 접수면적의 감소를 유발한다. 선체는 더 높이 일어서게 되는데, 마찰력이 줄어드는 차원에서는 좋지만 힘 N의 저항성분이 보다 커져 결국 전체 저항은 커지게 된다. 무게중심이 너무 뒤쪽에 놓이면 종종 불

Bow-down moment (M):

$$M_h = g \cdot m \cdot \left[\frac{e \cdot \cos(\tau + \varepsilon)}{\cos \varepsilon} - f \cdot \frac{\sin \tau}{\cos \varepsilon} \right]$$

$$M_f = R_f \cdot \left[f_f - e \cdot \tan \varepsilon - \frac{f}{\cos \varepsilon} \right]$$

$$M_a = R_a \cdot \left[f_a - e \cdot \tan \varepsilon - \frac{f}{\cos \varepsilon} \right]$$

$$M = M_h + M_f + M_a \quad [Nm]$$

두 모멘트와 그에 해당하는 트림각 사이에서 선형 보간하여 트림각을 찾음

$$\tau_0 = \tau_1 - \frac{M_1 \cdot (\tau_2 - \tau_1)}{M_2 - M_1}$$

두 마찰저항값 사이에서 선형보간하여 트림각에 해당하는 저항을 찾음

$$R_{f0} = R_{f1} + \frac{R_{f2} - R_{f1}}{\tau_2 - \tau_1} \cdot (\tau_0 - \tau_1)$$

Resistance:

$$R = [\, g \cdot m \cdot \sin \tau_0 + R_f \,] \cdot \frac{\cos(\tau_0 + \varepsilon)}{\cos \varepsilon} \quad [N]$$

Effective power

$$P_E = V \cdot R \quad [W]$$

그림 10.8 모멘트, 트림과 저항

안정이 생긴다. 트림각이 커지고 힘 N이 너무 뒤쪽에서 작용하여 선수를 내리는 모멘트를 유발한다. 선수가 떨어지면 앞서의 프로세스를 되풀이하는데 이를 물수제비(porpoising)현상이라 한다. 이는 그리 드문 일은 아니다. 따라서 적절한 트림 각에서 평형을 이루는 배를 설계하는 것이 매우 중요하며 트림각과 저항값을 계산하는 절차는 다음에 나와 있다. 이 방법은 해들러(Hadler)에 의해 제안된 절차를 단순화한 것으로 사빗스키의 선행 연구에 기반을 두고 있다. 해들러의 원문[46]에는 선체의 압력에 대한 프로펠러의 효과와 축 경사에 대한 프로펠러 특성을 보정하는 방법, 부가물에서 발생하는 양력에 대한 내용도 포함되어 있다. 여기서는 이러한 효과들과 공기저항을 제외한다. 비록 해들러의 연구가 오래되었긴 하지만 활주선형을 예측하는데 있어서는 가장 범용적으로 사용되는 절차로 보인다.

46 Trams, Society of Naval Architechs and Marine Ergineers, Vol. 74, 1966 pp563–610.

평형 상태의 트림각과 이에 해당하는 저항 및 마력을 찾는 절차

1. 아래를 먼저 결정한다.
   m : 배의 질량
   LCG : 트랜섬으로부터 무게중심까지의 거리
   VCG : 기선(base line, keel line)으로부터 무게중심까지의 거리
   b : 차인사이(또는 스프레이 레일 사이)의 최대폭
   ε : 프로펠러축의 기선에 대한 상대적 기울기
   β : 선저구배(트랜섬과 CG에서의 평균 각)
   f : 축선과 무게중심사이의 거리
   V : 속도
2. 속도계수 C_V를 계산한다. (그림 10.3)
3. 그림 10.3의 정의(즉, m과 g가 포함된 식을 이용)에 의해 양력계수를 계산한다. 그림 10.3은 평판에 관한 것으로 C_{L0}로 나타나지만 선저경사가 있는 선체의 경우 C_{L3}로 나타난다.
4. C_{L3}의 식으로부터 C_{L0}를 계산한다. 즉, 3단계에서 계산한 C_{L3}에 해당하는 C_{L0}를 찾는 것이다. (수치계산을 이용한다.)
5. 트림각 τ를 가정한다. 예를 들면, 4
6. 마찬가지로 그림 10.3의 C_{L0}식을 이용하여 계산한 C_{L0}에 해당하는 접수 길이-폭 비 λ를 계산한다.
7. λ로부터 평균접수길이 L_m과 레이놀즈 수를 계산한다.
8. ITTC 식을 이용하여 마찰저항계수 C_F를 계산한다. (그림 5.8)
9. 스프레이로 인한 λ의 증가분 $\Delta\lambda$와 λ 그리고 마찰저항 R_f를 찾는다.
10. R_f에 해당하는 무게 중심으로부터의 레버암 ff를 계산한다. (그림 10.5)
11. 부가물에 의한 저항 R_a를 계산한다. (그림 10.7)
12. 무게중심으로부터의 f_a를 계산한다. 힘은 각 부가물 접수면의 도심에 작용하는 것으로 또한 기선에 평행한 것으로 가정한다.
13. 그림 10.3의 식에서 트랜섬으로부터 압력중심까지의 거리 L_{cp}를 계산한다. (선저경사가 있는 선저에서는 L_W와 L_m이 같다.)
14. LCG와 L_{cp}의 차이로 압력의 레버암을 계산한다.
15. 그림 10.8의 식으로부터 선수트림을 일으키는 모멘트 M을 계산한다. 이 식은 해들러의 논문에서 나온 것으로 수평 및 수직 힘의 평형을 고려한 것이다.
16. 거의 대부분, 계산된 모멘트는 0이 아닐 것이기에 트림각을 바꾸어 균형을 이루게 된다. 5단계로 돌아가 새로운 트림에 대한 계산을 반복한다. 계산된 선수트림이 양수인 경우 트림각을 감소시켜라.
17. 계산된 두 모멘트를 내삽법(interpolation)이나 외삽법(extrapolation)을 이용하여 모멘트가 0일때의 트림 각을 계산한다. (그림 10.8)
18. 두 마찰저항값을 내삽법을 이용하여 트림각에서의 마찰저항을 계산한다. (그림 10.8)
19. 그림 10.8의 식으로 저항을 계산한다.
20. 그림 10.8의 식으로 유효마력을 계산한다.

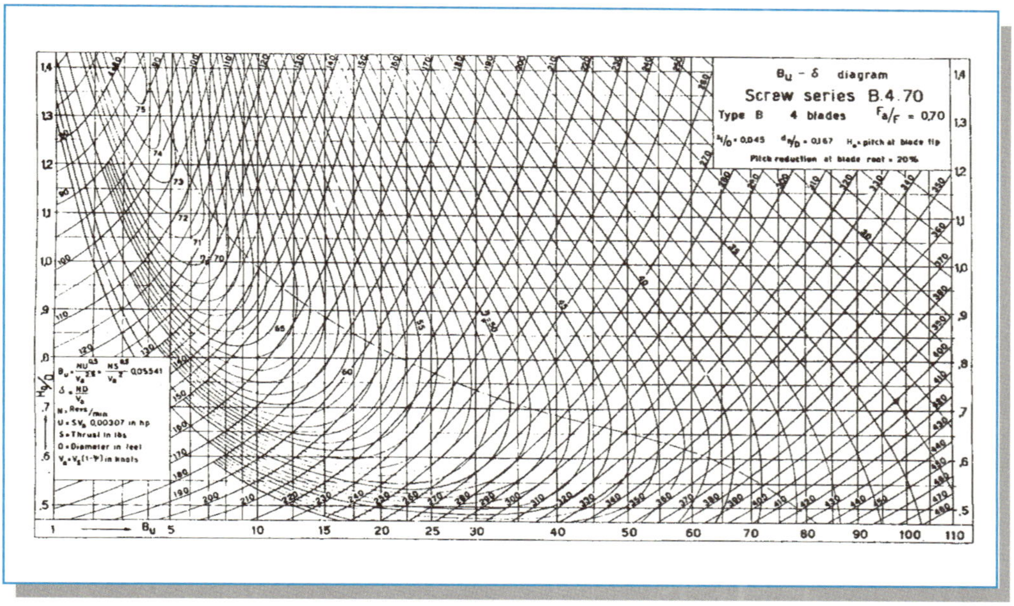

그림 10.9 $B_u-\delta$표, 면적비 0.7의 날개 4장의 프로펠러(MARIN)

유효동력(effective power) P_E는 보트를 움직이는데 소요되는 동력으로 프로펠러를 회전시키는데 필요한 동력(전달동력, P_D)을 얻기 위해서는 P_E를 추진효율(propulsive efficiency)로 나누어야 한다. 9장에서 전체 추진효율이 프로펠러 효율과 같은 것으로 가정하였는데 프로펠러 형식에 따라 그림 9.8과 그림 9.9의 도표에서 읽을 수 있다. 여기서도 같은 근사적 방법을 사용한다. 그러나 이 경우 더 적절한 도표를 그림 10.9에 나타내었는데 날개 4장의 프로펠러로 면적비(area ratio)는 0.70인 경우이다. 9장에 있는 최적 프로펠러 설계 절차를 사용하며, 앞서의 저항은 프로펠러 추력과 같은 것으로 가정한다. 악천후 해상상태로 인한 저항의 증가분은 무시한다는 점에 유의하자. 이렇게 하여도 무방한 이유는 악천후에서는 통상 보트를 최대속도로 달릴 수 없기 때문이다.

여기에서 나타나 있는 절차는 비록 여러 단순화 과정을 거쳤지만, 최적 트림각과 해당 무게중심의 위치 그리고 필요한 동력을 계산하는데 유용하다. 보통 트림각의 목표치는 4°이다. 자세한 내용에 대해 관심 있는 독자는 해들러의 원문을 읽어보기 바란다[47]. (Trans. Society of Naval Architecture and Marine Engineers, Vol.74 1966)

47 원문에 작은 오류가 있으니 주의하기 바란다.

|| 스프레이 레일, 스텝 선저와 트랜섬 플랩 (Spray rails, stepped bottoms and transom flaps)

앞서 살펴보았듯이, 깊은 V형(deep V)은 내항성능 면에서 유리하지만 양력을 만드는데 있어서는 효율이 좋지 않다. 양력 형성을 향상시키는 한 방법으로 선체를 따라 스프레이 레일(spray rails)을 부착하는 방법이 있다. 전형적인 단면형상은 그림 10.10에 있다. 물이 측면으로 흘러갈 때 레일에 의해 강제로 아래로 방향이 바뀌게 되고 이때 양력이 발생한다. 레일의 A점은 가능한 날카롭게 하여 물이 선체로부터 쉽게 떨어지게 하는 반면 B점은 부드럽게 주 선체에 연결하여 저항을 줄일 수 있도록 한다. 레일이 작동하지 않는 속도 대에서의 불필요한 과도한 저항을 피하기 위해서 C점 역시 부드럽게 하는 것이 좋겠다. 양력을 더 증가시키려면 B와 A를 연결하는 면이 아래로 향하도록 기울이는 방법도 있다.

물이 측면으로 빠지는 것은 대부분 선수부분에서 일어나기 때문에 레일 역시 이 부분에서 큰 효율을 발휘한다. 물의 흐름이 킬과 거의 평행한 선미부분의 레일은 잘라낸다. 이 부분에 레일을 남겨 두면 저항이 늘어나는 셈이 되지만, 횡요 방지(anti-rolling) 목적으로 사용될 수도 있다.

활주선의 스프레이 레일은 그림 10.11에 나와 있다. 두 가지 속도에 대한 접수면적도 표시되어 있다. 보트의 속도가 25노트를 넘지 않는 경우, D점에서 바깥쪽 레일은 없애는 것이 바람직하다. 이 점을 기준으로 뒤쪽에서는 소용이 없기 때문이다. 반면 보트가 40노트의 속도로 움직이면 접수면적을 줄여야 한다. 바깥쪽 레일을 없앴기 때문에 물은 측면을 따라

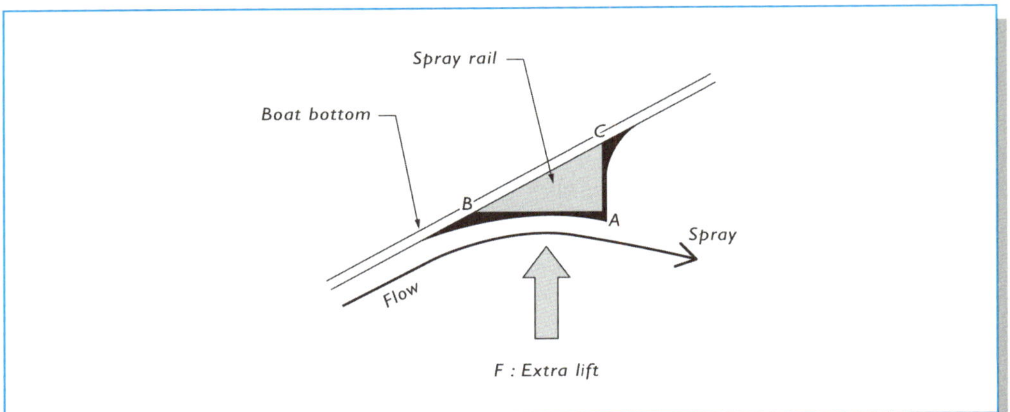

그림 10.10 스프레이 레일의 단면형상

챠인(chine)에서 떨어져 나가게 되어 압력중심이 너무 뒤쪽으로 이동하게 된다. 이로 인해 선수가 내려와 저항이 증가하고 조종의 문제도 발생하게 된다. 레일이 선미까지 유지되면 레일 사이의 접수 폭(wetted breadth)이 줄어든다. 이는 배의 속도가 증가하더라도 접수 길이(wetted length)에는 큰 변화 없다는 뜻이다. 따라서 압력중심이 뒤로 이동하는 정도가 덜 심해 선체가 트림각을 보다 잘 유지할 수 있게 된다. 앞서의 계산에 사용된 폭은, 이제는 레일 사이의 거리가 된다는 점에 주의하자. 레일에 의한 양력의 추가분에 대한 정확한 계산 절차는 아직 없지만, 그 효과는 킬부터 레일의 바깥쪽까지의 데드라이즈 각도를 계측함으로써 대략 포함시킬 수 있다. 이 각이 선저 표면에서의 각보다 작을 경우, 보다 높은 양력이 발생한다.

선수부 스프레이 레일은 너무 효과를 발휘하도록 해서도 안 된다. 선수부가 파도를 맞을 때 높은 양력이 생기면 큰 가속도가 발생해서 V형의 좋은 이점을 감소시키게 된다. 그렇기에 이 영역에서의 레일은 작게 하여야 하고 선저 측면부는 아래로 기울이기보다는 위쪽으로 기울도록 하여야 한다.

스텝 선저(stepped bottom)는 보트의 성능을 향상시킬 목적으로 오랜 동안 사용되어오고 있다. 아주 유명한 설계로 '메이플 리프(Maple Leaf)'호가 있는데 1912년 나무로 만들어졌다. 그 이후로 많은 경기정이 이 방식을 채택하였다. 스텝 선저가 더 효과적인 이유는 그림 10.12

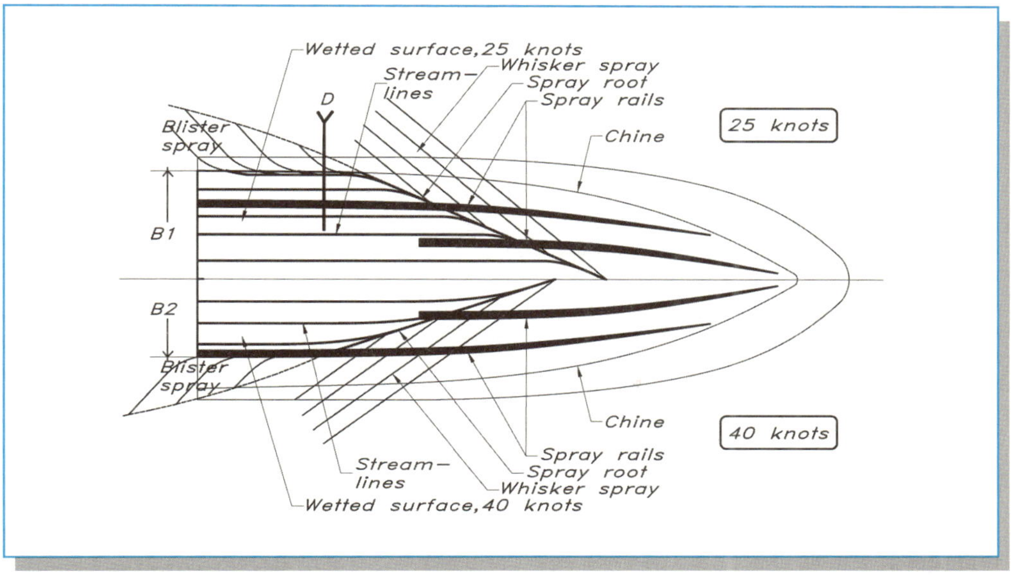

그림 10.11 활주선의 스프레이 레일

에서처럼 접수면적을 쪼개어 몇 개의 작은 면으로 나누는 동시에, 각 면이 길이에 비해 폭이 넓어지기 때문이다. 앞서 보았듯이, 양력의 발생은 표면의 길이-폭 비가 작을 때 더 효율적이다(활주면은 날개와는 다르다. 날개를 쪼개어 몇 개의 탠덤형 날개로 만드는 것은 보통 도움이 되지 않는다). 늘어난 양력생성 능력은 접수면적과 나아가 마찰의 감소를 의미한다.

그림 10.12에서는 각 스텝 뒤에서 공기흡입(ventilation)이 있어야 하는 것을 보여주고 있다. 따라서 충분한 양의 공기가 이 부분으로 빨려 들어가야 한다. 보통은 압력이 매우 낮기 때문에 문제가 되진 않지만, 공기 흐름이 끊기지 않게 하는 것이 매우 중요하다. 새로운 공기가 계속 들어가야 하는데 이는 스텝 뒤에서 물이 공기를 끌고 들어가기 때문이다. 가장 단순한 방법은 스텝을 선측의 대기에 이르도록 연장하는 방법이다. 그러나 이 방법은 조금 위험한 것이 이것이 잠시 또는 순간적으로 파도에 의해 막힐 수 있다는 점이다. 공기유입이 막히면 스텝 뒤에서 공기의 역류현상(backflow)이 일어나 저항의 과도한 증가를 유발한다. 이에 따라 배의 속도가 순간적으로 떨어지는 위험한 상황이 발생해 사람이 다칠 수 있다. 만약 한쪽만 막히면 선체가 급격히 회전하여 전복(capsize)의 가능성이 있다. 이 문제를 피하기 위해서는 공기 유입을 수선면에서 충분히 위쪽으로 향하게 하거나 또는 갑판에서 튜브를 이용해 공기 공급을 하는 방법이 있다. 다른 방법으로는 배기가스를 스텝을 통해 배출하는 것이다. 이럴 경우 배가가스가 빨려 나가기 때문에 기관의 효율을 향상시킬 수 있다.

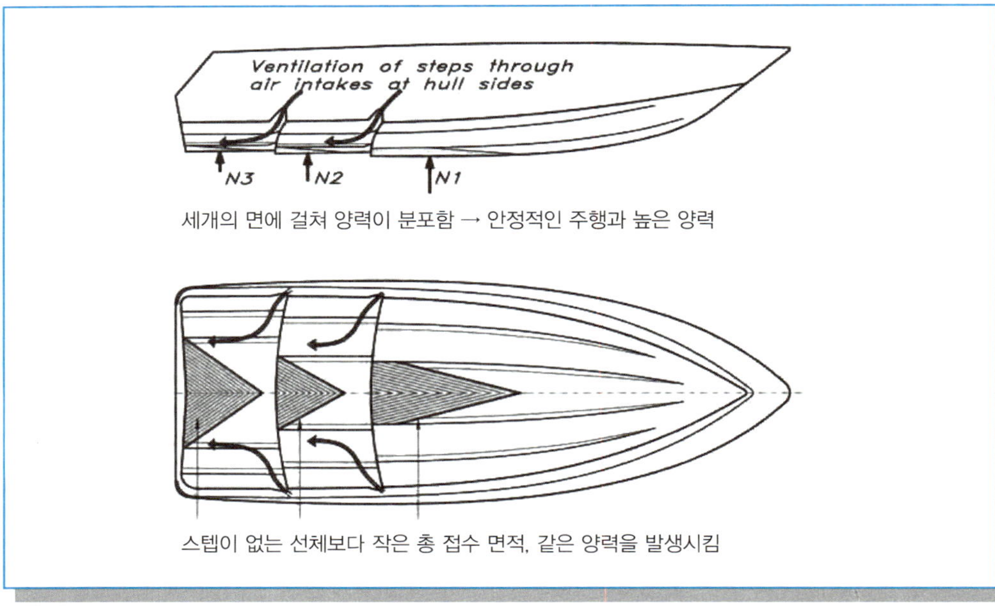

그림 10.12 스텝이 있는 선체

그림 10.12에서처럼, 이제 양력이 선체의 여러 면에 걸쳐 분산되기 때문에 종 방향 안정성(longitudinal stability)이 매우 좋아져 트림 각을 바꾸는 게 어렵게 된다. 평수 중에서는 문제가 안 되지만 실 해상에서는 선체가 파도를 따라가게 되는데, 큰 보트의 경우는 파도에 부딪혀 매우 불편하게 되는 경향이 있다. 상대적으로 작은 보트는 파도 사이에서 튀어 오르기 때문에 이런 문제의 영향은 덜 받는다.

양력을 분산시킬 때 나타나는 또 다른 효과는 횡 방향 안정성이 급격히 나빠질 수 있다는 것이다. 선체가 매우 좁은 접수면에서 떠오르게 된다. 매우 높은 속도영역에서, 어떤 설계자들은 수선 위 선체부분의 공기동역학적 이점을 이용하기도 하는데 바로 날개와 유사한 기구들을 이용해 배가 바로 떠 있도록 하는 것이다.

선체에 선미 플랩을 부착하여 트림을 제어하기도 한다. 이를 이용하면 무게중심의 변화를 바로 잡는 조절 기능을 순간적으로 쉽게 할 수 있다. 배가 설계 속도 영역을 벗어나 달릴 때—예를 들어, 제한수역에서 달리거나 또는 보트를 가속할 때—트림을 조절하는 수단으로도 쓰인다. 이는 연료소모를 줄이고, 더 중요하게는, 달리는 속도에서 일어날 과도한 파도를 줄일 수 있다는 것이다. 또한, 해상에서 트림을 조절해 배가 덜컹덜컹 흔들리는 것(bumpiness)을 줄일 수 있다.

‖ 동적 안정성(Dynamic Stability)

고속선에서는 동적 안정성에 관한 두 가지 중요한 현상이 있다. 하나는 고속으로 방향을 바꿀 때 발생하는 큰 원심력에 의한 것이다. 다른 하나는 흡인력에 의한 것인데 챠인(chine) 부근에서 발생하며 이는 버톡(buttock)의 볼록한 형상 때문이다. 이에 대해 자세히 알아보자.

타를 돌리면 횡 방향으로 힘이 발생한다. 이 힘은 배의 무게 중심보다 뒤쪽에서 작용하기 때문에 배는 회전을 시작한다. 잠시 후가 되면 선체에는 흐름에 대한 받음각이 생기고 타력에 반대방향으로—대부분 선수부에서—횡 방향 힘이 발생한다. 이제 진행방향에 변화가 생기기 시작하고 경로는 곡선형태를 띄게 된다. 바깥 방향으로 향하는 원심력 즉, 타력과 같은 방향의 힘이 커진다. 그림 10.13을 보라.

그림에서 보듯 바깥쪽(outer)의 압력이 안쪽(inner)보다 크게 작용한다. 수평성분의 차이는 앞서 언급한 횡 방향 힘이 된다. 반면 수직성분에서는 바깥쪽이 크게 나오기 때문에 총 합

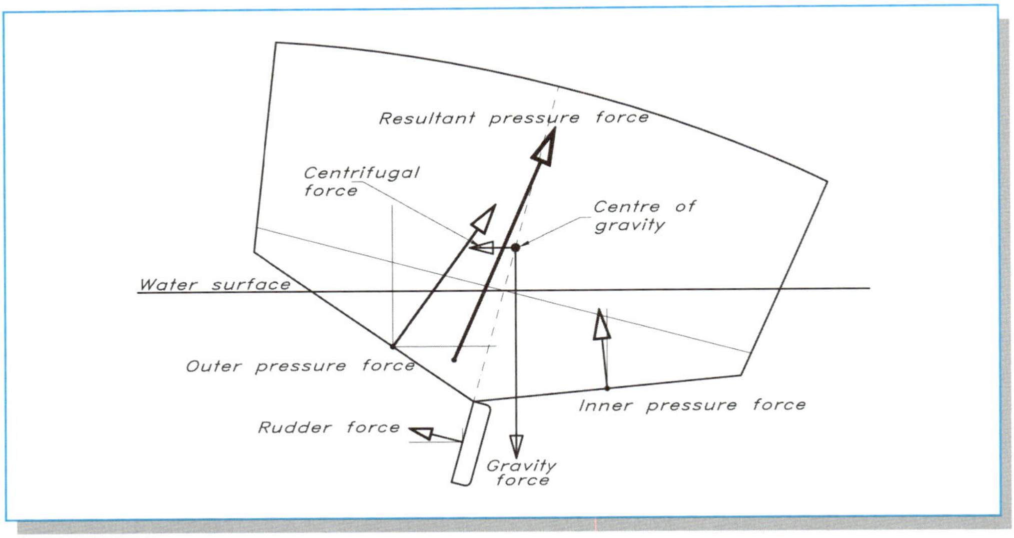

그림 10.13 회전하는 선체에 작용하는 힘

력은 무게중심을 기점으로 모멘트를 발생시키고 선체를 안쪽으로 기울게 한다. 이 모멘트가 타력에 의해 증폭되는 것이다. 무게중심을 모멘트의 기점으로 삼는 것은 무게중심이나 원심력이 모멘트에 아무런 기여를 하지 않는다는 것을 뜻하기 때문에 결국 배를 안쪽으로 기울이는 모멘트만 남게 된다.

만약 무게중심이 위로 상승하게 되면 선체 압력의 최종 합력은 이 점을 지나게 되어 모멘트가 작용하지 않게 된다. 이 상태에서는 타력에 의해 여전히 배는 안쪽으로 기울지만, 무게중심이 더 상승하게 되면 선체 압력은 배를 바깥쪽으로 기울게 하고 어떤 특정 위치에서 이 힘들의 모멘트는 타력에 의한 모멘트와 정확히 균형을 이루게 된다. 이제 선체는 기울지 않게 된다. 무게중심이 이보다 더 높은 위치에 있게 되면, 선체는 바깥쪽으로 기울게 된다.

선체가 안쪽 또는 바깥쪽으로 기우는 것은 무게중심의 위치에 좌우된다. 대부분의 활주형 보트는 무게중심이 낮아 배가 안쪽으로 기울지만, 높은 곳에 플라이브릿지(flybridge)가 있는 보트의 경우 간혹 바깥쪽으로 배가 기울 정도로 무게중심이 높아 위험한 일이 발생한다. 배수량형의 경우 양쪽의 압력이 거의 부력에 의한 것이고 그 크기도 비슷하기 때문에 모멘트를 만들지 않는다. 회전에 의한 압력의 변화는 거의 수평방향이고 무게중심 아래에서 작용한다. 회전에 의한 모멘트가 타에 의해 상쇄된다 하더라도 결국 배를 바깥쪽으로 기울게 한다.

동적 불안정의 다른 경우로 소위 '챠인 워킹(chine walking)'이라는 것이 있는데 이는 버톡의 볼록한 형상으로 인한 것이다. 물의 흐름이 볼록한 표면을 흐르게 되면 압력이 줄어들고, 곡률이 크면 클수록 압력은 점점 더 낮아진다. 버톡이 챠인 부근에서 과도하게 꺾여 있으면, 흡인력(suction)이 발생한다. 물론 배가 바로 직립해 있는 한 양쪽 면에서 발생하는 힘은 서로 상쇄되어 그 효과가 나타나지 않지만, 배가 기울어진 상태에서는 물에 가라앉은 쪽에서 더 큰 흡인력이 발생하게 된다. 따라서 불안정한 상태가 되며, 보트는 이 힘을 상쇄시킬 복원모멘트가 발생하는 시점까지 더 기울어지게 된다. 이제 배를 복원시키는 힘에 의해 배는 다시 반대편으로 기울어지게 되며, 배의 회전 관성력으로 인해 반대편에서 앞서의 상황이 재연되고 반복된다. 이에 따라 배는 한쪽에서 다른 쪽으로 횡요(roll)을 반복하고 마침내 전복된다. 나아가 이런 식으로 횡요가 발생하면 배를 조종하기도 매우 힘들다.

보통 선체의 수면하 부분의 버톡은 상대적으로 직선을 유지하지만 선수부분은 볼록한 버톡을 피하기가 상당히 힘들다. 따라서 문제는 트림각이 너무 작을 때 발생하게 된다. 즉 선수부가 물에 잠겨 고속으로 움직이는 때이다. 이러한 상황이 발생하는 경우는,

- 배가 과적을 해 하중이 많이 걸리는 경우
- 선수부에 중량물을 얹는 경우
- 무게중심을 뒤로 이동시키지 않고 기관의 힘을 증가시킨 경우
- 트림 플랜(trim plane)[48]이 선수를 잠기게 하는 모멘트를 발생시키는 경우

따라서 트림을 조절하는 것이 매우 중요하게 된다.

‖ 그 외의 추진 장치

요즘 기존의 프로펠러를 대치할 수 있는 가장 중요한 추진 장치로 워터젯(water jet)이 있다. 이 장치는 마치 비행기의 젯트 기관처럼 작동하며, 추력을 가속시킨 유체의 반력으로부터 얻는다. 워터젯에서는 유체 가속을 위해 임펠라(impeller)를 사용한다. 물은 보통 선저부에 있는 흡입구(intake)를 통해 들어와 선미의 덕트를 통해 분출된다. 분출시 가속되는 물에

48 예 : 선미플랩(transom flap)

의해 힘이 발생하기 때문에 물이 수선 위에서 또는 밑에서 분출되든 상관이 없다는 점에 유의하자.

추력을 얻는 원리는 프로펠러와 같고 효율에 관한 요구사항도 같다. 추진을 최적화하기 위해서는 최대한 많은 물이 가속되어야 하는 대신 속도증가는 최소가 되어야 한다. 프로펠러의 경우, 이는 큰 프로펠러 직경(diameter)에 낮은 회전수(rpm)를 뜻하는 것과 유사하다. 하지만 워터젯에서는 이렇게 하기 힘든데 물이 선체 내부의 채널을 통과해야 하고 이 채널의 공간이 한정되어 있기 때문이다. 과거에는 워터젯의 인기가 높지 않았지만 그 원리에 대해서는 오랫동안 잘 알려져 있었다. 사실 워터젯 추진 장치는 영국에서 1661년 특허를 받았다.

고속 추진에서 워터젯이 인기를 얻은 까닭은 선체에 부가물을 따로 달 필요가 없다는 점 때문이다. 활주선의 속도가 빨라질수록 양력을 만드는 접수면적은 줄어든다. 브라켓이나 축과 같은 부가물은 물에 잠겨 있어야 하기에 속도가 올라갈수록 저항도 커진다. 워터젯에서도 흡입구나 채널에서 그런 손실이 없다고 말하기는 힘들지만 보통 그 양은 적고 더불어 타가 필요 없다는 이점이 있다. 따라서 마찰력 관점에서 이점이 있고 속도가 커지면 커질수록 그 이점이 더 커진다. 워터젯으로 추진되는 예는 아래에 있다. 워터젯의 효율에 대해 더 알고 싶으면 이 책 끝부분의 참고서적에 있는 딘과 위드마크(Dyne and Widmark)의 논문을 참고하라.

공동현상(cavitation)은 9장에서 이미 설명하였다. 흐름 중의 어느 점에서 압력이 증기압(vapour pressure)이하로 떨어지면 물은 끓는다. 물속에 녹아 있는 증기와 공기의 공기 방울이 발생하여 흐름과 고체표면에 방해를 일으킨다. 공기 방울이 고압부에 다다르면 특별한 문제가 생기는데 여기에서 공기 방울이 폭발(implode)하여 큰 압력펄스(pressure pulse)를 만든다는 것이다. 이런 펄스는 진동을 유발하고 프로펠러와 같은 표면을 침식시킨다. 나아가 공동현상을 일으키는 프로펠러는 그 추력이 줄어든다.

보트의 속력이 높아지면 프로펠러의 회전율도 높아지고 이에 따라 프로펠러 날개주위는 빠른 유속이 생긴다. 빠른 속도는 낮은 압력을 뜻하며 공동현상이 발생할 가능성이 점점 높아진다. 고속선은 공동현상을 피하기 위해서 큰 날개면적비를 가져야 한다. 그림 10.9를 보라. 40노트 이상의 속도에서는 별 도움이 되지 않을 수 있지만 추력감소, 진동, 침식 등의 문제가 있기 때문에 기존의 프로펠러를 사용하기가 힘들어진다. 가능한 대안으로 소위 '초공동(super cavitation)' 프로펠러를 사용하는 것이다. 이 프로펠러는 공동현상의 공기 방울이 프로펠러 날개의 흡입면(suction side)을 완전히 덮고 있기 때문에 공동현상에 의한 문제를 효과적으로 없앤다.

초공동 프로펠러의 단점은 추력과 효율의 감소이다. 프로펠러 속도가 높아 공기 방울이 프로펠러 날개 뒷면을 완전히 덮으면 흡입 압력이 더 이상 증가하지 못한다. 더 높은 속력은 단지 압력면(pressure side)의 힘을 증가시켜 보통의 경우보다 추력의 증가는 더디다. 반면 흡입면에는 마찰이 없기 때문에 어느 정도 토크가 줄어드는 효과가 있다.

날개의 뒷면(back side)은 물과의 접촉이 없기 때문에 통상의 형상 제한에 구애받지 않는다. 대신 LE에서 물의 분리를 확실하게 하는 것은 중요하기에 통상의 날개단면(blade section)와는 달리 초공동 프로펠러는 날카로운 형상(sharp nose)를 가지고 있다. 이 때문에 단면이 웻지(wedge)형상을 띄고 고속에서 발생하는 큰 힘을 견딜 수 있도록 설계한다. 초공동 프로펠러의 설계 방법은 커윈과 해들러(Kerwin and Handler)의 문헌을 참고하라.

또 다른 고속 추진 장치로는 수면 관통형 프로펠러(surface piercing propeller)가 있다. 이 장치는 보통 선미에 부착하고 프로펠러 디스크의 일부분만 물에 잠겨 있다. 이 장치의 주 장점은 워터젯과 같다. 즉, 부가물이 물에 잠길 필요가 없다는 것으로 축이 선미에서 바로 나와 있다. 통상의 프로펠러의 경우와는 달리 이 경우 프로펠러 직경에 대한 제한이 다소 없어져 효율이 증가한다. 초공동 현상이나 통상의 프로펠러 단면을 사용하고 특히 많은 공기가 유입되기 때문에 공동현상 공기 방울의 버블 붕괴가 보다 부드럽다(부분적으로 공기로 채워져 있기 때문에).

이 프로펠러의 단점은 날개의 하중상태에 변화가 심하다는 것이다. 날개가 공기 중에 있을 때 하중은 0가 되지만 물에 잠겨 있을 때 최대하중이 발생한다. 진동 유발은 둘째로 두더라도, 규칙적인 진동은 피로문제를 야기하는데 이 부분이 설계에 고려되어야 한다. 이 문제에 관해서는 참고의 올로프슨(Olofsson) 문헌을 참고하라.

‖ 예(Example)

현대의 고속선에 대한 예로 저자 중 한 명(Elliason)이 설계한 스웨덴 구조 협회(Swedish Rescue Society)의 구조정(rescue vessel)을 소개한다. 그림 10.14는 4미터의 파도를 뛰어넘어 착수하는 12미터 보트를 보여준다. 선체와 제원은 그림 10.15에 나와 있다. 이 배는 평수에서 40노트로 운항하며 악천후 상태에서 좋은 성능을 보이도록 설계되었다.

그림 10.14 악천 후 해상에서의 구조정

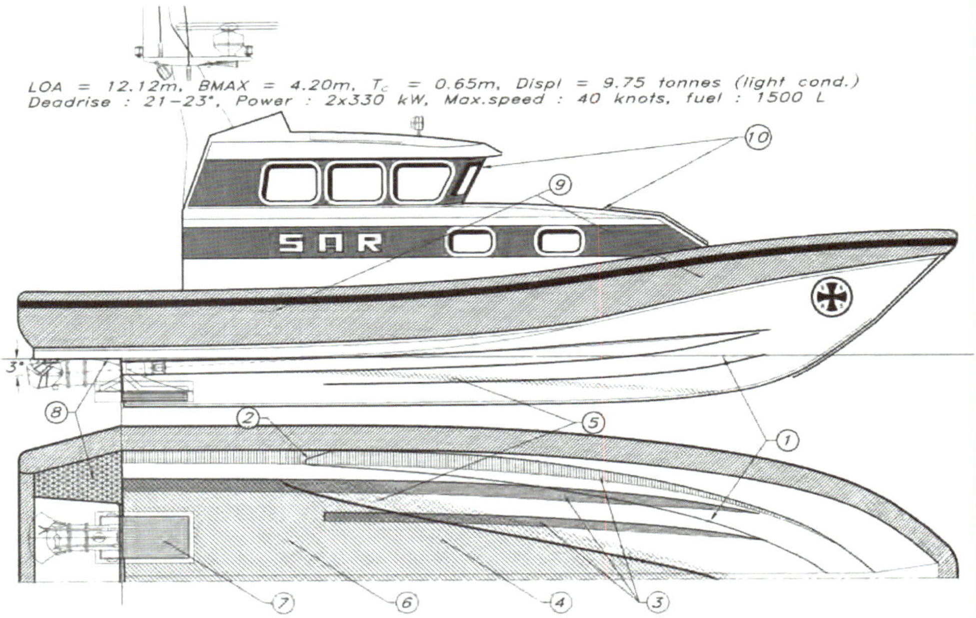

그림 10.15 구조정의 주요 특징

그림 10.15의 특징

1. 평수상태 수선에서의 그림이다. 사진에서 보듯이 전속력에서의 수선과는 상관없지만 선수부분의 모양에 대한 발상을 볼 수 있다. 선수부가 그렇게 예리하지는 않은데 이는 어느 정도 볼륨이 있어야 선미파를 받는 상태(following sea)에서 브로칭 문제를 피할 수 있기 때문이다. 한편 너무 볼륨감이 있어도 문제가 되는 것으로, 선수파를 받는 상황에서는 성능을 저해시키고 선수 버톡이 너무 불룩하면 챠인 워킹(chine walking)이 일어날 수 있다.
2. 이 위치에서 수선이 앞쪽으로 구부러져 있다. 즉, 챠인에 가까운 선저부분에 역 경사(negative dead-rise)가 져 있다는 이야기다. 이는 양력을 발생시키고 스프레이를 밑으로 굴절시키려는 것이다. 사진에서 보듯이 선체가 물 밖으로 나와 있다.
3. 앞서와 같은 이유로 스프레이 레일도 역시 역경사를 하고 있다. 안쪽 레일은 트랜섬까지 연장하지 않았다.
4. 이는 40노트 속도에서 침수표면(스프레이 시작점)의 경계이다. 이 영역까지 스프레이 레일을 확장시킬 이유는 없다. 스프레이 시작점이 앞뒤로 이동하기 때문에 레일이 어느 정도 겹치는 것이 필요하다.
5. 이 부분에서 스프레이가 레일에 의해 굴절된다.
6. 40노트에서 접수면적은 그리 크지 않다. 속도가 없을 때 수선의 면적과 비교해 보라.
7. 추진기로는 워터젯을 사용하였다. 이것은 흡입구로의 다양한 유율(flow rate)에 대비할 수 있도록 크게 만들어져 있다. 흡입구로 들어가는 흐름은 가능한 깨끗해야 하기 때문에(장치가 있으면 공기가 유입될 수 있다) 레일이나 킬 또는 다른 장치들이 붙어 있지 않다.
8. 선저의 선미부분은 폭 전체적으로 들려져 있다. 이는 두 개의 워터젯을 둘러싸고 후진시 적절한 운전이 되게 하기 위함이다. 이 부분은 고속영역에서 물 밖으로 나온다는 점에 주의하라. 트림 플랩은 젯 아래 트랜섬에 힌지 형태로 고정되어 있다.
9. 칼라(collar)는 개량된 RIB 타입이다. 내부가 공기로 채워진 것이 아니라 폴리우레탄 폼(polyurethane foam)으로 되어 있으며 강력한 폴리우레탄와 케블라(Kevlar) 스킨으로 씌워져 있다. 칼라 앞쪽을 테이퍼링(tapering) 하는 것은 매우 중요하다. 그렇지 않으면 선체가 파도를 뚫고 전진할 때 부력이 너무 많이 생겨 보트가 뒤집힐 수도 있다.
10. 복원성의 이유로 덱 하우스(deck house)는 상대적으로 크다.

이런 고속영역에서 균형을 잘 잡기 위해 무게 중심은 상대적으로 상당히 뒤쪽에 놓여 있다. 앞쪽에 무게 중심이 있으면 트림이 작게 되겠지만 챠인워킹(chine walking)이나 브로칭(broaching)의 위험이 있다. 일반적으로, 실제 해상에서 배를 조정하기가 더 힘들다. 여가용 배(pleasure craft)에서는 이 정도로 무게를 뒤쪽에 분배하는 게 힘든데 이는 거주공간과 많은 장비들이 선수부에 배치되기 때문이다.

중량물을 이렇게 뒤쪽에 배치하면 선수파(head sea) 상황에서의 충격으로 인해 승선감이 나빠지는 단점이 있다. 선수가 파도에 부딪히기보다는 선체가 파를 뛰어넘은 후 선미가 먼저 착수하게 된다. 해결책으로는 트림플랩(trim flap)을 이용하여 약간 선수 트림을 주는 방법이다. 또 다른 단점으로는 저속에서의 성능이 최적이 아니라는 점이다. 저속에서는 많은 접수면적이 필요하고, 곧 선수부로 압력이 이동한다는 뜻이며 결국 선미트림이 발생하게 된다. 이는 큰 파도를 만들어 저항을 증가시키지만, 트림 플랩을 이용하여 이 문제를 줄일 수 있다.

이 배의 특징들은 그림 10.15와 그 부연 설명에 나타나 있다. 이 구조정을 이용하여 그림 10.16과 같은 성능예측의 예를 들었다. 그림에서의 순번은 성능계산 절차의 순서에 해당한다. 이 배의 선저구배(deadrise)는 21°에서 23° 정도이지만, 앞서의 설명대로 이 각은 스프레이 레일의 끝단에서 계측한 것을 사용하였고 또한 선미와 무게중심에서의 각을 평균한 것이다. 계산은 두 가지 트림각 즉, 4° 및 5°에 대하여 수행되었다. 작은 각에서는 선수가 잠기는 모멘트가 4.16kNm, 큰 각에서는 같은 방향으로 104.9kNm 발생하였다. 따라서 모멘트가 없는 상태의 트림각은 4°보다 약간 작을 것이고 선형 내삽법(linear interpolation)을 이용하면 3.96°가 됨을 계산할 수 있다. 이때의 저항은 14.1kN이며 유효동력(effective power)은 291kW가 된다.

Step No	Variable	Computed value	Computed value	Computed value
1	m	9750 kg		
	LCG	3.550 m		
	VCG	1.145 m		
	b	2.740 m		
	ε	3°		
	β	17.9°		
	f	0.490 m		
	V	20.6 m/s		
2	C_V	3.970		
3	$C_{L\beta}$	0.059		
4	C_{Lo}	0.081		
5	τ	4.0°	5.0°	
6	λ	1.79	1.20	
7	L_m	4.908 m	3.305 m	
	R_n	$101 \cdot 10^6$	$68 \cdot 10^6$	
8	C_F	$2.08 \cdot 10^{-3}$	$2.20 \cdot 10^{-3}$	
9	$\Delta\lambda$	0.32	0.24	
	R_F	7.53 kN	5.47 kN	
10	ff	0.920 m	0.920 m	
11	—	—	—	
12	—	—	—	
13	L_{cp}	3.510 m	2.420 m	
14	e	0.044 m	1.127 m	
15	M	4.16kNm	104.9kNm	
16	—	—	—	
17	τ_o	—	—	3.96°
18	R_{Fo}	—	—	7.6 kN
19	R	—	—	14.1 kN
20	P_E	—	—	291 kW
21	P_D	—	—	582 kW

그림 10.16 구조정 계산의 정리

이제 문제는 어떤 기관동력이 필요한가이다. 구조정은 워터젯을 장착하고 있기 때문에 프로펠러 다이어그램(propeller diagram)을 사용할 수 없다. 이 배에 최적화된 프로펠러를 사용하는 경우, 최소 65% 정도의 효율을 가질 것으로 예상되고 워터젯도 그러할 것으로 예상된다. 이것은 높은 효율인데 이 정도의 높은 프루드 수에서는 추진기가 낮은 하중상태에 있기 때문에 가능하다. 작은 프루드 수에서 워터젯의 효율은 통상의 프로펠러보다 못하다. 그렇지만 부가물에 의한 저항이 상대적으로 작기 때문에 어느 정도 낮은 속도에서도 경쟁력이 있을 것으로 보인다.

구조정의 워터젯은 또한 소위 말하는 볼라드 풀(bollard pull)과 같은 매우 낮은 속도 영역에서 높은 추력이 나오도록 설계해야 하는데 이는 큰 배를 예인해야 할 수 있어야 하기 때문이다. 따라서 전속력에서의 효율은 감소하며 이 경우 50% 정도가 적절하다고 판단된다. 다른 경우에 있어서도 최적값과의 차이가 중요하다는 점을 상기하자. 최적 효율을 얻으려면 워터젯 전문가의 설계가 필요하다.

50%의 효율을 가정했을 때 전달동력은 582kW이고 이것은 임펠라 축에서의 동력이다. 기어 박스와 축 베어링 등의 기계적 손실로 5%를 추가로 더하면 610kW 정도가 된다. 구조정에는 330kW 두 대를 사용하면 적절한 기관 선택이 될 것이며, 약간의 동력 여유도 가지게 된다.

YACHT

리그 설계

정의와 표준의 범위 / 슈라우드(Shroud)에서의 힘
스테이(Stay)에서의 힘 / 와이어(Wire)와 로드(Rod)의 비교
횡 방향 마스트 강성(Transverse Mast Stiffness)
종 방향 마스트 강성(Longitudinal Mast Stiffness)
프랙셔널 마스트 상단(Fractional Mast Top)
붐(Boom) / 스프레더(Spreader)
마스트에 있는 구멍(Holes in the Mast) / YD-41 리그

11

DESIGN

RIG CONSTRUCTION

11. 리그 설계

이 장에서는 리그의 설계와 치수 선정에 대해 알아본다. 목제 리그의 경험적 설계부터 최신 복합 재료와 컴퓨터를 이용한 설계까지 리그 설계에는 오랫동안 여러 가지 방법들이 사용되고 있다. 우리는 그 중간 정도의 수준을 다룬다. 즉, 범용적으로 사용되는 표준을 활용할 것이며 이 표준은 노르딕 보트 표준(Nordic Boat Standard : NBS)에서도 사용되고 있다. 미국선급이나 영국선급의 표준 대신 노르딕 보트 표준을 사용하는 이유는 단순하다. 노르딕 보트 표준은 요트 구조설계에 리그를 포함시키고 있기 때문이다.[49] 이 장의 끝에서는 YD−41 리그 설계를 하게 될 것이다.

‖ 정의와 표준의 범위

이 표준은 한 쌍 또는 두 쌍 정도의 스프레더(spreader)가 장착된, 통상적인 마스트헤드(masthead)와 프랙셔널(fractional) 리그 설계에 사용된다. 그림 11.1에서 계산에 필요한 데이터들을 볼 수 있다.

이 표준에는 또 다른 한계들이 있다. 첫 번째로, 전방삼각형(fore triangle)의 넓이가 메인세일 1.6배의 넓이보다 커서는 안 된다는 것이다($I/J(E \cdot P) < 1.6$). 두 번째는, 세일면적은 복원모멘트(righting moment : RM)를 경사팔(heeling arm : HA)의 128배로 나눈 것보다 커야 한다는 것이다($A_s > RM/(128 \cdot HA)$). 이 조건이 맞지 않는 경우, 보트는 방향지향성 세일(steadying sail)을 가지는 모터보트로 분류된다.

리그의 구조 치수를 산정할 때 먼저 하는 일은 복원모멘트를 계산하는 것이다. 경사각 30°가 적절한 초기 설계 각으로 알려져 있다. 적정하게 높은 바람의 힘 아래, 세일들은 높은 하중을 유지하며, 보트도 좋은 속력을 유지하는 각도에 해당된다. 현실적으로 배가 이

---

49 리그에 대한 자세한 내용은 독일선급(GL)과 ISO 표준을 참고하라.

G	Empty weight of boat [kg]
Δ	Full load weight of boat [kg]
g	Ballast weight [kg]
B	Maximum beam [m]
L_{OA}	Length overall [m]
A_S	Sail area [m^2]
RM	Dimensioning righting moment [Nm]
RM_{30}	Righting moment at 30 degrees heeling with empty weight of the boat [Nm]
RM_1	Righting moment at 1 degree heeling with empty weight of the boat [Nm]
n	Number of persons on board
F_S	Freeboard at mast [m]
δ_{RM}	Additional moment from crew to windward [Nm]
HA	Heeling arm [m]

$$A_M = E \cdot P / 2$$
$$A_F = J \cdot I / 2$$
$$A_S = A_M + A_F$$

A_s가 $RM/(128 \cdot HA)$보다 큰 경우 보트는 세일보트로 간주하며 이에 따라 리그 크기를 결정한다.

$$\delta_{RM} = 75 \cdot n \cdot (3.4B - 4.9F_S)$$
$$RM = RM_{30} \cdot \Delta / G + \delta_{RM}$$
or
$$RM = 27 \cdot RM_1 \cdot \Delta / G + \delta_{RM}$$
$$RM_{min} = 29 \cdot RM_1$$

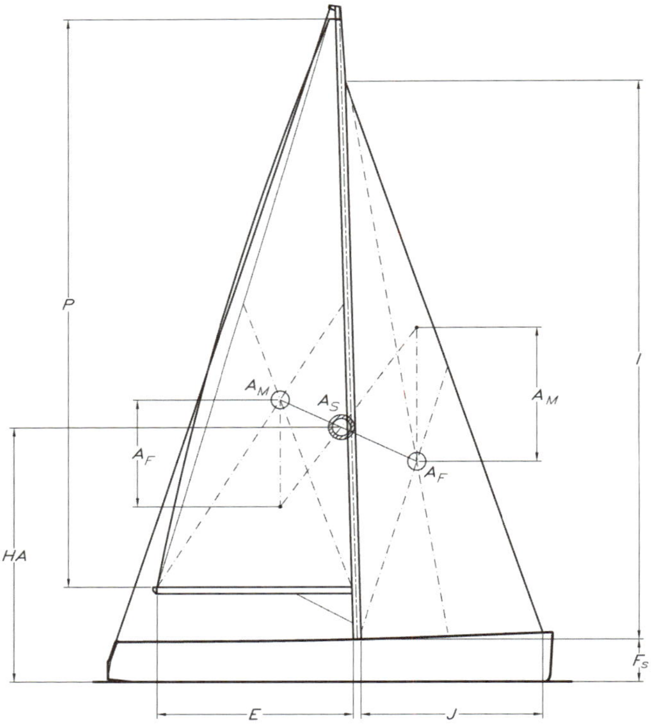

그림 11.1 각종 정의와 복원모멘트

각을 넘어 기울게 되면(이 말은 더 큰 복원모멘트를 이용한다는 뜻이 된다). 저항의 증가로 보트의 속도는 줄고 배에 작용하는 동적인 힘이 적어진다.

그림 11.1의 박스에서 볼 수 있듯이 복원모멘트를 계산하는 방법은 두 가지가 있다. 경사각 30°에서 또는 경사각 1°에서 모멘트를 계산하는 것으로부터 시작한다. RM_{30}을 계산한다는

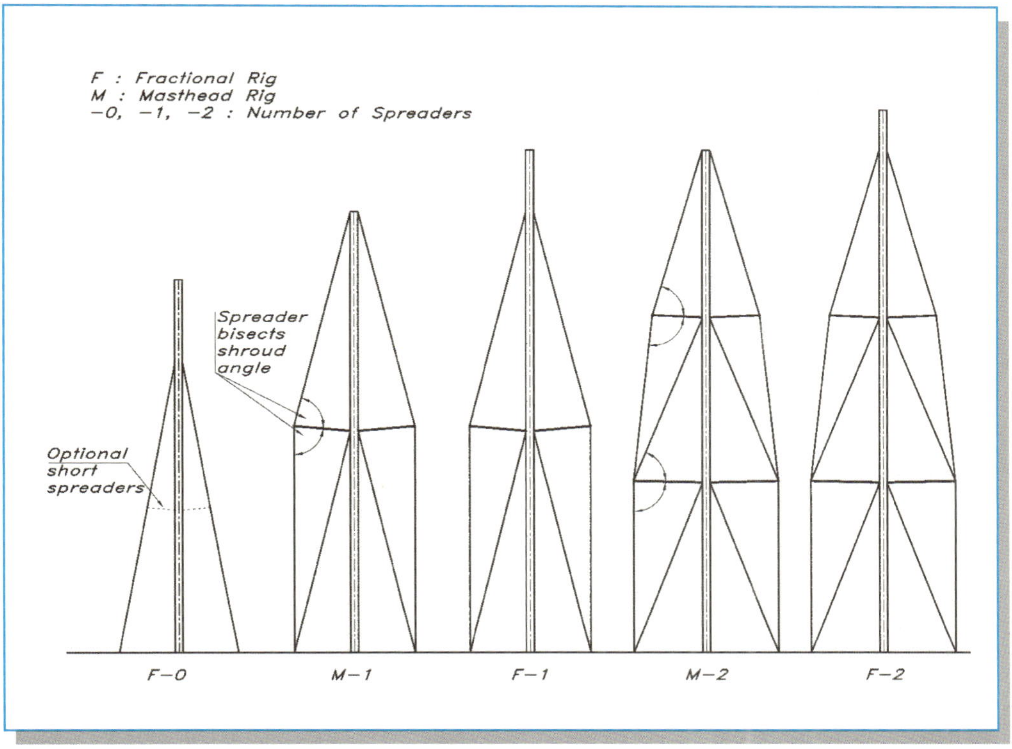

그림 11.2 리그 형식

것은 선체의 부력중심(heeled centre of buoyancy)과 복원 팔(righting arm)을 산정하기 위한 무게중심(centre of gravity)의 위치를 계산한다는 뜻이다. 대신 선체의 직립상태에서 수정역학적 정보(4장 참고)를 사용하는 RM_1을 쓰게 되면, 배의 무게중심을 추정하는 일만 남게 된다. 어떤 방식으로든, 우리가 얻으려고 하는 모멘트는 공선(empty boat)에 대한 것으로 이후 사람이 풍상에 앉는 것 같은 (그림의 박스를 보라) 항해 상태를 나타내기 위해서는 공선상태를 수정하게 된다.

그림 11.2에서는 표준을 적용할 수 있는 다양한 리그 형태를 보여주고 있다. 마스트의 좌우 방향 안정성은 스프레더 수와 마스트 풋의 위치(즉, 갑판 스텝 또는 킬 스텝)에 좌우된다.

마스트의 앞뒤 방향 안정성은 아래 슈라우드(lower shroud)의 스프레더, 런너(runner), 안쪽 포스테이(inner forestay)와 마스트 풋의 위치에 관련되어 있다. 통상적으로 종 방향, 횡 방향 안정성은 따로 계산하는 것이 관례이다. 싱글 스프레더, 갑판 스텝의 마스트와 비교할 때, 스프레더 수를 늘리거나 또는 스프레더 수를 늘리고 마스트를 킬 스텝으로 함으로써 우리는 전체적인 마스트 안정성을 높일 수 있다. 동시에 아래와 같은 장점과 단점이 있다.

스프레더의 수를 늘림으로써

[+] 마스트를 얇게 만들 수 있고 따라서 보다 나은 메인세일의 효율을 얻을 수 있다.

[+] 마스트의 외경(outer dimension)이 작아지고 두께가 얇아지기 때문에 가벼운 마스트를 얻을 수 있다.

[+] 포스테이 시트 각을 작게 할 수 있다.

[–] 트림을 하기 어려워진다.

[–] 종종 종 방향 안정성에 주의하기 위해 특별한 조치를 하게 된다. 즉, 런너들, 안쪽 포스테이, 높은 종 방향 관성 모멘트

[–] 비싸진다.

갑판을 관통하는 마스트 (즉, 킬 스텝)를 사용함으로써

[+] 마스트를 얇게 만들 수 있고 따라서 보다 나은 메인세일의 효율을 얻을 수 있다.

[+] 마스트의 외경(outer dimension)이 작아지고 두께가 얇아지기 때문에 가벼운 마스트를 얻을 수 있다.

[+] 포스테이 시트 각을 작게 할 수 있다.

[–] 특히, 길이 방향으로 트림을 하기 어려워진다.

[–] 갑판 수준에서 수평방향으로 높은 힘이 발생한다.

[–] 열이나 물이 샐 수 있다.

‖ 슈라우드(Shroud)[50]에서의 힘

힘의 원천은 세일에 걸리는 바람의 압력과 여기에 바람과 바다로부터 오는 동적인 힘들이 추가된다. 그림 11.3에서와 같이 두 가지 경우를 생각해 본다. 경우 1은 리그가 포세일(foresail)에 의해서만 하중이 걸려있는 상황이고 경우 2는 상당히 축범된(deep reefed) 메인세일에 의해 리그에 하중이 작용하는 경우이다. 경우 1에서 횡 방향 힘 T_1은 단순히 복원모멘트를 수선으로부터 슈라우드 최상단까지의 거리로 나눈 것이며 그림 11.3 (A)에서 확인할 수 있다. 어떤 종류의 포세일이 걸려 있어도 상관없는데 이는 치수선정에 사용되는 힘은 복원모멘트에 의해 결정되기 때문이다.

경우 2는 메인세일이 축범된 상황이며, 횡 방향 힘 T_2는 복원모멘트를 수선부터 메인세일의 기하학적 중심까지의 거리로 나눔으로서 구할 수 있다. 이 거리는 붐으로부터 러프까지

50 우리나라에서는 사이드 스테이(side stay)라는 잘못된 용어를 쓰는 경우도 있다.

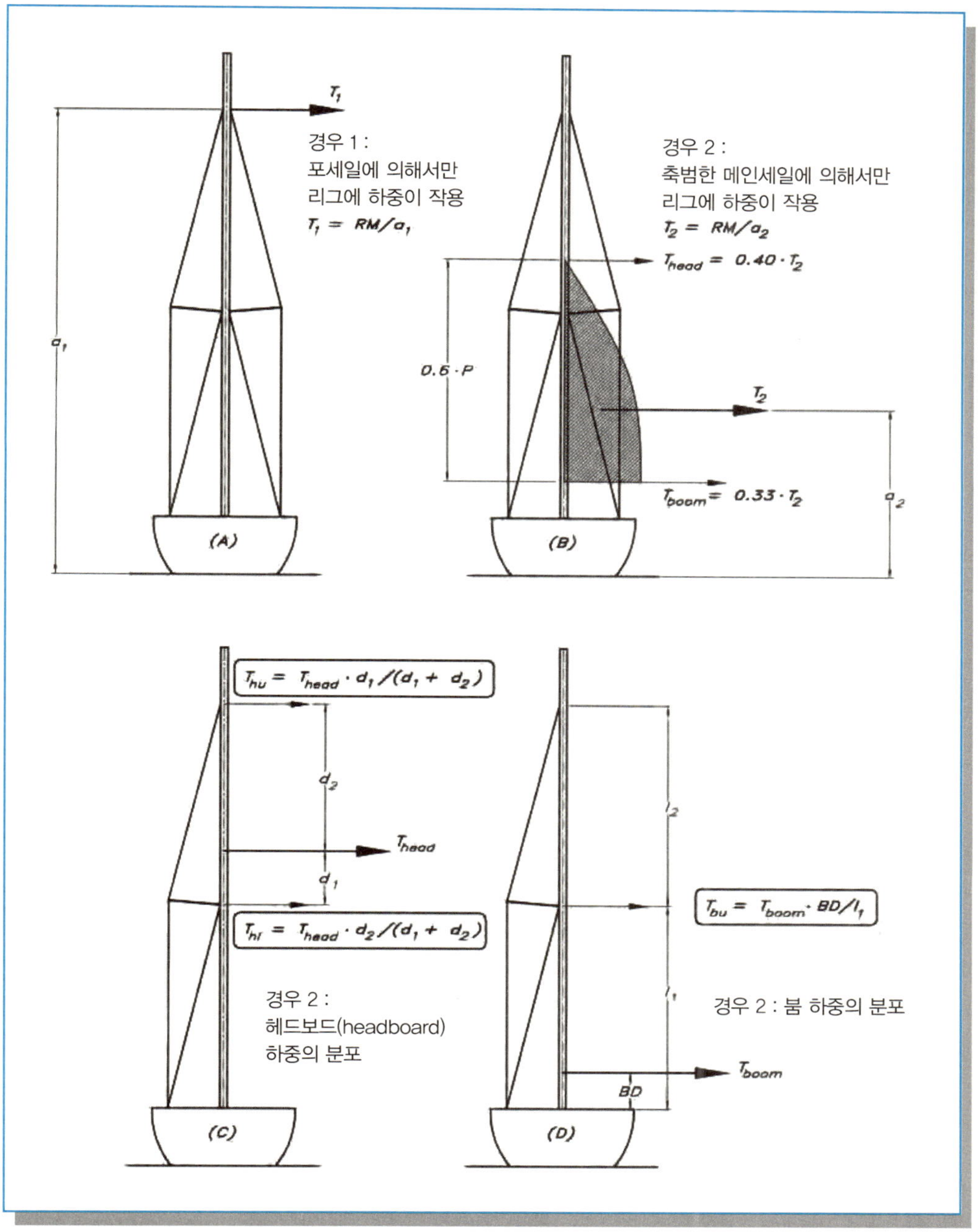

그림 11.3 횡 방향 하중

거리의 약 1/3 정도가 된다. 이 힘이 세일 헤드에 T_{head}, 붐에 T_{boom}으로 분산되며 그림 11.3 (B)에 나타나 있다.

T_{head}가 두 슈라우드 사이에 놓이게 되면 이 힘은 두 슈라우드에 분산되는데 이때 이 힘

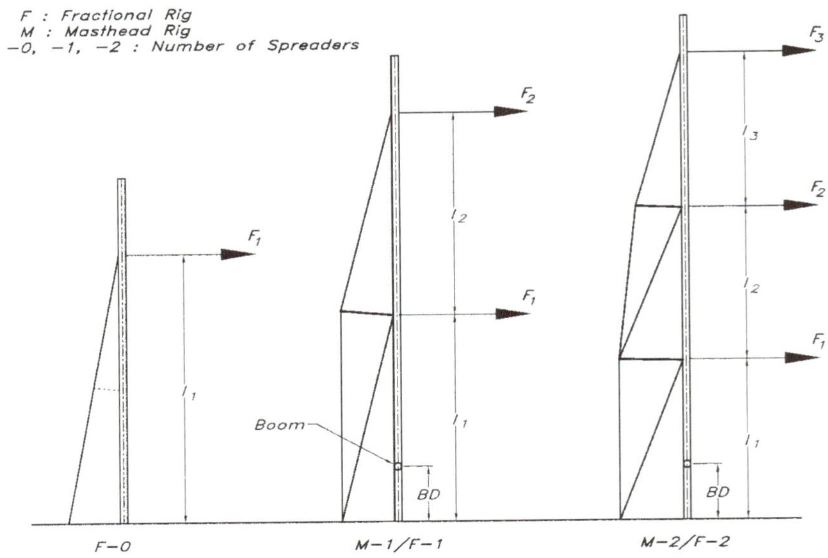

Type of Rig	Load Case 1 (Fig 11.3A)				Load Case 2 (Fig 11.3B)		
	F_1	F_2	F_3		F_1	F_2	F_3
F−0	T_1	0	0		$T_{hu}+T_{bu}$	0	0
M−1/F−1	0	T_1	0		$T_{hl}+T_{bu}$	T_{hu}	0
M−2/F−2 1)	0	0	T_1		T_{bu}	T_{hl}	T_{hu}
M−2/F−2 2)	0	0	T_1		$T_{hl}+T_{bu}$	T_{hu}	0

Dimensioning Forces F_1 F_2 F_3

1) If $BD+0.6P > l_1+l_2$
2) If $BD+0.6P < l_1+l_2$

그림 11.4 슈라우드 설계용 힘

은 그림 11.3 (C)처럼 슈라우드의 부착 위치로부터 힘이 작용하는 위치까지의 거리에 비례하게 되어, 결국 상단 슈라우드에는 T_{hu}가, 하단 슈라우드에는 T_{hl}이 작용하게 된다. 붐에 작용하는 힘은 갑판과 하단 슈라우드에 작용하게 되는데 현재 우리가 관심 있는 것이 이 슈라우드에 걸리는 힘을 아는 것이다. 이 하중 T_{bu}는 붐에 작용하는 힘의 일부분이며, 그림 11.3 (D)처럼 갑판 위로의 붐 높이와 슈라우드에서 갑판까지 거리의 비에 따른다.

지금까지 리그에 작용하는 횡 방향 하중에 대응하는 요소들을 살펴보았다. 리그 형식에 상관없이 경우.1에서 부재 치수를 결정하는 힘은 T_1이지만 경우 2에서는 T_u, T_{hl}, T_{bu}의 여러

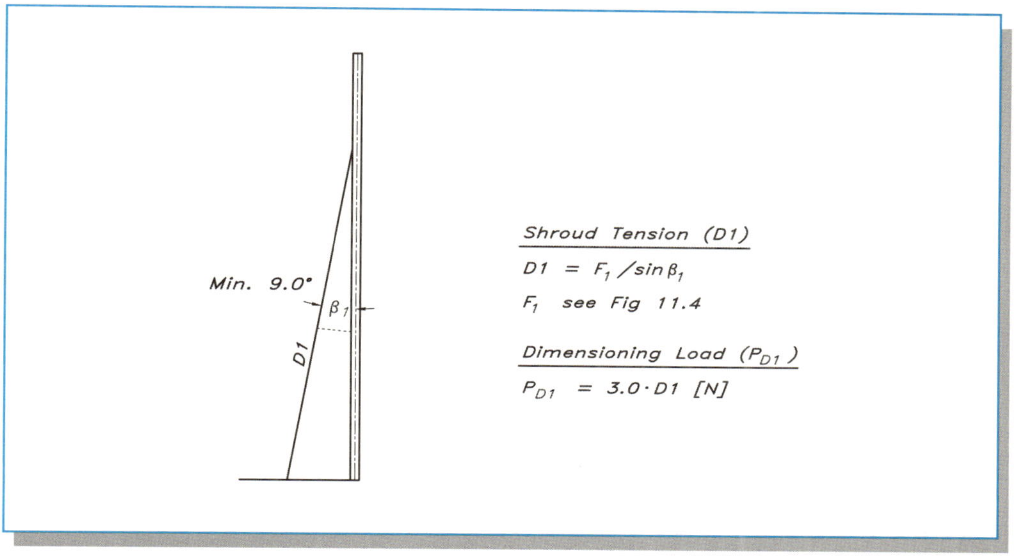

그림 11.5 슈라우드 하중–리그 F–0

조합이 되며 그림 11.4처럼 리그 형식에 따라 달라진다. 리그 형식 $F-0$에서는 오직 F_1만 부재치수를 결정하는 힘이 되지만, 형식 $M-1$과 $F-1$에서는 F_1과 F_2가, 형식 $M-2$와 $F-2$에서는 F_3까지 포함이 된다. 슈라우드의 부재 치수를 결정하기 위해서 우리는 경우 1 또는 경우 2에서의 최대 힘인 F_1와 F_2 또는 F_3을 이용한다. 경우 2의 이중 스프레더 리그에서, 만약 축범된 메인세일이 상단 슈라우드까지 닿지 않는다면 F_3이 없다는 점에 유의하자. (그림 11.4의 주의사항 1, 2을 보라.)

그림 11.5부터 그림 11.8과 같이 슈라우드에 작용하는 힘을 계산할 때 앞서 이야기한 두 가지 경우에 대해 각각 계산하는 것은 필수적이며 그리고 난 후 그 결과를 비교하여 최악의 경우, 즉, 각각의 슈라우드에 더 큰 하중이 걸리는 경우를 선택하여야 한다.

그림 11.5에서는 $F-0$형식의 리그에서 슈라우드의 부재 치수를 결정하는 하중을 보여주고 있다. 그림에서 알 수 있듯이 부재치수 결정에는 슈라우드 인장력에 3을 곱한 하중을 사용하고 최소 허용 각도는 9°이다.

그림 11.6은 싱글 스프레더(single spreader) 리그에 대한 동일한 상황을 보여준다. 하나 또는 두 개의 하단 슈라우드를 가지는 가에 따라 부재치수 결정 하중은 슈라우드 인장력의 2.8배 또는 2.5배를 하게 된다. 상단 슈라우드의 부재치수는 슈라우드 인장력의 3배이고, 여전히 최소 허용각은 9°이다.

그림 11.7은 더블 스프레더(double spreader) 리그를 다루고 있다. 계산 방법은 앞서와 같

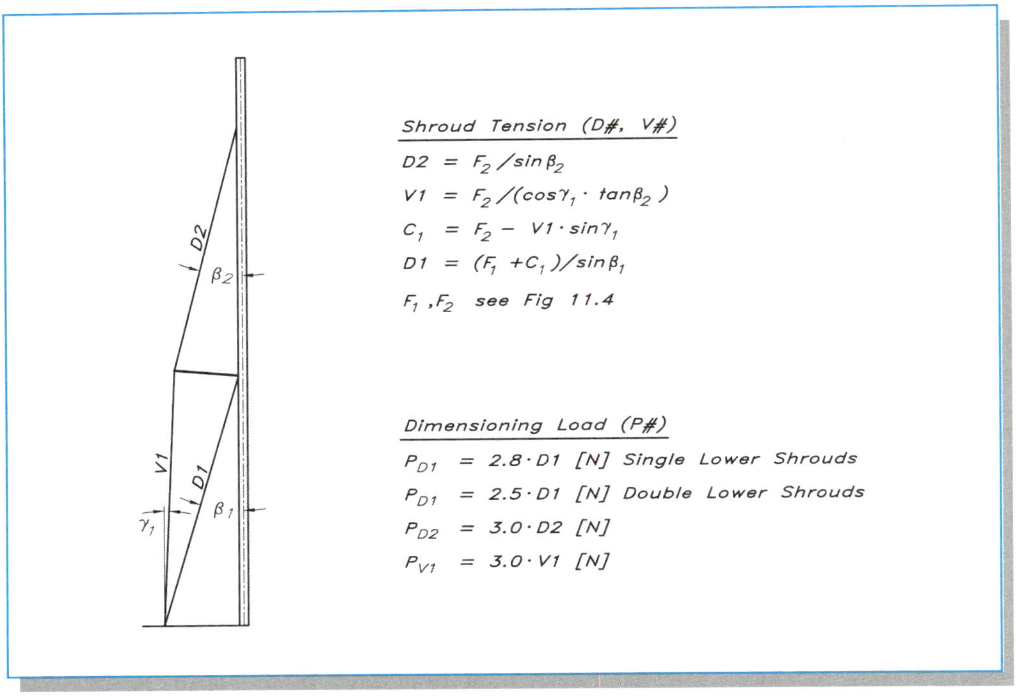

그림 11.6 슈라우드 하중-리그 M-1, F-1

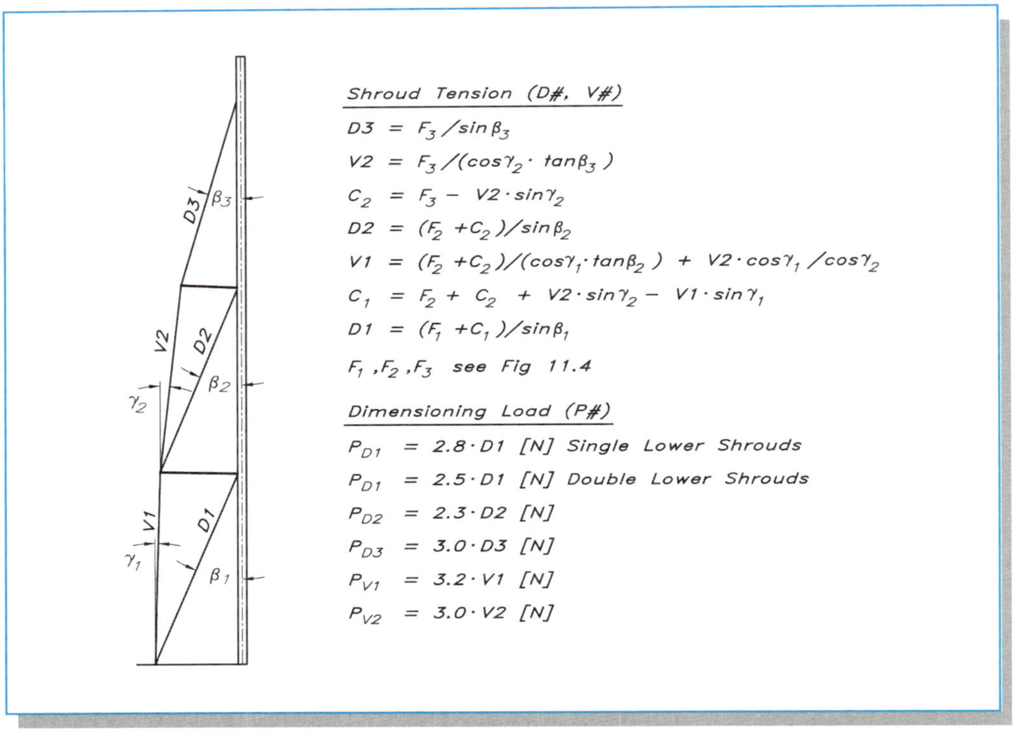

그림 11.7 슈라우드 하중-리그 M-2, F-2

은 방식이다. 공식에 따라 슈라우드에 걸리는 힘을 계산한 다음 각 부분에 대해 안전 계수(safety factor)를 적용하고 슈라우드에 걸리는 하중을 계산한다. 기본적으로 안전계수의 분포는 싱글 스프레더 리그처럼 하지만 *V*1 슈라우드는 안전계수 3.2를 사용한다. 만약, 중단, 상단 슈라우드가 독립적으로 공통 하단 슈라우드와 연동이 된다면, 하단 슈라우드는 중단과 상단 슈라우드의 결합된 인장력이 가해지게 되기 때문에 높은 안전계수를 사용하게 된다. 반대로, 만약 중단, 상단 슈라우드가 직접 갑판까지 내려온다면 조합된 인장력은 최소한 *V*1과 같아야 한다.

‖ 스테이(Stay)에서의 힘

종 방향 하중은 무엇보다 배에서 스테이를 당기는 데 어떤 장비들이—윈치(winches), 태클(tackles), 유압기구(Hydraulics)—사용되는가에 달려있다. NBS 표준에서는 여섯 가지 형식의 리그가 있다. 마스트헤드와 프랙셔널의 두 가지 기본 형식에 각각 세 개의 하부 그룹으로 나누어지며 그림 11.8에서 볼 수 있다. 마스트헤드 리그의 경우 (1) 이중 하단 슈라우드, (2) 내측 포스테이(inner forestay)가 있는 단일 하단 슈라우드 그리고 (3) 내측 포스테이가 있는 런너(runners)가 그것이다. 프랙셔널 리그에서는 (4) 첵스테이(checkstay)가 있는 런너, (5) 후퇴(swept) 스프레더가 있는 단일 하단 슈라우드 그리고 (6) 스프레더가 없거나 또는 짧은 스프레더가 있는 단순 리그로 나뉜다. 스테이 형식에 따라 마스트에 다른 하중이 작용하게 되며 마스트의 치수 결정에 영향을 끼친다. 이 부분은 나중에 설명한다.

슈라우드와 마찬가지로, 스테이 치수 결정 하중은 경사각 30°에서의 복원모멘트에서 결정된다. 최전방 세일이 부착된 스테이의 파괴강도(P_{f0})는 복원모멘트의 15배를, 갑판 상부부터 스테이 거리, 마스트에서 건현 높이의 합으로 나눈 값이다. 안쪽 포스테이의 하중(P_{f1})도 유사하게 계산이 되지만, 복원모멘트의 12배를 이용하는 차이가 있다.

백스테이에 필요한 강도(P_a)의 경우 마스트헤드 리그냐 프랙셔널 리그냐에 따라 달라진다. 마스트헤드 리그인 경우 백스테이는 포스테이와 같은 강도를 가지며 어떤 요인에 따라 수정이 되는데, 포스테이와 백스테이가 마스트와 이루는 각도들에 따라 달라진다. 프랙셔널 리그의 백스테이 파괴 강도는 복원모멘트의 2.8배 한 값에, 수면에서부터의 마스트 높이와 마스트와 백스테이가 이루는 각의 사인값을 곱한 값으로 나누어 계산한다. 프랙셔널 리그의 런너들은 마스트해드 리그의 백스테이를 계산하는 방식과 같다.

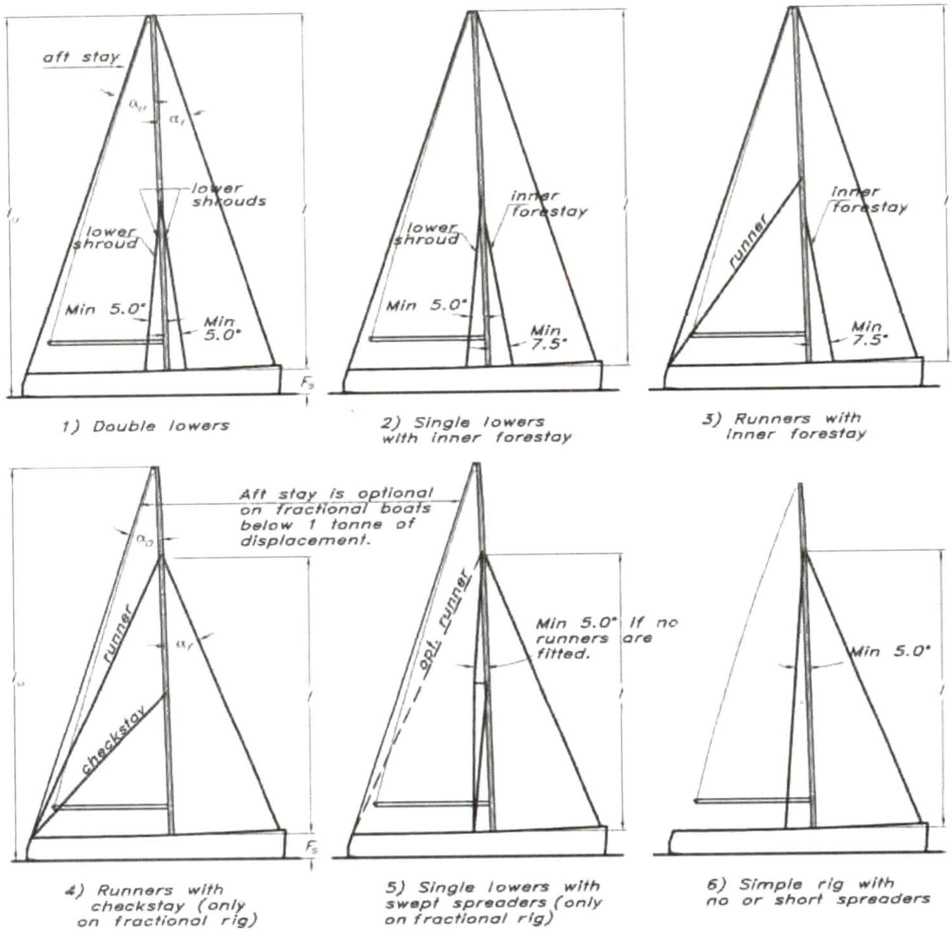

세일이 장착되는 최 선단 포스테이의 파괴강도(P_{fo})는 최소:

$$P_{fo} = 15 \cdot RM/(I + F_s) \ [N]$$

내측 포스테이의 파괴강도(P_{fi})는 최소:

$$P_{fi} = 12 \cdot RM/(I + F_s) \ [N]$$

백스테이의 파괴강도(P_a)는 최소:

$$P_a = P_{fo} \cdot \sin\alpha_f / \sin\alpha_a \ [N] \quad \text{Masthead rigs}$$
$$P_a = 2.8 \cdot RM/(I_a \sin\alpha_a) \ [N] \quad \text{Fractional rigs}$$

그림 11.8 종 방향 스테이의 하중

앞서 요구 강도의 계산들은 안전계수가 포함되어 있으며 결과적으로는 와이어의 파괴강도를 계산하는 것이다. 턴버클(turnbuckle)의 강도를 계산할 때는 치수결정하중을 25% 정도 증가하는 것이 좋은데 이는 무엇인가 부러지게 될 때는 결속부(attachment)보다는 스탠딩 리깅(standing rigging)이 부러지게 하기 위함이다. 같은 이유로 체인플레이트(chainplate)도 같은 정도로 하중을 증가시킨다.

‖ 와이어(Wire)와 로드(Rod)의 비교

여기서는 일반적인 두 개의 스탠딩리깅(standing rigging)을 비교한다. 즉, 19-스트랜드 스테인레스 와이어(19-strand stainless wire)와 스텐레스 강으로 된 속이 찬 로드(rod)로 만들어진 리깅이다. 와이어 또는 로드를 선택할 때 다음의 사항을 비교해야 한다.

- 파단강도(breaking strength)
- 피로(fatigue)
- 내부식성(resistace to corrison)
- 늘어나는 정도-연신율(elongation)
- 무게(weight)
- 바람 저항(wind resistance)
- 운용성(handling)
- 가격(price)

▣ 파괴강도

파단강도란 와이어나 로드가 파괴 없이 견딜 수 있는 최대 하중을 말한다. 모든 슈라우드와 스테이에서 파단하중이 계산되고 실제 하중을 견딜 수 있는 적절한 치수를 고르게 된다. 사용 가능한 크기에 따라 다르지만, 와이어와 로드는 다른 파단강도 곡선을 그린다. 그래서 모든 슈라우드와 스테이에서 사용되는 와이어와 로드의 치수는 같은 관계를 가지지 않게 된다. 어느 특정 스테이에서는 와이어 치수가 잘 맞겠지만 로드는 너무 강하게 된다. 보통 로드는 같은 직경일 때 와이어보다 20% 강하다.

▣ 피로

피로는 보통 와이어/로드가 파단되기 전까지 가해지는 하중의 수를 말한다. 19-스트랜드 와이어와 로드에 대한 피로 강도에 대한 조사는 거의 없다.

일반적으로 말해 슈라우드/스테이의 결속부가 각도 변경이 가능하도록 만들어졌다면 와이어 쪽이 피로에 대해 보다 민감하다. 이는 각각의 스트랜드가 서로 마찰을 일으키기 때문이다. 반면 로드의 경우 표면 손상에 민감한다. 이는 피로-크랙을 유발할 수 있기 때문이다. 와이어는 피로를 겪을 경우, 스트랜드가 하나씩 파손되기 때문에 교체 시기를 미리 알 수 있다(우리가 정기적으로 스탠딩리깅을 살펴본다는 가정 하에). 로드는 아무런 징후 없이 파손되기 때문에 크랙 초기에 육안으로 찾아낸다는 것이 불가능하다.

▣ 내 부식성

내 부식성은 두 가지가 같은 재료(AISI 316)를 사용하기 때문에 유사하다. 와이어의 스트랜드 사이의 포켓(pocket)에서 가끔 변색이 발생하는데 강도에 영향을 끼치지는 않는다.

▣ 연신율

하중이 작용하는 와이어 또는 로드의 연신율(a)은 하중(P)와 길이(L)에 비례하고 단면적(A)와 탄성계수(E)에 반비례한다. 즉, $a = (PL)/(AE)$이다.

하중이 최종파단하중의 70% 이내면(로드의 경우는 약간 더 놓는다), 와이어와 로드는 하중이 없어졌을 때 원래의 길이로 되돌아간다. 적절하게 설계된 리그의 평상시 사용 하중은 파단강도의 50%를 넘지 않는다. 즉, 리그에 소성 변형(영구 변형)이 생기지 않는다. 확인할 수 있는 영구 변형은 체결부(attachment point)의 변형이나 선체 거더(hull girder)의 변형이다. 마지막 사항은 다음 장 '선체 설계'에서 자세히 살펴보자.

이 비교에서 로드와 와이어는 같은 재료로 만들어졌다고 가정한다. 와이어는 하중을 받을 때 펴지는 스트랜드(strand)로 만들어진 점을 감안하면, 실제 탄성계수는 속이 찬 로드보다 약 20% 정도 작다. 횡단면적을 비교해보면, 비록 로드와 와이어가 같은 직경이라도, 로드의 면적은 와이어보다 약 30% 큰데 와이어 스트랜드 사이의 빈 공간 때문이다.

일정한 길이와 힘 아래에서 다음의 관계가 있다.

- 같은 무게 : 로드 연신율 = 와이어의 80%
- 같은 사이즈 : 로드 연신율 = 와이어의 60%

로드를 사용함으로써 얻을 수 있는 작은 연신율은 슈라우드에 사용될 때 아래와 같은 두 가지 장점이 있다.

1. 하중을 받을 때, 경사와 동시에 마스트가 풍부압면(leeward)으로 눕게 되어, 세일에 생기는 효과중심(centre of effort)이 횡단면 저항중심보다 바깥에 놓이게 된다. 이로 인해 배는 바람 쪽으로 돌려고 하는 웨더헬름(weather helm)이 생긴다. 더 뻣뻣한(stiffer, 강성이 높은) 리그를 사용하면 마스트는 풍하쪽으로 덜 이동하게 되어, 웨더헬름 모멘트(weather helm moment)가 소량 줄어든다. –보통 2~3%.
2. 마스트 상부가 풍하쪽으로 덜 눕고 원래의 곧바른 형태를 유지함으로 인해 굽힘에 보다 잘 견디고 더 큰 하중을 흡수한다.

더 강성이 높은 로드 리그를 사용하면 하나의 불리한 점이 있다. 선체가 변형을 하게 되면 슈라우드나 스테이의 끝단들은 서로 더 가까이 접근하게 된다. 같은 프리텐션(pre-tensioning)하에서 로드의 연신율은 와이어보다 작기 때문에, 보다 신축성이 좋은 와이어 보다 로드는 더 프리텐션을 잃게 된다. 좋은 포인팅 능력(pointing ability)[51]을 얻기 위해서 포스테이(fore stay)는 최대한 직선을 유지해야 한다. 이것은 백스테이(back stay)나 런너들을 당기면 된다. 바람하중(wind load)을 받게 되면 포스테이는 어떤 곡선을 그리게 된다. 곡선이 덜할수록 스테이와 선체는 더 강성을 가진다. 순간적으로 풍하중이 60% 증가하면, 와이어 포스테이 곡선의 깊이는 55%가량 증가하지만 로드 포스테이의 경우는 50% 증가한다. 로드는 보다 직선에 가까운 포스테이를 유지하도록 하지만 선체 거더의 강성에 대해서는 아직 밝혀지지 않았다. 선체의 신축성이 그 차이를 작게 하지만, 다른 식으로 얘기하자면, 로드 리그를 진정으로 활용하려면, 보다 높은 요구가 선체 거더 강성에 가해진다.

▣ 무게

배의 총 배수량, 강성, 질량 관성모멘트는 리그의 무게에 영향을 받는다. 앞서 보았듯이 관성모멘트의 경우 바다에서 세일링 할 때 가장 중요하다.

파단강도와 같이 와이어나 로드의 무게는 두 개의 '계단함수(step function)'를 이루는데, 평가를 위해 같은 기반을 사용하더라도, 다양한 리그의 비교 결과는 다르게 한다.

▣ 바람 저항(공기저항)

슈라우드와 스테이의 바람 저항은 직경이 늘어날수록 증가한다.

---

51 크로스 홀드 코스의 각이 작을 수록 포인팅 능력이 좋다고 말한다.

로드는 같은 강도에서 와이어에 비해 가늘기 때문에 저항이 작고 로드의 표면이 곱기 때문에 특히 낮은 바람에서 와이어보다 저항이 작다. 표면의 고운 정도에 따른 효과는 바람의 세기가 커질수록 줄어든다.

▣ 운용성

로드보다는 와이어가 운용성 면에서 좋다. 와이어는 직경이 0.5~0.8cm일 때 코일로 만들 수 있다. 로드는 직경의 200배보다 작은 코일을 만들어서는 안 된다.

▣ 가격

로드 리그의 가격은 동등하게 와이어 리그보다 50%~100%가량 비싸다.

‖ 횡 방향 마스트 강성(Transverse Mast Stiffness)

슈라우드와 스테이에 발생하는 인장력은 마스트에 압축을 가하게 되며, 마스트가 굽거나 부러지는 걸 막기 위해 마스트는 충분한 강성 즉, 횡 방향 관성 모멘트 I_x를 확보해야 한다. 필요한 강성은 주어지는 하중과 고려하는 판넬의 길이에 따라 달라진다. 그림 11.9에 요구되는 I_x를 계산하는 식이 있다. 이 식은 모든 리그 형식에 일반적으로 사용되며, 결과에서의 차이점은 판넬의 길이의 변화에 따른 것이다. 리그형식에 따라 달라지는 다른 요인(factor)으로는 판넬 인자 k_1와 풋 인자 k_3이 있다. 마스트가 갑판을 관통하게 함으로써 관성모멘트를 35%가량 줄일 수 있다. PT는 설계하중이며 복원모멘트로부터 계산된다. 이번에는 마스트 센터로부터 체인플레이트까지의 수평 거리로 복원모멘트를 나누어 계산하며 여기에 동적효과(dynamic effect)를 고려하여 1.5배 한 것을 최종 설계하중으로 한다.

‖ 종 방향 마스트 강성(Longitudinal Mast Stiffness)

설계하중 PT는 횡 방향 강성을 구하는 방식과 같고 풋 인자 k_3도 마찬가지다. 그림 11.10에서 필요한 나머지 데이터와 종 방향 관성모멘트 I_y를 계산하는 식도 볼 수 있다. 그림 11.8과 같이 리그나 스테이의 종류에 따라 달라지는 것은 스테잉 인자(staying factor) k_2이며 그림 11.10의 표에 나타나 있다.

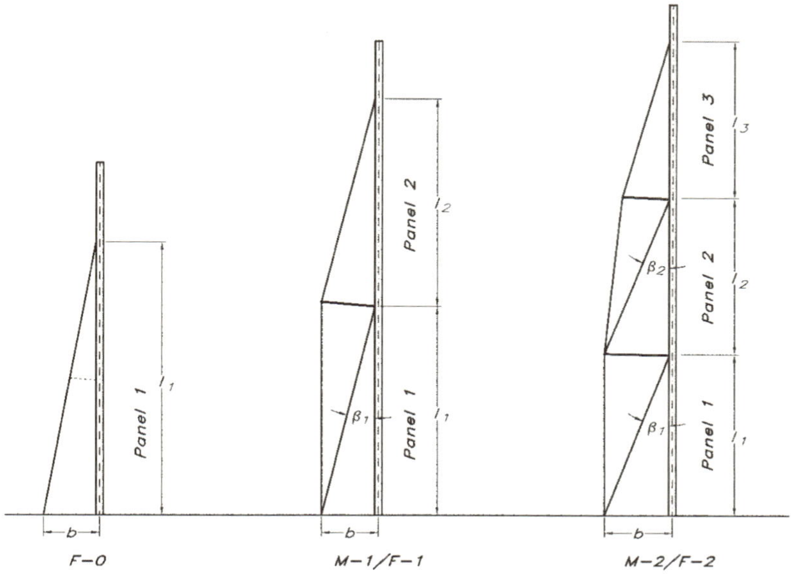

마스트의 요구 횡방향 관성모멘트 I_x는 :

$$I_x = k_1 \cdot m \cdot PT \cdot l(n)^2 \ [mm^4]$$

$PT = 1.5 \cdot RM/b$ [N]
k_1 = panel factor (see table below)
m = 1 for aluminium
7.25 for wood (Spruce)
70500/E for other materials
$l(n)$= actual panel length
k_3 = 1.35 for deck stepped masts
1.00 for keel stepped masts

판넬 2의 I_x를 계산할 때 PT를 감소시킨다 :

$D1 \cdot \cos\beta_1$

판넬 3의 I_x를 계산할 때 PT를 감소시킨다 :

$D1 \cdot \cos\beta_1 + D2 \cdot \cos\beta_2$

싱글 스프레더 리그의 경우 D1은 그림 11.6을 따른다.
더블 스프레더 리그의 경우 D1, D2는 그림 11.7을 따른다.

Type of Rig	Panel Factor k_1	
	Panel 1	Panel 2 & 3
F−0	$2.4 \cdot k_3$	−
F−0 short spr.	$1.6 \cdot k_3$	−
M−1	$2.5 \cdot k_3$	3.50
F−1	$2.4 \cdot k_3$	3.35
M−2	$2.7 \cdot k_3$	3.80
F−2	$2.6 \cdot k_3$	3.60

그림 11.9 횡 방향 마스트 구조설계

‖ 프랙셔널 마스트 상단(Fractional Mast Top)

프랙셔널 리그의 마스트 상단에 대한 특별한 고찰이 그림 11.11에 나타나 있다. 마스트 상단에서는 포세일에 의한 힘이 작용하지 않기 때문에 그림에서와 같은 공식으로 이 부분의

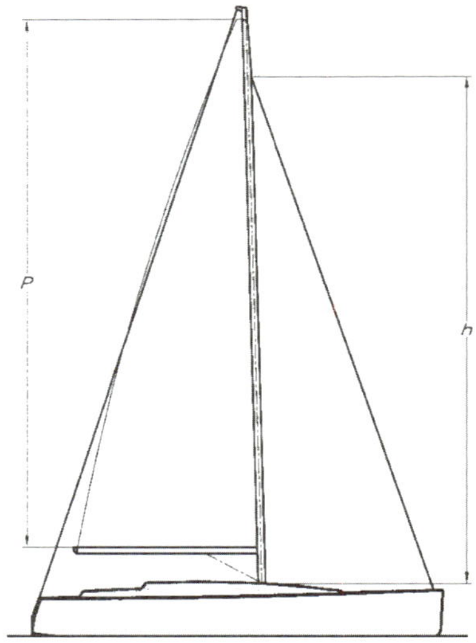

마스트의 요구 종방향 관성모멘트 I_y는 :

$$I_y = k_2 \cdot k_3 \cdot m \cdot PT \cdot h^2 \ [mm^4]$$

$PT = 1.5 \cdot RM/b \quad [N]$
k_2 = staying factor (see table below)
m = 1 for aluminium
7.25 for wood (spruce)
70500/E for other materials
k_3 = 1.35 for deck stepped masts
1.00 for keel stepped masts
h = height above deck or superstructure to the highest sail carrying forestay

Type of Staying	Staying Factor k_2				
	F–0	M–1	F–1	M–2	F–2
1)Double Lowers	–	0.85	0.80	0.90	0.85
2)Single Lowers	–	0.80	0.75	0.85	0.80
3)Runners & i.f.	–	–	0.85	–	0.80
4)Runners & c.s.	–	1.00	0.95	0.95	0.90
5)Swept spreaders	–	–	1.00	–	0.95
6a)Short spreaders	1.05	–	–	–	–
6b)No spreaders	2.00	–	–	–	–

그림 11.10 종 방향 마스트 구조설계

단면 계수(section modulus, SM)를 줄일 수 있다. 또 그림에서 볼 수 있듯이 메인세일의 위부터 상단 슈라우드까지의 거리(O_x)가 마스트 길이(그림 11.10에서 h)의 6% 미만일 때, 그 리그는 마스트헤드 리그로 간주한다.

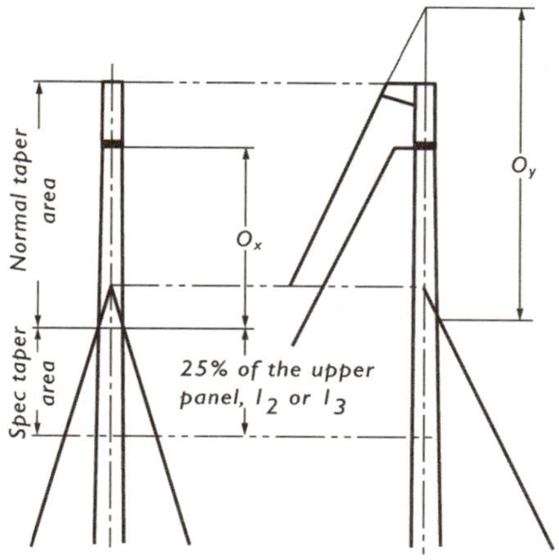

프랙셔널 리그의 마스트 탑 단면계수는 포스테이나 슈라우드와 마스트와의 교점에서 계산하며 :

$$SM_x = 1680 \cdot RM \cdot O_x / (\sigma_{0.2} \cdot P) \quad [mm^3]$$
$$SM_y = 2100 \cdot RM \cdot O_y / (\sigma_{0.2} \cdot (O_y + h)) \quad [mm^3]$$
$$\sigma_{0.2} = \text{yield strength of mast } [N/mm^2]$$

마스트 꼭대기에서의 단면계수는 위 계산결과의 반이다.

SM_x, SM_y의 테이퍼링은 상단 슈라우드/마스트 교점과 상단 스프레더 아래 판넬 길이 25%까지 할 수 있다.

만약 O_x가 마스트 길이의 6%보다 작은 경우(그림 11.10 참고), 리그는 마스트헤드 리그로 간주한다.

그림 11.11 프랙셔널 마스트 상단

‖ 붐(Boom)

붐은 메인세일로부터 오는 풍압으로부터 굽힘력을 받게 되고 시트(sheet)나 킥킹 스트랩(kicking strap)이 이 힘에 대응한다. 이는 구즈넥(gooseneck)에 수평력과 수직력을 유발하는데, 구즈넥은 그림 11.12에 있는 공식과 같이 이 힘 F_v와 F_h를 견뎌야 한다. 다시 한 번 이야기하지만 치수계산에 쓰이는 힘은 복원모멘트를 기초로 하고 있으며, 이 두 힘은 각각 1,000N보다 작아서는 안 된다.

붐에 생기는 굽힘력을 견디기 위해서는 그림 11.12의 공식에 나타나 있는 것처럼 최소 단면계수 SM을 결정해야 한다. 이 단면계수는 수직방향 계수로 수평방향 계수는 수직방향 계수의 50%까지 허용된다. 만약 롤러 리핑 붐(roller reefing boom)을 사용하게 되면, 단면계수는 모든 위치에서 수직방향 계수와 같아야 한다. 공식이 유효하기 위해서, 붐에서의 시트(sheet)[52] 위치는 세일의 끝단에서부터 풋 길이의 10%를 넘지 않아야 한다. 시트 체결부는 최소 복원모멘트(RM)를 경사팔로 나눈 힘을 견뎌야 하며, 최소 허용 가능한 힘은 2,000N이다.

---

52 요트에서 사용하는 로프(rope)를 시트(sheet)라고 한다.

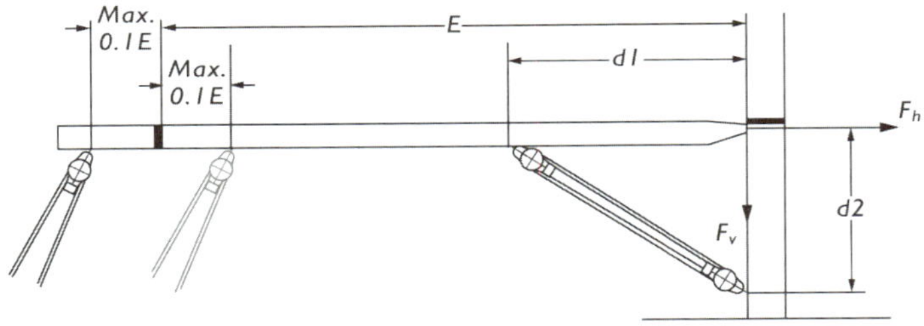

구즈넥(gooseneck)은 수직, 수평 방향의 힘을 견딜 수 있어야 한다 :

$F_v = 0.5 \cdot RM \cdot E/(HA \cdot d1)$ [N]

$F_h = 0.5 \cdot RM \cdot E/(HA \cdot d2)$ [N]

HA = 수선에서 세일의 효과 중심까지의 거리(그림 11.1 참고)

붐의 요구 수직 단면계수는 :

$$SM = 600 \cdot RM \cdot (E-d1)/(\sigma_{0.2} \cdot HA) \quad [mm^3]$$

수평방향 단면계수는 최소 수직방향의 50%이다.

그림 11.12 붐 요구조건

|| 스프레더(Spreader)

스프레더는 마스트 튜브의 자유길이(free length)[53]를 줄이기 위해 사용된다. 앞서 그림 11.9에서 보았듯이 마스트가 어떤 하중을 견디기 위해서 필요한 관성모멘트는 자유길이의 제곱에 비례한다. 그래서 자유길이를 반으로 줄이게 되면 마스트 단면의 관성모멘트는 1/4로 줄어든다. 스프레더를 설치할 때는 스프레더 팁이 슈라우드와 이루는 각도가 양쪽 모두 같아지게 한다. 즉, 슈라우드가 이루는 각을 반으로 나누는 지점에 스프레더 팁이 놓이게 한다. 스프레더가 한 쌍인 리그에서는 쉽지만 두 쌍의 스프레더를 가지는 리그에서는 가운데 스프레더와 상단 스프레더가 각각 다른 각을 만들게 된다. 이럴 경우는 좀 더 지능적인 조정을 해야 하며 슈라우드가 스프레더에서 이루는 평균각도를 택하는 방법이 있다. 이 모든 것은 스프레더가 순수하게 압축력만 받도록 하기 위함이며, 아래 또는 위로 밀리게 하지 않기 위해서이다.

그림 11.13에 스프레더의 치수 산정용 공식이 있다. 치수산정용 힘은 슈라우드에 발생하는 힘의 횡 방향 요소인 C이며, 그림 11.6과 그림 11.7에서도 볼 수 있다. 이 힘에 0.8배를 한 숫자

53 스프레더와 스프레더 사이의 마스트 길이, 그림 11.9의 박스 안에 있는 공식에서 $l_{(n)}$이다.

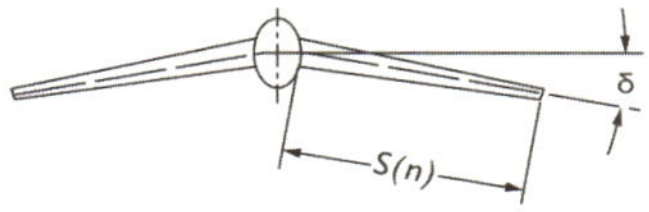

스프레더 가운데에서의 관선모멘트는 :

$$I = 0.8 \cdot C_{(n)} \cdot S_{(n)}^2 / (E \cdot \cos\delta) \quad [mm^4]$$

E = modulus of elasticity of spreader
$C_{(n)}$ = transverse component of shroud-force (see Fig 11.6 & 11.7)
$S_{(n)}$ = length of spreader [mm]
δ = horizontal angle of spreader

마스트 부근에서 스프레더의 단면계수는 :

$$SM = k \cdot S_{(n)} \cdot V_{(n)} \cdot \cos\delta \quad [mm^3]$$

$k = 0.16/\sigma_{0.2}$
$V_{(n)}$ = V1 for lower spreaders
D3 for upper spreaders
$\sigma_{0.2}$ = yield strength of spreader [N/mm^2]
(Minimum 210 N/mm^2 for aluminium)

스프레더 결속부는 아래 모멘트를 견딜 수 있어야 한다 :

$$M = 0.16 \cdot S_{(n)} \cdot V_{(n)} \cdot \cos\delta \quad [Nmm]$$

그림 11.13 스프레더 요구치

와 스프레더의 길이 $S_{(n)}$를 곱한 후 탄성계수와 스프레더 수평방향 후퇴각(sweep)의 곱으로 나누면, 스팬(span)의 가운데 지점에서 필요한 관성모멘트를 구할 수 있다.

마스트에서는 최소 단면계수 SM이 필요하게 되며 그림 11.13의 두 번째 박스 공식에도 나타나 있다. 치수산정 힘은 하단 스프레더용으로는 $V1$ 슈라우드의 힘이, 상단 스프레더용으로는 $D3$ 슈라우드의 힘이 쓰인다. 스프레더와 마스트의 체결부는 더 나아가 그림의 마지막 공식처럼 굽힘 모멘트 M도 견뎌야 한다. 그 이유로는 조인트가 스프레더 평면상에서 굽힘 모멘트를 흡수할 수 있도록 함으로써 마스트의 종 방향 안정성이 향상되기 때문이다.

‖ 마스트에 있는 구멍(Holes in the Mast)

마스트에서의 구멍은 불가피하다. 스테이, 슈라우드, 윈치패드(winchpad), 헬야드(halyard)[54] 등을 위해 많은 구멍이 필요하다. 이러한 구멍은 마스트를 약하게 하는 요인이며 우리가 계산한 관성모멘트는 이러한 구멍을 고려하지 않은 것이다.

그림 11.14에서 보듯이 마스트 각 판넬의 끝부분에 구멍을 낼 수 있는 영역이 표시되어 있다. 판넬 끝단의 10% 이내 영역에서는 관성모멘트를 50%가량 줄일 수 있고, 15% 영역에서는 약 30%를 줄일 수 있다. 줄일 수 있는 관성은 공식에서처럼 나와 있고 구멍의 폭, 마스트 튜브의 두께, 중립축까지 거리의 함수가 된다.

54 세일을 올리고 내리기 위해 사용하는 로프를 특히 헬야드(halyard)라고 한다.

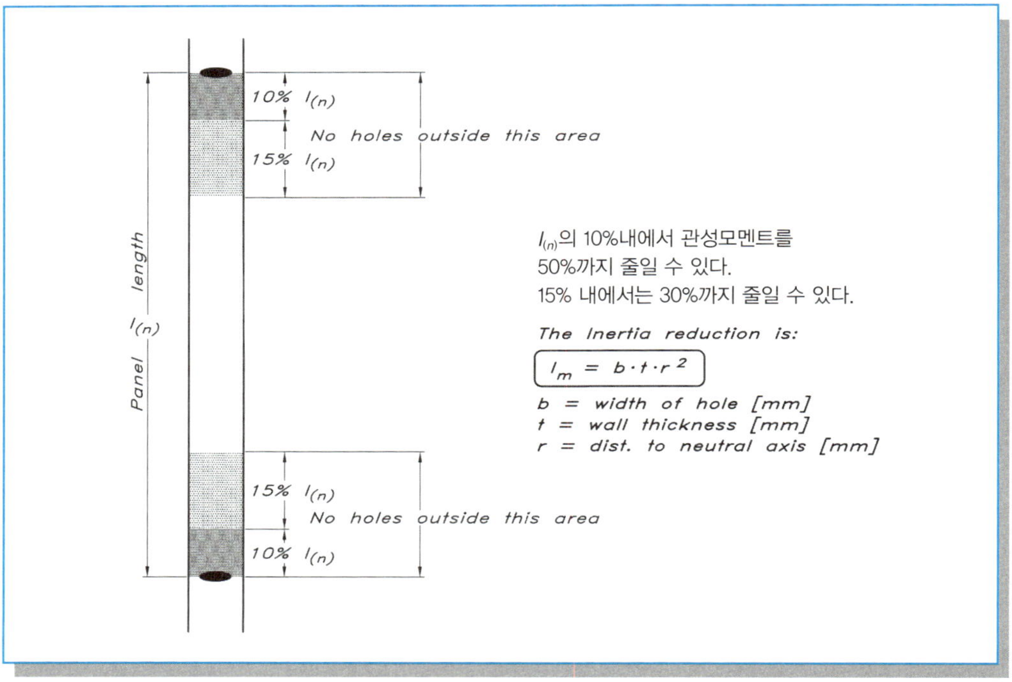

그림 11.14 마스트 단면계수의 감소

|| YD-41 리그

그림 11.15는 YD-41 리그의 형식과 크기를 보여주고 있다. 여기서는 프랙셔널 리그를 택했으며 마스트헤드 비대칭 스피네커와 코드 0를 사용한다. 좋은 성능을 보여 줄 것이며, 특히 레이팅 규칙(rating rule)이 적용되지 않았을 때 더욱 그렇다. 전방 삼각형(fore triangle)은 집의 중첩을 피하기 위해 통상적인 것보다 크게 하였다. 집은 펄러(furler)에 달았고 펄러는 갑판 아래에 감추었기 때문에 세일의 풋 부분이 갑판에 가까이 있어 더 나은 성능을 보인다.

그림에서 볼 수 있듯이 마스트는 킬 받침(keep stepped)이며 두 쌍의 스프레더가 장착되었고 슈라우드는 넓게 배치되었다. 이렇게 하여 마스트의 무게를 최소화하였고, 중첩되지 않는 포세일(foresail)로 인해 작은 시팅 각(sheeting angle) 얻을 수 있다. 이 모든 것이 요트의 성능을 향상시킨다. 성능을 향상시키는 다른 요소로 마스트의 레이크(rake)가 있다. 비록 수치적으로 입증되지는 않았지만, 마스트의 레이크와 삼각평면도(triangular planform)가 함께 했을 때 후퇴(sweep back)가 생기는데, 이것은 세일에 타원 형태의 압력 분포가 생기게 한다. 외관상으로도 이것이 전통적으로 마스트가 보여 주어야 하는 형태이기도 하다.

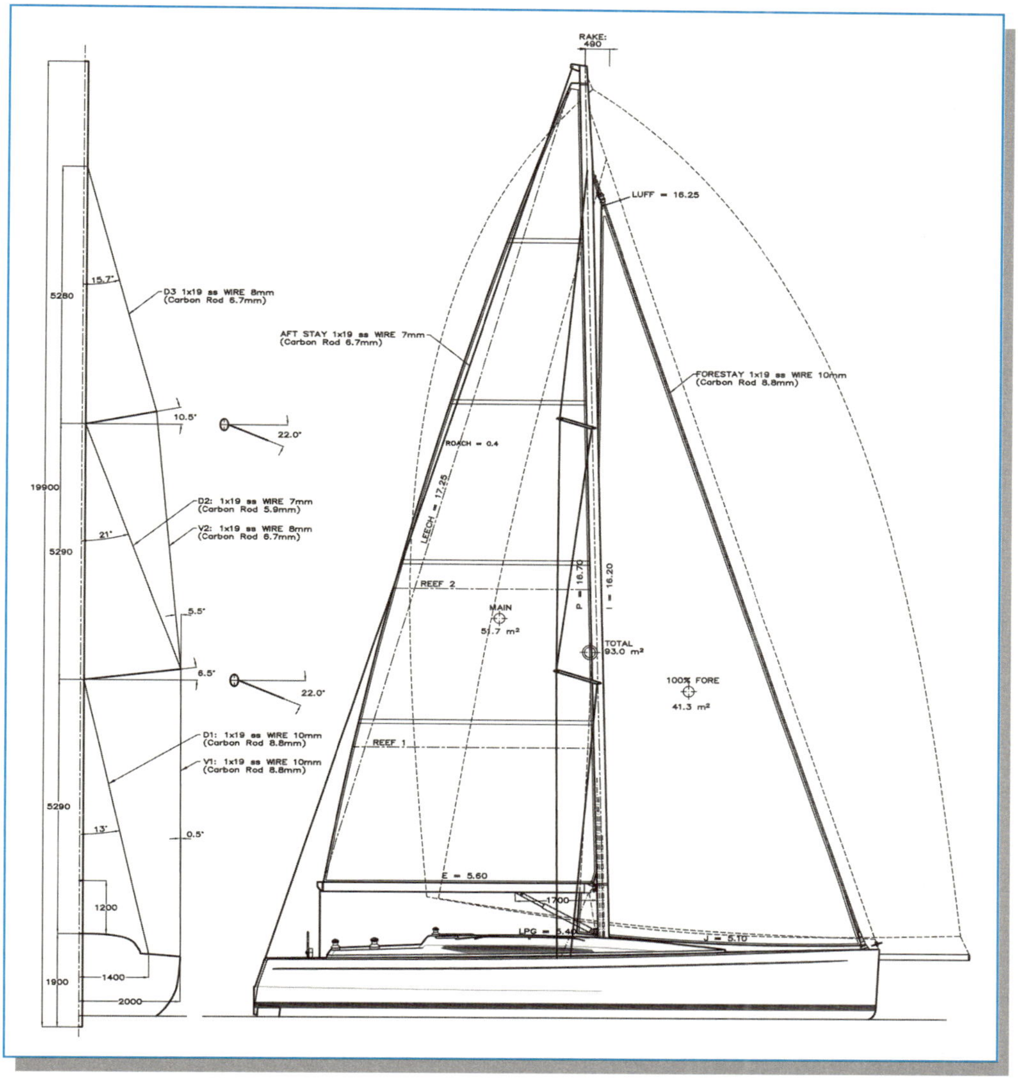

그림 11.15 YD-41의 리그

리그를 계산하기 위해, 우리는 복원모멘트(RM)에서 시작한다. 만재상태에서 30°기울었을 때의 RM은 69000Nm로 계산되었다. 사람이 포함되었기 때문에 계산된 RM은 리그 계산용으로 맞는 RM이다. 그림 11.3의 공식에서부터 횡 방향 하중 값 $T_1 = 3921N$, $T_2 = 11060N$, $T_{head} = 4424N$, $T_{boom} = 3650N$을 얻을 수 있다.

수치산정 힘의 입력치는 메인세일 헤드 위, 아래 힘들과 메인세일 붐 힘, $T_{hu} = 201N$, $T_{hl} = 4223N$, $T_{bu} = 828N$이다.

이 수치를 그림 11.4에 적용하고 수치산정 힘 F_1, F_2, F_3을 계산한다. 리그가 더블 스프

알루미늄 인발제의 물성치 예

	Main Dim. (mm)	Iy (cm^4)	Ix (cm^4)	Wall Thkn. (mm)	Weight (kg/m)	SMy (cm^3)	SMx (cm^3)
Mast Sect.	156/87	391	144	3.00	3.71	42.8	33.2
	175/93	558	191	3.24	4.18	53.6	41.0
	193/102	779	257	3.4	4.74	69.3	50.6
	211/110	1051	341	3.65	5.34	86.5	62.0
	227/119	1407	456	3.95	6.15	108	76.6
	245/127	1910	614	4.35	7.15	137	96.5
	264/136	2591	830	4.80	8.40	172	122
	285/147	3508	1127	5.20	9.72	214	153
	304/153	4686	1524	5.80	11.44	272	194
Furl. Sect.	176/93	526	187	2.89	4.20	58.2	40.0
	194/101	709	254	3.04	4.79	70.8	49.8
	212/109	970	337	3.15	5.49	88.2	61.8
	228/118	1306	453	3.40	6.35	112	76.8
	246/126	1781	613	3.75	7.44	139	97.3
	265/135	2392	828	4.15	8.73	173	122
	286/146	3237	1122	4.50	10.10	220	154
	305/156	4389	1513	5.05	11.84	276	194
Boom Sect.	135/71	265	70	2.40	2.66	39.0	19.5
	152/82	433	126	2.70	3.59	54.2	30.4
	171/94	726	189	2.75	4.66	80.6	41.2
	200/117	1280	343	3.10	5.88	121	61.3
	250/140	2706	692	3.20	7.95	200	101
Spinn Pole Sect.	60/60	15.4	15.4	2.00	1.00		
	72/72	29.9	29.9	2.20	1.38		
	84/84	48.8	48.8	2.20	1.53		
	96/96	72.3	72.3	2.20	1.76		
	99/99	123	123	3.60	2.65		

탄소 단면의 물성치 예

	Main Dim. (mm)	Ely ($GNmm^2$)	Elx ($GNmm^2$)	Wall Thkn. (mm)	Weight (kg/m)	SMy (cm^3)	SMx (cm^3)
Mast Sect.	158/88	399	117	3.60	2.80	49.0	37.0
	178/94	550	152	3.60	3.00	61.0	44.0
	196/103	815	235	4.20	3.70	85.0	61.0
	214/111	1036	293	4.20	4.00	100	71.0
	229/119	1259	365	4.20	4.20	115	82.0
	247/127	1641	448	4.20	4.60	134	95.0
	266/136	2264	638	4.80	5.40	176	124
	286/146	2804	800	4.80	5.80	205	145
	306/156	3762	1107	5.40	6.90	262	185
Boom Sect.	158/87	292	92	3.00	2.10	50.0	30.0
	179/93	492	120	3.00	2.50	71.0	37.0
	198/103	844	235	4.20	3.60	109	61.0
	249/127	1627	448	4.20	4.40	166	95.0

그림 11.16a 전형적인 스파(spar)의 크기와 특성

레더이고 $BD+0.6P$가 l_1+l_2보다 크기 때문에 그림의 표에서 끝에서 두 번째의 열을 이용하게 된다. 즉, 하중 경우 1에서는 $F_1 = 0$, $F_2 = 0$, $F_3 = 3921N$이고, 하중 경우 2에서는 $F_1 = 828N$, $F_2 = 4223N$, $F_3 = 201N$이 된다.

이제 그림 11.7의 공식을 이용, 더블 스프레더 리그의 하중 경우 1에서 슈라우드의 인장력을 계산하고 관련된 안전계수를 적용하면 $P_{D1} = 57195N$, $P_{V1} = 38616N$, $P_{D2} = 16545N$, $P_{V2} = 42043N$, $P_{D3} = 43471N$의 하중을 얻는다.

그림 11.7을 이용해 앞서 계산을 하중 경우 2에 대해 다시 하면 $P_{D1} = 57195N$, $P_{V1} = 38616N$, $P_{D2} = 27950N$, $P_{V2} = 2154N$, $P_{D3} = 2229N$의 하중을 얻는다.

Approximate equivalents for 1x19 wire

1x19 Wire				Rod – Nitronic 50				Rod – Carbon		
Diam (mm)	Diam (in)	Br.str (N)	Weight (kg/m)	Size	Diam (mm)	Br.str (N)	Weight (kg/m)	Diam (mm)	Br.str (N)	Weight (kg/m)
–	7/32	24200	0.151	–4	4.37	20890	0.118	4.6	34000	0.026
6	–	28250	0.176	–6	5.03	28050	0.156	5.3	40800	0.034
7	9/32	34800	0.239	–8	5.72	36490	0.202	5.9	47600	0.044
8	5/16	45500	0.312	–10	6.35	45810	0.249	6.7	56600	0.054
–	3/8	64550	0.432	–12	7.14	55620	0.314	7.5	67900	0.068
10	–	71100	0.488	–15	7.52	63370	0.349	8.0	74700	0.076
11	7/16	86000	0.591	–17	8.35	77890	0.434	8.8	88300	0.094
–	1/2	114280	0.793	–22	9.53	100060	0.560	10.1	111000	0.122

Actual properties may vary slightly between different suppliers

Matching components made of stainless steel, type AISI–316

1x19 Wire			Rigging Screw		Chainplate lug (see fig.)			
Diam (mm)	Br.str (N)	Weight (kg/m)	Diam (in)	Br.str (N)	a (mm)	b (mm)	c (mm)	d (mm)
4	12550	0.078	5/16	22600	22.0	6.0	13.0	10.0
5	19620	0.122	3/8	33400	25.0	8.0	16.0	12.0
5.5	24200	0.151	7/16	46100	30.0	10.0	18.0	14.0
6	28250	0.176	7/16	46100	36.0	10.0	21.0	14.0
7	34800	0.239	1/2	66700	38.0	12.0	24.0	16.0
8	45500	0.312	5/8	93200	40.0	13.0	25.0	16.0
10	71100	0.488	3/4	123000	45.0	14.0	27.0	18.0
11	86000	0.591	3/4	123000	50.0	14.0	30.0	18.0
12	102000	0.703	7/8	167000	60.0	18.0	36.0	22.0
14	139100	0.957	1	218000	65.0	22.0	38.0	25.0

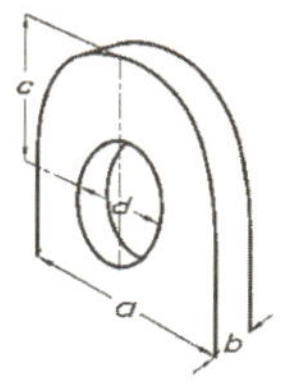

Chainplate lug
a = width
b = thickness
c = centre of hole to top of lug
d = diameter of hole

그림 11.16b 전형적인 리그의 크기와 특성

최고치를 택하면 $P_{D1} = 57195N$, $P_{V1} = 66543N$, $P_{D2} = 27950N$, $P_{V2} = 42043N$, $P_{D3} = 43471N$와 같이 슈라우드 설계 하중을 얻을 수 있다.

종 방향 스테이를 감안하면 그림 11.8에서 우리가 설계하는 배가 형식 5에 해당하는 걸 알 수 있다. 공식을 통해 스테이의 치수산정 힘은 포스테이에서는 $Pf_0 = 58817N$, 백스테이에서는 $P_a = 29241N$이 된다.

그림 11.9에서 마스트의 횡 방향 강성 요구치를 계산한다. 수치산정 힘 PT는 그림의 공식에 의해 51246N으로 계산된다. 마스트의 재료와 킬을 받치는 방식을 알기에 재료와 판넬 요인들을 적용하여 각 판넬에서 필요한 횡 방향 관성모멘트를 계산한다. YD–41의 경우 치수산정을 결정하는 판넬은 하단판넬이며 필요한 I_x는 $373 \times 10^4 mm^4$이 된다.

그림 11.10에 따라 같은 계산을 반복하면 종 방향 관성모멘트 I_y는 $1557\times10^4mm^4$이 된다.

계산된 결과를 그림 11.12의 공식에 넣게 되면 붐의 단면 계수를 얻을 수 있다. 수직방향단면 계수는 $89.0\times10^3mm^3$보다, 수평방향 단면계수는 $44.5\times10^3mm^3$보다 작아서는 안 된다.

이 모든 계산결과를 그림 11.16a와 그림 11.16b에 넣어 설계에 연관된 슈라우드, 스테이, 리그 구성요소들을 결정한다. 그림 11.16a 위 표의 열에서와 같이 알루미늄 마스트와 붐의 단면이, 그리고 아래 표와 같이 탄소 대체제가 나와 있다. 그림 11.16b의 위 표에는 와이어의 치수와 파괴강도, 이에 동등한 니트로닉(Nitronic)과 탄소 대체제가 나와 있다. 아래 표는 이에 해당하는 리깅 스크류와 체인플레이트의 크기가 있다.

YD-41은 직경 $245\times127mm$, 무게 $7.15kg/m$의 알루미늄 마스트, $200\times117mm$, 무게 $5.88kg/m$의 알루미늄 붐, $10mm$ 1×19 스테인레스 스틸 와이어의 $D1$, $V1$ 슈라우드와 포스테이, $8mm$의 $V2$, $D3$ 그리고 $7mm$의 $D2$와 백스테이가 사용된다. 와이어의 치수로부터 이에 해당하는 5/8″, 1/2″ 리깅 스크류와 두께 $16mm$, $13mm$의 체인플레이트 러그(lug)가 각각 사용된다.

한편, 이 요트에서는 탄소 마스트가 사용되었다. 그림 11.16a에 탄소 스파(spar)에서 관성모멘트가 탄성계수와 연관되어 있으며 그림 11.9와 그림 11.10의 식과 같이 필요한 마스트 단면의 I_x, I_y를 계산하려면 알루미늄의 탄성계수를 곱해야 한다. 이 경우 마스트 단면은 $229\times119mm$, 무게는 $4.2kg/m$이며 붐은 $198\times103mm$, $3.6kg/m$가 된다. 탄소로드의 슈라우드와 스테이를 병행하면 대략 $90kg$의 상당한 무게 절감을 얻을 수 있다.

YACHT

선체 설계

구조역학의 개념 / 전체 하중(Global Load)
국부적인 유체 정역학적 하중 / 국부적인 유체 동역학적 하중
횡 방향 하중 분포 / 국부 변형(Local Deformation)
킬로부터의 힘(Forces from the Keel)
좌초시의 힘(Forces from Grounding)
타로부터의 힘 / 하중의 정리

12

DESIGN

12. 선체 설계

배의 강도를 계산할 필요가 있을까? 수 세기 동안 배는 경험, 직관, 추측, 또는 운을 바탕으로 한 구조설계 규칙에 의해 만들어졌고 강도나 하중 계산을 하진 않았다. 바람과 바다의 힘은 예나 지금이나 같기에 보트의 강도를 계산해야 하는 이유는 다른 곳에서 찾아야 할 것이다.

우선 21세기의 보트들은 50년 전에 비해 한층 하중을 많이 받는 리그를 탑재하고 있다. 알루미늄과 복합재료 스파(spar), 스테인레스 또는 섬유 스테이와 슈라우드, 합성섬유로 만든 세일은 더 큰 파워를 제공하고 그 전처럼 빨리 축범을 시킬 필요도 없어서 리깅에 큰 하중이 걸리게 되며 결국 이 하중은 선체에 흡수된다.

이렇게 해야 하는 다른 요인으로는 오늘날 더욱 공격적인 일 추진 방식 때문인데 우리끼리 비교를 하자면 이웃과 경쟁하기에 결국 배를 더 매섭게 몰게 된다.

대량생산을 함에 있어서는 생산가격이 더 중요하게 되었다. 가격은 배의 무게와 직접적으로 연관되어 있기 때문에 배를 너무 무겁게 만들지 않는 것이 점점 더 중요해지고 있다. 다른 한편으로 (항상 추구하는 것이지만) 성능은 배의 무게에 역비례하기에 계속 가벼운 배를 개발하는데 열을 올리고 있다. 그래서 더 많은 하중이 걸리는 리그와 공격적이고 경쟁적인 선주는 더 가벼워진 선체구조로부터 보호를 받아야 한다. 결국 에러(error)의 폭이 더 작아지게 되고, 정확한 강도 계산이 더 중요하게 되는 것이다.

선체구조에 더 큰 요구를 하게 되는 마지막 요인으로 유난히 짧아진 핀 킬의 개발로 인해 킬과 선체 조인트 부분에 응력(stress)이 증가하게 된 것과 독립된 타를 사용함으로써 타축 또는 매우 작은 스케그(skeg)로 하중을 견뎌내어야 한다는 것이다.

강도 요구치를 계산하기에 앞서 우리가 알고 있어야 하는 것은 하중인데 이것만큼 불확실한 것도 없다. 하중은 크게 전체 하중(global)과 국부 하중(local) 두 개의 범주로 나눌 수 있다. 전체 하중은 선체 전체에 영향을 끼치는 것으로 예를 들어 항해 중 리그로부터 발생하는 하중이 선체 거더를 굽히는 경우다. 이때 거더의 응력(stress)과 변위량은 단순 보 이론

(simple beam theory)를 통해 계산할 수 있다(이는 뒤에 다시 이야기한다). 국부하중은 바다와 파도로부터 선체에 가해지는 유체 정, 동역학적 하중과 체인플레이트, 킬(keel), 타(rudder), 윈치(winch), 시트 블록(sheet block), 트랙(track), 스텐천(stanchion) 등으로부터 발생하는 하중이 있다.

이 장에서는 여러 하중들(전체 및 국부 하중)이 끼치는 영향과 어떤 변위가 발생하는지를 알아본다. 다음으로 킬과 타가 선체구조에 어떤 영향을 끼치는지 보일 것이고 여러 종류의 재료와 사용(최신 재료와 샌드위치 공법)에 대해서 알아볼 것이다. 마지막으로 YD−41의 실질적인 수치 산정의 세세한 내용을 담는다.

‖ 구조역학의 개념

이 장에서 일반적인 구조역학을 다루지는 않지만, 구조설계의 기본적인 개념을 쓴다.

우리가 재료의 응력을 이야기할 때는 어떤 물체의 단면적(cross sectional area)에 가해지는 힘의 양을 이야기하는 것이고 통상 밀리미터 제곱 당 뉴톤(N/mm^2)으로 나타낸다. 최종 파단 응력은 파단 응력을 표현하는 것이며 항복응력은 최대 정적 응력을 뜻한다.

변형률(strain)은 하중이 가해졌을 때 재료가 단위 길이당 늘어난 정도를 말하고 %로 나타낸다. 초기 100mm 정도 되는 나무, 강, 유리섬유 조각이 있고 하중을 받았을 때 103mm가 되었다면 변형률은 3%라고 말한다. 변형률 값이 작을수록 재료는 더 취성(brittle)을 가진다.

재료의 강성(stiffness)은 응력과 변형률의 비다. 똑같은 와이어를 비교하는데, 하나는 나일론으로, 다른 하나는 스테인레스 강으로 되어 있다. 둘 다 같은 하중 즉, 응력을 가했을 때 하나는 조금 늘어나겠지만 다른 하나는 상당히 늘어날 것인데, 변형률의 정도가 다르다는 것을 암시한다. 응력을 변형률로 나누면 강성의 잣대가 되는 탄성율(modulus of elasticity : E = 응력/변형률[N/mm^2])를 얻는다. 이 관계는 오직 재료가 '탄성범위(elastic region)'에 있을 때만 성립하며 하중이 없어지면 재료는 다시 원래의 크기로 되돌아간다. 금속재료의 경우 범위가 매우 작은데 통상 허용 가능한 변형률은 0.2~0.3%이다. 이 점에서 응력을 항복강도(yield strength)라 하며 재료가 부러지게 되는 최종강도와 비교된다.

보(beam)나 판넬(panel)를 굽히게 되면 한쪽 면은 압축력을 받게 되고 다른 한쪽은 인장력을 받게 되며 그 방향은 표면에 수직이다. 이 둘 사이 어느 지점에, 응력이 생기지 않는면(layer)이 있게 되는데 이를 중립축(neutral axis)이라 한다. 균질한 재료인 경우에 이 축은 단면의 기하학적 무게중심(geometrical centre of gravity)[55]을 통과하게 된다. 단면이 각기 다른 탄성율을 가지는 재료들로 구성이 되어 있을 경우, 단면을 탄성율에 따라 비례하여 수정한다. 예를 들어 한 부분이 40% 높은 탄성율이라면, 단면의 무게중심을 계산하기에 앞서 이 부분을 같은 양, 즉, 40% 넓힌다.

복합재료 단면의 관성모멘트 조합은 각 부분의 관성모멘트 합에, 각 부분의 중립축으로부터의 거리 제곱에 면적을 곱한 값의 합이다.[56] 보나 판의 굽힘에 대한 저항력을 계산할 때, 우리는 단면계수(section modulus, *SM*)를 알아야 할 필요가 있다. 단면계수는 관성모멘트를, 중립축으로부터 가장 멀리 있는 면까지의 거리로 나눈 것이다.

앞서도 밝혔듯이 굽힘력은 표면들에 압축력과 인장력을 유발하고 나아가 단면 자체에 단면력(transverse force) 또는 전단력(shear force)이 발생한다. 이 전단력은 보나 판넬의 길이 방향에 전단응력이 생기게 한다.

‖ 전체 하중(Global Load)

선박이나 대형 요트와 특히 관련된 전체하중의 한 경우는 호깅(hogging)이나 새깅(sagging)같은 굽힘 모멘트가 작용하는 때이다. 호깅은 파정(wave crest) 배의 중앙에 오는 경우이고, 새깅은 파저(wave trough)가 배의 중앙, 파정이 선수와 선미에 걸치는 때이다. 통상적으로 호깅/새깅 계산은 100*ft*(30*m*) 이하 요트에서는 하지 않는다(그림 12.1 참고).

ABS(American Bureau of Shipping, 미국선급)에서는 근해 경기요트(offshore racing yacht)의 건조와 입급에 관한 내용을 안내하고 ISO 12215 표준은 80*ft*까지의 요트에 관한 내용을 담고 있다. 여기에서 굽힘 모멘트와 선체 거더 강도 계산을 요구하지는 않지만, ABS는 모터요트의 경우, 선체 중앙에서의 최소 선체 거더 단면계수를 규정하고 있는데 이는 배의 길이, 폭, 방형계수(block coefficient)에 따라 달라진다(YD−41의 경우 어떻게 계산되는지 그림 12.5를 참고하라). ABS 공식은 배의 길이가 45*m*미만이고, 배의 속도가 25노트 이하인 유리섬유 강화플라스틱(fibre reinforced plastic, FRP)으로 만들어진 경우에 해당된다. 배의 폭(*B*)은 나선

55 엄밀히 이야기하면 도심(centroid)이다.

56 $\sum I_i + \sum A_i d_i^2 = \sum (I_i + A_i d_i^2)$

거더에 필요한 단면계수 :

$$SM_{WAVE} = 0.01 \cdot L^2 \cdot B \cdot (12.7 - 0.14L) \cdot (C_b + 0.7) \cdot 80 \cdot 400/\sigma_u \ [cm^3]$$

$$L = (L_{OA} + L_{WL})/2, \ B = B_{MAX}, \ C_b = 0.3 \text{ to } 0.5, \ \sigma_u = 115 \text{ to } 150$$

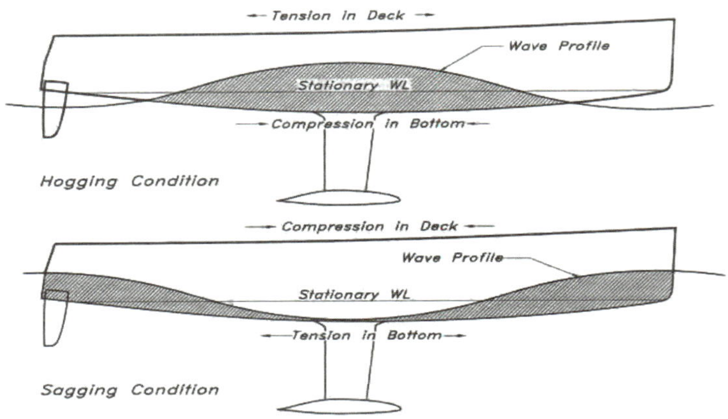

그림 12.1 선체 거더의 요구조건(미국선급)

(bare hull, canoe body) 깊이(D_c)의 두 배를 넘겨서는 안 된다.

선체 재료의 최소 최종강도 σ_u는 인장 또는 압축 중 작은 쪽이며 단위는 N/mm^2이다. L, B는 길이와 폭으로 단위는 미터이고 C_b는 배의 방형계수며 보통 0.35에서 0.42사이다.

세일보트에서 변형을 야기하는 다른 큰 요인으로는 리그에서 전달되는 하중이다. 이 하중은 풍상 쪽 슈라우드, 포스테이와 백스테이에서 오는 인장력이다. 전자는 배의 복원모멘트와 직접 연동되고 후자는 집 스테이를 편평하게 펴서 세일의 최고 성능이 나오도록 하는 것과 관련되어 있다.

보통의 발라스트 세일보트에서, 마스트 풋, 스테이, 슈라우드, 헬야드로부터 오는 하중들의 합은 배수량의 두 배까지 도달한다. 슈라우드로부터의 하중은 배수량과 같은 크기고 (YD-41의 경우 7.4톤) 헬야드는 배수량의 15%가량이다. 포스테이, 백스테이의 인장력은 선체 거더의 종 방향 굽힘 모멘트를 유발하는데 이때의 굽힘력은 배수량의 85%가량이다. 즉, YD-41의 경우(지나친 변형 없이 선체 거더가 흡수해야 하는 하중) 6.3톤이 된다.

횡 방향에서, 슈라우드 부근의 선체단면은 그 형태를 유지할 수 있도록 충분한 강성을 가져야 하며 그래야 마스트는 풍하 쪽으로 기울게 한다(그림 12.2 참고). 이렇게 되려면, 배는 마스트가 배의 가운데 있을 때 강한 단면(strong section)을 가져야 한다. 휫브레드 맥시(Whitbread Maxi)에 제안된 선체를 리깅 로드에 의한 종 방향 변형 관점에서 스톡홀롬에 있

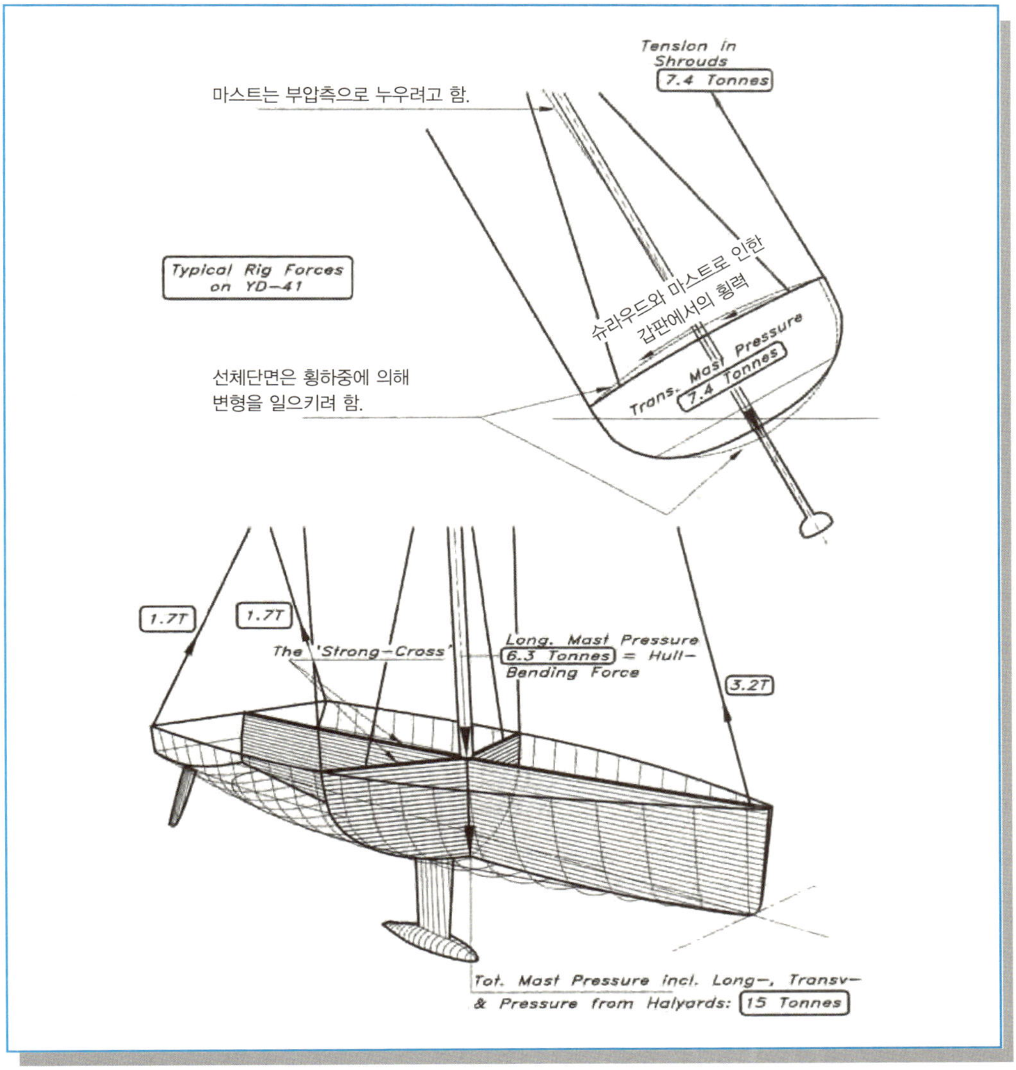

그림 12.2 리그로부터의 힘

는 왕립기술원(Royal Institute of Technology, KTH)에서 계산하였다(그림 12.3 참고).

'A'는 2*m*마다 프레임으로 보강한 종 방향 부재가 없는 경우이고, 'B'는 미리 인장을 가한 스페이스 프레임(space frame)으로 보강한 경우이다. 양쪽 모두 선체는 샌드위치 구조이며, 40*mm*의 PVC 심재와 S-유리섬유와 비닐 폴리에스테르 수지의 외피를 사용하였다. 확실히 보이듯이, 횡 방향 프레임으로만은 종 방향 리그 하중을 흡수하기에는 충분하지 않고, 종 방향 보강 부재가 필요한 것을 알 수 있다. 예에서 보듯이 스페이스 프레임의 형태가 적절하지만, 현대의 접근 방법은 선각과 갑판 구조에 보강 체계를 포함하는 것으로 소위 일체

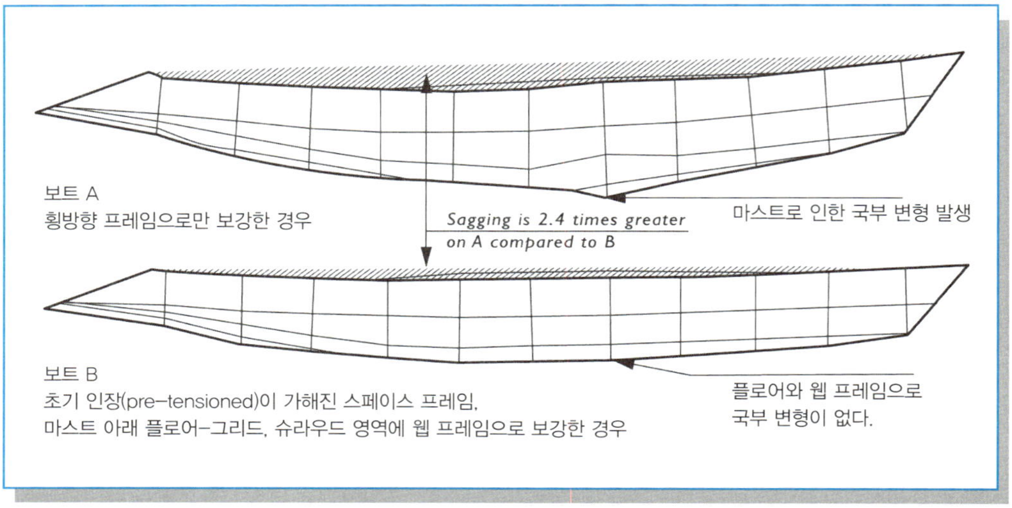

그림 12.3 리그의 하중에 의한 선체의 변형(허냐디와 헤르룬트)

형(monocoque) 구조라고 한다.

이 방법에서 강도의 대부분은 선각(shell)에 집중되기에 내부구조물이 적어지고 판넬은 넓어지게 된다.

일체형 구조에서는 섬유의 방향이 결정적인 역할을 하며 이에 따라 연관된 힘의 크기와 방향에 대한 해석도 중요하게 된다. 배의 크기는 중요한 요소이다. 작은 배는 거의 스스로 지지하는 즉, 모노코크 식이지만, 큰 배는 어떤 식으로 보강부재(stiffeners)가 필요하게 되며 최소한 하중이 높은 영역인 킬, 마스트, 체인플레이트 부근 등이 있다.

'리그-새깅' 조건은 세일보트가 겪게 되는 가장 가혹한 조건으로 갑판에는 압축력이, 킬에는 인장력이 발생하게 되는데 이 부재들은 그 반대의 조건에 적당하다. 가벼운 갑판은 압축력에 대해 완벽하게 효과적이지 않으며 버클링의 위험이 있는데 특히 갑판 햇치나 구멍이 있는 경우는 상황이 더 악화된다. 구멍으로 갑판이 약해지는 것에 대응하는 간단한 방법으로 구멍에 사용되었어야 하는 보강부재를 구멍 모서리에 보강부재로써 추가하는 것이다.

YD-41의 경우, 마스트로부터 6.3톤의 압력이 발생한다. 우리는 간단한 모델을 사용하여 선체 거더에 필요한 단면계수(section modulus, SM_{hull})를 추정한다. 요트를 양 끝단에서 자유롭게 지지되는 보라고 가정해 보자. 마스트 압력이 보를 굽히려고 하며 이 상황은 그림 12.4와 같다. 최대 굽힘 모멘트는 마스트가 있는 단면에서 발생하며(SM_{hull}), 이곳이 바로 우리가 선체의 단면계수를 계산하려고 하는 곳이다.

필요한 단면계수를 얻기 위해 마스트 위치에서의 선체단면을 택하고 용이한 계산을 위해

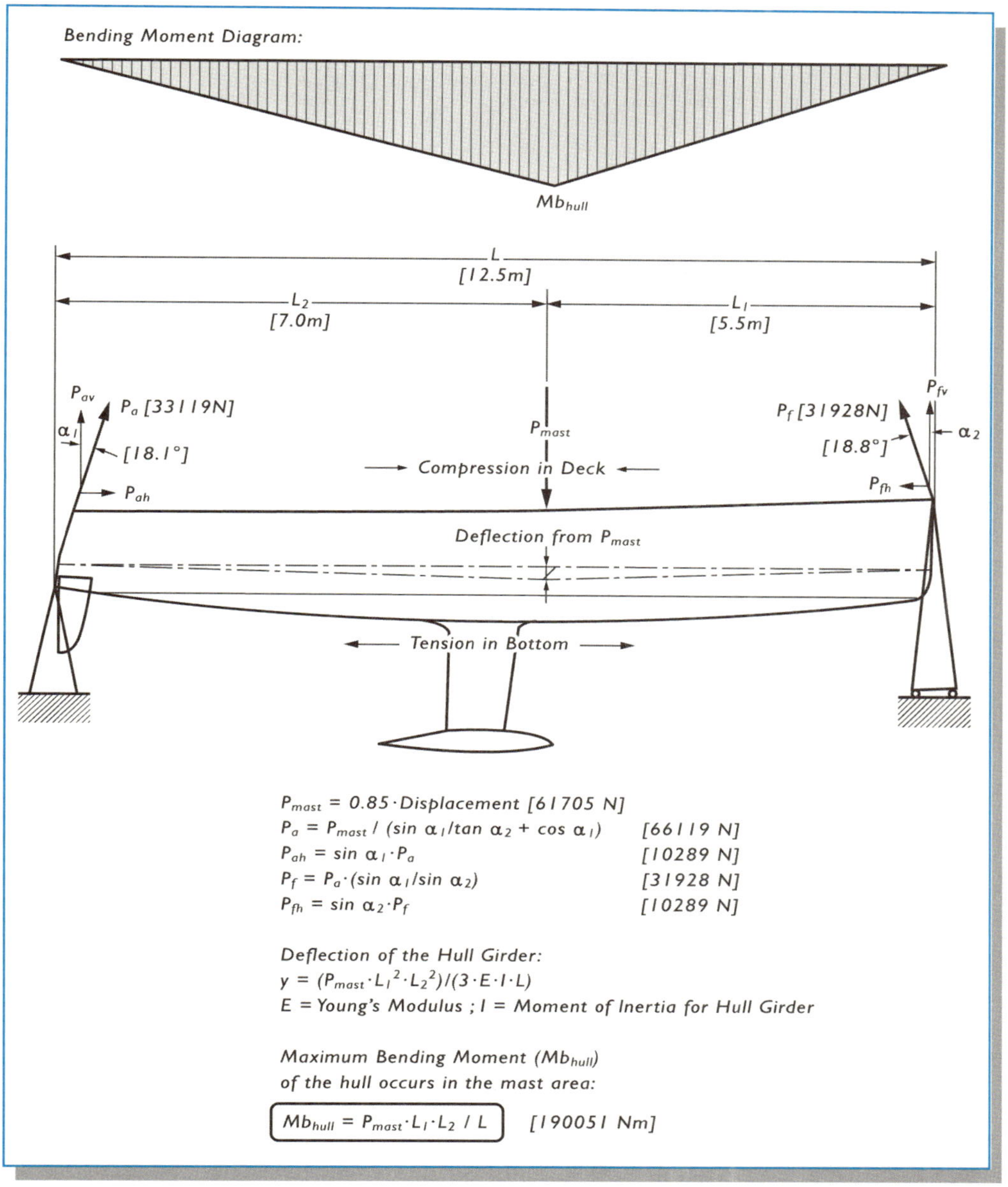

그림 12.4 종 방향 리그 하중

단순화한다. 그림 12.5에서 실제 선각과 갑판은 점선으로, 단순화된 단면은 실선으로 그려져 있다. 단순화의 목적은 단면을 사각형 부분들로 만들어 부분들이 배의 y와 z축에 대해 수직이 되도록 하는 것이다. 이렇게 단순화함으로써 비교적 쉽게 단면의 관성모멘트(I), 면적(A)과 중립축(x_0)를 계산할 수 있고, 나아가 선체 거더의 단면계수(그림 12.5 참고)를 구할 수 있다. 각 부분의 탄성율은 같은 것으로 가정한다. 그렇지 않은 경우, 각각의 탄성율에 비례

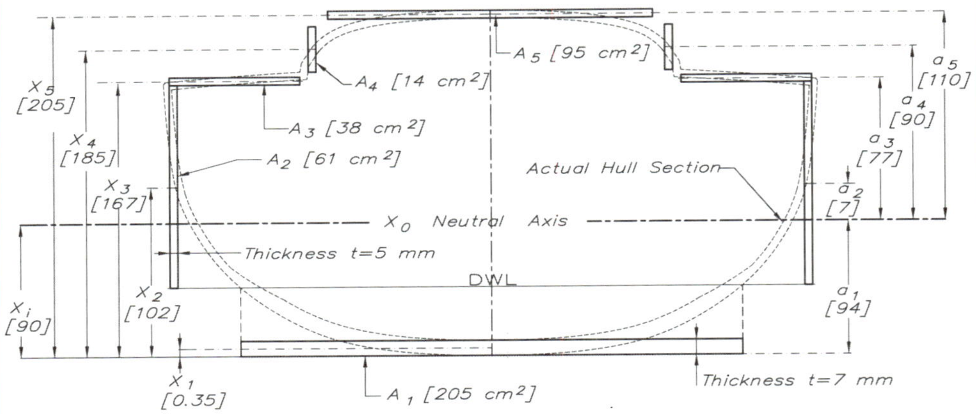

Total sectional area (A_i) : [526 cm^2]

A_1 to A_5 = areas of the individual parts.

$$A_i = A_1 + 2\ (A_2 + A_3 + A_4) + A_5$$

Distance of neutral axis from bottom (x_i) :

$$x_i = \frac{A_1 \cdot x_1 + 2\,(A_2 \cdot x_2 + A_3 \cdot x_3 + A_4 \cdot x_4) + A_5 \cdot x_5}{A_i}$$

Distances from the neutral axis for the different parts:

$a_1 = x_i - x_1$ ($x_1 = t/2$)

$a_2 = x_2 - x_i$ $\quad$ $a_3 = x_3 - x_i$

$a_4 = x_4 - x_i$ $\quad$ $a_5 = x_5 - x_i$

Individual moment of inertia for each part (in general form) :

$$I_n = \frac{b \cdot h_n^3}{12}$$

where b is the horizontal, and h is the vertical measurement.

[$I_1 = 9.5\ cm^4$, $I_2 = 75660\ cm^4$, $I_3 = 0.8\ cm^4$, $I_4 = 915\ cm^4$, $I_5 = 2.0\ cm^4$]

선체 단면의 전체 관성모멘트는 각 부분의 관성모멘트 합에
각 부분의 면적 곱하기 중립축으로 부터의 거리의 합을 더한다(I_x) :

$$I_x = I_1 + 2\,(I_2 + I_3 + I_4) + I_5 + A_1 \cdot a_1^2 + 2\,(A_2 \cdot a_2^2 + A_3 \cdot a_3^2 + A_4 \cdot a_4^2) + A_5 \cdot a_5^2$$

[$I_x = 3765921\ cm^4$ $\{3.76 \cdot 10^6 cm^4\}$]

The resulting Sectional Modulus is (SM_{sec}) :

From X_0 to bottom : $SM_{sec} = \dfrac{I_x}{x_i}$ $\quad$ [39726 cm^3]

From X_0 to deckhead: $SM_{sec} = \dfrac{I_x}{x_5 - x_i + t/2}$ $\quad$ [34094 cm^3]

The required Section Modulus (SM_{req}) : $\quad$ [19324 cm^3]

$$SM_{req} = \frac{Mb_{hull}}{\sigma_u} + SM_{wave}$$

σ_u = the ultimate compression strength for the deck or
σ_u = the ultimate tension strength for the bottom,
whichever is the smallest

Mb_{hull} from Fig 12.4 and SM_{wave} from Fig 12.1

그림 12.5 마스트 영역에서 선체 거더의 단면 계수

하여 면적 수정을 하게 된다.

면적 수정이 필요한 경우, 높이는 그대로 두고 폭만 늘이는 점에 유의해야 한다. 높이를 바꾸면 부분의 관성모멘트가 너무 커져 잘못 수정하게 되는데 이는 관성모멘트가 거리의

3승에 비례하기 때문이다. 예를 들어, 선저 판넬의 탄성율이 다른 판넬보다 50% 더 높으면, 선저 판넬의 폭을 50% 늘린 후 관련 계산을 수행해야 한다. 두께나 수직 방향의 길이는 변하지 않는다.

이 예에서, 단면은 다섯 개의 부분(A_1-A_5)으로 나누어져 있고 모든 부분의 두께(t)는 A_1을 제외하고 모두 60% 두껍다. 단면의 중립축(X_0)을 결정하려면, 그림에서와 같이 부분들의 기하학적 무게중심을 찾아야 한다.

이후 각 부분들의 관성모멘트와 각 부분들의 면적에 중립축으로부터의 거리의 제곱을 곱한 값과 더하여 최종 관성모멘트가 계산된다. 선체단면의 단면계수들은 관성모멘트를 중립축으로부터 갑판까지의 거리, 선저까지의 거리로 각각 나누어 얻는다. 작은 값을 마스트의 압력을 견디는데 필요한 단면계수와 비교한다. 여기서는 최대 굽힘모멘트(그림 12.4의 MB_{hull} 참고)를 갑판에서의 최종압축강도로 나눈 값과 선저에서의 최종인장강도로 나눈 값이 된다.

YD-41에서 마스트 압력 61705N으로 인한 모멘트로 종 방향 리그의 힘을 견디기 위해 필요한 선체 거더의 단면계수는 1408cm^3이 되고, 실제 배에서는 34094cm^3이다. ABS에서 요구하는 12m 모터요트의 선체 거더 강도는 17916cm^3이며, 모든 힘을 고려해서 필요한 전체 단면계수는 $17916+1408 = 19324cm^3$이 된다. 전체적으로 약 1.8의 안전계수이며 리그 하중이 걸리는 곳은 약 24가 된다. 이 정도면 충분하지만, 만약 그렇지 않다면 더 많은 또는 나은 재료를 사용하되 단면의 형상은 바뀌지 않아야 한다.

갑판에서의 최대 압축력은 쉽게 확인할 수 있다. 즉, $P_{deck} = Mb_{hull}/(a_5+0.5t)+P_{hd}$ ($= 179223N$)이 된다. $a_5+0.5t$는 갑판 상부부터 선체의 중립축까지의 거리이며 그림 12.5에서 볼 수 있다. P_{hd}는 포스테이와 백스테이 인장력의 수평방향 성분이며 그림 12.4에 나타나 있다($P_{hd} = P_{fh} = P_{ah}$). 이 수치를 갑판의 단면적으로 나누면, 갑판이 압축력을 흡수하기에 충분히 강한 것을 알 수 있다. 우리의 경우, 갑판에서의 힘으로 인해 압축응력 9.0N/mm^2이 생기고, 최종 허용응력은 135N/mm^2으로 안전 여유(safety margin)가 충분하고도 남는다.

이 경우를 '표준 경우'로 생각할 수 있다. ISO 12215나 다른 구조 규칙에 따라, 국부적인 압력을 견디도록 설계된 전형적인 크루저/레이서는 리깅에서 발생하는 힘을 충분히 견딜 수 있다. 반면, 보기 드문 거대한 리그, 낮은 선체 거더 높이, 특이한 재료와 얇은 외피로 만들어진 극한적인 요트의 경우, 선체 거더 강도, 특히 갑판에서의 압축 응력를 확인하는 것이 현명하다 하겠다.

국부적인 유체 정역학적 하중

적절한 설계 하중을 설정하기 위해 유체 정역학적인 부분부터 시작하도록 한다. 가장 단순한 경우는 배가 정수 중에 직립으로 떠 있는 경우이다. 그러면 유체 정역학적 압력수두(pressure head)는 단순히 물에 잠긴 부분의 깊이가 되며 T_c이다 . 일련의 파도에서 운항하는 배에서 파고가 현호선(sheer line)에 닿는 경우를 생각할 수 있는데, 이때 정압력 수두는 D_c가 된다(그림 12.6 (a) 참고).

배가 운항 중 한쪽 레일이 잠기는 정도의 경사가 지면 잠긴 부분의 압력 수두는 전체 깊이 D_c의 반 정도가 된다(그림 12.6 (b) 참고).

국부적인 유체 동역학적 하중

위의 식에서는 배의 속도를 고려하지 않고 있는데 배에 속도가 있으면 압력 상승의 효과가 있다. 속도에 의한 압력은 속도의 제곱에 비례하는 것으로 알려져 있고 속도는 속장비(speed/length ratio)로 표현된다. ISO 표준에서 세일보트의 경우 속도는 길이의 절대함수 형

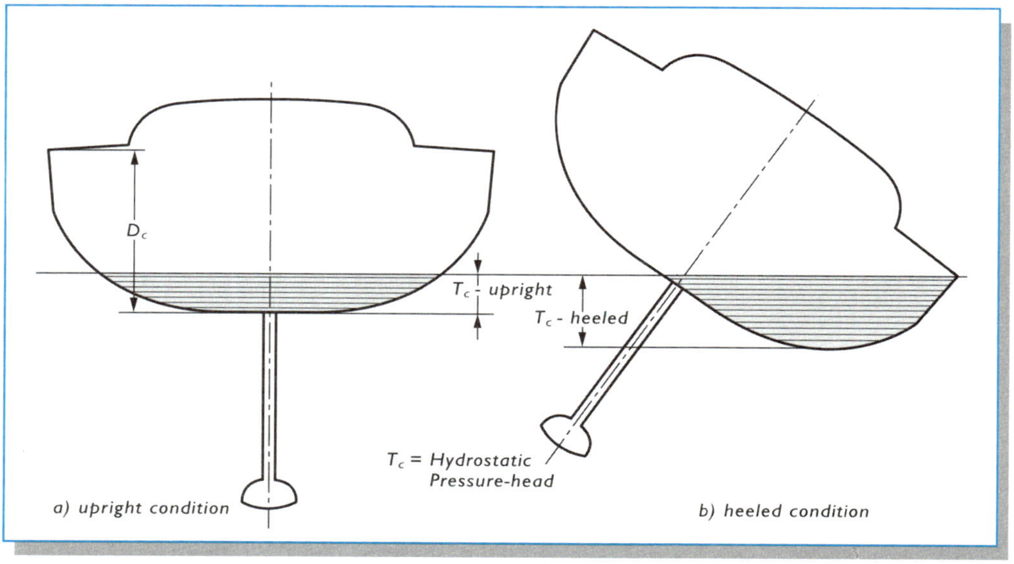

그림 12.6 유체 정역학적 압력

태로 두고 있는데 이는 고정된 속장비를 가짐을 의미한다. 추가로 발생하는 이 하중과 일정한 압력 수두를 정역학적 하중에 더해 기본선저압력(P_b)을 정한다. 보다 자세한 내용은 ISO 규칙 부분에서 다룬다.

바다에서 항행하는 배는 최소 하나 이상의 주요한 하중 요소가 있는데 슬래밍(slamming)이 그것이다. 이 하중을 결정하기 위해 여러 번의 시험이 시행되어 왔으며 특히 활주형 파워 보트에서 그랬는데 이는 슬래밍 효과가 가장 가혹하기 때문이다. 슬래밍 하중을 다루는 가장 잘 알려진 방법으로 헬러와 재스퍼(Heller and Jasper) 방법이 있는데 ISO 표준에서는 파워와 고속 세일보트에 대해서 이 방법을 사용하고 있으며 고속선에 잘 맞는다. 공식은 속도, 길이, 선저의 데드라이즈(deadrise), 배수량, 트림(trim) 등이 고려되어 선저 압력(P_b)를 나타낸다.

헬러와 재스퍼의 연구는 1차 슬래밍 영역이 배의 앞부분에 있음을 보여주며 그림 12.7에 나타나 있다. 조심해야 할 부분은 이렇다. 상대적으로 속도가 높은 조그마한 쾌속선은(속도 V(노트)가 $\sqrt{L}\,(m)$의 10배 이상), 파도가 클 때 배가 공중에 떠 있는 상황이 되어 선저의 뒷부분이 먼저 착수할 수 있다. 그래서 높은 압력이 선미까지 확장되게 하는 것이 바람직하다. ISO에서는 속장비를 사용하는 대신 수직가속도인 n_{cgg}를 사용하여 속도를 고려한다.

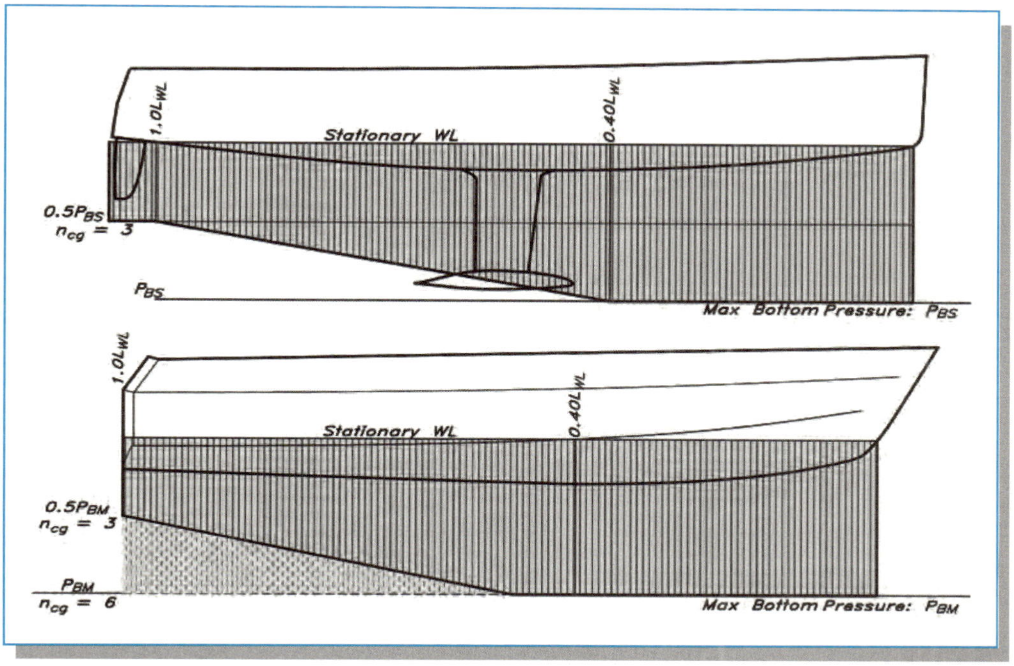

그림 12.7 종 방향 유체동역학적 하중(미국선급)

세일보트 방면에서는 쥬버트 교수(Prof. P. N. Joubert)가 해상에서 손상을 입었지만 살아 남은 6척의 세일보트를 살펴 선저 압력을 계산하였다(그림 12.8 참고). 이 배들은,

1. 오딘(Odin), 39피트 강으로 제조된 요트로, 25m/s(50노트)의 바람에 거슬러 비팅(beating)후 선저판에 좌굴이 발생. 변형을 일으킨 곳은 마스트 바로 앞부분, 선체 한쪽의 킬과 수선사이.
2. 파차(Pacha), 54피트 알루미늄으로 만든 요트로 킬과 수선사이, 선수부터 마스트사이 선저의 주요 부분들에 좌굴이 발생.
3. 부메랑 7(Boomerang VII), 42피트 PVC-샌드위치 구조, 선수부터 중앙까지, 킬부터 선측 윗부분까지의 층 박리(delamination) 발생
4. 데스티니 2 (Destiny II), 42피트, 합판 보트, 구조 격벽이 있는 선저부에 횡 방향 크랙 발생
5. 매직 푸딩 (Magin pudding), 37피트, 상온 접착 목재선으로 4와 같은 손상 발생
6. 매리 블레어 (Mary Blair), 41피트 알루미늄 보트로 2와 같은 식의 손상 발생

이 모든 변형, 층 박리(delamination), 크랙들은 배가 바람을 거슬러 올라가는 상황에서 발생하였다. 그 원인은 슬래밍 하중으로, 배가 파정에서 파저로 떨어지면서 발생하는 것이다

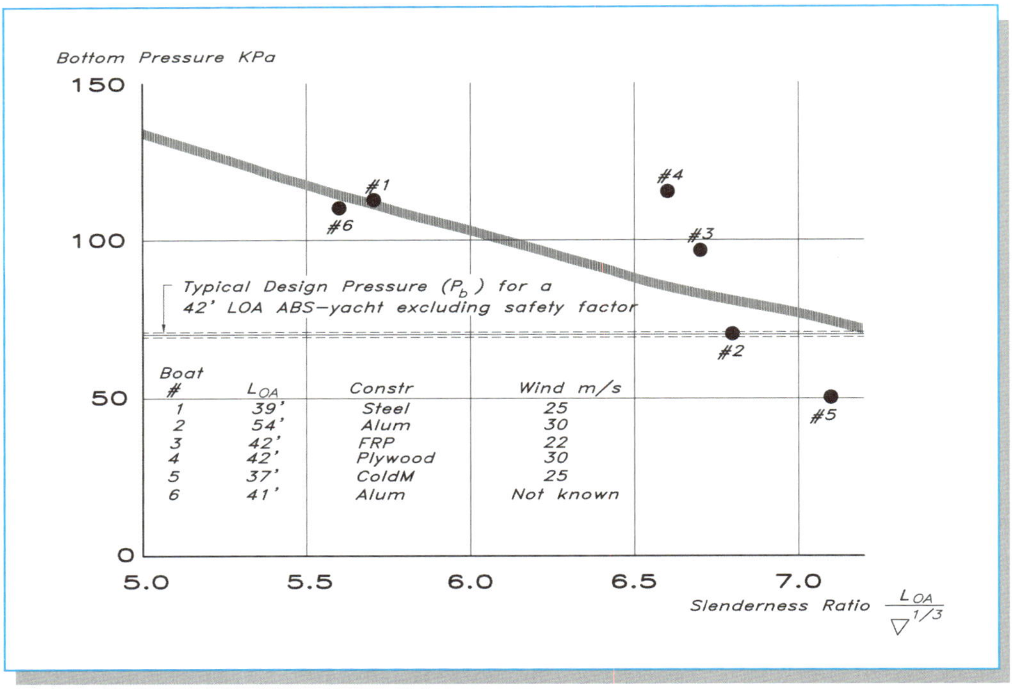

그림 12.8 선저 파괴로부터 계산한 압력(쥬버트)

(3m 또는 그 이상).

선각에 작용한 압력은 각 배들의 제작 자료에서 역으로 계산되었다. 계산방법에 따라, 즉, 단순 보이론 또는 멤브레인 응력(membrane stress) 등, 다른 압력들이 얻어진다. 단순 보이론보다 더 고도화된 계산 방법을 사용하면 외피(skin)가 파손되기 전에 더 높은 압력 값이 산출된다. 그림 12.8은 보 이론(beam theory)을 사용했을 때의 결과이다. 배들은 세장비(slenderness ratio, $L_{OA}/\nabla^{1/3}$)를 기준으로 정렬되었으며 비교를 위해 ABS의 기본설계수두가 파선으로 나타나 있다.

‖ 횡 방향 하중 분포

선저압력에 대해서 알아보았다. 그러면 선측은 어떻게 되는가? 길이방향 분포는 선저 길이방향 분포를 따르지만, 횡 방향에서의 압력은 위쪽으로 올라가면서 없어진다. 그리고 세일보트와 파워보트에서의 차이점도 있다. 상대적으로 말하자면, 세일보트는 배의 상부구조(topside)까지 완전히 물에 잠겨버리는 일이 생겨, 슬래밍으로 선저에 큰 하중이 걸리는 파워보트에 비해 선측에 더 큰 하중이 걸린다.

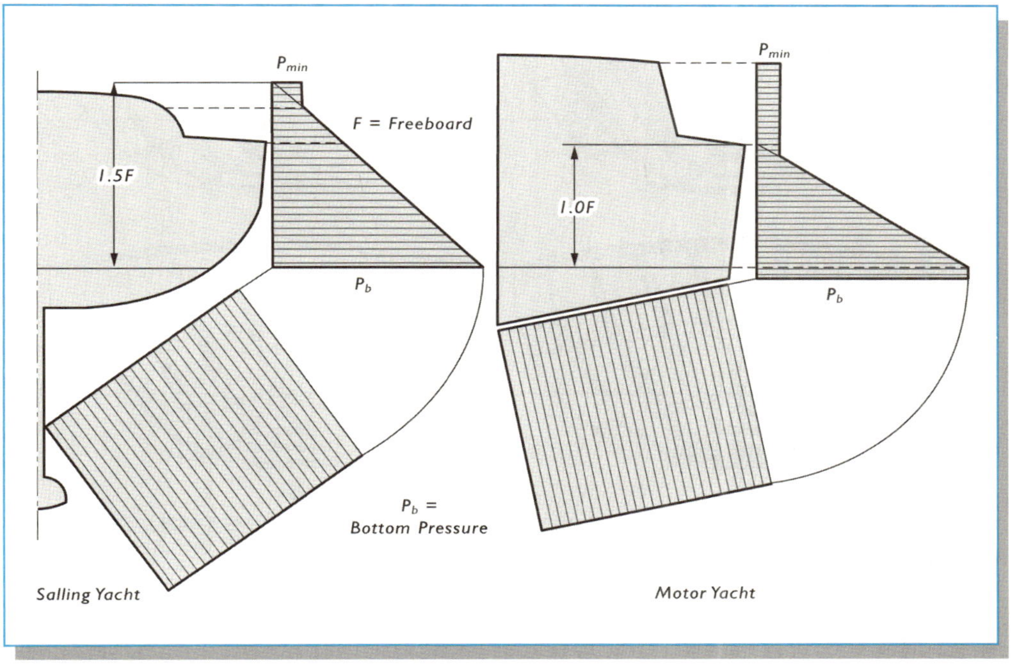

그림 12.9 횡 방향 하중 분포(NBS)

세일보트에서 상부구조 압력은 수선의 최대 압력지점으로부터 건현의 약 1.5배가 되는 지점에서 0이 된다. 활주 모터보트의 선측 압력은 ISO에 의하면 선저압력의 20%에 배 깊이의 반($0.5 \cdot D_c$)에 해당하는 최소 정 압력 수두를 더한다.

갑판과 상부구조의 설계 압력은 배의 길이 및 어떤 상수와 연관이 있다. 더 상세한 내용은 ISO 규정에 따른 계산 예에서 알아본다. 그림 12.9는 세일보트와 파워보트의 전형적인 횡 방향 하중 분포를 보여준다.

‖ 국부 변형(Local Deformation)

스톡홀롬에 있는 KTH는 휫브레드(Whitbread)요트의 선체 보강 방법에 따른 선체 변형을 연구하였는데 (그림 12.10 참고) 그 결과에 따르면 배의 중앙에서 앞쪽까지 충분한 보강을 하는 게 중요하다는 것이다. 모든 경우에서 선형은 같고 다만 선수 쪽으로 프레임의 수만 달랐다. 선체는 기본적으로 내부 스페이스 프레임[57]으로 보강하였다. 보트 C는 오직 스

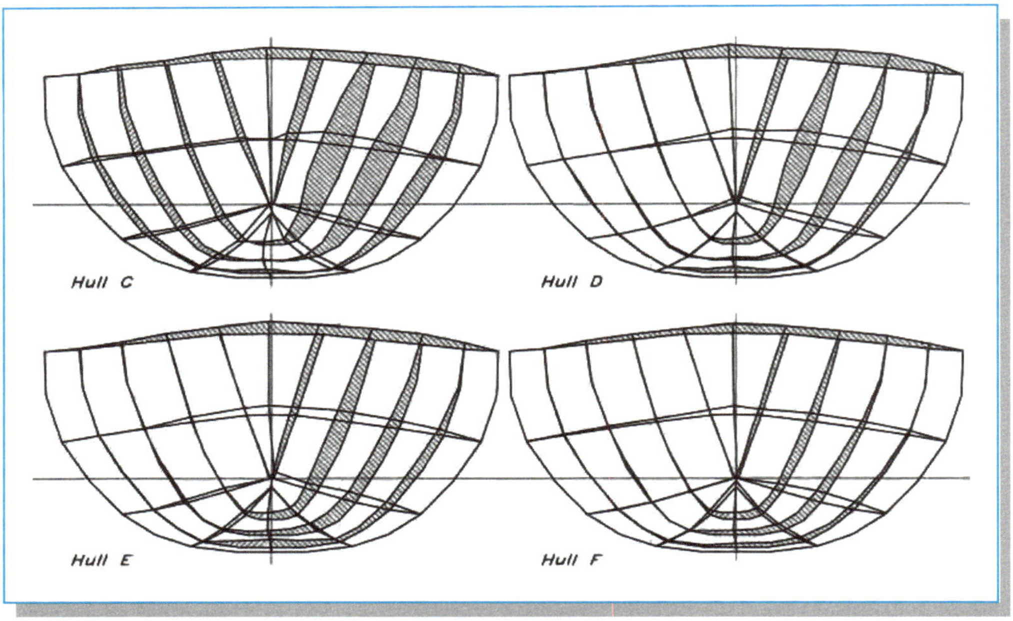

그림 12.10 슬래밍에 의한 변형, 빗금 부분(허냐디와 헤드룬트)

57 space frame, 트러스 구조와 유사하게 부재들을 교차시켜 기하학적 패턴이 나오는 구조.

페이스 프레임만 있는 경우이고 보트 D는 스페이스 프레임에 선측별 두 개의 스트링거[58]를 추가한 경우이다. 보트 E는 보트 D의 구조에, 마스트 전방 링 프레임[59]을 추가한 것이고 보트 F는 세 개의 링 프레임이 배의 전방에 추가된 것이다.

그림 12.10에서 빗금 친 영역은 슬래밍 하중이 걸렸을 때 변형된 선체를 나타낸 것이다. 그림에서 볼 수 있듯, 스페이스 프레임과 스트링거가 추가된 선체의 차이는 크지 않다. 이는 횡 방향 보강부재가 부족한 상황에서 스트링거의 스팬이 너무 길어 변형을 적절한 수준에서 효과적으로 잡기가 어렵기 때문이다.

링 프레임을 선체의 전방에 넣음으로써, (이 경우 프레임 간격은 4.5m) 변형이 현저하게 줄고 그 개수를 세 개로 함으로써 선체가 하중을 받게 될 때 선체답게 보이기 시작한다(그림 12.10의 선체 F). 선체 F가 슬래밍 압력을 견디는 능력은 전통적으로 횡 프레임 방식(transversely frame−stiffened)으로 건조되는 배와 유사하다. 앞서도 보았듯이 종 방향 하중에 대해 그림이 바뀐다. 정리하자면, 선체는 길이방향으로 보강이 되어야 할 뿐 아니라 리깅, 슬래밍으로부터의 힘을 견디기 위해 폭 방향으로도 보강이 되어야 한다. 이는 보강시스템을 분리시켜도 가능하고 일체형 방식으로 해도 가능하며 또는 그 둘을 조합해도 가능하다.

‖ 킬로부터의 힘(Forces from the Keel)

그림 12.11은 YD−41의 발라스트 킬에서 유래하는 응력 계산의 예를 보여준다. 설계는 배가 90°로 기울고 물 밖으로 나와 있는 상황을 고려한다. 즉, 선체가 공기 중에 있는 것으로 가정하고, 동적하중을 추가하기 위해 4에서 6 정도의 안전계수를 적용하는데 이는 수식으로 나타나 있진 않다.

킬 볼트(keel bolts)주위로 모멘트를 계산하면 횡 방향 킬 모멘트(M_{kt})가 나오고 이 모멘트를 풍상 측 킬 볼트와 풍하 측 킬 모서리까지의 거리(OF_{bolt})로 나누어 하중(P_{kt})이 계산된다(우리의 경우는 131686N이다).

OF_{bolt}는 통상 킬의 뿌리 코드(root chord)를 따라 달라지기 때문에 모든 OF_{bolt}의 평균값을 택하는 것이 좋다. 킬에 여섯 쌍의 킬 볼트(n_{kb})가 있다고 가정하면 각 볼트에 걸리는 하

---

58 stringer, 종 방향 보강부재

59 ring frame, 원형늑골

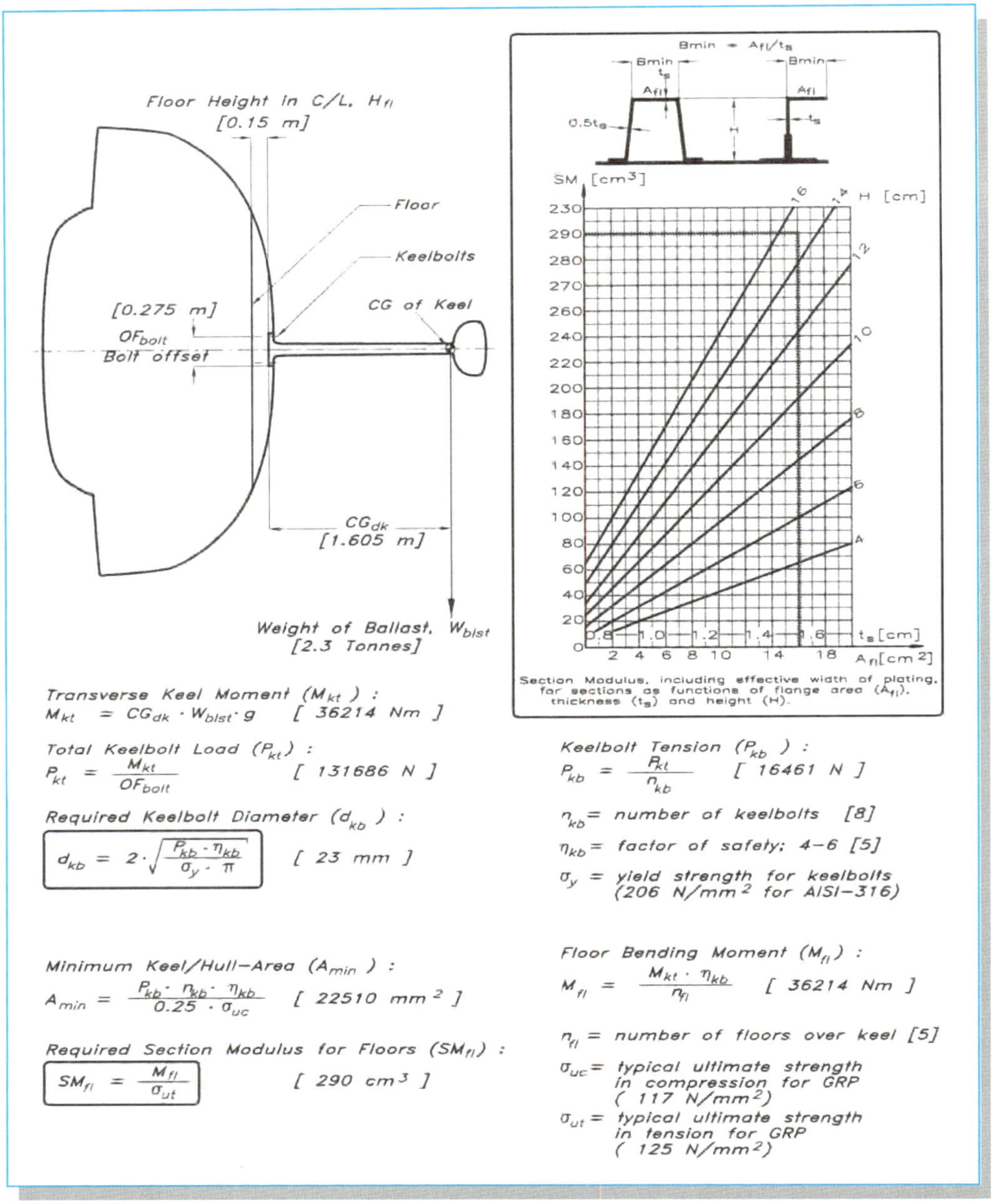

그림 12.11 킬로부터의 하중

중은 16461$N(P_{kb} = P_{kt}/n_{kb})$이 된다. 요구되는 킬 볼트의 수치를 계산할 때 킬 볼트 재료의 최종강도가 아닌 항복강도(σ_y)를 사용해야 한다. 킬 볼트의 직경(d_{kb})은, 안전계수를 5로 했을 때, 23mm가 되며 그림 12.11의 식에 나타나 있다.

위 예에서 항복강도는 206N/mm^2이며 스테인레스 스틸 AISI-316에 해당한다. 계산한 직경은 볼트의 최소 심재 직경으로 공칭 볼트 크기(nominal bolt size)는 미터법(metric system)의 M-27 볼트 또는 파운달 시스템(imperial system)의 1-1/8″ 볼트가 된다.

킬의 풍하측 킬 볼트의 인장력은 킬 볼트가 끼워지는 킬과 선체 부분의 압축력으로 상쇄되어야 한다. 풍하측 끝단에 가까운 영역만 효과적이기 때문에 전체 면적의 25%가 볼트에 발생하는 전체하중에 해당하는 압력을 견디는 것으로 가정해도 무방하다. 최소 킬/선체 면적(A_{min})은 22510mm^2이 된다.

통상 유리섬유 적층의 압축 최종강도는 117N/mm^2이며 실제 킬의 25% 면적은 약 100000mm^2이 되고 결국 이 경우 안전계수는 상당히 높은 수준이다.

킬 볼트 각 쌍은 플로어에 연결되고 풍상 측 킬 볼트 인장력에 기인하는 모멘트를 흡수하게 된다. 플로어의 안전계수는 킬 볼트와 유사한 수준으로 하며 이 경우는 5이다. 결국 각 플로어에서 발생하는 굽힘 모멘트는 전체 횡 방향 킬 모멘트($M_{kt} \cdot 5$)를 플로어 개수로 나눈 값이다. 우리의 경우는 여덟 개이며 굽힘모멘트(M_{fl})는 36214Nm이 된다.

이 모멘트를 견디기 위해 필요한 단면계수(SM_{fl})는 플로어 굽힘 모멘트를 플로어 적층의 최종인장강도로 나누어 주면 되는데, 통상 유리섬유 적층은 125N/mm^2이다. 이 경우 단면계수는 290cm^3이 된다. 모멘트로 Nm, 강도로 N/mm^2를 사용하면 cm^3이 나온다.

그림 12.11의 다이어그램에 290cm^3 단면계수를 대입하고 플로어 높이를 15cm로 택하면 플랜지 면적이 16cm^2, 두께가 1.5cm인 플로어가 나온다. 따라서 최소 플로어 폭은 10.7cm가 된다. 킬 볼트가 플로어를 관통하는 경우 킬 볼트의 직경을 플로어의 폭에 더해야 충분한 플랜지 면적을 확보할 수 있다. 즉, 전체 폭은 13cm가 된다. 이 값들은 배의 중심선 플로어 단면과 관련이 있다. 즉, 끝단에서 필요한 단면계수는 중심선에서의 단면계수에 절반으로 할 수 있고 우리 배의 경우 145cm^3이 된다. 이 결과로 단면의 높이는 8.0cm이 된다. 이때 적층의 두께, 폭, 플랜지 면적은 중심선의 것과 같다.

‖ 좌초시의 힘(Forces from Grounding)

충격력 F_i를 정확히 계산한다는 것은 현실성이 없다. 충격력은 배의 무게와 속도, 해저나 바위의 모양(감속 시간을 좌우한다), 배의 모양(움직임의 제동과 관련하여 매우 중요하다) 등에 따라 달라지기 때문이다. 여기서는 강도 확보 상 혹독한 조건 쪽으로 단순화를 하는데 무게를 약간 늘이는 것이 큰 문제를 일으키지 않기 때문이다.

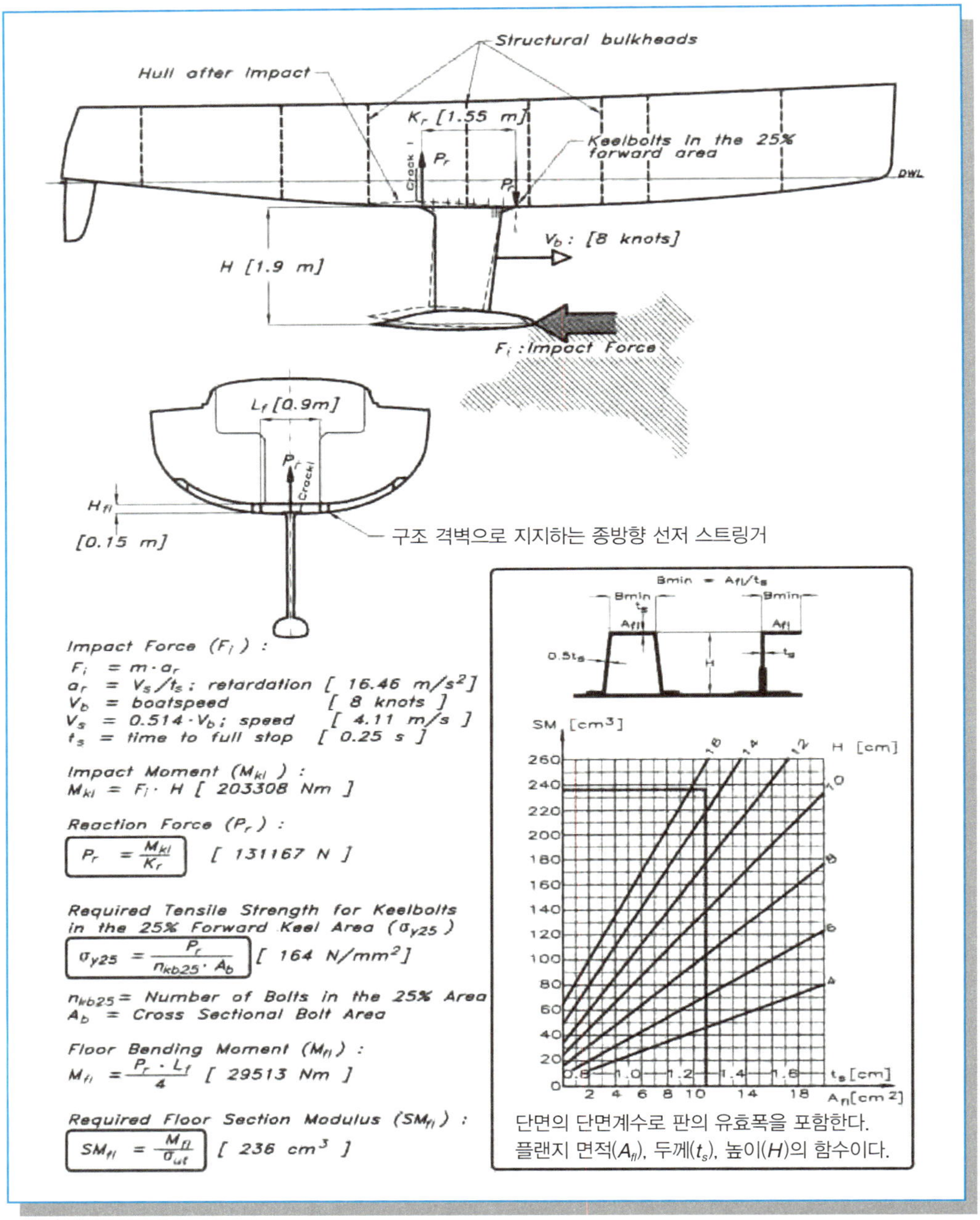

그림 12.12 좌초에 의한 하중

그림 12.12에서 볼 수 있듯이 충격력 F_i는 킬/선체 면에 모멘트(M_{kl})를 발생하게 하며 여기서는 $203308Nm$이 된다. 이 수치를 얻기 위해, 나아가 그림 12.12를 풀기 위해서는, 가정들이 필요하게 된다. 우리의 가정은 배의 속력이 8노트, 즉, $V_s = 4.11m/s$, 완전 정지까지 걸

린 시간(t_s)는 0.25초이다. 이 가정 하에 정지거리는 약 0.5m가 되고(상당히 급작스러운 정지이다), 감속도는 $a_r = V_s/t_s$로 16.44m/s^2이 된다. 배의 배수량(Δ)이 6500kg이기에 충격력 $F_i = \Delta \cdot a_r$에 따라 107000N이 된다. 이제 충격모멘트(M_{kl})는 그림의 식과 힘 P_r, 131167N으로부터 계산할 수 있다. 즉, 충격모멘트를 킬의 길이로 나누면 된다. 이 힘은 압력의 형태로 킬의 뒷부분에, 앞부분에는 인장의 형태로 작용하게 된다. 이 식으로부터 알 수 있듯이 좌초 시 숏 킬(short keel) 그리고/또는 롱 킬(long keel)이 선체에 더 많은 하중을 작용시킨다.

킬의 회전 중심은 거의 알려져 있지 않고 킬/헐 조인트의 강성과 조인트의 형태, 경사 등에 따라 달라진다. 킬 볼트와 조인트 재료들이 더 많이 변형되기 때문에 회전 중심으로부터 멀어질수록 가장 최 선단에 있는 볼트들만 완전한 인장상태에 놓이고 뒷부분만 최대 압력이 걸릴 것으로 예상된다.

최 선단 볼트들에 요구되는 인장강도(σ_{y25})를 계산하는 방법으로 킬 선단 25% 내에 있는 볼트들(n_{kb25})이 좌초에 의한 힘(P_r)을 견디는 것으로 생각한다. YD−41의 경우 두 개가 되기에 그림 12.12의 식에서 보듯이 요구인장강도는 164N/mm^2이 된다. AISI−316 스테인레스 스틸의 항복강도는 206N/mm^2이기에 좌초에 의해 킬 볼트가 찢어지는 위험은 없을 것이다. 가장 민감한 부분은 선체와 킬이 만나는 뒤쪽이다.

좌초로 인한 최대 힘은 P_r이고 킬의 최 후단에서 발생한다. 이 힘은 킬 핀(fin)의 뒤쪽을 지지하는 플로어(floor)에 굽힘모멘트 $M_{kl} = 29516Nm$를 발생하게 하는데 이는 힘에 L_f의 1/4를 곱하여 구한다. L_f는 킬을 지지하는 플로어의 길이로 그림 12.12에 나타나 있다.

굽힘모멘트는 단면계수, $SM_{fl} = 236cm^3$을 필요로 한다. 이 단면계수를 그림 12.12의 다이어그램에 대입하면 플로어 높이 H를 15cm로 택했을 때 적층 두께 1.3cm를 찾을 수 있다. 최소 플랜지 면적은 11cm^2이 되는데 이때 플로어의 폭은 8.5cm가 된다. 낮은 선체를 다루는 현실에서는 솔(sole)과 선저 사이의 공간이 부족한 문제가 있다. 그래서 이 정도 높이의 플로어를 넣는 것이 불가능할지도 모른다. 그런 경우에는 해당 영역에 여러 개의 플로어를 적용하고 플로어 사이에서 좌초력을 나눈다.

‖ 타로부터의 힘

우리가 배를 돌리려 할 때 또는 배의 회전모멘트에 대응하려 할 때, 타에는 횡력이 생기고 이로 인해 타력(rudder forces)이 발생한다. 첫 번째 경우에는 최대 힘이 발생하지 않는 반면 두 번째 경우에 최대 힘이 발생할 수 있다. 전형적인 경우는 스피네커가 리칭상태에서 브로칭(broaching)이 걸릴 때 이에 대응하는 경우이다.

그림 12.13에서는 YD-41의 치수가 들어간 전형적인 스페이드 타(spade rudder)를 보여준

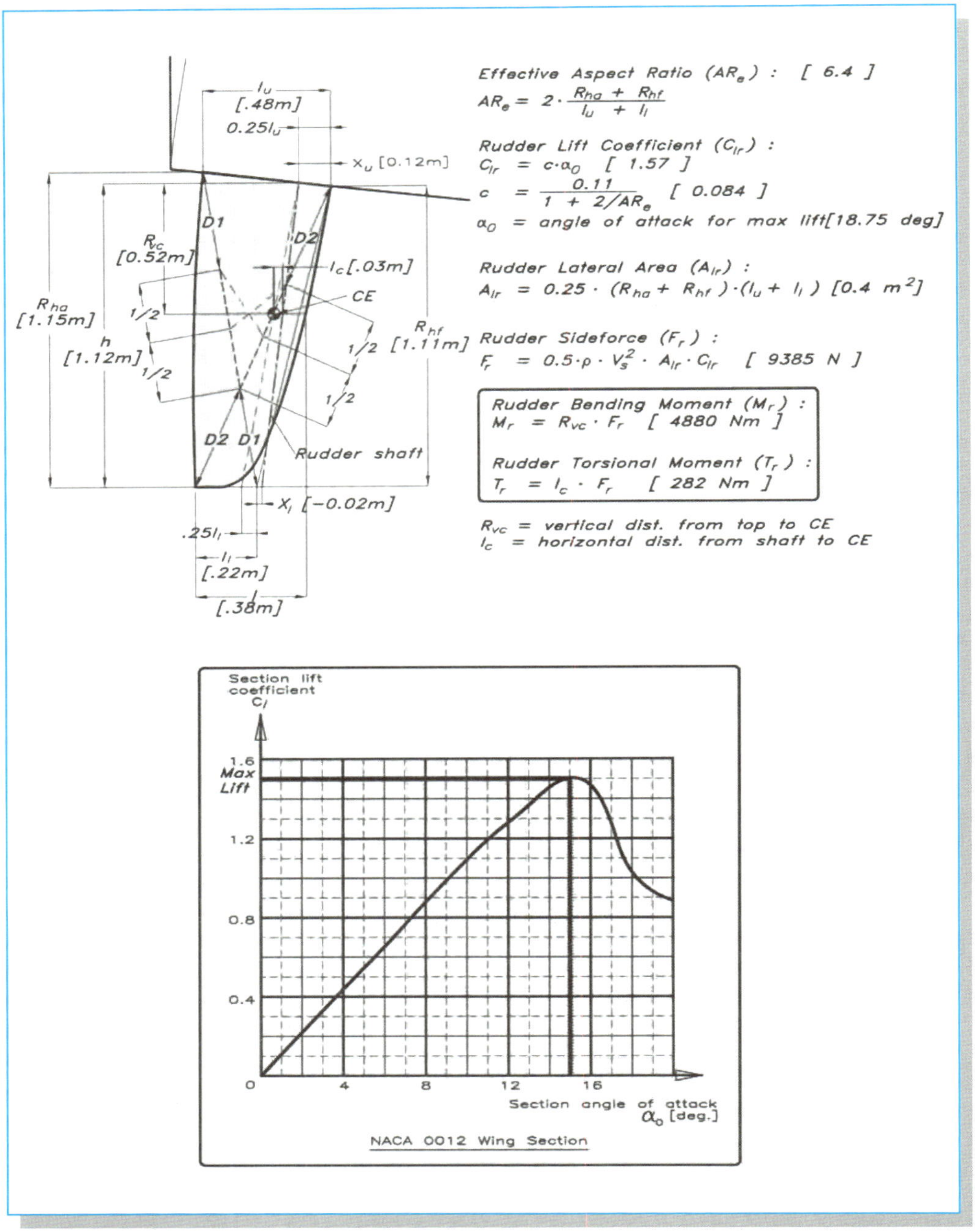

그림 12.13 타로부터의 하중

다. 아래의 단순화된 계산에서 기하학적 종횡비를 두 배한 유효종횡비(AR_e, effective aspect ratio)를 사용하였는데 이는 공기흡입(ventilation)을 배제한다는 의미이며 나아가 타가 선저에 근접해 있다는 뜻이다. 현실과는 동떨어진 것이지만, 힘이 과도하게 생기는 것이기에, 구조적으로는 어느 정도의 안전계수를 주는 것이 된다.

NACA 0012 타의 CE는 LE에서 뒤쪽으로 25% 지점에 있다($0.25l_u = 12cm$, $0.25l_l = 5.5cm$). 수직방향 위치는 그림 12.13에 나타난 있는 방식으로 계산할 수 있다. 대각선 길이들과 남은 부분들의 삼각측량(파선으로 나타난 부분)으로 D_1, D_2를 추정하여 기하학적 압력중심을 정확하게 찾을 수 있지만, 여기서는 수직방향 거리 R_{vc}만을 사용하기로 한다. 보통 이 수치는 전체 높이의 45% 범위 안에 있다. CE의 위치 및 25%선을 알면 LE부터 CE까지 거리는 쉽게 계산된다. 나아가 타 축(rudder shaft)의 위치를 안다는 것은 이 길이(LE으로부터 CE까지의 거리)를 쉽게 결정할 수 있다는 뜻이다.

유효종횡비, AR_e는 타 평균길이와 평균 폭 비의 두 배다(YD−41의 경우 6.5). 타의 측면적 A_{lr}은 평균 폭과 평균 길이의 곱으로 $0.4m^2$이 된다. 앞서의 이 수치들로부터 양력계수와 횡방향 힘을 계산하며 그림 12.13의 다이어그램과 공식에 나타나 있다.

다이어그램에서 볼 수 있듯이 단면의 최대양력계수 C_L은 1.5이며 받음각 α_0가 15°일 때 발생한다. 타 전체의 양력계수 C_{Lr}은 1.5로 가정하고 그림 12.13의 타 양력계수 식에 따라 받음각은 17.86°가 된다. 단면의 받음각과 실제 받음각의 차이가 나는 까닭은 단면의 계수는 타가 무한종횡비를 가지고 있다는 가정 때문인데 이럴 경우 날개 끝단에서 양력손실(leakage) 및 유도저항이 없기 때문이다.

YD−41 타에서 발생하는 횡력 F_r은 10.5노트의 속도($V_s = 5.4m/s$)에서 $8871N$이 된다. 이 횡력은 타 축에 굽힘모멘트 M_r과 비틀림모멘트 T_r을 발생시킨다. YD−41에서는 $M_r = 4613N$, $T_r = 266N$이 된다.

타 축에서의 굽힘 모멘트는 선체 베어링(hull bearing)에서, 비틀림 모멘트는 틸러 암(tiller arm)이 부착된 곳, 쿼드런트(quadrant) 또는 틸러(tiller)에서 생긴다. 타의 윗부분에서는 이 두 모멘트의 조합이, 아랫부분은 비틀림 모멘트만 하중으로 작용한다.

ISO의 해당 규정에 따라 타 축을 계산할 수 있지만, T_r이 조종기구(steering mechanism)에 무엇을 요구하는지 알아보자. 10인치($0.23m$) 반경의 타 쿼드런트를 사용한다고 가정하면, 스티어링 케이블에 작용하는 힘은 $266/0.3 = 887N$이다. 기계적 손실(마찰 등)을 약 20%로 감안하면 스티어링 기어에 요구되는 힘은 $3{,}106N$이 된다. 드라이브 기어의 반경을 $6cm$라

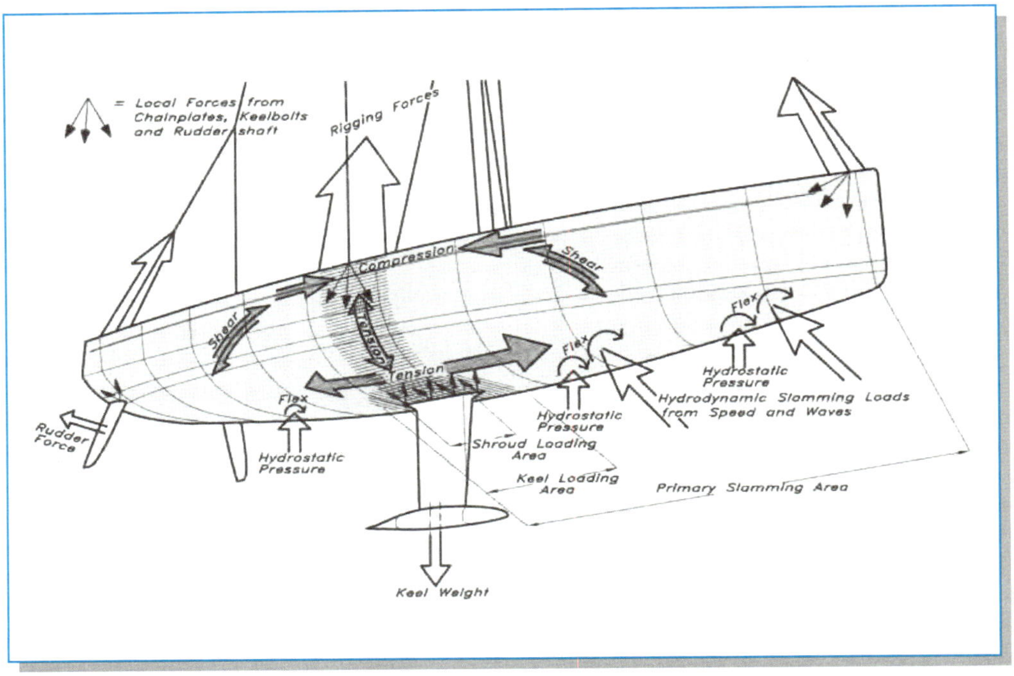

그림 12.14 세일보트에서의 힘

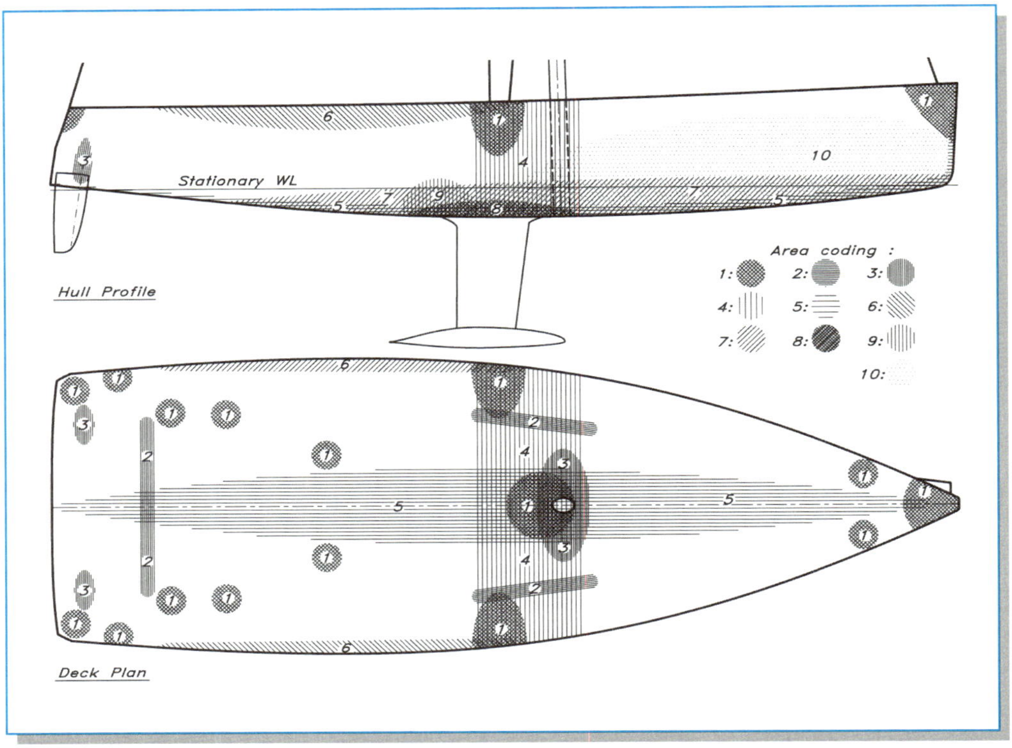

그림 12.15 하중 영역

하면 스티어링 모멘트는 $976 \cdot 0.06 = 58.5Nm$가 된다. 휠의 직경이 $0.9m$이면 조종수(helmsman)가 주어야 하는 힘은 $58.5/(0.9 \cdot 0.5) = 130N$이 된다. 등가의 틸러 길이(tiller length)는 $266/130 = 2.04m$가 되며 상당히 큰 틸러가 된다.

‖ 하중의 정리

그림 12.14는 바람을 향해 비팅(beating)하는 세일보트의 풍상측을 보여주고 있다. 빗금 친 화살표는 리깅으로부터의 힘에 의해 선체 거더에 작용하는 전체하중을 나타낸다. 정수 중 선체 속도(hull speed)로 전진하여 선체가 새깅(sagging)상태가 될 때 이 하중은 증가한다. 그림에서 보듯이 선체 거더는 굽힘력을 받게 되어 갑판을 따라서는 압축력, 선저를 따라서는 인장력, 선측 윗부분을 따라서는 전단력이 발생하게 된다. 선체 윗부분에서는 슈라우드 영역에 횡 방향으로 인장력이 작용한다. 거친 해상에서 범주하게 되어 선체가 호깅(hogging) 상태가 되더라도 굽힘 모멘트는 바뀌지 않는 대신(리깅으로부터의 하중이 그만큼 크다) 선체에 압축과 인장이 규칙적으로 진동하는 상황이 된다. 이는 장기적으로 피로의 위험이 있다.

더불어 여러 종류의 국부하중들 즉, 유체정역학적 압력이 선수에 가해지는 슬래밍 하중이 있다. 슬래밍 하중은 선수부의 보강부재를 굽히려 하고 판의 좌굴을 일으키는 하중이다. 이 하중들은 판의 두께와 보강부재의 규모를 계산하는데 있어 가장 중요한 외력이다. 앞서 보았듯이 배의 전체 강도는 유체정역학적 그리고 유체 동역학적 하중들을 견딜 수 있도록 설계되었을 때 (배가 극단적 경우가 아닌 이상) 충분하게 된다. 다른 국부하중으로는 슈라우드와 스테이, 킬 볼트, 타 축, 윈치 기타 갑판 부품들이 붙어 있는 곳들에서 발생하는 것들이다.

그림 12.15에서는 배를 하중과 관련된 주요 '관심 영역(concern area)'으로 나누었다. 수치 결정과 설계, 건조 차원에서 각 영역의 결과를 정성적 관점에서 보았을 때 다음과 같은 점을 유의해야 한다.

하중을 받는 영역

1. 체인플레이트(chainplate), 스테이 피팅(stay fitting), 클릿트(cleat), 윈치(winch), 스탠션(stanchon) 등의 부착물에 의한 국부 하중. 큰 국부하중을 견디기 위해 적층을 강화할 필요가 있다. 적층의 경우 볼트

아래에 큰 와셔(washer) 끼우며, 샌드위치 적층의 경우 샌드위치 심재(core)를 플라이우드(plywood)나 밀도가 매우 높은 심재 또는 단판 적층로 한다. 마지막 옵션은 시대에 뒤쳐진 것처럼 보여도 여러 이점이 있다. 첫 번째로 플라이우드이든 고밀도 폼(high density foam)이든 심재와는 상관없이 갑판 부품이 관통식으로 볼팅될 때 적층 그 자체가 압축력을 더 잘 견딘다. 두 번째로 이 부분을 하나의 적층로 함으로써 볼트헤드(bolt head)나 너트를 심어 묻어 갑판 아래 천정을 깨끗하게 할 수 있다. 대신 적층 두께를 기존 안, 바깥 적층 두께로 하지 않고 늘여야 한다. 약 40% 정도 늘여도 무방하다.

2. 기본적으로 (1) 영역에서와 같은 주의사항이 필요하다. 하지만 이 (2) 영역은 우선적으로 시트 트랙과 관련이 되어 있으며 하중이 분산되기 때문에 극단적인 국부 하중은 덜한 편이어서 적층 두께를 25% 정도 늘이는 것으로 충분하다.
3. 이 영역들은 마스트와 타로부터의 횡 방향 힘들이 걸리는 곳이다. 적층은 끝단 압력(edge-pressure)을 견뎌야 한다. 즉, 딱딱한 심재나 고형으로 강화된 적층로 바꾸는 것이 바람직하다.
4. 이 영역은 슈라우드와 마스트 등 리깅으로부터 오는 엄청난 힘이 걸리는 곳이다. 이 부분의 전체 단면은 이례적으로 강성이 높고 비틀림에 대해 잘 견디도록 해서 횡 방향으로 좌굴이 일어나지 않도록 한다. 이를 위해 프레임의 수를 늘이고 구조격벽(structural bulkhead)이 설치되거나 또는 하중을 흡수, 분산하는 스페이스 프레임을 설치한다.
5. 리그와 파로부터의 종 방향 힘을 견디기 위해 갑판부와 선저부를 스트링거로 강화할 필요가 있다. 선저부는 킬과 슬래밍으로 인한 하중을 견뎌야 하기 때문에 전체 굽힘력에 대해 대부분의 경우 충분히 강하지만 갑판부는 여전히 전체 압축력에 대해 못 견딜 위험이 있으며 특히 선체 거더가 낮다든지 리그가 이례적으로 큰 경우 더욱 그렇다.
6. 이 부분은 파로부터 오는 주기적인 하중으로 인해 추가 응력이 발생하는 곳이다. 적층의 압축/인장에 관한 물성치에 대해 특히 신경을 써야 하며 약한 부분은 갑판부와 선측이 연결되는 조인트 부분이다. 이 부분은 변형이나 좌굴이 일어나지 않게 해야 한다. 이 조인트 부분이 완전 접착, 적층되지 않고 베딩 컴파운드(bedding compound)와 볼트로 고정되었다면 갑판 끝단에 알루미늄 토 레일(toe rail)을 사용하는게 좋다. 이로써 끝단면을 강화하게 되어 하중을 받아도 열리지 않게 된다. 같은 효과를 얻는 다른 방법으로는 갑판 끝단을 박스 거더(box girder) 또는 톱-햇(top-hat) 형태로 설계하는 것이다.
7. 이 부분의 선저 판넬은 가장 하중이 많이 걸리는 곳(중앙부 앞쪽 선수와 선수 쪽으로는 갈수록 점점 줄어든다)으로 유체정역학적, 동역학적 하중을 받게 된다. 이로 인해 이 부분 판넬은 다른 선주 부분보다 더 큰 강도와 강성이 필요하다. 선저 전체를 통상의 적층방식을 사용하는 경우—연속 대량 생산(series production)의 경우에 그러하다—밀도가 더 높은 보강 시스템을 사용함으로써 '강화효과(strengthening effect)'를 얻을 수 있고 나아가 판넬의 크기를 줄일 수 있다.
8. 이 영역은 킬에 의해 하중을 받는 곳으로 킬볼트로부터의 높은 국부하중을 견딜 수 있도록 적층이 두꺼워야 한다는 것이다.
9. 횡 방향으로는 배가 비팅시 킬이 마치 추처럼 굽지 않도록 충분한 강성을 가져야 한다.
10. 킬 뒷부분인 이곳은 좌초 시 가장 취약한 곳이다. 좌초로 인한 하중은 킬/선체 조인트 부분보다는 더욱 넓은 영역으로 분산되어야 한다.
11. 이 부분은 1차적으로 슬래밍 영역으로 특히 판넬의 강도와 강성에 특히 많은 신경을 써야 한다. 파도에 의한 이 힘은 평수 중일 때의 힘보다 엄청 크다.

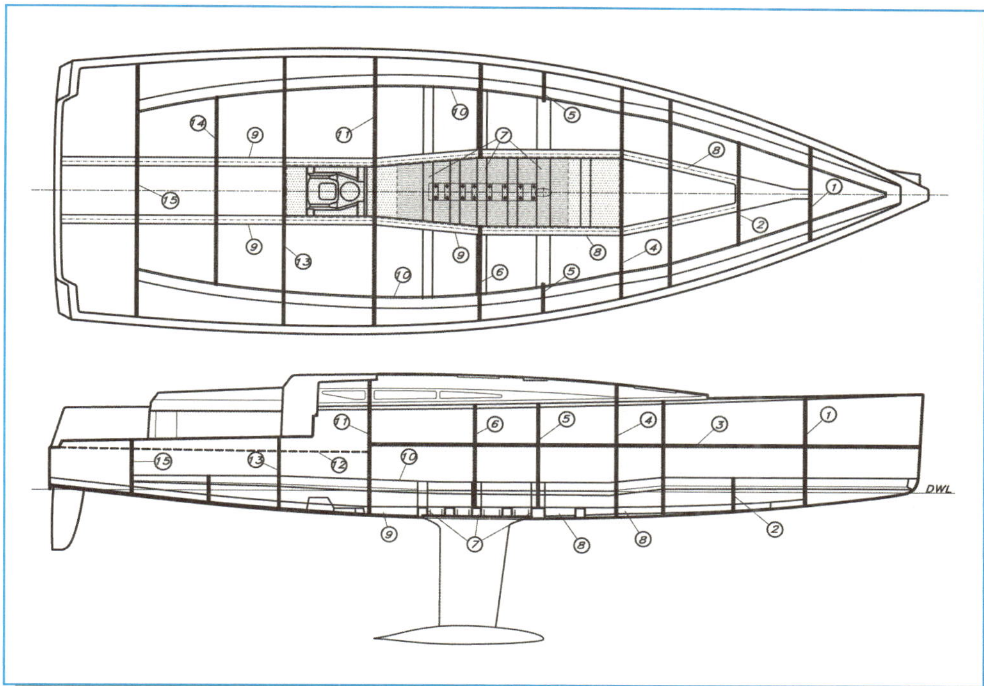

그림 12.16 보강체계 YD-41 – 샌드위치 선체

그림 12.16은 위의 각 요점에 따라 보강된 YD-41을 보여준다. 기본적으로 보트는 종 방향 스트링거 시스템, 횡 방향 프레임 그리고 하중을 받는 격벽(load carrying bulkhead)으로 보강되었다. 이 시스템을 선수부터 살펴보면 다음과 같다.

1. 샌드위치로 만든 수밀(watertight), 구조적 충돌격벽(structural collision bulkhead)으로 슬래밍 영역을 효과적으로 강화함.
2. 선수부 선저에 추가 플로어를 설치하여 슬래밍 하중을 흡수함.
3. 차인이 예각인 지점까지 선체를 따라 배치된 상부 스트링거는 스티프너로 간주함.
4. 샌드위치 구조적 격벽을 설치하여 선체/갑판 보의 비틀림 강성을 강화함. 리그로 인한 횡력에 견딜 수 있는 강성을 확보함.
5. 집 트랙과 마스트 영역에 추가 웹(extra web)을 설치함.
6. 슈라우드 영역에 추가로 구조샌드위치 격벽을 설치하여 종 방향 선저 스트링거를 지지함.
7. 플로어 시스템을 설치하여 킬, 마스트, 좌초로 인한 하중을 분산시킴.
8. 영역 4의 격벽까지 뻗은, 마스트 스텝(mast step)거더와 일체화 구조로 마스트 하중을 길이방향으로 여러 선저 플로어에 분산시킴.

9. 충돌 격벽으로부터 선미 최 후부 격벽까지 길이방향 선저 스트링거를 설치함. 이 스트링거들 끝에 선저 플로어가 연결됨.
10. 구조 격벽으로 지지되는, 길이방향을 가로지르는 선측 스트링거를 설치함.
11. 기관 케이싱과 더불어 기관실을 거주실과 분리시키는 샌드위치 구조격벽을 설치함.
12. 선체의 챠인은 종 방향 거더로 사용
13. 선저와 콕핏 바닥을 강화하기 위한 추가 구조샌드위치 격벽
14. 선저를 보강하기 위한 선수 쪽 추가 웹
15. 타력으로 인한 굽힘에 대해 선미 보강을 위한 최 후단의 구조수밀 샌드위치 격벽. 나아가, 메인 시트와 트랙 그리고 페데스탈(pedestal)로부터의 힘을 담당.

YD-41의 판넬과 보강부재의 치수에 대한 자세한 계산은 14장에 있다. 그 전에 우선 재료에 대해서 이야기해 보자.

YACHT

재료

유리섬유 강화재료(Glass Reinforcement)
물에 젖은 적층판(Wet Laminates) / 피로(Fatigue)
최신 적층(Exotic Laminates) / 샌드위치(Sandwich)
전형적인 샌드위치 좌굴 / 샌드위치의 굽힘
샌드위치 실무 / 기타

13

DESIGN

13. 재료

유리섬유 강화플라스틱(Fibre reinforced plastic, FRP)은 배의 선체와 갑판에 널리 사용되고 있다. 최근 이 재료에 대한 관심이 해양산업의 타 분야에서도 늘어나고 있다. 1차 구조 분야에서 FRP의 장점은 요구에 따라 적층의 강도 물성치를 특정 목적에 맡게 맞출 수 있어(tailoring), 가볍고 튼튼한 구조를 얻을 수 있다는 점이다. 반면 최적값을 찾는데는 정교하고 복잡한 계산 방법과 재료의 평가가 필요하다.

강(steel), 알루미늄, 나무 등과는 대조적으로, 수지(resin)과 강화재료(reinforcement)를 이용하여 FRP를 만듬으로써 우리가 원하는 특별한 재료를 얻을 수 있다. 여러 가지 방법과 재료를 사용하여 만들 수 있기에 하나의 대표적인 FRP 강도를 만드는 것은 의미가 없다. 강도를 계산하기 위해서 실제 적층(layup)을 알아야 한다. 강도에 영향을 끼치는 가장 중요한 변수는 강화재료의 유형(form)과 만들어진 재료이다. 보트 제조 산업에서 가장 널리 쓰이는 강화재료는 E-유리섬유(E-glass)이다. 강도측면에서 더 나은 재료도 있지만 가격, 강도, 효과가 조합된 측면에서 E-유리섬유를 능가하는 것은 없다.

‖ 유리섬유 강화재료(Glass Reinforcement)

유리섬유 강화재료는 다양한 형식(그림 13.1에 나타나 있다)이 있다. 가장 범용적으로 사용되는 형태는 춉트 스트랜드 매트(chopped strand mat, CSM)로 4~5cm가량의 짧은 유리섬유로 되어 있으며, 균일하게 분포하고, 바인더(binder)로 매여 있다. 바인더는 이멀젼(emulsion) 또는 파우더(powder) 형식이며 적층로 적실 때 수지의 스틸렌(styrene)에 의해 녹는다. 이멀젼 형식은 작업상 다루기가 조금 쉬운데 이는 파우더 형식이 좀 더 취약하고, 다루는데 주의를 요하기 때문이다. 이멀젼 형식의 큰 단점은 삼투현상(osmosis)을 일으키기 쉽다는 점이다. 그래서 적층의 외측은 최소 파우더 형태를 사용하여야 한다. CSM이 거의 등방성 재료(isotrophic, 모든 방향으로 같은 강도를 가진다)인데 반해 다른 형식의 강화재료는 하중의 방

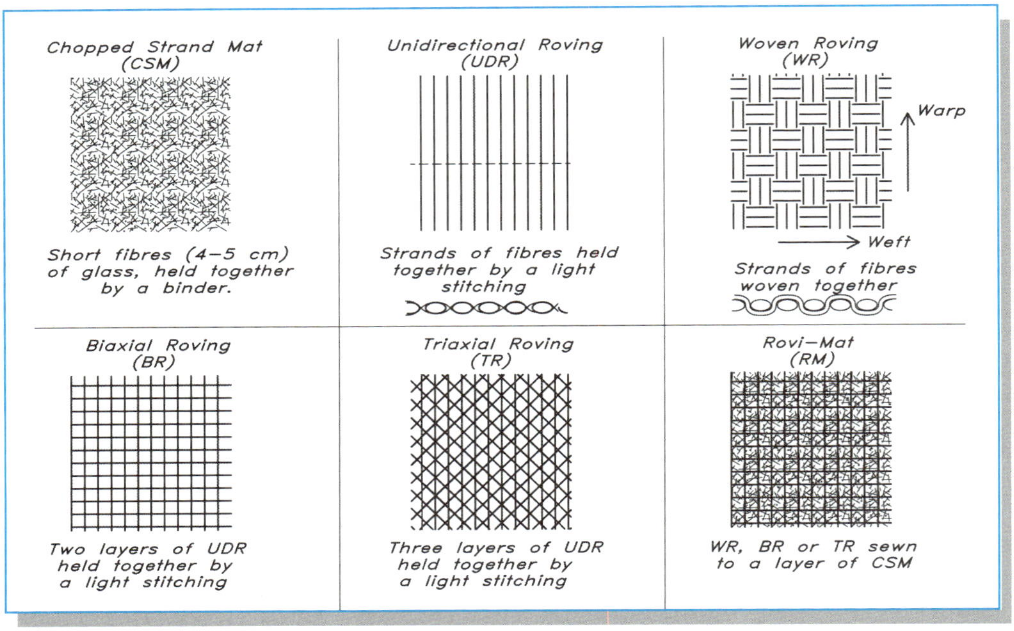

그림 13.1 강화재료의 형식

향에 한층 민감하다. 따라서 강화재료의 장점을 살리기 위해 섬유를 주 하중의 방향과 일치시키면 적층 시 장점이 된다. 주 하중을 담당하기 위해 로빙(roving)을 사용하는 것은 좋은 생각이지만 충분한 층간 강도(inter–laminar strength, 강화재료 겹 사이의 강도)를 얻기 위해서는 로빙 레이어(layer)들 사이에 CSM 레이어 적층의 규칙이 필요하다. 유리섬유 강화재료 생산자들도 이 문제를 알고 있기에 매트/로빙 조합을 찾아내었다. 매트와 로빙을 바느질한 것으로 하나의 적층프로세스로 적절히 배합할 수 있다. 가장 방향에 민감한 형식은 일방성(unidirectional) 재료로 90° 방향으로는 사실상 아무런 강도가 없다(그림 13.2 참고).

우븐 로빙(woven roving, WR)의 섬유 최대 경사(crimp)는 적층의 인장 및 압축강도에 상당한 영향을 끼친다(그림 13.3 참고). 시험된 적층은 두 겹(ply)의 $600g/m^2$ WR과 그 사이와 외피(face)들에 한 겹의 $450g/m^2$ CSM으로 구성되어 있다. 섬유각(fibre angle, W)은 섬유의 곡률을 판정하는 기준으로 도(degree)로 나타낸다. 날실(warp)과 씨실(weft) 방향의 섬유곡률은 WR마다 틀리기 때문에 인장강도가 방향에 따라 20%까지 달라질 수 있다. 그림 13.3에서 볼 수 있듯이, 2축 스티치드 로빙(biaxial stitched roving)은 보다 높은 인장수치를 보이며 이때 대응하는 섬유 기울기는 약 2°이다.

적층의 강도 물성치와 관련된 매우 중요한 변수로 섬유함유량(fibre content)이 있으며 종

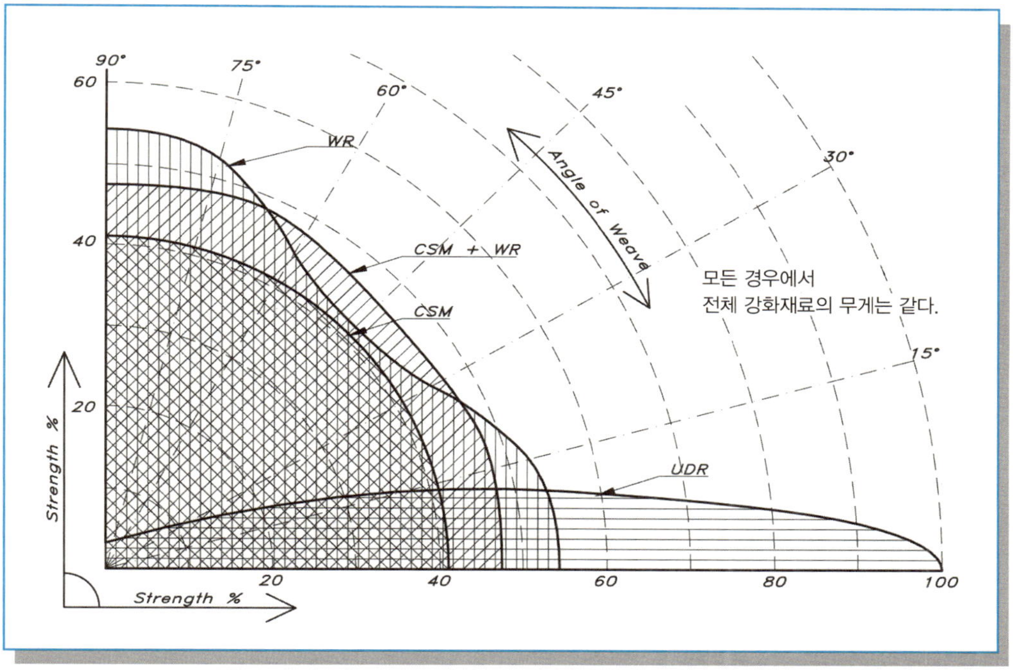

그림 13.2 굽힘강도와 직조 각도

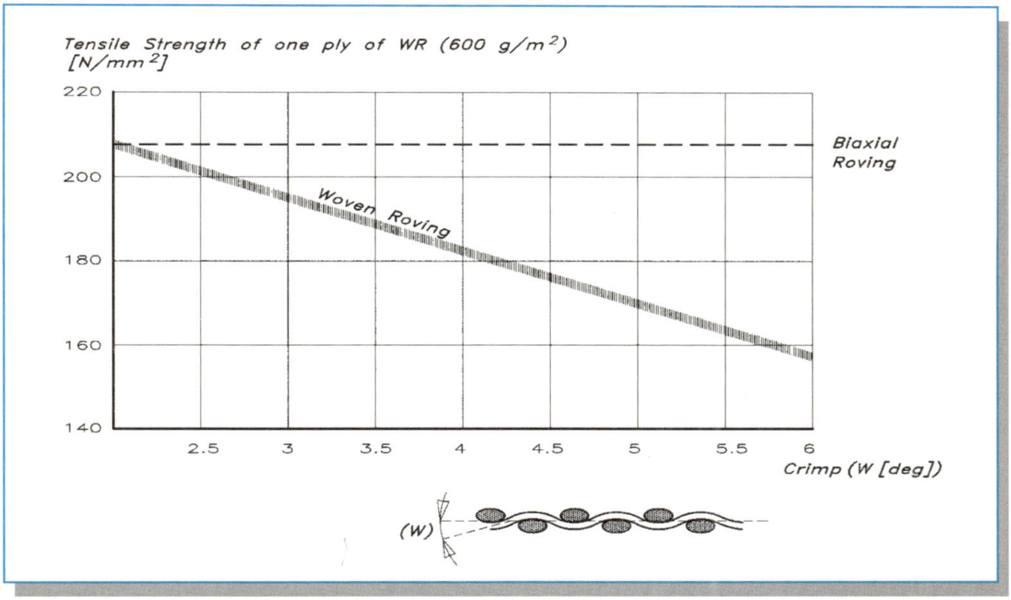

그림 13.3 인장강도와 주름(힐드브란드와 홀름)

종 전체 적층 무게의 비로 표현된다(그림 13.4와 그림 13.5 참고). 일반적으로 섬유함유량이 높을수록 적층의 강도가 높아지는데, 단, 섬유가 충분히 수지에 함침(wet out)되어 수지가 모

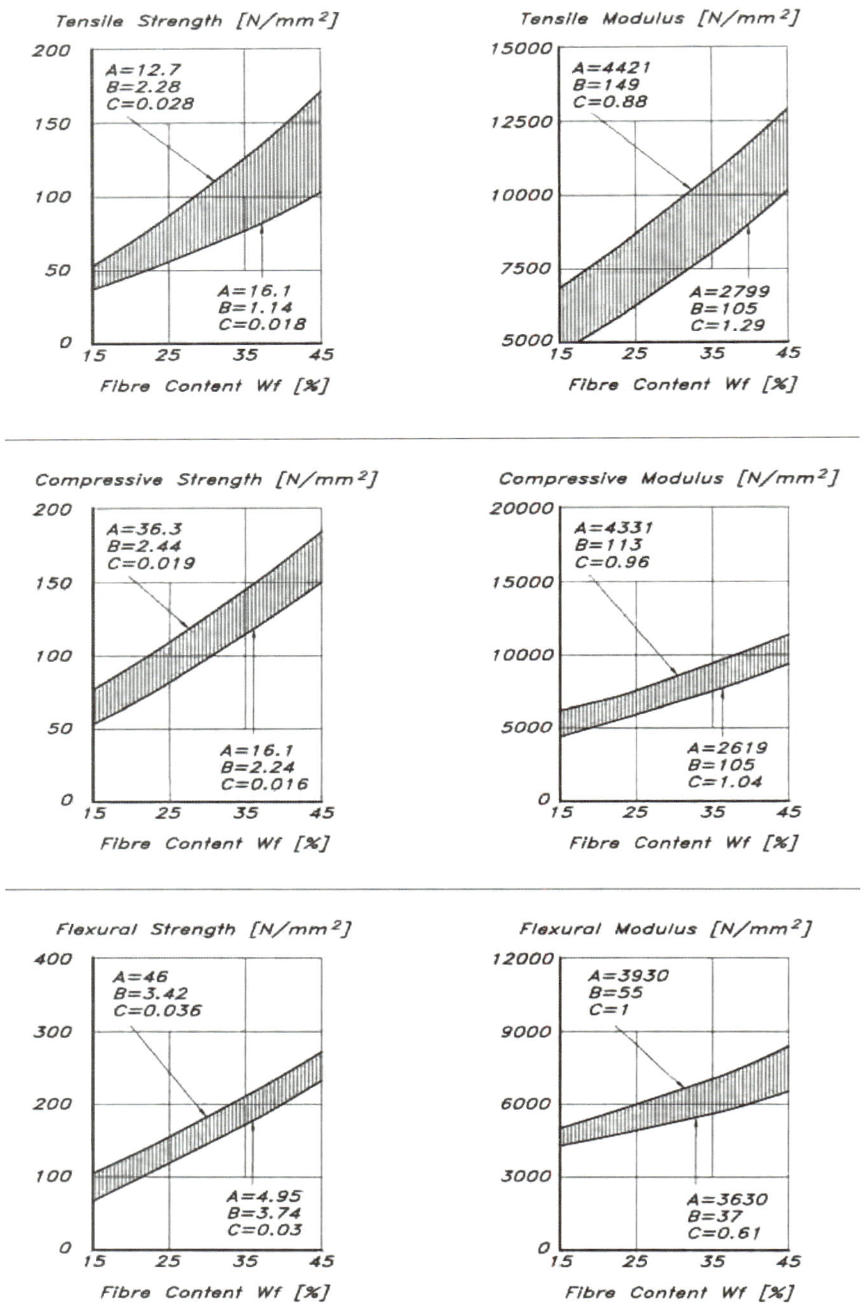

곡선의 아래의 형식을 따른다.

$$Strength/Modulus = A + B(Wf) + C(Wf)^2$$

그림 13.4 CSM-폴리에스테르 복합재 물성치(카프리노와 테티)

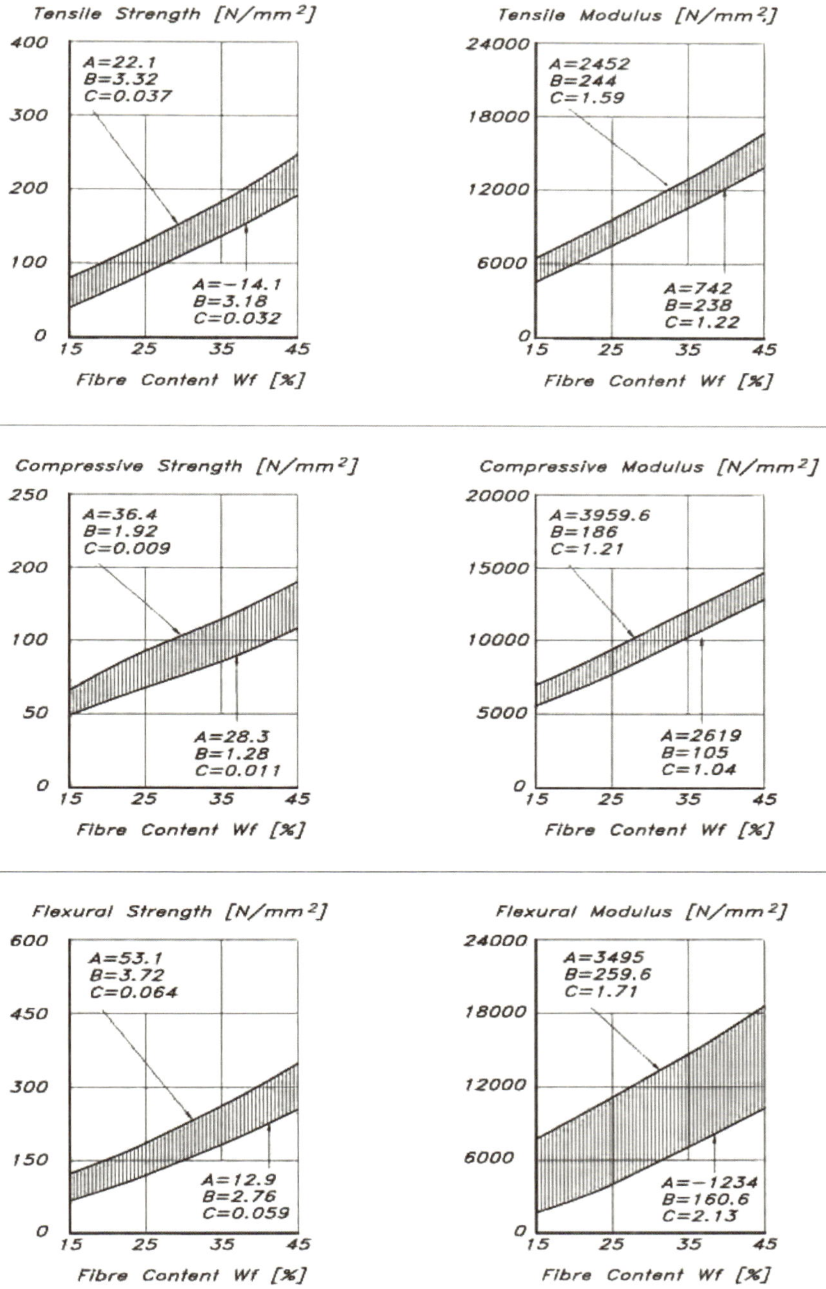

곡선의 아래의 형식을 따른다.

$$Strength/Modulus = A + B(Wf) + C(Wf)^2$$

그림 13.5 WR–폴리에스테르 복합재 물성치(카프리노와 테티)

자라지 않아야 한다. 실제, 매트 적층을 수 적층으로 할 때 섬유 함유량을 37% 이상 27% 이하로 설정하는 것은 현실성이 없다. 매트와 WR의 조합에서는 섬유함유량은 35%에서 45% 사이이며, 다 방향성(multidirectional) 재료에서는 55%까지다. 경화된(cured) 적층의 두께는 섬유함유량에 따라 달라지며 그림 13.6에 나타나 있다.

유리섬유 매트/로빙 복합재료의 강도 물성치를 계산하기 위해서 우선 매트만의 수치, 로빙만의 수치를 이용한다. 조합된 물성치는 각 강화재료의 평균 무게를 계산하여 근사 값을 찾을 수 있는데 아래와 같다.

$$P_c = P_m X_m + P_r(1 - X_m)$$

여기서,

P_c = 매트/로빙 복합재의 물성치

P_m = 매트의 물성치, 복합재와 같은 섬유함유량을 가질 때, 그림 13.4 참고

P_r = 로빙의 물성치, 복합재와 같은 섬유함유량을 가질 때, 그림 13.5 참고

X_m = 전체 매트/로빙 복합재에 대한 매트의 비

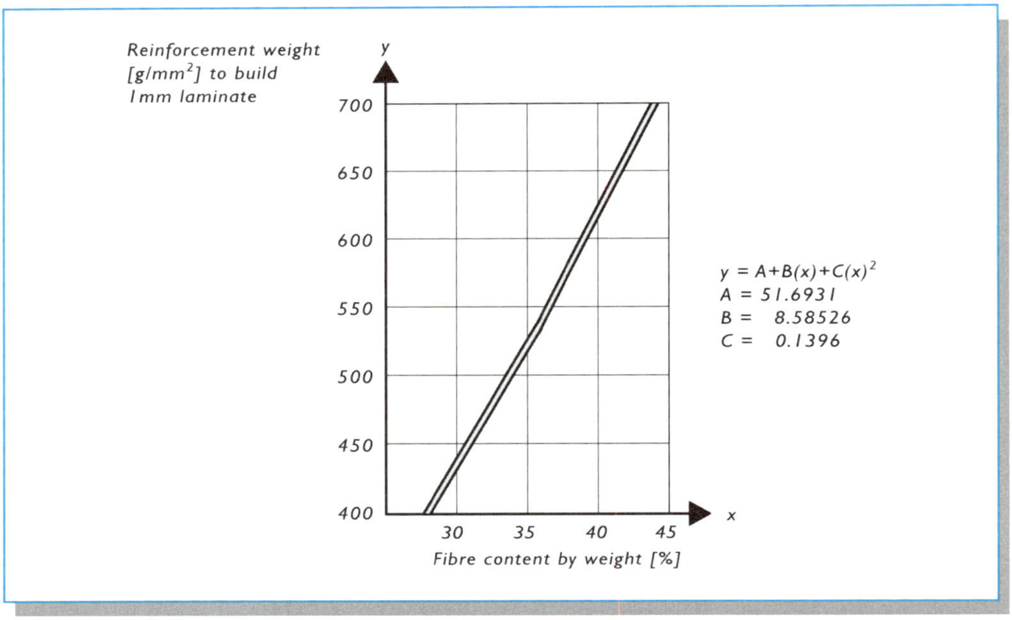

그림 13.6 두께와 섬유함유량(NBS)

‖ 물에 젖은 적층판(Wet Laminates)

그림 13.4와 그림 13.5는 마른 적층의 최종강도와 탄성율을 나타낸 것이다. 실제 보트의 적층에서는 이 수치를 기대할 수 없다. 우선 물 때문인데 적층은 물에 오래 있을수록 약해진다. 그림 13.7은 젖은 적층들의 강도와 탄성율을 시간의 함수로 나타낸 것이다. 이 적층들은 강화재료는 WR에 매트릭스(matrix)는 각각 오쏘-폴리에스테르(ortho-polyester)수지, 아이소-폴리에스터(iso-polyester)수지로 만들어졌다. 그림에서 보듯이 아이소-폴리에스테르 적층은 오소 형식에 비해 물을 흡수하지 않는 경향이 있다. 한 가지 기억해야 할 것은 만약 겨울에 육상에 배를 보관해서 적층이 말라 버리는 경우이다. 배를 다시 물에 띄우면 전체 프로세스가 실질적으로 0년에서 다시 시작하게 된다. 삼투압으로부터 보호하기 위해서는 아이소형식이 보다 나으며 겔코트(gelcoat)는 아이소 형식, NCA 또는 더 나은 형식의 수지로 해야 한다.

‖ 피로(Fatigue)

FRP 적층을 약화시키는 다른 요인으로는 피로(fatigue)가 있다. 요트는 해상에 있고 또한 규칙적으로 진동하는 리그, 킬, 타 하중에 놓여 피로하중을 받게 된다. 그림 13.8은 CSM 적층에 생기는 현상을 보여주고 있다.

위쪽 곡선은 적층의 파괴를, 아래 곡선은 여기에 해당하여 첫 미세 균열 현상(microcracking)이 일어나는 것을 보여주고 있다. 미세 균열은 적층 파괴의 시발점이며 다이어그램에서 보듯이 최종응력보다 상당히 낮은 영역에서 발생한다. 이 그림은 수지—여기서는 오쏘형식이다—가 균열을 시작하는데 이는 낮은 내 변형률(strain resistance) 때문인 것을 뜻한다. 즉, 너무 딱딱하다는 뜻이다. 첫 파괴의 변형률은 오쏘-프탈릭(orthophtalic) 수지 적층의 경우 0.2% 정도로 낮으며 완전 파괴 전 매트릭스의 변형이 2%인 점과 비교할 만하다. 또 다른 점은 응력 싸이클(stress cycle)에 따라 최종강도가 급격히 떨어진다는 점인데, 100만 싸이클 후 110N/mm^2에서 40N/mm^2이 되며 53% 정도의 감소를 보이고 있다. 이 점은 대양을 횡단하는 장거리 크루징 요트의 설계 시 유념해야 한다.

앞서 이야기했듯이 이 다이어그램은 오쏘-폴리에스테르 CSM 적층에 해당된다. 보다 나은 수지와 로빙 기반의 강화재료를 사용함으로써 피로 물성치는 향상된다.

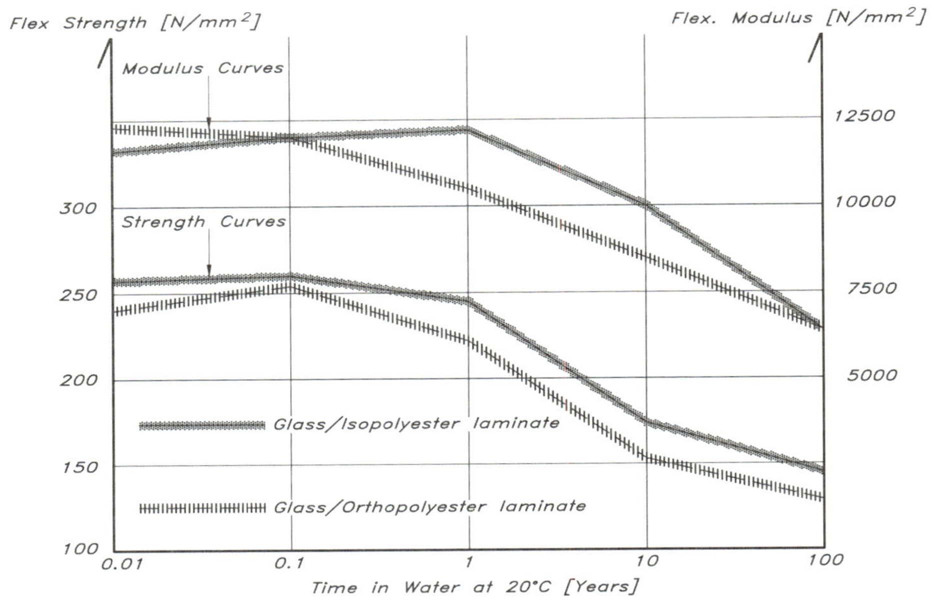

그림 13.7 물에 젖은 적층판의 강도와 탄성계수

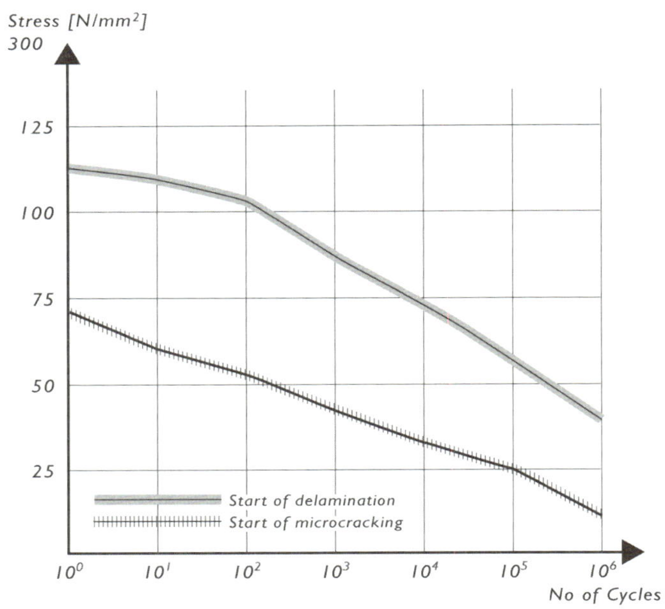

그림 13.8 CSM 적층판의 피로특성

‖ 최신 적층(Exotic Laminates)

적층의 성능을 향상시키기 위해—보다 강도와 강성이 높고 가벼운—통상의 E-유리섬유를 보다 나은 섬유로, 오쏘 폴리에스테르 수지를 이용한 수 적층 방식을 보다 나은 수지 그리고/또는 '프리프레그(prepreg)' 방식으로 바꾸게 된다.

그림 13.9는 여러 보강 섬유의 강도와 변형률 물성치를 보여준다. 그림에서 보듯 케블라 49(Kevlar 49)는 가장 강도가 높고, 보론(Boron)과 탄소섬유(carbon fibre) 순으로 가장 강성이 높다. 이 수치들은 섬유 자체의 수치로 적층에 넣게 되면 급격하게 떨어진다.

앞서 이야기했듯이 미소균열이 일어나지 않기 위해 수지가 보강섬유보다 높은 변형률 레벨인 것을 사용하는 것이 중요하다. 최신 섬유들의 높은 강도 덕에 더 높은 수준의 수지 접착력 특성이 필요하게 된다. 오쏘 또는 아이소폴리에스테르는 특별히 좋은 수지는 아니다. 반면 비닐에스테르(vinylester)나 적층용 에폭시(epoxy) 수지는 높은 변형률을 가지는 훌륭한 수지여서 고성능 섬유의 성능을 발휘하는데 적합하다.

통상 최신 섬유는 유리섬유 강화재료와 같이 사용하게 되는데 이는 여러 가지 결과를 낳는다. 예를 들어 적층이 케블라 49와 탄소섬유 HT 그리고 E-유리섬유로 만들어져 있

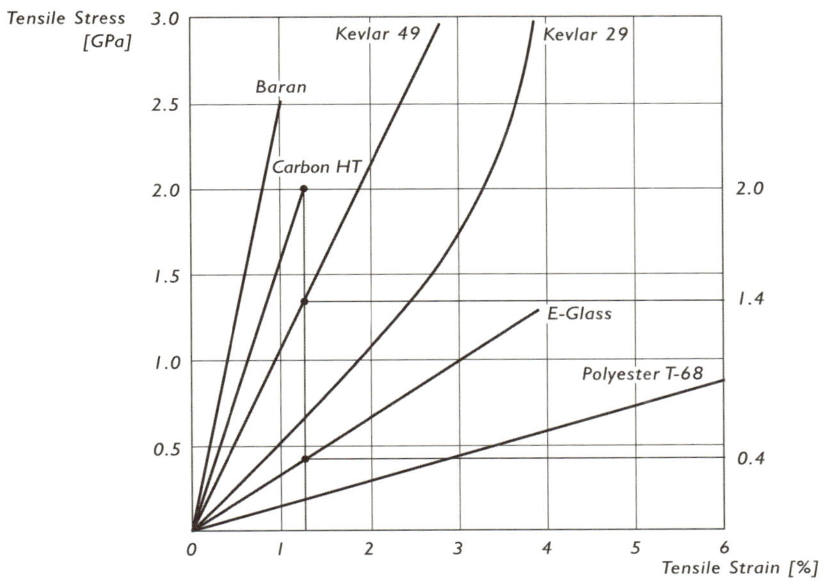

그림 13.9 섬유 응력과 신장율

으면 탄소섬유는 1.2% 변형률(그림 13.9의 수직선)에서 하중을 최대로 받게 된다. 이때 탄소섬유는 최대강도인 2*GPa* 정도가 된다. 만약 변형률이 더 증가하면 이때 파괴가 일어난다. 다른 섬유들은 더 높은 변형률에서 최대강도가 발생한다. 케블라는 2.7%이고 E-유리섬유는 3.8%이다. 복합재 안에서 모든 섬유가 서로 잘 어울리도록 하기 위해서는 총 변형률이 1.2%를 넘지 않도록 해야 한다. 이 말은 케블라의 경우 1.4*GPa* 가량, E-유리섬유는 0.4*GPa*의 강도로 섬유가 보유하고 있는 강도의 절반 정도를 사용할 수 있다는 뜻이다. 변형률과는 상관없이 재료가 가지는 최대강도만을 이용하게 되면, 구조가 최대하중을 받기 이전에 가장 강성이 높은 섬유부터 파괴가 일어나게 된다. 또는 다른 섬유는 최대 강도까지의 성능을 발휘하지 못하게 된다.

그림 13.10은 여러 복합재료의 전형적인 강도 물성치를 보여주고 있다. EG 적층은 통상의 수 적층 폴리에스테르/유리섬유 적층이고 다른 적층들은 에폭시 프리프레그이다. 프리프레그 적층은 생산자가 미리 섬유를 적절한 양의 수지로 적셔 둔 것(impregnate)으로, 이로 인해 높고 균일한 섬유비(fibre ratio)를 얻을 수 있다. 이 예에서 비는 60%인 반면 EG 적층은 37%이다.

프리프레그의 단점은 배의 건조자가 취급하기에 힘들다는 것이다. 낮은 온도에 저장을 해

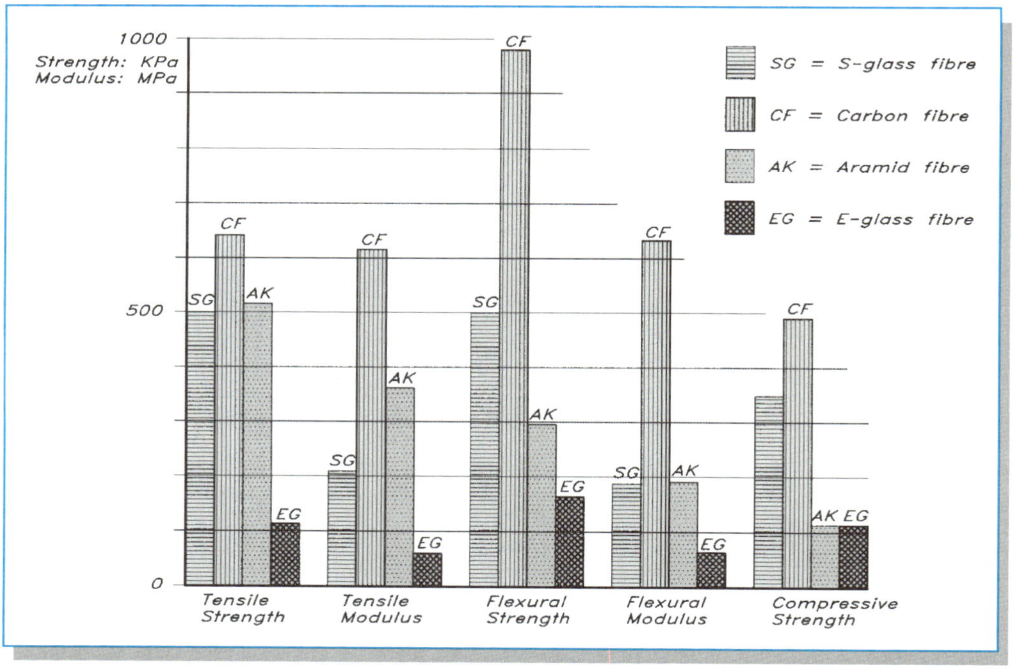

그림 13.10 복합재료의 전형적 물성치

야 사용 전 경화되는 것을 막을 수 있다. 적층을 할 때는 방향에 따라 맞춘 프리프레그를 몰드에 놓게 된다. 이 수순은 습식 적층에 비하면 여러모로 쾌적한데 이는 사실상 배출가스가 없고 끈적거리는 수지를 취급하지 않아도 되며 작업을 끝내야 하는 시간이 기존 방식보다 길기 때문이다. 프리프레그를 제 위치에 놓은 후 몰드 전체를 진공 백(vacuum bag)에 넣어 공기를 제거한 다음 적층을 굳힌다. 프리프레그를 경화시키는데는 열이 필요해서 전체 구조물을 오븐 속에 넣거나 또는 열 장판으로 덮는다. 온도 조절은 상당히 중요하며 온도와 유지하는 시간을 동시에 조절해야 한다. 최적의 프리프레그 시스템에는 경화 온도 60°가 필요하다.

복합재 적층의 전체 탄성계수를 계산하려면 복합재를 구성하는 각 재료의 탄성계수를 알아야 한다. 그림 13.11은 전체 탄성계수를 구하는 방법을 보여준다.

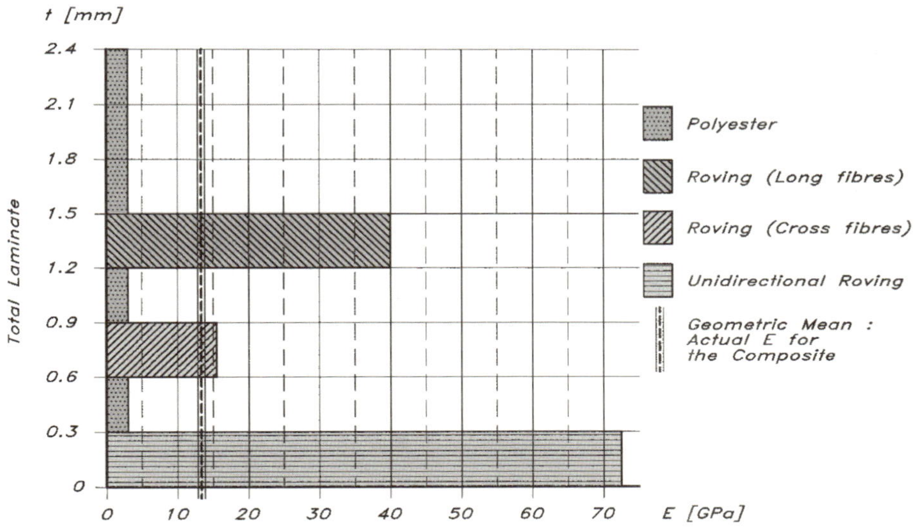

Actual E for the composite (E_{tot}):

$$E_{tot} = \frac{E_{poly} \cdot t_{poly} + E_{wrl} \cdot t_{wrl} + E_{wrt} \cdot t_{wrt} + E_{ud} \cdot t_{ud}}{t_{tot}}$$

E_{tot} = E-modulus of the total composite
E_{poly} = E-modulus of the resin used
t_{poly} = total thickness of the resin in the composite
E_{wrl} = E-modulus of long. fibres in the roving
t_{wrl} = thickness of long. fibres in the roving
E_{wrt} = E-modulus of transv. fibres in the roving
t_{wrt} = thickness of transv. fibres in the roving
E_{ud} = E-modulus of the unidirectional roving
t_{ud} = thickness of the unidirectional roving

그림 13.11 적층의 E-탄성계수

적층의 전체 탄성계수 E_{tot}는 각 재료의 탄성계수에 가중치를 둔 평균값으로, 가중치는 각 재료의 두께와 같다. 각 재료의 두께와 탄성계수를 곱한 후 더하고, 더한 전체 값을 전체 두께로 나누면 복합재 전체의 탄성계수를 얻게 된다. 이 예에서 섬유함유율은 37.5%이다. 즉, 수직축(두께 방향)에 비례한다. 수지비율을 줄일 수 있다면 전체 탄성계수는 거기에 상응해 늘어난다.

샌드위치(Sandwich)

요트를 샌드위치구조로 만드는 데는 세 가지 좋은 이유가 있다.

- 가볍다. 그러나 현실적인 문제를 고려하면 바깥쪽 외피는 너무 얇게 만들수가 없게 되는데 너무 얇게 하면 도킹이나 좌초, 조선소에서 배를 취급할때 충분한 강도가 나오지 않기 때문이다. 그래서 무게의 이점은 30ft(9m) 이하의 요트에서는 그리 나타나지 않는다.
- 샌드위치로 강화재료가 없는 구조를 만들 수 있는데 선체가 전적으로 자가 지지(self-supporting)가 되도록 할 수 있다. 이럴 경우 비례인자(scale factor)들이 역순으로 작용한다. 25ft(7.5m) 이상 되는 배를 선체 판넬만으로 완전히 자가 지지되도록 하려면 심재(core)와 외피(skin)에 매우 높은 요구조건이 부가된다.
- 몰드 없이 단 한 개(one-off)의 보트만 만들 수 있다. 이 내용은 후에 자세히 다룬다.

단일 적층와 비교했을 때 샌드위치의 가장 큰 장점은 무게의 증가 없이도 강도와 강성을 늘일 수 있다는 것이다. 그림 13.12는 이 장점을 보여주고 있다. 적층들의 전체 두께를 늘이지 않고 판넬의 전체 두께를 늘이면, 판넬 두께를 두 배로 늘일 때 강성은 일곱 배로 증가한다. 판넬을 네 배 두껍게 하면 단일 적층에 비해 강성은 37배 늘어난다.

강도는 각각 3.25배, 9.25배 늘어나는데 이때 무게는 거의 대동소이하다. 이 예에서의 심재(core)는 허니콤(honeycomb)인데 여기에 폼(foam)이나 발사(balsa) 나무 심재가 들어있으면 무게는 약간 더 늘어난다. 이렇게 강도와 강성이 급격하게 늘어나는 이유는 그림 13.13에 나타나 있다.

구조가 견뎌야 하는 임계하중, C_{crit}은 복합재의 탄성계수와 단면의 관성모멘트(moment of inertia)에 비례하고 시편 길이의 제곱에 반비례한다.

같은 길이 L인 두 판넬을 비교해보면, P_{crit}를 늘일 수 있는 유일한 방법은 보다 높은 탄

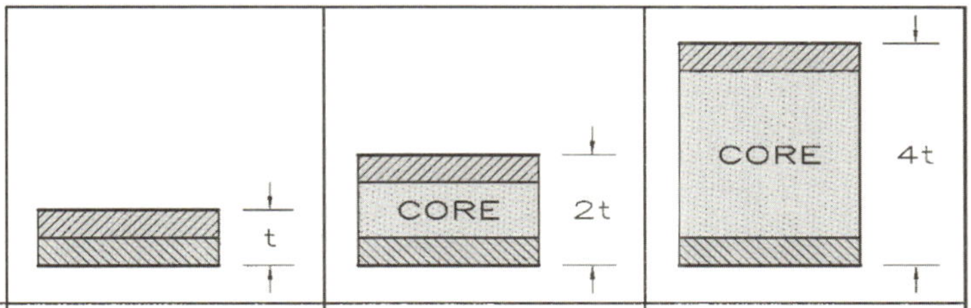

Relative Stiffness	100	700	3700
Relative Strength	100	350	925
Relative Weight	100	103	106

그림 13.12 샌드위치와 단판의 강도와 강성

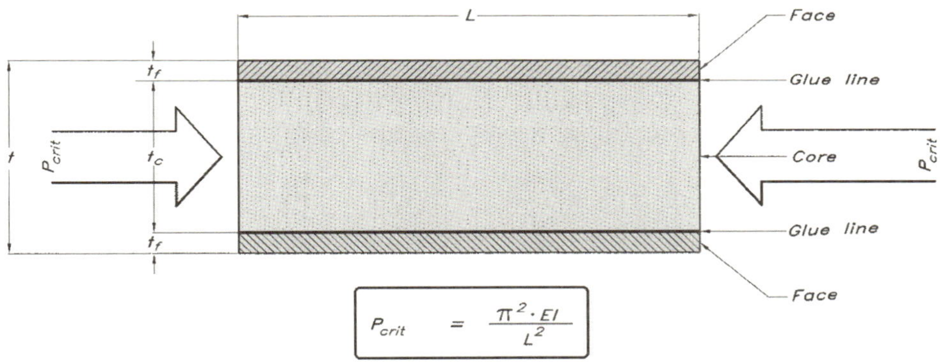

$$P_{crit} = \frac{\pi^2 \cdot EI}{L^2}$$

P_{crit} = Critical load
I = moment of inertia for the structure
$I = \frac{b \cdot t^3}{12}$ (b = 1)
E = Young's modulus
L = length of the structure

그림 13.13 샌드위치 구조의 임계 하중

성계수 E를 가지는 재료를 사용하거나 단면형상을 바꾸어 보다 높은 관성모멘트 I를 갖게 하는 것이다. 보다 나은 재료를 사용하여 탄성계수를 늘리는 것은 경제적인 관점은 차치하더라도 현실적인 한계가 있다. 나은 방법은 판넬의 I를 늘리는 것이다. 관성모멘트는 두께의 세제곱에 비례하기 때문에 판넬을 두껍게 하여 강성을 증가시키는 것은 어렵지 않다. 다만 무게를 늘리고 싶지 않기 때문에 샌드위치의 원리가 그 역할을 하게 된다. 적층을 외피(outer face)와 안쪽 외피(inner face)로 나누고 그 사이 공간을 가볍지만 구조적 역할을 할 수

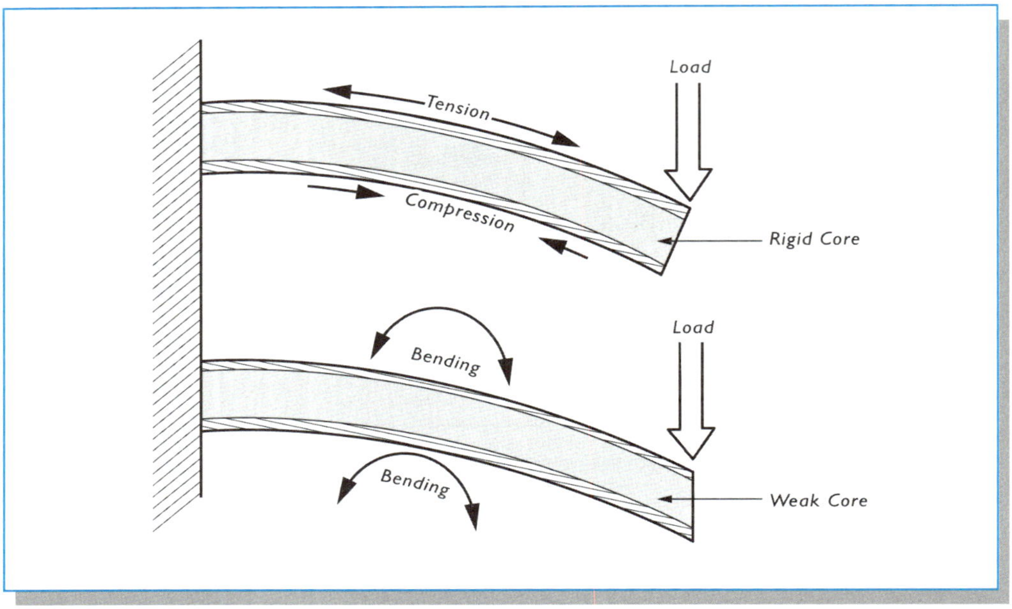

그림 13.14 강하고 약한 심재의 비교

있는 어떤 것으로 채워 넣으면 무게에 큰 변화 없이 전체 두께가 두꺼워지게 된다.

샌드위치에서 내/외피는 인장과 압축 응력을 담당한다. 외피의 국부적 굽힘 강성(flexural rigidity)이 매우 작기 때문에 현실적인 목적 하에서는 이를 무시할 수 있다. 따라서 적층은 인장/압축 하중을 담당하도록 특화된다. 외피는 또한 체결부들에 의한 국부하중도 담당한다. 하중이 높은 곳에서는 외피 치수는 연결부위의 전단력에 따라 결정되기 때문에, 하중을 받는 경우는 외피에 구멍을 뚫지 않는다.

심재는 몇 가지 중요한 기능을 가지고 있다. 우선 구조물에 하중이 가해졌을 때 심재는 충분한 강성을 가져 외피 사이 거리를 일정하게 유지해야 한다. 또한 전단에 대해서도 충분히 단단해서 외피들이 서로 미끄러지지 않도록 해야 한다. 심재의 전단강성(shear rigidity)은 외피들이 서로 연동되도록 한다. 만약 심재가 약하다면 외피들은 서로 연동이 되지 않아 굽힘에 대해 마치 서로 독립적인 판처럼 거동하게 된다. 국부 굽힘 강성이 작기 때문에, 샌드위치 효과는 사라지고 구조는 붕괴하게 된다(그림 13.14 참고). 외피와 심재가 같이 연동되게 하려면 외피/심재 조인트가 전단력을 전달할 수 있어야 한다. 그러나 전달 정도가 어느 수준이어야 하는지 수치적으로 말하기는 힘들다. 간단한 규칙으로 조인트는 심재와 같은 전단응력을 흡수해야 한다는 것이다.

샌드위치 원리에 대해 간단하게 알아보았듯이 샌드위치 구조는 여러 가지 좋은 효과를

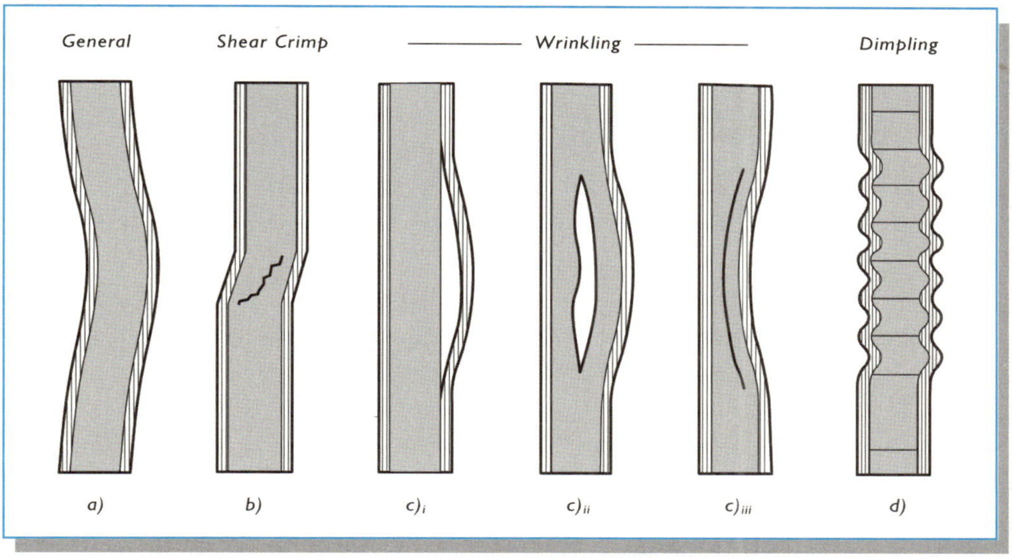

그림 13.15 샌드위치 좌굴 특성

만들고 있다. 한편 심재는 가장 복잡한 요구사항을 수행해야 한다. 여러 방향으로의 강도와 낮은 밀도뿐만 아니라 좌굴(buckling), 단열(insulation), 습기 흡수, 피로, 노화 등이 있다.

샌드위치의 각 요소들은 각각의 물성치를 가지고 있지만, 단일체로 거동한다. 각 부분들의 연동이 깨어지지 않는 것이 중요하다. 예를 들어 보강 프레임을 만드는 경우, 외피 재료와 같거나 작은 강도의 재료로 만들어야 한다. 그렇지 않으면 거의 대부분의 응력은 프레임 보강에 집중된다. 부착부위에서의 크랙은 샌드위치구조와 프레임구조 조합의 밸런스가 적절하지 못할 경우 발생한다.

∥ 전형적인 샌드위치 좌굴

샌드위치 심재의 일반적인 성질, 외피와 심재의 연동은 판넬 압축 시험을 통해 잘 이해할 수 있다. 판넬을 면에 수직 방향으로 압축을 가하여 좌굴 특성을 파악한다. 나타날 수 있는 결과들이 그림 13.15에 나타나 있다.

▣ (a) 좌굴

심재와 외피가 잘 연동하지만 판넬이 과도하게 가느다란(slender) 경우, 전체 구조가 굽는다. 좌굴이 우려되는 경우 취할 수 있는 사항은,

- 외피들을 보다 높은 탄성계수 재료로 한다.
- 외피의 두께를 늘인다.
- 심재를 보다 높은 전단탄성율 재료로 한다.
- 심재의 두께를 늘인다.

▣ (b) 전단파괴(shear crimp)

외피와 외피/심재 접합부는 충분히 튼튼하지만 심재는 전단방향으로 파괴된다. 임계파괴 하중을 높이기 위해서는;

- 심재의 두께를 늘인다.
- 전단탄성률이 높은 재료를 사용한다.

▣ (c) 윙클링(wrinkling)

심재는 압축을 받는 외피의 좌굴을 방지한다. 외피에서 압축응력이 어느 한계를 넘어서게 되면 심재는 더 이상 외피의 좌굴을 막을 수 없게 된다. 첫 번째로 외피와 심재의 접착이 강하지 못한 경우, 둘째로 심재가 인장을 못 견디는 경우, 셋째로 심재가 충분한 압축강도를 확보하지 못한 경우가 있다. 국부 윙클링(wrinkling)이 우려될 때는 다음과 같은 조치를 한다.

- 외피를 보다 높은 탄성율을 가지는 재료로 한다.
- 심재를 보다 높은 탄성 물성치를 가지는 재료로 한다.

▣ (d) 딤플링(dimpling)

심재가 허니콤으로 만들어진 경우, 외피와 심재는 오직 허니콤 셀 끝단(cell edge)에서만 접착이 된다. 외피가 압축을 받게 되면 셀의 빈 공간에서는 좌굴이 일어난다. 임계 딤플링 응력을 높이려면 다음과 같이 한다.

- 외피를 보다 높은 탄성율을 가지는 재료로 한다.
- 외피를 두껍게 한다.
- 심재 셀의 사이즈가 작은 재료로 한다.

‖ 샌드위치의 굽힘

보트 판넬의 수직 하중 조건은 굽힘 상태에서 일어난다. 그림 13.16은 샌드위치 보의 응력 분포와 그 정도를 보여준다. 식에서 f는 외피를, c는 심재를 뜻한다. 그림에서 보듯 외피는 수직력을, 심재는 전단력을 담당한다. 외피의 관성모멘트 I_0는 매우 작아 무시할 수 있다. 전체 관성모멘트 I_b는 전체 단면의 관성모멘트로 $I_b = A_f d^2/2$가 된다. 즉, 전체 관성모멘트는 플랜지(flange) 면적과 외피의 두께, 샌드위치 두께의 제곱에 비례한다.

외피에서 수직응력은 $\sigma_f = P/A_f$로 단순화할 수 있으며 하중을 담당하는 능력은 플랜지의 면적과 외피의 두께에 직접적으로 비례함을 알 수 있다.

$E_c \ll E_f$, $t_f \ll t_c$일 때 수직, 전단 응력의 분포.
외피 자체의 관성모멘트는 작아서 무시할 수 있다 :

$$Ib = 2 \cdot b \cdot tf \cdot \left(\frac{tc+tf}{2}\right)^2 = b \cdot tf \cdot \frac{d^2}{2}$$

but $b \cdot tf = Af$ = Cross Section Area of the Face

$Ib = Af \cdot \frac{d^2}{2}$, and the normal stress becomes:

$$\sigma = \frac{M \cdot d \cdot 2}{Af \cdot d^2 \cdot 2} = \frac{M}{Af \cdot d} = \frac{P}{Af}$$

The shear stress is calculated from:

$$\tau = \frac{Q \cdot b \cdot tf \cdot d}{Ib \cdot 2 \cdot b} = \frac{Q}{b \cdot d}$$

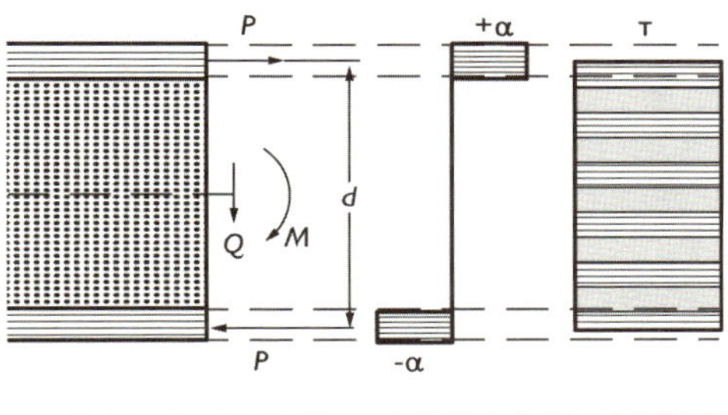

Ec = Elastic Modulus of Core
Ef = Elastic Modulus of Face
tc = Thickness of Core
tf = Thickness of Face
b = Width of Beam

그림 13.16 샌드위치 보의 응력

만약 심재가 약해 샌드위치 굽힘 강성에 기여를 못 하는 경우—안전관점에서 대부분의 경우 이러하리라 가정한다—전단응력이 심재의 두께 방향으로 일정한 것으로 간주한다. 여기에 더해 심재와 외피 각각의 축에 대한 굽힘 강성을 무시할 수 있다면(I_0 = 작음), 전단응력 τ_c는 $\tau_c = Q(bd)$가 되는데 이는 전단응력이 심재 두께에 반비례함을 뜻한다.

심재가 각 외피보다 최소 5.77배 두껍고 외피의 탄성율이 심재보다 훨씬 높은 경우, 이 단순화는 2~3% 정도의 전체 에러를 발생시킨다.

샌드위치 실무

지금까지 샌드위치 설계에 관한 원론들을 이야기하였다. 실무적인 차원에서는 어떤 재료를 선택할 것인가 하는 문제가 있게 된다. 외피의 경우 인장과 압축력만 받고 단일 솔리드 판넬에 비해 두께는 그리 중요한 사항이 못되기에 방향성을 가지는 섬유나 최신 섬유를 적층에 사용하면 된다.

반면 심재의 경우, 논란의 여지는 있어도, 더 많은 요구조건을 받게 된다. 그림 13.17에는 심재 재료들의 요구조건에 따른 순위가 표로 나타나 있다. 순위에 가중치는 두지 않았기에 심재 재료를 선택할 때 우선순위를 결정해야 한다. 보트 건조에서 가장 많이 쓰이는 심재 재료는 발사(balsa)와 리니어 또는 크로스-링크 PVC 폼(linear PVC foam, cross-linked PVC

Demands	Plywood	Balsa	Poly Urethane	Linear PVC	Cross-Linked PVC
Light Weight	−1	2	2	2	2
Water Absorb.	0	−1	0	2	2
Shear Strength	2	2	0	1	1
Fatigue	2	2	−1	2	2
Impact Strength	2	1	−1	1	0
Adhesion	2	2	1	0	2
Heat Resist.	2	2	1	1	1
Therm.Insul.	1	2	2	2	2
Fire Resist.	−1	−1	0	2	2
Ageing, rot	−1	−1	2	2	2
Water Resist.	0	0	0	1	2
Repair	0	0	0	0	0
Economy	0	2	1	0	0
SUM	**8**	**12**	**8**	**17**	**18**

−1 = Poor
0 = Adequate
1 = Good
2 = Excellent

그림 13.17 심재의 요구사항과 장단점

foam)이 있다. 가장 잘 알려진 리니어(linear) 형식은 에어렉스(Airex), 크로스 링크 형식은 디비니쎌(Divinycell), 클레지쎌/터만토(Klegecell/Termanto)가 있다. 최근 두 형식을 하나로 만든 '혼합 리니어/크로스 링크' 형식도 개발되었는데, 충격 물성치가 좋은 리니어 형식과 전단 물성치가 좋은 크로스 링크 형식을 융합한 것이다.

암몰드(female mould)에서 샌드위치 선체를 만들 때 생길 수 있는 문제가 그림 13.18에 나타나 있다. 곡선이 진 몰드에 심재작업을 위해 심재재료를 작은 사각형으로 나눈 다음 한쪽 면에 유리섬유 천에 붙인 제품이 있다. 나누어져 있는 이 작은 사각형 심재 사이의 틈를 제대로 접착하지 않으면 심재의 전단 물성치가 약 25%까지 급격하게 떨어진다. 보통 보트 건조자는 심재조각(core cubes) 사이의 틈 접착을 수지가 흘러들어 접착하는데 의존한다. 여러 가지 결점이 생긴다. 첫째로 틈새(voids)가 완전히 메워졌는지 확신을 할 수 없다는 것, 둘째로 외피 사이에서 딱딱한 부분이 발생하는데 이는 판넬을 충격력에 취약하게 한다는 것이다. 셋째로 수지가 과도하게 주입되어 무게가 늘어난다는 점이다.

몰드에서 적층할 때 생기는 이런 문제를 피하기 위한 방법으로 틈새를 마이크로발룬 필러(microballoon filler)로 채워 넣는 방법이다. 이때 필러는 심재 재료와 비슷한 강도와 강성을 가져야 한다. 틈새를 채운 후 심재에 진공을 가해 필러가 밀착되며 이미 경화된 바깥 외피로 퍼져 나간다. 다른 방법으로는 샌드위치를 적층하여 경화시킨 후 심재의 빈틈에 필러를 주입하는 방법이 있다.

심재와 외피의 좋은 접착을 얻기 위해 심재에 속경화수지(fast setting resin)를 도포하면 심

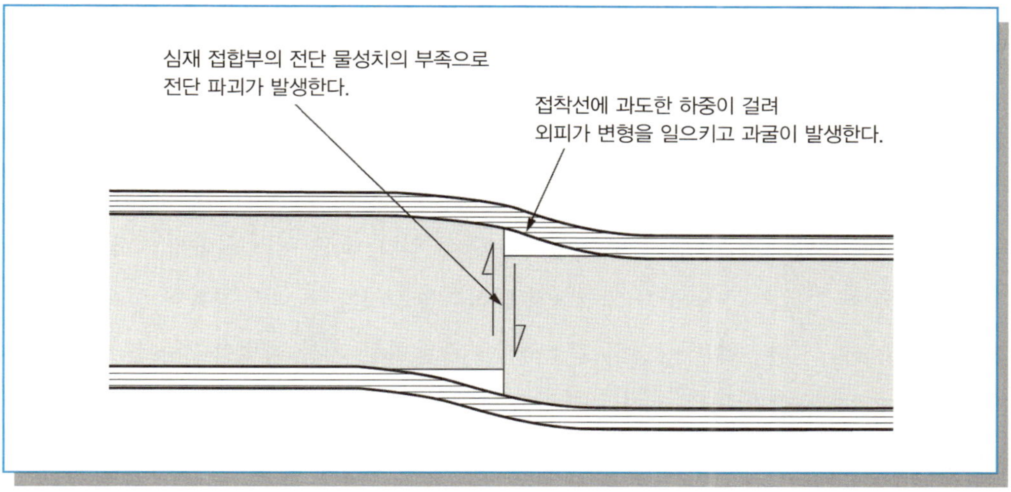

그림 13.18 불충분한 심재 연결

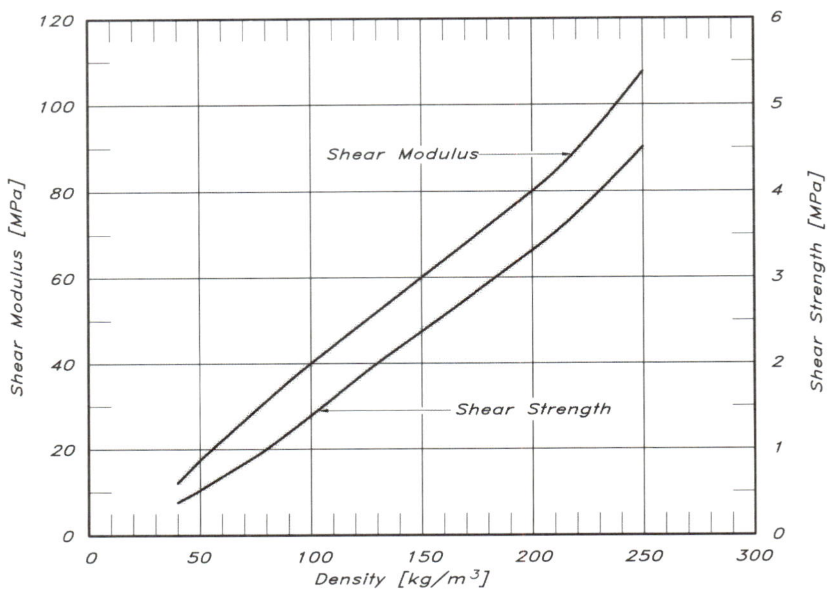

그림 13.19 Cross-linked PVC 심재의 전단 물성치

재 위에 다른 적층을 하기 전에 이미 일부 경화가 된다. 이는 적층와 심재 사이에 수지가 모자라는 부분(starvation spot)을 없애기 위함이다.

PVC 폼의 전단 물성치는 거의 밀도에 비례한다. 그림 13.19에는 전단강도와 전단탄성율을 관계를 보여준다. 우리는 이 다이어그램을 이용해, 샌드위치 판넬의 치수를 결정할 때 적절한 심재재료를 선택할 수 있다. 이 부분은 뒷장에서 다룬다.

‖ 기타

이 장과 ISO 표준에서 언급된 간단한 계산 방법은 샌드위치 외피가 얇고 판넬의 곡률이 심하지 않으며 변형이 작을 때, 훌륭하게 사용할 수 있다. 최근 여러 실험에 의하면 샌드위치 판넬의 굽힘 거동은 곡률에 따라 상당히 달라짐을 보였다. 심재의 곡률이 증가하면서(평판넬의 80%까지) 전단응력은 상당히 감소하기에 단순화된 계산 방법을 사용할 때 안전계수를 늘려야 한다. 단판 판넬(single-skin panel)의 변형은 판 두께의 반 이상이 되면(선저 판넬에서는 종종 발생한다) 멤브레인 효과(membrane effect)를 고려해서 비선형 해석(non-linear analysis)이 필요하게 된다. 여기서는 직관적 법칙이 더 이상 통용되지 않는다. 그림 13.20은

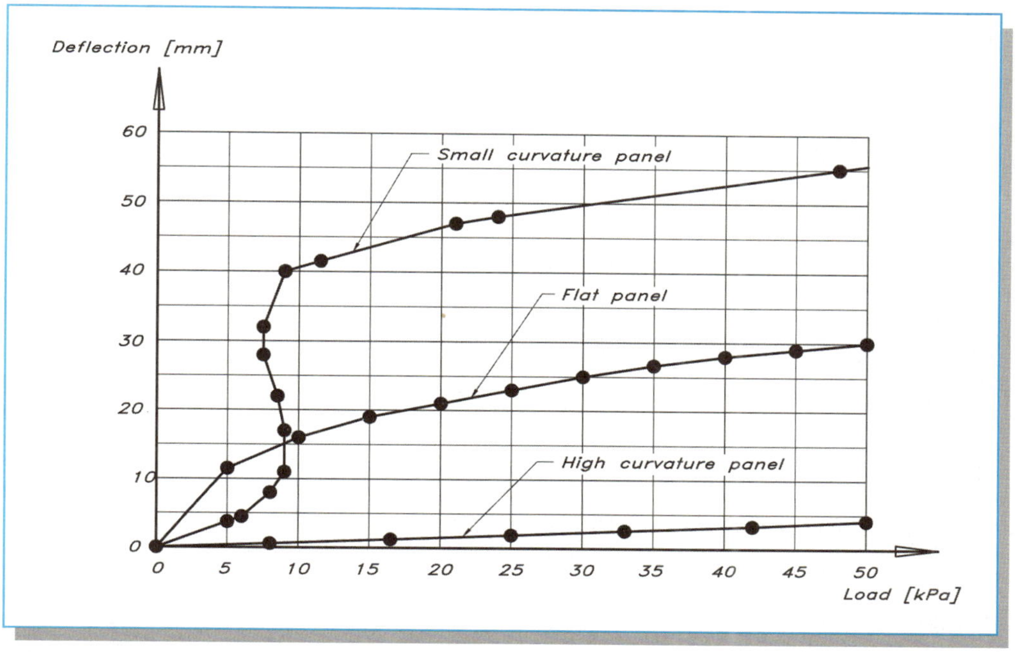

그림 13.20 샌드위치 판넬의 굽힘 거동

같은 방식으로 적층된, 곡률이 다른 세 개 판넬의 하중에 대한 변형 거동을 보여주고 있다. 모두 샌드위치 판넬이며 전체 두께는 21.4mm이다.

평 판넬의 비선형 거동은 상당히 선명하다. 그러나 곡률이 있는 판넬($A/s = 0.022$)의 변형은 하중을 증가시키지 않아도 변형이 증가한다. 더 높은 곡률의 판넬($A/s = 0.065$)은 거의 선형적 거동을 보이며 강성은 평판보다 상당히 높다.

또 다른 것으로는 하중의 비정확성(non-exactness)에 관한 것이다. 다음 장 구조치수의 결정에서 보게 되듯이 판넬의 크기는 어떤 하중을 적용할 것인가를 결정할 때 상당히 중요한 역할을 한다. 일반적으로 말해 판넬을 크게 하여 단위 면적당 하중을 줄일 수 있는데 이는 설계하중의 큰 부분은 슬래밍 하중과 관련이 있기 때문이다. 슬래밍 하중은 시간과 면적에 있어 한계가 있어 전체 판넬에 일정 압력으로 작용하지는 않는다.

YACHT

구조치수의 결정

ISO 표준의 구조 / 선형 정의(Hull Definition) / 기본 적층(Basic Laminate)
선저의 설계 하중(Design Loads for the Bottom) / 상부 설계 하중(Design Loads for Topsides)
갑판, 선루 및 격벽의 설계 하중 / 내부구조의 설계하중
종 방향 충격 분포 인자(Longitudinal Impact Distribution Factor)
면적감소인자(Area Reduction Factor) / 판넬 계산 / 보강부재 계산
스페이드 타 축(Spade Rudder Stock) / 체인플레이트와 킬 볼트(Chainplate and Keelbolt)
샌드위치 설계 / YD-41의 구조 치수 결정

14

DESIGN

14. 구조치수의 결정

우리는 앞장에서 하중의 종류와 그 결과가 설계에 끼치는 영향을 살펴보았다. 매우 복잡한 하중 사이의 상호작용과 강도요구로 인해 직접 계산으로 배의 구조치수(scantling)를 결정하는 것은 어려운 일이다. 이러한 이유로 여러 선급에서는 공식화된 구조규칙을 가지고 있으며 이러한 규칙으로부터 배의 사용 의도에 따라 치수를 구할 수 있다. 여가용 배(pleasure boat)의 경우 ISO 표준(ISO standard)이 계속 만들어지고 있으며 길이 24m 이하의 배에 대해서 선급의 규정을 대체할 것이다. 이 표준은 아직 완결되지 않았지만 구조부분은 크게 ABS 표준(Ocean Racing Yacht guide, ORY 1994), 모터 요트 가이드(MY2000)와 NBS-VTT 확대 규정(1997), 두 규정을 기초로 한다. 이런 변화는 ISO 표준이 EU(European Union)와 공조 하에 강제조항이 되어, 24m 이하의 배를 EU에 판매할 때는, 선급의 규정과는 상관이 없어지기 때문이다. 그렇다고 선급의 규정이 유효하지 않다는 말은 아니며 다만 유럽에 보트를 판매하기 위해서는 선급의 규칙이 아닌 ISO 표준에 부합해야 한다는 뜻이다. 이 장에서는 ISO 표준 12215에 대해 살펴볼 것이다. 표준의 모든 면을 살펴볼 수는 없고 다만 유리섬유 강화플라스틱을 다루는 부분에 집중할 것이다. 세세한 내용이 빠져 있거나 ISO 표준이 아직 완성되지 않은 부분은 ABS나 VTT 안내서(guide)의 연관된 부분을 사용하여 유리섬유 강화플라스틱으로 만들어지는 배의 구조치수 계산을 할 것이다. 킬, 체인 플레이트, 타 등이 부착되는 영역은 ISO 표준이 아직 초기 단계이기 때문에 ABS 지침(guideline)이나 공학적 관례를 따를 것이다.

‖ ISO 표준의 구조

ISO 표준은 최근에 발간되기 시작했으며, 고려해야 하는 하중, 사용하는 재료의 물성치, 적용해야 할 안전계수 등에 대해 명확하게 정의하고 있다. 자연스럽게 기존의 오래된 규칙들도 이런 점들을 고려하기 시작하였지만 상수나 수식 등의 형태로 숨겨져 있기 때문에 정

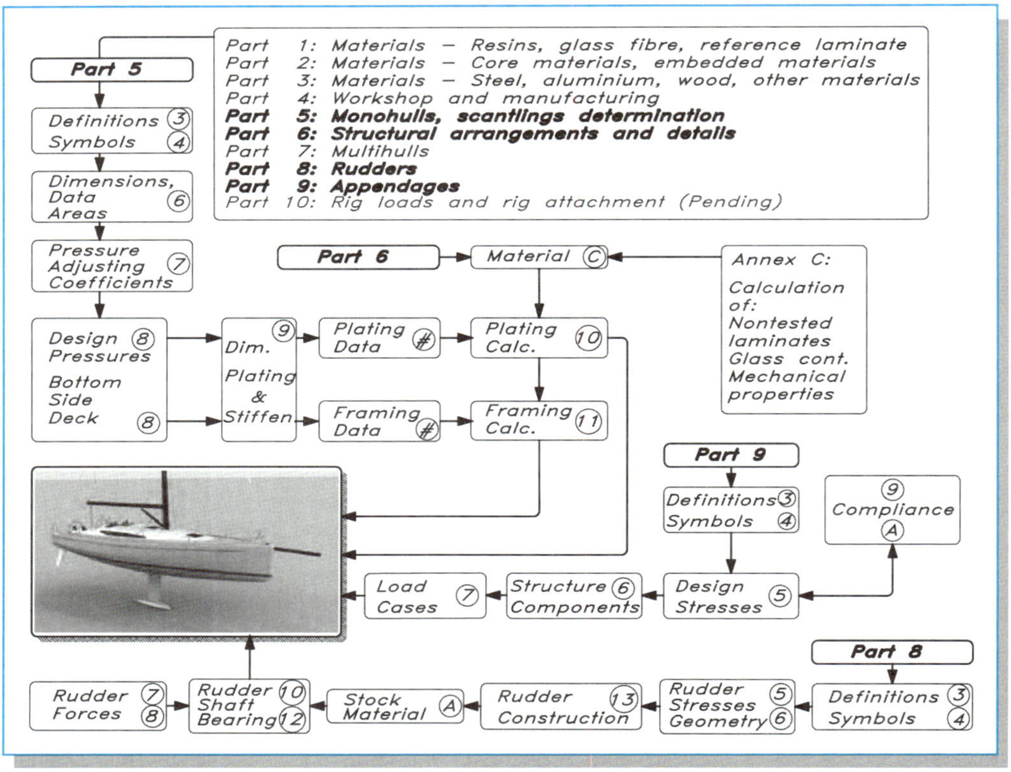

그림 14.1 ISO 구조설계 표준

확하게 무슨 일이 벌어지고 있는가를 알기가 힘들다. 오래된 선급의 규칙이나 국가표준과 비교해 보면, 규칙과 표준이 권고하는 선체의 하중과 구조 치수 등에 있어 많은 차이를 보이기에 범용적으로 사용하기에는 한계가 있다. 이에 따라 ISO 표준이 세계적으로 사용되고 있는 것이다. 이 표준은 현재의 여러 규칙에 대한 구조설계 평가의 도구이기도 하다. 그럼에도 여러 규칙들은 국제적으로 서로 다르기 때문에 ISO 표준은 이러한 규약들의 최소점으로 설정되었다.

구조설계 요구사항은 기본적으로 적절한 강도를 제공하는데 기본을 두고 있다. 사용성(serviceability)에 관한 사안 즉, 정상적인 하중 상태에서의 변형, 전체 강도(global strength), 이와 연관된 외판과 갑판의 안정성(stability) 등은 설명이 없다. 이 표준은 완전한 구조 설계 절차서가 아니고 추가적 고찰로 보충해야 하는 기준을 나타낸 것이다.

ISO 표준에서의 설계압력은 오직 ISO 표준의 공식들에서만 사용해야 한다.

이 표준에 따른 치수결정은, 좋은 선박운용술로 배를 올바르게 운용하며, 해상상태에 적절한 속도로 조종한다고 가정했을 때, 현재의 모든 규칙을 반영하는 것으로 한다.

그림 14.1은 표준에 따라 어떻게 일이 진행되는지를 보여준다. 표준은 아홉 개 파트로 되어 있다. 첫 세 파트는 재료와 재료의 최소 요구 물성치를, 파트 4는 공장의 조건, 재료의 저장과 취급, 배의 건조에 필요한 요구사항 등이 나타나 있다. 다섯 번째 파트는 우리가 앞으로 이야기할 "소형선–선체 건조/구조치수–파트 5 : 설계 압력, 허용 응력, 구조 치수 결정(Small craft–hull construction/scantlings–Part 5 : design pressure, allowable stresses, scantling determination)"이다.

파트 5의 첫 단락은 일의 범위에 대해 이야기하고 있다. ISO 12215의 이 파트는 ISO 8666에 따른 선체길이(L_H) 2.5m에서 24m 사이, 유리강화플라스틱, 알루미늄 또는 강 합금(steel alloy), 접착 목재(glued wood), 그 외 보트건조에 적절한 재료로 건조되는 배의 설계 압력과 응력, 구조부재의 치수를 결정하는데 적용되며 단동소형선의 내부구조부재(internal structural members)를 포함한다. 자세한 구조치수를 구하기 위해는 파트 5와 파트 6을 같이 병행한다. 파트 8은 타를, 파트 9는 선체 부가물, 파트 10은 리그의 체결에 사용한다. ISO 표준에서 정보를 얻지 못하는 경우 ABS, VTT 또는 산업 규칙을 이용할 것이다. 그림 14.1과 파트 5, 6을 보면 상자 안에 원 번호가 있는데 이는 표준의 섹션(section)를 표시하며 #표시는 실제 설계로부터의 데이터를 말한다.

표준에서는 어떤 도면들이 필요할 것인가에 대해 명확히 말하지는 않지만, 일반적으로 아래와 같은 도면들과 계산서는 필수적이며 배가 구조설계 요구사항을 만족함을 보여야 한다. 소형선에서는 설계, 건조가 단순하여 관련 서류의 양이 방대하진 않지만 길이가 증가함에 따라—예를 들면 10m 이상—복잡해지기 때문에 아래 도면이나 서류 외에 추가로 적절한 서류들이 필요하게 된다. 전형적인 도면 세트는 아래와 같다.

- 프레임 단면 (framing section)
- 선저구조, 플로어, 거더 등 (bottom construction, floor, girder etc)
- 외판 전개도 (shell expansion)
- 갑판 및 조종실 (deck and cockpit)
- 기둥 (pillars)
- 수밀격벽, 탱크 격벽 (watertight and tank bulkhead)
- 격벽, 선반, 침대 등이 구조적 지지를 하는 경우 (non-tight bulkhead, shelves, bunks which are glassed-in and used as structural support)
- 선미 프레임 및 타 (stern frame and rudder)

- 킬 볼트와 체인플레이트 연결부 (keelbolt and chainplate connections)
- 조종 장비 (steering gear)
- 선실 코치루프, 측면 및 끝단 부 (cabin coach roof, sides and ends)
- 선체, 갑판, 선루부의 개폐 기구 (closing appliances for hull, deck and superstructure)

여기서부터는 정의에 대해 알아본다. 섹션 3에는 설계 범주(A에서 D까지)와 배의 크기에 대해 정의하고 있다. 정의를 마치면, 부속서(annex) C로부터 FRP 적층의 물성치를 택한다. 그림 14.2는 시험을 거치지 않은 유리섬유 적층의 기계적 물성치와 두께를 계산하는 방법을 보여준다. 그림 14.2에서 얻은 수치들을 이용하기 위해서는 두 가지 조건이 필요하다.

Properties	Values, N/mm^2	
Hand laminated Chopped Strand Mat (CSM), (WR) and (MDR)		
Ultimate tensile strength, σ_{ut}	$800 \cdot Wf^2 - 80 \cdot Wf + 37$	
Ultimate compressive strength, σ_{uc}	$150 \cdot Wf + 72$	
Inplane modulus, E	$38000 \cdot Wf - 5000$	
Ultimate flexural strength, σ_{uf}	$502 \cdot Wf^2 + 107$	
Ultimate inplane shear strength, τ_u	$80 \cdot Wf + 38$	
Inplane shear modulus, G	$1700 \cdot Wf + 2240$	
Sprayed Chopped Strand Mat		
Ultimate tensile strength, σ_{ut}	$150 \cdot Wf + 25$	
Ultimate flexural strength, σ_{uf}	$300 \cdot Wf^2 + 107$	
Other properties for sprayed CSM to be obtained from equations above		
Unidirectional (UD) reinforcement		
	Parallel to fibres	Perpendicular to fibres
Inplane modulus, E	$46600 \cdot Wf^2 + 7200 \cdot Wf + 7250$	$48600 \cdot Wf^2 - 39000 \cdot Wf + 12500$
Ultimate tensile strength, σ_{ut}	$880\ Wf^2 - 140 \cdot Wf + 140$	42 MPa
Ultimate compressive strength, σ_{uc}	$250 \cdot Wf + 190$	105 MPa
Inplane shear modulus, G	$14380 \cdot Wf^2 - 10560 \cdot Wf + 3840$	
Ultimate inplane shear strength, τ_u	50 MPa	
Major Poisson ratio, υ_{12}	0.3	

Reinforcement type	Glass content by mass, ratio		
	Open mould		Vacuum bag
	Simple surface	Complex surface	
Chopped sprayed up	0.30	0.25	(0.36)
CSM hand lay up	0.30	0.25	(0.36)
Woven Roving (WR)	0.48	0.36	0.58
Roving-Mat Combi.	0.46−0.18R	0.35−0.11R	0.56−0.22R
Multidirectional (MDR)	0.50	0.38	0.60
Unidirectional (UD)	0.55	0.41	0.66

유리의 무게 함유율을 모르는 경우 0.8을 곱한다.

Glass ply thickness, t : [mm]

$$t = (w/3.072) \cdot (2.56/Wf - 1.36)$$

w = fibre mass, kg/m^2
Wf = glass content by mass, ratio

Fibre weight if thickness is known:

$$w = (3.072 \cdot t)/(2.56/Wf - 1.36)$$

단순면은 함침이 수월한 경우를 뜻하며 선각, 갑판, 조종칸 바닥 등이 해당된다. 복잡면은 함침이 쉽지 않은 경우로 코밍, 보강부재, 트레이 몰딩 등이 그 예이다.

R = total mass of CSM(kg/m^2)/total weight of glass (CSM&WR) [ratio]

그림 14.2a 유리 적층판의 물성치(ISO 12215-5의 부록 C)

Properties	Values, N/mm^2	
Hand laminated (WR) and (MDR 0/90) reinforcement Aramid Fibre in compatible resin		
Ultimate tensile strength, σ_{ut}	$720\ Wf - 10$	
Ultimate compressive strength, σ_{uc}	$250 \cdot Wf$	
Inplane modulus, E	$50000 \cdot Wf + 750$	
Ultimate inplane shear strength, τ_u	45	
Inplane shear modulus, G	3400	
Major Poisson ratio, υ_{12}	0.05	
Unidirectional (UD) reinforcement		
	Parallel to fibres	Perpendicular to fibres
Inplane modulus, E	$103000 \cdot Wf - 1400$	$720 \cdot Wf + 2600$
Ultimate tensile strength, σ_{ut}	$1400 \cdot Wf - 20$	$12 \cdot Wf + 20$
Ultimate compressive strength, σ_{uc}	$340 \cdot Wf$	$30 \cdot Wf + 50$
Inplane shear modulus, G	$6900 \cdot Wf^2 - 2250 \cdot Wf + 1800$	
Ultimate inplane shear strength, τ_u	$100 \cdot Wf^2 - 32 \cdot Wf + 25$	
Major Poisson ratio, υ_{12}	0.4	
Ultimate flexural strength, σ_{uf}	$2.5 \cdot \sigma_{ut} / (1 + \sigma_{ut}/\sigma_{uc})$	

Reinforcement type	Aramid content by mass, ratio		
	Open mould		Vacuum bag
	Simple surface	Complex surface	
Multidirectional (MDR)	0.365	0.231	0.460
Unidirectional (UD)	0.413	0.280	0.517

Aramid ply thickness, t : [mm]

$$t = (w/1.740) \cdot (1.45/Wf - 0.25)$$

w = fibre mass, kg/m^2

Wf = armid content by mass, ratio

Fibre weight if thickness is known:

$$w = (1.740 \cdot t)/(1.45/Wf - 0.25)$$

Properties	Values, N/mm^2	
Hand laminated (WR) and (MDR 0/90) reinforcement Carbon Fibre in compatible resin		
Ultimate tensile strength, σ_{ut}	$990 \cdot Wf - 90$	
Ultimate compressive strength, σ_{uc}	$610 \cdot Wf - 55$	
Inplane modulus, E	$100000 \cdot Wf - 9000$	
Ultimate inplane shear strength, τ_u	$40 \cdot Wf + 31$	
Inplane shear modulus, G	5100	
Major Poisson ratio, υ_{12}	0.05	
Uni-directional (UD) reinforcement		
	Parallel to fibres	Perpendicular to fibres
Inplane modulus, E	$2000 \cdot Wf - 200$	$720 \cdot Wf + 2600$
Ultimate tensile strength, σ_{ut}	$1100 \cdot Wf - 110$	$12 \cdot Wf + 20$
Ultimate compressive strength, σ_{uc}	$340 \cdot Wf$	$30 \cdot Wf + 50$
Inplane shear modulus, G	$22000 \cdot Wf^2 - 17300 \cdot Wf + 5700$	
Ultimate inplane shear strength, τ_u	$310 \cdot Wf^2 - 240 \cdot Wf + 80$	
Major Poisson ratio, υ_{12}	0.32	
Ultimate flexural strength, σ_{uf}	$2.5 \cdot \sigma_{ut} / (1 + \sigma_{ut}/\sigma_{uc})$	

Reinforcement type	Carbon content by mass, ratio		
	Open mould		Vacuum bag
	Simple surface	Complex surface	
Multidirectional (MDR)	0.415	0.296	0.514
Unidirectional (UD)	0.465	0.326	0.573

Carbon ply thickness, t : [mm]

$$t = (w/2.160) \cdot (1.80/Wf - 0.60)$$

w = fibre mass, kg/m^2

Wf = aramid content by mass, ratio

Fibre weight if thickness is known:

$$w = (2.160 \cdot t)/(1.80/Wf - 0.60)$$

그림 14.2b 아라미드/탄소 적층판의 물성치(ISO 12215-5의 부록 C)

1. 섬유 무게 함유량은 최소 직접 계측을 하며 때때로 수지 연소 방법으로 임의 추출검사를 한다.
2. 인정된 시험 표준으로 하는 임의 추출 검사 결과가 그림 14.2에 나와 있는 수치에 맞거나 능가하는 경우, 기계적 시험을 체계적으로 하지 않아도 된다.

유리섬유 무게 함유량이 계측되지 않았거나 기계적인 시험을 하지 않은 경우, 그림 14.2의 수치에 계수 0.80을 곱한다.

섹션 4에서는 규칙에 사용된 기호, 계수, 매개 변수 등이 나타나 있다. 이 장에서는 관련된 기호와 변수를 해당 그림에서 나타내었다.

섹션 5에는 구조치수 결정과정의 일반을 다루고 있다. 길이 2.5*m*에서 24*m* 사이의 모든 배에는 섹션 6에서 섹션 11까지가 적용된다. 길이가 최대 12*m*이고 설계 범주가 C와 D인 배는 부속서 A.1처럼 단순화된 방법을 사용할 수 있다. 최대길이 6*m*이고 FRP 단일 외피(single skin) 선저로 된 배는 부속서 B와 같이 낙하시험(drop test)를 할 수 있다. 이 장에서는 단순화된 방법 대신 표준의 주 내용을 다룰 것이다.

섹션 6은 구조치수 계산을 하기 위해 필요한 치수들과 관련 데이터들이 나와 있다.

섹션 7은 설계, 배의 종류, 위치 등, 최종 설계 압력 계산을 위한 관련 압력과 계수들을 다룬다. 각 계수들은 공식과 함께 나타나 있다.

섹션 8은 세일 또는 파워 보트의 위치별 설계 압력 결정 방법을 보여준다.

섹션 9는 판넬(plating panel)과 보강부재(stiffeners)를 어떻게 정하는지 기술한다.

섹션 10은 선각과 갑판 판넬의 실제 구조치수공식을 다룬다.

선각을 계산한 후 섹션 11에 따라 프레임 계산을 할 수 있다. 보강부재를 계산하기에 앞서 판과 프레임의 상호작용에 대해 알 필요가 있다. 이 말은 보강부재에 붙어 있는 판의 유효 폭(effective width)을 계산한다는 뜻이다.

마지막으로 섹션 12는 사용 설명서(owner's manual)에 무엇이 포함되어야 하는지를 정의한다.

파트 8은 타의 치수에 관해 다룬다. 다섯 종류의 타가 있는데 1) 스케그가 없는 스페이드(spade) 타, 2) 선저와 타 끝 사이를 핀틀로 스케그에 붙인 반(semi) 스페이드 타, 3) 좁은 폭의 스케그와 타, 4) 넓은 폭의 스케그와 타, 5) 선저와 타 끝 사이를 핀틀로 부분 스케그에 붙인 타이다. YD-41은 1형식의 타로 그림 14.15에 따라 계산한다.

파트 9는 세일보트의 부가물, 킬 관련 계산과 결속 방법에 대해 다룬다. 여섯 종류의 하중이 정의되어 있다. 1) 고정 킬 90° 녹다운, 2) 캔팅 킬, 3) 수직방향 충격(pounding), 4) 종 방향 충격(impact), 5) 딩기 전복 복원(capsize recovery), 6) 센터보드 풍상이 그것이다. YD-41의 경우 하중 1, 4가 관련되어 있다. 한 예가 그림 14.16 (b)에 있으며 킬 볼트 계산 방법이 포함되어 있다.

ISO 표준은 체인플레이트의 치수 선정에 대한 내용은 없다. 그 이유는 이 부분을 해결하는 방법은 워낙 많기 때문에 사실상 구조 규칙에서 이 모든 것을 다루기가 불가능하기 때문이다. 대신 한 예를 그림 14.16 (a)에서 다루었다.

‖ 선형 정의(Hull Definition)

그림 14.3은 구조계산을 하기 위해 알아야 할 치수들을 보여준다.

- L_H = 선체 길이로 볼트로 체결된 확장부, 바우스프릿(bowsprit), 선수 피팅(stem fitting)류 등는 제외한다. [m]
- L_{WL} = 만재상태에서의 수선 길이 [m]
- B_H = 선체 폭으로 볼트로 체결된 확장부는 제외한다. [m]
- B_{WL} = 수선 폭 [m]
- B_c = 챠인 폭 [m]
- T_c = 부가물을 제외한 나선(canoe body)이 잠긴 깊이로 선저부 가장 깊은 곳에서부터 최대 흘수선까지의 수직 길이이다. [m]
- D = 선체의 최대 깊이 [m]
- V = m_{LDC}상태에서의 평수 중 최대속력 [노트], 이 속도는 $2.36L_{WL}^{0.5}$보다 작아서는 안 된다.
- T = L_{WL} 밑으로 킬의 흘수 [m]
- m_{LDC} = 배수량 [kg]
- ∇ = 배수용적 [m^3]
- β = 선저구배, 데드라이즈 각도(deadrise angle)로 선미로부터 $0.4L_{WL}$ 앞쪽 위치에서의 값이다. 그림 14.3에서 보듯이 10°와 30° 사이 값이다.

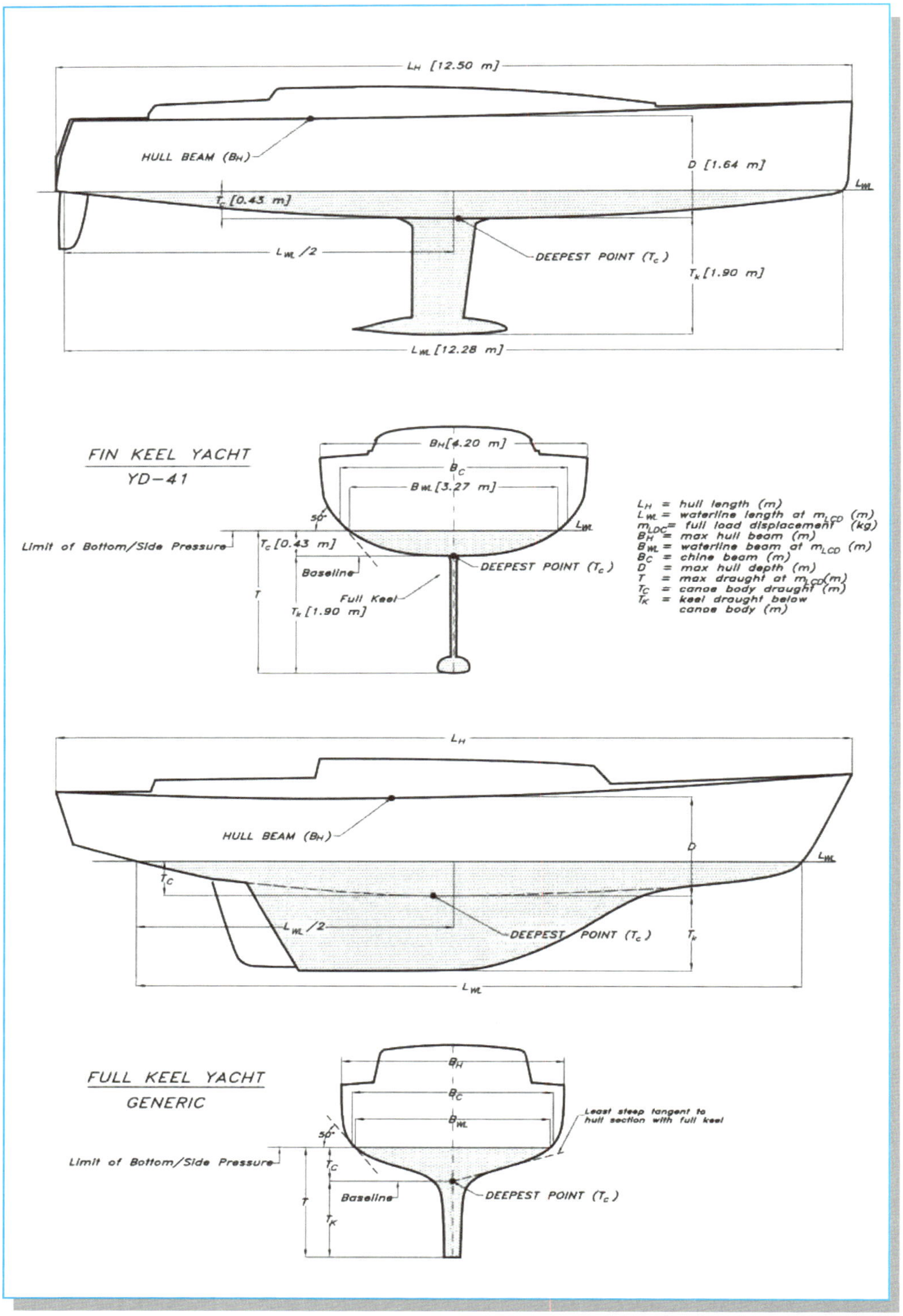

그림 14.3 ISO 선체 정의

‖ 기본 적층(Basic Laminate)

일상생활에서 보통 기본 적층은 폴리에스테르 수지와 유리섬유매트(mat), 유리섬유 WR(woven roving)으로 되어 있다. 보통 유리섬유 함유율은 무게 기준으로 약 35%이다. 즉 1,000g의 적층에 350g의 보강부재가 들어있게 된다. 그림 14.2a에는 매트, WR, 폴리에스테르로 구성된 적층의 실제 물성치를 계산하는 공식이 있다. 그림 14.2b는 아라미드/카본과 비닐에스테르 또는 에폭시에 대한 식이다. 만약 우리가 더 나은 적층을 사용하게 되면 구조공식에 더 나은 수치를 사용할 수 있다. 다만, 그 수치는 기계적 시험으로 확인된 것이어야 한다. 그림 14.2a, 그림 14.2b에서 특정 강화재료를 사용한 적층 겹(ply)의 두께를 계산하는 공식을 볼 수 있다. 다른 강화재료를 사용하는 경우—보통 그러하다—각 겹의 두께를 계산한 다음 더하여 적층 전체의 두께를 계산할 수 있다. 이것은 설계 목적을 위한 평균 두께이고 실제 적층은 평균값에서 ±15% 정도 변한다. 적층의 두께를 측정할 때는 아래에 언급되었듯이 비 구조적인(non-structural) 부분은 제외한다.

‖ 선저의 설계 하중(Design Loads for the Bottom)

그림 14.4는 파워보트의 선저 판넬에서의 하중 크기와 분포를 보여 주며 이것으로 계산을 할 것이다. 그림 14.5는 세일보트에 대한 것이다. 하중은 설계 압력으로 $kN/m^2\,(kPa)$ 단위를 쓴다. 하중에 대한 감을 얻기 위해 10kPa는 m^2의 면적에 1톤의 하중임을 말해 둔다.

활주 영역 즉, 속장비가 5 또는 그 이상일 때 파워보트의 선저부는 그림 14.4의 (1a)공식을 사용한다. (1a)공식은 선저 압력 P_{BMP}를 나타낸다. 공식은 배수량을 길이와 폭으로 나눈 유체정역학적 압력이 포함되어 있다.

이 유체정역학적 압력에 유체동역학적 인자 n_{cg}가 더해져 있다. 이 동하중인자(dynamic load factor)는 공식 2a에서와 같이 배의 길이, 폭, 데드라이즈, 속력, 배수량과 연관되어 있다. 작은 배가 고속으로 움직이는 경우, 이 n_{cg}가 너무 크게 되기 때문에 (2b) 공식이 만들어졌다. (2b) 공식은 속력과 배수량에만 연관되어 있어 동하중인자를 과대평가하지 않기 위함이다. 즉, (2a), (2b) 중 작은 값을 사용해야 한다. 나아가 n_{cg}의 최대값은 7로 그림 14.4의 네모 안에 있다. n_{cg}는 g로 표현되는 가속도 하중으로 생각할 수 있다. 과학적으로 정확하지는 않지만 주어진 해상상태와 속력에서 배와 사람이 어떤 상황에 놓이게 되는지에 대한 정보를 준다. 보통 사람은 충격흡수기구 등으로 보호하지 않는 이상 g값이 6에서 7정도 되면 의식을 잃게 된다.

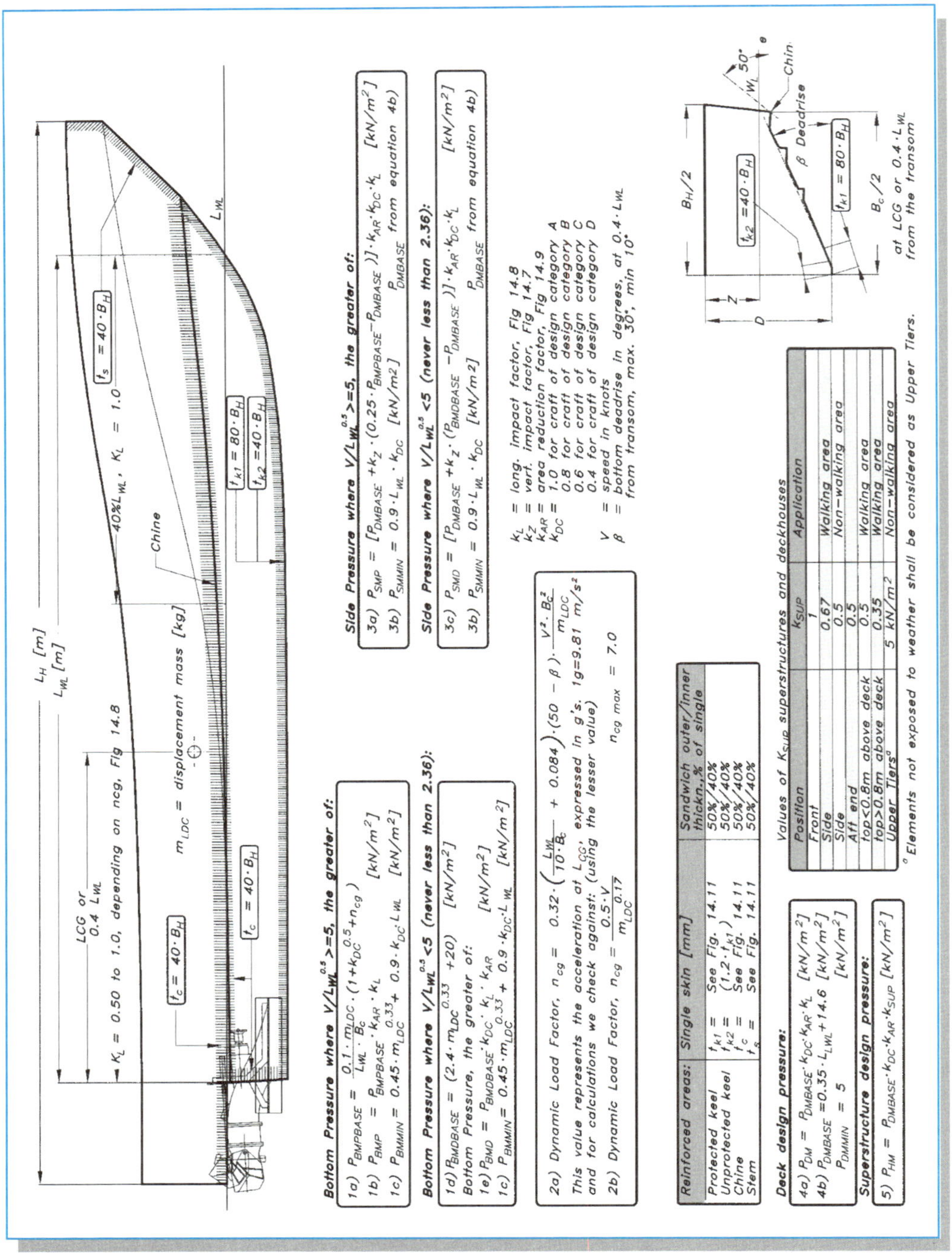

그림 14.4 모터보트 설계 압력

그림 14.4의 식 (1a)는 면적감소인자 k_{AR}(area reduction factor)과 종 방향 충격 분포 인자 k_L(longitudinal impact distribution factor)을 보여준다. 이에 대해서는 세일보트의 설계하중을 살펴본 다음 자세하게 알아볼 것이다. 식 (1b)는 최소허용압력(minimum allowable pressure)이며 설계 카테고리 인자 k_{DC}가 있다. 이 인자는 카테고리 A에 대해서는 1.0, B는 0.8, C는 0.6, D는 0.4이다.

선저압력을 계산하기 위해 우선 최악의 조건에서 n_{cg}를 계산한다. 즉, 정수 중 최고 속도에서의 하중으로 작용하는 배수량(m_{LDC}, displacement mass)이 된다. 최대 허용 데드라이즈 각도는 30°, 최소각은 10°이다. P_{BM}과 P_{BMMIN} 압력 중 큰 쪽을 선저 구조설계에 사용한다.

속장비 5 이하의 배수량형 파워보트의 경우, 그림 14.4의 식 (1c)와 (1d)로부터 선저압력을 얻을 수 있다. 고속정 역시 이 요구사항에 부합하는지 확인할 필요가 있는데 이는 악천후에서는 활주선 역시 배수량 형 보트처럼 낮은 속도로 이동하기 때문이다.

선저부의 확장 영역은 LCG 위치에서 차인(chine)과 만나는 점까지다. 만약 LCG 위치를 모르는 경우는 선미에서 선수방향으로 0.4 L_{WL} 지점이며 그림 14.6에 나타나 있다. 빌지부가 둥근 형태인 선형에서 차인의 위치는 그림 14.3과 같이 선체의 외곽선에 50°의 접선을 그려 정할 수 있다.

세일보트에서의 기본 선저 설계 압력 P_{BSBASE}는 그림 14.5 상단 박스의 식 (6a)로부터 구할 수 있다. 이 압력은 유체정역학적 압력을 뜻하는 배수량과 슬래밍에 의한 압력수정인자, K_{SLS}(pressure correction factor, 그림 14.9 참고)의 함수 형태이다. 이 인자는 1이하로 잡으면 안 된다. 식에서 사용되는 $GZ_{MAX<60}$은 경사각이 60° 미만일 때의 최대 복원 팔(maximum righting lever)이며 복원력을 증가시키는 모든 장치들이 포함된 경우의 값이다. 이러한 장치로는 캔팅킬(canting keel) 또는 평형수(water ballast) 등이 있는데 최대 하중으로 가장 효과적인 위치에 있는 경우이다. 설계 선저압력 P_{BS}(design bottom pressure, 식 6b)를 계산하기 위해 기본 압력(basic pressure)에 k_{AR}, k_L, k_{DC}를 곱한다. 계산된 P_{BS}가 P_{BSMIN}(식 6b)보다 작은 경우에는 P_{BSMIN}를 사용한다.

선저는 최대설계배수량일 때의 수선까지 닿는 부분을 말한다. YD-41의 경우는 여덟 개의 영역으로 나누어져 있는데 A, B는 수선으로부터 배의 아랫부분, C, D는 상부구조, E는 트랜섬, F, G는 갑판, H는 선루를 말한다. A, C, F는 FP로부터 선미방향 40%까지의 영역이며(그림 14.5 참고), 이 영역의 판넬 압력은 최대가 된다. 여기서부터 선미까지는, 압력이 50%가량 줄어들게 된다(그림 14.8 참고). 모터보트에서와 같이 압력은 압력분포, 종 방향 위

선저설계압력 : (그림 14.6)

$$6a)\ P_{BSBASE} = (2 \cdot m_{LDC}^{0.33} + 18) \cdot k_{SLS} \quad [kN/m^2]$$

Bottom Pressure, the greater of:

$$6b)\ P_{BS} = P_{BSBASE} \cdot k_{DC} \cdot k_L \cdot k_{AR} \quad [kN/m^2]$$

$$6c)\ P_{BSMIN} = 0.35 \cdot m_{LDC}^{0.33} + 1.4 \cdot L_{WL} \cdot k_{DC} \quad [kN/m^2]$$

Reinforced areas: see Fig 14.11	Sandwich outer/inner thickn.,% of single
Bottom	50%/40%
Keel bolt area	Not allowed
Stem & Chine	50%/40%

선측설계압력 : (그림 14.6, 14.7)

$$7)\ P_{SS} = [P_{DSBASE} + k_Z \cdot (P_{BSBASE} - P_{DSBASE})] \cdot k_{AR} \cdot k_L \cdot k_{DC}$$

$$P_{SSMIN} = 1.4 \cdot L_{WL} \cdot k_{DC} \quad (\text{not less than } 5)$$

$$8)\ k_Z = \frac{Z - h}{Z}$$

갑판설계압력 : (그림 14.6)

$$9)\ P_{DS} = P_{DSBASE} \cdot k_{DC} \cdot k_{AR} \cdot k_L \quad [kN/m^2]$$

$$P_{DSMIN} = 5 \quad [kN/m^2]$$

$$P_{DSBASE} = 0.50 \cdot m_{LDC}^{0.33} + 12 \quad [kN/m^2]$$

갑판선루설계압력 : (그림14.6)

$$10)\ P_{HS} = P_{DSBASE} \cdot k_{DC} \cdot k_{AR} \cdot k_{SUP} \quad [kN/m^2]$$

갑판선루 및 선루의 K_{SUP} 값

Position	k_{SUP}	Application
Front	1	
Side	0.67	Walking area
Side	0.5	Non-walking area
Aft end	0.5	Non-walking area
top<0.8m above deck	0.5	Walking area
top>0.8m above deck	0.35	Walking area
Upper Tiers°	5 kN/m²	Non-walking area

폭로되지 않은 요소를 업퍼 티어(upper tier)로 간주한다.

수밀격벽압력 : (그림 14.6)

$$11)\ P_{WB} = 7 \cdot h_B \quad [kN/m^2]$$

일체형탱크격벽압력 :

$$12)\ P_{TB} = 10 \cdot h_B \quad [kN/m^2]$$

k_L = long. presure distribution factor, Fig 14.8
k_{AR} = area reduction factor, Fig 14.9
k_{SLS} = Slamming factor, Fig 14.9
k_{DC} = 1.0 for craft of design category A
0.8 for craft of design category B
0.6 for craft of design category C
0.4 for craft of design category D
k_Z = vert. pressure distribution factor
l = long edge of panel [mm], Fig 14.10
b = short edge of panel [mm], Fig 14.10
h = local height from L_{WL} [m], Fig 14.6 & 14.7
Z = Local freeboard [m], Fig 14.7
D_b = depth of bulkhead from bottom to deck at side, at the bulkhead's position Fig 14.6
t_b = thickness of the plywood bulkhead defined in equation 14a)
t_s = thickness of each skin [mm]
t_c = thickness of the core [mm]
h_B = pressure head [m], Fig 14.6

구조합판격벽 :

$$13)\ t_b = 7 \cdot D_b \quad [mm]$$

구조샌드위치격벽 :

The skin thickness shall be such as

$$14)\ t_s \cdot t_c >= \frac{t_b^2}{6} \cdot \frac{25}{\sigma_d} \quad [mm \cdot mm]$$

and

$$15)\ t_s \cdot t_c >= \frac{t_b^3}{12} \cdot \frac{4000}{E} \quad [mm \cdot mm]$$

σ_d and E are values for the skins taken from Fig.14.2

최소설계심재전단 : [N/mm²]

L_H[m]	<10	10 to 15	15 to 24
τ_d	0.25	0.25 + 0.03 (L_{WL}−10)	0.40

판넬설계압력 : (그림 14.6)

Location: See Fig. 14.6	Design Pressure	[Panel]	k_L	k_Z	[P]
Bottom at 0%L_{WL} to 40%L_{WL} from FP	P_{BS}, k_L = 1.0	A1	1.0	na	[49.9]
Bottom at 0%L_{WL} to 40%L_{WL} from FP	P_{BS}, k_L = 1.0	A2	1.0	na	[47.0]
Bottom at 40%L_{WL} to end of L	P_{SS}, k_L =1.0−0.5	B1	[0.759]	na	[26.8]
Side at 0%L_{WL} to 40%L_{WL} from FP	P_{SS}, k_L = 1.0	C1	1.0	[0.746]	[42.5]
Side at 40%L_{WL} to end of L_{WL}	P_{SS}, k_L =1.0−0.5	D1	[0.642]	[0.740]	[26.7]
Side aft of L_{WL} (transom)	P_{SS}, k_L = 0.5	E	0.5	min. to 1	
Deck at 0%L_{WL} to 40% from FP	P_{DS}, k_L = 1.0	F1	1.0	na	[5.3]
Deck at 40%L_{WL} to end of L_{WL}	P_{DS}, k_L =1.0−0.5	G		na	
Cabin top, sides & end	P_{HS}	H	na	na	
Bulkheads (watertight)	P_{WB}	I	na	na	[7.6]
Centreline reinforced area	see Fig 14.11	J	na	na	
Keel reinforced area	P_{BS} · 1.8	K	[0.909]	na	[81.6]

보강부재설계압력 : (그림 14.7)

Location: See Fig. 14.7	Design Pressure	[Part]	k_L	k_Z	[P]
Bottom at 40%L_{WL} to end of L_{WL}	P_{BS}, k_L =1.0−0.5	①	[0.967]	na	[23.7]
Bottom at 40%L_{WL} to end of L_{WL}	P_{BS}, k_L =1.0−0.5	②	[0.933]	na	[25.5]
Side at 0%L to 40%L from FP	P_{SS}, k_L = 1.0	③	1.0	[0.923]	[26.1]
Side at 0%L_{WL} to 40%L_{WL} from FP	P_{SS}, k_L = 1.0	④	1.0	[0.538]	[17.1]

그림 14.5 세일보트 설계 압력

치, 설계 카테고리(k_{AR}, k_L, k_{DC}) 등을 고려하여 수정한다.

배의 센터라인, 선수, 차인(영역 J) 부근에는 강화 영역(reinforced areas), t_{min}이 설정되는데, 그림 14.11과 같이 선저 전체에 걸쳐 길이 방향으로, 배의 센터라인에서 양 측면으로 확장되는 영역이다. 길이는 각각, 선저에서는 중앙선으로부터 $80B_H$, 선수와 차인에서는 중앙선으로부터 $40B_H$이다. 만약 킬 영역이 보호되지 않은 경우, 즉, 따로 킬을 설치하지 않은 경우나(대부분의 고속 파워보트가 이에 해당된다) 발라스트 킬이 이 부분에 설치된 경우, 버의 중앙선에 가장 가까운 킬 스트레이크(keel strake) t_{k2}(중앙선으로부터 $40B_H$)는 기본 킬 스트레이크 두께 t_{min}보다 1.2배 두꺼워야 한다. 만약 발라스트 킬이 설치되어 있다면 선저는 그림 14.6에서처럼 영역 K에서 강화되어야 한다. 이에 따라 선저압력의 1.8배에 해당하는 압력을 견딜 수 있다.

‖ 상부 설계 하중(Design Loads for Topsides)

선측 판넬에서 우리가 결정해야 하는 것은 선저/선측 한도 위쪽 어느 높이에서 설계수두(design head)를 설정하는 압력이 작용하느냐 하는 것이다. 이 높이, Z는 W_L 또는 챠인으로부터 선체 상부 또는 갑판 모서리까지로 그림 14.7에서 볼 수 있다. 판넬을 정의하기 위해서는 우선 보강체계(stiffening system) 배치를 알아야 하며 이에 따라 각 판넬을 결정할 수 있게 된다. 압력은 대상 판넬의 기하학적 중심에 작용하기에 압력수두 h는 이 지점에서 설정된다. 그림 14.5에서는 YD−41의 C1, D1은 두 선측의 판넬이다. 그림의 표 중에서 회색으로 표시된 부분은 YD−41에서의 값들이다.

그림 14.6로부터 여러 판넬의 크기, 길이, 폭, 곡률(l, b, c)을 알 수 있다. 이런 것들은 설계압력을 계산하는데는 사용되지 않지만 후에 판넬의 두께를 계산하는데 필요한 것이다.

그림 14.4의 3a−3c 식들은 파워보트의 선측 압력을, 그림 14.5의 7식은 세일보트의 선측압력을 결정하는데 사용되며 식에서 볼 수 있듯이 세일보트의 다른 보트에 비해 약간 높다. 이는 세일보트가 바람을 거슬러 올라갈 때 기울어지는 것이 정상이기 때문이다. 특별히 수직수정인자(vertical correction factor) k_V 식 8이 선측압력에 적용되며 이는 수선이나 챠인선 위부터 선측높이 Z 이하의 선각과 부재에 해당된다.

그림 14.4의 식 3a와 3b는 속장비 $V/L_{WL}^{0.5}=5$의 모터보트 설계 선측압력을 계산하는데 이용된다. 이 식은 기본적으로 두 개의 항으로 구성되어 있다. 첫 항은 P_{DMBASE}로 최소 압력

을 반영하며 갑판의 기본압력과 같다(그림 14.4 참고). 두 번째 항은 선저압력의 25%를 반영하는 것으로 기본 갑판압력까지 작아진다. 속장비가 5이하인 모터보트의 경우, 선저설계압력은 식 3c에서 볼 수 있듯이 동역학적 선저압력 P_{DMBASE}의 25%대신 P_{BM}을 사용한다. 그 이유로는 활주형 파워보트와 비교했을 때, 배수량형 파워보트나 세일보트의 선측 압력이 상대적으로 더 큰 중요성을 띄기 때문이다. 활주형 파워보트의 경우 선저압력에 큰 동역학적 압력이 추가되는데 이는 선체의 상부구조쪽으로 전이되지 않는다. 속도에 상관없이 최소치인 P_{SMMIN}이 설정되는데 이 수치는 더 이상 줄일 수 없는 수치이다. 세일보트의 선측

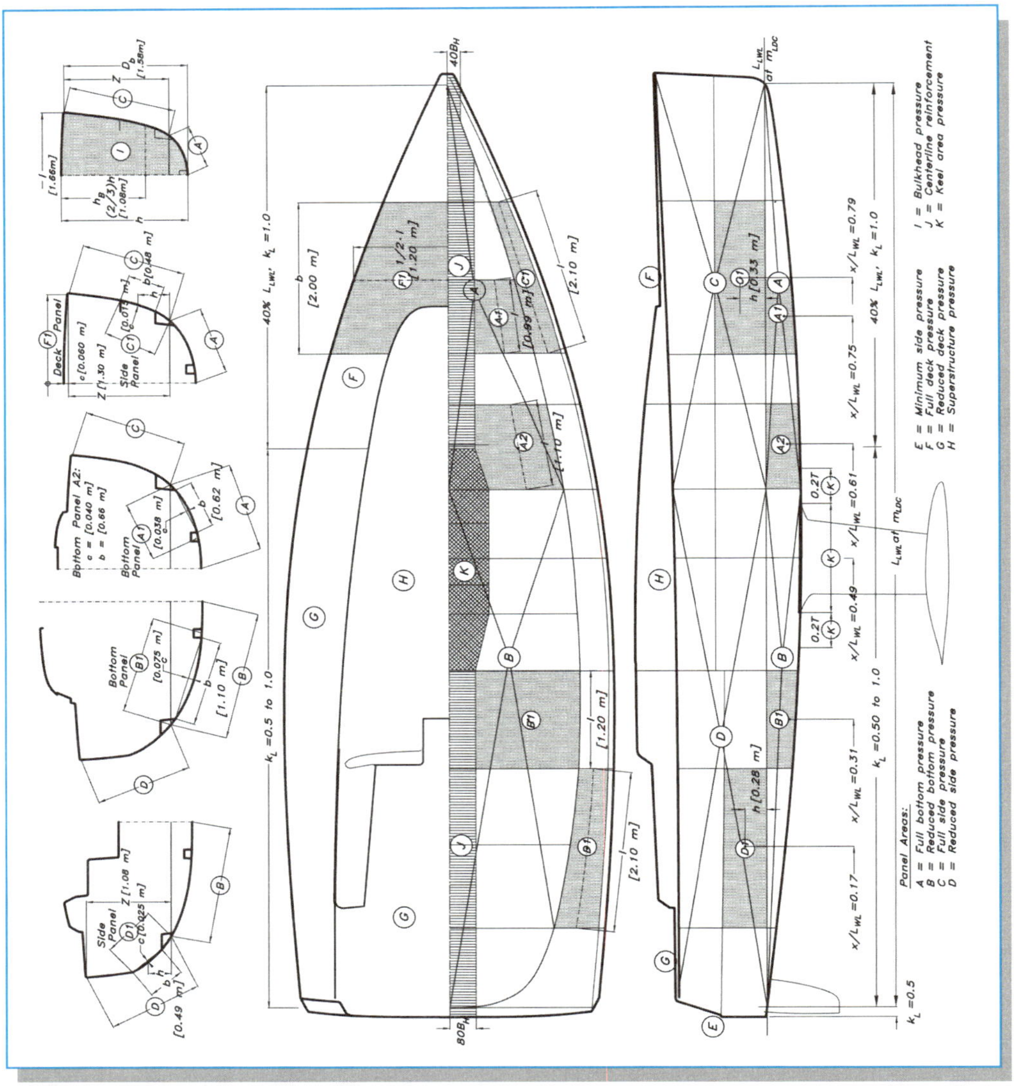

그림 14.6 선측과 내부구조의 설계 압력

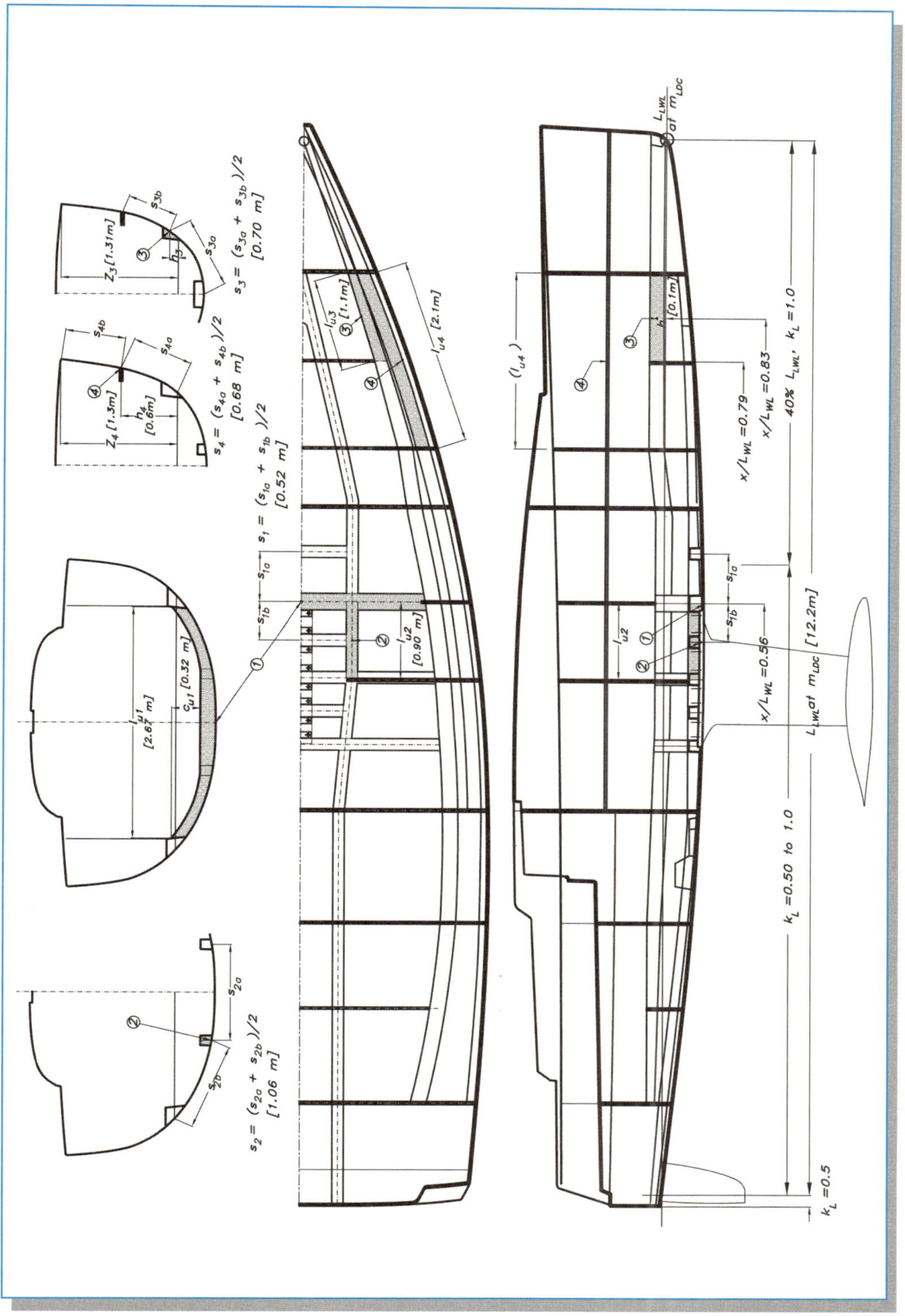

그림 14.7 갑판과 격벽의 설계압력

압력은 그림 14.5의 식 7에 나타나 있고 식 3의 모터보트 선측압력과 유사한 방식으로 구성되어 있다. 모터보트, 세일보트 양쪽 모두 최소 허용 가능한 선측 압력이 있으며(식 3b, 7), 이는 또한 Z의 바깥 영역에 있는 부분, 예를 들면 불워크(bulwark)에도 적용할 수 있다.

‖ 갑판, 선루 및 격벽의 설계 하중

폭로갑판(weather deck)과 선실 전면(cabin front)의 설계압력, 그림 14.5의 F 영역은, 파워보트의 경우 배의 길이에 직접 비례(식 4a, 4b)하고, 세일보트의 경우는 배수량의 0.33승 함수 형태(식 9)가 된다. 이 또한 길이에 대한 척도로 생각할 수 있다.

이로부터 알 수 있듯이 보통 세일보트의 갑판 압력이 유사한 크기의 모터보트에 비해 크게 나온다. 그 이유로는 리그로부터 기인한 선체 전체의 하중으로 세일보트의 갑판에는 더 많은 하중이 가해지기 때문이다. 선실의 상부, 측면 및 뒤쪽 끝단(영역 H)의 경우, 선루인자(superstructure factor) k_{SUP}가 적용된 갑판을 계산하는 것과 같은 방법을 사용하며 그림 14.4와 그림 14.5의 표에서 볼 수 있다.

수밀격벽(watertight bulkhead)은 그림 14.5의 식 11에 의한 압력에 따라 설계한다. 내부탱크격벽(internal tank bulkhead)과 그 경계는 그림 14.5의 식 12에 따라 그 치수를 결정한다. 충돌격벽(collision bulkhead)은 내부탱크격벽과 같은 식을 사용한다. 수밀성이 없는 비 보강 구조격벽(unstiffened structural bulkhead)의 두께는 단판 플라이우드를 사용하는 경우는 식 13로부터, 동일한 FRP 외피로 만들어진 샌드위치의 경우 14와 15를 이용해 구할 수 있다.

‖ 내부구조의 설계하중

내부구조용 설계하중은 그림 14.4 그림 14.5의 해당 위치별로 주어져 있는 설계압력으로부터 얻는다. 이 압력은 보강부재(stiffener)의 가운데 위치에 적용하며, 그림 14.7의 YD−41의 예에서 보듯, 위치 #1에서 #4까지가 나타나 있다.

‖ 종 방향 충격 분포 인자(Longitudinal Impact Distribution Factor)

앞서 이야기했듯이 배의 전체길이에 총 압력을 적용할 필요는 없다. 그림 14.8의 식16과

Longitudinal pressure distribution factor for n_{cg} >3 and <7.

$$16)\ K_L = \frac{(1-0.167 \cdot n_{CG})}{0.6} \cdot (x/L_{WL}) + (0.167 \cdot n_{CG}) \quad \text{for } x/L_{WL} = <0.6$$

$$K_L = 1 \quad \text{for } x/L_{WL} >0.6$$

n_{cg}는 7보다 크지 않다.
n_{cg}는 그림 14.3에 따라 결정하지만 K_L을 결정할 때는 3 이상이어야 한다.
x/L_{WL}은 판넬 또는 보강부재의 중심위치로 L_{WL}에 비례한다.
x는 수선의 선미에서 시작한다.

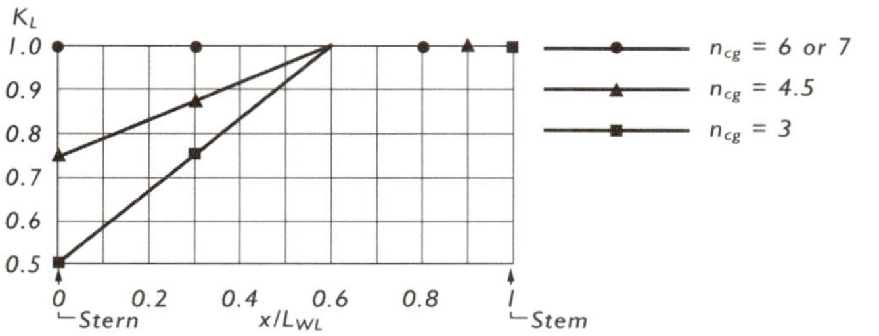

그림 14.8 종 방향 압력 인자 K_L

다이어그램은 압력을 배의 길이방향으로 어떻게 수정해야 하는지를 보여준다. x위치는 L_{WL}의 뒤쪽 끝에서부터 시작된다. 즉, $x = 0$는 수선 상에서의 선미를, $x = 1$은 선수를 뜻한다. 속도는 직접 사용되지 않고 그림 14.4의 식 2a, 2b에서부터 계산되는 n_{cg}형태로 표현됨에 주의하자. 이 인자에 영향을 받는 영역은 선저, 선측 수선 상부구조이며 갑판과 선루는 해당되지 않는다.

면적감소인자(Area Reduction Factor)

길이가 긴 보강부재나 큰 판넬에 대해 감소인자가 있다는 것이 이상하게 보일 것이다. 그 이유는 설계 압력을 정하중으로 가정한 것인데 실제 보트가 겪게 되는 최대 압력은 슬래밍에 의한 것으로 시간이 매우 짧고 매우 한정된 부분에 작용한다. 이에 따라 보강부재가 길거나 판넬이 크면 더 많은 슬래밍 압력이 퍼져나가게 된다.

그림 14.9의 식 18은 보강부재와 선체, 갑판 판에 적용되는 k_{AR} 인자를 보여주고 있다. 이 인자는 1보다 크지 않고 표에 있는 수치보다 작지 않은 범위에서 선택한다.

판넬 계산

그림 14.10에는 판넬 두께를 계산하는 식이 있다. 식 19는 필요 강도이며 요구 두께를 *mm* 단위로 나타낸다. 이 두께를 보강 재료의 무게 kg/m^2로 바꾸기 위해서는 그림 14.2의 마지막 식을 사용한다.

그림 14.10은 이에 필요한 모든 데이터를 보여준다. 즉, 장, 단측 길이인 *l*과 *b*, 단측 방향에서 곡률의 깊이인 *c* 등이다. 모든 치수는 *mm*로 나타낸다.

$$17)\ k_{SLS} = (10 \cdot GZ_{MAX<60} \cdot L_{WL}^{0.5} / m_{LDC}^{0.33})^{0.5}$$

k_{SLS} = 압력수정인자, $m_{LDC} > 5L_{WL}^3$, 설계범주 A, B일 때, 1보다 크지 않음.
k_{SLS} = 압력수정인자, $m_{LDC} <= 5L_{WL}^3$, 설계범주 A, B일 때, 1보다 작지 않음.
k_{SLS} = 압력수정인자, 설계범주 C, D일 때, 1.
$GZ_{MAX<60}$ = 만재상태, 60도 미만의 경사각에서 최대 복원팔.

$$18)\ k_{AR} = k_R \cdot 0.1 \cdot m_{LDC}^{0.15} / A_D^{0.3}$$

k_{AR} = 면적분포인자, 1보다 크지 않고 아래 표보다 작지 않음.

Design category	Side and bottom single skin, stiffeners Deck sandwich and single skin panels and stiffeners	Side and bottom sandwich panels		
		$x/L_{WL} \leq 0.4$	$0.4 < x/L_{WL}$ $x/L_{WL} < 0.6$	$x/L_{WL} \geq 0.6$
A	0.25	0.4	interpolated between values at x/L_{WL} 0.4 to 0.6	0.5 sail bott.&side 0.5 motor bottom 0.4 motor side
B	0.25	0.4		0.4 any craft
C&D	0.25	0.4 any craft		

k_R = 구조요소 및 보트형식 인자
- 1.0 활주 모터보트의 판넬과 보강부재
- $1.5-3 \cdot 10^{-4} \cdot b$ 세일보트 및 배수량형 모터보트의 판넬
- $1.0-2 \cdot 10^{-4} \cdot l_u$ 세일보트 및 배수량형 모터보트의 보강부재

m_{LDC} = loaded displacement mass, [kg]
A_D = design area, [m^2]
- $(l \cdot b) \cdot 10^{-6}$ for plating, but not more than $2.5 \cdot b^2 \cdot 10^{-6}$ [m^2]
- $(l_u \cdot s) \cdot 10^{-6}$ for stiffeners, but not less than $0.33 \cdot l_u^2 \cdot 10^{-6}$ [m^2]

b = shorter side of the panel [mm]
l = longer side of the panel [mm]
s = stiffener spacing [mm]
l_u = unsupported span of stiffener [mm]

그림 14.9 압력 수정인자와 영역분포 인자

판넬의 종횡비(aspect ratio) l/b를 그림 14.12에 대입하면 종횡비감소인자(aspect ratio reduction factor) k_2와 k_3을 얻을 수 있다. 이 인자들은 낮은 종횡비의 판넬에 유리하게 작용하는데 이는 판넬이 정사각형에 가까울수록 단측과 장측이 서로 잘 연동하기 때문이다.

또한 그림 14.12에서 허용변형인자(allowable deflection factor) k_1을 얻을 수 있다. 그림에서 볼 수 있듯이 허용변형은 오직 샌드위치 판넬에만 해당된다. 식 19에서 사용한 설계응력은 그림 14.2 최종 굽힘응력의 50%이다.

선각, 갑판, 격벽 판의 두께는:

$$19)\quad t = b \cdot k_c \cdot \sqrt{\frac{P \cdot k_2}{1000 \cdot \sigma_d}} \quad [mm]$$

P = 그림 14.4, 14.5, 14.6에 따른 기준 압력
b = 그림 14.5에 따른 판넬의 짧은 쪽 길이, mm
k_1 = 그림 14.12의 허용변형계수(FRP 샌드위치에만 사용)
k_2 = 종횡비 인자, 그림 14.12
k_3 = 종횡비 인자, 그림 14.12(FRP 샌드위치에만 사용)
σ_d = 최소 허용 설계 압력, N/mm^2.
l = 판넬 길이, mm, 아래 그림 참고, 330 · LH보다 크면 안됨.
b = 판넬 폭, mm, 아래 그림 참고
곡선 깊이, mm, 아래 그림 참고

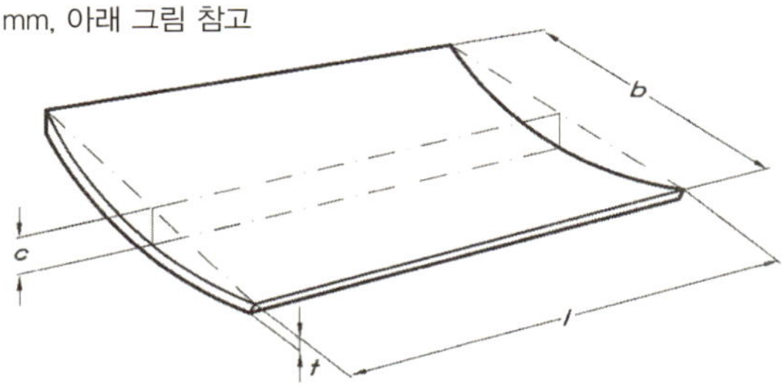

k_c = 곡선 수정, 0.5이상 1.0이하, 올록, 볼록 형상 모두에 적용

c/b	k_c
0 to 0.03	1.0
0.03 to 0.18	1.1−3.33 c/b
>0.18	0.5

Minimum allowed dry fibre weight, bottom and side [kg/m^2]:

$$w_{MIN}(bott) = 0.43 \cdot k_5 \cdot (1.5+0.03 \cdot V+0.15 \cdot m_{LDC}{}^{0.33}) \ [kg/m^2]$$
$$w_{MIN}(side) = 0.43 \cdot k_5 \cdot (1.5+0.15 \cdot m_{LDC}{}^{0.33}) \ [kg/m^2]$$

Minimum allowed thickness, deck [mm]:

$$t_{min}\ (deck) = k_5 \cdot (1.45+0.14 \cdot L_{WL}) \quad [mm]$$

k_5 = *fibre type factor:*
- 1.0 CSM 최대 50%까지의 E–glass 강화재료
- 0.9 WR, 다축, 단축
- 0.7 아라미드/탄소 계열의 연속체 강화재료

V = *maximum speed, knots. For sailing boats, not less than* $3 \cdot \sqrt{L_{WL}}$

그림 14.10 단판 판넬 계산

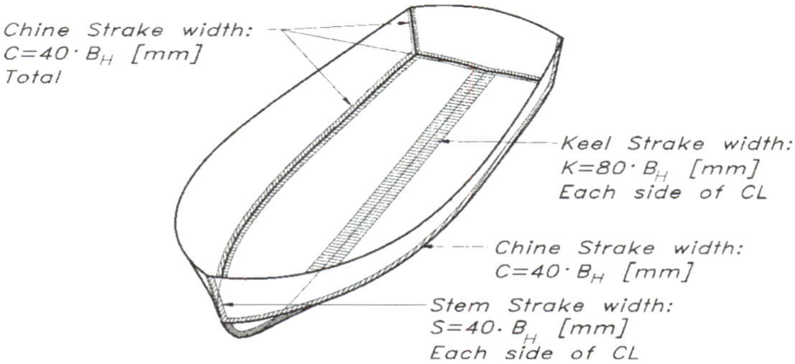

보강 구역 : 최소 킬, 선수, 챠인, 그림 14.10에서 얻은 값 이상

$$20)\ t_{min} = 1 + c \cdot f_1^{0.5} \cdot (t_0 + k_1 \cdot L_H + k_2 \cdot V_{MAX} + 0.2 \cdot m_{LDC}^{0.33}) \quad [mm]$$

$f_1 = 130/\sigma_{fu}$ where σ_{fu} is ultimate flex.strength $[N/mm^2]$

L_H = hull length [m]

B_H = hull width [m]

V_{MAX}=maximum speed in calm water, for sailboats this is:
$=3 \cdot (L_{WL})^{0.5}$ [knots]

m_{LDC}=loaded displacement mass [kg]

Structural member	c	t_0	K_1	K_2
Keel, $L_H \leqq 6m$	1.50	0	0.5	0.06
Keel, $L_H > 6m$	1.50	3	0	0.06
Stem, $L_H \leqq 6m$	1.50	0	0.5	0
Stem, $L_H > 6m$	1.50	3	0	0
Chine, $L_H \leqq 6m$	1.25	0	0.5	0.06
Chine, $L_H > 6m$	1.25	3	0	0.06

그림 14.11 보강영역

Deflection coefficient k_1 for FRP sandwich plating:
$k_1 = 0.017$

l/b	k_2	k_3
>2.0	0.500	0.028
2.0	0.497	0.028
1.9	0.493	0.027
1.8	0.487	0.027
1.7	0.479	0.026
1.6	0.468	0.025
1.5	0.454	0.024
1.4	0.436	0.023
1.3	0.412	0.021
1.2	0.383	0.019
1.1	0.349	0.016
1.0	0.308	0.014

$$k_2 = \frac{0.271 \cdot (\frac{l}{b})^2 + 0.910 \cdot (\frac{l}{b}) - 0.554}{(\frac{l}{b})^2 - 0.313 \cdot (\frac{l}{b}) + 1.351}$$

$$k_3 = \frac{0.027 \cdot (\frac{l}{b})^2 - 0.029 \cdot (\frac{l}{b}) + 0.011}{(\frac{l}{b})^2 - 1.463 \cdot (\frac{l}{b}) + 1.108}$$

그림 14.12 변형과 종횡비 계수

마지막 계산해야 할 감소인자로는 그림 14.10의 곡률인자 k_C가 있다. 이 모든 데이터들을 압력과 함께 그림 14.10의 식들에 대입하여 판넬의 최소두께와 섬유의 질량을 계산한다. 그림 14.10 하단의 표에서처럼 최소값이 있게 되며 섬유의 형태가 인자 k_5에 의해 적층에 포함된다. 보강부재를 계산하기에 앞서 판넬에 대한 계산을 할 필요가 있는데 이는 보강부재와 결합되는 판의 유효폭(effective width)을 계산하기 위함이다.

|| 보강부재 계산

여기서 보강부재의 구조설계를 할 때는 계산 결과로부터 물리적인 치수보다는 필요 강도와 강성, 즉, 단면계수, 관성모멘트, 전단면적 등에 도달하게 된다.

그림 14.13에서는 어떻게 보강부재의 치수를 결정하고 어느 정도의 크기로 판의 일부분(보강부재에 포함되는)을 구성할 것인가 등에 대한 내용이 있다. 그림에서 보듯, 보강부재의 양쪽 방향으로 판넬 두께의 10배이다. 그림에서부터 그 외 보강재의 형상에 관한 다른 제한도 볼 수 있다. 보강재의 폭, 높이 등에 제한을 두는 이유는 보강재 부분의 국부좌굴을 피하기 위함이다.

그림 14.14는 ISO 표준에 따른 보강부재의 요구조건을 계산하는 각종 식과 정의를 보여준다. 식21은 필요한 단면계수를, 식22는 세일보트의 발라스트 킬 부분에 설치되는 플로어에 필요한 추가 요구사항인 SM_k를 계산하는데 사용된다. 또한 발라스크 킬 상부에는 최소 3개의 플로어가 있어야 한다는 것도 명시하고 있다.

식 23은 보강부재에 요구되는 관성모멘트를 나타낸다. 요구단면계수에 있어서는, 단면계수의 증가에 비례하여 발라스트 킬 쪽으로 관성모멘트를 증가시킨다.

식 24는 해당 보강재에 필요한 전단면적을 보여주는데 이는 보강부재 전단 웹(stiffener shear web)의 단면적을 뜻한다.

필요한 최소 단면계수가 설정되면 그림 12.11 또는 12.12의 그래프를 살펴 실제 치수를 결정한다. 이는 필요한 것보다 매우 많은 것을 포함하는 결과로 보강부재의 크기와 적층의 두께가 매우 높은 안전계수를 가지는 것을 뜻한다. 이는 프레임이나 스트링거의 치수를 결정하는데 있어 매우 안전한 출발선이 된다.

단면의 관성모멘트를 계산하는 것은 그리 쉬운 일이 아니지만 그림 12.5에서 그 방법을 제시하고 있다. 보강부재를 사각형 부분들로 따로 나눈 다음 중립축(neutral axis)의 위치, 각

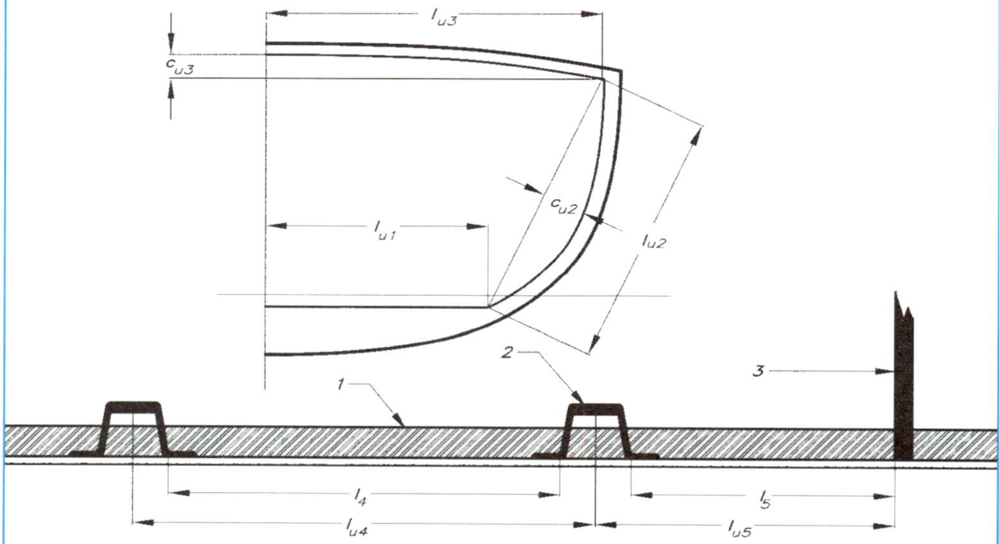

프레임과 격벽 사이 연속 스트링거 :
1 : 스트링거, 2 : 프레임, 3 : 격벽
l = 판넬 길이, mm, 330 · *LH* 이하
l_u = 보강부재 길이, mm, 330 · *LH* 이하
c_u = 보강부재 크라운, mm, 위 그림 참고

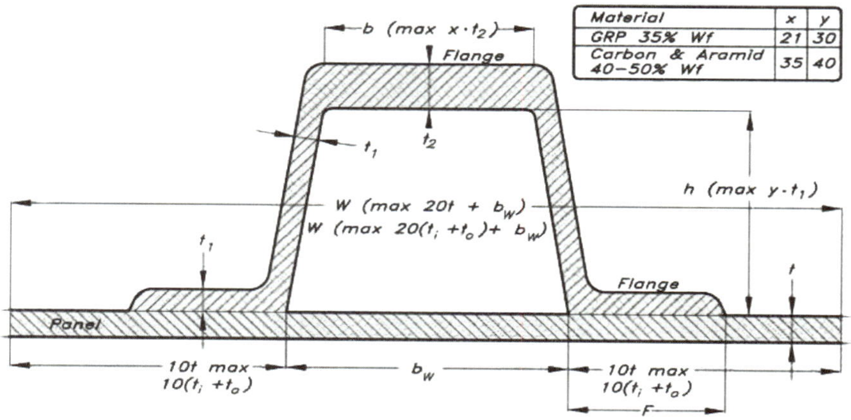

Material	x	y
GRP 35% Wf	21	30
Carbon & Aramid 40–50% Wf	35	40

W = 20t +b_W (mm) or the stiffening member spacing in mm, whichever is less.

For a stiffener along an opening: W = 10t +b_W (mm) or 1/2 the stiffening member spacing in mm, whichever is less.

W = 판의 유효폭, mm
t = 판 두께
$(t_i + t_o)$ = 샌드위치 내/외피 두께 합
b = 보강부재 상부 폭, mm
b_W = 보강부재 하부 폭, mm
F = 플랜지, 0.2h 또는 50mm 중 큰 쪽, 단, 10t 이하

그림 14.13 보강구조 상세와 유효폭

부분의 면적과 관성모멘트 그리고 중립축으로부터 떨어진 거리를 계산한다. 그림에서 보듯, 전체 관성모멘트는 각 부분들의 모멘트 합으로 구성되어 있다. 즉, 각 부분들의 면적에 중립축으로부터 거리의 제곱을 곱한 후 합한 것이다. 판에 부착된 보강부재의 단면 특성을 계산하는 가장 정확한 방법으로 CAD 프로그램을 사용하는 것이 있다.

판에 붙은 각 플로어, 프레이, 보, 종부재의 단면계수는 다음 식보다 작아서는 안된다 :

$$21)\quad SM = \frac{83.3 \cdot k_{cs} \cdot P \cdot s \cdot l_u^2}{\sigma_d} \cdot 10^{-9}\,[cm^3]$$

P = 보강부재 설계 압력, KN/m^2

l_u = 지지점 사이의 코드 길이, mm

s = 프레임 쪽 플로어 보강부재 간격, mm

k_{cs}= 곡선수정, 0.5와 1.0사이

σ_d = 설계 응력, N/mm^2, 그림 14.2, 선각/갑판/격벽의 외피는 인장강도 사용, 크라운/내부구조의 안쪽은 압축강도 사용

c_u = 곡형 보강부재의 크라운, mm

c_u/l_u	k_{cs}
0 to 0.03	1.0
0.03 to 0.18	1.1−3.33 (c_u/l_u)
>0.18	0.5

SM_k = 플로어, 킬 쪽의 프레임에 해당하는 단면계수의 요구 증가분, cm^3, 킬과 관련없는 플로어나 프레임, 식은 ABS ORY에서 인용.

$$22)\quad SM_k = \frac{N \cdot a_k \cdot m_k \cdot 9.8}{n \cdot \sigma_d}\,[cm^3]$$

N = 1.0, 센터라인에서, 센터라인에서 거널쪽 방향으로 거스의 1/3에서 0.5까지 선형적으로 감소, 이 지점에서 거널쪽으로 0.5이하는 안됨.

m_k= 킬 무게, kg

a_k = 센터라인에서 플로어의 가운데 깊이부터 킬의 수직 무게 중심까지의 수직거리, m, 그림 14.16 참고

n = 킬에서의 플로어 개수, 3개 이상

판에 붙은 각 플로어, 프레이, 보, 종부재의 관성모멘트는 다음 식보다 작아서는 안된다 :

$$23)\quad I = \frac{26 \cdot k_{CS}^{1.5} \cdot P \cdot s \cdot l_u^3}{0.05 \cdot E_{TC}} \cdot 10^{-11}\,[cm^4]$$

E_{TC}= the mean of compressive/tensile modulus [N/mm^2]

발라스트 킬 위치에서의 관성모멘트 I(cm^4)는 증가한 단면계수에 따라 비례하여 증가시킨다. SM_k는 $N = 0.5$를 이용하여 구한다.

전단면적(보강부재 전단웹의 단면적), 그림 14.13의 톱-햇 단면에서 $A_w = 2 \cdot t_1 \cdot h$

$$24)\quad A_W = \frac{k_{SA} \cdot P \cdot s \cdot l_u}{\tau_d} \cdot 10^{-6}\,[cm^2]$$

k_{SA} = 5, 판에 붙은 보강부재
7.5 다른 배치

τ_d = 설계 전단응력, 최소 최종강도의 0.5배, N/mm^2, 그림 14.2 참고

그림 14.14 보강구조 계산

‖ 스페이드 타 축(Spade Rudder Stock)

타 축의 계산과 관련해 먼저 해야 할 것은 타의 형상을 먼저 결정하는 것이다. 그림 14.15는 정의와 식들을 보여준다. 그림에서 식 25부터 34까지에 필요한 치수를 볼 수 있다. 기본적으로 타의 측면 면적을 구하기 위한 높이와 평균 길이, 압력중심과 배의 속도가 필요하다.

타 축을 타의 선단에서 어느 정도 뒤에 둠으로써 회전 팔(turning lever)과 축의 토크를 줄일 수 있다. 경험적으로 축의 중심을, 축선의 전방 면적이 타 전체 투영 면적의 15%를 넘지 않는 지점보다 뒤에 두지 않는 것이 좋다. 타의 균형을 맞출수록 어떤 조건하에서는 타가 "스스로 조종(steer by itself)"하게 할 수 있다.

계산을 함에 있어 먼저 타가 낼 수 있는 횡력을 계산해야 한다. 식 25와 26에서 주어진 힘 F_1과 F_2는 우선 속도의 제곱에 관련되어 있는데 여기서는 L_{WL}과 타의 측면적을 택했다. 양력도 설계범주(k_{SEA}, k_{USE}, k_{SERV}), 길이/배수량 비(k_{LD}), 단면 형식(k_{GAP}, k_{FLAT})을 반영한 계수를 통해 수정한다.

따라서 인자 k_{LD}는 가벼운 세일보트의 경우 힘의 식에 의해 타 축 크기를 증가시킨다. 그 이유는 무거운 배보다 빠르기 때문인데 특히 강풍에서 리치를 달릴 때가 그렇다. 이로 인해 타 축에는 상당한 하중이 걸린다.

이제 M_H와 T_r을 쉽게 계산할 수 있다. ISO에 따른 단위 즉, N, 노트, m를 식에 대입하면 N, Nm, mm로 결과를 얻게 된다. 타 축의 직경을 계산할 때는 축 재료의 항복응력을 사용하거나 최종인장응력을 2로 나눈 것, 둘 중 작은 것을 사용한다(단위는 N/mm^2). 이 모든 계산을 통하면 스테인레스 강 316을 사용할 경우, 타 축의 직경이 44.5mm가 된다.

‖ 체인플레이트와 킬 볼트(Chainplate and Keelbolt)

앞서도 언급했듯이 ISO는 체인플레이트의 치수결정에 관한 지침이 없다. 일반적으로 승인된 재료로는 연강(mild steel), 스테인레스 강(stainless steel), 모넬(monel)[60], 알루미늄 또는 FRP이다. 알루미늄을 사용하는 경우 스테인레스 강 슬리브가 볼트구멍에 사용되어 격벽,

60 니켈, 구리, 철, 망간 등으로 구성된 내식성 합금

타 횡력 : [6579 N]

$$25)\ F_1 = 23 \cdot L_{WL} \cdot k_{SEA} \cdot k_{LD}^2 \cdot k_{GAP} \cdot k_{USE} \cdot A\ [N]$$

활주형 모터보트의 타 횡력 :

$$26)\ F_2 = 370 \cdot \Lambda^{0.43} \cdot V_{MAX}^{1.3} \cdot k_{GAP} \cdot k_{SERV} \cdot k_{FLAT} \cdot 1.25 \cdot A\ [N]$$

k_{SEA} = 1.4 for sailing craft cat. A & B, motor craft cat. A
= 1.2 for motor craft cat. B
= 1.0 for all craft cat. C and D

k_{LD} = 6.15 for all motor craft, sailing craft cat. C & D
= $L_{WL}/(m_{LDC}/1025)^{1/3}$, sailing craft cat A & B, not <6.15

k_{GAP} = 1.0 for rudders where the rudder to hull gap is less than 5% of the mean rudder chord (c)
= 0.85 for surface piercing rudders or exceeding the hull gap

k_{USE} = 1.0 for all craft generally
= 0.9 for cat. C & D sailing craft if ruddder is easily inspected

k_{SERV} = 1.0 for cat. A & B craft
= 0.8 for cat. C & D craft

k_{FLAT} = $1.08 - 0.008 \cdot V_{MAX}$, and $0.75 \leq k_{FLAT} < 1$

Λ = geometric aspect ratio = h_r^2 / A

A = rudder area, geometric centre, [m^2]

타 굽힘모멘트 : [3882 Nm]

$$27)\ M_H = F_{(1or2)} \cdot (h_c + h_b) = F_{(1or2)} \cdot z_b\ [Nm]$$

타 토크 : [197 Nm]

$$28)\ T = F_{(1or2)} \cdot r\ [Nm]\quad (r_{MIN} = 0.1 \cdot c)$$

동등한 굽힘 모멘트 : [3885 Nm]

$$31)\ M_{eq} = (M_H^2 + 0.75 \cdot T^2)^{0.5}\ [Nm]$$

중공형 원형 타축 :

$$33)\ d = (d_o^4 - d_i^4)/d_o)^{1/3}\ [mm]$$

d = solid stock dia as per eq. 26
d_o = outer diameter of tubular stock
d_i = inner diameter of tubular stock

타 상단베어링 힘 : [9133 N]

$$29)\ R_U = F_{(1or2)} \cdot z_b / h_u\ [N]$$

타 선체 베어링 힘 : [15712 N]

$$30)\ R_H = F_{(1or2)} + R_U\ [N]$$

중실형 원형 타축 직경 : [44.5 mm]

$$32)\ d = 21.68 \cdot (M_{eq}/\sigma_d)^{1/3}\ [mm]$$

Stainless Steel properties:
AISI 316 – σ_d = 195 N/mm^2
AISI 329 – σ_d = 325 N/mm^2 (not cold worked)
AISI 329 – σ_d = 450 N/mm^2 (cold worked)

폼 심재상의 최소 FRP외피, 무게 kg/m²

$$34)\ w_r = 1.1 \cdot k_5 \cdot (0.115 \cdot L_{WL} + 0.15)\ kg/m^2$$

k_5 = 1.0 for E-glass (Max 50% CSM)
k_5 = 0.9 for continous glass (WR, MDR, UD)
k_5 = 0.7 for continous aramid, carbon

Rudder foam core made of PVC shall have a density of min. 65 kg/m^3.

반 타원형 스페이드

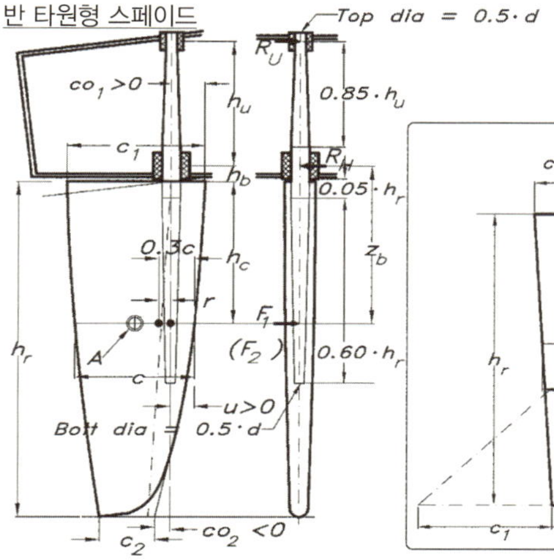

사다리꼴형 스페이드

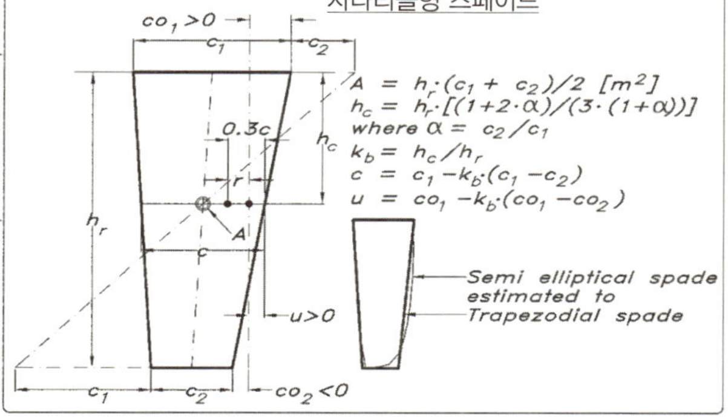

그림 14.15 금속재 스페이드 타주

웹, 거더 또는 브라켓 등에 효과적으로 체결된다. 갑판도 체인플레이트를 따라 격벽이나 웹 프레임의 형태로 보강된다.

체인플레이트를 만드는 한 방법이 (유일한 방법은 아니지만) 그림 14.16a에 있다. 와이어(wire)의 최종강도로부터 시작하여 그림 11.16b로부터 적당한 체인플레이트 러그(lug)를 택할 수 있다. 갑판 아래 체인플레이트 타이 로드(tie rod)는 볼트를 이용해서 슈라우드 러그와 빌

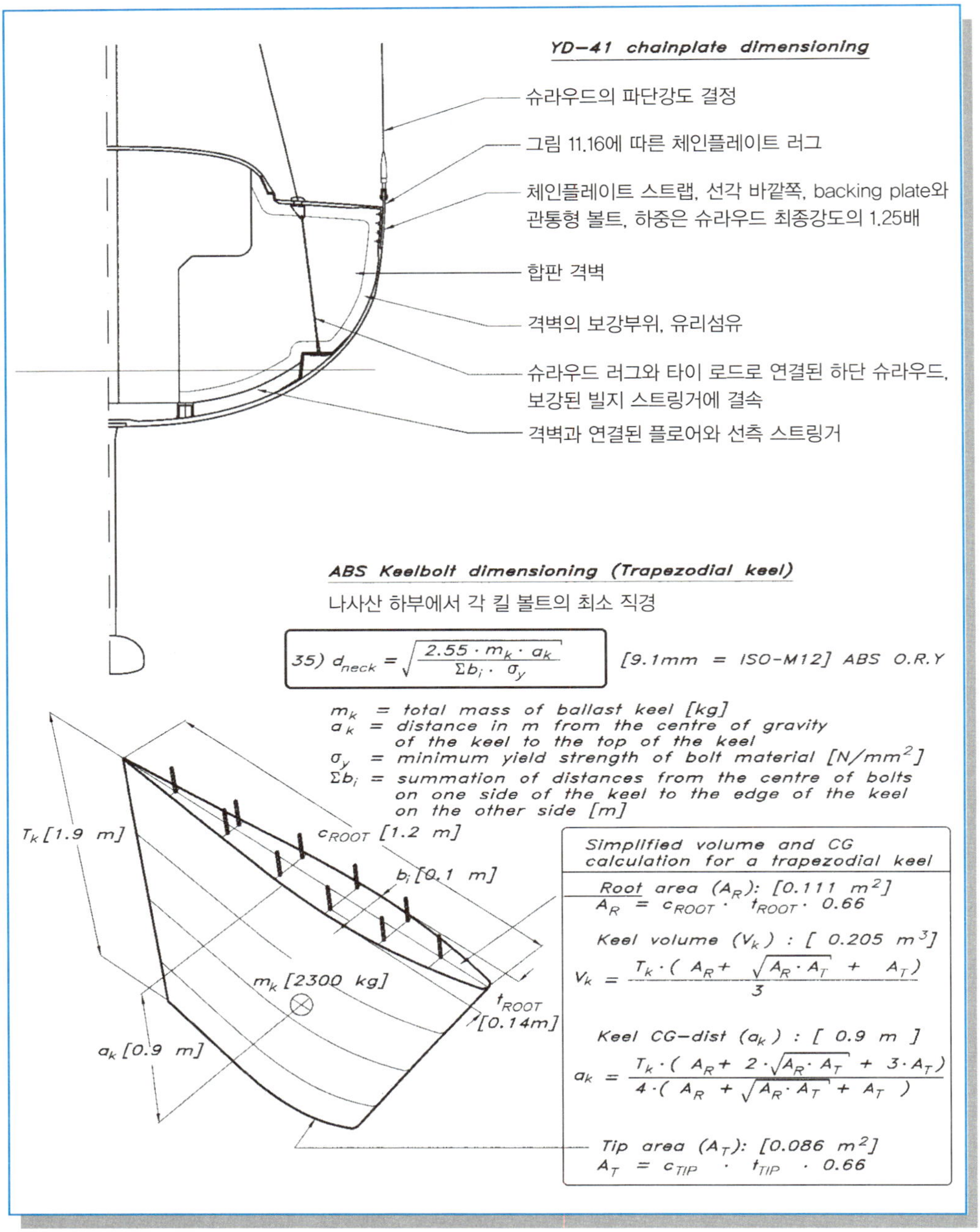

그림 14.16a 킬볼트와 체인 플레이트

지 스트링거를 연결한다. 슈라우드 체결부에 이상이 생기지 않을 것임을 확신하기 위해서 (리그로부터 과도한 하중이 걸리는 경우), 체인플레이트의 치수는 체인플레이트와 체결된 와

ISO Keelbolt dimensioning

킬 볼트용 설계응력 :

Bolt metal	Class	Load case 1 σ_d	Load case 4 σ_d
ISO SS bolts	50	105.5	157.5
	70	175.9	262.5
	80	201.0	300.0

Recommended bolt diameter: $d_{bolt} = 1.18 \cdot d_{neck}$

M12, M16, M20, M24, M30, M36, M42, M48

The general formula for design stress is:

36) $st_d = st_{LIM} \cdot 0.75 \cdot k_{LC} \cdot k_{DC}$

st_{LIM} is either σ in tension or τ in shear taken as min(st_y or $0.5 \cdot st_u$) where y means yield strength and u means ultimate strength for metal in unwelded state.

k_{LC} = 0.67 Load case 1
k_{LC} = 1.00 Load case F4
k_{DC} = 1.00 for Design Category A and B
k_{DC} = 1.25 for Design Category C and D

하중 경우 1 :

37) $F1 = g \cdot m_{KEEL}$ (N) vertical force at 90° knockdown **[22563N]**
38) $M1.1 = F1 \cdot a_K$ (Nm) keel heeling design moment at keel junction **[36214Nm]**

39) $d_{neck} = \sqrt{\dfrac{1273 \cdot b_i \cdot M1.1}{\Sigma b_i^2 \cdot \sigma_d}}$ **[10.9 mm]** d_{neck} = diameter of each keelbolt at the bottom of the thread

$d_{bolt} = 1.18 \cdot 10.9 = 12.9$ mm gives M16 recommended.

하중 경우 3 :

40) $F3 = g \cdot (m_{LDC} - m_{KEEL})$ (N) vertical impact force **[50031N]**

하중 경우 4 :

41) $F4 = 1.2 \cdot g \cdot (m_{LDC} - m_{KEEL})$ (N) longitudinal impact force **[60037N]**
42) $M4.1 = F4 \cdot h_{F4}$ (Nm) longitudinal moment at keel connection level **[114071Nm]**
where $h_{F4} = \min(T_K \text{ or } 0.2 \cdot L_{WL})$

43) $d_{neck} = \sqrt{\dfrac{1273 \cdot l_{Rimax} \cdot M4.1T}{\Sigma l_{Ri}^2 \cdot \sigma_d}}$ **[13.6 mm]**

where $M4.1T = M4.1 \cdot L_{K2} / L_K$
and $\Sigma l_{Ri} = l_{R1} + l_{R2} + l_{R3} + l_{R4}$
$l_{Rimax} = l_{R4}$

$d_{bolt} = 1.18 \cdot 13.6 = 16.0$ mm gives M16 recommended.

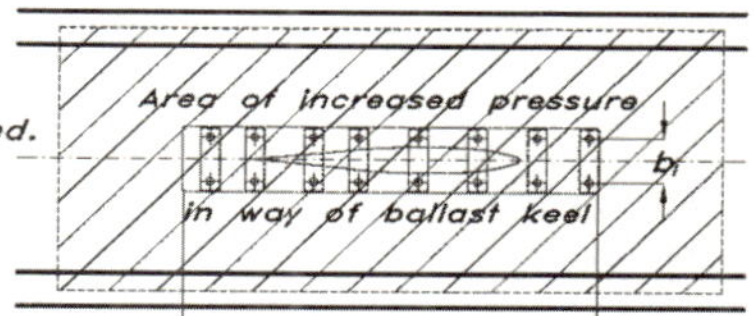

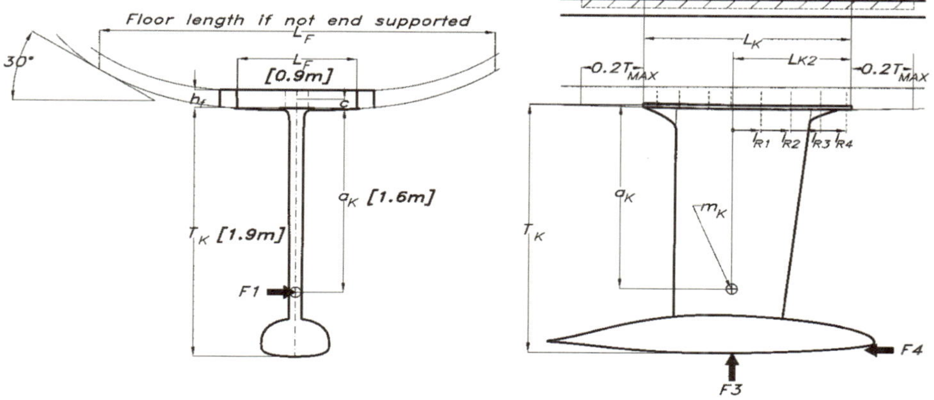

그림 14.16b ISO 킬 볼트

이어의 파괴하중에 1.5배를 곱한 힘을 이용하여 결정한다.

그림 14.16a는 ABS에 따라 사다리꼴 킬의 킬 볼트를 계산할 때 필요한 수치와 데이터들을 보여준다. 도면으로부터 바로 얻을 수 없는 것은 킬의 무게중심 a_k이다. 이것을 계산하는 간단한 방법이 나와 있는데 사다리꼴 형태의 형상을 가지는 통상의 날개형상 단면인 경우에 사용 가능하다. 이 계산에 의하면 킬의 용적과 나아가 무게 m_k를 쉽게 계산할 수 있다. 통상 주철(cast iron)의 경우 밀도는 7,300kg/m^3이며, 납(lead)은 11,300kg/m^3이다.

계산결과로 나오는 킬 볼트의 직경은 나사산 바닥을 기준으로 하기 때문에 공칭크기(nominal size)는 이보다 크게 된다.

ISO 치수산정 표준의 파트 9는 여러 종류의 킬, 센터보드, 체결기구를 설계하는 방대한 지침을 포함하고 있다. 여기서는 한 예로 YD−41의 예를 들어 본다. 그림 14.16b에 필요한 입력값과 식(36에서 43까지)이 나와 있다. 하중 조건은,

- 하중 1 : 요트가 공기 중에서 90°이상 경사한 경우로 선저와 안쪽 구조에 굽힘을 발생시킴−식 37, 38. 필요한 볼트 직경은 식 39를 이용해 계산. 고려해야 할 사항으로 파도 중 동적 충격으로 인한 추가 안전계수는 도입하지 않고 오직 정하중만 고려함. 볼트의 목 직경은 10.9mm로 공칭 직경은 13.9mm가 되나 표준에 따라 가장 근접한 추천대상은 16mm임. 16mm의 볼트 직경을 얻기 위해 식 39를 역설계하면 추가 안전계수는 1.5정도가 됨. 여기에 추가로 식 36의 재료안전계수가 있기 때문에 16mm의 볼트는 적당해 보임.
- 하중 2 : 30° 경사에서 캔팅 킬. 이 하중은 YD−41에는 적용이 안됨.
- 하중 3 : 수직 충격. 식 40을 보면 이 경우는 상당히 군살 없는 필요조건임. 힘 F3은 단지 요트가 킬에 의해서 있을 수 있다는 뜻이며 전진속도 없이 매우 정적으로 땅위에 올려지는 것을 뜻함. 굽힘모멘트가 주어져 있지 않은데 이는 플로어와 킬 배치와 관련 있기 때문임. YD−41의 경우 선저 플로어와 거더가 이 조건을 충족함.
- 하중 4 : 선저와 내부 구조에 굽힘모멘트를 발생시키는 종 방향 충격−식 41,42. 필요볼트직경은 식 43에 따라 계산함. 필요볼트직경은 좌초시 인장을 받게 되는 앞쪽 볼트를 뜻함. 이 경우 하중은 다소 약함. 요트 전체 무게의 1.2g에 킬 무게를 제외함. 실선의 역설계를 통해 얻어진 값임. 충분한지의 여부는 설계자의 재량에 달려 있음. 충격적인 좌초 시나리오는 제외함.

샌드위치 설계

그림 14.17은 ISO 표준에서 나타나 있는 식들로 샌드위치 판넬의 외피와 심재의 치수를 결정하는데 사용된다. 이 섹션의 내용은 안쪽과 바깥쪽 외피가 비슷한 적층, 강도, 탄성 물성

1cm 폭 샌드위치 판넬 조각의 중립축에 대한 외피의 단면계수와 관성모멘트는 아래 식보다 작아서는 안된다 :

$$44a)\ SM_o = \frac{b^2 \cdot k_c^2 \cdot P \cdot k_2}{6 \cdot 10^5 \cdot \sigma_{dto}} \quad or \quad 44b)\ SM_i = \frac{b^2 \cdot k_c^2 \cdot P \cdot k_2}{6 \cdot 10^5 \cdot \sigma_{dci}}\ [cm^3/cm]$$

$$45)\quad I = \frac{b^3 \cdot k_c^3 \cdot P \cdot k_3}{12 \cdot 10^6 \cdot E_{io} \cdot k_1}\quad [cm^4/cm]$$

SM_o = 중립축으로부터 바깥쪽 외피에 필요한 단면계수
SM_i = 중립축으로부터 안쪽 외피에 필요한 단면계수
I = 중립축에 대한 외피들의 요구관성모멘트
b = 판넬의 짧은 모서리, 그림 14.10
k_c = 곡률용 수정인자, 그림 14.10
σ_{dto} = 바깥쪽 외피의 설계응력, 0.5 최종인장응력, 그림 14.2
σ_{dci} = 안쪽 외피의 설계응력, 0.5 최종압축응력, 그림 14.2

P = 위치에서의 기준압력 $[kN/m^2]$
k_1 = 변형비 계수, 그림 14.12
k_2 = 판넬의 종횡비 계수, 그림 14.12
k_3 = 판넬의 종회비 계수, 그림 14.12
E_{io} = $0.5(E_i+E_o)$, 안쪽, 바깥쪽 외피의 탄성율 평균, 그림 14.2

Inner skin buckling criteria:
The skin buckling stress, σ_{dci}:

$$46)\ \sigma_{dci} = 0.3 \cdot \sqrt[3]{E_s \cdot E_c \cdot G_c}\quad [N/mm^2]$$

is not to be less than $0.5 \cdot \sigma_u$

E_s = compressive modulus of skin [kPa]
E_c = compressive modulus of core [kPa]
G_c = shear modulus of core [kPa]

Sandwich minimum skin fibre mass:

$$47)\ w_{os} = k_{DC} \cdot k_4 \cdot k_5 \cdot k_6 \cdot (0.1 \cdot L_{WL} + 0.15)$$
$$48)\ w_{is} = 0.7 \cdot w_{os}$$

w_{os} = 바깥쪽 외피의 섬유무게 $[kg/m^2]$
w_{is} = 안쪽 외피의 섬유무게 $[kg/m^2]$
k_{DC} = 설계 인자 계수, 그림 14.4–14.6
k_4 = 1.0, 선저
= 0.9, 선측
= 0.7, 갑판
k_5 = 섬유 형식 인자, 그림 14.10
k_6 = 외피 강건성 인자
= 0.9 샌드위치의 바깥쪽 외피가 날카로운 물체에 부딛혀 깨질것으로 예상될 때
= 1, 기타 배

심재와 외피의 유효 두께는 아래 식보다 작아서는 안된다 :

Aspect Ratio (l/b) Reduction Factor k_{SHC}

$$k_{SHC} = 0.035 + 0.394 \cdot (l/b) - 0.09 \cdot (l/b)^2$$

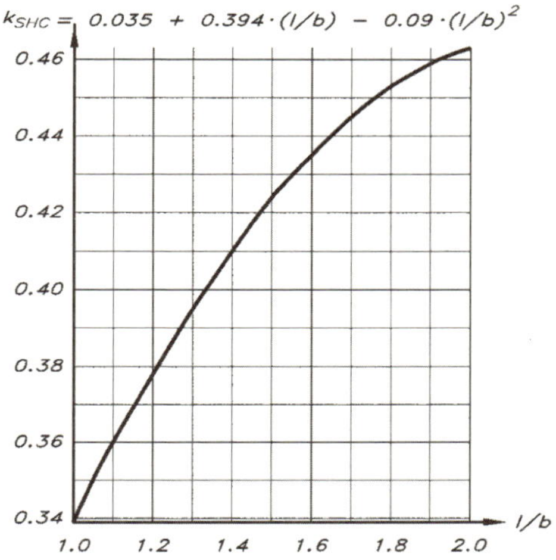

$$49)\ \frac{d_o + d_c}{2} = \frac{k_{SHC} \cdot 0.001 \cdot P \cdot b}{\tau_d} \cdot \sqrt{k_c}\quad [mm]$$

d_o = overall thickness of sandwich, in mm
d_c = core thickness, in mm
k_{SHC} = aspect ratio factor, given in the table below

$$50)\ \tau_u = \frac{k_{SHC} \cdot 0.001 \cdot P \cdot b}{k_d \cdot 0.5 \cdot (d_o + d_c)} \cdot \sqrt{k_c}\ [N/mm^2]$$

τ_d = 설계 응력, 그림 14.21, 제조자가 제시한 심재의 최종강도 또는 그림 14.20
τ_u = 최종응력
k_d = 설계 응력 인자, 그림 14.21
k_c = 곡률 계수, 그림 14.10

Panel Aspect Ratio	k_{SHC}	Panel Aspect Ratio	k_{SHC}
>2	0.465	1.5	0.424
2	0.463	1.4	0.410
1.9	0.459	1.3	0.395
1.8	0.453	1.2	0.378
1.7	0.445	1.1	0.360
1.6	0.435	1.0	0.339

그림 14.17 샌드위치 설계

치를 가지는 샌드위치 판넬에 적용된다. 적층의 기계적 성질의 비가 25% 이내일 때 비슷한 것으로 생각한다.

식 44a와 44b는 요구강도로 판넬의 안쪽 및 바깥쪽 외피에 필요한 단면계수를 나타내며 중립축을 기준으로 한다. 안쪽 및 바깥쪽 외피가 같은 경우, 중립축은 단면의 가운데 있게 된다. 그렇지 않은 경우는 중립축을 계산하여야 한다. 바깥쪽 외피를 결정할 때는 적층의 인장강도를, 안쪽 외피의 경우는 압축강도를 사용한다. 바깥으로부터 하중을 받게 되면 판넬이 안쪽으로 굽게 되고 안쪽에 인장이 걸리기 때문에 앞서의 표현이 이상하게 보일지 모른다. ISO에서 그런 방식으로 하는 이유는 판넬이 그 끝단에서 보강부재나 격벽에 의해 고정되어 있다고 보기 때문이다. 이렇게 되면 굽힘 모멘트는 끝단에서 가장 크게 되어, 판넬에서의 모멘트와 비교했을 때는 그 부호가 반대로 바뀌게 된다. 이것은 어떤 단순화의 과정인데 실제에서는 끝단의 고정여부, 보강부재와 격벽의 굽힘 여부 또는 선체전체의 변형 여부 등에 대한 논쟁이 있기 때문이다. 이 모든 것을 해결하기에는 단순보 이론으로는 부족하며 대신 유한요소해석을 이용하면 가능하다. 다만 이 해석에 관한 내용은 이 책에서 다루지 않는다. 이 단순화된 접근 방법은 적절한 결과를 주는 것으로 판명되어 일을 상당히 단순하게 만든다.

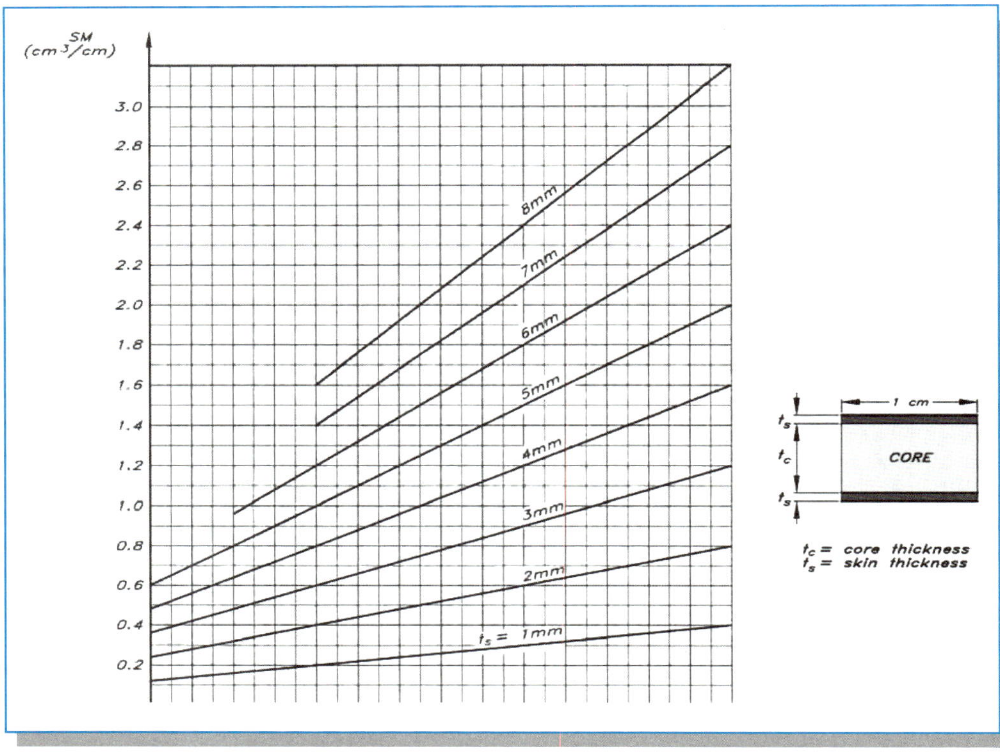

그림 14.18 샌드위치 판넬의 단면 계수

식 45는 요구 관성모멘트 또는 요구 강성에 관한 식이며 외피에 사용되는 탄성율은 안쪽 및 바깥쪽 외피 탄성율의 평균이다.

샌드위치 구조설계에서 첫 번째로 해야 할 것으로 판넬의 크기와 재료의 물성치를 정리하는 것이다. 44a와 44b 식으로부터의 요구 강도를 이용하여 판넬의 요구 단면 계수를, 식 45의 요구 강성을 이용하여 판넬의 요구 관성모멘트를 얻을 수 있다. 식 46로부터 안쪽 외피(inner skin)에 필요한 최소좌굴강도를 계산한다. 이 강도가 설계압축강도보다 작은 경우 판넬 설계를 바꾸거나 또는 작은 수치를 사용해야 한다. 외피의 마지막 확인 작업으로는 식 47, 48에 나와 있듯이, 요구 최소무게보다 가벼워서는 안 된다는 것이다.

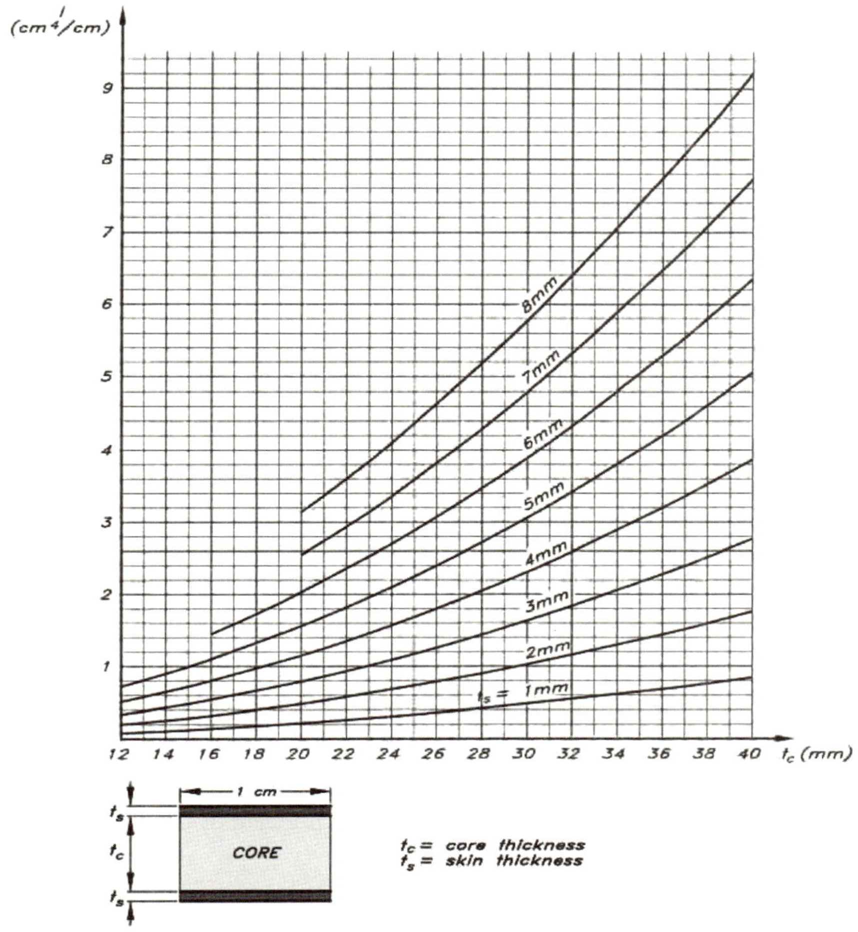

그림 14.19 샌드위치 판넬의 관성 모멘트

이제 심재 쪽은 어떻게 되는지 확인해 보자. 그림 14.17의 식 49, 50으로부터 심재의 요구 전단강도를 계산한다. 여러 심재 재료의 기계적 물성치는 그림 14.20에 있다. 그림 14.21에서와 같이 설계치는 최종치의 일부분임을 기억하자.

그림 14.18과 그림 14.19는 여러 샌드위치 적층에서 심재와 외피의 두께가 변함에 따라 단면계수와 관성모멘트가 어떻게 변화하는지를 보여주고 있다. 안쪽 및 바깥쪽 외피가 동등한 판넬에 대해서만 유효하다. 지금까지 ISO 표준을 살펴보았고 이제 이 장의 마지막에 YD-41에 어떻게 적용되는지 살펴보자.

Core Type	Elong. break (%)	Density ρ_c (kg/m^3)	Shear Strength τ_u (N/mm^2)	Shear Modulus G_c (N/mm^2)
Balsa, endgrain	n.a.	90–220	$0.0178 \cdot \rho_c - 0.34$	$0.868 \cdot \rho_c - 1.43$
Cross-linked PVC I	30	50–250	$0.0024 \cdot \rho_c^{1.334}$	$0.1633 \cdot \rho_c^{1.136}$
Cross-linked PVC II	20	33–180	$0.017 \cdot \rho_c - 0.29$	$0.33 \cdot \rho_c - 1$
Linear PVC	55	50–140	$0.014 \cdot \rho_c - 0.33$	$0.29 \cdot \rho_c - 5.3$
SAN A	40	60–210	$0.017 \rho_c - 2 \cdot 10^{-5} \cdot \rho_c^2 - 0.613$	$0.46 \cdot \rho_c - 20$
Core Type	**Elong. break (%)**	**Density ρ_c (kg/m^3)**	**Compressive Strength σ_{uc} (N/mm^2)**	**Compressive Modulus E_{co} (N/mm^2)**
Balsa, endgrain	n.a.	90–220	$0.102 \cdot \rho_c - 5$	$30.7 \cdot \rho_c - 1350$
Cross-linked PVC I	30	50–250	$0.0014 \cdot \rho_c^{1.487}$	$0.1138 \cdot \rho_c^{1.449}$
Cross-linked PVC II	20	33–180	$0.025 \cdot \rho_c - 0.69$	$1.2 \cdot \rho_c - 18$
Linear PVC	55	50–140	$0.012 \cdot \rho_c - 0.24$	$0.84 \cdot \rho_c - 19$
SAN A	40	60–210	$6.7 \cdot 10^{-4} \cdot \rho_c^{1.59}$	$0.024 \cdot \rho_c^{1.75}$

PVC = Polyvinylchloride foam
SAN = Styrene Acrylic Nitrate foam
PVC I cores to be used in hull shell and load carrying areas,
PVC II in other areas.

그림 14.20 전형적인 심재 물성치

Core Material	Design Shear Stress τ_d (N/mm^2)
Balsa, endgrain	$0.50 \cdot \tau_u$ [a]
Core having elong. at break <35%	$0.55 \cdot \tau_u$
Core having elong. at break >35%	$0.65 \cdot \tau_u$
Honeycomb	$0.50 \cdot \tau_u$ [b]

[a] where the balsa has a low variation in mechanical properties and the core is encapsulated in resin may be taken as 0.55
[b] use core properties in the direction of short span of the panel (b)
τ_u = minimum ultimate core shear strength according to Fig 14.20

그림 14.21 심재의 설계 전단 강도

‖ YD-41의 구조 치수 결정

그림 14.5에 YD-41의 보강체계가 나와 있으며 그림 14.6은 내부 배치에 따른 보강체계로 지지되는 샌드위치 판넬에 의해 건조할 경우의 치수를 나타내고 있다.

그림 14.22부터 그림 14.24까지는 선체 판넬, 격벽, 프레임 및 킬 하중이 작용하는 플로어의 계산 결과이다.

LAMINATE : 25% CSM + 75% WR ; Vacuum-bagged ; W_f = 47%
Properties from Figure 14.2

σ_{ut} = 174 N/mm^2	σ_{dt} = 87 N/mm^2	80% = 69.6
E_T = 12746 N/mm^2		80% = 10197
σ_{uc} = 142 N/mm^2	σ_{dc} = 71 N/mm^2	80% = 56.8
E_C = 12746 N/mm^2		80% = 10197
σ_{uf} = 216 N/mm^2	σ_{df} = 108 N/mm^2	80% = 86.6

그림 14.6에 따른 판넬 A1

P_{BS} = 49.9 kPa ; l = 990 mm ; b = 620 mm ; c = 38 mm

그림 14.9의 감소 인자

k_{ar} = 0.579　　k_{SLS} = 1.543

그림 14.10의 감소 인자

k_C = 0.896

그림 14.12의 감소 인자

k_1 = 0.017 ; k_2 = 0.47 ; k_3 = 0.025

Trial sandwich panel : Equal skins with $t_{o,i}$ = 2.0 mm and t_c = 20 mm

Minimum outer skin glass mass = 1.23 kg/m^2 (그림 14.17) = 1.65 mm (그림 14.2a)

Minimum inner skin glass mass = 0.86 kg/m^2 (그림 14.17) = 1.16 mm (그림 14.2a)

그림 14.17에 따른 샌드위치 판넬의 요구치	그림 14.18의 실제 판넬 단면 계수와 그림 14.19의 관성모멘트
a) $SM_i = \dfrac{620^2 \cdot 0.896^2 \cdot 49.9 \cdot 0.47}{600000 \cdot 56.8} = 0.21 cm^3$	a) SM_i = 0.40 cm^3/cm OK !
b) $SM_o = \dfrac{620^2 \cdot 0.896^2 \cdot 49.9 \cdot 0.47}{600000 \cdot 69.6} = 0.17\ cm^3$	b) SM_o = 0.40 cm^3/cm OK !
c) $I = \dfrac{620^3 \cdot 0.896^3 \cdot 49.9 \cdot 0.025}{12000000 \cdot 10197 \cdot 0.017} = 0.10\ cm^4$	c) I = 0.48 cm^4/cm OK !

All requirements are exceeded with the panel suggested.

심재에 필요한 전단강도요구치는 식 50과 그림 14.17의 종횡비 인자를 이용하여 계산

k_{SHC} = 0.435

$$\tau_d = \frac{0.435 \cdot 0.001 \cdot 49.9 \cdot 620}{0.5 \cdot (24 + 20)} \cdot 0.947 = 0.58\quad N/mm^2$$

Using a crossed linked PVC core, τ_u = τ_d /0.55, = 1.05 N/mm^2

PVC 심재는 그림 14.20에 따라 100kg/m³, 전체 판넬의 두께는 24mm, 심재의 두께는 20mm가 된다.

그림 14.22 YD-41의 선체 판넬 계산

그림 14.5, 14.6, 14.7에 따른 수밀 격벽

적층은 20%의 CSM, 80%의 MDR, 진공적층으로 하며 물성치는 그림 14.2를 참고
라미네이트는 검증이나 시험을 하지 않는 관계로 표 값의 80%를 이용

$P = 7.6\ kPa;\ l = 1660\ mm;\ b = 1580\ mm;\ h_b = 1.08\ m;\ \sigma_d = 60\ N/mm^2$

감소인자는 그림 14.12 참고

$k_1 = 0.017;\ k_2 = 0.330;\ k_3 = 0.015$

Trial sandwich panel : Equal skins with $t_f = 1.2\ mm$ *and* $t_c = 20\ mm$

샌드위치 판넬의 요구치는 그림 14.17 참고

a) $SM_i = \dfrac{1580^2 \cdot 7.6 \cdot 0.330}{600000 \cdot 60} = 0.17\ cm^3$

b) $SM_o = \dfrac{1580^2 \cdot 7.6\ 0.330}{600000 \cdot 60} = 0.17\ cm^3$

c) $I = \dfrac{1580^3 \cdot 7.6 \cdot 0.015}{12000000 \cdot 9675 \cdot 0.017} = 0.23\ cm^4$

실제 판넬의 단면계수는 그림 14.18,
관성모멘트는 그림 14.19 참고

a) $SM_i = 0.30\ cm^3/cm$ OK !

b) $SM_o = 0.30\ cm^3/cm$ OK !

c) $I = 0.35\ cm^4/cm$ OK !

All criteria are fulfilled with the panel suggested.

코어의 요구 전단강도는 식 50을 이용하며 종횡비인자 K_{SHC}는 그림 14.17 참고

$k_{SHC} = 0.350$

$\tau_u = \dfrac{0.350 \cdot 0.001 \cdot 7.6 \cdot 1580}{0.55 \cdot (22.4 + 20) \cdot 0.50} = 0.36\ N/mm^2$

요구조건에 따라 PVC 심재는 $80 kg/m^3$이 되며(그림 14.20 참고),
전체 판넬 두께는 22.4mm, 심재는 20mm가 된다.

그림 14.23 YD-41의 샌드위치 격벽 계산

우선 그림 14.2의 재료 물성치에서 시작한다. 사용하려는 적층은 25%의 CSM과 75%의 WR로 구성되어 있으며 섬유함유율은 47%로 단순한 몰드에서 진공 적층을 한다. 만약 진공 적층 대신 수적층 방식을 쓰면 섬유함유율을 41%까지 떨어질 것이고 기계적 물성치와 배의 무게는 나빠진다.

그림 14.5, 그림 14.6, 그림 14.7에 의해 설계하중과 판넬 치수를 정하고 그림 14.8, 그림 14.9 및 그림 14.10에 의해 감소인자를 찾는다. 그림 14.17의 식을 통해 요구되는 샌드위치를 계산하고 그림 14.18과 그림 14.19에 따라 물리적 크기를 계산한다.

갑판 판넬과 구조격벽도 같은 계산을 따르며 작용하는 하중은 그림 14.5에 의한다.

내부구조의 치수를 결정하는 데는 그림 14.7으로부터 크기와 설계하중을 계산한다. 그림 14.14는 요구사항을 계산하는 식들이 있으며 그림 12.11의 그래프를 이용해 요구 단면계수를

그림 14.7에 의한 내부 구조 1(다섯 개 킬 플로어의 하나)

적층은 20%의 CSM과 80%의 WR, 물성치는 그림 14.2 참고

$P = 23.7\ \ kPa;\ l_u = 2670\ mm;\ s = 520\ mm;\ \sigma_d = 68.14\ \ N/mm^2\ :\ N = 1\ :k_{cs} = 0.7$

보강부재 요구조건은 그림 14.14 참고

$$SM = \frac{83.33 \cdot 0.7 \cdot 23.70 \cdot 510 \cdot 2670^2}{68.14} \cdot 10^{-9} = 85\ cm^3$$

$$SM_k = \frac{9.8 \cdot 2300 \cdot 1.7}{5 \cdot 68.14} = 127\ cm^3 + SM = 212\ cm^3\ (\ SM\text{–}req\ )$$

Increase of I in way of ballast keel : $(\ 0.5 \cdot 127 + 85\ )/85 = 1.75$; $(N = 0.5)$

$$I = \frac{26 \cdot 0.7^{1.5} \cdot 23.70 \cdot 520 \cdot 2670^3}{0.05 \cdot 11286} \cdot 1.75 \cdot 10^{-11} = 171\ cm^4$$

$$A_W = \frac{5 \cdot 23.70 \cdot 520 \cdot 2670}{36.0} \cdot 1.75 \cdot 10^{-6} = 9.0\ cm^2$$

크기는 그림 14.13 참고

$h = 150\ mm\ ;\ B = 150\ mm\ ;\ B_W = 155\ mm$
$t_1 = 5\ mm\ ;\ t_2 = 10\ mm$
$W = 350\ mm\ ;\ t = 15\ mm$

Section properties (calculated):

$SM = 240\ cm^3$ OK !
$I = 2868\ cm^4$ OK !
$A_W = 79\ cm^2$ OK !

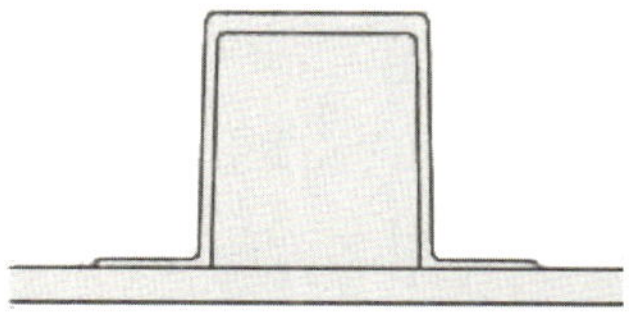

그림 14.7에 따른 내부 구조 4(선측 스트링거)

적층은 20%의 CSM, 80%의 WR, 물성치는 그림 14.2를 참고
라미네이트는 검증이나 시험을 하지 않는 관계로 표 값의 80%를 이용

$P_{ss} = 17.1\ \ kPa;\ l = 2100\ mm\ ;\ s = 680\ mm\ ;\ \sigma_d = 68.14\ \ N/mm^2;\ k_{cs} = 1.0$

보강부재 요구조건은 그림 14.14 참고

$$SM = \frac{83.33 \cdot 1.00 \cdot 17.1 \cdot 680 \cdot 2100^2}{68.14} \cdot 10^{-9} = 63\ cm^3$$

$$I = \frac{26 \cdot 1.00^{1.5} \cdot 17.1 \cdot 680 \cdot 2100^3}{0.05 \cdot 11286} \cdot 10^{-11} = 50\ cm^4$$

$$A_W = \frac{5 \cdot 17.1 \cdot 680 \cdot 2100}{36.0} \cdot 10^{-6} = 3.4\ cm^2$$

크기는 그림 14.13 참고

$h = 150\ mm\ ;\ B = 50\ mm\ ;\ B_W = 50\ mm$
$t_1 = 5\ mm\ ;\ t_2 = 5\ mm$
$W = 180\ mm\ ;\ t_i = 3\ mm;\ t_o = 2\ mm$

Section properties (calculated):

$SM = 72.9\ cm^3$ OK !
$I = 619\ cm^4$ OK !
$A_W = 21\ cm^2$ OK !

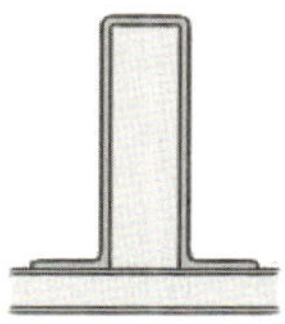

그림 14.24 YD–41의 내부구조 계산

충족시키는 실제 크기를 결정할 수 있다.

그림 12.11의 그래프로부터 나온 크기는 관성모멘트와 전단면적의 관점에서 큰 안전계수를 보여준다. 이는 그림 12.11은 매우 보수적인 계산 방식(conservative way)을 따르기 때문이다. 그러므로 그림 14.24에서는 보다 정확한 접근 방식을 이용한 보강부재 계산 결과를 나타낸다.

선체를 샌드위치 대신 단판 적층로 하는 경우, 동등한 단판 적층은 두께 11*mm*, 무게 17.9kg/m^2이 된다. 무게에는 겔코트와 5%의 중첩이 포함되어 있다. 샌드위치의 경우 같은 보강체계로 하였을 경우 10.0kg/m^2이다. 배 전체의 무게는 단판으로 하였을 경우 샌드위치로 했을 때보다 40%가량 더 무겁다. 단판 구조로 할 때 사용할 수 있는 더 나은 방법으로는 보강체계를 더 촘촘히 하는 것으로 두껍고 무거운 판넬 적층이 필요 없게 된다. 판넬 크기를 20% 정도 줄이면 외피 두께가 7.5*mm*로 줄고 무게는 13.5kg/m^2이 되어 샌드위치보다 20% 정도 무겁게 된다. 샌드위치 외피의 두께는 2.0*mm*로 이 정도 크기의 배가 충격력에 너무 민감하지 않도록 하는 최소 두께가 될 것으로 보인다. 충격에 대한 저항성을 높이기 위해서는 바깥쪽 외피를 안쪽보다 조금 더 두껍게 가져간다. 우리가 안쪽과 바깥쪽 외피 두께의 비를 0.75(거의 최소치이다)로 하고 전체 외피 두께를 4*mm*로 유지한다면 바깥쪽은 2.25*mm*, 안쪽은 1.75*mm*가 된다. 물론 S-유리섬유, 케블라, 카본과 같은 더 나은 섬유를 사용하면 보다 가볍고 얇은 외피로도 충분한 강도와 강성을 얻을 수 있다. 이런 경우는 고도의 경기나 성능을 최대한으로 끌어내기 위한 설계에서는 바람직하고 가능하지만 크루저나 크루저/레이서의 경우는 실질적 관점에서 꼭 이상적인 것은 아니다.

YACHT

배치

포괄적 공간 요구사항
거주공간(Accommodation)
갑판 배치(Deck Layout)

15

DESIGN

15. 배치

배치라는 용어는 넓은 영역을 다루며 이 장에서는 거주공간(accommodation), 조종 공간(cockpit), 갑판(deck), 계기(instruments), 햇치(hatches), 통풍/환기(ventilation)및 안전장비(safety equipment)를 이야기할 것이다. 이 모든 문제에 대해 우리는 일반적인 내용을 다룰 것이지만 YD−41에 적용된 해답을 이용해 어떻게 요구해 부응하는지 보일 것이다.

‖ 포괄적 공간 요구사항

배를 이용하기에 앞서, 충족시켜야 할 몇 가지 일반적인 요구사항이 있다. 이에 따라 배는 실용적이고 세일링 및 거주하기에 편안해진다. 그림 15.1은 사람이 서고, 앉고, 눕는데 필요한 공간의 크기에 관해 보여준다. 우리가 사용하는 인체모형은 키가 1.8m로 이보다 크거나 작은 사람에 대한 수치는 그 크기에 따라 내삽할 수 있다.

서 있는 경우(그림 15.1 (A) 참고), 전방 계기반까지의 거리는 제어반까지 닿는 실제 최대 길이로 앞 방향으로의 움직임이 제한되어 있는 경우이다. 눈높이는 그림대로이며 방해물(예를 들어 갑판실)을 넘어 바깥을 볼 수 있도록 높이를 최소 100*mm* 정도 줄여져 있다. 그림의 좌석/조타륜(seat/wheel) 간격은 편안하게 움직일 수 있는 최소치로 더 클수록 서 있기에 더 편안해지는 반면 앉아 있는 경우 조타륜까지 닿기가 더 어려워진다.

그림 15.1 (B)의 좌석 높이와 깊이는 다소 곧게 앉은 자세에 대한 것으로 예를 들면 음식을 먹거나 항해탁자(navigation table)에 앉아 있는 경우이다. 보다 편한 좌석을 만들려면 깊이를 80*mm* 정도 늘리면 되는데 동시에 높이를 같은 크기로 줄여 높이와 깊이의 합이 편안한 좌석 형상인 900*mm*를 유지하도록 한다. 등받이의 각도는 수직으로부터 5°에서 15° 사이이다.

그림 15.1 (C)는 앉았을 때 필요한 폭을 보여준다. 격벽 옆에 앉을 때 폭에 방해받지 않도록 커야 한다는 점에 주목하자.

그림 15.1 (D)는 항해용 침상이 편안해질 수 있는 최소 크기를 보여준다. 끝단이 줄어드는

것이 꼭 필요한 것은 아니지만 선체 형상 때문에 이런 경우가 종종 있다. 침상이 해상용일 경우 이 수치는 적당하지만, 정박용(harbour)인 경우 빡빡하게 느껴질 것이다. 폭을 100*mm* 가량 늘려서 빡빡함을 해결할 수 있고 폭을 두 배로 하여 1,300*mm* 정도가 되면 2인용 침상으로도 사용 가능하다. 2인용 침상이 벽에 의해 막혀있지 않은 경우 폭을 늘려 최소 1,400*mm*로 할 필요가 있다. 침상의 표준길이는 2,000*mm*지만, 특정한 사람의 키에 맞추기 위해서는 머리끝과 발끝에 각각 최소 50*mm*의 여유를 둘 필요가 있다.

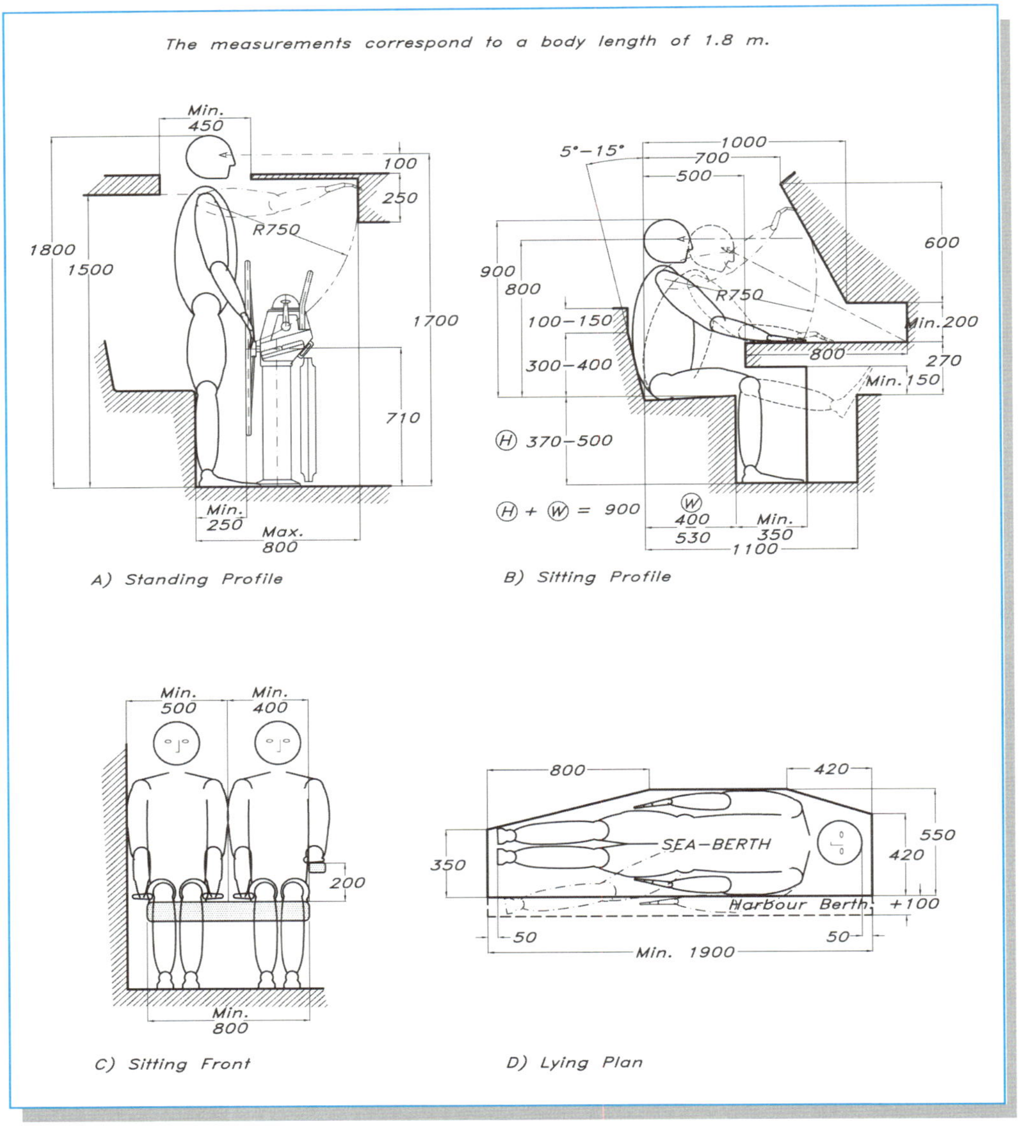

그림 15.1 사람과 관련된 수치

거주공간(Accommodation)

그림 15.2에 있는 YD-41의 거주공간을 살펴보면, 몇 가지 생각해야 할 일반적인 특징이 있다. 기본적으로 배치에는 몇 가지 원칙이 있는데 활동영역은 배의 운동 중심(centre of motion) 가까이에 두는 것이다. 라운지와 침실 공간, 저장 공간은 선수와 선수 쪽에 그룹으로 되어 있다. 앞서 살펴보았듯이 이 설계의 목적은 편안한 4인용 근해, 연안용 요트를 만드는 것이기에 배를 극단적인 형태의 침대와 거주공간으로 해서는 안 된다. 아래의 숫자 1-15는 그림 15.2의 원 숫자에 해당된다.

1. 우선 선수공간(forepeak)에서 시작한다. 이 공간은 전적으로 갑판상의 창고로 여분의 세일이나 펜더, 계류삭 등을 보관하는 곳이다. 헤드세일 휠러(headsail furler)를 이곳 밑으로 배치를 하면 제노아 택을 낮출 수 있고 앞쪽 갑판이 훤히 뚫린다. 이 공간은 거주공간과는 상관없기 때문에 선수 캐빈과의 격벽은 쉽게 수밀격벽으로 할 수 있다.
2. 거주공간을 너무 앞쪽으로 빼지 않음으로써 얻는 장점은 윈드라스(windlass)와 체인록커(chainlocker)의 위치이다. 이들을 뒤쪽으로 배치하여 악천후에서의 성능을 방해하지 않을 수 있다. 피칭의 중심에서 멀리 떨어져 있는 이런 무거운 장비들은 배의 관성반경(gyradius)을 형성하는데 큰 영향을 끼친다.
3. 그 뒤에 있는 선수 캐빈이다. 이 캐빈은 배가 정박되었을 때 사용하는 용도이기에 2인용 침상이 배치되었지만, 편안한 해상용 침상으로 바꾸기가 쉽지 않다. 충분한 폭을 확보하기 위해 침상 전체가 높이 올려져 있으며 이 때문에 앉기 쉽지 않아 따로 좌석이 포함되어 있다. 캐빈의 거주성을 높이기 위해 옷걸이 로커(hanging locker)와 선반(dresser), 개인 물품 보관공간(stowage space) 등이 있어 여러 사람이 사용하는 공간을 공용할 필요가 없다. 중량물은 배의 중심쪽에 가깝게 한다.
4. 선수 캐빈 뒤에 살롱(saloon)이 있으며 여기에는 몇 가지 고려해야 될 사항이 있다. 탁자 주변은 배에 있는 모든 사람이 식사를 할 수 있도록 충분한 공간을 할당한다. YD-41의 경우는 별문제가 없지만, 특별히 침상이 많은 배에서는 문제가 될 수 있다. 선수 캐빈의 침상은 해상에서 사용하기가 힘들기 때문에 살롱의 소파를 충분히 길게 해서 사람이 잘 수 있도록 한다.
   이 두 가지 기능으로 인해 등받이를 접어 올려 잘 수 있는 충분한 공간이 나오도록 하고, 평상시에는 접어 내린다. 깊이가 낮은 이런 배의 경우 충분한 크기의 물탱크를 두는 게 문제가 될 수 있는데 이럴 경우, 소파 밑의 공간을 활용한다.
5. 선수 캐빈으로 향하는 문이 한쪽으로 치우쳐져 있기 때문에 좌현의 세티(settee)에 충분한 고정식 탁자를 둘 수 있다. 동시에 우현 쪽의 통로도 넓다. 탁자 오른쪽을 접이식으로 하면 오른쪽의 소파도 활용할 수 있는 넓은 탁자가 된다.
6. 10m(33ft) 이하의 배에서는 일반적으로 대형 해도 탁자(full size chart table)와 의자를 확보하는게 힘들다. 큰 해도는 1300×800mm로 탁자가 이 정도 크기는 되어야 한다. YD-41에서는 탁자가 두 격벽사에 있어 아무 문제가 없다. 이게 가능하지 않은 경우는 면적이 최소 800×650mm가 되도록 하여 큰 해도를 한 번

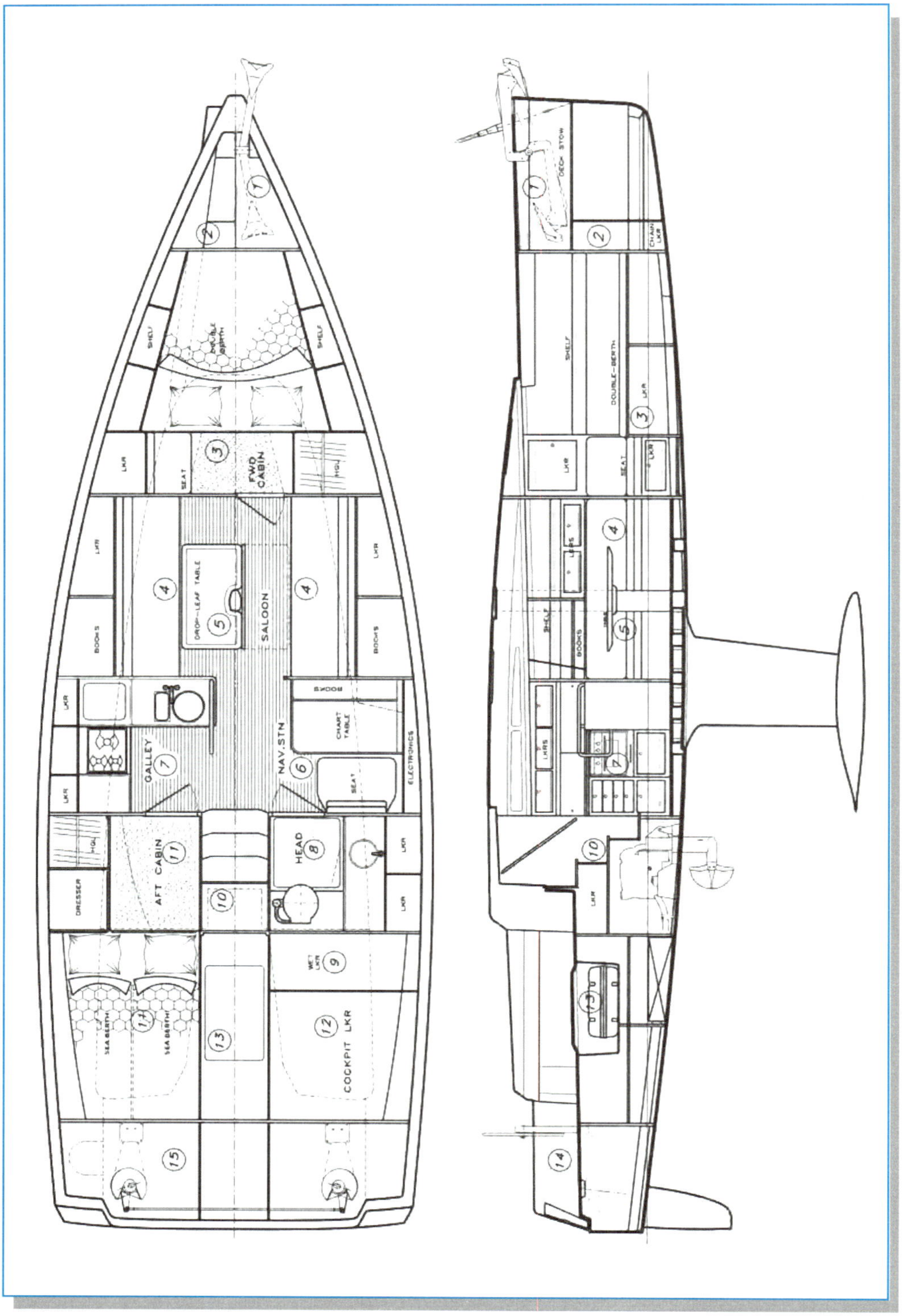

그림 15.2 YD-41의 거주구 배치

만 접을 수 있도록 한다. 배가 30° 이상 기울 때 항해사(navigator)가 자리에서 버틸 수 있도록 의자를 오목하게 하고 팔걸이를 둔다. 그림 15.3은 배가 기울어서 항행하는 경우, 어떻게 되는지를 확연하게 보여준다. 선체 내부를 설계할 때 신경써야 하는 다른 하나는 배가 선저 쪽으로 점점 좁아지는 점이 선체 두께에 끼치는 영향이다. 그림 15.3에서 원으로 표시된 부분이 이것을 이야기한다.

바닥재의 두께만 제외하는 것이 아니라 선체와 바닥재의 두께를 같이 제외해야 한다. 이 경우에서는 80mm가 된다.

좋은 항해실이 되기 위해서는 많은 보관함과 책, 전자 장비를 위한 격벽이 있어야 한다. 작업대 아래의 보관함은 해도를 보관하기에 좋은 곳이다. 깊이가 50mm가량이면 200여 장의 해도를 접지 않고 보관할 수 있으며 면적이 충분하지 않아 해도를 접더라도 100여 장을 둘 수 있다. 머리 위 책장을 두기에 좋은 자리는 선측(athwartship)에 있는 격벽으로 고정줄을 걸지 않아도 책이 떨어지지 않는다. 전자 장비를 위한 공간은 선주의 취향과 배의 용도에 따라 다양하다. 어떤 배라도 장착이 되어야 하는 가장 중요한 장비는 나침반(compass)이다. 주 나침반은 비 전자식으로 배의 전기시스템과는 무관하며 조종칸에 배치한다. 항해실에 배치되는 전자장비는 크게 세 그룹으로 나눌 수 있다.

(a) 항해전자장비(Navigation instruments) : 나침반, 속도계, 거리계, 수심계(depth sounder), 로란-C(Loran-C) 또는 데카 수신기(Decca receiver), 위성항법장치(satellite navigator), 전자해도장치(chart plotter), 레이다(radar)

(b) 기상 및 통신장비(Weather and communications instruments) : 기압계(barometer), 풍향/풍속계, 기온/수온 온도계, 다 밴드 무전 수신기(multiple band radio receiver), 기상팩스(weather fax), VHF 무전기(radio transmitter) 등

(c) 배 성능 모니터링 장비(Boat performance instruments) : (a), (b)로부터의 원 데이터와 경사각, 코스, 위성으로부터의 속력 등의 데이터를 가공하여 VMG, 선체받음각(leeway), 조류의 방향과 세기, 다음 지점까지의 거리와 시간 등을 계산할 수 있고 나아가 실제 조건에서 배의 VPP 곡선을 계산할 수 있다.

이런 장비의 대부분은 크기가 작으며 선체의 표면에 장착할 수 있다. 또한 사용자가 조작을 해야 하기 때문에 손에 닿기 쉬운 곳에 장착한다. 레이다와 고해상도 전자해도장비는 공간을 더 차지한다. 스크린이 보통 20~30cm(8~12 in) 또는 그 이상이다.

7. 과거에 주방은 배의 선수, 살롱의 한쪽 측면, 선미 등 어느 곳에도 둘 수 있었다. 요즘은 주방을 뒤쪽 승강 계단의 옆에 두는데 그 이유가 있다. 이곳은 배의 피칭운동이 작고, 조리자가 다른 사람들과 같이 어울릴 수 있으며 승강계단의 해치를 통해 환기가 되며, 음식을 조종공간으로 쉽게 올려줄 수 있다.

YD-41에서는 주방을 승강계단의 좌현에 두었다. 배의 크기가 충분해서 배의 중앙선에서 벗어나 두었기 때문에 조리자가 다른 사람과 통로에서 간섭을 일으킬 일이 없다. 위에서 보면 L형태를 띄고 있어 배가 기울었을 때 조리자가 버틸 수 있다. 그림 15.3에서 볼 수 있듯이 버팀 위치에서 스토브까지의 거리를 충분히 주어서 배가 기울어진 상태에서도 음식을 만들 수 있도록 하는 것이 중요하다. 그림에서 기울어진 각도는 30°로 평상시 세일링 할 때의 기울어진 각도보다는 크지만 상당히 큰 각도는 아니다. 조리자를 버티게 하는 다른 방법으로는 버팀 벨트가 있다. 이 방법은 조리자가 벨트에 묶여 있기 때문에 물이 끓는 냄비 등이 떨어지는 사고가 발생할 때 빨리 피할 수 없다는 단점이 있다.

안전 측면에서 스토브 앞쪽에 보호봉(crashbar)을 두어 조리자가 넘어져 버너에 닿지 않도록 한다.

주방 설계 시 유념해야 할 다른 하나는 스토브 앞뒤로 충분한 공간을 두어 짐벌(gimbal)이 60°가량 자유롭게 회전할 수 있도록 하는 것이다. 많은 스토브가 출시되었지만, 아래와 같은 사항을 확인하는 것이 좋다.

- 스테인레스 스틸 제
- 착탈 가능한 격자 구조(grating)로 청소의 용이함
- 버너 주위에는 높은 피들레일과 냄비 거치기가 설치되어 냄비가 떨어지지 않도록 함
- 배의 흔들림에도 균형을 잘 잡는 견고한 짐벌(gimbal)
- 오븐
- 오븐의 내용물이 쏟아지지 않도록 하는 오븐 문의 고정 장치

스토브에 사용되는 연료로는 다음과 같은 것이 있다.

(a) 알코올(alcohol)의 화염 온도는 가장 낮기 때문에 조리 속도도 가장 느리다. 상당히 안전하며 폭발의 위험이 없으며 화재 시 물로 소화가 가능하다. 간혹 사람이 구역질을 할 정도로 냄새가 나는 경향이 있다.

(b) 케로신(kerosene)은 화염온도가 가장 높다. 한때 가장 많이 사용되는 연료였지만 갈수록 얻기가 힘들어지고 비싸지고 있다. 불을 붙이기 위해서 기화 작업을 거쳐야 하며 냄새가 독하다.

(c) LPG(Liquefied Petroleum Gas)는 두 번째로 화염 온도가 높다. 액체형태로 저장하고 사용시 자동적으로 기화되기 때문에 가정용 가스와 같이 바로 점화된다. 가장 큰 단점은 공기보다 무거워 공기하고 혼합되면 폭발기체가 된다. 빌지부에 이 폭발기체가 쌓이게 되면 매우 위험해진다. 따라서 저장과 사용에 다음과 같은 주의가 필요하다.

- LPG통은 선외로 배출되는 드레인이 달린 독립된 기밀 칸에 따로 보관한다.
- 주방에는 중간 밸브를 장착하고, LPG 저장칸에는 전기 솔레노이드 밸브를 장착한다. 이는 주방에서도 작동 가능하도록 한다.
- 빌지부에 가스 탐지기를 설치한다.
- 오븐과 버너에는 연소정지 안전 차단기(flame-out safety shut-off)를 장착한다.

(d) CNG(Compressed Natural Gas)는 LPG와는 달리 공기보다 가볍다. 따라서 새는 경우 환기가 되어 빠져나간다. 하지만 LPG만큼 범용적이지 않기에 비싸다.

싱크대는 물이 반 정도 차 있더라도 흘러내리지 않도록 충분히 깊어야 하며 이때 최소깊이는 160mm이다. 두 개의 싱크대는 좋은 생각인데 하나는 세척용, 다른 하나는 헹굼용 또는 조리용으로 사용할 수 있다. 싱크대를 둥글게 만들어 용량을 최대로 할 수 있다. 즉, 일정 수준의 물 높이를 만드는데 드는 물이 최소한이 된다. 그림 15.3에서 보듯, YD-41의 싱크대는 충분히 높고 안쪽에 배치되어 있어 배가 기울었을 때도 배수할 수 있다.

어떤 식으로든 냉장고가 필요한데 이는 얼음이 비싸고 얻기가 쉽지 않기 때문이다. 작은 배에서도 가정용 아이스박스의 형태로 냉장고를 보유하며 배의 12볼트 전기에 연결된다. YD-41같은 큰 배에서는 영구적인 냉장시스템이 필요하다. 우선 냉장고를 장착할 박스나 캐비넷이 필요하다. 가장 중요한 구성요소는 단열(insulation)이다. 최소 100mm 이상의 단열재가 필요하다. 가장 좋은 단열 재료로는 폴리우레탄(polyurethane)이나 PVC 폼(foam)이다. 냉장고의 문은 측면이나 상면이 될 수 있지만 상면에 두는 것이 더 열 효율적이다(차가운 공기는 무겁기 때문에 문을 열어도 밖으로 새지 않는다). 하지만 종종 박스의 바닥에 있는 물건을 찾고, 꺼내며, 다시 정리하는데 시간이 걸리기 때문에 덥혀 질 수 있다. 이런 문제를 해결하기 위해선

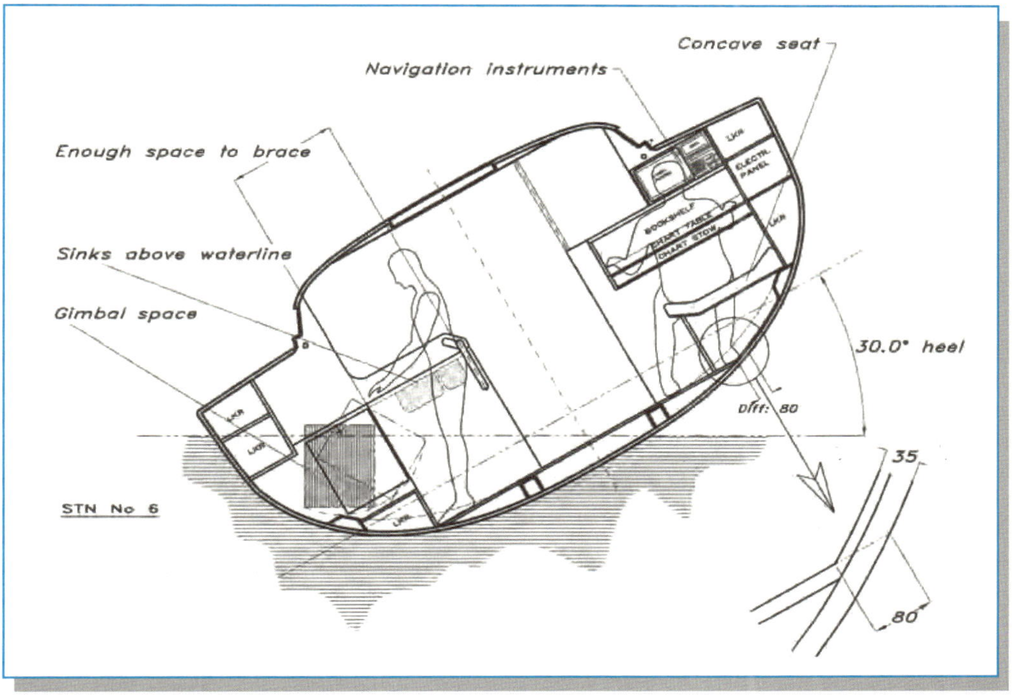

그림 15.3 YD-41의 경사 단면

박스 문을 박스 상면크기로 만들고 박스 내에 물건의 종류별로 정리할 수 있는 보관용기(modular inserts)를 넣어 사용하면 된다. 마지막으로, 피들 주위와 스토브 양쪽에 충분한 공간을 마련하여야 한다. 스토브가 격벽에 직접 접하는 건 좋은 생각이 아닌데, 사람이 서 있기도 불편할 뿐만 아니라 음식을 만드는데도 공간이 있으면 편리하기 때문이다.

8. 주방과 마찬가지로 화장실도 전통적으로는 배의 어느 위치에 있어도 무방하다. 요즘은 두 곳을 선호하는데 살롱과 선수 쪽 캐빈 사이 또는 통로에 가까운 곳(YD-41의 경우)이다. 후자의 경우 장점은 주방과 마찬가지로 배의 움직임이 가장 작게 느껴지는 곳이어서 운항 중에도 사용할 수 있다. 그림에서 보듯 변기는 배의 앞뒤 방향으로 놓여있다. 이는 배의 경사각도와는 상관없이 해상에서 사용할 수 있는 적당한 방향이며 주위 벽이나 격벽가지의 거리가 650mm에서 750mm 사이에 있는 것이 좋다. 이보다 작을 경우 변기가 쓸모없이 되며, 이보다 클 경우는 버티기에 적합하지 않다.

   이렇게 변기를 설치할 때 결점은 배가 포트 택(port tack)이 될 때 세면기가 선외에 놓이게 되어 물이 자연스럽게 배수되지 않는다는 것이다. 이를 해결하기 위한 두 가지 방법이 있는데 중간 저장 탱크(holding tank)를 설치하거나 아니면 펌프를 이용해 선외로 배출하는 방법이다. 변기와 세면기 앞 공간은 약 $650mm \times 650mm$를 확보하여야 씻고 샤워를 하는데 유용하다. 바닥이 완전 평면일 필요는 없다. 화장실을 선수 쪽으로 두더라도 배의 뒤쪽이 다소 좁지만 여전히 편평하게 보일 것이다.

   화장실을 선수 캐빈과 살롱사이에 두게 되면 해상에서 사용하기가 불편하지만 선폭을 최대한 활용할 수 있기 때문에 특히 작은 배에서는 공간을 확보하는 차원에서 유일한 자리가 될 것이다. 이렇게 배치를 하면 살롱이 뒤쪽으로 놓이게 되어 더 넓은 공간을 이용할 수 있게 된다.

9. 악천후 장비는 보관하기에 애를 먹는 것들이다. 클 뿐만 아니라 바닷물에 젖어 있기 때문이다. 그렇기 때문에 젖은 장비를 위한 독립적인 로커를 두는 것이 필요하다. YD-41에서는 화장실 바로 뒤에 두었다. 이 칸은 선체 내부를 적시지 않고 젖은 장비를 보관할 수 있다. 로커 상부에도 해치를 두어 조종 칸에 바로 통할 수 있도록 해서 사람이 장비를 꺼내기 위해 선내로 들어올 필요가 없다. 장비나 옷을 말리기 위해서 난방장치에서 뜨거운 공기가 들어갈 수 있도록 주입구를 두면 된다.
10. 계단은 기관 칸의 상부이며 조종 칸에서 두 계단 정도 아래에 있다. 화장실과 뒤 캐빈 격벽으로 둘러싸여 있어 통로 입구로써 역할을 제대로 한다. 엔진 위의 보관함은 장화, 연장 등을 보관하기에 좋다.
11. 해상용 침상을 선미에 두는 것은 좋은 생각으로 선수 쪽에 비해 움직임이 덜하다. 선미 캐빈을 넣기에 힘든 작은 배의 경우라도 최소 쿼터침상(quarter berth)을 둘 수 있는 공간 정도는 있다. YD-41에는 2인용 보관 칸과 옷걸이 로커 등을 포함한 충분한 공간이 확보되어 있다. 침상에는 몇 가지 특징이 있다. 2인 해상용 침상으로 기능을 발휘하기 위해서 단단하고 접어 올리는 침상 판(bunk board)이 있는데 이는 사용하지 않을 때는 침상 쿠션 아래에 보관되어 있다. 추락 방지용 천(lee cloths)도 좋지만 1인용 침상에서만 사용한다. 2인용 침상에서 두 사람을 효과적으로 나누려면 확실한 칸막이가 필요하다. 침실을 중앙까지 확장해서 넓게 사용하는 것도 가능했지만, 그렇게 하지 않는 것은 침실이 조종 칸 바닥 밑에 오는 것을 피하기 위함이다. 폐쇄공포증을 겪을 수 있기 때문이다. 이와 동시에 콕핏에 짐칸을 확보했다.
12. 대부분의 크루저는 여분의 세일, 줄(lines), 방현재(fenders), 연료통 및 물통(jerrycan), 고무보트, 선외기(outboard engine), 세척제, 윤활유 등을 싣고 다닌다. 이러한 것들은 선실에 두기에는 적당하지 않고 조종 칸의 짐칸에 둔다. YD-41에서는 우현 조종간 좌석 아래에 배치되어 있다. 꽤 크지만 보통 피들이나 칸막이로 나누어져 있어 악천후 때 짐칸이 엉망이 되지 않도록 한다.
13. 콕핏 바닥 아래 선체 중앙부에 구명뗏목 보관칸과 콕핏 탁자를 두었다. 이 위치는 접근하기에도 좋을뿐더러 무거운 물건을 아래로 그리고 종 방향 무게 중심에 가까이 둘 수 있기 때문이다.
14. LPG 가스통을 두기에 좋은 장소는 갑판 옆, 제일 뒤쪽 부분이다. 그러나 콕핏 바닥 위에 자연 배수가 되는 칸을 만드는 것이 좋다.
15. 배의 가장 뒤 부분은 조타장치를 두었고 배 내부와는 수밀격벽으로 완전히 분리하였다. 이는 타축에 문제가 생겨 침수가 발생했을 때를 대비하기 위함이다.

갑판 배치(Deck Layout)

모든 배와 사람에 맞는 갑판배치를 한다는 것은 불가능하다. 거주공간과 같이 요트의 용도는 배치에 큰 영향을 끼친다. 크루징 요트의 우선순위는 경기용 요트와는 다르다. 경기용 요트의 갑판은 일을 하는 공간으로, 잘 훈련된 크루가 각자 맡은 임무를 소화해 낼 수 있도록 효율성이 있어야 한다. 반면 크루저의 갑판은 보다 적은 수의 크루를 대상으로 하며, 일광욕을 할 수 있는 공간이나 악천후로부터 크루의 보호 등이 필요한 동시에 인테리어 배치와 상충되어서는 안 된다. 무엇보다 배의 성능을 우선시하는 것을 잊어서는 안 된다. YD-41은 성능을 위주로 하는 크루저 용도이기에 갑판을 좀 더 자세히 살펴보면 순수 경기용 요트에 비해 어떤 절충들이 이루어졌는지 알 수 있다. 다음에 나오는 숫자 16-37은 그림 15.4의 원 숫자에 해당된다.

16. 트랜섬 오프닝(opening) 옆에 접이식 간이 비상계단을 장착했다. 물에서도 충분히 닿을 수 있는 위치이다.
17. 거의 수직에 가까운 선미으로 콕핏 공간이 더 넓다. YD-41은 접이식 트랜섬으로 되어 있다. 닫았을 때는 안전이 강화되고 열면 배에 오르기가 편하다. 또한 낙수자를 쉽게 구할 수 있으며 선미 앵커를 다루기에도 편리하다. 나아가 샤워공간으로도 좋다.
18. 일반적으로 조종륜(steering wheel)이 틸러보다 적은 공간을 차지하지만 배가 계류/계선을 하면 그 반대가 된다. 배는 틸러를 가지고 있을 때 더 배다운 느낌이 나고 항해코스를 수정할 때 더 빠르며 특히 악천후의 브로드 리칭(broad reaching) 상태에 있어 중요하다. 이 상태에서는 브로칭(broaching)의 가능성이 높다. 틸러 사용시 단점은 큰 배에서 확연하다. 12장의 타 힘(rudder force)에서 보았듯이, YD-41의 경우 틸러는 동등의 조종륜 파워를 내려면 거의 2m에 육박하는데 이는 조종공간의 설계에 있어서 상당히 비현실적인 것이다. 재빠른 조종을 위해, 성능기반의 보트에서는 한쪽 현에서 다른 쪽 현까지 방향을 바꾸는데 두 바퀴를 넘기면 곤란하다. 대신 무겁고 천천히 반응하는 보트의 경우 세 바퀴까지도 가능하다.

    YD-41과 같은 넓은 콕핏에서는 두 개의 조종륜을 두는 것이 현실적이다. 조종륜을 하나씩 각 현 쪽으로 두어 가운데 공간을 확보한다. 또한 시야도 더 좋아진다.
19. 조종수가 편하게 있게 하기 위해 효율적인 발판을 마련한다. 조종륜 뒤 콕핏 바닥에 접이식 판을 부착한다. 각은 대략 20°이다.
20. 메인시트 시스템은 콕핏에서 종종 다른 요구사항과 충돌을 일으킨다. 이로 인해 붐 중간 시팅 시스템을 종종 사용하며 시트의 윈치는 코치루프에 놓이게 된다. 이런 식으로 하면 콕핏에는 줄을 둘 필요가 없다. 다만 단점은 붐 끝단 시팅 시스템에 비해 시트 하중이 매우 커진다는 것과 조종수가 메인시트 윈치에서 멀어져 접근할 수 없다는 것이다.

21, 22. 우리가 사용하는 시스템은 페데스탈 앞의 메인시트 트랙이며 트레블러 콘트롤은 각 현으로 빠져나가 조종수 위치 근처로 나온다. 메인 시트는 붐 내부를 통해 앞으로 간 후 다시 블록을 통해 각 현의 뒤로 나와 윈치로 향한다. 윈치는 조종수나 트레블로 앞의 크루가 다룰 수 있는 거리이다. 시트는 두 줄로 구성이 되어 있어 어느 현에서든지 조정할 수 있다. 코밍(coaming)은 넓으며 경사 시 사람이 편하게 앉을 수 있는 각도로 되어 있다.

23. 콕핏은 누울 수 있을 정도로 길어야 한다. 이는 설계 초기 단계에서 고려가 되면 작은 배에서도 가능하다. 작은 배에서는 경사형 선미와 긴 콕핏을 같이 설계하는 게 불가능할 수 있으며 이럴 경우 콕핏 길이를 우선 생각해야 한다. 경기정의 경우, 콕핏 길이는 누울 수 있는 길이에 의하지 않고 조종 칸에서 일하는 사람의 수와 세일을 조정하는 장비들의 배치에 의한다. YD-41의 경우 벤치의 길이는 2m가 넘고 우현 쪽 벤치는 조종 칸 적재공간과 로커 해치로 되어 있다.
24. 배가 경사 시 콕핏에서 잘 버틸 수 있도록 바닥에 발판이 필요하다.

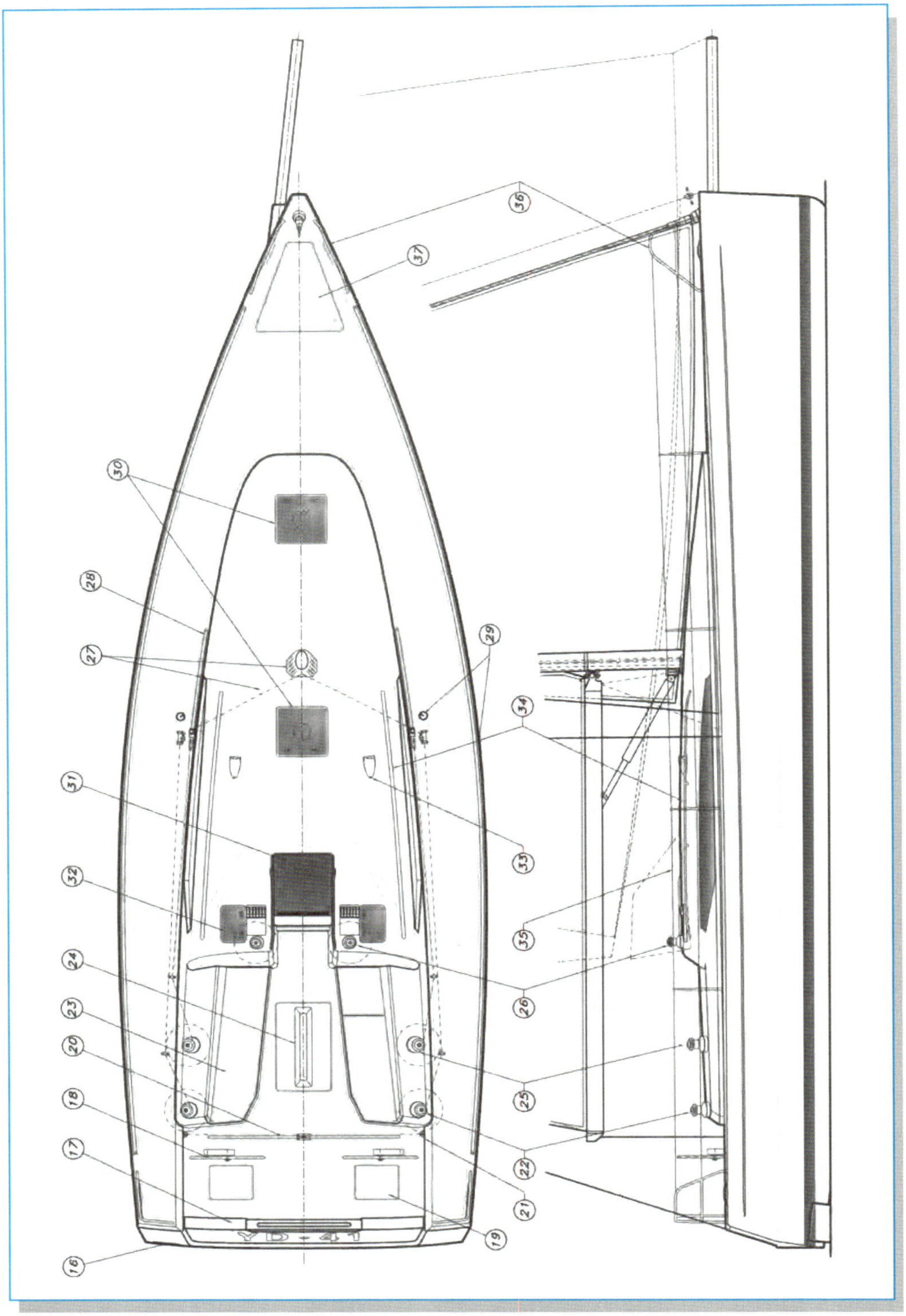

그림 15.4 YD-41의 갑판 배치

25. 주 윈치는 콕핏 가운데 있고 코드 0와 비대칭 스피네커에 사용한다. 윈치의 용량은 윈치제조사의 카탈로그에서 얻을 수 있다. 그림 15.5는 메인과 포세일의 시트하중을 결정하는 다른 방법을 보여주고 있다. YD-41의 제노아 윈치는 최소 44이지만 50이 적절하다. 메인시트 윈치는 3:1 태클을 사용할 경우 최소 32가 된다.

26. 크루징 보트에서 세일조정시트(리핑, 아웃홀, 핼야드, 키킹 스트랩 등)이 필요하고 콕핏으로 나와 있어야 한다. 이런 이유로 유틸리티 윈치가 컴페니언 해치의 어느 한쪽에 놓이고 콕핏에서 사용할 수 있도록 한다. 이 배치는 단독 범주용으로 최적일 필요는 없지만 윈치를 사용할 때 크루들이 서로 방해가 되지 않도록 해야 한다.

27. 세일조정시트를 블록을 통해 코치루프에 묶게 되면 루프에는 인장 등의 하중이 작용하게 된다. 이에 따라, 마스트 인근의 갑판과 선체사이에 타이 로드(tie rod)를 설치하는게 중요하다. 라이 오가나이저(line organiser)를 설치하여 여러 줄들의 콕핏으로 뺄 수 있다. 모든 줄과 블록은 갑판 밑으로 숨긴다. 이는 갑판상에 노출된 시트를 밟고 있는 것은 위험할 수 있기 때문이다.

28. 경기용 보트에서는 제노아 트랙을 최적의 자리에 놓아야 하는 일이 있다. 즉, 포세일의 시팅각을 7.5°에서 10°사이에 두어야 한다는 뜻이다. YD-41에서는 이 각이 12°이다. 추가 시트를 더 달아 필요시 각을 미세 조정할 수 있다.

29. 체인플레이트의 위치는 리그 계산에 의한다. D_1은 덱에서의 통행을 위해 코치루프에 가까이 있다. V_1은 그 위치에서 폭 전체를 사용한다. 큰 포 세일이 있는 상황에서 둘 다 안쪽에 배치한다는 것은 좁아진 스테이 간격 때문에 더 큰 리그 하중이 생긴다는 것을 뜻한다. 마스트 단면, 와이어/로드 그리고 갑판배치에 맞는 적절한 형상을 얻는 것은 반복적인 절차를 걸쳐야 한다. 세 쌍의 스프레더 리그를 채용하여 체인플레이트를 안쪽으로 배치할 수 있었겠지만 선실의 살롱에 방해가 될 것이다. 모든 사람을 만족시키기는 힘든 일이다.

30. 갑판 아래에는 조명과 환기가 필요하다. 스카이라이트 햇치(skylight hatch)를 열면 환기는 해결이 되지만, 햇치가 닫혔을 때는 환기구를 사용할 수 있다. 표준형 100mm직경의 클램쉘(clam shell) 환기구는 설치하

Foresail sheet load (F_F):

$$F_F = k_{bs} \cdot V^2 \cdot A_F \quad [\ 1.45\ 15^2 \cdot 43.3 = 14127\ N\ ]$$

Main sheet load (F_M):

$$F_M = k_{bs} \cdot \frac{E \cdot P^2 \cdot V^2}{L_L \cdot T_R} \quad [\ 1.45 \cdot \frac{5.60 \cdot 16.7^2 \cdot 15^2}{16.55 \cdot 3} = 10262\ N\ ]$$

F_F = Foresail sheet load [N]
F_M = Mainsail sheet load [N]
V = Windspeed [m/s]
A_F = Foresail area [m^2]
E = Mainsail foot [m]
P = Mainsail luff [m]
L_L = Mainsail leech [m]
T_R = Mainsail tackle ratio
k_{bs} = Boat size factor (2 for small boat, 1 for big boat)

Winch power ratio (P_W):

$$P_W = \frac{F_F}{F_C} \text{ or } \frac{F_M}{F_C} \quad [\ \frac{14127}{330} = 42.8 \quad \frac{10262}{330} = 31.1\ ]$$

F_C = Crew power on handle, 200 – 500 [N]

그림 15.5 윈치 용량의 계산

고 편하고, 한 개로 두 사람 용량의 공간을 환기할 수 있다.

31. 컴페니언 햇치를 뿌옇게 색깔이 들어간 아크릴제로 하면 햇빛도 들고 사생활도 보호할 수 있다. 햇치가 열려져 있는 상태에서도 고정할 수 있는데 이렇게 하면 해상에 해치가 앞뒤로 미끄러지는 걸 방지할 수 있다. 컴페니언웨이에 도저(dodger)를 설치하면 환기성능을 향상시킬 수 있다. 사실 배의 환기체계에 있어 가장 큰 요인이다. 바람이 앞에서 불면 큰 배출구처럼 작용하며 뒤에서 바람이 불어도 상당량의 공기가 유입된다.
컴페니언웨이를 열어놓고 항해를 할 때 와시보드(wash board)를 떨어지지 않게 잘 고정하는 것이 필요한데 특히 배가 녹다운(knockdown) 되었을 때 특히 중요하다. 두 종류의 와시보드(wash board)를 두는 것이 좋은 생각이다. 하나는 좋은 날씨에 사용할 수 있도록 가볍게 만들고 환기구를 부착한 것이고 다른 하나는 악천후용으로 튼튼하게 제작된 것이다.

32. 일반적으로 선체 내부 각 격실은 각각의 환기구를 설치하는 것이 바람직하다. 특히 쿼터버스(quarter berth)나 선수 쪽 캐빈은 적절히 환기를 하지 않으면 덥고 불편해진다. 유사한 이유로 선수 쪽 캐빈도 그러하다. YD-41에서는 이와 같은 이유로 두 개의 스카이라이트 햇치를 이용해 환기를 하도록 하였다.
적절한 마스트 단면, 와이어/로드 그리고 갑판배치는 반복적인 절차를 걸쳐 얻게 된다. 세 쌍의 스프레더 리그를 채용하여 체인플레이트를 안쪽으로 배치할 수 있지만, 선실의 살롱에서는 방해가 될 것이다. 모든 사람을 만족시키기는 힘든 일이다.

26. 갑판 아래에는 조명과 환기가 필요하다. 스카이라이트 햇치(skylight hatch)를 열면 환기는 해결이 되지만, 햇치가 닫혔을 때는 환기구를 사용할 수 있다. 표준형 100mm 직경의 클램쉘(clam shell) 환기구는 설치하고 편하고, 한 개로 두 사람 용량의 공간을 환기할 수 있다.

27. 컴페니언 햇치를 뿌옇게 색깔이 들어간 아크릴제로 하면 햇빛도 들고 사생활도 보호할 수 있다. 햇치가 열려져 있는 상태에서도 고정할 수 있는데 이렇게 하면 해상에 해치가 앞뒤로 미끄러지는 걸 방지할 수 있다. 컴페니언웨이에 도저(dodger)를 설치하면 환기성능을 향상시킬 수 있다. 사실 배의 환기체계에 있어 가장 큰 요인이다. 바람이 앞에서 불면 큰 배출구처럼 작용하며 뒤에서 바람이 불어도 상당량의 공기가 유입된다. 컴페니언웨이를 열어놓고 항해를 할 때 와시보드(wash board)를 떨어지지 않게 잘 고정하는 것이 필요한데 특히 배가 녹다운(knockdown) 되었을 때 특히 중요하다. 두 종류의 와시보드(wash board)를 두는 것이 좋은 생각이다. 하나는 좋은 날씨에 사용할 수 있도록 가볍게 만들고 환기구를 부착한 것이고 다른 하나는 악천후 용

33. 매우 범용적으로 사용하는 환기구로 도레이드(dorade) 형식이 있다. 국자모양(scoop)의 환기구를 배플 워터트랩(baffled water trap)상부에 설치하는 것이다. 스쿱(scoop)의 방향을 조절하여 환기구 또는 배기구로써의 역할을 할 수 있게 한다. YD-41에서는 약간 효율이 떨어지는 유선형의 도레이드를 볼 수 있다. 유선형은 배의 전체적인 선에 맞추기 위함이다. 환기구는 루프에서 약간 위 또는 배의 중앙선 쪽에 둠으로써 나쁜 날씨에도 물의 유입 없이 계속 열어 둘 수 있게 된다. 이 설계의 다른 장점은 줄들이 감길 가능성이 낮기 때문에 따로 가드(guard)를 설치할 필요가 없다는 것이다.
전체 환기면적을 결정하기 위해 선내에 필요한 공기의 양을 우선 고려한다. 한 사람 당 필요한 최소공기량은 분당 0.3m^3(CMM)이고 0.4CMM이 적당하다. 그림 15.6은 특정크기의 환기구가 어느 정도의 환기를 제공하는지 보여주는데 바람의 속도에 따라 변한다. 악천후에서 햇치가 닫혀 있는 경우 환기구가 모든 공기를 환기하여야 한다. 6명을 고려한다면 필요한 공기량은 2.4CMM이 된다. 100mm 도레이드 형식의 환기구는 바람 속도 6m/s에서 2.8CMM을 제공한다. 배기 면적은 최소 유입면적과 같아야 하기에 두 개의 100mm 배기

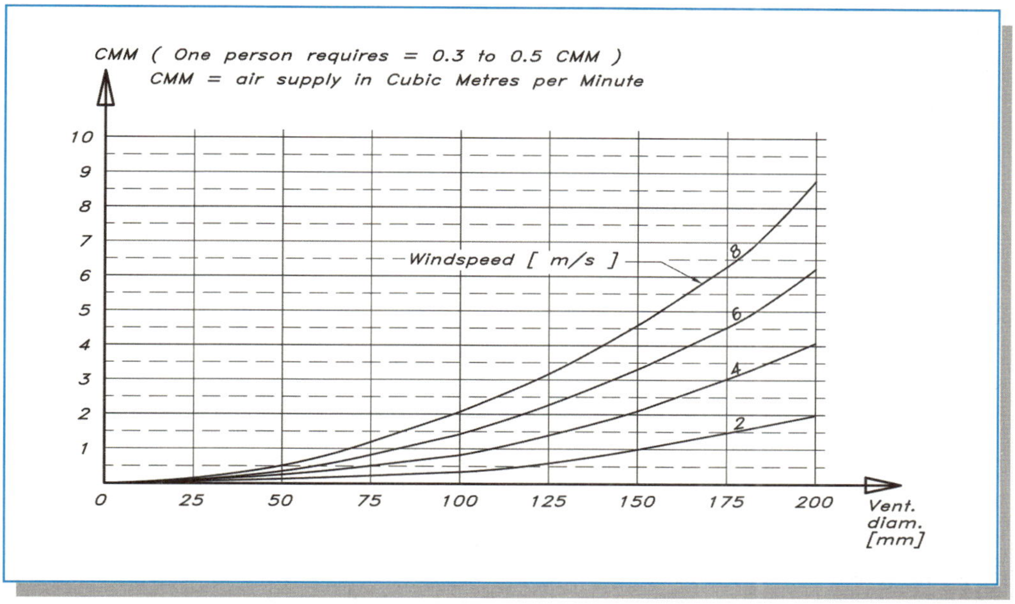

그림 15.6 통풍구를 통한 공기의 흐름

구를 스카이라이트 해치에 부착하였다.

34. 갑판에서 고려해야 할 가장 중요한 안전요인은 사람이 물에 빠지는 것이다. 이에 따라 배 전체를 가로 지르는 손잡이가 중요하게 되며 사람이 이를 잡고 콕핏에서 선수 갑판 쪽으로 이동할 수 있게 된다. 이 레일은 또한 안전 하네스의 좋은 부착점이 된다. 마스트에 세일조정시스템이 갖추어진 보트의 경우 마스트 펄핏(pulpit)과 연동하는 것도 좋은 방법이다.

35. 낙수하기 전 사람을 지킬 수 있는 최루의 보루는 라이프라인(lifeline)이다. 라이프라인의 높이는 종종 그 기능과 외관사이의 절충이 된다. 안전을 위해서는 그 높이가 최소 750mm이어야 하지만, 외관과 효율측면에서 높이를 600mm로 하면서 두 개의 라이프라인을 설치한다. 노르웨이 보트기준에서는 길이 8.5m 이하의 소형보트에서 450mm도 허용하고 있다. 라이프라인을 지지하는 스텐쳔(stanchion)은 매우 중요하다. 갑판을 관통하는 볼트로 체결하지만 그렇더라도 세이프티 하네스의 부착점으로 사용해서는 안 된다. 배의 급격한 횡요(roll)로 사람이 선체 밖으로 떨어지는 경우 그 힘은 10,000N(1톤)에 달하는 경우도 있기 때문이다.

36. 선수는 상하요(heave)와 종요(pitch)가 조합되는 배의 운동이 가장 격심한 곳이기에 뭔가 붙잡고 지탱할 수 있는 것이 있어야 하는데 이를 위해 펄핏(pulpit)을 설치한다. 둘러싸는 구조로 되어 있어 낙수자의 하중을 견딜 수 있도록 설계할 수 있다. 둘러싸는 구조의 단점은 선수로부터 배에 오를 때 방해가 된다는 것이다. 펄핏의 앞쪽을 부착식으로 하면, 배에 오르고 내릴 때는 접어 내리고, 안전을 위해서는 거치하여 두 가지 면을 모두 만족시킬 수 있게 된다.

37. 선수갑판의 창고를 이용하려면 앵커가 내려졌더라도 갑판 햇치를 열 수 있어야 한다. YD-41의 경우 윈드라스와 엥커체인이 햇치 아래에 있지만 다른 배치에서는 햇치가 한쪽으로 치우치거나 아니면 중앙선에서 나누어 져야 한다. 포세일 펄러가 갑판 아래에 있기 때문에 앵커 취급에 있어서 방해가 되지는 않는다.

YACHT

설계 평가

무차원 변수(Non-Dimensional Parameters)
속도예측프로그램(VPP)
예인수조실험(Towing Tank Test)
전산유체역학(CFD)

16

DESIGN

DESIGN EVALUATION

16. 설계 평가

이 책의 기본 목표 중 하나는 설계 평가에 필요한 정성적, 정량적 도구를 제공하는데 있다. 자세한 공식을 병행하여 설계자가 요트의 성능 특성을 계산할 수 있도록 한다. 주어진 통계적 정보와 조합하면 새로운 설계를 기존의 다른 요트와 비교하는 것도 가능하다.

이 장은 기본 데이터들로 만들어진 무차원 변수를 사용하여 설계한 요트의 성능을 빨리 추정할 수 있도록 정리한 것이다. 이 변수들은 앞 장에서 정의하였지만 이 장에서 다시 정리하였고 설계를 평가하는데 어떻게 유용한지 이야기할 것이다.

나아가 오늘날 요트 설계자에게 필요한 가장 중요한 도구인 속도예측프로그램(Velocity Prediction Program, VPP)을 설명한다. 이 프로그램은 모든 바람 조건에서 속력, 경사각, 겉보기 바람 및 그 외 여러 가지 물리량을 예측한다. 주어진 요트에 대해 프로그램의 입력값을 체계적으로 변화시킴으로써 설계자는 자신의 설계를 최적화할 수 있다.

이 책에서 나오는 공식들은 대부분 여러 시험을 통한 경험적, 실험적 정보에 기초를 두고 있다. 유체 동역학적인 부분은 델프트 공과대학(Delft University of Technology)에서 시행한 광범위한 요트 실험에, 공기역학적인 내용은 풍동실험(wind tunnel test)과 실물 실험(full scale experiment)에 바탕을 두고 있다. 이 실험의 결과들은 통계적으로 처리되어 공식으로 만들어졌다. 유사한 식들은 VPP에도 사용되고 있다.

특정 설계에 대해 더 정확한 정보가 필요한 경우 전통적 방식인 모형실험이 수행된다. 그러나 모형실험은 비싸기 때문에 아메리카스 컵이나 볼보오션레이스 또는 고가의 호화요트 같은 대형 프로젝트 정도에서나 시행한다. 어떻게 실험이 진행되는지에 대해서도 언급할 것이다.

새로운 설계를 세세하게 살펴보는 것으로 요즘에는 전산유체역학(Computational Fluid Mechanics, CFD)을 이용한다. 이 기술은 최근 컴퓨터의 빠른 성장으로 가능해졌으며 설계하려는 배 주위의 흐름과 저항 등에 대한 아주 자세한 내용을 파악할 수 있다. 이 기술의 장점은 수조실험에 비해 빠르고 저렴하며 그 정확도가 계속 향상되고 있다는 것이다. 체계적인 변환이나 최적화 분야에서는 수조시험을 대신하지만 절대치에 대한 매우 정확한 예측을 할 때는 아직 수조시험이 고려 대상이다. 이 장의 끝에서 요트의 유체동역학적인 해석에 전산유체역학기법의 적용을 간단하게 언급할 것이다.

‖ 무차원 변수(Non-Dimensional Parameters)

요트의 속도능력과 연관된 주 데이터로는 길이, 배수량, 접수면적(wetted area)과 세일면적(sail area)이 있다. 복원성(stability)을 추정하기 위해서는 경사팔(heeling arm), 메타센터 높이(metacentric height)도 필요하다. 내항성(seaworthiness)을 판단하기 위해서는 폭, 흘수, 대각도 경사에 대한 복원모멘트 등의 정보가 추가로 필요하다.

세일면적은 추진력에 대한 지표이고, 마찰력은 저속에서 지배적인 저항요소이기 때문에 세일면적/접수면적의 비, S_A/S_W가 미풍 상태(light wind condition)에서 중요한 설계 변수가 된다. 이 수치는 2.0 이상이 되어야 하며 그렇지 않은 경우 요트는 이 바람상태에서 매우 느리게 된다. 고성능은 이 비가 약 2.5 이상일 때 얻어진다. 여기서의 세일면적은 메인세일(mail sail)과 전방삼각형(fore triangle)의 합인 점에 유의하자. YD−41의 경우 2.6이며 마찰이 지배적인 저항요소가 되는 미풍에서도 제법 빠를 것으로 예상된다.

바람이 더 강해지면 상황이 좀 복잡해진다. 저항뿐만 아니라 세일을 싣는 능력(sail carrying capability)이 역할을 하기 시작한다. 저항측면에서는 배의 속도가 빨라지면 조파에 의한 저항요소가 커지는 것을 이미 보았다. 사실, 풍상 범주에서 배수량 속도 영역인 $F_n = 0.45$를 넘어 설 수 있는 배는 얼마 되지 않는다는 점이 중요하다. 이 관점에서 관심을 두는 변수는 길이/배수량 비, $L_{WL}/\nabla^{1/3}$(그림 5.31 참고)다. 풍하 범주에서 반활주(semi planing) 영역을 목표로 하는 배는 이 비가 약 5.7 이상이 되어야 한다. 요즘 생산되는 고성능 요트는 크루징 형식의 배도 이 한계에 도달할 수 있고, 오픈40이나 이모카60(IMOCA 60)과 같은 경기정은 한계를 넘어서 있는 배들이다. YD−41의 경우, 경하중량상태(5900*kg*)일 때 길이/배수량 비는 6.5, 반−적재상태(6500*kg*)일 때 6.4이다. 풍하상태에서는 프루드 수 0.6에 해당하는 13노트까지 도달할 수 있다.

풍상 범주에서 요트가 배수량형의 속도 영역에 있으면 조파저항은 기본적으로 배수량에 비례한다. 중풍(medium wind)부터 강풍까지의 성능에 사용되는 변수로 세일면적/배수량 비, $S_A/\nabla^{2/3}$가 있다. 이 변수는 또한 요트의 가속능력을 나타내는 지표이다. 상당히 좋은 세일링 성능을 보일려면 15이상이 되어야 한다. 매우 좋은 성능을 얻으려면 25를 넘겨야 한다. YD−41은 27.4로 클래스 40의 배에 매우 가깝다. 세일면적/배수량 비는 길이가 속력에 미치는 영향과는 아무런 상관이 없다는 점에 유의해야 한다. 이 비는 어떤 특정 F_n에 도달하는 능력을 나타내는 것이다. 만약 이 비가 주어지면 속력은 길이의 제곱근(square root)에 따른다.

복원성을 확인하는 간단하고도 꽤 정확한 방법으로는 델런보우 각(Dellenbaugh angle)을 계산하는 것이다(4장 참고). 세일면적, 경사팔, 배수량, 메터센터 높이를 그림 4.21의 공식에 대입하면, $8m/s$의 가벼운 바람(breeze)에서 경사각을 추정할 수 있다. 이 수치는 요트가 중두선(tender)과 경두선(stiff) 사이 어디쯤에 있는지를 보여준다.

요트의 내항성능은 그림 4.22에 있는 안정성지표(Stability Index, STIX)를 계산함으로써 가장 잘 확인할 수 있다. 이 지표는 선형, 세일면적, 복원모멘트 곡선 등을 포함한다. 대양(ocean) 세일링의 경우 STIX는 32 이상, 근해(offshore) 세일링의 경우 23 이상 되어야 한다. 연안(inshore)인 경우는 14 이상, 내수면의 경우 5 정도면 충분하다. YD−41은 42로 대양 횡단에도 적절하다.

‖ 속도예측프로그램(VPP)

거의 모든 속도예측프로그램은 5장에서 설명한데로 평형상태라는 가정에서 시작한다. 그림 5.1을 보면 요트가 평형상태일 때, 즉 일정한 속도로 직선 코스를 움직이는 경우, 세 개의 축에 대한 힘과 모멘트는 서로 상쇄된다. 엄밀하게는 아래와 같은 관계가 적용된다.

1. 전진 방향을 따라, 세일에 의한 추진력과 전체 저항은 같다.
2. 전진 방향에 대한 수직 방향에서 세일에 의한 횡력(side force)은 수면 아래 선체에 의해 발생하는 횡력과 같다.
3. 연직방향에서 부력은 배의 중력과 같고, 킬과 세일에 발생하는 수직방향 힘의 성분은 서로 상쇄된다.
4. 세일에 의한 경사모멘트(heeling moment)는 배의 복원모멘트(righting moment)와 같다.
5. 세일에 의한 피칭모멘트(pitching moment)는 선체의 복원모멘트(restoring moment)와 같다.
6. 유체역학적, 공기역학적 힘들은 수평면상의 같은 선에 작용하기 때문에 총 요잉모멘트(yawing moment)는 0이다(8장 참고).

이상이 6자유도에서의 평형조건들이다. 실제 연직 축 힘의 균형인 (3)과 피칭모멘트의 균형인 (5)는 자동 만족하는 것으로 가정한다. 요잉(yawing)에 대한 균형 (6)을 반영하는 프로그램은 거의 없지만 간혹 0이 아닌 타각을 모델링하여 이 균형을 반영하기도 한다.

가장 간단한 프로그램은 길이방향과 폭 방향의 힘들, 길이방향의 모멘트만을 고려한다. 즉, 관계 1, 2, 4가 고려대상이다. 첫 번째 관계에서는 저항성분들에 대한 식들이 필요하며 하며 가장 많이 쓰이는 식들이 5장에 있다. 공기역학적 추진력은 보통 7장에서처럼 계산한다. 연관된 수동역학적 횡력은 6장, 반대방향인 공기역학적 횡력은 7장에 있다. 모멘트 방정식은 4장의 복원성 관계와 7장의 경사력을 병행, 사용해서 나타낼 수 있다. 따라서 VPP에 필요한 식들은 이미 다 나와 있는 것이다.

4, 5, 6, 7장에 있는 식들을 사용하여 관계 1, 2, 4를 수학적으로 표현할 수 있다. 그러나 이 식들을 푸는 방법은 명확하지 않다. 그래서 반복적인 절차를 사용해야 한다. 따라서 처음 시작할 때 몇몇 변수의 값을 추측해야 한다. 이 값들을 기초로 계산하면 어떤 답이 얻어지는데 이 답에는 초기에 추측한 입력 값에 대한 새로운 값도 포함이 되어 있다. 새로운 값을 다시 초기 값으로 하여 계산을 반복한다. 전체 절차를 통해 값이 수렴하게 되면 각 반복 절차에서 계산된 값은 점점 더 앞의 값에 점점 가까워지게 되고, 충분히 가까워졌다고 생각되면 답은 수렴했다고 생각한다. 수렴을 얻기 위해서는 몇 가지 주의가 필요하지만 일반적인 순서는 그림 16.1에 나타나 있다.

프로그램은 한 세트의 참 바람 속력(true wind speed)에 대해 체계적으로 계산하며 나아가 각 바람에 대한 바람 방향을 고려한다. 이 절차는 그림 16.1에 있는 두 개의 외곽 루프에 해당한다. 주어진 바람속력과 바람각도의 조합에 대해 보트의 속력을 임의 값으로 하여 계산 절차가 시작된다. 그러면 겉보기 바람 속력(apparent wind speed)과 각도를 바람 삼각형(wind triangle)에서 구할 수 있다(그림 5.2 참고). 이제 경사각을 추정해야 하며 이 각을 겉보기 바람과 같이 고려하면 공기역학적 힘이 생기는데 이는 그림 7.19, 그림 7.21, 그림 7.22에 있다. 경사모멘트가 계산되고 경사 방정식 (4)에 의해 경사각이 구해진다. 계산된 각도가 추정된 값에 충분히 가깝지 않으면 추정값을 갱신하고 새로운 공기역학적 힘을 반영하여 계산 절차를 반복한다. 이것이 다이어그램의 가장 안쪽 루프에 해당된다. 경사각이 수렴하면 속력이 계산되며 이때 공기역학적인 추진력과 같은 값의 저항이 계산된다. 따라서 방정식 (1)이 쓰인다. 추정된 속력은 갱신되고 새로운 겉보기 바람이 계산된다. 이것이 그림 오른쪽 바깥 루프이다. 속력이 수렴함에 따라 횡력 방정식 (2)에 의해 선체받음각(leeway)이 계산된다.

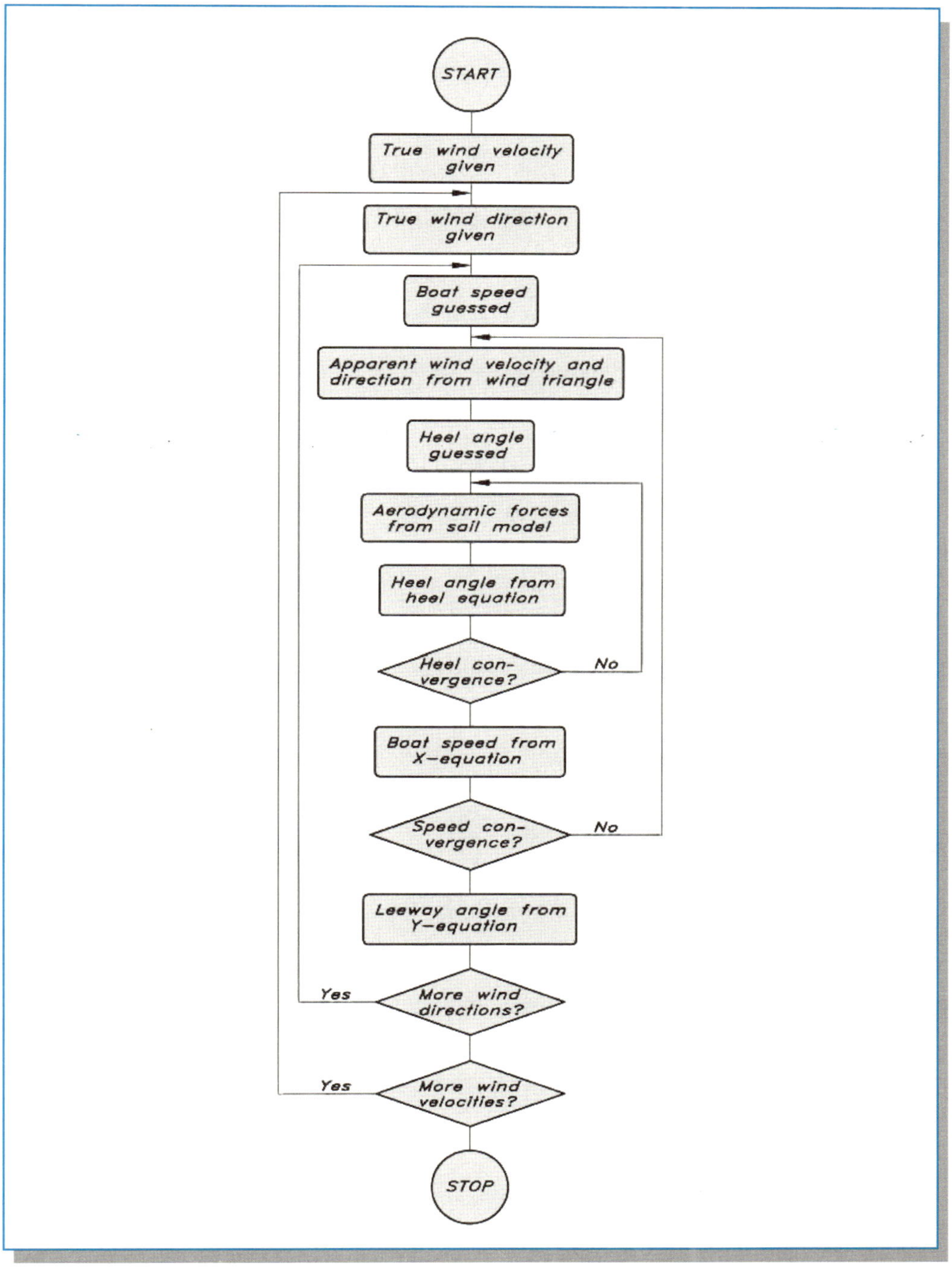

그림 16.1 VPP 흐름도

VPP계산 결과는 종종 극 도표(polar plot) 형태로 나타낸다. 각 곡선은 특정 바람속도를 나타내고 요트의 속도는 도표의 중심으로부터 곡선까지 화살표 길이로 나타낸다. 화살표와 수직선 사이의 각은 참 바람(true wind) 각도이다. 특별히 관심이 가는 지점들은 각 곡선에서 가장 큰 값과 가장 작은 값의 지점이다. 이는 요트가 가지고 있는 가장 좋은 풍상(upwind), 풍하(downwind)성능을 뜻한다. 따라서 이 점까지의 화살표로 풍상, 풍하 방향으로의 최적 지시각(pointing angle)을 알 수 있다(까만 점으로 표시되어 있다). 풍하각이 특히 중요한데 이는 배의 조종수(helmsman)가 가장 좋은 풍하 코스를 잡기가 매우 힘들기 때문이다. 각 선은 세 부분으로 구분되는데 각각 다른 세일이 장착되는 풍상, 풍하, 리칭(reaching) 상황을 뜻한다. 도표에서 파선으로 된 원은 배의 속력을 뜻한다. YD-41의 경우 바람에 대해 120-130° 벌어진 브로드 리치(broad reach)에서 약 13노트까지 도달함을 알 수 있다. 최적 풍상각(beating angle)에 대한 최대 풍상 속력(upwind speed)은 7.5노트 정도이고 여기에 해당하는 VMG(연직 풍상의 속도 성분)[61]는 6노트이다.

극 도표는 여러 설계 대안들을 빨리 평가해야 하는 설계자뿐만이 아니라 경기를 하는 요트맨에게도 중요하다. 범주의 최상 코스에 대한 정보뿐만 아니라 세일의 최상 세팅에 대한 것도 알 수 있고, 가능성 있는 모든 조건하에서의 목표속력(target speed)을 구할 수 있다. 세일면적 크기와 세일의 최적 편평도(flattening) 및 트위스트(twist)는 보통 프로그램에서 계산이 되는데 7장에서 언급한 축범(reefing), 편평도(flattening) 그리고 트위스트 함수에 의거한다.

성능을 평가하는 능력 때문에 VPP는 또한 핸디캡(handicap) 규칙에도 유용하게 쓰인다. VPP를 사용한 첫 핸디캡 시스템은 1980년도 미국에서 인기가 좋았던 계측핸디캡시스템 MHS(Measurement Handicapping System)였다. 이후 이 시스템은 1990년도에 국제계측시스템(International Measurement System, IMS)으로 대체되었고 지난 10여 년 넘게 IMS는 ORC(Offshore Racing Congress) VPP로 점차 바뀌었다. 상당히 진보한 이 프로그램에 대한 문서는 ORC 홈페이지[62]에서 얻을 수 있다.

VPP는 앞서의 식 1에서 6까지에 기초를 두고 있지만, 6자유도의 평형(세 개의 힘과 세 개의 모멘트)을 고려하지 않는 프로그램도 있다. 대신 힘들과 모멘트들이 평형하지 않는 것을 가정한다. 즉, 힘에 있어서 요트가 합력의 방향으로 가속된다는 것이며 모멘트에 있어서는 모멘트가 평형을 이루지 않는 방향으로 회전가속도가 있을 것이라는 의미이다. 따라서 6개

61 통상 Speed Made Good이라 하지만 표기는 VMG로 하는 경향이 강하다(Velocity Made Good).
62 www.orc.org

의 식이 있어도 각 식이 가속도를 주게 된다. 가속도들로부터 속도들이 계산된다. 이제 문제는 시간에 의존(time-dependent)[63]하게 된다는 것으로 VPP는 동적(dynamic)이라고 한다(평형 VPP의 정적이라는 말의 반대 의미). 계산은 초기 조건에서 시작해서 최종 운동(motion)이 예측된다. 80년대에 저자 중 한 사람이 이 동적 VPP의 개발에 관여했으며 이 프로그램은 세일보트 시뮬레이터의 근간이 되었다. 참고자료에서 라슨(Larsson 1990)을 참고하라. 더 자세한 내용은 오토손(Ottoson 2002)에서도 얻을 수 있다.

모든 VPP의 약점은 파도 중에서의 성능을 예측하는데 있다. 5장에서처럼 부가저항에 대한 식이 있긴 하지만 운동이 공기역학에 끼치는 효과에 대한 이해가 아직 부족하다. 이 효

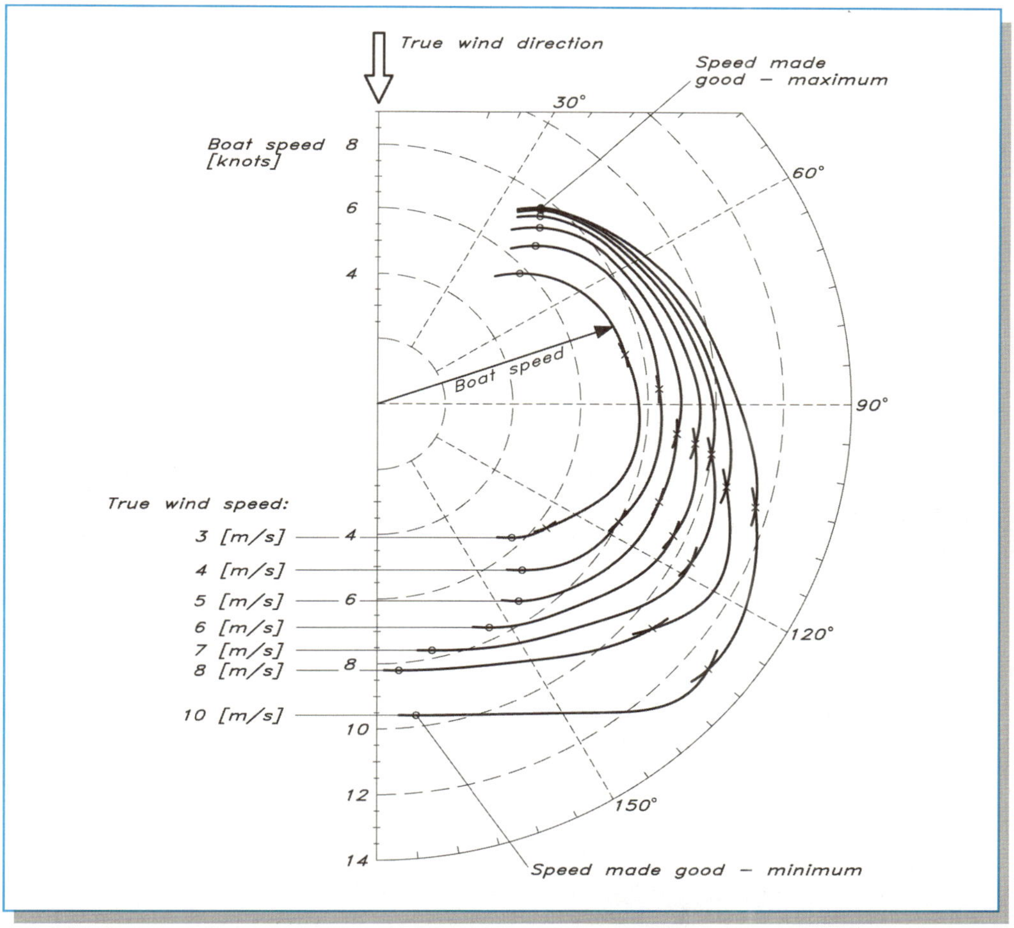

그림 16.2 VPP 극도표

---

63 시간에 따라 가속도 그리고 나아가 속도가 달라지게 된다.

과에 대해 부분적으로 반영한 VPP도 있지만(예를 들면 2002년 오토손)의 대부분의 프로그램은 이 효과를 무시한다. 그림 16.2의 YD-41 계산결과는 파도의 영향을 고려하지 않았다.

|| 예인수조실험(Towing Tank Test)

세일보트를 수조에서 실험하는 기법은 크게 두 가지가 있다. 가장 자연스러운 방법은 요트를 세일의 수정된 유효 중심(centre of effort)에서 예인하고 능동 타(active rudder)를 이용해 평형상태의 경사각(heel)과 요우각(yaw)을 얻는 것이다. 이렇게 하는 실험에서 얻은 각 계측점은 현실적인 세일링 조건이 되어 실험을 최소한으로 할 수 있다.

다른 기법은 선체를 상하요(heave)와 종요(pitch) 운동만 허용하고 나머지 자유도에 대해서는 고정시킨 후 속도와 경사각, 요잉각도를 체계적으로 바꿔가면서 그때의 예인력, 횡력과 관련된 모멘트들을 기록하는 것이다. 이런 실험을 평가하기 위해서는 특별한 VPP가 필요하다. 경험/실험식을 사용하는 표준VPP를 사용하기보다는 프로그램에 계측된 힘과 모멘트를 도입하게 된다. 이로 인해 해당 선체에 대한 평가를 특화시켜 그 결과가 가장 정확하다고 예상하는 것이다. 그러나 그 절차는 그리 간단하지 않은데 이는 계측된 데이터로부터

그림 16.3 궤텐버그 소재 SSPA에서의 IACC 수조시험(SSPA)

가능하다 싶은 모든 속도/힐/요 조합에 대해 내삽(interpolation)을 할 수 있는 방법이 필요하기 때문이다. 첫 번째 방법은 자유-세일링 방법(free-sailing), 두 번째 방법은 반 구속(semi captive) 방법이라 한다. 후자의 경우 더 많은 실험이 필요한 대신 필요한 장비는 덜 복잡하며 실험 결과는 경사각이 고정되어 있기 때문에 복원성과는 무관하다. VPP를 통해 여러 복원성에 대해서도 평가할 수 있다. 자유 세일링 방법은 고가의 모델을 필요로 하는데 이는 수직방향 무게중심을 맞추어 주는 킬이 필요하기 때문이다. 현재로써는 반 구속 방법이 세계적으로도 가장 많이 사용된다.

그림 16.3은 실험에 사용되는 장비에 관한 것을 보여준다. 예인력을 예인전차에 붙은 수평 보를 통해 마스트의 CE에 해당하는 높이에서 가한다. 보의 양 끝에는 힌지가 붙어 있어 마스트가 수직방향으로 움직일 수 있도록 되어 있다. 마스트와의 결속점에서 종 방향(X) 및 횡 방향(Y) 힘을 계측한다. 마스트는 항상 수직상태를 유지하고 선체가 기울어지면 마스트를 통하는 축을 따라 갑판높이에서 회전하게 된다. 마스트의 아랫단은 경사각을 고정하기 위해 임의의 위치에서 고정될 수 있다. 요우 각도(yaw angle)가 빨리 바뀔 수 있도록 마스트는 수평보와의 결속점에서 자유롭게 회전하도록 되어 있다. 선수와 선수 쪽에는 기둥이 설치되는데 이는 수직, 종 방향으로는 자유롭게 움직이도록 되어 있고 횡 방향으로

그림 16.4 오클랜드 대학의 풍동(Twisted Flow Wind Tunnel)

만 구속하게 되어 있다. 선체에 유니버셜 조인트로 결속되어 있으며 각 조인트에서 횡력(side force)이 계측된다. 이 장비의 장점은 강성이 높다는 것이다. 정확한 요각도와 경사각이 설정되면 하중을 받아도 변하지 않게 된다. 단점으로는 마스트에 직각방향(right angle)이 아닌 수평방향의 횡 방향 힘이 작용하면 힘의 수직방향 성분을 계측하지 못한다는 것이다. 이 단점은 무게 추(weight)를 사용하여 보상할 수 있는데 사전에 이를 결정할 수 있다. 무게 추는 전체 배수량에서 작은 정도이기 때문에 아주 정확하게 알고 있을 필요는 없다. 그림 16.4는 스웨덴 궤텐버그의 SSPA에서 수행한 12m 선체의 실험 장면을 보여준다.

전산유체역학(CFD)

조선공학에서 사용되는 방법에는 두 가지가 있다. 가장 단순한 방법은 포텐셜 이론(potential flow theory)이라고 불리는 것인데, 물의 점성(viscosity)를 고려하지 않는 방법이다. 이 방법으로 조파저항(wave resistance)과 유도저항(induced resistance), 횡력(side force)을 계산할 수 있으며 고성능의 컴퓨터를 사용하지 않아도 가능하다.

두 번째 방법은 점성을 고려한 유체역학의 기본 방정식인 나비어-스토크 방정식(Navier-Stokes equations)을 푸는 방법이다. 5장에서 설명했듯이 경계층은 선체를 둘러싸고 있는 물의 얇은 층으로 유체의 속도가 경계층 끝단에서는 0, 선체에서는 요트의 속도까지 변하게 된다. 선체의 길이에 비해 이 층이 얇다고 가정하게 되면 나비어-스토크 방정식은 한결 단순하게 바뀌지만 이 가정은 어떤 환경에서는 맞지 않게 된다. 선체/킬 또는 킬/벌브의 접합지점이 그런 환경이다. 거의 대부분 대형선에서 이러한 가정은 선미부에서 틀리게 되지만 요트는 보통 충분히 날씬하기 때문에 선미까지 이 이론을 사용할 수 있다. 경계층 이론을 이용하여 마찰저항(표면거칠기 효과 포함)을 계산할 수 있다.

앞의 방법보다 덜 단순화된 방법인 RANS(Reynolds-Averaged Navier Stokes) 방정식을 이용하여 점성유동을 계산할 수 있다. 이 계산 방법은 일반적인 유체동역학에서 많은 인기를 얻고 있는 방법으로 요트 설계에서는 흔하지 않다. 이 방법에 대해서 알고 싶으면 라슨(Larsson 2013)의 문헌을 살펴보라. RANS 방정식을 이용하여 선체 주위의 모든 저항 성분을 계산할 수 있다. 단점은 많은 계산량이다. 이 책이 나올 즈음인 2014년에는 일반 개인 컴퓨터로 간단한 경계층을 계산할 경우 10초 정도 걸렸다. LES(Large Eddy Simulation)이라고 불리는 보다 정확한 방법이 있다는 것도 말해 두고 싶다. 보다 자세한 흐름의 구조가 알고 싶다

표 16.1 CFD 역량 정리

	비점성 방법 (포텐셜 이론)	점성 방법	
		경계층	RANS (LES)
마찰	−	+	+
거칠기 효과	−	+	+
점성압력저항	−	−	+
조파저항	+	−	+
경사저항	해당사항없음*	해당사항없음*	해당사항없음*
유도저항	+	−	+
파 부가저항	+	−	+
횡력	+	−	+
압력분포	+	−	+
속도분포	경계층 바깥	경계층 안쪽	+

* 경사 조건에서 계산을 할 수 있다. 따라서 경사저항 성분을 분리하지 않는다.

면 이 방법이 특출나지만 상당한 컴퓨터가 필요하다. RANS에서 사용하는 것보다 1000배 가량이다. 그래서 요트 설계에서는 거의 사용하지 않는다. 아래 표 16.1에 여러 방법들에 대한 요약이 나와 있다. 그림 5.4의 저항성분을 참고하였다.

표에서 보듯이 포텐셜/경계층 계산에서 거의 모든 저항성분을 계산할 수 있다. 우선 경계층을 무시하고 전체 유동장에 대한 포텐셜 유동을 계산한다. 그 후 경계층 계산을 위해 물체에서의 압력분포를 사용한다. 이 방식은 경계층 해답에서 포텐셜 유동으로 피드백이 없다면 점성압력저항을 얻을 수 없다. 이 방법은 복잡하고 거의 되지도 않는다. 나아가 계산한 저항성분의 정확성은 RANS 방법에 비해 떨어진다. 그런 이유로 RANS 방법이 점점 인기를 얻고 있다. CFD라는 말의 정의에 애매한 것이 있다는 것을 말해두고 싶다. 종종 RANS 정도의 점성 유동을 포함하는 방법만을 말하는데, 우리의 경우는 흐름을 예측하는 모든 수치적 방법을 포함한다.

RANS의 방법이 막강한 컴퓨터를 필요로 하지만 예인수조실험보다는 빠르고 값도 싸다. 다른 장점으로는 선체 주위 어디라도 그 흐름에 대한 자세한 정보를 얻을 수 있다는 것이다. 파의 패턴, 압력 분포, 유선, 속도 벡타등을 얻을 수 있고 특히 관심이 가는 곳은 확대할 수도 있다. 이런 자세한 정보가 가장 좋은 해답을 찾는데 도움이 된다. 수조에서 이런 것을 얻으려 하면 엄청나게 비싸진다. CFD는 또한 최적화와 연결이 잘 되어 있다. 가령

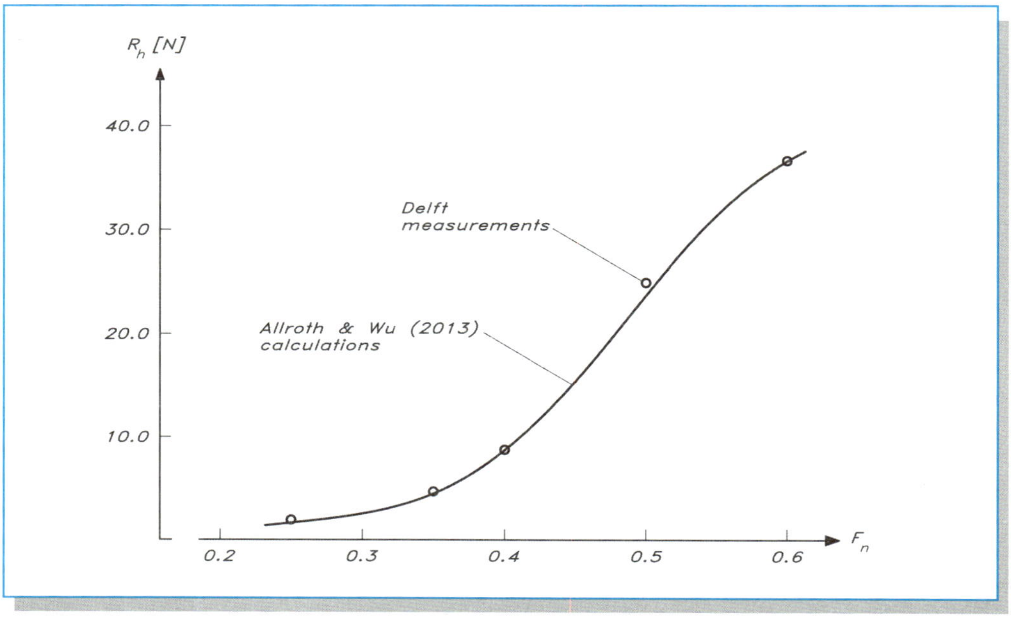

그림 16.5 델프트 모델 #46의 저항추정 확인

CFD 코드가 CAD 모듈인 '옵티마이저'와 연결되어 자동으로 최적값을 찾아낸다. 룽퀴비스트(2012)의 킬 벌브 최적화를 참고하라.

SHIPFLOW는 유체동역학 문제 해결을 위한 CFD프로그램으로 저자 일부가 개발하였다. 표 16.1의 세 가지 방법이 모두 포함되었다(LES 제외). 대형선을 위한 프로그램이지만 몇몇 요트 프로젝트에도 사용되었다. 아래에 SHIPFLOW 계산에 관한 예를 싣는다.

먼저 델프트에서 보고한 측정치와 RANS 코드를 비교하여 유효성을 살펴본다. 이것은 알로스와 우(Allroth and Wu 2013)의 석사 학위 논문 일부분이다. 이 논문의 목적은 프루드 수에 따른 세일요트의 형상과 트랜섬 크기의 최적화였다. #46 선체에 대한 직립 결과가 그림 16.5에 나와 있다. L_{WL} 1.71m의 모델에 대한 저항이 프루드 수에 대해 나와 있다. 실험결과와 계산결과가 잘 맞는 것을 볼 수 있다. 실험결과와 비교하여 계산 방법을 검증하기 위한 매우 면밀 절차도 있지만(라슨 2013) 여기서는 잘 맞는 것만으로도 충분할 것이다. 그림 16.6은 프루드 수 0.4와 0.6에 대한 선체주위 파의 패턴을 예측한 것이다. 선수를 오른쪽으로, 좌현을 흰색으로 나타내었다. 빨간색은 파정을 파란색은 파저를 뜻한다. 범례의 숫자는 파고를 L_{WL}로 나눈 것이다. 0.4에서 파장은 배 길이와 같고(그림 5.15 참고) 이것이 그림 16.6 위 그림에 해당한다. 배의 양 끝에 큰 파정이, 가운데 파저가 놓여 있다. 0.6에서는 그림 16.6 아래 그림과 같이 파장이 배보다 더 큰 것을 볼 수 있다. 즉, 두 번째 파정이 배 뒤에 있으

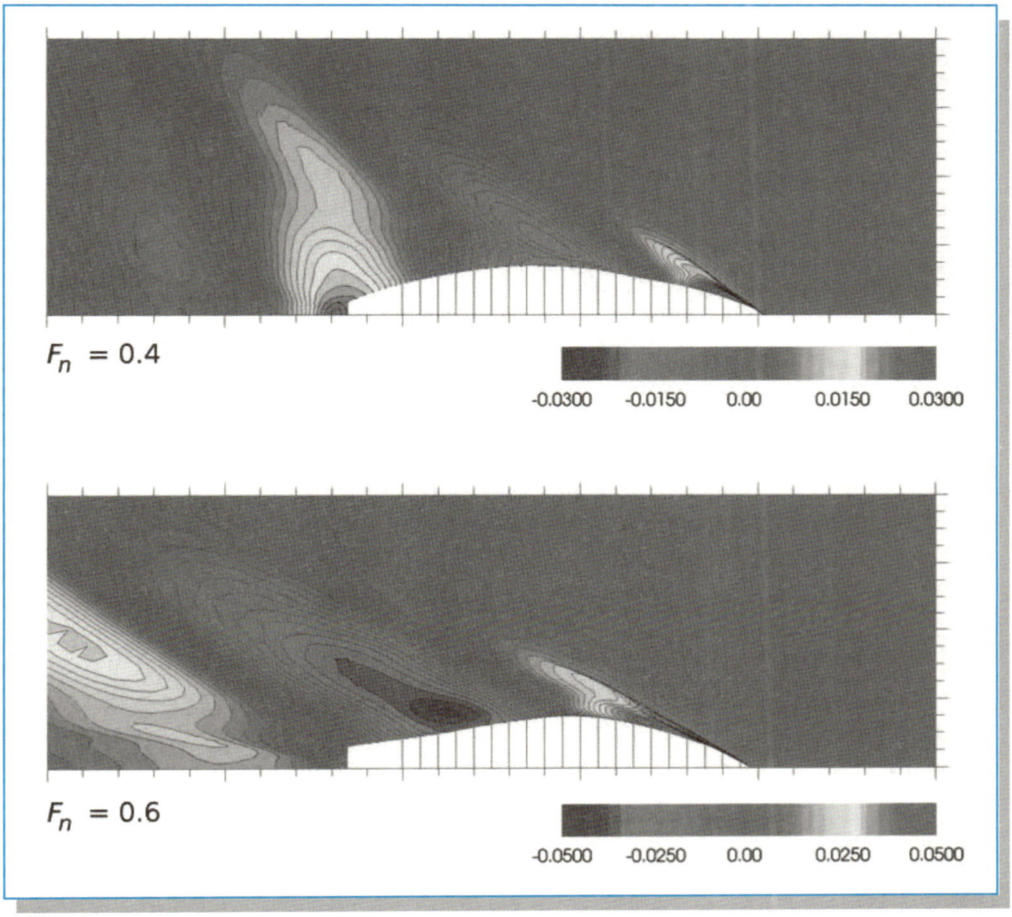

그림 16.6 두 프루드 수에 대한 델프트 모델 #46의 파 패턴

며 파저가 선미에 걸쳐 있는 것을 볼 수 있다. 두 그림에서 배의 모양이 다른 것은 파 모양이 다르기 때문이다. 파가 선체에 걸쳐져 있는 높이에서의 모양인 것이다.

표 16.1에 나온 모든 방법에서 사용하는 방정식은 이산화(discretize) 과정을 거쳐야 한다. RANS에 있어서는 계산 도메인을 쎌(cell)로 나누어야 한다는 것을 뜻한다. 변수(속도성분, 압력, 난류 등)의 연속적인 변화를 계산하기보다는 각 셀에서 각 변수의 값 하나를 찾게 된다. 쎌의 숫자가 적으면 실제 (연속) 분포가 나빠지고 해답은 정확성이 떨어진다. 반면 쎌이 많으면 정확성은 향상된다. 원칙적으로, 주어진 정확성에 해당하는 쎌의 최소 개수가 있다. 그러나 정확도는 쎌의 성질과 사용하는 수치적 방법에 따라 달라지기 때문에 문제가 복잡해진다. 더 이상 자세히 이야기하지는 않겠지만 관심 있는 독자는 라슨과 라벤(Larsson and Raven, 2010)의 RANS에 관한 자료를 참고하라.

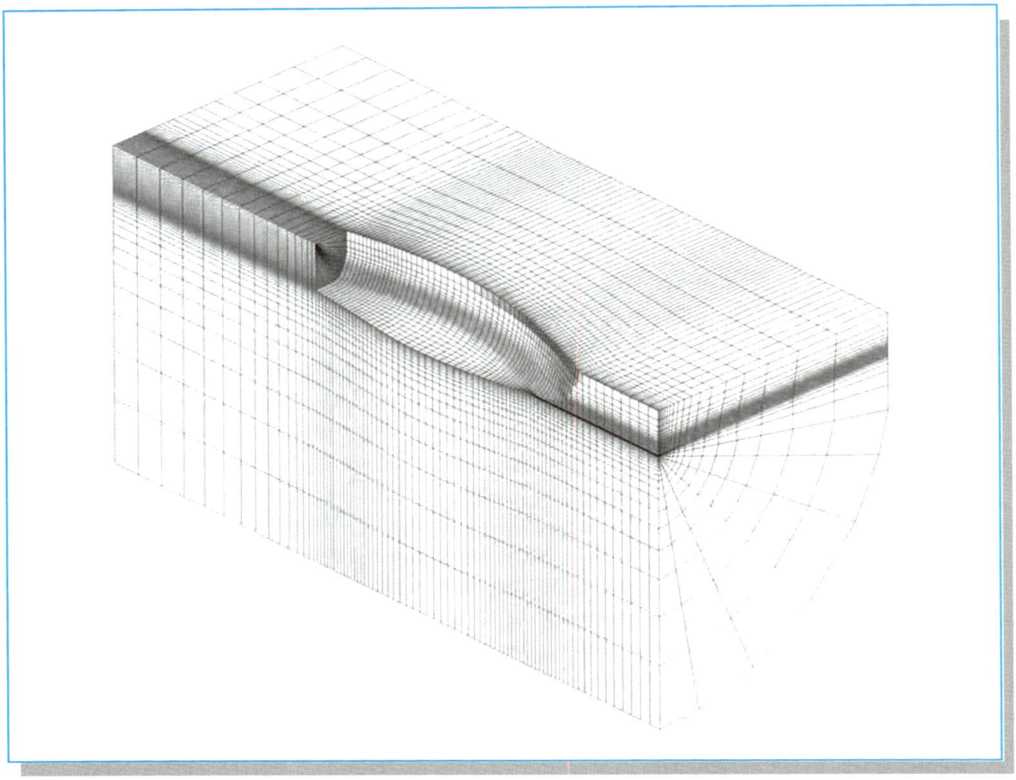

그림 16.7 그림 16.5와 16.6에 사용한 그리드

계산 도메인에서의 모든 셀은 총괄적으로 그리드(grid)라는 것과 연관되어 있는데 그리드 점은 셀의 모서리를 뜻한다. 그림 16.5과 그림 16.6의 계산에서는 3,300,000개의 셀을 사용했다. 그림 16.7은 보기 쉽게 하기 위해 그 수를 줄였다. 그리드는 두 개의 블록(block)이 있다. 하나는 선체주위에, 좀 더 촘촘한 다른 하나는 트랜섬 뒤에 있다. 선체는 대칭이기 때문에 계산은 좌현에 대해서만 한다. 자유수면 위로 그리드가 연장되어 있음에 주의하자. 흐름의 계산은 물과 자유수면 살짝 위의 공기까지 한다. 그리드 점의 밀도는 선체와 자유수면이 있는 수평면 주위에서 증가시킨다. RANS에서 적정한 정확도를 얻기 위해, 몇백만 개 수준의 셀이 필요하다(라슨 2013 참고). 전통적으로 좋은 그리드를 만드는 것은 많은 경험이 필요하지만 요즘의 프로그램에서는 그리드 생성 절차를 통해 사용자가 잘 만들 수 있도록 도와준다.

YD-41을 만들 때 초기에 얻을 수 있는 이득을 살펴보기 위해 CFD 계산을 했다. 이를 위해 이 책의 앞 판에서 나온 YD-40을 사용하였다. YD-41과 비슷한 크기가 되도록 배수량, 수선의 폭, 수선의 '동적'길이를 같게 하였다. 동적 L_{WL}은 FP에서 트랜섬까지의 길이

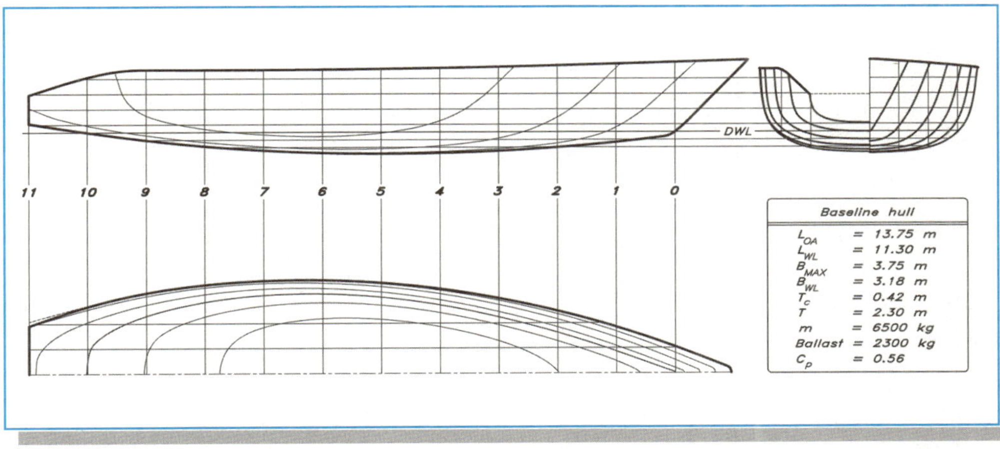

그림 16.8 기본선형(YD-40)

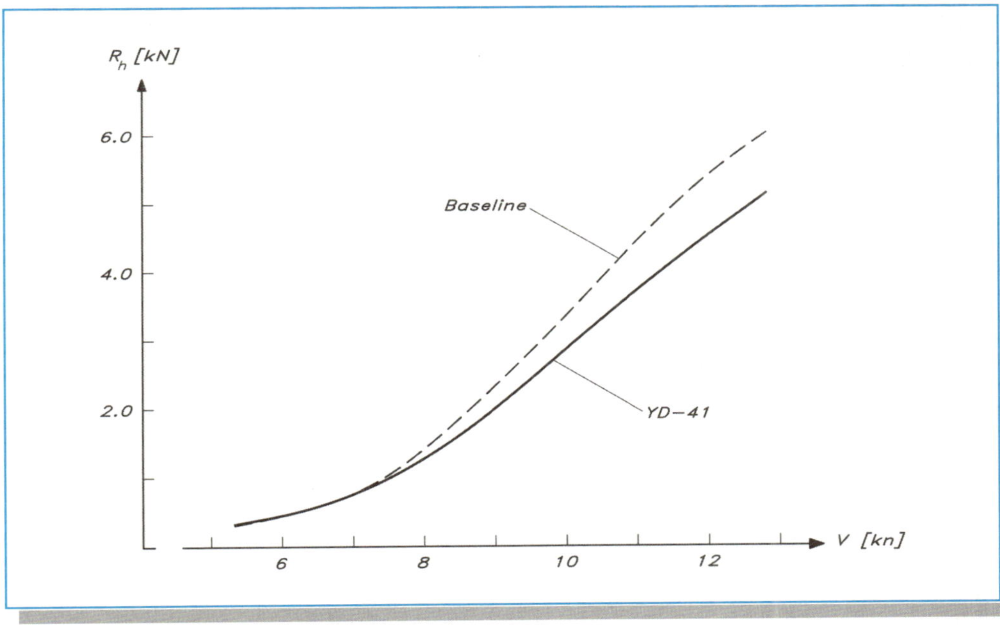

그림 16.9 기본선형의 저항과 RANS모델을 사용한 YD-41의 예측

를 뜻한다. 두 설계에서 오버행의 모양이 다르기 때문에 공정한 비교를 위해 이 방법을 사용하였다. 그림 16.8에 축척을 맞춘 YD-40(기본선형)이 있다. 그림 3.5의 YD-41과 비교한다. SHIPFLOW의 RANS를 이용한 직립 나선의 저항 곡선 결과가 그림 16.9에 있다. YD-41의 경우에서 전체저항의 상당한 감소를 볼 수 있다. 7노트의 속도에서 감소를 시작하여 최고 속도에서는 15% 정도 줄어들었다. 이는 조파저항의 감소 때문으로 그림 16.10과 그림 16.11에서 확인할 수 있다. 프루드 수 0.5의 기본선형에 대한 파 패턴 예측은 그림 16.10의 위쪽에

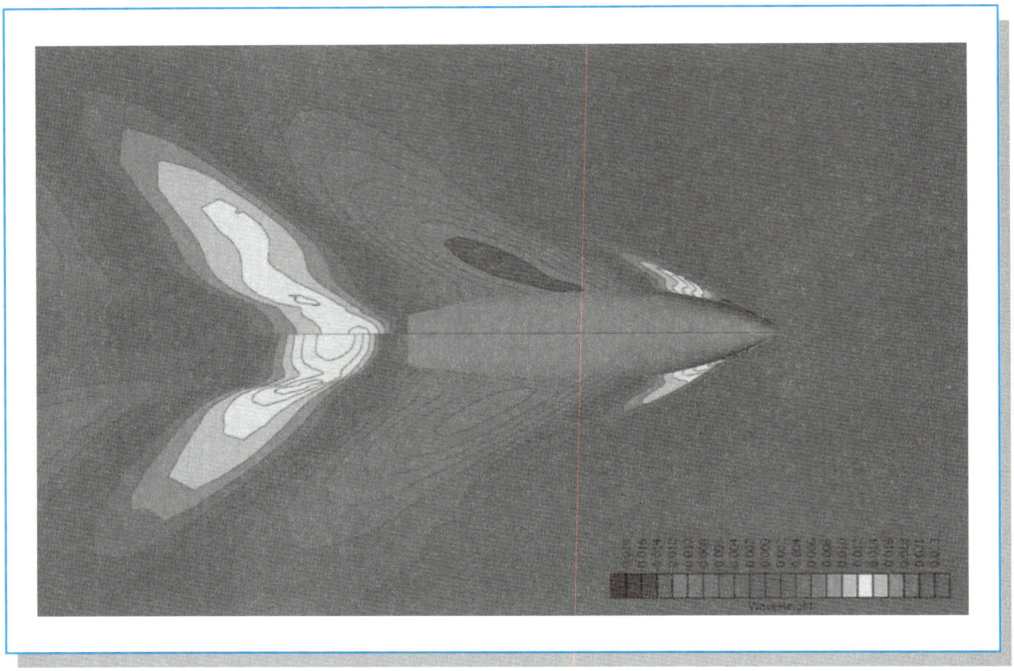

그림 16.10 기본선형(위)과 YD-41(아래)의 파 패턴

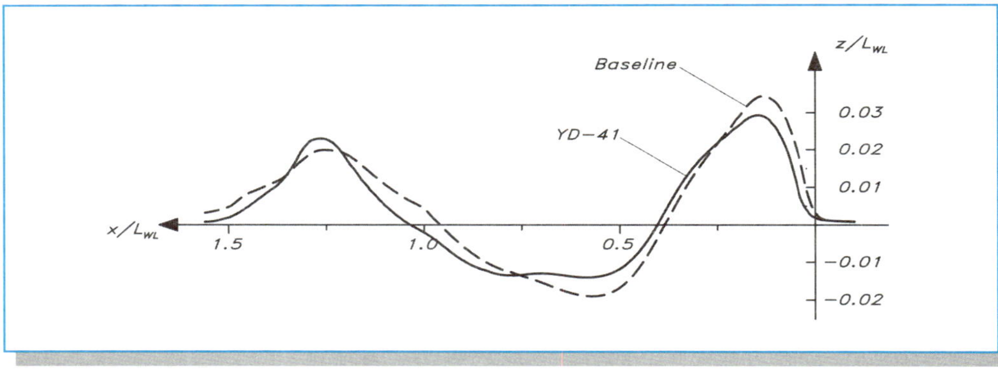

그림 16.11 기본선형과 YD-41의 파형

서 볼 수 있다. YD-41의 경우 파정은 낮고 파저는 더 얕아진다. 그림 16.11의 정량적인 비교에서 두 배의 선체를 따라 생기는 파 모양이 나와 있다. 배는 0.0과 1.0 사이에 놓인다. 선체 앞 뒤의 파 모양은 중앙면에서의 것이다.

그림 16.12는 SHIPFLOW의 또 다른 계산방법인 포텐셜 유동과 경계층을 방법으로 계산한 직립 저항이다. 비슷한 차이를 보이고 있는데 절대치는 약간 작다. 이 점은 충분히 예상할 수 있는 것으로 점성압력저항이 없기 때문이다. 그림 16.13과 그림 16.14는 그림 16.10과 그림

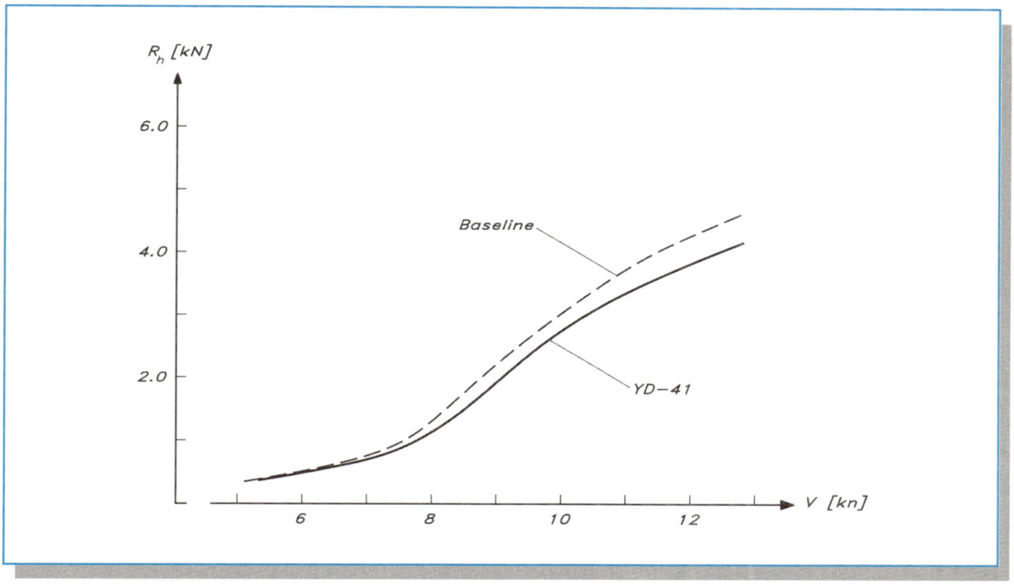

그림 16.12 포텐셜과 경계층 방법을 사용한 기본선형과 YD-41의 저항

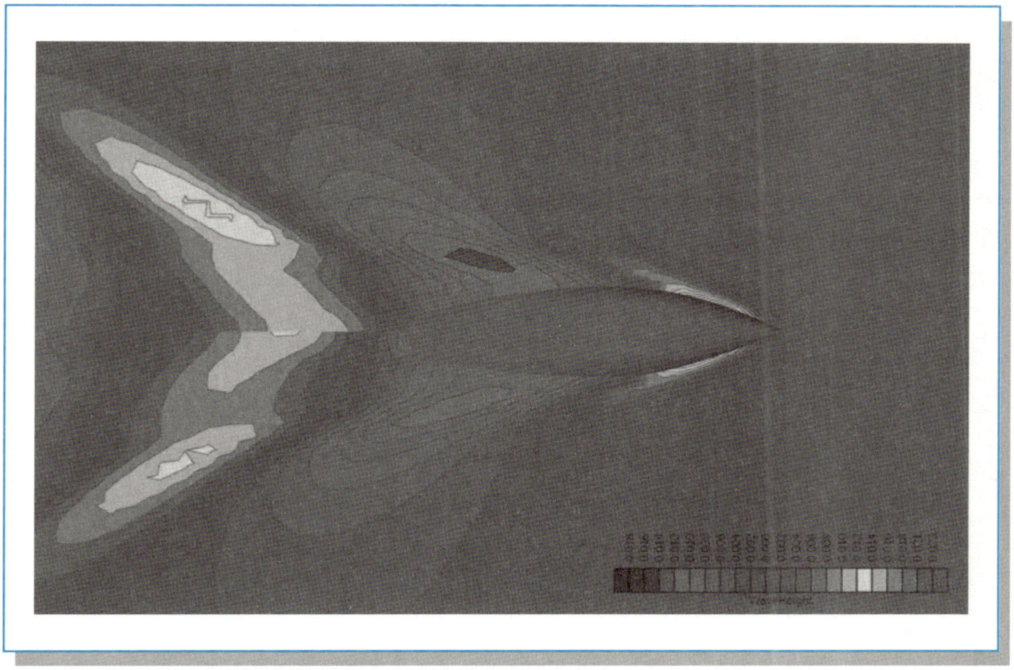

그림 16.13 포텐셜 방법을 사용한 기본선형(위)과 YD-41(아래)의 파 패턴

16.11에 해당하는 것이지만 그 결과는 포텐셜 유동 방법으로 계산한 것이다. 같은 결론을 얻을 수 있다.

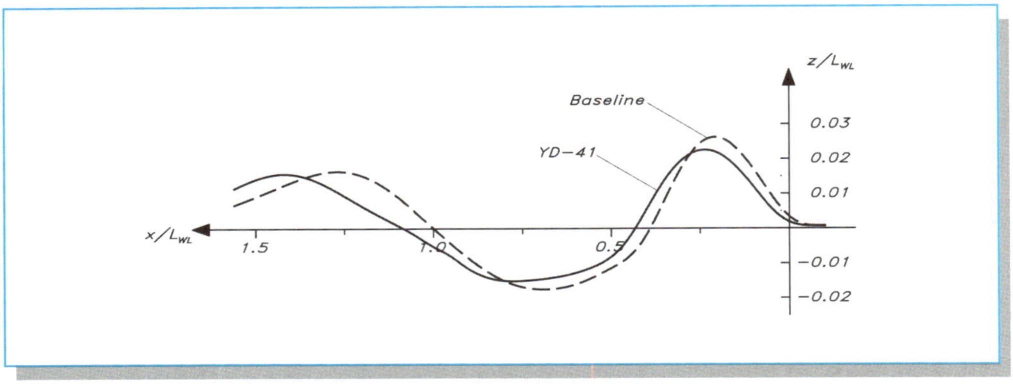

그림 16.14 포텐셜 방법을 사용한 기본선형과 YD-41의 파형

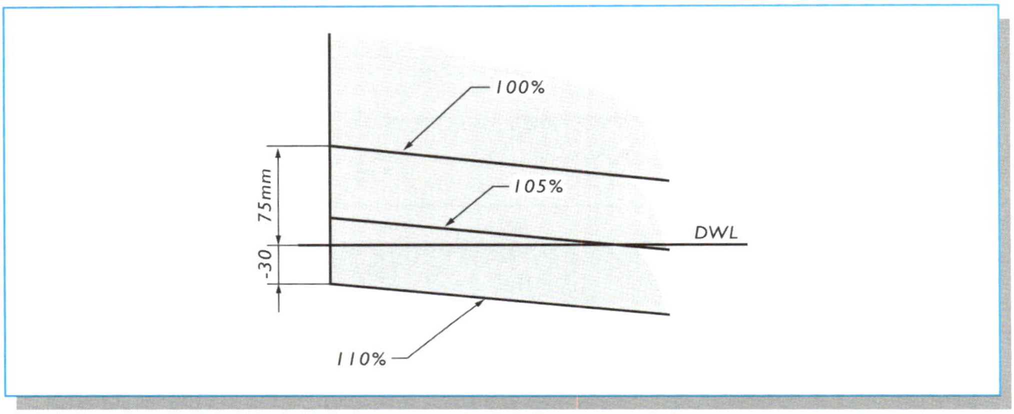

그림 16.15 오버행 높이 조사에서 사용한 선미 형상

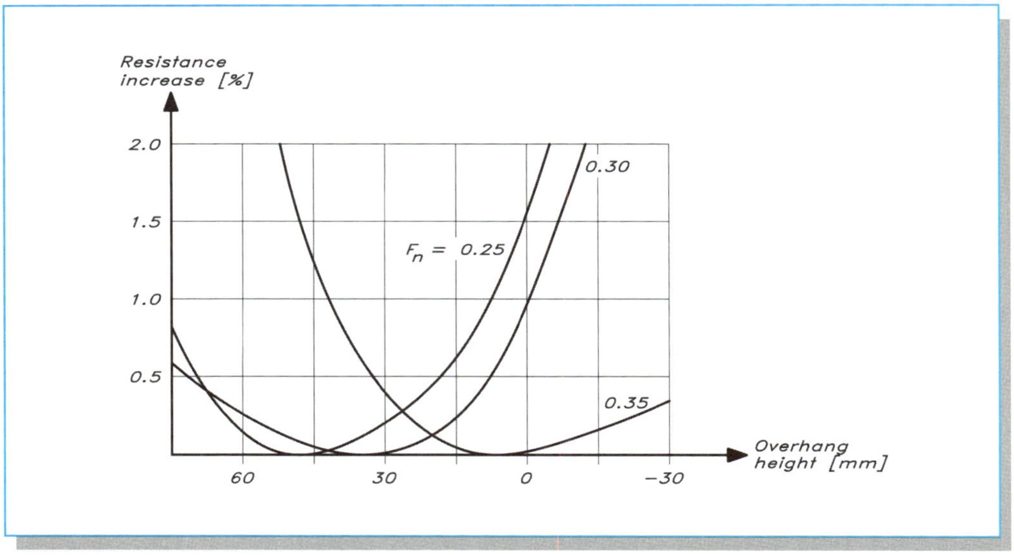

그림 16.16 오버행 높이에 따른 저항의 증감

세 번째 CFD 계산은 오버행 높이가 나선의 직립 저항에 끼치는 영향을 계산하기 위함이다. 초기 YD-41을 사용하였고 오버행을 바꾸기 위해 선체를 늘였다. 바뀐 선미 형상은 그림 16.15에 있다. 배수량은 배를 침하시켜 일정하게 하였다. 원래 선형은 트랜섬이 수선에서 75*mm* 위에 있었고 110% 늘어난 선체는 트랜섬이 30*mm* 잠겼다. 그림 16.16에 그 결과가 나와 있다. 0.25, 0.30, 0.35 세 개의 프루드 수에 대한 오버행 높이와 저항 증감이 나타나 있다. 세 개의 프루드 수에 대해서 이야기하자면, 최소는 50*mm*, 35*mm*, 5*mm*에서 나타난다. 속도가 높을수록 오버행 높이가 작아지는데 파워보트 설계와 맥을 같이 한다(라슨과 라벤, 2010).

세 가지 예에서 지난 25년간 급성장한 CFD의 힘을 볼 수 있다. 구조역학의 FEM(Finite Element Method)만큼은 아니더라도 상당히 무르익어 왔고 또한 사용자 편의성이 향상되었다. 조만간 요트 설계자들 사이에 아주 유용한 도구가 될 것임을 확신한다.

YACHT

부록

YD-41의 주요 제원

무게 계산

STIX 계산

세일요트의 최근 동향(역자 수록)

DESIGN

부록 1. YD-41의 주요 제원

기호는 기호목록을 참고하시오.

		Half-loaded displacement	Light displacement
L_{OA}	=	12.50m	12.50m
L_{WL}	=	11.90m	11.62m
B_{MAX}	=	4.20m	4.20m
B_{WL}	=	3.18m	3.12m
T_C	=	0.40m	0.38m
T	=	2.30m	2.28m
∇_C	=	$6.05m^3$	$5.46m^3$
m_C	=	6200kg	5600kg
S_{WC}	=	$28.20m^2$	$26.92m^2$
S_W	=	$34.97m^2$	$33.64m^2$
A_W	=	$26.75m^2$	$25.64m^2$
m	=	6500kg	5900kg
Blst	=	2300kg	2300kg
I	=	16.2m	16.2m
J	=	5.1m	5.1m
P	=	16.7m	16.7m
E	=	5.6m	5.6m
ASL	=	18.0m	18.0m
SMW	=	10.7m	10.7m
SAF	=	$41.3m^2$	$41.3m^2$
SAM	=	$46.8m^2$	$46.8m^2$
SA	=	$88.1m^2$	$88.1m^2$

		Half-loaded displacement	Light displacement
C_{ku}	=	1.00m	1.00m
C_{kl}	=	0.78m	0.78m
T_k	=	1.90m	1.90m
C_{ru}	=	0.48m	0.48m
C_{rl}	=	0.22m	0.22m
T_r	=	1.15m	1.15m
$\wedge_k$	=	5.5°	5.5°
$\wedge_r$	=	10.0°	10.0°
LCB	=	−4.2%	−4.5%
LCF	=	−7.3%	−7.3%
C_P	=	0.56	0.56
C_{Mc}	=	0.715	0.715
SA/S_W	=	2.52	2.62
$SA/\nabla^{2/3}$	=	25.7	27.4
L_{OA}/B	=	2.98	2.98
L_{WL}/T	=	5.17	5.10
L_{WL}/T_C	=	29.75	30.58
$L_{WL}/\nabla^{1/3}$	=	6.43	6.48
L_{OA}/L_{WL}	=	1.05	1.07
F_f/L_{WL}	=	0.121	0.123
F_f/F_a	=	1.23	1.23
Blst Rto	=	0.35	0.39

부록 2. 무게 계산

배위 중량물의 무게는 킬로그램, 거리는 미터로 표기한다. *LCG*는 전방수선을 기준으로, 선미방향으로는 양수에 *a*를, 선수방향으로는 음수에 *f*로 표시하였다. *TCG*는 배의 중앙선을 기준으로 오른쪽으로는 양수에 *s*, 왼쪽으로는 음수에 *p*로 표기한다. *VCG*는 수선을 기준으로 위쪽은 양수, 아래쪽은 음수이다.

선명 : YD-41, 조건 : 반재(half-loaded)

Group 1 **Structure**				
Item name	*Mass*	*LCG*	*TCG*	*VCG*
Hull gelcoat	52.6	6.60a	0.00	0.22
Hull GRP	488.1	6.60a	0.00	0.17
Hull sandwich core	115.0	6.65a	0.00	0.12
Hull sandwich adhesive	75.2	6.52a	0.00	0.25
Keel strake extra	32.9	2.80a	0.00	0.04
Keel area	91.8	6.20a	0.00	−0.40
Deck flange extra	36.7	7.10a	0.00	1.11
Deck gelcoat	43.2	7.70a	0.00	1.25
Deck GRP	303.3	7.70a	0.00	1.25
Deck sandwich core	30.5	7.70a	0.00	1.25
Deck sandwich adhesive	22.2	7.70a	0.00	1.25
Bilge stringer	95.2	5.70a	0.00	0.12
Bottom stringer	78.2	7.10a	0.00	−0.20
Mast step	24.0	4.00a	0.00	−0.40
Floors	57.6	6.50a	0.00	−0.26
Stiffeners adhesive	11.5	6.40a	0.00	−0.07
Engine bed	50.0	8.40a	0.00	−0.25
#1 bulkhead	15.4	1.70a	0.00	0.70

#2 bulkhead	33.5	4.40a	0.00	0.63
#3 bulkhead	24.6	6.50a	0.00	0.45
#4 bulkhead	31.6	7.93a	0.00	0.62
#5 bulkhead	28.7	9.20a	0.00	0.47
#6 bulkhead	21.6	11.30a	0.00	0.50
Bulkhead taping	48.6	6.90a	0.00	0.60
Floors extra taping	12.6	6.30a	0.00	−0.32
Misc	50.0	5.00a	0.00	0.40
Group total	**1874.6**	**6.74a**	**0.00**	**0.38**

Group 2 **Forepeak**				
Item name	*Mass*	*LCG*	*TCG*	*VCG*
Sole	5.2	1.10a	0.00	0.67
Shelf	6.0	1.10a	0.00	1.28
Anchor support	7.0	0.85a	0.00	1.00
Chainlocker	8.0	1.40a	0.00	0.65
Misc	3.0	1.00a	0.00	1.20
Group total	**29.2**	**1.11a**	**0.00**	**0.92**

Group 3 **Forward cabin**				
Item name	*Mass*	*LCG*	*TCG*	*VCG*
Berth top and framing	26.0	2.80a	0.00	0.20
Berth front	6.5	3.70a	0.00	0.00
Shelf front	3.4	2.70a	0.00	0.66
Hanging locker	10.6	3.90a	0.75s	0.65
Seat	3.4	4.00a	0.68p	−0.04
Locker	10.0	3.90a	1.10p	0.65
Sole	6.1	4.10a	0.00	−0.22
Berth cushion	12.9	2.80a	0.00	0.25
Seat cushion	1.2	4.00a	0.68p	0.06
Roof liner	5.0	3.10a	0.00	1.38
Side liner	5.0	3.05a	0.00	0.77
Saloon door	6.0	4.40a	0.28s	0.65
Misc	12.0	4.00a	0.00	0.50
Group total	**108.1**	**3.43a**	**0.04p**	**0.40**

Group 4 **Saloon**				
Item name	*Mass*	*LCG*	*TCG*	*VCG*
Port & stbd settee tops & fronts	25.0	5.40a	0.00	0.06
Port & stbd backrests	8.8	5.40a	0.00	0.40
Jib track reinforcement	14.0	5.45a	0.00	0.53
Bookshelves & lockers	20.0	5.40a	0.00	0.96
Table	14.0	5.50a	0.10p	0.40
Sole	25.9	5.40a	0.00	−0.25
Roof liner	8.5	5.40a	0.00	1.60
Side liner	8.0	5.40a	0.00	0.70
Port & stbd cushion	20.0	5.40a	0.00	0.15
Misc	15.0	5.50a	0.00	0.26
Group total	159.2	5.42a	0.01p	0.36

Group 5 **Nav station**				
Item name	*Mass*	*LCG*	*TCG*	*VCG*
Nav table top	9.5	7.00a	1.38s	0.66
Nav table fronts	10.0	7.05a	1.35s	0.47
Nav table seat	5.0	7.60a	1.10s	0.05
Nav table shelves	6.8	7.10a	1.70s	0.98
Nav table electr panel	4.0	7.70a	1.66s	1.10
Sole	20.3	7.13a	0.50s	−0.24
Roof liner	3.0	7.25a	1.10s	1.50
Side liner	2.0	7.25a	1.75s	1.00
Cushion	2.0	7.65a	1.25s	0.17
Misc	7.0	7.10a	1.50s	0.50
Group total	69.6	7.18a	1.15s	0.40

Group 6 **Galley**				
Item name	*Mass*	*LCG*	*TCG*	*VCG*
Counter tops	10.2	7.10a	1.40p	0.66
Counter fronts & shelves	12.0	7.20a	1.10p	0.20
Side locker	6.0	7.20a	1.75p	0.97
Drawers	7.0	7.70a	1.44p	0.25

Icebox liner & insulation	10.0	6.70a	1.40p	0.30
Sinks	3.0	6.70a	0.75p	0.55
Taps & plumbing	10.0	6.80a	0.80p	−0.05
Stove	22.0	7.23a	1.45p	0.46
Sole	16.9	7.30a	0.53p	−0.24
Roof lining	3.0	7.25a	1.10p	1.50
Side lining	2.0	7.25a	1.90p	1.00
Misc	10.0	7.50a	1.00p	0.45
Group total	**112.0**	**7.18a**	**1.16p**	**0.34**

Group 7 **Head**				
Item name	*Mass*	*LCG*	*TCG*	*VCG*
Wash basin countertop	6.2	8.60a	1.55s	0.66
Wash basin counterfront & shelf	6.0	8.60a	1.15s	0.25
Side locker	6.0	8.60a	1.61s	0.94
Door	6.0	7.92a	0.61s	0.72
Side bulkhead	12.3	8.50a	0.36s	0.64
WC base	5.0	8.90a	0.65s	−0.10
Wash basin & plumbing	5.0	8.50a	1.38s	0.30
WC & plumbing	15.0	9.00a	0.74s	0.10
Sole	8.0	8.30a	0.76s	−0.20
Roof liner	2.0	8.50a	1.15s	1.65
Side liner	1.0	8.60a	1.65s	0.95
Misc	10.0	8.40a	0.90s	0.45
Group total	**82.4**	**8.56a**	**0.90s**	**0.40**

Group 8 **Aft cabin**				
Item name	*Mass*	*LCG*	*TCG*	*VCG*
Hanging locker & dresser	12.0	8.40a	1.47p	0.50
Berth top	14.0	10.05a	0.99p	0.20
Berth stiffening	5.7	9.80a	1.30p	0.06
Door	6.0	7.92a	0.61p	0.72
Side bulkhead	15.0	9.25a	0.36p	0.48
Sole	9.0	8.30a	0.72p	−0.20
Roof liner	7.0	9.30a	1.15p	0.90

Side liner	5.0	9.50a	1.75p	0.65
Cushions	10.3	10.10a	0.99p	0.25
Misc	10.0	8.80a	0.80p	0.35
Group total	94.0	9.18a	0.95p	0.37

Group 9 **Cockpit stow**				
Item name	*Mass*	*LCG*	*TCG*	*VCG*
Locker sole	11.7	10.40a	0.94s	0.21
Transverse bulkheads	18.1	9.80a	0.86s	0.48
Longitudinal bulkhead	11.4	9.80a	0.36s	0.30
Shelves	10.2	10.15a	1.32s	0.57
Misc	10.0	10.50a	0.35s	0.24
Group total	61.4	10.09a	0.78s	0.37

Group 10 **Installations**				
Item name	*Mass*	*LCG*	*TCG*	*VCG*
Engine	150.0	8.48a	0.00	−0.02
Exhaust system	7.0	10.20a	0.00	0.05
Engine noise insulation	16.8	8.50a	0.00	0.10
Propeller	4.0	8.50a	0.00	−0.68
Fuel filter	2.0	8.90a	0.20p	0.20
Water filter	2.0	8.90a	0.00	0.30
Water intake & piping	2.0	8.90a	0.20p	−0.26
Fuel piping	2.0	8.80a	0.25p	0.15
Shore power	10.0	9.30a	0.40s	0.10
Batteries	60.0	3.55a	0.00	−0.14
Wiring	30.0	5.00a	0.00	0.40
Nav station instruments	15.0	6.60a	1.40s	0.90
Cool compressor & piping	10.0	6.70a	1.42p	0.30
Heater & ducting	10.0	9.40a	0.40s	0.40
Rudder blade	20.0	12.20a	0.00	−0.30
Rudder shaft	30.0	12.05a	0.00	0.00
Rudder sleeve	8.0	12.00a	0.00	0.35
Rudder quadrant	6.0	11.98a	0.00	0.50
Rudder linkage	8.0	11.80a	0.00	0.50

Steering wheel	5.0	11.40a	0.00	1.30
Steering pedestal	10.0	11.35a	0.00	1.05
Pedestal instruments	4.0	8.54a	0.00	1.62
Autopilot installation	15.0	11.80a	0.00	0.40
Bilge pumps & piping	7.0	7.70a	0.00	−0.20
Fuel tank	15.0	9.70a	0.00	−0.14
Water tank & piping	10.0	5.50a	0.00	−0.10
Holding tank & piping	11.0	8.30a	1.32s	0.20
Misc	57.0	5.00a	0.00	0.01
Group total	526.8	7.95a	0.05a	0.10

Group 11 **Deck equipment**				
Item name	*Mass*	*LCG*	*TCG*	*VCG*
Pulpit	7.5	0.70a	0.00	1.70
Stanchions	7.2	6.23a	0.00	1.54
Pushpit	9.0	11.87a	0.00	1.46
Lifelines	4.0	6.20a	0.00	1.65
Sheer rail	15.0	6.10a	0.00	1.25
Bollards	4.0	6.28a	0.00	1.24
Mast turn blocks	3.0	5.60a	0.00	1.65
Genoa tracks & cars	5.0	5.85a	0.00	1.26
Rope clutches	3.0	8.50a	0.00	1.69
#1 Winch	20.0	10.87a	0.00	1.45
#2 Winch	16.0	10.10a	0.00	1.49
#3 Winch	14.0	8.87a	0.00	1.75
Main track & blocks	4.0	11.10a	0.00	0.70
Chainplates	8.0	6.30a	0.00	1.02
Bow roller	11.0	0.80a	0.15s	1.08
Bow anchor (stowed)	20.0	1.36a	0.19s	1.08
Anchor windlass	20.0	1.50a	0.10p	1.25
Anchor chain	10.0	1.50a	0.00	0.00
Aft stay attachment	4.0	12.48a	0.00	0.90
Fwd deck hatch	4.0	1.17a	0.00	1.40
Fwd cabin deck hatch	5.0	3.84a	0.00	1.51
Saloon deck hatch	5.0	6.37a	0.00	1.68

Companionway hatch	10.0	8.30a	0.00	1.65
Aft cabin deck hatch	5.0	8.65a	0.00	1.66
Deckhouse windows	7.0	7.40a	0.00	1.40
Deck ventilation	3.0	6.37a	0.00	1.66
Misc	30.0	4.04a	0.00	1.06
Group total	253.7	5.81a	0.01s	1.29

Group 12 **Rig & sails**				
Item name	*Mass*	*LCG*	*TCG*	*VCG*
Mast & spreaders	85.0	5.76a	0.00	10.65
Boom	21.0	8.40a	0.00	2.70
Forestay	2.0	3.05a	0.00	9.50
Shrouds D	2.0	6.00a	0.00	6.90
Shrouds V	3.0	6.47a	0.00	9.38
Running rigging	12.0	6.00a	0.00	7.50
Bowsprit (retracted)	13.0	1.10a	0.43p	1.29
Rigg screws & toggles	9.0	6.34a	0.00	1.30
Jib furler luff extrusion	11.8	3.00a	0.00	9.40
Jib furler drum	3.0	0.28a	0.00	1.40
Aft stay	3.0	9.20a	0.00	10.40
Genoa hoisted	12.0	3.80a	0.00	6.80
Main hoisted	18.0	7.60a	0.00	8.30
Rodkick & blocks & lines	6.0	6.30a	0.00	1.90
Mast top fittings	3.0	6.03a	0.00	19.70
Misc	25.0	5.70a	0.00	4.50
Group total	228.8	5.64a	0.02p	7.44

Group 13 **Ballast**				
Item name	*Mass*	*LCG*	*TCG*	*VCG*
Keel	2300.0	6.45a	0.00	−2.00
Group total	2300.0	6.45a	0.00	−2.00

Light craft mass	5900	6.64a	0.00	−0.26

Group 14A **Payload condition A – Minimum sailing condition**				
Item name	*Mass*	*LCG*	*TCG*	*VCG*
Helmsman	75.0	11.60a	0.00	1.55
1 crew	75.0	9.50a	0.00	1.30
Forepeak gear	5.0	1.10a	0.00	0.85
Fwd cabin gear	0.0	4.00a	0.00	0.30
Saloon gear	10.0	5.30a	0.00	0.08
Nav station gear	10.0	6.80a	1.50s	0.40
Galley gear	10.0	6.90a	1.45p	0.25
Head gear	5.0	8.40a	1.40s	0.05
Aft cabin gear	15.0	8.50a	1.45p	0.10
Cockpit locker gear	10.0	10.30a	1.00s	0.40
Liferaft	40.0	9.90a	0.00	0.45
1/15 Water	20.0	5.00a	0.00	−0.10
1/4 Fuel	25.0	9.50a	0.00	−0.13
0/1 Holding tank	0.0	8.30a	1.40s	−0.10
Group total	300.0	9.28a	0.01p	0.81

Minimum operating condition	6200	6.77a	0.00p	−0.20

Group 14B **Payload condition B – Cruising crew of six**				
Item name	*Mass*	*LCG*	*TCG*	*VCG*
Helmsman	75.0	11.60a	0.00	1.55
4 crew	375.0	8.00a	0.00	1.30
Forepeak gear	20.0	1.10a	0.00	0.85
Fwd cabin gear	80.0	4.00a	0.00	0.30
Saloon gear	80.0	5.30a	0.00	0.08
Nav stn gear	20.0	6.80a	1.60s	0.40
Galley gear	150.0	6.90a	1.30p	0.25
Head gear	20.0	8.40a	1.55s	0.05
Aft cabin gear	80.0	8.50a	1.40p	0.10
Cockpit locker gear	80.0	10.30a	1.25s	0.40
Liferaft	40.0	9.90a	0.00	0.45
4/4 Water	300.0	5.00a	0.00	−0.05
2/2 Fuel	100.0	9.50a	0.00	−0.07

2/2 Holding tank	80.0	8.30a	1.40s	−0.05
Group total	**1500.0**	**7.33a**	**0.02p**	**0.49**

Maximum load condition	7400	6.78a	0.00	−0.11

Group 14C **Payload condition C – Racing crew of five**				
Item name	*Mass*	*LCG*	*TCG*	*VCG*
Helmsman	75.0	11.60a	0.00	1.55
4 crew	300.0	7.00a	0.00	1.30
Forepeak gear	5.0	1.10a	0.00	0.85
Fwd cabin gear	30.0	4.00a	0.00	0.30
Saloon gear	30.0	5.30a	0.00	0.08
Nav station gear	10.0	6.80a	1.60s	0.40
Galley gear	25.0	6.90a	1.30p	0.25
Head gear	5.0	8.40a	1.55s	0.05
Aft cabin gear	15.0	8.50a	1.40p	0.10
Cockpit locker gear	20.0	10.30a	1.25s	0.40
Liferaft	40.0	9.90a	0.00	0.45
1/8 Water	30.0	5.00a	0.00	−0.15
1/4 Fuel	25.0	9.50a	0.00	−0.15
1/8 Holding tank	10.0	8.30a	1.40s	−0.15
Group total	**620.0**	**7.64a**	**0.01s**	**0.89**

Race-loaded condition	6520	6.74a	0.00	−0.15

STIX CALCULATION

부록 3. STIX 계산

BOAT		YD-1		
Intended design category		A		PASS!
LH	(m)	12.50		
LWL	(m)	12.14		
BH	(m)	4.20		
BWL	(m)	3.12		
TC	(m)	0.38		
T	(m)	2.28		
VC	(m3)	2.30		
FM	(m)	1.25		
CREW LIMIT	(#pers)	6	(To be on Builder's Plate!)	
GZ-90	(m)	0.91		
ASP	(m2)	92.00		
HCE	(m)	7.45		
HLP	(-m)	1.03		
Angle of vanishing stab.(AVS)	(deg.)	132.00	Min AVS	118
Area under GZ-curve to ADH	(m deg.)	97.90		

LIGHT CRAFT CONDITION		Mass (kg)	X (m)	Z (m)
LIGHT CRAFT MASS (mLC)	(kg)	5900	6.65	-0.26

MINIMUM OPERATING CONDITION				
Light ship	(kg)	5900	6.65	-0.26
Crew	(kg)	150	10.55	1.41
Liferaft	(kg)	40	9.90	0.45
Basic equipment	(kg)	110	6.59	0.50
MIN. OPERATING MASS (m_{MO})	(kg)	6200	6.76	-0.20

LOADED ARRIVAL CONDITION		Mass (kg)	X (m)	Z (m)
Light ship	(kg)	5900	6.65	−0.26
Crew	(#pers)	300	8.00	1.25
Crew	(kg)	150	10.55	1.41
Liferaft	(kg)	40	9.90	0.45
Basic equipment	(kg)	110	6.59	0.50
Stores	(kg)	21	6.20	0.70
Water	(kg)	15	5.00	−0.15
Water	(kg)	15	5.00	−0.15
Fuel	(kg)	10	9.50	−0.17
Hold	(kg)	80	8.30	−0.05
Personal gear	(kg)	210	5.95	0.20
LOADED ARRIVAL MASS (m_{LA})	**(kg)**	**6851**	**6.81**	**−0.12**

Loaded volume	(m3)	6.75		
Maximum load (ML)	(kg)	951		
MAX LOAD EX. FUEL, WATER	(kg)	911	(To be on Builder's Plate!)	

STIX 12217-2 FDIS (March 2011)		
FDS		1.183
FIR		1.090
FKR		1.216
FDL		0.905
FBD		0.831
FWM		1.000
FDF		1.250
STIX		42

부록 4. 세일요트의 최근 동향 (역자수록)

이 책을 번역하는 2016년을 기준으로 과거 몇 년 사이에 폭발적인 인기를 끌고 있는 것을 꼽으라면 단연 수중익(hydrofoil)이다. 수중익을 사용하면 배의 저항을 획기적으로 줄일 수 있고 나아가 배의 속력도 기존 세일보트에서는 접할 수 없었던 영역으로 들어서게 된다. 물론 선형을 모터보트와 같은 형태로 진화시켜 배의 속력을 높이는 시도도 당연히 있었다. 그러나 이제 수중익을 통해 세일요트는 모터보트를 능가하려는 시도를 하고 있다. 이 모든 것은 속력에 대한 인간의 욕망이다. 수중익은 의외로 그 역사가 길지 않다. 1906년 이탈리아의 포라니니(Forlanini)라는 사람이 첫 설계를 한 것으로 알려져 있고 주로 고속영역을 달리는 모터보트에서 많이 사용하였다.

세일보트에서는 국제모쓰클라스협회(International Moth Class Association, IMCA)에서 사용하는 것으로 유명하다. 1972년부터 배에 수중익을 단 것으로 알려져 있다. 이 배에 관심이 있는 독자는 협회 홈페이지(moth-sailing.org)를 참고하라. 한편 프랑스에서도 일찍이 1940년도부터 이 시도를 하였다. 리드롭떼헤(L'Hydroptère)라고 하는 현재 80노트의 벽을 시도하는 유명한 배가 있다. 역시 리드롭떼헤 홈페이지(hydroptere.com)를 참고하라.

단편적일 것만 같았던 수중익의 역사는 아메리카스 컵에서 새로운 전기를 맞게 된다. 2013년 34회 대회부터 수중익을 채용하기 시작했고 최고 속도 52노트를 기록하고 있다. 이에 자극을 받은 대양경기(ocean race) 분야에서도 수중익을 사용하기 시작한다. 세계에서 가장 힘들다는 이모카60(IMOCA60, www.imoca.org)에서도 최근 수중익을 사용하기 시작했다. 말이 쉬워 수중익이지 혼자서 세계 일주를 하는 경기에 수중익까지 붙였으니 물지옥으로 뛰어드는 격이라 할 수 있다. 2016년에는 미니650(MINI650, www.classemini.com)에서도 수중익을 채용했다. 이모카60 세일러들도 혀를 내두르는 이 배는 최초로 캔팅킬을 사용한 배이다. 국제외양경기회(ORC)에서도 레이팅(rating)에 이 부분을 반영하는 업데이트를 하였다. 국제외양경기회에서는 DSS(Dynamic Stability System)라고 부른다. 이제 남은 것은 볼보오션

부록 그림 Hydrofoil in action(YANMAR Moth World Championship 2016 @ JUNICHI HIRAI / BULKHEAD Magazine, JAPAN)

레이스(Volvo Ocean Race, www.volvooceanrace.com)이다. 역자의 생각으로는 채용하지 않을까 한다.

이처럼 엄청난 속도 경쟁을 가능하게 한 것은 날개를 만드는 재료의 뒷받침이다. 탄소-에폭시 또는 이를 넘어서는 강력한 재료가 있기 때문이다. 이제 수중익을 넘어서면 어떤 상상력이 배에 적용될지 역자도 궁금하다. 상상력과 창의력을 기반으로 하는 유럽인들과의 경쟁에서 우리는 어떤 길을 택해야 할지 고민이다. 사실 그러한 상상을 현실로 바꾸는 작업은 무척이나 재미있고 행복한 경험이긴 하다. 수중익을 사용하는 세일보트의 사진은 구글(www.google.com)에서 앞의 배들을 검색어로 사용하면 많이 찾아볼 수 있다.

Abbott, I H, von Doenhoff, A E 1949. *Theory of Wing Sections*. New York: McGraw-Hill.

ABS 1994. *Guide for Building and Classing Offshore Racing Yachts*. American Bureau of Shipping, New York.

AIAA Symposium on the Aero/Hydronautics of Sailing. Held annually since 1969.Western Periodicals Company, North Hollywood.

Allen, H G 1969. *Analysis and Design of Structural Sandwich Panels*. Oxford: Pergamon Press.

Allroth, J, Wu, T-H 2013. *A CFD Investigation of Sailing Yacht Transom Sterns*. MSc thesis, Chalmers University of Technology, Dept. Shipping and Marine Technology, Gothenburg.

Cannell, D, Leather, J 1976. *The Design of Sailing Yachts*. London: Adlard Coles Nautical.

Caprino, G,Teti, R 1989. *Sandwich Structures Handbook*. Il Prato – Pelf SpA, Padua.

Chesapeake Sailing Yacht Symposium. Held bi-annually since 1974. Society of Naval Architects and Marine Engineers, New York.

Claughton, A R, Wellicome, J F, Shenoi, R A 1998. *Sailing Yacht Design – Theory*. Harlow: Addison Wesley Longman.

Claughton, A R, Wellicome, J F, Shenoi, R A 1998. *Sailing Yacht Design – Practice*. Harlow: Addison Wesley Longman.

DIAB 1991. *Divinycell Technical Manual H-Grade*. Divinycell International AB, Laholm.

Dyne, G, Widmark, C 1998. *On the Efficiency of Water Jet Systems*. International Conference on Water Jet Propulsion – Latest Developments, Amsterdam 22–23 October.

Fossati, F 2009. *Aero-Hydrodynamics and the Performance of Sailing Yachts*, London: Adlard Coles Nautical, and Camden, Maine: International Marine/McGraw-Hill (US only).

Gentry, A E 1971. *The Aerodynamics of Sail Interaction*. 2nd AIAA Symposium on the Aero/Hydronautics of Sailing.

Gerritsma, J, Keuning, J A 1985. 'Model Experiments with Yacht Keels'. *Seahorse Magazine*, March/April 1985, pp. 23–26.

Gerritsma, J, Keuning, J A, Onnink, R 1992. *Sailing Yacht Performance in Calm Water and in Waves*. 12th Symposium on Developments of Interest to Yacht Architecture, Amsterdam.

Gerritsma, J, Onnink, R,Versluis, A 1981. 'Geometry, Resistance and Stability of the Delft Systematic Yacht Series'. *International Shipbuilding Progress* 28(328), pp. 276–97.

Gutelle, P 1984. *The Design of Sailing Yachts*. London: Nautical Books.

Hammitt, A G 1975. *Technical Yacht Design*. London: Adlard Coles Nautical.

Hazen, G S 1980. *A Model of Sail Aerodynamics for Diverse Rig Types*. New England Sailing Yacht Symposium.

Henry, R G, Miller R T 1963. *Sailing Yacht Design – An Appreciation of a Fine Art*. Transactions Society of Naval Architects and Marine Engineers, New York.

Herreshoff, L E 1974. *The Common Sense of Yacht Design*. New York: Caravan-Maritime Books.

Hildebrand, M, Holm, G 1991. *Strength Parameters of Boat Laminates* (in Finnish). Technical Research Centre of Finland, Research Notes No. 1289, Helsinki.

Hildebrand, M 1991. *On the Bending and Transverse Shearing Behaviour of Curved Sandwich Panels*. Technical Research Centre of Finland, Research Notes No. 1249, Helsinki.

Honey, R A 1983. *Fibre Reinforcement Plastics*

in Boatbuilding. University of Auckland, Department of Mechanical Engineering, Auckland.

Hunyadi, B, Hedlund, P 1983. *Strength Comparison of Two Constructional Concepts for a 25 Metres Racing Yacht* (in Swedish). The Royal Institute of Technology (KTH), Department of Lightweight Structures, Publication No. 83-16, Stockholm.

ISO/TC 188/WG 18. *Small Craft-Hull Construction/Scantlings EN ISO 12215-5: 2008: Design Pressures, Allowable Stresses, Scantling Determination. EN ISO 12215-6: 2008: Structural arrangements and details. EN ISO 12215-8: 2009: Rudders. EN ISO 12215-9: 2012: Sailing craft appendages*. International Standards Organization – SIS/SMS, Stockholm.

ISO/TC 188/WG 22. *Small Craft-Stability and buoyancy assessment and categorization. EN ISO 12217-2: 2009: Sailing boats of hull length greater than or equal to 6 m*. International Standards Organization – SIS/SMS, Stockholm.

Joint Committee on Safety from Capsizing. 1985. Final Report of the Directors. United States Yacht Racing Union, Newport and Society of Naval Architects and Marine Engineers, New York.

Joubert, P N 1982. 'Strength of Bottom Plating of Yachts'. *Journal of Ship Research*, Vol. 26, No. 1, March 1982, pp. 45–49.

Kay, H F 1971. *The Science of Yachts, Wind and Water*. London: G T Foulis.

Kerwin, J E, Hadler, J B 2010. *Propulsion*, Principles of Naval Architecture Series, Society of Naval Architects and Marine Engineers, Jersey City, New Jersey.

Keuning, J A, Sonnenberg, U B 1998. *Approximation of the Hydrodynamic Forces on a Sailing Yacht Based on the 'Delft Systematic Yacht Hull Series'*, 15th International HISWA Symposium on Yacht Design and Yacht Construction, Amsterdam.

Keuning, J A, Katgert, M 2008. *A Bare Hull Resistance Prediction Method Derived From the Results of the Delft Systematic Yacht Hull Series Extended to Higher Speeds*. International Conference on Innovation in High Performance Sailing Yachts, Lorient.

Keuning, J A, Verwerft, B 2009. *A new Method for the Prediction of the Side Force on Keel and Rudder of a Sailing Yacht based on the Results of the Delft Systematic Yacht Hull Series*. 19th Chesapeake Sailing Yacht Symposium, Annapolis.

Kinney, F S 1973. *Skene's Elements of Yacht Design*. New York: Dodd, Mead & Co.

Lackenby, H 1978. *ITTC Dictionary of Ship Hydrodynamics*. Marine Technology Monographs. Royal Institute of Naval Architects, London.

Larsson, L 1990. 'Scientific Methods in Yacht Design'. *Annual Review of Fluid Mechanics*, Vol 22, pp. 349–385.

Larsson, L, Raven, H C 2010, *Ship Resistance and Flow*, Principles of Naval Architecture Series, Society of Naval Architects and Marine Engineers, Jersey City, New Jersey.

Larsson, L, Stern, F, Visonneau, M (eds) *2013 Numerical Ship Hydrodynamics – An Assessment of the Gothenburg 2010 Workshop*, Springer Science+Business Media B.V., Dordrecht.

Leer-Andersen, M, Larsson, L 2003. 'An Experimental/Numerical Approach for Evaluating Skin Friction on Full-Scale Ships with Surface Roughness', *J. Marine Science and Technology*, 8, pp. 26–36.

Le Pelley, D, Richards, P 2011. *Effective Wind*

Tunnel Testing of Yacht Sails Using a Real-Time Velocity Prediction Program. 20th Chesapeake Sailing Yacht Symposium, Annapolis.

Ljungqvist, K, Axfors, B, Tunander, H, Orych, M, Vesting, F, Larsson, L 2012. *Investigation of Keel Bulbs for Sailing Yachts*. 4th High Performance Yacht Design Conference, Auckland.

Lloyd's 1978–1993. *Rules and Regulations for the Classification of Yachts and Small Craft*. Lloyd's Register, Yacht and Small Craft Department, Southampton.

Marchaj, C A 1979. *Aero-Hydrodynamics of Sailing*. London: Adlard Coles Nautical.

Marchaj, C A 1982. *Sailing Theory and Practice*. London: Adlard Coles Nautical.

Marchaj, C A 1986. *Seaworthiness. The Forgotten Factor*. London: Adlard Coles Nautical.

Marchaj, C A 1996. *Sail Performance: Techniques to Maximise Sail Power*. Adlard Coles Nautical, London.

Marshall, R 1979. *Designed to Win*. London: Adlard Coles Nautical.

Marshall, R 1980. *Race to Win*. New York and London: W W Norton & Company.

Marshall, R 1990. *Designed to Cruise*. New York and London: W W Norton & Company.

Milgram, J H 1971. *Sail Force Coefficients for Systematic Rig Variations*. Technical Report No. 10, Society of Naval Architects and Marine Engineers, New York.

Milgram, J H 1998. 'Fluid Mechanics for Sailing Vessel Design'. *Annual Review of Fluid Mechanics*, Vol. 30, pp. 613–653.

Miller, R T, Kirkman, K L 1990. *Sailing Yacht Design – A New Appreciation of a Fine Art*. Annual Meeting, Society of Naval Architects and Marine Engineers, New York.

NBS 1990. *Nordic Boat Standard*. Det Norske Veritas Classification A/S, Oslo.

Nomoto, K, Tatano, H 1979. *Balance of Helm Sailing Yachts – a Ship Hydrodynamics Approach on the Problem*. 6th Symposium on Development of Interest to Yacht Architecture, Amsterdam, pp. 64–89.

Nowacki, H, Bloor, M I G, Oleksiewicz, B (eds) 1995. *Computational Geometry for Ships*. World Scientific, Singapore.

Obara, C J, van Dam, C P 1987. *Keel Design for Low Viscous Drag*. 8th Chesapeake Sailing Yacht Symposium.

Olofsson, N 1996. *Force and Flow Characteristics of a Partially Submerged Propeller*. PhD Thesis, Chalmers University of Technology, Department of Naval Architecture and Ocean Engineering, Gothenburg.

Orych, M 2005. *Calculations of the Flow and Resistance Components of Systematically Varied Keel/Bulb Winglets in Upright and Heeled Conditions*. Report No. X-05/168, Department of Shipping and Marine Technology, Chalmers University of Technology, Gothenburg.

Ottosson, P, Larsson, L, Brown, M 2002. *The Effect of Pitch Radius of Gyration on Sailing Yacht Performance*. 1st High Performance Yacht Design Conference, Auckland.

Phillips-Birt, D 1966. *Sailing Yacht Design*. London: Adlard Coles Nautical.

Poor, C L 1986. *The International Measurement System*. Offshore Racing Council, London.

Rousmaniere, J (ed) 1987. *Desirable and Undesirable Characteristics of Offshore Yachts*. New York and London: W W Norton & Company.

Sponberg, E W 1986. 'Carbon Fibre Sailboat Hulls: How to Optimize the Use of an Expensive Material'. *Marine Technology*, Vol. 23, No. 2, April 1986, pp. 165–174.

Street, D M 1973 and 1978. *The Ocean Sailing*

Yacht, Vol 1 & 2. New York and London: W W Norton & Company.

Symposium on Developments of Interest to Yacht Architecture. Held bi-annually since 1969. HISWA, Amsterdam.

Tinoco, E N, Gentry, A E, Bogataj, P, Sevigny, E G, Chance, B 1993. *IACC Appendage Studies*, 11th Chesapeake Sailing Yacht Symposium.

VTT 1997. VTT-NBS *Extended Rule*. Technical Research Centre of Finland, Technical Report VTT VALB172, Helsinki.

Werner, S, Larsson, L, Regnström, B 2006. *A CFD Validation Test Case – Wind Tunnel Tests of a Winglet Keel*. 2nd High Performance Yacht Design Conference, Auckland, February.

Whicker, L F, Fehlner, L F 1958. *Free-stream characteristics of a family of low-aspect ratio, all movable control surfaces for application to ship design*. Technical report 933, David Taylor Model Basin, Bethesda.

찾아보기

ㄹ

ㅁ

ㅂ

ㅅ

ㅇ

ㅈ

ㅊ

ㅋ

ㅌ

ㅍ

ㅎ

A-Z

0-9